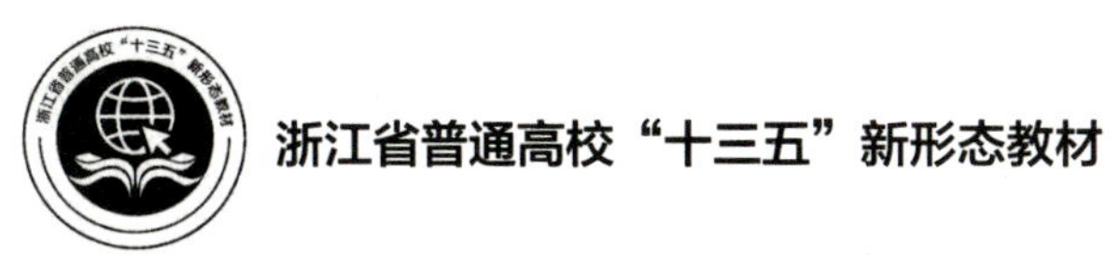

新时代创新型人才培养精品教材

计算机网络技术及应用

JISUANJI WANGLUO
JISHU JI YINGYONG

主编　李林静

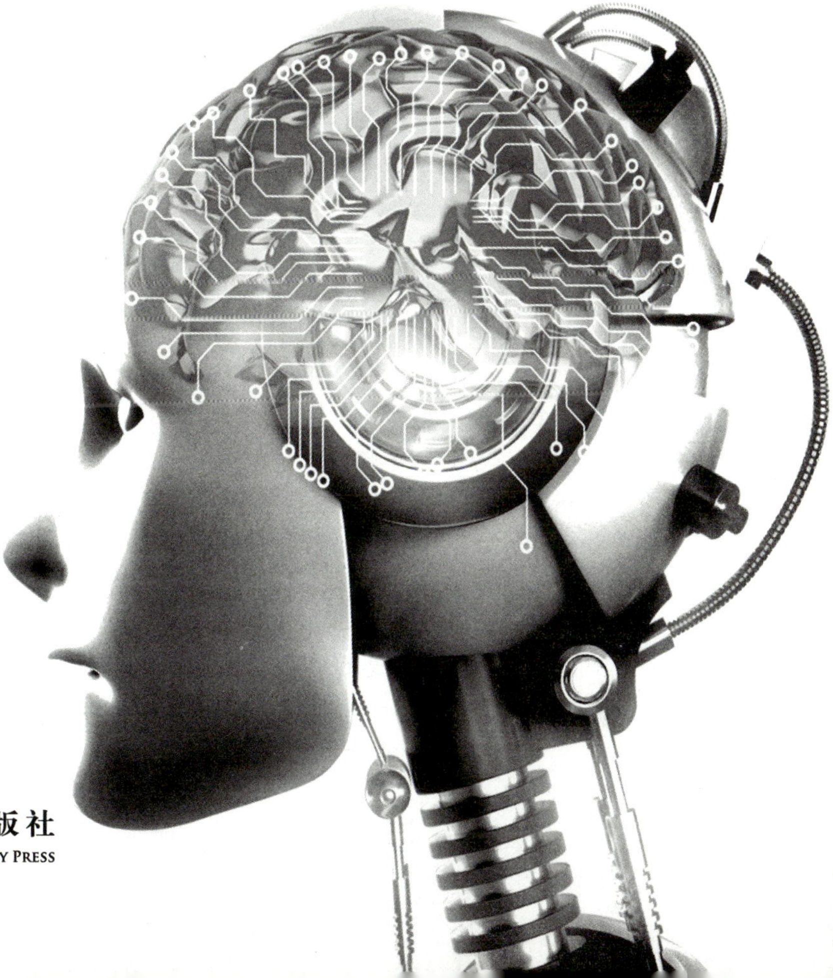

上海交通大學出版社
SHANGHAI JIAO TONG UNIVERSITY PRESS

内容提要

全书共 10 章，主要内容包括计算机网络的基础知识、网络互联的通信基础、TCP/IP 通信体系结构，交换式以太网、交换机设备的管理、部门间安全及网络健壮性增强技术、路由器实现不同网络的互联、无线网络组建、VPN 实现跨网通信安全保护、Internet 应用。

本书适用于高等院校信息类、电子商务类相关专业互联网技术课程教材以及各类计算机网络培训班的学习资料，同时也可作为广大网络爱好者自学计算机网络技术的参考书。

图书在版编目（CIP）数据

计算机网络技术及应用/李林静主编. —上海：
上海交通大学出版社，2022.7（2025.8 重印）
ISBN 978-7-313-26933-1

Ⅰ.①计… Ⅱ.①李… Ⅲ.①计算机网络 Ⅳ.
①TP393

中国版本图书馆 CIP 数据核字（2022）第 097041 号

计算机网络技术及应用
JISUANJI WANGLUO JISHU JI YINGYONG

主　　编：李林静
出版发行：上海交通大学出版社　　地　　址：上海市番禺路 951 号
印　　制：三河市龙大印装有限公司　　经　　销：全国新华书店
开　　本：787mm×1092mm　1/16　　印　　张：24.5
字　　数：593 千字
版　　次：2022 年 7 月第 1 版　　印　　次：2025 年 8 月第 3 次印刷
书　　号：ISBN 978-7-313-26933-1
定　　价：55.90 元

《计算机网络技术及应用》编委会

主　编：李林静

编　委：潘铁强　李清平　李千川　仇栋才　李　奕

前　　言

党的二十大报告高瞻远瞩地指出，我国要加快发展数字经济，促进数字经济和实体经济深度融合，打造具有国际竞争力的数字产业集群。现代社会是一个数字化、网络化、信息化的社会，从信息时代（information technology，IT）到数字时代（data technology，DT），网络现已成为现代信息社会的命脉和发展数字经济的重要基础，对人们的生活、学习和工作以及对数字经济的发展产生了不可估量的影响。以 5G、云计算、大数据为代表的创新通信技术正迅速渗透到企业办公、研发、生产、销售以及供应链等各个环节，社会需要大量掌握计算机网络技术知识的人才。

在数字经济时代，人们对于网络架构、性能、速度、信息安全等方面提出了更高的要求，这就对网络技术人才培养提出了更高的要求。高校如何能够兼顾当下，面向未来及时调整网络技术人才的培养体系？借鉴教育部实施的产学合作项目，我们建立了产教融合教研团队。教研团队与达内时代科技集团有限公司（杭州分部）、杭州塔网科技有限公司、衢州知信科技等企业的网络工程师合作，对企业实际项目和任务场景进行梳理，体现计算机网络技术的工程性、实践性，将项目任务融入章节知识，按照“项目任务驱动教学法”进行编写，在互联网的背景下，通过认识我们身边的网络、了解网络通信基础、理解 TCP/IP 网络通信；以校园网规模的局域网为例，实施交换式以太网组建、网络中交换机设备的 IOS 管理、跨多办公区域部门间安全及网络健壮性增强技术；为了减少局域网广播数据扩散的范围，对校园网进行分割，建立不同的子网，实现不同子网的互联；我们探讨了路由器、三层交换机、IP 路由、路由表的构建、二层交换机实现不同 VLAN 之间的通信；临时无线局域网的搭建技术；VPN 实现远程移动用户的安全访问公司内部网络、搭建常见的 Internet 应用。本书通过校企合作案例实施与分享，培养学生批判性思维、创造性思维、团队沟通和合作能力。强调遵章守纪、规章意识，培养学生遵守规范、学会抓住工程问题中的主要矛盾的能力。激发学生对网络的兴趣；为祖国培养计算机网络事业接班人，建设网络强国。

本书具有以下特点：

（1）以“项目为导向、任务场景复现、辅以实践认识活动”，符合“工程性、实践性”应用能力培养教育原则；

（2）充分体现“教中学、学中做”的教育理念，强调以实践的形式来掌握融于各项实践行动中的知识、技能和经验，方便读者借助 Cisco Packet Tracer 自主学习和训练，并获得愉快的课程学习体验；

（3）本书是浙江省普通高校“十三五”第2批新形态教材建设项目。

（4）在内容组织上，围绕中小型局域网构建、借助 Cisco Packet Tracer 搭建网络拓扑、IP 地址规划、网络配置、网络连通性测试和故障排除等内容对任务进行复现，通过实践认知活动反哺知识的学习。

感谢我的家人和朋友对本书的写作给予的关心和大力支持，同时也感谢浙江省高等教育学会对本书出版的支持。愿本书能够对读者学习计算机技术有所帮助，并真诚地欢迎读者批评指正，希望能与读者朋友们共同成长。此外，编者还为广大一线教师提供了服务于本书的教学资源库，有需要者可致电 13269653338 或发邮件至 2880524430@ qq. com。

编　者

CONTENTS
目 录

第 1 章

认识我们身边的网络

学习要求

通过本章学习，建立对计算机网络的基本认识，了解建立计算机网络的目的，理解局域网(local area network，LAN)、广域网(wide area network，WAN)、网际网的区别；理解从不同的角度认识计算机网络的组成；理解用拓扑结构去描述终端节点和中间节点之间的几何关系；掌握用分层模型来架构企业不同发展阶段的网络；理解局域网和广域网在传输技术上的不同；掌握常见的网络性能评价指标；认识网络图标；了解我国互联网的发展状况，跟踪计算机网络的热门技术，让网络为人们所用。

思政元素 1：合作共赢、互联互通“一带一路”倡议。

思政元素 2：华为 5G 自主知识产权，科技兴邦。

思政元素 3：计算机网络对我们生活、工作产生影响，互联网为抗击新冠肺炎疫情赋能赋智。

思政目标：理解互联互通，资源共享实现互惠互助；拥有自主知识产权实现技术创新，激发学生对网络的兴趣；培养计算机网络专业技术人才，建设网络强国。

现代社会是一个数字化、网络化、信息化的社会，Internet/Intranet(因特网/企业内部网)在世界范围内普及。社会信息化、数据的分布式处理、各种网络通信和资源共享的应用需求推动着计算机网络的迅速发展。政府上网、企业上网以及家庭上网工程等一系列信息高速公路建设的实施，都急需大量掌握计算机网络技术及应用的人才。

在计算机网络技术人才队伍中，一部分是计算机专业出身的计算机网络技术人才，他们是人才队伍中的骨干力量，另一部分是各行各业中应用网络技术的人员，他们人数众多，既熟悉自己所从事的专业，又掌握网络应用知识，善于运用网络提供的工具解决自己所在领域的问题。教育部已将“计算机网络技术”列为大学生计算机应用能力培养的基础课程，以适应网络化时代大学生应用网络能力的需求。

这是我们在开始学习计算机网络前必须加以了解的。明确我们学习计算机网络的目标：懂网、建网、管网和用网，才能用好网络为我们所在的行业服务。在这一章中，将回答以下问题：

(1)什么是计算机网络？

(2)人们身边都有哪些网络？

(3)计算机网络的研究对象是 Internet 吗？

(4)以 Internet 为代表的计算机网络它由什么构成?
(5)计算机网络都有哪些分类?
(6)拓扑结构如何描述中间节点和终端节点的几何连接关系?
(7)分层网络架构如何满足企业规模不断发展的需求?
(8)Internet 的层次结构是怎样的?
(9)计算机网络有哪两种传输技术?
(10)用什么指标来评价计算机网络的主要性能?
(11)我国互联网的发展状况如何?

1.1 网络支撑我们的生活

1.1.1 网络生活情境

2019 年 4 月 30 日至 5 月 5 日第十五届中国国际动漫节在杭州举办，爸爸看到了这一网络新闻，打算五一假期带小明去，于是父子俩开始安排出行计划：

(1)通过 12306 订购出行往返火车票。

(2)根据动漫节举办的地点通过携程网搜索周边酒店，完成酒店预订。

(3)通过百度地图查看从家里到火车站可以选择出行的方式有公交、驾车、步行、骑行 4 种方式。若选择公交出行，可以看到推荐路线、时间短、少换乘、少步行 4 种选择方案，在推荐路线下面可以看到要坐的公交班次、坐车的大约时间、步行公里数等。父子俩根据火车出发时间和市内公交出行时间安排好从家里出发的时间。

(4)通过百度地图预先查出从火车站到预订酒店的行走路径。

(5)在出行的过程中父子俩还借助网络导航工具(如高德地图)搜索周边所需要的服务，如饭店、银行、厕所等。

思考题 1：在上面这个生活情境中，用到了哪些网络服务?

思考题 2：支撑上面这些应用服务的平台是什么?

1.1.2 身边的融合网络

我们身边的网络是通信的基础设施，现在已经成为信息社会的命脉和发展数字经济的重要基础，对社会生活的很多方面以及对社会经济的发展产生了不可估量的影响。随着信息与通信技术(information communications technology，ICT)的变革与发展，企业的网络将连接人、终端以及应用系统，构成一个新的网络化应用时代，网络将成为信息化建设的基础，支撑其他关键业务的正常运转。以云计算、大数据为代表的创新 ICT 正迅速渗透到企业办公、研发、生产、销售以及供应链等各个环节。

这里所说的网络是指“三网”，即电信网络、有线电视网络和计算机网络，随着技术的发展，电信网络和有线电视网络都逐渐融入了现代计算机网络，这就是所谓的三网融合，网络融合指基于公共交换电话网络(public swithed telephone network，PSTN)上的语音数据和基

于有线电视同轴电缆上的视频数据，以及基于 IP 的信息数据，都整合在一个网络中进行传输，即将电话网络、视频网络、数据网络融合在一起。这种融合技术有很多优势，例如企业在现有设施基础上，通过融合技术将数据、语音及多媒体信息建立在统一的网络平台上，既降低了管理和企业运营的成本，又提高了企业工作效率。融合技术的迅猛发展又将使网络本身增加很多新的延展特性，例如员工可以利用一条线路使移动用户具有局域网接入、Internet 接入、用户级交换机(private branch exchange，PBX)分机、语音邮件以及高速拨号等相关特性，实现在任何时间、任何地点满足工作和生活需求，以实现远程办公，不用拘泥于物理位置的限制。

1.1.3　断网时的情景

自 20 世纪 90 年代以来，以因特网为代表的计算机网络得到了飞速的发展，已从最初的教育科研网络逐步发展成为商业网络。我们正处于 Internet 时代，现在人们的生活、工作、学习和交往都已离不开计算机网络。试想一下如果某一天我们身边的网络出现故障暂停工作了，会发生什么？

(1)我们工作的邮件发不出去。

(2)无法使用 QQ、微信、钉钉传递信息。

(3)无法用手机付款。

(4)无法缴纳生活上水、电、煤气等费用。

人们预先要做的事情都停顿下来。由此可见人们对网络的依赖性，同时也显示出网络可靠性的重要性。

网络在带给人们便利的同时，一些网络问题也接踵而至。例如：

(1)网络诈骗，“恭喜你中奖了”；

(2)病毒传播、侵占网络流量、无法正常上网、修改计算机文件数据、索要文件恢复“保护费”；

(3)犯罪分子利用网络盗取用户信息和银行财务；

(4)不法商人利用网络传播不实信息和不健康的视频。

虽然如此，计算机网络带来的负面影响还是次要的，这需要有关部门加强对网络的监管。计算机网络给社会带来的积极作用仍然是主要的，下面对计算机网络的基本概念进行介绍。

1.2　什么是计算机网络

计算机网络所研究的对象是 Internet。进入 20 世纪 90 年代以来，以 Internet 为代表的计算机网络得到飞速的发展。它已经给很多国家尤其是美国(因特网的发源地)带来巨大的经济利益和社会效益。它已经从最初的教育科研网络逐步发展成为商业网络，仅次于全球公共电话网成为世界的第二大网络。

计算机网络可以很简单，简单到由有限节点和链路构成。由 4 个节点和 3 条链路组成，三台个人计算机(personal computer，PC)通过线缆与一台二层交换机相连，构成了一个简单

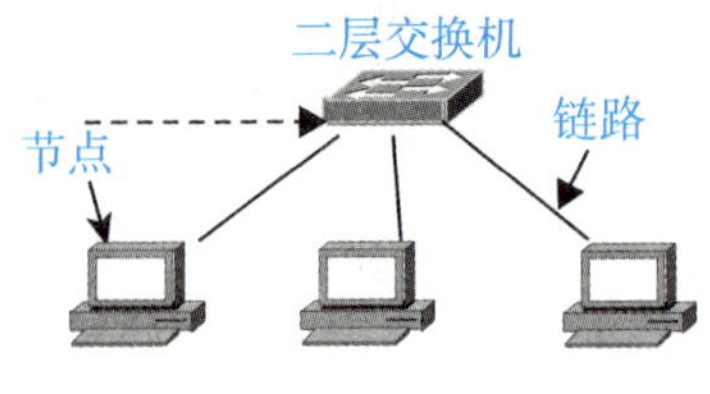

图 1.1　简单的网络

的计算机网络，如图 1.1 所示。这种简单网络场景一般出现在办公环境中，通过一台二层交换机将多台计算机连接在一起，实现交换机共享和信息通信，此时节点包括三台 PC 和一台二层交换机。例如你参观学校计算机应用实验室，有 80~100 台计算机，单独看这个实验室，它就是一个简单的局域网。

计算机网络也可以很复杂，如在谈及网络互联时，我们通常用网络云来表示一个网络，如图 1.2 所示。这样做的好处是可以不去关心网络云中的细节，如有多少节点和链路，此时探讨的是网络互联有关的内容。路由器可以将多个网络互联，形成一个覆盖范围更大的网络，如图 1.3 所示，三台路由器将六个网络互联起来形成互联网，节点是路由器。单个网络是把地理位置分散的计算机连接在一起形成一个网络，而互联网则是把多个网络连接在一起，如 Internet 是路由器将不计其数的网络互联而成的。

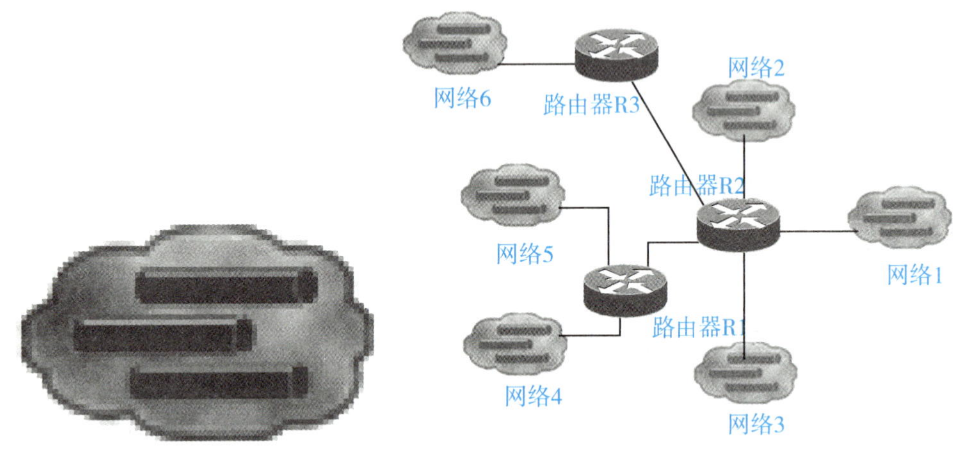

图 1.2　网络云

图 1.3　路由器将多个网络连接形成 Internet

从图 1.1 和图 1.3 我们看到，计算机网络由若干节点和连接这些节点的链路组成，网络中的节点可以是 PC、交换机或者路由器。那么，什么是计算机网络？我们如何定义？它包含哪些必要的元素？首先我们看看计算机网络是如何定义的？

在计算机网络发展的不同阶段，人们对计算机网络提出了不同的定义，这些定义反映了当时网络技术的发展水平，以及人们对网络的认识程度。这些定义可以分为三类：广义的观点、资源共享的观点与用户透明性的观点。从当前计算机网络的特点来看，资源共享角度的定义能比较准确地描述计算机网络的基本特征。资源共享观点将计算机网络定义为“具有自治能力的计算机相互连接以实现资源共享”，广义的观点定义了计算机网络相互连接的目的是实现通信，透明性的观点认为用户之间的通信是端到端的，中间的传递细节不需要用户关心。

资源共享角度的定义符合当前计算机网络的基本特征，这主要表现在以下几点。

(1) 建立计算机网络的主要目的是实现计算机资源的共享。计算机资源主要指计算机硬件、软件与数据。联网用户既可使用本地计算机中的资源，也可以通过网络访问联网的远程服务器中的资源，以及调用网络中的几台计算机共同完成某项任务。

(2)联网的计算机分散在不同地理位置，具有自治能力，这些计算机之间可以没有明确的主从关系，每台计算机既可以联网工作，也可以脱离网络独立工作。联网计算机可以为本地用户提供服务，也可以为远程网络用户提供服务。

(3)联网计算机之间的通信必须遵循共同的网络协议。为了读懂对方发送的消息内容，通信双方必须遵循某种事先约定好的通信规则。

若对计算机网络概念进行总结，可以写成：将分布在不同地理位置上的具有独立工作能力的计算机、终端及其附属设备用通信设备和通信线路连接起来，遵循某种事先约定好的通信规则，以实现计算机之间的通信和资源共享。

其基本要素主要包括以下三个方面，如图 1.4 所示。

(1)计算机、手持终端、交换机、路由器通信设备等节点；

(2)有线或无线通信信道；

(3)通信协议。

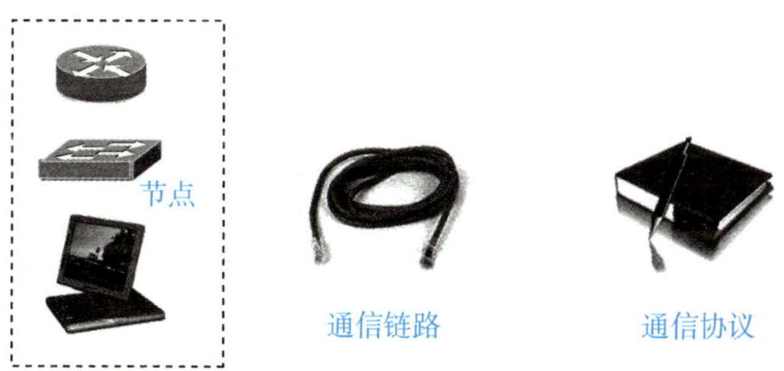

图 1.4　计算机网络基本三要素

1.3　计算机网络的组成

1.3.1　从逻辑功能分析计算机网络的组成

计算机网络要完成资源共享与数据通信两大基本功能，因此从逻辑功能来讲，计算机网络分为两部分：负责资源共享的计算机与终端；负责数据通信的通信控制处理机与通信链路。从计算机网络系统组成的角度来看，典型的计算机网络从逻辑功能上可以分为资源子网和通信子网两部分。一个典型的计算机网络组成如图 1.5 所示。

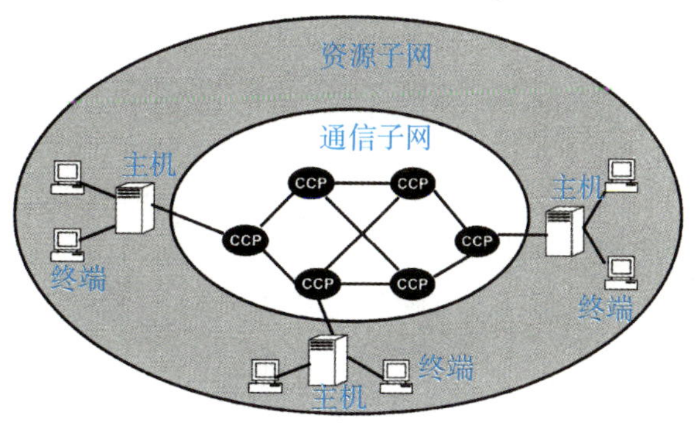

图 1.5　计算机网络的组成

资源子网由入网的硬件终端、软件、数据组成，其中硬件终端如主机、手机终端、终端控制器、摄像头、TV、打印机等。资源子网的主要任务是提供资源共享所需要的硬件、软件及数据等资源，提供访问计算机网络和处理数据的能力。

通信子网由通信控制处理机、通信线路、信号变换设备及其他通信设备组成，以完成数据的传输、交换以及通信控制，为计算机网络的通信功能提供服务。

在通信子网中，可以看到通信控制处理机(communication control processor，CCP)，它一方面作为与资源子网的主机、终端连接的接口，将主机和终端接入网内；另一方面它又作为在通信子网中的分组存储转发节点，完成分组的接收、校验、存储和转发等功能，实现将源主机报文准确发送到目的主机。

随着计算机网络技术的发展，特别是微型计算机和路由设备的广泛使用，现代网络中的通信子网与资源子网内部已经发生了显著的变化。在资源子网中，大量的微型计算机通过局域网(包括校园网、企业网或 ISP 提供的接入网等)连入广域网；通信子网中，用于实现广域网与广域网之间互联的通信控制处理机普遍采用了被称为核心路由器的路由设备；在资源子网和通信子网的边界，局域网与广域网之间的互联也采用了路由设备，并将这些路由设备称为接入路由器或边界路由器。图 1.6 给出了现代计算机网络的组成。

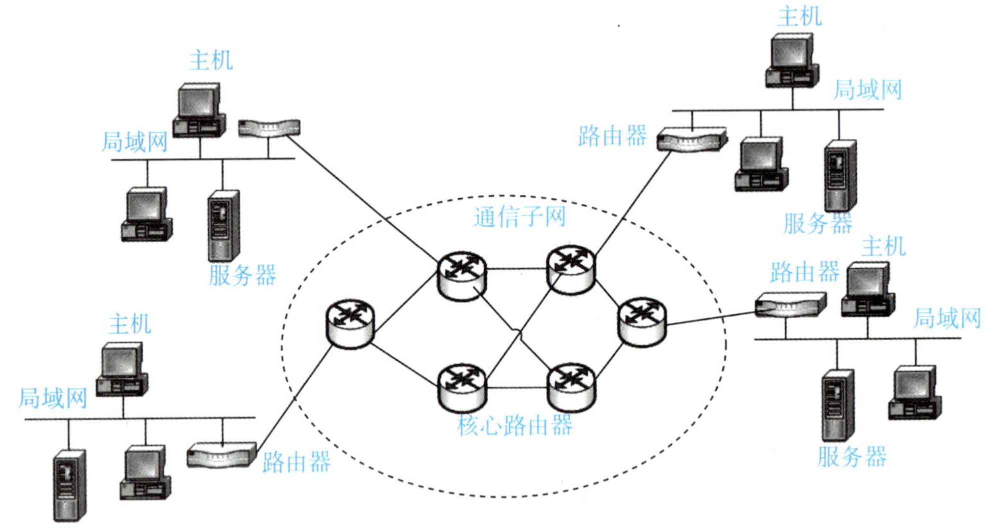

图 1.6　现代计算机网络的组成

1.3.2　从物理组成分析计算机网络的组成

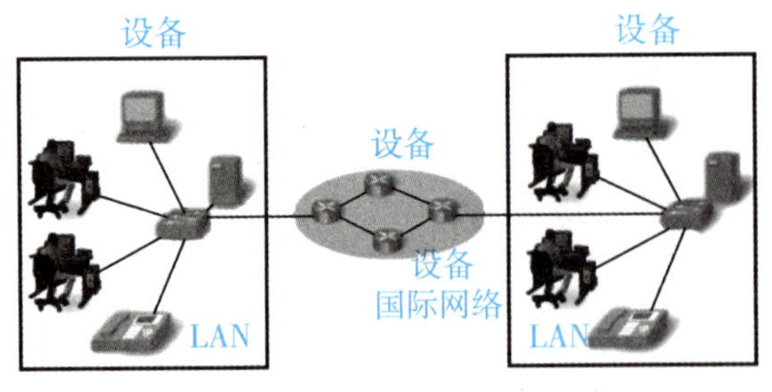

图 1.7　网络中的物理硬件

从物理组成的角度来看：计算机网络由设备和介质组成，即物理硬件，硬件通常是网络平台的可见组成部分，如图 1.7 所示，可以看到硬件有工作站、服务器、交换机、路由器、电话、有线传输介质。根据设备所处的位置分为终端设备、中间设备。终端设备有主机、服务器、可视电话，中间设备有二层交换机、三层交换机或者路由器。传输介质包括电缆、光缆或无线电波。

在网络中，服务和进程是网络设备上运行的通信程序，称为软件，常见的有 QQ、微信、钉钉、视频会议、邮件等。

接下来，我们来看看这些设备在网络中担当的角色。

1. 终端设备在网络中的作用

随着网络技术的发展，网络中的终端设备越来越丰富，除了入网的主机、服务器，还有可视电话、可视手表、摄像头等，如图 1.8 所示。

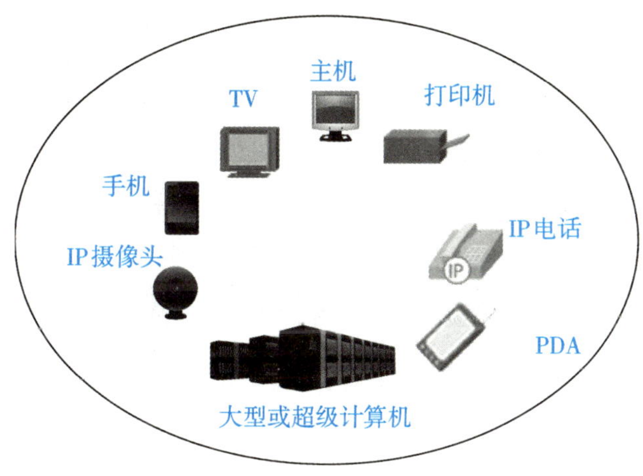

图 1.8　常见的网络终端设备

那么终端设备在网络中担当哪些角色？在计算机网络中终端设备分为(信源)和(信宿)；信源为信息的发送者；信宿为信息的接收者；1 台终端设备要么是网络信息的信源，要么是信宿，数据从信源终端设备发出，流经网络，然后到达信宿终端设备。如果是接入网络中的 PC，它不仅可以提供资源(服务)，也可以获取资源(服务)；如果是接入网络中的服务器，它仅提供服务。

2. 中间设备在网络中的作用

我们对发起通信的终端设备(如 PC 或智能手机)比较熟悉，但将消息通过中间设备从信源传送到目的地信宿是一项复杂的任务。一些中间设备工作在局域网内起交换的作用，如二层交换机，一些帮助在网络间进行消息的路由，如路由器。表 1.1 列出了一些中间设备和它们的用途。

表 1.1　中间设备及用途

设备类型	用途
网络接入设备	它将终端用户连入网络。例如，交换机以及无线接入点
网间设备	连接一个网络到另一个或多个网络，如路由器
通信服务器	路由设备，如 IPTV 和无线宽带
安全设备	通过分析进出网络的流量来保证网络的安全，如防火墙

与终端设备的作用不同，当数据流经网络时对其进行管理也是中间设备的一项职责。这些设备使用目的主机地址以及有关网络互联的信息来决定消息在网络中应该采用的路径。中间网络设备上运行的进程执行以下功能：①重新生成和重新传输数据信号；②维护直连网络和与之相连网络的路由信息；③将错误和通信故障通知其他设备；④发生链路故障时，按照备用路径转发数据；⑤根据服务质量优先级别进行分类和转发消息；⑥根据安全设置允许或拒绝数据通信。

3. 网络介质

网络中的通信都在介质中传送，介质为消息从源设备传送到目的设备提供了通道，网络主要使用3种传输媒体：①铜缆；②光缆；③无线。

每种介质类型必须采用不同的信号编码才能传输消息。在金属电线上，数据要编码成符合特定模式的电子脉冲。光纤传输依赖于红外线或可见光频率范围内的光脉冲。无线传输则使用电磁波的波形来说明各个比特值。表1.2对各个介质进行了简要的描述。

表1.2　网络介质

介质	例子	编码
铜缆	双绞线通常用作局域网介质	电脉冲
光缆	用于局域网中长距离传输或中继	光脉冲
无线	通过空气连接本地用户	电磁波

不同类型的网络介质有不同的特性和优点，并非所有网络介质的特征都相同，也不一定适合同样的用途。选择网络介质的标准是：①介质可以成功传送信号的距离；②要安装介质的环境；③必须传输的数据量和速度；④介质和安装的成本。

图1.9给出了光纤、铜缆和无线介质。

图1.9　传输介质

在铜缆中传输电脉冲信号，在光缆中传输光脉冲信号，而无线通过空气传输电磁波。在学习了计算机网络组成后，我们将学习计算机网络的拓扑结构。

1.4　计算机网络分类

1. 按覆盖的地理范围划分

计算机网络按其覆盖的地理范围进行分类，可以很好地反映不同类型网络的技术特征。由于计算机网络覆盖的地理范围不同，它们采用的传输技术也会不同，因此会形成不同的网络技术特点与服务功能。

1) 局域网

局域网用于将有限范围内如计算机应用实验室中各台计算机、交换机、服务器互联成网，它适用于机关、校园、企业等有限范围内的联网需求，是计算机网络中最活跃的领域之一，如图 1.10 所示，覆盖一个建筑物或多个建筑物的网络属于局域网。

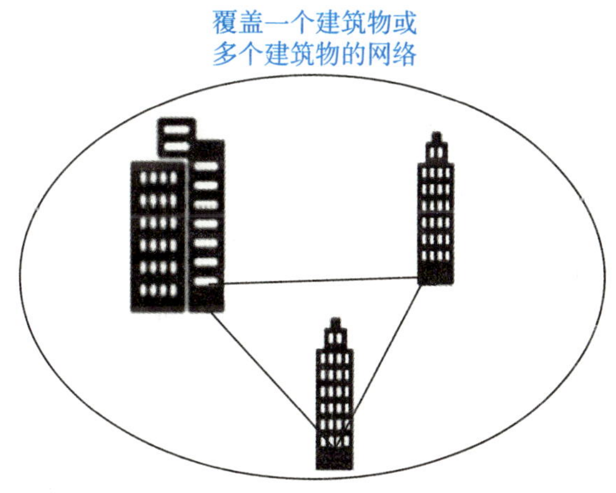

图 1.10　局域网

2) 广域网

连接分布于不同地理位置的 LAN 的这些网络称为广域网。如果一家公司在不同城市拥有办公局域网，这时可能需要借助互联网服务提供商(internet service provider，ISP)才能使位于不同地点的 LAN 相互连接。公司从 ISP 购买带宽和服务，将公司的 LAN 与 ISP 运营的广域网相连，广域网的唯一目的是连接局域网。图 1.11 所示是通过广域网连接两个局域网。

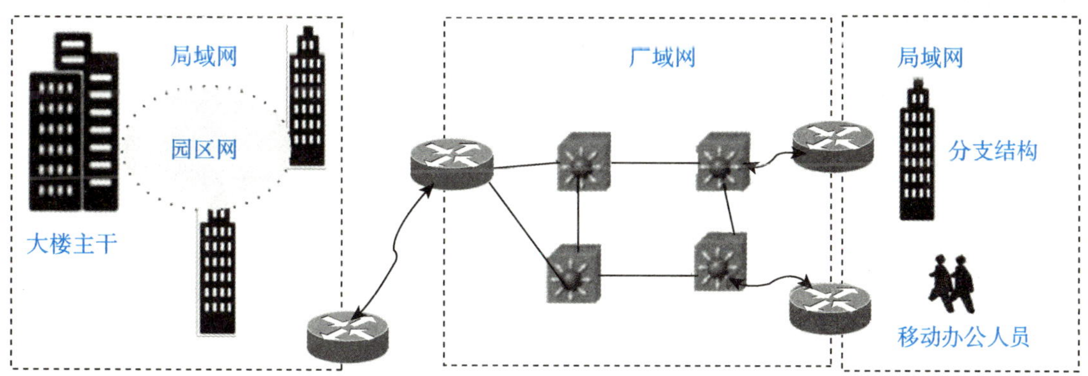

图 1.11　通过 WAN 连接 2 个 LAN

提示： ISP 是向广大用户综合提供互联网接入业务、信息业务和增值业务的电信运营商。通常是面向公众提供下列信息服务的经营者：一是接入服务，即帮助用户接入 Internet；二是导航服务，即帮助用户在 Internet 上找到所需要的信息；三是信息服务，即建立数据服务系统，收集、加工、存储信息，定期维护更新，并通过网络向用户提供信息内容服务。这些 ISP 在中国有中国电信、中国联通和中国移动等公司。其中 ISP 接入服务是指为任何单位或个人提供上网服务，单位或个人通过某个 ISP 提供的 IP 地址(Internet 上的主机都必须有 IP 地址才能上网，这一概念将在后面进行详细讨论)接入 Internet 上。IP 地址管理机构不会把一个单个的 IP 地址分配给单个用户，而是把一批 IP 地址有偿租赁给经审查合格的 ISP。ISP 拥有申请的地址块、通信线路以及路由器等互联设备，单位或个人向某个 ISP 交纳上网的费用，就可以从该 ISP 获取所需 IP 地址的使用权，并通过 ISP 接入 Internet 中。

许多公司通过广域网将一个局域网与其他的局域网连接起来，发展其内部网，内部网只对内部人员开放浏览，例如，许多公司利用内部网共享公司信息，为远程员工提供培训，通过内部网共享文档，项目可以通过远程安全地管理。

公司通过广域网连接不同城市的办公局域网形成公司内部网络，它是一个互联网络，是私有网，供内部用户使用，这个内部网容易和 Internet 相混淆。

LAN 和 WAN 的不同：①WAN 是覆盖区域比 LAN 大的数据通信网络；②LAN 连接一栋大楼或其他小型地理区域内的计算机、外围设备和其他设备，WAN 连接不同的 LAN，是互联网的核心部分；③WAN 由 ISP 维护运营，LAN 归使用它的公司或组织所有。

某一 ISP 将家庭用户、公司、企业、政府部门、学校接入 WAN，不同的 ISP 相互合作，以确保所有用户实现互联，互联的这个网络就是 Internet。它是一个公有网络，对所有用户开放，如图 1.12 所示，它是局域网与广域网构成的 Internet，也称网际网。

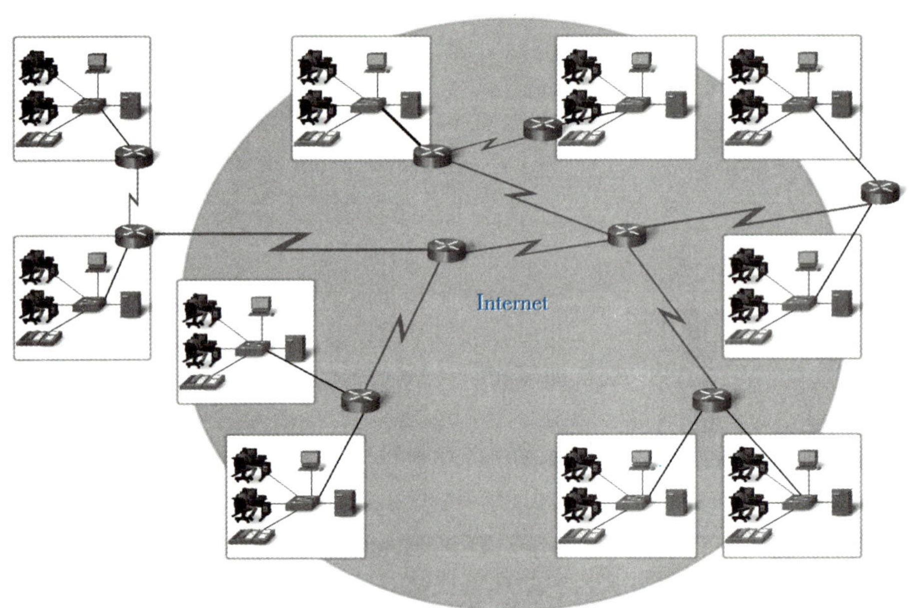

图 1.12　局域网与广域网构成的 Internet

3)城域网

城域网(metropolitan area network，MAN)的作用范围一般是一个城市，可跨越几个街区甚至整个城市，其作用距离为 5~50km。城域网可以为一个或几个单位所拥有，但也可以是一种公共设施，用来将多个局域网进行互联，目前很多城域网采用以太网技术，因此城域网有时也常纳入局域网的范围进行讨论。

4)个人区域网

个人区域网(personal area network)是以个人用户为中心，在 10m 范围内通过无线通信技术将计算机、平板计算机、智能手机、打印机等数字终端设备进行互联的网络。

2. 按网络的使用者进行分类

(1)公用网(public network)：这是指电信公司出资建造的大型网络，公用的意思是所有愿意按电信公司的规定交纳费用的人都可以使用这种网络，因此公用网络也称为公共网络，如中国公用计算机互联网(chinanet)。

(2)专用网(private network)：例如，我们身边的铁路、银行、电力、公安、军队、政府等行业为各自的特殊业务工作需要而建造的网络，这种网络不对外人提供服务，是这个行业的专用网。

(3) 用来把用户接入 Internet：接入网(access network ，AN)，它又称为本地接入网或居民接入网，这是一类比较特殊的计算机网络，从作用上看，接入网只是起到让用户能够与因特网连接的桥梁作用，如 ADSL 接入、电缆调制解调器(cable modem，CM)接入等。

1.5　计算机网络的结构

1.5.1　计算机网络的拓扑结构

计算机网络中的节点分为终端节点和中间节点，为了描述这些节点之间的几何关系，反映出中间节点之间以及终端节点是如何连接的，我们定义了计算机网络拓扑结构，分为物理拓扑和逻辑拓扑。如图 1.13 所示，网络按照拓扑结构划分为总线型结构、星型结构、环型结构、树型结构、分布式结构。

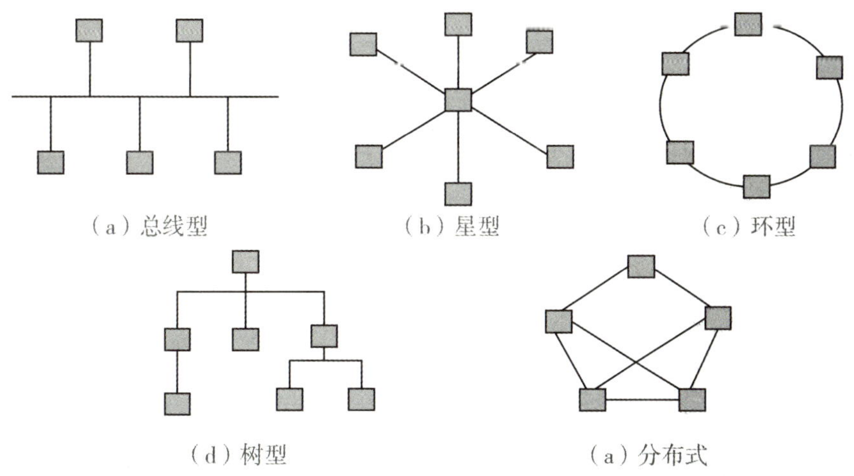

图 1.13　计算机网络拓扑结构

1. 总线型拓扑结构

总线型拓扑结构的逻辑结构如图 1. 14 所示，总线型拓扑结构工作时采用一个公共信道作为传输媒体，所有站点都通过相应的硬件接口直接连到这一公共传输媒体上，该公共传输媒体即称为总线。任何一个站发送的信号都沿着传输媒体传播，而且能被所有其他站所接收。总线型拓扑结构是早期同轴电缆以太网的连接方式，网络中各个节点连接到 Hub(集线器)上，它的物理结构如图 1. 15 所示。这种物理连接方式已经被淘汰。

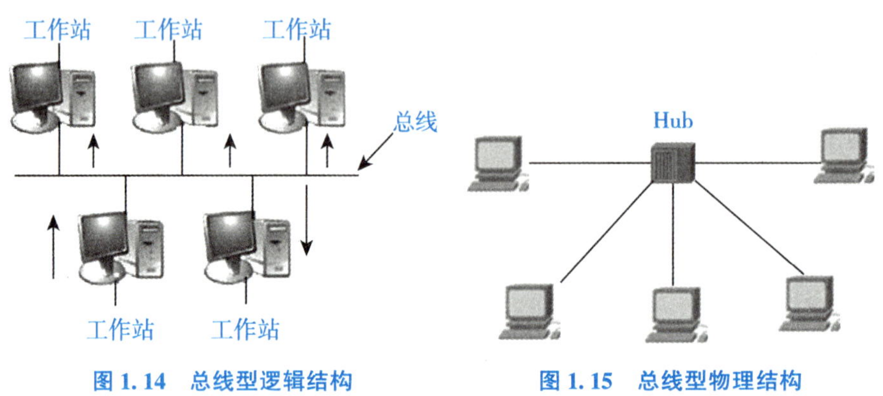

图 1. 14　总线型逻辑结构　　图 1. 15　总线型物理结构

2. 星型拓扑结构

星型拓扑结构由中央节点(交换机)和通过点到点通信链路接到中央节点的各个工作站(PC)组成。中央节点执行集中式通信控制策略，因此中央节点相对复杂，而各个工作站点的通信处理负担都很小。星型网采用的交换方式有电路交换和报文交换，尤以电路交换更为普遍。这种结构一旦建立了通道连接，就可以无延迟地在连通的两个站点之间传送数据。交换式以太网就是星型拓扑结构的典型实例。

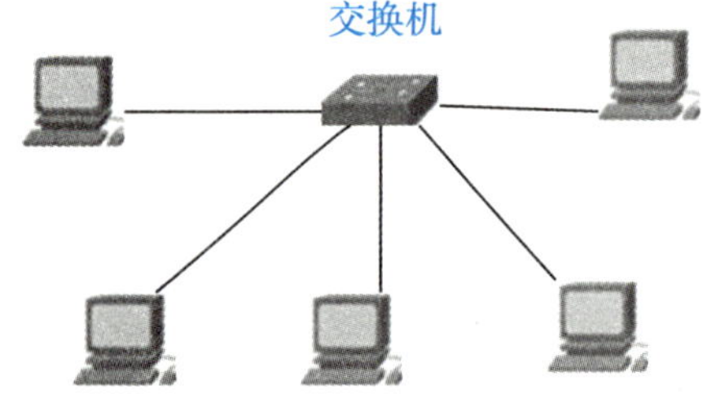

图 1. 16　星型拓扑结构

星型拓扑结构是现代以太网的物理连接方式。在这种结构下，中心点是以太网交换机，各 PC 终端都与中心以太网交换机端口相连，如图 1. 16 所示。

3. 环型拓扑结构

在环型拓扑结构中各节点通过环路接口连在一条首尾相连的闭合环型通信线路中，环路上任何节点均可以请求发送信息。请求一旦被批准，便可以向环路发送信息。环型网中的数据可以单向也可以双向传输。由于环是公用传输媒体，一个节点发出的信息必须穿越环中所有的环路接口，信息流中目的地址与环上某节点地址相符时，信息被该节点的环路接口所接收，而后信息流继续向下一环路接口传递，一直流回到发送该信息的

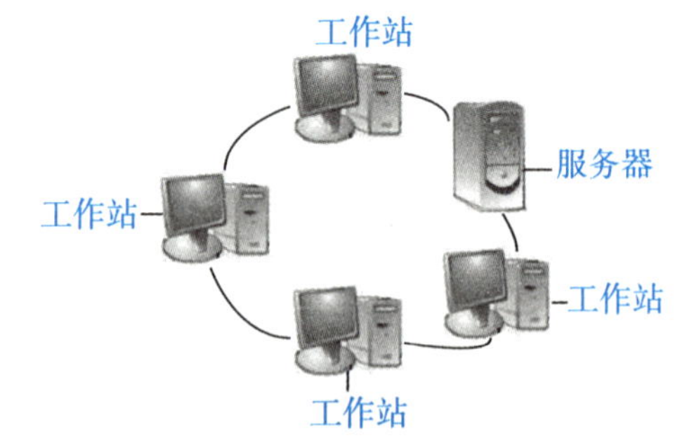

图 1. 17　环型拓扑结构

环路接口节点为止，如图 1.17 所示。这种结构一般情况下使用早期的同轴电缆和现在的光纤建网形成令牌环网络。

4. 树型拓扑结构

树型拓扑结构可以认为是由多级星型结构组成的，只不过这种多级星型结构自上而下呈三角形分布，就像一棵树一样，顶端的枝叶少些，中间的多些，而最下面的枝叶最多。树的最下端相当于网络中的边缘层，树的中间部分相当于网络中的汇聚层，而树的顶端则相当于网络中的核心层。它采用分级的集中控制方式，其传输介质可有多条分支，但不形成闭合回路，每条通信线路都必须支持双向传输，如图 1.18 所示。

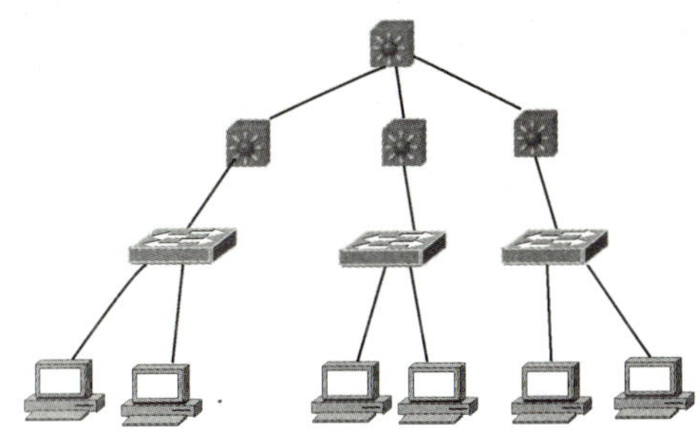

图 1.18　树型拓扑结构

5. 分布式拓扑结构

这种结构也称为网状结构，它是网络互联的核心，是通信子网，通常由服务提供商运营，如图 1.19 所示。它广泛应用在广域网中，优点是不受瓶颈问题和失效问题的影响。由于节点之间有许多条路径相连，可以为数据流的传输选择适当的路由，从而绕过失效的部件或过忙的节点。这种结构虽然比较复杂，成本也比较高，提供上述功能的网络协议也较复杂，但由于它的可靠性高，仍然受到用户的欢迎。

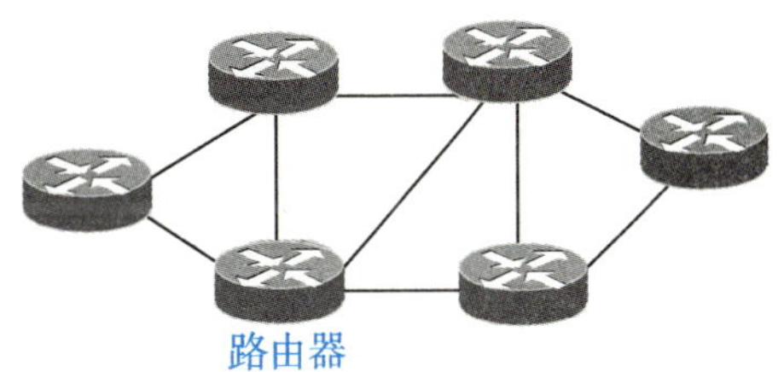

图 1.19　分布式拓扑结构或网状结构

1.5.2　不断发展的企业及网络需求

企业在不断发展的过程中，随着业务的不断扩张，将雇佣越来越多的员工，这些变化将影响企业对综合服务的需求，同时刺激企业对网络的需求。从网络规模上来讲，主要分为以下几个阶段。

(1)最初是小型办公室局域网，拥有几十名员工，员工共享信息和外围设备如打印机、文件传输协议(file transfer protocol，FTP)服务器、大型绘图仪等，通过 X 数字用户线(X digital subscriber line，XDSL)宽带接入 Internet，如图 1.20 所示。

(2)几年以后，公司的业务不断增加并租用了更多的办公区域，数百名员工分布在几层楼或几栋大楼内。现在的网络不再是单个的局域网，而是包含了多个局域网，每个部门属于一个局域网，这些局域网合在一起组成了公司园区网络，对外它是一个园区局域网，对内里面有若干个小的局域网，如图 1.21 所示。

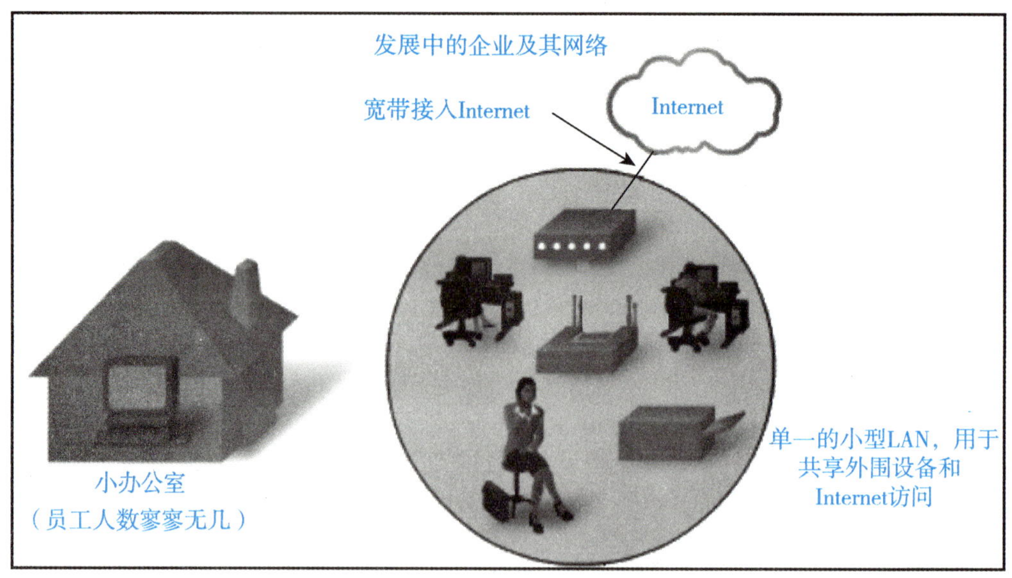

图 1.20 小型办公室局域网

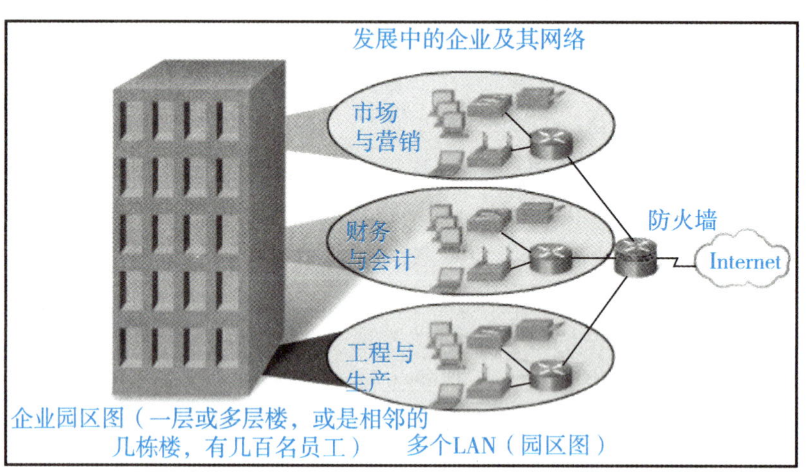

图 1.21 多个办公室局域网形成园区

(3)又过了几年，公司的业务需求还在不断地增加，为了降低成本和更好地服务客户，公司在各个业务集中点设立了多个分支机构、区域性办事处或远程办事处，这给网络架构师带来了新的挑战。为了管理整个公司的信息传递与服务交付，公司建立了数据中心，用于存放公司的各种数据库和服务器。为确保公司的所有团队(无论其办公室位于何处)都可访问相同的服务和应用程序，公司现在需要租用服务提供商架设的 WAN 服务，于是决定使用当地服务提供商提供的专用线路，如图 1.22 所示。然而，对于分布在其他国家的分支机构，Internet 是目前较有吸引力的 WAN 连接方式。虽然通过 Internet 连接分支机构比较省钱，但这将带来安全和隐私问题，网络架构师可以通过虚拟专用网络(virtual private network，VPN)安全通道妥善解决这些问题。

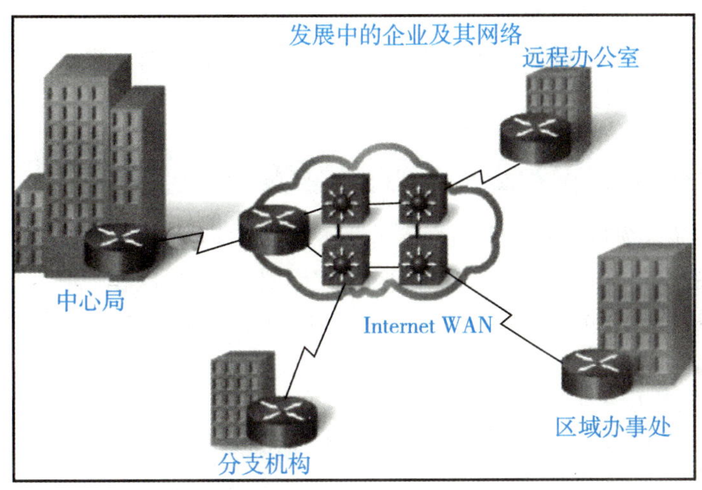

图 1.22　由广域网 WAN 连接多个分支机构

(4)公司业务进军全球市场。公司抓住时代机遇，经过 20 多年的发展，目前已经发展到拥有成千上万名员工，这些员工分布在全球各地的办事处。现在，公司网络及其相关服务的成本是一笔庞大的开支，公司希望以最低的成本为其员工提供最佳的网络服务，优化的网络服务让每个员工都能够高效地工作。为提高盈利能力，公司需要压缩运营成本。它将部分办事处迁到租金较低的办公区域，该公司还鼓励远程办公和建立虚拟团队。公司正在使用基于远程办公的应用(如腾讯会议、在线协同工具、百度网盘、钉钉等综合性应用工具)来提高生产效率和降低成本。通过部署站点到站点和远程接入 VPN，该公司可使用 Internet 方便且安全地连接遍布全球的员工和机构。为满足这些需求，网络必须提供所需的融合服务并保护连接远程办公室和个人的 Internet WAN 的安全，如图 1.23 所示。

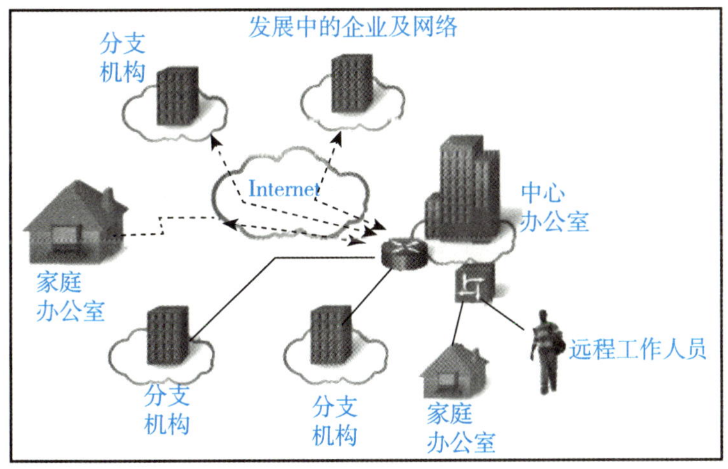

图 1.23　分布式全球的网络

从上面可以看出，公司的网络需要将随着公司的不断成长而发生巨大的变化。地理位置上分散的员工和办事处为公司压缩办公成本提供了可能，但同时也给网络的结构带来了更苛刻的需求。网络不仅要满足企业的日常运营需求，还要适应企业不断成长发展的需求。为了满足这些需求，网络设计人员和管理员需要慎重地选择网络技术、协议和服务提供商，下面我们介绍企业网络架构的分层设计模型。

1.5.3　分层设计模型适应企业的不断发展

为了适应企业不断发展的需要，网络架构设计采用一种分层设计模型，它是一套行之有效的高级工具，可用来设计可靠的网络基础架构。它提供网络的模块化视图，从而方便设计和构建可扩展的网络。如图 1.24 所示，这种模型有多种变体，可根据具体情况对其进行改进。

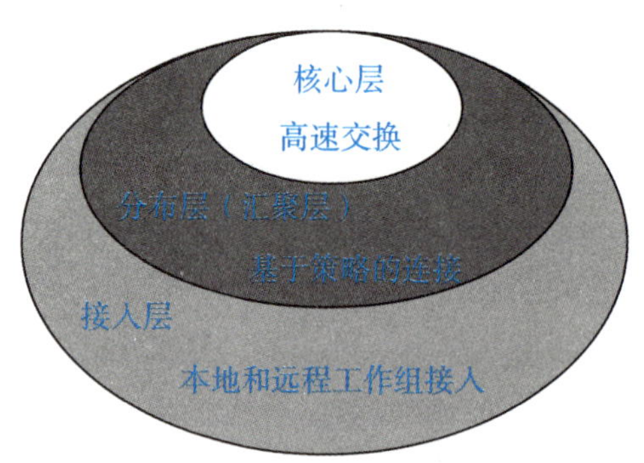

图 1.24　分层的网络模型

在图 1.24 中，接入层、汇聚层和核心层的功能如下。

1. 接入层

接入层通常指网络中直接面向用户连接或访问的部分。接入层利用光纤、双绞线、同轴电缆、无线接入技术等传输介质，实现与用户连接，并进行业务和带宽的分配。接入层的目的是允许终端用户连接到网络，因此接入层交换机具有低成本和高端口密度特性。

2. 汇聚层

汇聚层位于接入层和核心层之间，是网络接入层和核心层的“中介”，是楼群或小区的信息汇聚点，即在工作站接入核心层前先做汇聚，以减轻核心层设备的负荷。汇聚层具有实施策略、安全控制、工作组接入、虚拟局域网(virtual local area network，VLAN)之间的路由、源地址或目的地址过滤等多种功能。网段划分(如 VLAN)与网络隔离可以防止某些网段的问题蔓延和影响到核心层。

3. 核心层

核心层的功能主要是实现骨干网络之间的优化传输，骨干层设计任务的重点通常是冗余能力、可靠性和高速传输。核心层一直被认为是所有流量的最终承受者和汇聚者，所以对核心层的设计以及网络设备的要求十分严格。

图 1.25 描述了园区环境中的分层网络模型。分层网络模型提供了一个模块化的框架，它支持灵活的网络设计，并简化了网络基础设施的实现和故障排除，然而网络基础设施仅仅是整个网络架构的基础，明白这一点很重要。接下来探讨 Cisco 企业架构。

1.5.4　Cisco 企业架构

不同企业所需的网络是不同的，这取决于企业的组织结构和业务目标。遗憾的是，很多网络的发展都缺乏良好的计划，只是需要时匆匆加入新组件。随着时间的推移，这些网络变得非常复杂而难以管理。这种网络是新旧技术的大杂烩，因此技术支持和维护非常困难，很容易出现网络瘫痪和性能低下的情况，给网络管理员带来了数不尽的麻烦。

为了避免出现这种情况，Cisco 开发了一种称为 Cisco 企业架构的推荐架构，该架构适合企业的各个发展阶段，如图 1.26 所示。这种架构旨在向网络规划人员提供与企业发展历

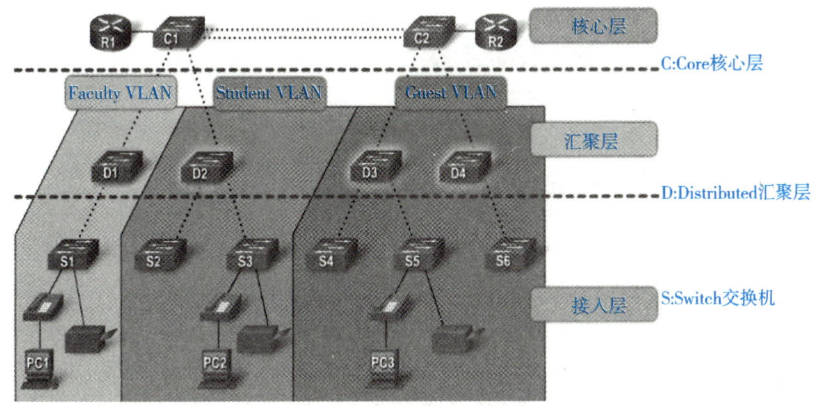

图 1.25　园区环境中的分层网络模型

程相称的网络发展路线图。通过遵循建议的路线图，管理员可对未来的网络升级进行规划，以便能够将升级无缝地集成。Cisco 企业架构由网络中特定区域的模块组成。每个模块的网络基础设施各不相同，包含跨越到现有网络中，支持不断发展的业务需求。

企业架构包含如下所列模块：企业园区架构、企业边缘架构、企业分支机构架构、Cisco 企业数据中心架构、企业远程工作人员架构。

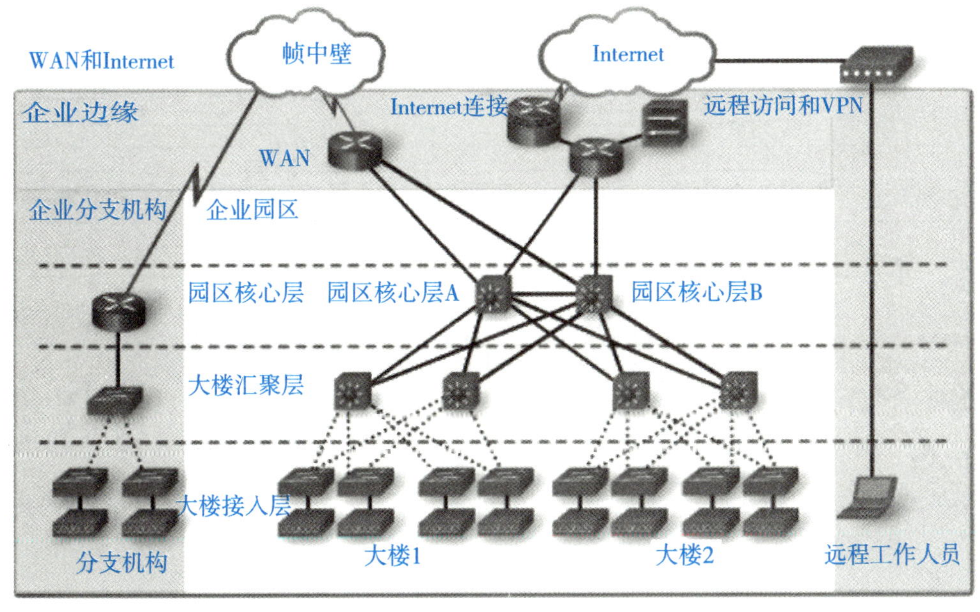

图 1.26　Cisco 企业架构

在图 1.26 中，我们可以看到接入层交换机、汇聚层交换机、核心层交换机在网络中的位置。将网络中直接面向用户连接或访问网络的部分如大楼 1 和大楼 2 各楼层交换机称为接入层，将位于接入层和核心层之间的部分称为分布层或汇聚层。接入交换机一般用于直接连接计算机，汇聚交换机一般用于楼宇间。汇聚相当于一个局部或重要的中转站，核心相当于一个出口或总汇总。定义汇聚层的目的是减少核心层的负担，将本地数据交换机流量在本地的汇聚交换机上交换，减少核心层的工作负担，使核心层只处理到本地区域外的数据交换。

1.5.5 Internet 的多级层次结构

以 Internet 为研究对象，从图 1.3 我们知道，大量的局域网与广域网通过路由器构成了 Internet，从平面角度来讲，它是一个网状结构。从区域自治的角度，它是一个层次结构。Internet 不是由一个国家或国际组织来运营的，而是由很多 ISP 公司分别运营各自的部分，为了使不同的 ISP 经营的网络能够互联，美国建立了 4 个网络接入点(network access point，NAP)，它们分别由不同的电信公司经营，NAP 是最高级的 Internet 接入点，用来交换不同网络的流量。实际上，没有一个组织规定哪个 ISP 位于第一级，这要看 ISP 的网络规模、连接位置与覆盖范围。NAP 只负责连接那些第二级的 ISP，二级 ISP 一般是国家或区域级的 ISP。第二级的 ISP 负责连接第三级的 ISP，三级 ISP 一般是地区或本地的 ISP。这样 Internet 就形成了由 ISP 构成的多级层次结构。

图 1.27 给出了 Internet 的多级层次结构。Internet 是由第一级与第二级的 ISP 以及非常多的低层次 ISP 的网络组成的。ISP 运营网络的覆盖范围差别很大，可能跨越一个洲或只限于较小的区域。国际或国家级主干网、地区级主干网、企业网或校园网，都是由多个路由器与光纤等多种传输介质组成的。大型主干网可能有上千台分布在不同位置的路由器，通过光纤连接来提供高带宽的传输服务。大量的服务器集群连接在主干网的路由器上，它们为接入的用户提供各种 Internet 服务。

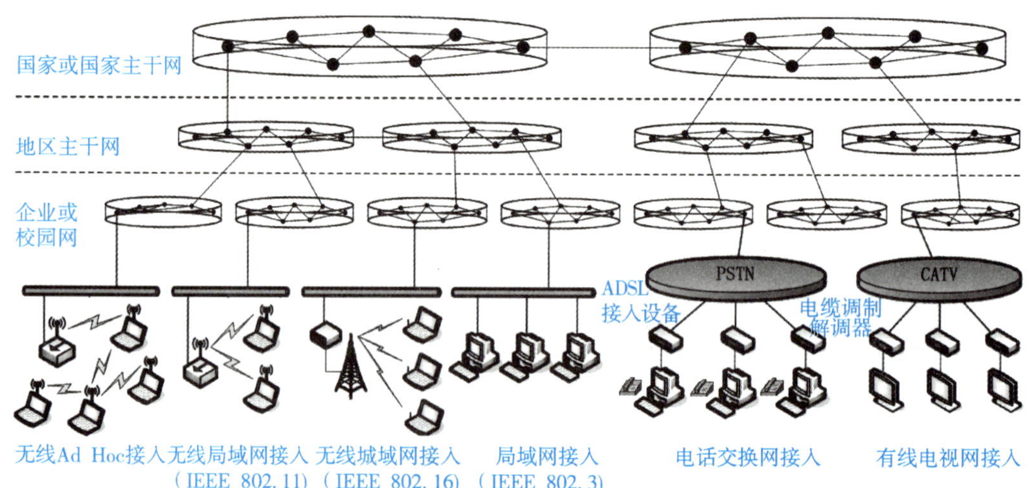

图 1.27 Internet 的多级层次结构

1.6 计算机网络的传输技术

按照网络传输技术可以将计算机网络划分为广播网络和点对点网络。

1.6.1 广播网络

我们先看什么是广播网络，以及广播网络有何特点。网络中的计算机或设备通过一条共享的通信介质进行数据传播，所有节点都会收到任何节点发出的数据信息。这种传输方式主要应用于局域网中。广播网络中有三种传输类型：单播、组播和广播。

单播是主机之间一对一的通信模式，网络中的交换机和路由器对数据只进行转发不进行复制。如果 10 个客户机需要相同的数据，则服务器需要逐一传送，重复 10 次相同的工作。但由于其能够针对每个客户及时响应，所以现在的网页浏览全部都采用单播模式，具体地说就是 IP 单播协议。网络中的路由器和交换机根据其目标地址选择传输路径，将 IP 单播数据传送到其指定的目的地。

组播是主机之间一对一组的通信模式，也就是加入了同一个组的主机可以接收到此组内的所有数据，网络中的交换机和路由器只向有需求者复制并转发其所需数据。主机可以向路由器请求加入或退出某个组，网络中的路由器和交换机有选择地复制并传输数据，即只将组内数据传输给那些加入组的主机。这样既能一次将数据传输给多个有需要(加入组)的主机，又能保证不影响其他不需要(未加入组)的主机的其他通信。

广播是主机之间一对所有的通信模式，网络对其中每一台主机发出的信号都进行无条件复制并转发，所有主机都可以接收到所有信息(不管是否需要)，由于其不用路径选择，所以网络成本可以很低廉。有线电视网就是典型的广播型网络，我们的电视机实际上会接收到所有频道的信号，但只将一个频道的信号还原成画面。在数据网络中也允许广播的存在，但其被限制在二层交换机的局域网范围内，禁止广播数据穿过路由器，防止广播数据影响大面积的主机。

为了更好地说明广播网络和点对点网络，我们举例说明。在局域网中，如图 1.28 所示，图 1.28(a)中只有两台主机直接相连，此时主机数最少情况下构成了最简单的点对点网络；图 1.28(b)中，4 台 PC 终端与一台接入层交换机相连，形成单播和组播网络，此时可实现数据的一对一或者一对多传输，交换机的工作机制在后面的章节中会介绍；图 1.28(c)中是逻辑结构为总线型的广播式网络，数据传输为一对所有。

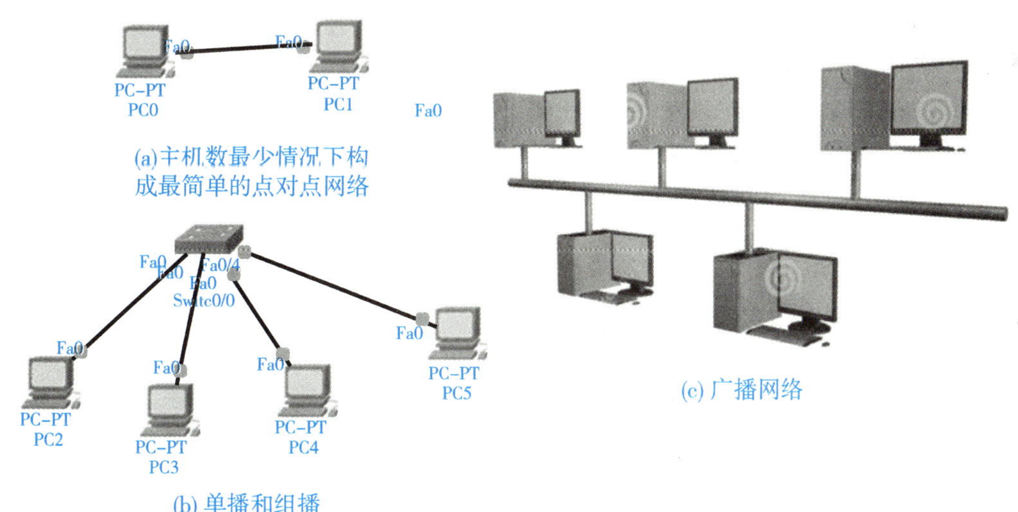

图 1.28　在局域网中的传输技术

【例如部队 IP 网络广播系统方案】

1. 用户概况及需求

某部队新建一栋建筑为四层楼，每层 20 间房，共计 80 个房间，房间面积为 35m^2，无吊顶，现需要建设一套智能广播系统。具体要求如下：

(1)无人值守功能，自动播放：设置好广播的播出时间、播出区域、播出音乐后，所有的功能都由主控计算机完成，完成背景音乐的自动播放功能，全自动无人值守。

(2)任意分组、单独控制：系统可对单一房间播放广播，也可对任意几个房间组合分组广播，不受房间位置影响。

(3)消防联动：广播系统需要预留与消防系统的接口，在出现紧急情况时，将切换到消防广播，进行人员疏散指导。

(4)要求选配的音箱美观大方，音质优美：要求整体工程布线规范，系统设备选用合理，操作方便，符合发展需求。

2. 需求分析与设计

根据该部队对广播系统的实际功能需求，结合现有情况，同时考虑到未来的扩展，对该部队智能广播系统的设计包括广播系统基本组成：音源部分、控制部分、传输线路、终端扬声器配置等。

1)音源设计

(1) 数字音源设计。数字音源是计算机输出的音频信号，它播放的是计算机中的数字音频文件，包括 MP3、WAV、MIDI 等音频格式，数字音源的特点就是能定时自动播出。

(2)模拟音源设计。DVD 播放机：DVD 是最常用的一种模拟音源，主要用于播放资料，本系统 DVD 设计采用 Gmtd 金迈视讯 GM-8621T。

数字调谐器：又名收音头(AM/FM 收音)，用于收听并转播广播电台及重要新闻节目等，本系统调谐器设计采用 Gmtd 金迈视讯 GM-8620T。

广播话筒：用于领导讲话及各教官的讲话、播放通知、开会等，本系统采用 Gmtd 金迈视讯 GM-8620T。

2)控制系统设计

本次广播系统总体设计为网络传输，即 IP 网络广播系统，在智能控制方面采用 IP 网络主机服务器+IP 广播管理软件，即能控制 IP 网络终端(包括 IP 网络音箱、IP 网络壁挂终端等)，从而控制设备广播。网络广播可控制到对每一个点的广播。

3)IP 终端及音箱的设计

房间设计安装壁挂音箱及终端，安装 2×10W 的 IP 网络壁挂终端 GM-8016；壁挂音箱型号为 GM-8001A(10W)，该款音箱具有灵敏度高、频响范围宽、音质优美、外观美观的特点，根据房间数量配置，主要用于广播通知、紧急集合、临时命令、音乐铃声等。

4)单点控制

IP 广播系统可单独控制每个房间的 IP 网络广播终端，每个终端都有独立的 IP 地址，系统按照用户指定的地址对一个或几个音箱进行广播，每个房间音箱可在系统管理软件中编辑名称，但 IP 地址是不变的，通过广播系统软件可以实现任意分组或定点广播。

5)紧急广播消防联动

当遇到火灾及其他紧急事件发生时，广播系统可与消防系统联动，切换到消防广播，系统扩展配置 IP 网络报警主机 GM-8007，能够通过自动和手动将背景音乐切换到消防广播，进行人员疏散，支持邻层、邻区报警；每个防火分区为一个广播分区，不影响其他区域的播音情况。

3. 系统功能

(1)数字 IP 网络广播系统核心；人性化操作，使用简单方便。

(2)广播终端不受限制，随意增减，任意划分区域、组(级/班)别。

(3)系统可实现远程监控、远程诊断广播终端。

(4)内置音频采集、编辑软件，使用自制节目源，内置海量音乐库，满足各种不同用户的需求。

(5)系统管理软件内置紧急集合军事训练警报功能。

(6)音频采集，供用户编辑、录制节目源。

(7)紧急喊话/领导讲话，优先广播功能。

(8)定时播放、节目编排，顺序播放。

(9)支持邻层、邻区报警；有报警时，会自动将本地警情通知各控制网点。

4. 系统拓扑图

根据上述需要，搭建的 IP 网络广播解决方案拓扑结构如图 1.29 所示。

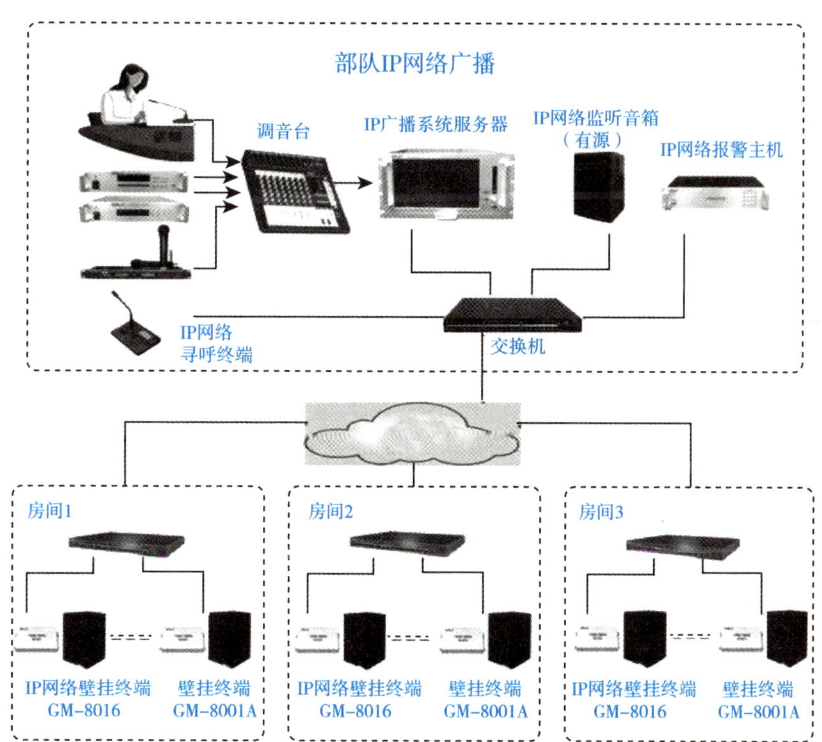

图 1.29　部队 IP 网络广播系统方案

广播式网络在局域网中有着广泛的应用，IP 网络广播系统主要应用在大中小学、景区、水坝、公园以及住宅小区，实现方式主要是 IP 广播和单播。

1.6.2 点对点网络

点对点主要应用在广域网中，其点对点广域网技术包括专线连接模型、电路交换连接模型、链路层协议。

1. 专线连接模型

在专线(leased line)方式的连接模型中，运营商通过其通信网络中的传输设备和传输线路，为用户配置一条专用的通信线路。两端的用户路由器串行接口(serial interface，简称串口)通过几米至十几米长的本地线缆连接到通道服务单元/数据服务单元(channel service unit/data service unit，CSU/DSU)，而CSU/DSU通过数百米至上千米的接入线路接入运营商传输网络。本地线缆通常为V.24、V.35等串口线缆，而接入线路通常为传统的双绞线，如图1.30所示。专线既可以是数字的，例如直接利用运营商电话网的数字传输通道；也可以是模拟的，例如直接利用一对电话铜线经运营商跳接连接两端。

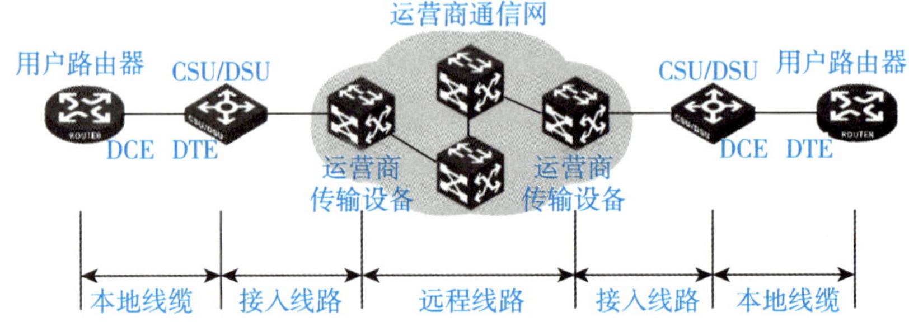

图1.30 专线连接模型

路由器的串行线路信号需经过CSU/DSU设备的调制转换才能在专线上传输。CSU是把终端用户和本地数字电话环路相连的数字接口设备，而DSU把数据终端设备(data terminal equipment，DTE)上的物理层接口适配到通信网络上。DSU也负责信号时钟等功能，它通常与CSU一起提及，称作CSU/DSU。

通信设备的物理接口可分为数据线路端接设备(data circuit-terminating equipment，DCE)和DTE两类。

(1)DCE：DCE对用户端设备提供接收网络通信服务的接口，并且提供用于同步DCE和DTE之间数据传输的时钟信号。

(2)DTE：指接收线路时钟，获得网络通信服务的设备。DTE设备通常通过CSU/DSU连接到传输线路上，并且使用其提供的时钟信号。

在专线模型中，线路的速率由运营商确定，因而CSU/DSU为DCE，负责向DTE发送时钟信号、控制传输速率等；而用户路由器通常为DTE，接受DCE提供的服务。

在专线方式中，用户独占一条永久性、点对点、速率固定的专用线路，并独享其带宽。这种方式部署简单、通信可靠、可以提供的带宽范围比较广、传输时延小；但其资源利用率低、费用昂贵，且点对点的结构不够灵活。

其特点是：①点到点永久性独占线路，固定带宽；②典型技术为异步模拟专线、同步数字专线；③链路层通常采用高级数据链路控制(high level data link control，HDLC)、点对点协议(point to point protocol，PPP)、同步数据链路控制(synchronous data link control，SDLC)。

2. 电路交换连接模型

在这种方式中，用户路由器通过串口线缆连接到 CSU/DSU，而 CSU/DSU 通过接入线路连接到运营商的广域网交换机上，从而接入电路交换网络，如图 1.31 所示。最典型的电路交换网络有公共交换电话网络(public switched telephone network，PSTN)和综合业务数字网络(integrated service digital network，ISDN)。

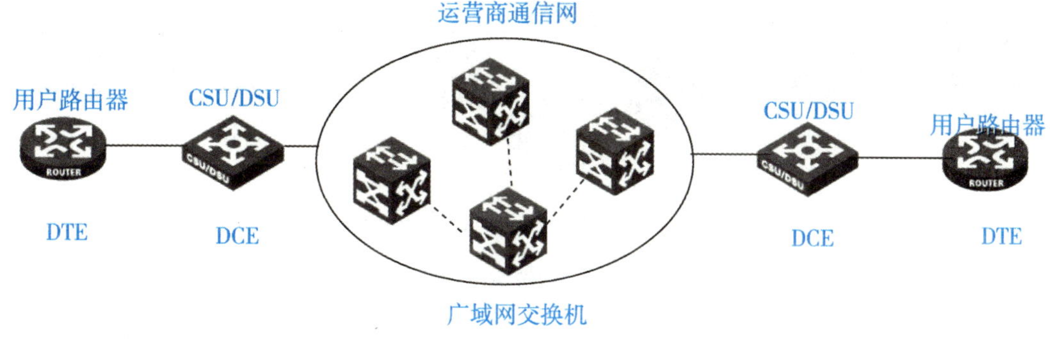

图 1.31　电路交换连接模型

(1)PSTN：也就是我们日常使用的电话网，这种系统使用电路交换技术，给每一个通话分配一个专用的语音通道，语音以模拟的形式在 PSTN 用户回路上传输，并最终形成数字信号在运营商中继线路上远程传输。路由器通过调制解调器(modulator-demodulator，MODEM)连接到 PSTN 接入线路——普通电话线上。PSTN 在办公场所几乎无处不在，它的优点是安装费用低、分布广泛、易于部署，缺点是最高带宽仅有 56Kbit/s，且信号容易受到干扰。

(2)ISDN：是一种以拨号方式接入的数字通信网络。ISDN 通过独立的 D 信道传送信令，通过专用的 B 信道传送用户数据。ISDN BRI 提供 2B+D 信道，每个 B 信道速率为 64Kbit/s，其速率最高可达到 128Kbitf/s；ISDN T1 PRI 提供 23B+D，而 ISDN E1 PRI 提供 30B+D 信道。路由器通过独立或内置的终端适配器(terminal adaptor，TA)接入 ISDN。ISDN 具有连接迅速、传输可靠、带宽较高等优点。ISDN 话费较普通电话略高，但其双 B 信道使其能同时支持两路独立的应用，是一种对个人或小型办公室较合适的网络接入方式。

在电路交换方式中，用户设备之间的连接是按需建立的。当用户需要发送数据时，运营商的广域网交换机就在主叫端和被叫端之间接通一条物理的数据传输通路；当用户不再发送数据时，广域网交换机即切断传输通路。

电路交换方式适用于临时性、低带宽的通信，可以降低其费用；缺点是连接时延大，带宽通常较小。其特点是：①按需拨号建立连接，独占线路，带宽固定；②典型技术为 PSTN、ISDN；③链路层通常采用 PPP。

3. 链路层协议

在利用专线方式和电路交换方式的点到点连接中，运营商提供的连接线路相对于 TCP/IP 网络而言处于物理层。运营商传输网络只提供一条端到端的传输通道，并不负责建立数据链路，也不关心实际的传输内容。

数据链路层协议工作于用户路由器之间，直接建立端到端的数据链路。这些数据链路层协议包括串行线路互联网协议(serial line internet protocol，SLIP)、同步数据链控制协议(synchronous data link control protocol，SDLC)、高级数据链路控制(high-level data link control，HDLC)协议和点对点协议(point to point protocol，PPP)等，如图1.32所示，它能够实现端对端的连接。

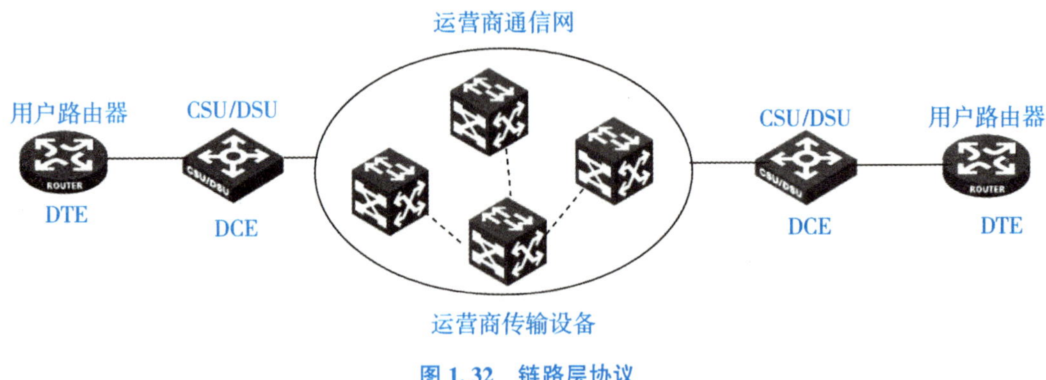

图1.32 链路层协议

前面介绍了广播式网络在局域网中的应用、点对点网络在广域网中的应用，那么广域网和局域网在进行信号传输时有哪些区别呢?

(1)局域网采用广播工作方式，它的最大优点是任何两个节点之间的通信最多只需要“两跳”的距离；它的缺点是网络流量很大时，容易导致网络性能急剧下降。

(2)广域网大多采用点对点通信方式，它的优点是网络性能不会随数据流量加大而变差；但网络中两个节点通信时，如果中间节点较多，就需要经过多跳后才能到达，增加了网络传输时延。

1.7 计算机网络的主要性能指标

性能指标从不同的方面来度量计算机网络的性能。计算机网络的主要性能指标包括速率、带宽、吞吐量、时延、时延带宽积、往返时延、利用率。下面分别介绍。

1.7.1 速率

比特(bit)来源于 binary digit，意思是一个“二进制数字”，因此1比特就是二进制数字中的一个1或0。网络技术中的速率指的是数据的传送速率，它也称为数据率(data rate)或比特率(bit rate)。速率是计算机网络中最重要的一个性能指标。速率的单位是比特每秒(bit/s)，有时也写为 bps，即 bit per second。常见的速率和速率之间的转换如下：

1Kbit/s=1 000bit/s，1Mbit/s=1 000Kbit/s，1Gbit/s=1 000Mbit/s，1Tbit/s=1 000Gbit/s

1Pbit/s=1 000Tbit/s，1Ebit/s=1 000Pbit/s，1Zbit/s=1 000Ebit/s，1Ybit/s=1 000Zbit/s

其中，K(kilo)读作千，M(Mega)读作兆，G(Giga)读作吉，T(Tera)读作太，P(Peta)读作拍，E(Exa)读作艾，Z(Zeta)读作泽。

这样，8×10^{10}bit/s 的数据率就记为 80Gbit/s。现在人们在谈到网络速率时常省略速率单位中应有的 bit/s，而使用不太正确的说法，如“80G 的速率”。另外要注意的是，当提到网络的速率时，往往指的是额定速率或标称速率，而并非网络实际的速率。

提示：计算机领域中的二进制转换。

在计算机领域中，数的计算使用二进制。因此，千 = K = 2^{10} = 1 024，兆 = M = 2^{20}，吉 = G = 2^{30}，太 = T = 2^{40}，拍 = P = 2^{50}，艾 = E = 2^{60}，泽 = Z = 2^{70}，尧 = Y = 2^{80}。此外，计算机中的数据量往往用字节(B)作为度量单位，通常 1 字节代表 8 比特，例如，15GB 的数据块以 10Gbit/s 的速率传送，表明有 $15\times2^{30}\times8$bit 的数据块以 10×10^{9}bit/s 的速率传送，在计算机领域中，所有的这些单位(千、兆、吉、太、拍、艾、泽、尧)都使用大写字母(K、M、G、T、P、E、Z、Y)。

1.7.2　带宽

带宽(bandwidth)有以下两种不同的意义。

(1)带宽本来是指某个信号具有的频带宽度。信号的带宽是指该信号所包含的各种不同频率成分所占据的频率范围。例如，在传统的通信线路上传送的电话信号的标准带宽是 3.1kHz(从 300Hz 到 34kHz，即话音的主要成分的频率范围)。这种意义的带宽的单位是赫或千赫、兆赫、吉赫等。在过去很长的一段时间，通信的主干线路传送的是模拟信号(即连续变化的信号)。因此，表示某信道允许通过的信号频带范围就称为该信道的带宽。

(2)在计算机网络中，带宽用来表示网络中某通道传送数据的能力，因此网络带宽表示在单位时间内网络中的某信道所能通过的“最高数据率”。在本书中提到“带宽”时，主要是指这个意思。这种意义的带宽的单位就是数据率的单位 bit/s，是“比特每秒”。现在常用的带宽单位有千比特每秒，即 Kbit/s (10^3bit/s)；兆比特每秒，即 Mbit/s(10^6bit/s)；吉比特每秒，即 Gbit/s(10^9bit/s)；太比特每秒，即 Tbit/s(10^{12}bit/s)。

注意：在计算机中，千进制为 1K = 2^{10}，带宽的千进制是 10^3。带宽越大，单位时间内发送的比特数越多，4Mbit/s 速率单位时间内发送的比特数是 1Mbit/s 的 4 倍。

在带宽的上述两种表述中，前者为频域称谓，而后者为时域称谓，其本质是相同的。也就是说，一条通信链路的带宽越宽，其所能传输的最高数据率也越高。

1.7.3　吞吐量

吞吐量(throughput)表示在单位时间内通过某个网络(或信道、接口)的实际数据量。吞吐量更多地用于对现实世界中网络的测量，以便知道实际上到底有多少数据量能够通过网络。显然，吞吐量受网络的带宽或网络的额定速率的限制。例如，对于一个 10Gbit/s 的以太网，即其额定速率是 10Gbit/s，那么这个数值也是该以太网的吞吐量的绝对上限值。因此，对 10Gbit/s 的以太网，其实际的吞吐量可能也只有 100Mbit/s 甚至更低，并没有达到其额定速率。请注意，有时吞吐量还可用每秒传送的字节数或帧数来表示。

1.7.4　时延

时延(delay 或 latency)是指数据(一个报文、分组或者比特)从网络(或链路)的一端传送到另一端所需的时间。时延是个很重要的性能指标，它有时也称为延迟或迟延，包括发送时延、传播时延、处理时延以及排队时延。

1. 发送时延

发送时延(transmission delay)是主机或路由器发送数据帧所需要的时间，也就是从发送数据帧的第一比特算起，到该帧的最后一比特发送完毕所需的时间。因此发送时延也称为传输时延(我们尽量不采用传输时延这个名词，因为它很容易和下面要讲到的传播时延弄混)。发送时延的计算公式为

$$\text{发送时延}=\frac{\text{数据帧长度(bit)}}{\text{发送速率(bit/s)}} \tag{1.1}$$

由此可见，对于一定的网络，发送时延并非固定不变的，而是与发送的帧长(单位是bit)成正比，与发送速率成反比。

2. 传播时延

传播时延(propagation delay)是电磁波在信道中传播一定的距离需要花费的时间。传播时延的计算公式是

$$\text{传播时延}=\frac{\text{信道长度(m)}}{\text{电磁波在信道上的传播速率(m/s)}} \tag{1.2}$$

电磁波在空气中的传播速率是光速，即 3.0×10^5km/s。电磁波在网络传输媒体中的传播速率比在空气中要略低一些，在铜线电缆中的传播速率约为 2.3×10^5km/s，在光纤中的传播速率约为 2.0×10^5km/s。例如，1 000km 长的光纤线路产生的传播时延大约为 5ms。

以上两种时延有本质上的不同，但只要理解这两种时延发生的地方就不会把它们弄混。工作站发送时延发生在网络适配器中，即网卡上。

发送时延与传输信道的长度(或信号传送的距离)没有任何关系。但传播时延则发生在传输信道媒体上如光纤上，而与信号的发送速率无关。信号传送的距离越远，传播时延就越大。可以用一个简单的比喻来说明，假定有 10 辆车按顺序从公路收费站入口出发到相距 100km 的目的地。再假定每一辆车过收费站要花费 10s，而车速是每小时 100km。现在可以算出这 10 辆车从收费站到目的地总共要花费的时间：发车时间共需 100s(相当于网络中的发送时延)，在公路上的行车时间需要 60min(相当于网络中的传播时延)。因此从第一辆车到收费站开始计算，到最后一辆车到达目的地为止，总共花费的时间是两者之和，即 100s+60min，即总共花费 3700s。

下面还有两种时延也需要考虑，但比较容易理解。

3. 处理时延

主机或路由器在收到分组时要花费一定的时间进行处理，例如，分析分组的首部、从分组中提取数据部分、进行差错检验或查找适当的路由等，这就产生了处理时延。

4. 排队时延

分组在经过网络传输时，要经过许多路由器。但分组在进入路由器后要先在输入队列中排队等待处理。在路由器确定了转发接口后，还要在输出队列中排队等待转发，这就产生了排队时延。排队时延的长短往往取决于网络当时的通信量。当网络的通信量很大时会发生队列溢出，使分组丢失，这相当于排队时延为无穷大。这样，数据在网络中经历的总时延就是以上四种时延之和：

$$总时延=发送时延+传播时延+处理时延+排队时延 \quad (1.3)$$

一般来说，小时延的网络要优于大时延的网络。在某些情况下，一个低速率、小时延的网络很可能要优于一个高速率但大时延的网络。

假设节点 A 向节点 B 发送数据，四种时延所产生的位置如图 1.33 所示。在图 1.33 中，我们能够清楚地看到 4 种时延产生的位置，发送时延产生在节点 A 的发送器，传播时延在传输链路，在节点 A 中产生了处理时延和排队时延。

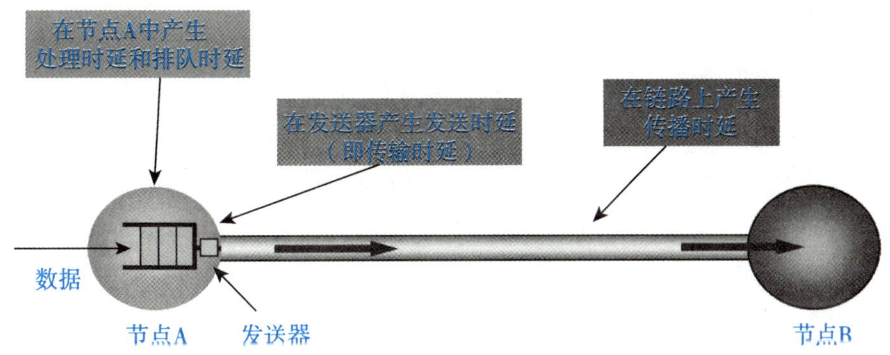

图 1.33　四种时延所产生的位置

【计算题例 1-1】

假设工作站 A 将一个长度为 200MB 的数据块发送到工作站 B，带宽为 2Mbit/s，信道为光纤，两站相距 1 000km，计算发送时延和传播时延。

解答：

发送时延 $=200\text{MB}/2\text{Mbit/s}=(200\times2^{20}\times8\text{bit})/(2\times10^{6}\text{bit/s})=838.9\text{s}$

传播时延 $=1\ 000\text{km}/(2.0\times10^{5}\text{km/s})=5\text{ms}$

在这种情况下，发送数据块的总时延 $=838.9\text{s}+5\text{ms}\approx838.9\text{s}$。可见，对于这种情况，发送时延决定了总时延的数字。

如果我们把发送速率提高到 100 倍，即提高到 200Mbit/s，那么总时延就变为 $8.389\text{s}+0.005\text{s}=8.394\text{s}$，缩小到原有数值的 1/100。

但是，并非在任何情况下，提高发送速率就能减小总时延。例如，要传送的数据仅有 1B（如键盘上键入的一个字符，共 8bit）。当发送速率为 2Mbit/s 时，发送时延 $=8/(2\times10^{6})=4\times10^{-6}(\text{s})=4\mu\text{s}$。若传播时延仍为 5ms，则总时延为 5004ms。在这种情况下，传播时延决定了总时延。如果我们把数据率提高到 1 000 倍（即将数据的发送速率提高到 2Gbit/s），不难算出，总时延基本上仍是 5ms，并没有明显减小。这个例子告诉我们，不能笼统地认为“数据的发送速率越高，其传送的总时延就越小”。这是因为数据传送的总时延是由式（1.3）右端的四项时延组成的，不能仅考虑发送时延一项。

如果上述概念没有弄清楚，就很容易产生这样的错误概念：“在高速链路（或高带宽链路）上，比特会传送得更快些”。但这是不对的。我们知道，汽车在路面质量很好的高速公路上可明显地提高行驶速率。然而对于高速网络链路，我们提高的仅仅是数据的发送速率而不是比特在链路上的传播速率。荷载信息的电磁波在通信线路上的传播速率（这是光速的数量级）取决于通信线路的介质材料，而与数据的发送速率并无关系。提高数据的发送速率只是减小了数据的发送时延。还有一点也应当注意，就是数据的发送速率的单位是每秒发送多少比特，这是指在某个点或某个接口上的发送速率。而传播速率的单位是每秒传播多少米?是指在某一段传输线路上比特的传播速率。因此，通常所说的“光纤信道的传输速率高”是指可以用很高的速率向光纤信道发送数据，而光纤信道的传播速率实际上还要比铜线的传播速率略低一点。这是因为经过测量得知，光在光纤中的传播速率约为 2.0×10^5km/s，它比电磁波在铜线(如5类线)中的传播速率 2.3×10^5km/s 略低一些，上述的重要概念请读者务必弄清。

1.7.5 时延带宽积

传播时延和带宽相乘得到传播时延带宽积，如式(1.4)所示：

$$\text{时延带宽积} = \text{传播时延}\times\text{带宽} \tag{1.4}$$

我们可以用图1.34来表示时延带宽积。以传播时延作为圆柱形管道的长度，发送的带宽为横截面积，时延带宽积的物理意义表示，若发送端连续发送数据，则在发送的第一比特即将达到终点时，发送端就已经发送了时延带宽积大小的比特在这个圆柱形管道里，而这些比特都正在链路上向前移动。

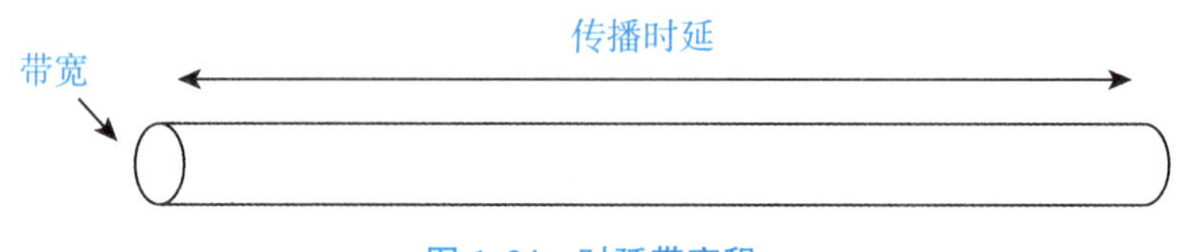

图1.34　时延带宽积

1.7.6 往返时间

在计算机网络中，往返时延(round-trip time，RTT)也是一个重要的性能指标。在信源和信宿的通信过程中，交互是双向的。因此，我们有时很需要知道双向交互一次所需的时间。例如，A向B发送数据，如果数据长度是100MB，发送速率是100Mbit/s，那么

发送时间=数据长度/发送速率=$(100\times2^{20}\times8)/(100\times10^6)\approx8.39$(s)

如果B正确收完100MB的数据后，就立即向A发送确认。再假定A只有在收到B的确认信息后，才能继续向B发送数据。显然，这需要等待一个RTT。这里假定确认信息很短，可忽略B发送确认信息的时间。如果RTT = 2s，那么可以算出A向B发送数据的有效数据率。

有效数据率=数据长度/(发送时间+RTT)=$(100\times2^{20}\times8)/(8.39+2)\approx80.7$(Mbit/s)

比原来的数据率100Mbit/s小不少。

在互联网中，RTT还包括各中间节点的处理时延、排队时延以及转发数据时的发送时延。当使用卫星通信时，RTT相对较长，是很重要的一个性能指标。

1.7.7 利用率

利用率包括信道利用率和网络利用率两种。信道利用率指出某信道有百分之几的时间是

被利用的（有数据通过）。完全空闲的信道的利用率是零。网络利用率则是全网络的信道利用率的加权平均值。信道利用率并非越高越好，这是因为，根据排队论的理论，当某信道的利用率增大时，该信道引起的时延也就迅速增加。这和高速公路的情况有些相似，当高速公路上的车流量很大时，由于在公路上的某些地方会出现堵塞，行车所需的时间就会变长。网络也有类似的情况，当网络的通信量很少时，网络产生的时延并不大。但在网络通信量不断增大的情况下，由于分组在网络节点（路由器或节点交换机）进行处理时需要排队等候，因此网络引起的时延就会增大。如果令 D_0 表示网络空闲时的时延，D 表示网络当前的时延，那么在适当的假定条件下，可以用式(1.5)来表示 D、D_0 和利用率 U 之间的关系：

$$D=\frac{D_0}{1-U} \tag{1.5}$$

式中，U 是网络的利用率，数值为 0~1。当网络的利用率达到其容量的 1/2 时，时延就要加倍。特别需要注意的就是：当网络的利用率接近最大值 1 时，网络的时延就趋于无穷大。因此我们必须有这样的概念：信道或网络的利用率过高会产生非常大的时延。如图 1.35 所示，给出了上述概念的示意图。因此一些拥有较大主干网的 ISP 通常控制信道利用率不超过 50%。如果超过了就要准备扩容，增大线路的带宽。

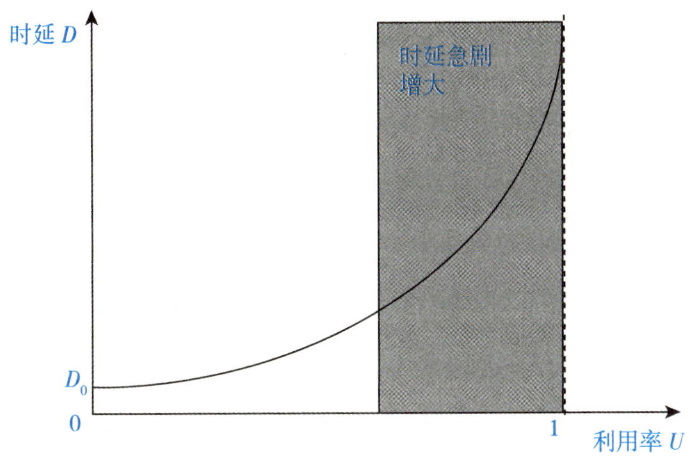

图 1.35　时延与利用率的关系

1.8　中国互联网的发展状况

中国互联网络信息中心（China Internet Network Information Center，CNNIC）在京发布第 47 次《中国互联网络发展状况统计报告》（以下简称《报告》）。《报告》显示，截至 2020 年 12 月，中国网民规模达 9.89 亿人，较 2020 年 3 月增长 8540 万人，互联网普及率达 70.4%。2020 年，中国互联网行业在抵御新冠肺炎疫情和疫情常态化防控等方面发挥了积极作用，为中国成为全球唯一实现经济正增长的主要经济体、国内生产总值（gross domestic product，GDP）首度突破百万亿元、圆满完成脱贫攻坚任务做出了重要贡献。

1. “健康码”助 9 亿人通畅出行，互联网为抗疫赋能赋智

2020 年，面对突如其来的新冠肺炎疫情，互联网显示出强大的力量，对打赢疫情防控阻击战起到关键作用。疫情期间，全国一体化政务服务平台推出“防疫健康码”，累计申领近 9 亿人，使用次数超过 400 亿人次，支撑全国绝大部分地区实现“一码通行”，大数据在疫情防控和复工复产中作用凸显。同时，各大在线教育平台面向学生群体推出各类免费直播课程，方便学生居家学习，用户规模迅速增长。受疫情影响，网民对在线医疗的需求量不断增长，进一步推动我国医疗行业的数字化转型。截至 2020 年 12 月，我国在线教育、在线医疗用户规模分别为 3.42 亿人、2.15 亿人，占网民整体的 34.6%、21.7%。未来，互联网将在促进经济复苏、保障社会运行、推动国际抗疫合作等方面进一步发挥重要作用。

2. 网民规模接近 10 亿，网络扶贫成效显著

截至 2020 年 12 月，我国网民规模为 9.89 亿人，互联网普及率达 70.4%，较 2020 年 3 月提升 5.9 个百分点。其中，农村网民规模为 3.09 亿人，较 2020 年 3 月增长 5471 万人；农村地区互联网普及率为 55.9%，较 2020 年 3 月提升 9.7 个百分点。近年来，网络扶贫行动向纵深发展取得实质性进展，并带动边远贫困地区非网民加速转化。在网络覆盖方面，贫困地区通信“最后一公里”被打通，截至 2020 年 11 月，贫困村通光纤比例达 98%。在农村电商方面，电子商务进农村实现对 832 个贫困县全覆盖，支持贫困地区发展“互联网+”新业态、新模式，增强贫困地区的造血功能。在网络扶智方面，学校联网加快、在线教育加速推广，全国中小学(含教学点)互联网接入率达 99.7% ，持续激发贫困群众自我发展的内生动力。在信息服务方面，远程医疗实现国家级贫困县县级医院全覆盖，全国行政村基础金融服务覆盖率达 99.2% ，网络扶贫信息服务体系基本建立。

3. 网络零售连续八年全球第一，有力推动消费“双循环”

自 2013 年起，我国已连续八年成为全球最大的网络零售市场。2020 年，我国网上零售额达 11.76 万亿元，较 2019 年增长 10.9%。其中，实物商品网上零售额为 9.76 万亿元，占社会消费品零售总额的 24.9%。截至 2020 年 12 月，我国网络购物用户规模达 7.82 亿人，较 2020 年 3 月增长 7215 万人，占网民整体的 79.1%。随着以国内大循环为主体、国内国际双循环的发展格局加快形成，网络零售不断培育消费市场新动能，通过助力消费“质”“量”双升级，推动消费“双循环”。在国内消费循环方面，网络零售激活城乡消费循环；在国际国内双循环方面，跨境电商发挥稳外贸作用。此外，网络直播成为“线上引流+实体消费”的数字经济新模式，实现蓬勃发展。直播电商成为广受用户喜爱的购物方式，66.2%的直播电商用户购买过直播商品。

4. 网络支付使用率近九成，数字货币试点进程全球领先

截至 2020 年 12 月，我国网络支付用户规模达 8.54 亿人，较 2020 年 3 月增长 8636 万人，占网民整体的 86.3%。网络支付通过聚合供应链服务，辅助商户精准推送信息，助力我国中小企业数字化转型，推动数字经济发展；移动支付与普惠金融深度融合，通过普及化应用缩小我国东西部和城乡差距，促使数字红利普惠大众，提升金融服务的可得性。2020 年，央行数字货币已在深圳、苏州等多个试点城市开展数字人民币红包测试，取得阶段性成果。未来，数字货币将进一步优化功能，覆盖更多消费场景，为网民提供更多数字化生活便利。

5. 短视频用户规模增长超 1 亿，节目质量飞跃提升

截至 2020 年 12 月，我国网络视频用户规模达 9.27 亿人，较 2020 年 3 月增长 7633 万人，占网民整体的 93.7%。其中短视频用户规模为 8.73 亿人，较 2020 年 3 月增长 1.00 亿人，占网民整体的 88.3%。近年来，匠心精制的制作理念逐渐得到了网络视频行业的认可和落实，节目质量大幅提升。在优质内容的支撑下，视频网站开始尝试优化商业模式，并通过各种方式鼓励产出优质短视频内容，提升短视频内容占比，增加用户黏性。短视频平台则通过推出与平台更为匹配的“微剧”“微综艺”来试水，再逐渐进入长视频领域。2020 年，短视频应用在海外市场蓬勃发展，同时也面临一定的政策风险。

6. 高新技术不断突破，释放行业发展动能

2020 年，我国在量子科技、区块链、人工智能等前沿技术领域不断取得突破，应用成果丰硕。量子科技政策布局和配套扶持力度不断加强，技术标准化研究快速发展，研发与应用逐渐深入。在区块链领域，政策支撑不断强化，技术研发不断创新，产业规模与企业数量快速增长，实践应用取得实际进展。在人工智能领域，多样化应用推动技术层产业步入快速增长期，产业智能化升级带动应用层产业发展势头强劲。

7. 上市企业市值再创新高，集群化发展态势明显

截至 2020 年 12 月，我国互联网上市企业在境内外的总市值达 16.80 万亿人民币，较 2019 年底增长 51.2%，再创历史新高。我国网信独角兽企业总数为 207 家，较 2019 年底增加 20 家。互联网企业集群化发展态势初步形成。从企业市值集中度看，排名前十的互联网企业市值占总体比重为 86.9%，较 2019 年底增长 2.3 个百分点。从企业地区分布看，北京、上海、广东、浙江等地集中了约八成互联网上市企业和网信独角兽企业。当前，我国资本市场体系正在逐步完善，市场包容度和覆盖面不断增加，更多地方政府也正在积极培育本地创新创业公司及独角兽企业，有望最终形成“4+N”的互联网发展格局。

8. 数字政府建设扎实推进，在线服务水平全球领先

2020 年，党中央、国务院大力推进数字政府建设，切实提升群众与企业的满意度、幸福感和获得感，为扎实做好“六稳”工作，全面落实“六保”任务提供服务支撑。截至 2020 年 12 月，我国互联网政务服务用户规模达 8.43 亿，较 2020 年 3 月增长 1.50 亿，占网民整体的 85.2%。数据显示，我国电子政务发展指数为 0.7948，排名从 2018 年的第 65 位提升至 2020 年第 45 位，取得历史新高，达到全球电子政务发展“非常高”的水平，其中在线服务指数由全球第 34 位跃升至第 9 位，迈入全球领先行列。各类政府机构积极推进政务服务线上化，服务种类及人次均有显著提升；各地区各级政府“一网通办”“异地可办”“跨区通办”渐成趋势，“掌上办”“指尖办”逐步成为政务服务标配，营商环境不断优化。

1.9 常见网络图标

在计算机网络课程中，将接触多种网络设备，人们常用各种图标来代表网络设备，如图 1.36所示。

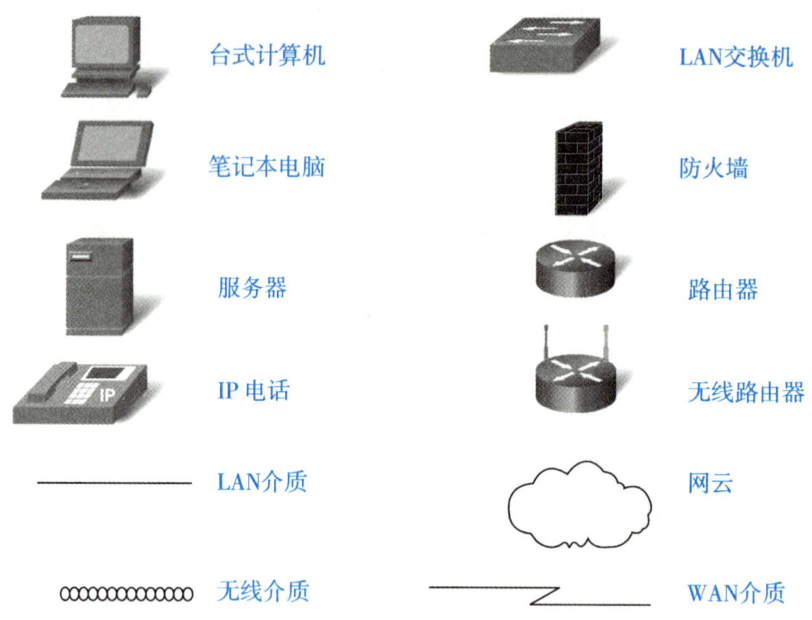

图 1.36 数据网络常用符号

本章总结

本章主要讲述了以下内容：

(1)从我们身边的网络应用服务出发，引出支撑网络服务的平台，融合网络，以 Internet 为代表的计算机网络朝着互联、高速、移动、融合、智能的方向发展。

(2) 从资源共享的观点来看，计算机网络是"以能相互共享资源的方式互联起来的自治计算机系统的集合"，计算机网络分为 LAN、MAN、WAN、PAN，全球有数百万个局域网和将这些局域网互联起来而形成的广域网。局域网覆盖的范围为一个建筑物或一个建筑物群，为某个企业、政府部门或社会服务部门所有。像国家金审工程是审计信息化建设项目的简称，地税网是地方税务局的简称，银联网指我国各大银行金融体系之间共同构建的一个大型互联互通的网络。等地域覆盖范围达到整个城市、全国甚至更大，这样的网络称为广域网。最大的网络是互联网，其重要性不言而喻。

(3)以一个简单的网络为例，网络由节点和链路构成，对于 Internet 而言，采用节点和链路的观点去观察互联网显然不合适，针对节点在网络中实现的功能，将 Internet 从逻辑上分为通信子网和资源子网。从区域自治的角度，全球互联的网络又呈现出多级的层次结构。

(4)网络传输介质在网络中承担传输任务，交换机、路由器等中间网络设备负责分组在各传输介质之间的转发，网络终端是网络通信的发起者或接收者。由传输介质、中间设备、终端设备组成的计算机网络是当今信息化社会不可缺少的组成部分，成为企业、政府和社会活动依赖的、极为重要的技术。

(5)按照网络传输技术可以将计算机网络划分为广播网络和点对点网络。广播网络主要应用于局域网中，有单播、组播和广播三种传输类型。点对点主要应用在广域网中。

(6)主要通过数字带宽、吞吐量、时延、时延带宽积、往返时延来度量计算机网络的性能。

(7) 通过网络图标认识网络拓扑中的设备。

本章思考题

(1)从物理组成看，计算机网络包括哪些内容？它们各自在网络中的角色是？

(2)试分别列举一个局域网、广域网的实例，并说明它们之间的区别。

(3)有人说，若先将网络按传输媒体分为有线与无线两大类，然后将它们按覆盖范围进行划分，那么无线网络和有线网络都有局域网、城域网和广域网，你怎么看待和评价这个说法？

(4)家里上网用到的 ADSL 机顶盒、家庭无线路由器和手机分别属于通信子网还是资源子网？

实践认知活动 1

活动名称：建立简单的逻辑拓扑熟悉网络设备图标。

活动内容：在 Cisco Packet Tracer 环境下，认识以下内容。

(1)常见网络设备图标；

(2)网络连线；

(3)设备拖放、设备名称的编辑、设备之间连线的选择、设备模块的增加、设备的删除等操作；

(4)在 Cisco Packet Tracer 中搭建图 1. 18。

实践认知活动 2

活动名称：认识工作站及其网络上的应用。

活动内容：在一台能够上网的工作站上，认识以下内容。

(1)这台工作站上网的硬件条件和软件条件是什么？

(2)列举你上网的应用，这些应用传递网络数据的类型有哪些？

阅读拓展与讨论

(1)试通过查阅资料，了解生产网络设备的厂家有哪些，这些设备生产厂商生产的设备提供给哪些客户使用，即设备目标定位客户群体是什么？

(2)试通过查阅资料，以科普的方式了解什么是“云计算”，“云上机房”对中小企业的影响是什么？

(3)查阅资料，阅读物联网的相关文献，列举生活中物联网的应用案例。

(4)有人认为物联网指的是物物相连的互联网，它的核心和基础仍然是互联网，是在互联网基础上的延伸和扩展的网络；其用户端延伸和扩展到了任何物品与物品之间，进行信息交换和通信，你怎么看待和评价这个说法？

本章试题

1.1 术语解释

(1)计算机网络 (2)拓扑结构 (3)广播网络 (4)点对点网络 (5)通信子网 (6)资源子网 (7)时延 (8)时延带宽积

1.2 单项选择题

(1)组建计算机网络的最主要目的是________。

A. 访问控制 B. 路由选择 C. 资源共享 D. 协同工作

(2)在通信子网中，负责完成通信控制功能的是________。

A. 通信线路 B. 通信控制处理机 C. 计算机 D. 终端

(3)下面关于网络分类的描述中，错误的是________。

A. 局域网是覆盖范围最小的网络 B. 广域网是覆盖范围最大的网络

C. 城域网是城市范围的综合业务网 D. 个人区域网主要使用无线通信技术

(4)下面关于 Internet 的描述中错误的是________。

A. Internet 是一个结构不断变化的网络

B. 主干网的主要传输介质是无线信道

C. Internet 是一个规模庞大的网际网

D. 主干网包括国家、地区等各级主干网

(5)下列设备属于资源子网的是________。

A. 打印机 B. 集线器 C. 路由器 D. 交换机

(6)最早出现的计算机网络是________。

A. Ethernet B. ARPAnet C. Windows NT D. Internet

(7)在常用的传输介质中，________的带宽最宽，信号传输衰减最小，抗干扰能力最强。

A. 双绞线 B. 同轴电缆 C. 光纤 D. 微波

1.3 填空题

(1)计算机网络是计算机与________________技术紧密结合而产生的技术。

(2)为计算机网络研究奠定了理论基础的是________________。

(3)计算机资源主要指计算机硬件、________________与数据。

(4)计算机网络从逻辑功能上分为________________子网和________________子网，用户主机属于________________子网。

(5)通信介质分为有线介质和无线介质，有线介质一般包括双绞线、________________、光纤三种。

第 2 章 网络通信基础

学习要求

通过本章的学习，掌握数据通信的基本概念、数据通信方式；理解信道复用技术、数据编码和调制；掌握数据交换技术、差错控制；理解并掌握数据通信的实质。

思政元素：从电报、写信到四通八达的快递邮寄系统谈谈通信的发展。

思政目标：理解高速通信基础设施对国家经济发展的重要性，激发学生实现科技强国。

本章所讨论的内容是计算机网络通信的基础知识，在本章中，将回答以下问题：

(1)网络中的数据是如何从一端传输到另一端的？

(2)网络作为一个通信平台，这个平台包括哪些要素？各个要素在数据通信过程中扮演什么角色？

(3)计算机网络中采用数字通信和模拟通信时，分别要解决什么关键问题？如基带传输与数字数据编码、频带传输与调制解调。

(4)如何提高传输媒体的利用率？如 FDM、TDM、WDM、CDMA。

(5)通信双方信号的传输是否有不同的方式可供选择，如单工、双工等。

(6)电路交换、报文交换、分组交换哪种交换技术适合计算机的突发性通信？

(7)要传递的消息大小不一，以分组为单位如何独立寻找传输路径？

(8)当接收端收到的数据与发送端实际发出的数据出现不一致时，采用差错检测方法发现差错，采用反馈重发的机制自动纠正错误。

2.1 数据通信的基础知识

计算机网络的主要功能是实现信息资源的共享和交换，而信息是以数据形式来表达的，所以计算机网络首先要从资源共享这个角度来解决好数据通信的问题。

2.1.1 数据通信的基本概念

1. 信息、数据和信号

计算机网络通信的目的是交换信息。信息(information)是数据的集合、含义与解释。数据(data)是对客观事实进行描述与记载的物理符号，它是信息的载体与表示方式，可以是数字、字母、符号、声音、图形和图像等形式。在计算机系统中，用二进制位 0、1 表示数据。但是，当这些以二进制位表示的数据要通过网络传输介质和中间设备进行传输时，还需要将其转变成物理信号，信号使数据能以适当的形式在网络介质上传输。信号(signal)是数据在传输过程中的电磁波表示形式，信号包含光信号、声信号、无线信号和电信号，人们通过对光、声、无线电波、电信号的接收，才知道对方要表达的信息。

2. 模拟信号与数字信号

作为数据的电磁波表达形式，信号一般以时间为自变量，以表示数据的某个参量如振幅、频率或相位作为因变量。按照其因变量对时间的取值是否连续，信号可以分为模拟信号和数字信号。

模拟信号是指用连续变化的物理量所表达的信息，如电流、电压、温度、湿度、压力、长度等，我们通常又把模拟信号称为连续信号，它在一定的时间范围内可以有无限多个不同的取值，如图 2.1(a)所示。最典型的模拟信号是语音信号，温度压力传感器的输出信号以及许多遥感遥测信号也都是模拟信号。数字信号是指在取值上是离散的、不连续的信号，通常表现为离散的脉冲形式，如图 2.1 (b)所示，在数字信号中，因变量取值状态是有限的，在实际应用中通常以二进制 0、1 表示的两个离散状态为主。计算机、数字电话和数字电视等处理的都是数字信号。

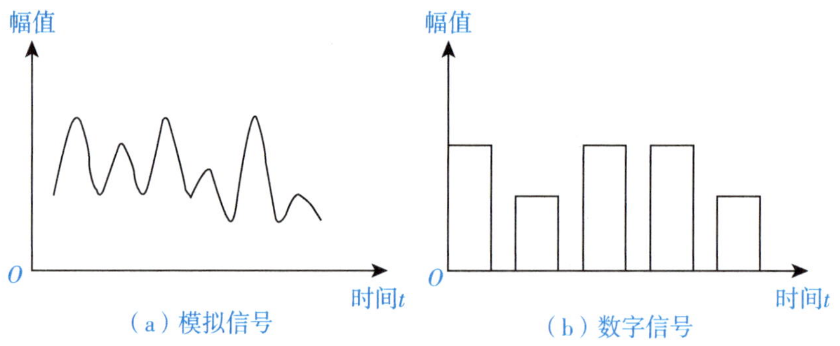

图 2.1 模拟信号和数字信号

虽然模拟信号与数字信号有着明显的差别，但两者之间并不存在不可逾越的鸿沟，在一定条件下它们是可以相互转化的。模拟信号可以通过采样、量化、编码等系列步骤转化成数字信号，数字信号则可以通过解码、平滑等处理方法转变为模拟信号。

3. 数据通信

发送方将要发送的数据转换成信号，通过物理信道传送到数据接收方的过程称为数据通信。由于信号可以是离散变化的数字信号，也可以是连续变化的模拟信号，所以与之相对应，数据通信分为模拟数据通信和数字数据通信。模拟数据通信是指在模拟信道上以模拟信号形式来传输数据；而数字数据通信则是指利用数字信道以数字信号方式来传递数据。

⊙知识补充：

4. 模拟信号的优点

模拟信号的主要优点是其精确的分辨率，在理想情况下，它具有无穷大的分辨率。与数字信号相比，模拟信号的信息密度更高。由于不存在量化误差，它可以对自然界物理量的真

实值进行尽可能逼近的描述。

模拟信号的另一个优点是，当达到相同的效果时，模拟信号处理比数字信号处理更简单。模拟信号的处理可以直接通过模拟电路组件(如运算放大器等)实现，而数字信号处理往往涉及复杂的算法，甚至需要专门的数字信号处理器。

5. 模拟信号的缺点

模拟信号的主要缺点是它总是受到噪声(信号中不希望得到的随机变化值)的影响。信号被多次复制，或进行长距离传输之后，这些随机噪声的影响可能会变得十分显著。在电学里，使用接地屏蔽(shield)、线路良好接触、使用同轴电缆或双绞线，可以在一定程度上缓解这些负面效应。

噪声效应会使信号有损，有损后的模拟信号几乎不可能被再次还原，因为对所需信号放大会同时对噪声信号进行放大。如果噪声频率与所需信号的频率差距较大，可以通过引入电子滤波器，过滤掉特定频率的噪声，但是这一方案只能尽可能地降低噪声的影响。因此，在噪声的作用下，虽然模拟信号理论上具有大的分辨率，但并不一定比数字信号更加精确。

尽管数字信号处理算法相对复杂，但是现有的数字信号处理器可以快速地完成这一任务。另外，计算机等系统的逐渐普及，使数字信号的传播、处理都变得更加方便。例如，照相机等设备都逐渐实现数字化，尽管它们最初必须以模拟信号的形式接收真实物理量的信息，最后都会通过模拟数字转换器转换为数字信号，以方便计算机处理或通过互联网进行传输。

6. 数字信号的优点

信息传输的安全性和保密性越来越重要，数字通信的加密处理比模拟通信容易得多，以话音信号为例，经过数字变换后的信号可用简单的数字逻辑运算进行加密、解密处理，主要体现在以下几个方面。

1)抗干扰能力强，无噪声积累

在模拟通信中，为了提高信噪比，需要在信号传输过程中及时对衰减的传输信号进行放大，信号在传输过程中叠加的噪声不可避免地也被同时放大，随着传输距离的增加，噪声积累越来越多，以致传输质量严重恶化。

由于数字信号的幅值为有限个离散值(通常取两个幅值)，在传输过程中虽然也受到噪声的干扰，但当信噪比恶化到一定程度时，即在适当的距离采用判决再生的方法，再生成没有噪声干扰的和原发送端一样的数字信号，所以可以实现长距离高质量的传输。

2)便于加密处理

信息传输的安全性和保密性越来越重要，数字通信的加密处理比模拟通信容易得多，以语音信号为例，经过数字变换后的信号可以用简单的数字逻辑运算进行加密、解密处理。

3)便于存储、处理和交换

数字信号形式和计算机所用信号一致，都是二进制代码，因此便于与计算机联网，也便于用计算机对数字信号进行存储、处理和交换，可使通信网的管理、维护实现自动化、智能化。

4)设备便于集成化、微型化

数字信号采用时分多路复用，不需要体积较大的滤波器。设备中大部分电路是数字电路，可用大规模和超大规模集成电路实现，因此体积小、功耗低。

5)便于构成综合数字网和综合业务数字网

采用数字传输方式，可以通过程控数字交换设备进行数字交换，以实现传输和交换的综合。另外，电话业务和各种非话业务都可以实现数字化，构成综合业务数字网。

与模拟信号比起来，数字信号具有很多优点，所以各国都在积极发展数字通信。近年来，我国数字通信得到迅速发展，正朝着高速化、智能化、宽带化和综合化方向前进。

7. 数字信号的缺点

(1)增加了技术的复杂性，尤其是同步技术要求精度很高。接收方要能正确地理解发送方的意思，就必须正确地把每个码元区分开来，并且找到每个信息组的开始，这就需要收发双方严格实现同步。

(2)进行模/数转换时会带来量化误差。随着大规模集成电路的使用以及光纤等宽频带传输介质的普及，对信息的存储和传输，越来越多使用的是数字信号的方式，因此必须对模拟信号进行模/数转换，在转换中不可避免地会产生量化误差。

2.1.2 数据通信系统的模型

在我们的生活中有很多数据通信的例子，例如，通过手机使用 5G 通信、听车载广播、看电视直播，甚至使用泛在网络实现人在任何时间、地点，使用任何网络与任何人与物进行信息交换。无论这些应用系统形式有何不同，应用系统的主要构成要素却具有共性，这个共性是指任何一个数据通信系统都由信源、信宿和信道三部分组成，并且在信道上存在不可忽略的噪声影响，如图 2.2 所示。

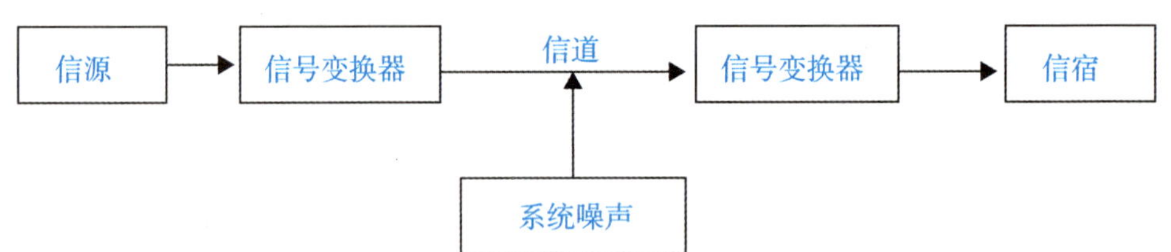

图 2.2　数据通信系统的基本模型

1. 信源与信宿

在数据通信中，我们通常将数据(信号)的发送方称为信源，而将数据(信号)的接收方称为信宿。根据信源输出信号的性质不同，信源又分为模拟信源和数字信源。在计算机网络中，信源和信宿分别作为数据的出发点和目的地，又被称为 DTE。DTE 通常属于资源子网，如资源子网中的计算机、数据输入/输出设备和通信处理机等都可以归为 DTE。

2. 信号变换器

信号变换器的功能是把信源所要发送的数据转换成适合在信道上传输的信号，或者相反，把从信道上接收的信号转换成信宿所能识别的数据。若为数字信道，则信号变换器的主要功能是在发送端和接收端分别完成数字数据的编码和解码，如图 2.3 所示；若为模拟信道，则信号变换器的主要功能是在发送端完成数字信号到模拟信号的转换，在接收端完成模拟信号到数字信号的转换，如图 2.4 所示。

信号变换器又称为 DCE。DCE 为 DTE 提供了入网的连接点，DCE 通常被认为是通信子

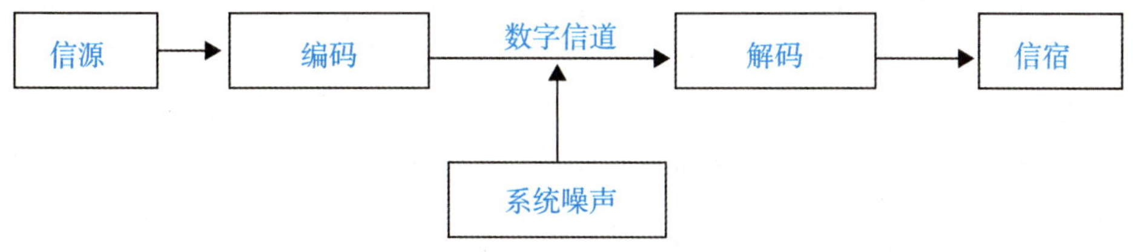

图 2.3　数字数据通信系统的基本模型

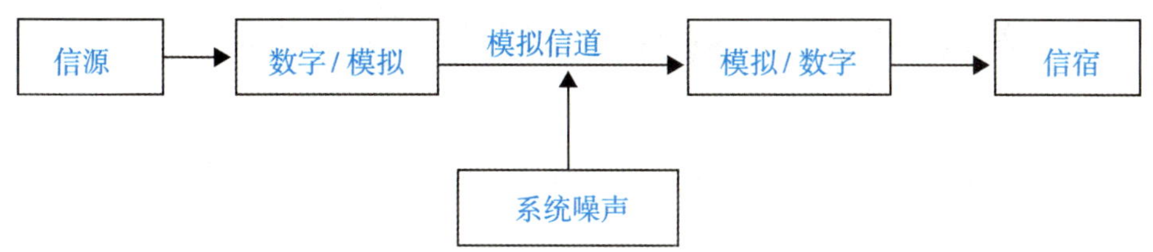

图 2.4　模拟数据通信系统的基本模型

网中的设备。在图 2.2 中，信源、信宿为 DTE。例如，在家庭或小型企业中我们使用 ADSL Modem 接入电信网络上网时，需要在电信网络与计算机之间使用调制解调设备，这个设备就是 ADSL Modem。此时，它用于在发送端实现将计算机发出的数字信号转换为模拟信号，在接收端将电信网络传来的模拟信号转换为数字信号的调制解调设备就属于 DCE，而我们上网所用的计算机、笔记本、手机、iPad 等终端设备就是 DTE，如图 2.5 所示。若用 DTE 和 DCE 描述计算机网络数据通信模型，其通用的数据通信模型如图 2.6 所示。

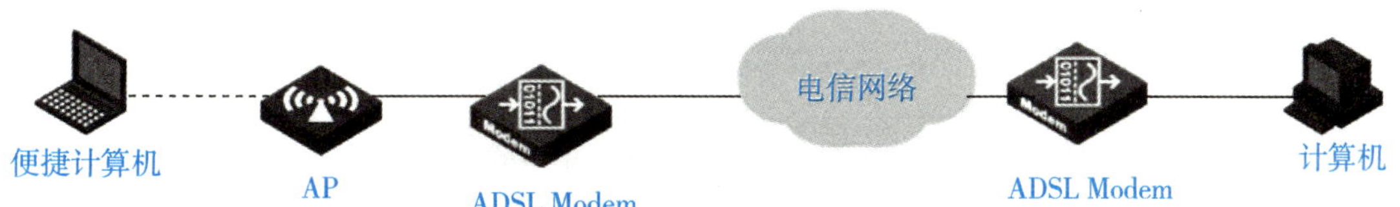

图 2.5　家庭/小型企业通过 ADSL Modem 接入电信网络

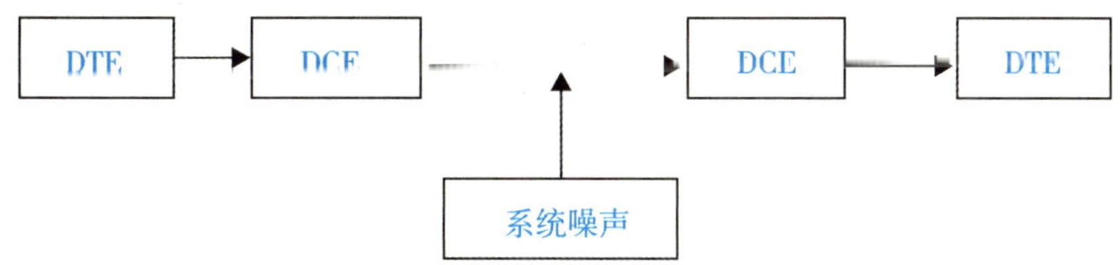

图 2.6　用 DTE 和 DCE 描述计算机网络数据通信模型

3. 信道

为了在信源和信宿之间实现有效的数据传输，必须在信源和信宿之间建立一条传送信号的物理通道，这条通道称为物理信道，简称为信道。信道建立在传输介质之上，但同时包括了传输介质和附属的通信设备。通常，同一传输介质上可提供多条逻辑信道，一条逻辑信道允许一路信号通过。按信道中所传输的信号类型来划分，信道可分为模拟信道和数字信道；按照信道所使用的传输介质的类型，信道可分为有线信道和无线信道。

4. 噪声

在通信过程中，信道上不可避免地存在噪声。噪声在物理上属于一种能量，但在通信过程中，当这种额外的能量附加在我们所传输的信号上时，就会影响原有信号的状态，造成传输信号变形，严重时会导致误码。因此，在数据通信系统设计的过程中应该从各个环节入手，尽可能地降低噪声对数据传输质量的影响。

2.1.3 评价数据通信传输质量的指标

数据通信的目的是传递消息，当然我们希望消息能够快速而准确地到达目的地，即希望通信系统具有尽可能高的传输速率和准确性，因此我们用信道的极限容量和出错率作为评价数据通信质量的指标。

1. 信道的极限容量

几十年来，通信领域的学者一直在努力寻找提高数据传输速率的途径。这个问题很复杂，因为任何实际的信道都是不理想的，都不可能以任意高的速率进行传送。我们知道，数字通信的优点就是：虽然信号在信道上传输时会不可避免地产生失真，但在接收端只要我们能够从失真的波形中识别出原来的信号，那么这种失真对通信质量就没有影响。例如，图 2.7(a)表示信号通过实际的信道传输后虽然有失真，但在接收端还可识别并恢复出原来的码元。但图 2.7(b)就不同了，这时信号的失真已很严重，在接收端无法识别码元是 1 还是 0。码元传的速率越高，或信号传输的距离越远，或噪声干扰越大，或传输媒体质量越差，在接收端波形的失真就越严重。

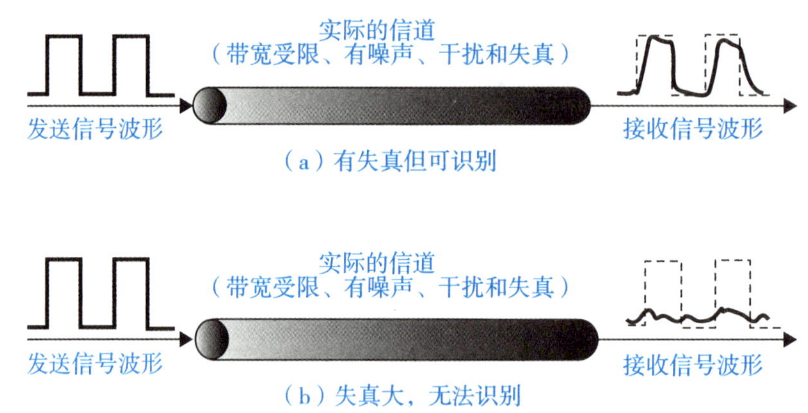

图 2.7　数字信号通过实际的信道

信道的最大传输速率称为信道容量，它是指单位时间内在信道上所能传输的最大比特数。信道容量越大，表明信道的传输能力越强。信道的容量取决于信道的带宽和信道中的信噪比，它们之间的定量关系可用式(2.1)描述：

$$C=W\log_2(1+S/N) \tag{2.1}$$

式(2.1)是著名的香农公式，由信息论的创始人香农在 1984 年推导出来。香农公式指

出 C 是信道的极限信息传输速率，单位为 bit/s。在式(2.1)中，W 为信道的带宽，单位为 Hz；S 为信道内所传信号的平均功率；N 为信道内部的高斯噪声功率。香农公式表明，信道的带宽或信道中的信噪比越大，信息的极限传输速率就越高。香农公式指出了信息传输速率的上限。香农公式的意义在于：只要信息传输速率低于信道的极限信息传输速率，就一定存在某种办法来实现无差错的传输。不过，香农没有告诉我们具体的实现方法，这要由研究通信的专家去寻找。

从式(2.1)可以看出，限制码元在信道上的最大传输速率的因素包括频带带宽和信噪比。

1)信道能够通过的频率范围即频带带宽

具体的信道所能通过的频率范围总是有限的，信号中的许多高频分量往往不能通过信道。像图 2.7 所示的发送信号是一种典型的矩形脉冲信号，它包含很丰富的高频分量。如果信号中的高频分量在传输时受到衰减，那么在接收端收到的波形前沿和后沿就变得不那么陡峭了，每一个码元所占的时间界限也不再是很明确的，而是前后都拖了“尾巴”。这样，在接收端收到的信号波形就失去了码元之间的清晰界限，这种现象称为码间串扰。严重的码间串扰使本来分得很清楚的一串码元变得模糊而无法识别。早在 1924 年，奈奎斯特(Nyquist)就推导出了著名的奈氏准则。他给出了在假定的理想条件下，为了避免码间串扰，码元传输速率的上限值。在任何信道中，码元传输的速率是有上限的，传输速率超过此上限，就会出现严重的码间串扰的问题，使接收端对码元的判决(即识别)变得不可能。如果信道的频带越宽，也就是能够通过的信号高频分量越多，那么就可以用越高的速率传送码元而不出现码间串扰。

2)信噪比

噪声存在于所有的电子设备和通信信道中。由于噪声是随机产生的，它的瞬时值有时会很大，因此噪声会使接收端对码元的判决产生错误(1 误判为 0 或 0 误判为 1)。但噪声的影响是相对的，如果信号相对较强，那么噪声的影响就相对较小。因此，信噪比就很重要。信噪比就是信号的平均功率和噪声的平均功率之比，常记为 S/N。并用 dB 作为度量单位。信噪比用式(2.2)描述：

$$\text{信噪比} = 10\times\lg_{10}(S/N) \tag{2.2}$$

例如，当 $S/N=100$ 时，信噪比为 20 dB。

在实际系统中，我们总是借助两类方法来提高信道容量：在信号功率一定的情况下尽可能地降低噪声对通信系统的影响；尽可能地提高信道的带宽。为此，我们不断探索相关的工程技术，例如在线缆的外层增加屏蔽层、研发新型抗噪声的传输介质、使用光纤等。

2. 出错率

出错率是用于衡量通信系统可靠性的指标，通常以误码率来表示。误码率 P_e 可由式(2-3)定义：

$$P_e = \text{接收出现差错的比特数/传输的总比特数} \tag{2.3}$$

通信的目的之一就是准确地传输信息，因此在设计通信系统的过程中往往需要采用一些技术手段来尽可能地降低系统出错对数据通信质量的影响，这些技术称为差错控制技术，关于差错控制的相关知识我们将在 2.4 节中做具体介绍。

2.1.4 信源和信宿之间的通信方式

在计算机网络中，我们从不同的角度看有多种不同的通信方式。根据数据位的传送形式，有串行通信和并行通信方式；根据数据传输的方向性，有单工、半双工和全双工通信方式。

1. 串行通信与并行通信

在串行通信中，发送端和接收端由一条数据线相连，各数据位依次串行通过该线路。如图 2.8 所示，在串行通信方式中，每一节拍只能传送一位数据位，因此其传输速率较慢。但这种方式在收发端之间只需要一条线路，因此可以节省线路资源和投资成本。一般在远距离通信如广域网中比较多地采用串行通信方式。

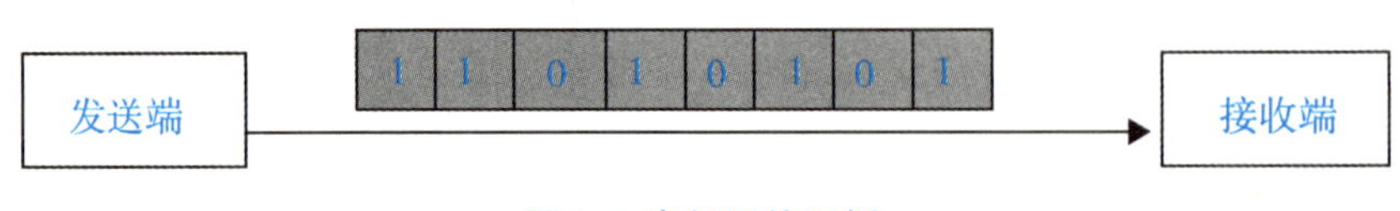

图 2.8 串行通信示例

与串行通信不同，在并行通信中，发送端和接收端之间同时有 N 条数据线相连，N 个数据位并行通过该条线路，一般 $N \geqslant 2$。图 2.9 给出了 8 条数据线并行传输的例子。在该例子中，一个节拍可以传输 8 位数据，可见这种通信方式的数据传输率较高。并行通信一般用于需要高速传输数据的场合，如在计算机内部的各部件之间就是通过内部总线来并行传输数据的。但是，这种通信方式需要在收发端之间建立多条线路，因此线路投资大。一般在近距离的数据通信如局域网中才较多地采用并行通信方式。并行通信适合近距离传输，通信距离较远时一般不采用并行传送方式，因为并行通信各数据线间容易受电磁干扰而导致数据传送错误，而且随着线路的增长，错误也会增加。通常计算机网络中信道采用串行传送信号的方式发送数据。当计算机 A 想把数据发送给计算机 B 时，计算机 A 的内部操作为并行，计算机 A 与计算机 B 之间的通道为串行通信，所以在计算机 A 中，要通过并/串转换装置将并行数据变为串行数据流，再送到信道上传送，在计算机 B 再通过串/并转换装置将串行数据变为并行数据流，在计算机网络中这种串/并转换装置是由网卡完成的。

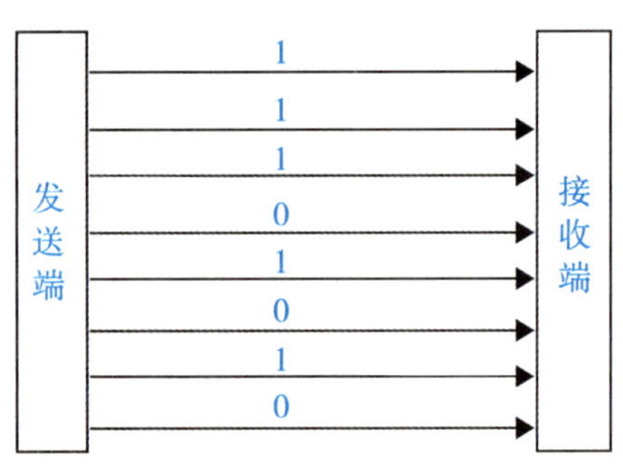

图 2.9 并行通信示例

2. 单工通信、半双工通信与全双工通信

在通信过程中，信号在信道的传输是有方向的。根据数据在发送端和接收端之间传输方向的不同，可分为单工通信、半双工通信和全双工通信三种方式。

在单工通信系统中，发送端与接收端之间只有一条单向的传输信道，数据只能由发送端传给接收端，如图 2.10 所示。在这种方式中，发送端只能做数据的发送者，接收端只能做数据的接收者，两者的角色是不能互换的。目前的车载广播、校园广播、小区广播系统、传统电视节目转播所采用的就是这种通信方式。

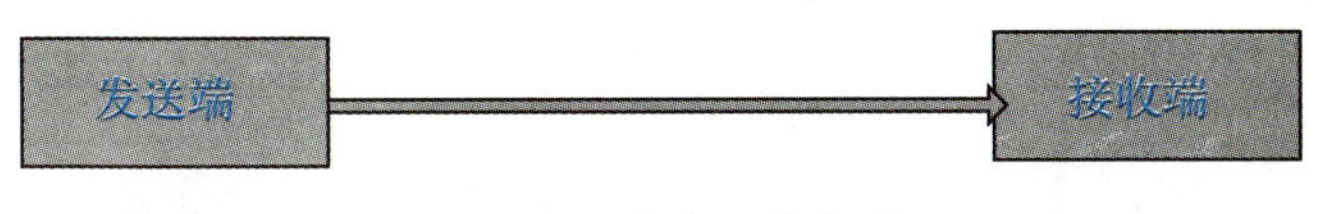

图 2.10　单工通信方式

在半双工通信系统中，发送端与接收端之间存在两条反方向的传输信道，如图 2.11 所示。通信双方可以进行双向的数据传输，但是这种双向通信不能同时进行。一些简单的对讲机就采用了这种通信方式。

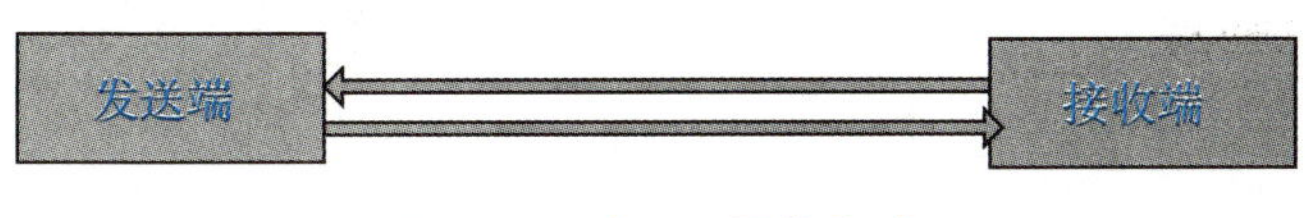

图 2.11　半双工通信方式

在全双工通信系统中，发送端与接收端之间存在一条双向的传输信道，如图 2.12 所示。在这条双向传输的信道上可以同时进行双向的数据传输。计算机通信和物联网通信系统都是全双工通信的典型例子。

图 2.12　双工通信方式

2.1.5　基带传输

1. 什么是基带传输

在计算机系统中，通常用二进制数 0、1 来表示各类数据。而将这些二进制位转换成信号的最直接方式就是采用脉冲信号。按照傅里叶分析，脉冲信号由直流信号和基频、低频、高频等多个谐波分量组成。其中，从零开始有一段能量相对集中的频率范围被称为基本频带（base band），简称基频或基带。基频等于脉冲信号的固有频率，与基频对应的数字信号称为基带信号。其他低频和高频谐波的频率等于基频的整数倍，随着频率的升高，高次谐波的幅度减小直至趋于零。

当我们在数字信道上使用数字信号传输数据信号时，通常不会也不可能将与该原始数据信号有关的所有直流、基频、低频和高频分量全部放在数字信道上传输，因为那要占据很大的信道带宽。相反，只要我们将占据脉冲信号大部分能量的基带信号传送出去，就可以在接收端还原出有效的原始数据信息。我们将这种在数字信道中以基带信号形式直接传输数据的方式称为基带传输。

基带传输指一种不搬移基带信号频谱的传输方式，一般用于工业生产中。它适合传输各种有速率要求的数据，且传输过程简单，设备投资少。但是，基带信号的能量在传输过程中很容易衰减，所以在没有信号再放大的情况下，基带信号的传输距离一般不会大于 2.5km。因此，基带传输被较多地用于短距离的数据传输，如局域网中的数据传输。基带传输系统主要由编码即基带信号形成器、信道、接收滤波器和抽样判决 4 个功能电路组成，如图 2.13 所示。

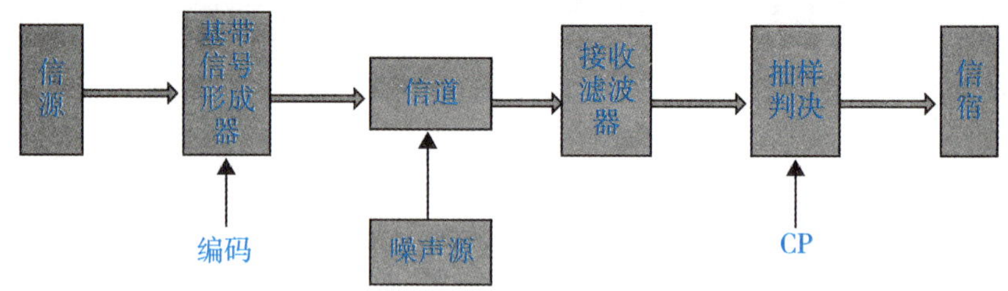

图 2.13　数字基带传输系统模型

2. 数字数据编码方法

基带传输系统的通信模型如图 2.13 所示。由于原始的基带信号所具有的一些特征使它们并不适合直接在信道上进行传输，为了更好地传输这些信号，我们需要对它们进行一些改变，这种改变称为基带信号形成器，又称为编码。也就是说，在该基带传输系统中要解决的关键问题是数字数据的编/解码问题。即在发送端，要解决如何将二进制数据序列通过某种编码(encoding)方式转化为适合在数字信道上传送的基带信号；而在接收端，则要解决如何将接收到的基带信号通过解码(decoding)恢复为与发送端相同的二进制数据序列。常见的数字数据编码方式如图 2.14 所示。

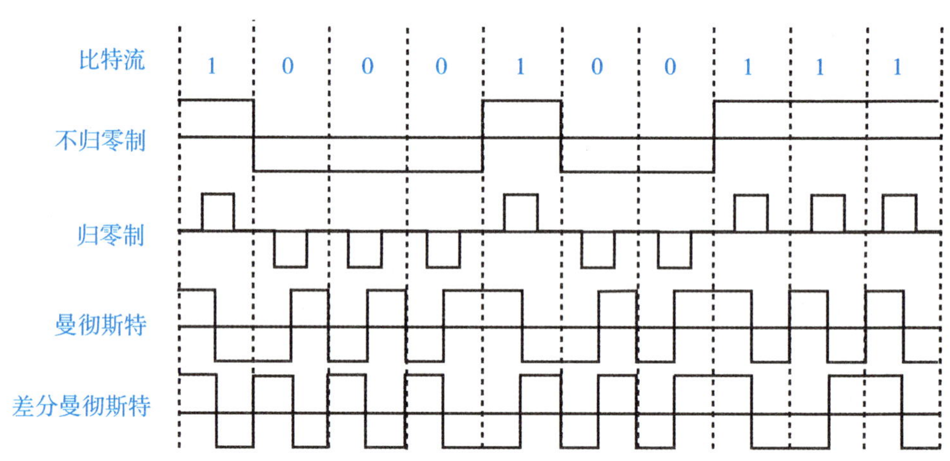

图 2.14　常见的数字数据编码方式

1)不归零编码

不归零(non-return zero，NRZ)编码分别采用两种高低不同的电平来表示两个二进制 0 和 1。通常，用高电平表示 1，低电平表示 0，图 2.14 给出了一个 NRZ 编码的例子。

NRZ 编码实现简单，但其抗干扰能力较差。另外，由于接收方不能准确地判断位的开始与结束，收发双方不能保持同步，需要采取另外的措施来保证发送时钟与接收时钟的同步。通常，以提供一个专门用于传送同步时钟信号信道的方式来解决该问题。

2)归零编码

归零(return to zero，RZ)编码的正脉冲表示 1，负脉冲表示 0，在脉冲结束之后要维持一

段时间的零电平，能够自同步，但信息密度低。

3)曼彻斯特(manchester)编码

曼彻斯特编码将每比特的信号周期 T 分为前 $T/2$ 和后 $T/2$，用前 $T/2$ 传送该比特的反(原)码，用后 $T/2$ 传送该比特的原(反)码。所以在这种编码方式中，每一位波形信号的中点(即 $T/2$ 处)都存在一个电平跳变，如图 2.14 所示。由于任何两次电平跳变的时间间隔都是 $T/2$ 或 T，因此提取电平跳变信号就可作为收发双方的同步信号，而不需要另外的同步信号，故曼彻斯特编码又被称为自含时钟编码。另外，与 NRZ 编码中以简单的幅度变化来表示数据比较，曼彻斯特编码采用跳变方式表达数据会具有更强的抗干扰能力。

4)差分曼彻斯特编码

差分曼彻斯特编码是对曼彻斯特编码的一种改进，其保留了曼彻斯特编码作为自含时钟编码的优点，仍将每比特中间的跳变作为同步之用，但是每比特的取值则根据其开始处是否出现电平的跳变来决定。通常规定有跳变者代表二进制 0，无跳变者代表二进制 1，如图 2.14 所示。之所以采用位边界的跳变方式来决定二进制的取值是因为跳变更易于检测。

2.1.6　频带传输

1. 什么是频带传输

由于基带传输受到近距离限制，所以在远距离传输中倾向于采用模拟通信。利用模拟信道以模拟信号形式传输数据的方式称为频带传输。频带传输系统的数据通信模型如图 2.4 所示。在计算机网络中，频带传输的关键问题是如何将计算机中的数字信号转化为适合模拟信道传输的模拟信号。

为了将数字化的二进制数据转化为适合模拟信道传输的模拟信号，需要选取某一频率范围的正弦或余弦信号作为载波，然后将要传送的数字数据“寄载”在载波上，利用数字数据对载波的某些特性(振幅 A、频率 f、相位 ϕ)进行控制，使载波特性发生变化，然后将变化了的载波送往线路进行传输。也就是说，在发送端，需要将二进制数据变换成能在电话线或其他传输线路上传输的模拟信号，即所谓的调制(modulation)；而在接收端，则需要将收到的模拟信号重新还原成原来的二进制数据，即所谓的解调(demodulation)。

通常，将在数据发送端承担调制功能的设备称为调制器(modulator)，而把在数据接收端承担解调功能的设备称为解调器(demodulator)。由于数据通信是双向的，所以实际上在数据通信的任何一方都要同时具备调制和解调功能，我们将同时具备这两种功能的设备称为调制解调器。调制解调器俗称为“猫”，当我们通过传统拨号、XDSL 等基于传统电话网络的方式上网时，都要用到该设备。

2. 三种基本的调制解调方法

由于正弦交流信号的载波可以用 $A\sin(2\pi f(t)+\phi)$ 表示，即参数振幅 A、频率 f 和相位 ϕ 的变化均会影响信号波形，故振幅 A、频率 f 和相位 ϕ 都可作为控制载波特性的参数，又称为调制参数，并由此产生出三种基本的调制形式：调幅(AM)、调频(FM)、调相(PM)，调制的方法如图 2.15 所示。

调幅即载波的振幅随基带数字信号而变化。例如，0 或 1 分别对应于无载波或有载波输出。

调频即载波的频率随基带数字信号而变化。例如，0 或 1 分别对应于频率 f_1 或 f_2。

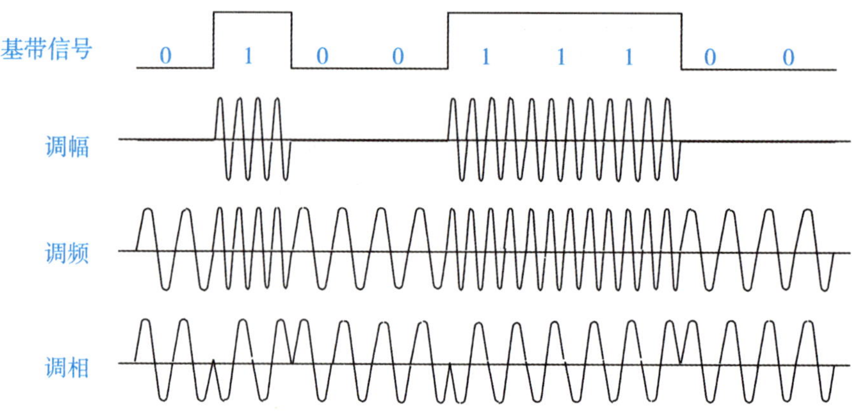

图 2.15 基本调制方法

调相即载波的初始相位随基带数字信号而变化。例如，0 或 1 分别对应于相位 0°或 180°。

为了达到更高的信息传输速率，必须采用技术上更为复杂的多元制的振幅相位混合调制方法。例如，正交振幅调制(quadrature amplitude modulation，QAM)。

选用基带传输或频带传输与信道的适用频带有关。例如，计算机或脉码调制电话终端机输出的数字脉冲信号是基带信号，可以利用电缆进行基带传输，不必对载波进行调制和解调。与频带传输相比，基带传输的优点是设备较简单；线路衰减小，有利于增加传输距离。对于不适合基带信号直接通过的信道(如无线信道)，则可将脉冲信号经数字调制后再传输。

基带传输广泛用于音频电缆和同轴电缆等传送数字电话信号，同时，在数据传输方面的应用也日益扩大。频带传输系统中，调制前和调制后对基带信号的处理仍需利用基带传输原理，采用线性调制的频带传输系统可以变换为等效基带传输来分析。

介绍了数字数据的编码和信号调制方法后，我们现在来讨论信道容量，对于频带宽度已确定的信道，如果信噪比也不能再提高了，并且码元传输速率也达到了上限值，那么还有什么办法提高信息的传输速率呢？这就是用编码的方法让每一个码元携带更多比特的信息量。我们可以用一个简单的例子来说明这个问题。

假定我们的基带信号是 111001010110111011，如果直接传送，则每一个码元所携带的信息量是 1bit。现将信号中的每 3 个比特编为一个组，即 111，001，010，110，111，011。3 个比特共有 8 种不同的排列 000～111。我们可以用不同的调制方法来表示这样的信号。例如，用 8 种不同的振幅，或 8 种不同的频率，或 8 种不同的相位进行调制。假定我们采用频率调制，用频率 w_0 表示 000，w_1 表示 001，w_2 表示 010，w_3 表示 011，w_4 表示 100，w_5 表示 101，w_6 表示 110，w_7 表示 111。这样，原来的 18 个码元的信号就转换为由 6 个新的码元(即由原来的每 3 个比特构成一个新的码元)组成的信号：

111001010110111011 = 111，001，010，110，111，011 = w_7，w_1，w_2，w_6，w_7，w_3

也就是说，若以同样的速率发送码元，则同样时间所传送的信息量就提高到了 3 倍。自从香农公式发表后，各种新的信号处理和调制方法不断出现，其目的都是尽可能地接近香农公式给出的传输速率极限。在实际信道上能够达到的信息传输速率要比香农的极限传输速率低不少。这是因为在实际信道中，信号还要受到其他一些损伤，如各种脉冲干扰和在传输中产生的失真等。这些因素在香农公式的推导过程中并未考虑。

2.2　信道复用技术

为了提高通信线路传送信息的效率，通常采用在一条物理线路上建立多条通信信道的多路复用(multiplexing)技术。多路复用技术使得在同一传输介质上可传输多个不同信源发出的信号，从而可充分利用通信线路的传输容量，提高传输介质的利用率。特别是在远距离传输时，使用多路复用技术可以节省大量的电缆成本及后期的线路维护投资。

例如在图2.16中，在输入端，多路复用器将若干个彼此无关的输入信号合并成可在一条物理线路上传输的复合信号，从而多个数据源可共享同一个传输介质，就如同每个数据源都有自己的信道一样。而在输出端，则由多路解复用器将所收到的复合信号按通道号重新分离出来。

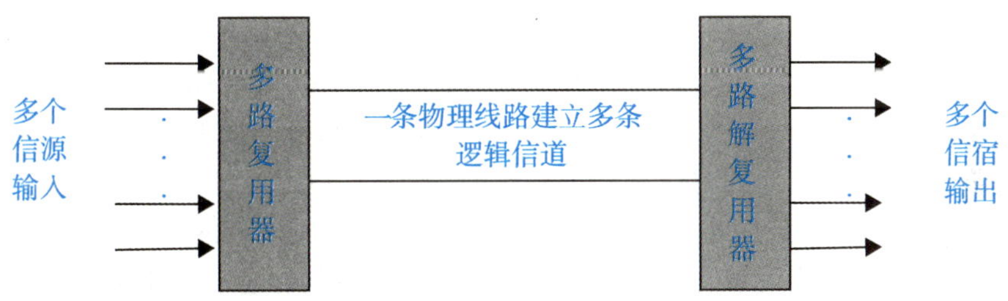

图2.16　多路复用技术工作机制

当前采用的多路复用方式主要有频分多路复用(frequency division multiplexing，FDM)、时分多路复用(time division multiplexing，TDM)和波分复用(wavelength division multiplexing，WDM)、码分多路复用(code division multiple access，CDMA)、空分多路复用(space division multiplexing，SDM)等。

2.2.1　频分多路复用

频分多路复用，是指载波带宽被划分为多种不同频带的子信道，每个子信道可以并行传送一路信号的一种多路复用技术。FDM常用于模拟传输的宽带网络中。在通信系统中，信道所能提供的带宽通常比传送一路信号所需的带宽宽得多。如果一个信道只传送一路信号是非常浪费的，为了能够充分利用信道的带宽，就可以采用频分复用的方法。当有多路信号输入时，发送端将各路信号分别调制到所分配的频带范围内的载波上，通过频分多路复用器将多路载波信号在一条共享信道上传输，到接收端以后，利用接收滤波器再把各路信号区分开来并恢复成原来信号的波形。为了防止相邻两个信号频率覆盖造成干扰，在相邻两个信号的频率段之间通常要留有一定的频率间隔，如图2.17所示。使用频分复用的所有用户在同样的时间占用不同的带宽资源，这里的带宽是频率带宽(Hz)，而不是数据的发送速率(bit/s)。

在频分多路复用中，数据在各个子信道上是并行传输的。由于各个信道相互独立，因此一个信道发生故障时不会影响其他信道的数据传输。

FDM的方法起源于电话系统，所以我们下面就利用电话系统这个例子来进一步说明频

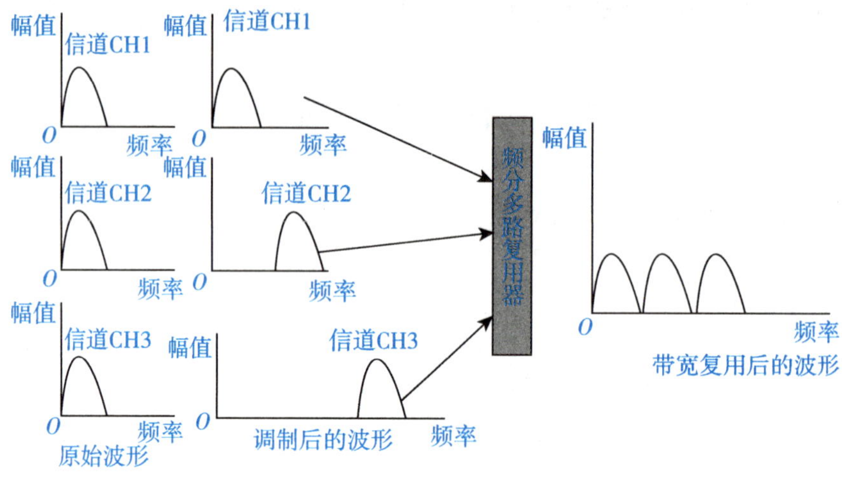

图 2.17　频分多路复用

分多路复用的工作机制。现在一路电话的标准频带是 0.3～3.4kHz，高于 3.4kHz 和低于 0.3kHz 的频率分量都将被衰减掉(注：这对于语音清晰度和自然度的影响都很小，不会令人不满意)。如果在一对导线上同时传输若干路这样的电话信号，接收端就无法把它们区分开来。若利用频率调制，将若干路(假设为 3 路)电话信号搬到频段的不同位置，一路电话信号共占有 4kHz 的带宽，就可以形成一个带宽为 4×3(kHz)的频分多路复用信号。图 2.18 给出了一个三路语音信号复用的例子。由于每路电话信号占有不同的频带，到达接收端后，就可以用滤波器将各路电话信号区分开。显然，物理信道的带宽越大，可容纳的电话路数就会越多。目前，在一根同轴电缆上已实现了上千路电话信号的传输。

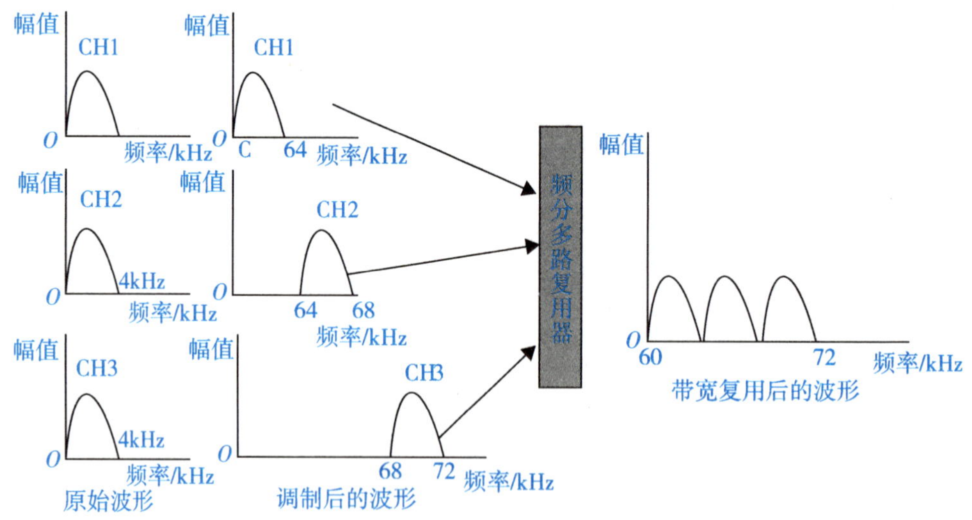

图 2.18　电话信号频分复用

频分多路复用以信道频带作为分割对象，通过为多个信道分配互不重叠的频率范围实现多路复用，但其前提是信道可以被利用的频宽比一个信号的频率范围要宽得多。模拟信号由于具有持续时间长但占用的信道带宽通常较小的特点，所以在提供模拟信号传输的频带传输系统中比较多地采用频分多路复用技术。在目前的有线或无线模拟通信网中，就大量使用了这项技术。例如，频分模拟话路作为主要的长距离数据传输信道，其每个话路的最高数据传输率可达 56Kbit/s。

2.2.2 时分多路复用

当信号的频宽与物理线路的频宽相当时，就不适合采用频分多路复用技术了。以数字信号为例，它具有较大的频率宽度，通常需要占据物理线路的全部带宽来传输一路信号，但它作为离散量，又具有持续时间很短的特点。因此，可以考虑将线路的传输时间作为分割对象，将线路传输时间分成一个个互不重叠的时间片(time slot)，并按一定规则将这些时间片分配给多路信号，每一路信号在分配给自己的时间片内独占信道全部带宽进行传输。这种通过划分线路传输时间所形成的复用方式称为时分多路复用。时分多路复用技术主要用于基带传输系统中。时分多路复用又可进一步分为同步时分多路复用和异步时分多路复用两大类。

1. 同步时分多路复用

在同步时分多路复用(synchronous time division multiplexing，STDM)中，多路复用器将线路的传输时间分为若干个等长的时间片，每个时间片传输一个时分复用帧(TDM 帧)，每个时分复用用户在每个 TDM 帧中占用固定序号的时隙，如图 2.19 所示，多路信号采用轮转方式使用这些时间片，即使在某个时隙内某个信源没有信号发送，该时隙也不能被其他信源使用，因此各个信道的发送与接收必须是同步的。

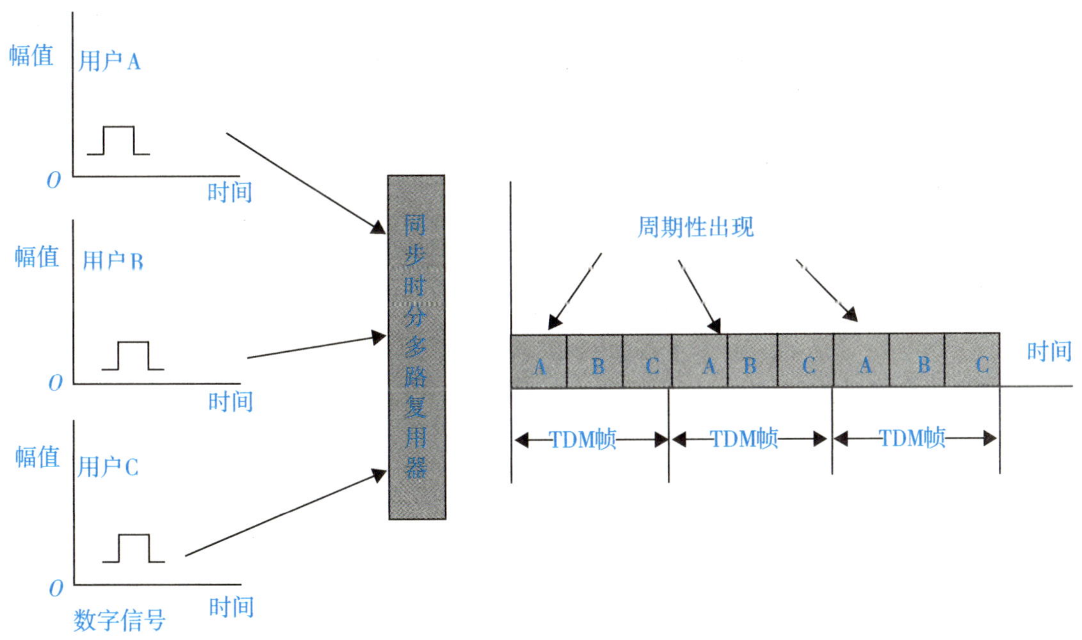

图 2.19　同步时分多路复用

在使用频分复用时，若每一个用户占用的带宽不变，则当复用的用户数增加时，复用后的信道的总带宽就跟着变宽。例如，传统的电话通信每一个标准话路的带宽是 4kHz(即通信用的3.1kHz加上两边的保护频带），那么若有100个用户进行频分复用，则复用后的总带宽就是400kHz。但在使用时分复用时，每一个时分复用帧的长度是不变的，始终是125μs。若有100个用户进行时分复用，则每一个用户分配到的时隙宽度就是125μs的百分之一，即1.25μs，时隙宽度变得非常窄。我们应注意到，时隙宽度非常窄的脉冲信号所占的频谱、范围也是非常宽的。

在进行通信时，多路复用器(multiplexer)总是和多路解复用器(demultiplexer)成对地使用。在多路复用器和多路解复用器之间是用户共享的高速信道。多路解复用器的作用正好和多路复用器相反，它把高速信道传送过来的数据分开，分别送交给相应的用户。

当使用同步时分复用技术传送计算机数据时，由于计算机数据的突发性质，一个用户对已经分配到的子信道的利用率一般是不高的。当用户在某一段时间暂时无数据传输时(例如用户正在键盘上输入数据或正在浏览屏幕上的新闻)，就只能让已经分配到手的子信道空闲着，而其他用户也无法使用这个暂时空闲的线路资源。图2.20说明了这一现象。这里假定有4个用户A、B、C和D进行时分复用。多路时分复用器按A→B→C→D的顺序依次对用户的时隙进行扫描，然后构成一个个时分复用帧。图2.20中共画出了4个时分复用帧，每个时分复用帧有4个时隙，每个用户占用一个时隙。可以看出，当某用户暂时无数据发送时，在同步时分复用帧中分配给该用户的时隙只能处于空闲状态，其他用户即使一直有数据要发送，也不能使用这些空闲的时隙，导致复用后的信道利用率不高。这种固定时间片的方式会造成很大的带宽浪费。

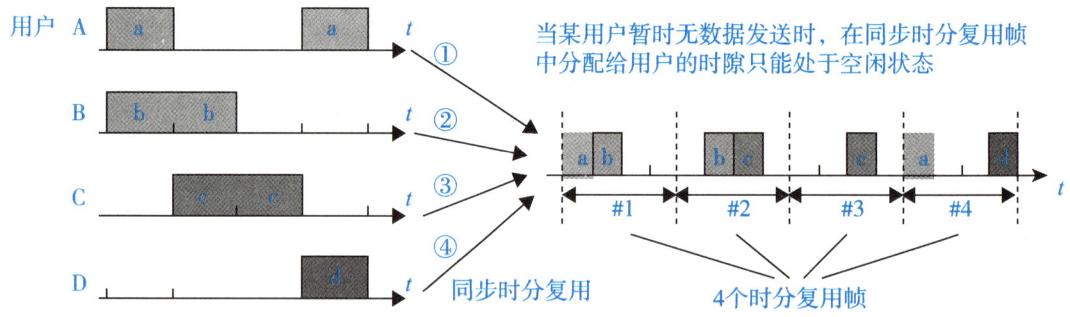

图2.20　同步时分复用可能会造成线路资源的浪费

2. 异步时分多路复用

为了克服STDM的缺点，我们采用一种称为异步时分多路复用(asynchronous time division multiplexing，ATDM)的技术，该技术也称为统计时分多路复用。如图2.21所示，一个使用统计时分复用的集中器连接4个低速用户，然后将它们的数据集中起来通过高速线路发送到一个远地计算机。

异步时分复用使用ATDM帧来传送复用的数据，但每一个ATDM帧中的时隙数小于连接在集中器上的用户数。各用户有了数据就随时发往集中器的输入缓存，然后集中器按顺序依次扫描输入缓存，把缓存中的输入数据放入ATDM帧中，没有数据的缓存就跳过去。当一个帧放满了数据后，就发送出去。因此，ATDM帧不是固定分配时隙，而是按需动态地分配时隙。因此异步时分复用可以提高线路的利用率。我们还可看出，在输出线路上，某个用户所占用的时隙并不是周期性地出现。这里应注意的是，虽然异步时分复用的输出线路上的

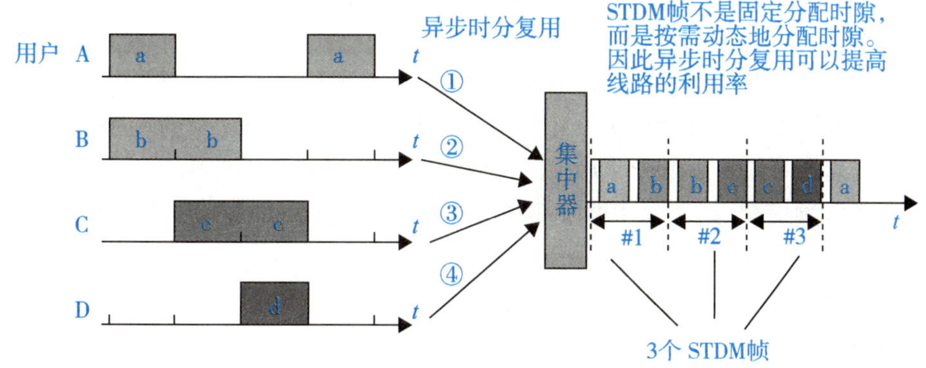

图 2.21　异步时分复用工作机制

数据率小于各输入线路数据率的总和，但从平均的角度来看，这两者是平衡的。假定所有的用户都不间断地向集中器发送数据，那么集中器肯定无法应付，它内部设置的缓存都将溢出。所以集中器能够正常工作的前提是假定各用户都间歇地工作。

由于 ATDM 帧中的时隙并不是固定地分配给某个用户的，因此在每个时隙中还必须有用户的地址信息，这是异步时分复用必须要有的和不可避免的一些开销。图 2.21 中输出线路上每个时隙之前的短时隙(白色)就是放入地址信息的。使用异步时分复用的集中器也叫作智能复用器，它能提供对整个报文的存储转发能力(但大多数复用器一次只能存储一个字符或一比特)，通过排队方式使各用户更合理地共享信道。此外，许多集中器还可能有路由选择、数据压缩、前向纠错等功能。

这里的 TDM 帧和 ATDM 帧都是对传送的比特流进行划分，这两种帧与数据链路层中讨论的帧是完全不同的概念。

2.2.3　波分多路复用

波分复用就是光的频分复用。光纤技术的应用使数据的传输速率空前提高，现在人们借用传统的载波电话的频分复用的概念，就能做到使用一根光纤来同时传输多个频率很接近的光载波信号。这样就使光纤的传输能力可成倍地提高。由于光载波的频率很高，习惯上用波长而不用频率来表示所使用的光载波，这样就得出了波分复用这一名词。最初，人们只能在一根光纤上复用两路光载波信号。这种复用方式称为波分复用。随着技术的发展，在一根光纤上复用的光载波信号的路数越来越多。现在已能做到在一根光纤上复用几十路或更多路数的光载波信号。于是就产生了密集波分复用(dense wavelength division multiplexing，DWDM)这一名词。例如，每一路的数据率是 40Gbit/s，使用 DWDM 后，如果在一根光纤上复用 64 路，就能够获得 2.56Tbit/s 的数据率。图 2.22 给出了波分复用的示例。

图 2.22 表示 8 路传输速率均为 2.5Gbit/s 的光载波(其波长均为 1310nm)，经光的调制后，分别将波长变换到 1550~1557nm，每个光载波相隔 1nm(这里只是为了说明问题方便，实际上，对于密集波分复用，光载波的间隔一般是 0.8nm 或 1.6nm)。这 8 个波长很接近的光载波经过光复用器(波分复用的复用器，又称为合波器)后，就在一根光纤中传输。因此，在一根光纤上数据传输的总速率就达到了 8×2.5Gbit/s＝20Gbit/s。但光信号传输了一段距离

后就会衰减，因此衰减了的光信号必须进行放大才能继续传输。现在已经有了很好的掺铒光纤放大器(erbium doped fiber amplifier，EDFA)。它是一种光放大器，不需要像以前那样复杂，先把光信号转换成电信号，经过电放大器放大后，再转换成光信号。EDFA 不需要进行光电转换而直接对光信号进行放大，并且在 1550m 波长附近有 35nm(即 42THz)频带范围提供较均匀的、最高可达 40~50dB 的增益。两个光纤放大器之间的光缆线路长度可达 120km，而光复用器和光分用器(波分复用的分用器，又称为分波器)之间的无光电转换的距离可达 600km(只需放入 4 个 EDFA)。

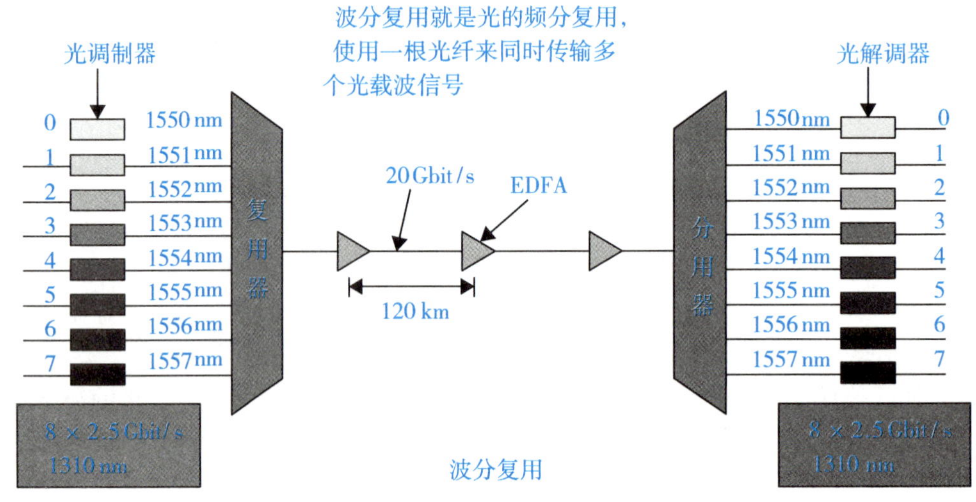

图 2.22　波分复用示例

在地下铺设光缆是耗资很大的工程，因此人们总是在一根光缆中放入尽可能多的光纤(例如，放入 100 根以上的光纤)，然后对每一根光纤使用密集波分复用技术。因此，对于具有 100 根速率为 2.5Gbit/s 光纤的光缆，采用 16 倍的密集波分复用，得到一根光缆的总数据率为 100×40Gbit/s 或 4Tbit/s。这里的 T 中文名词读作“太”，1T = 106Mb/s，也有人将 T 读作“兆兆”。

2.2.4　码分多路复用

码分多路复用 CDMA 又称码分多址，CDMA 与 FDM 和 TDM 不同，它既共享信道的频率，也共享时间，是一种真正的动态复用技术。在 CDMA 中，每一个比特时间被分成 m 个更短的时间槽，称为码片(chip)，通常情况下 m 的值是 64 或 128。为了说明其工作机制，这里设 $m=8$。

使用 CDMA 的每一个站点被指派一个唯一的 m bit 码片序列（chip sequence)。一个站点如果要发送比特 1，则发送它自己的 m bit 码片序列。如果要发送比特 0，则发送该码片序列的二进制反码。例如，指派给 S 站点的 8bit 码片序列是 00011011。当 S 发送比特 1 时，它就发送序列 00011011，而当 S 发送比特 0 时，就发送 11100100。为了方便，我们按惯例将码片中的 0 写为-1，将 1 写为+1。因此 S 站的码片序列是(-1-1-1+1+1-1+1+1)。

现假定 S 站要发送信息的数据率为 b bit/s。由于每一比特要转换成 m bit 的码片，因此 S 站实际上发送的数据率提高到 $m \times b$ bit/s，同时 S 站所占用的频带宽度也提高到原来数值的 m 倍。这种通信方式是扩频(spread spectrum)通信中的一种。扩频通信通常有两大类，一种是直接序列扩频(direct sequence spread spectrum，DSSS)，如上面讲的使用码片序列就是这一类；另一种是跳频扩频(frequency hopping spread spectrum，FHSS)。

CDMA 系统的一个重要特点就是这种体制给每一个站点分配的码片序列不仅必须各不相同，并且必须互相正交(orthogonal)。在实用的系统中使用的是伪随机码序列。

用数学公式可以很清楚地表示码片序列的这种正交关系。令向量 $\boldsymbol{S}$ 表示 S 站的码片向量，再令 $\boldsymbol{T}$ 表示其他任何站的码片向量。两个不同站的码片序列正交，就是向量 $\boldsymbol{S}$ 和 $\boldsymbol{T}$ 的规格化内积(inner product)都是 0：

$$\boldsymbol{S} \cdot \boldsymbol{T} = \frac{1}{m}\sum_{i=1}^{m} S_i T_i = 0 \tag{2.4}$$

例如，向量 $\boldsymbol{S}$ 为(−1−1−1+1+1−1+1+1)，同时设向量 $\boldsymbol{T}$ 为(−1−1+1−1+1+1+1−1)，这相当于 T 站的码片序列为 00101110。将向量 $\boldsymbol{S}$ 和 $\boldsymbol{T}$ 的各分量值代入式(2.4)就可看出这两个码片序列是正交的。不仅如此，向量 $\boldsymbol{S}$ 和各站码片反码的向量的内积也是 0。另外一点也很重要，即任何一个码片向量和该码片向量自己的规格化内积都是 1。

$$\boldsymbol{S} \cdot \boldsymbol{S} = \frac{1}{m}\sum_{i=1}^{m} S_i S_i = 1 \tag{2.5}$$

而一个码片向量和该码片反码的向量的规格化内积值是−1。这从式(2.5)可以很清楚地看出，因为求和的各项都变成了−1。

现在假定在一个 CDMA 系统中有很多站都在相互通信，每一个站所发送的是数据比特和本站的码片序列的乘积，因而是本站的码片序列(相当于发送比特 1)和该码片序列的二进制反码(相当于发送比特 0)的组合序列，或什么也不发送(相当于没有数据发送)。还假定所有的站所发送的码片序列都是同步的，即所有的码片序列都在同一个时刻开始。利用全球定位系统(GPS)就不难做到这点。

现假定有一个 X 站要接收 S 站发送的数据，X 站就必须知道 S 站所特有的码片序列。X 站使用它得到的码片向量 $\boldsymbol{S}$ 与接收到的未知信号进行求内积的运算。X 站接收到的信号是各个站发送的码片序列之和。根据上面的式(2.4)和式(2.5)，再根据叠加原理(假定各种信号经过信道到达接收端是叠加的关系)，那么求内积得到的结果是：所有其他站的信号都被过滤掉(其内积的相关项都是 0)，而只剩下 S 站发送的信号。当 S 站发送比特 1 时，在 X 站计算内积的结果是+1，当 S 站发送比特 0 时，内积的结果是−1。

图 2.23 是 CDMA 的工作原理。设 S 站要发送的数据码元比特是 110。再设 CDMA 将每一个码元扩展为 8 个码片，而 S 站选择的码片序列为(+1−1−1+1+1−1+1+1)。S 站发送的扩频信号为 S_x，我们应当注意到，S 站发送的扩频信号 S_x 中，只包含互为反码的两种片序列。T 站选择的码片序列为(−1−1+1−1+1+1+1−1)，T 站发送的数据码元比特也是 110，而 T 站的扩频信号为 T_x，因所有的站都使用相同的频率，每一个站都能够收到所有的站发送的扩频信号。对于我们的例子，所有的站收到的都是叠加的信号 S_x+T_x。

当接收站打算收 S 站发送的信号时，就用 S 站的码片序列与收到的信号求规格化内积。这相当于分别计算 $S \cdot S_x$ 和 $S \cdot T_x$。显然，$S \cdot S_x$ 就是 S 站发送的数据比特，因为在计算规格化内积时，按式(2.4)相加的各项，或者都是+1，或者都是−1；而 $S \cdot T_x$ 一定是零，因为

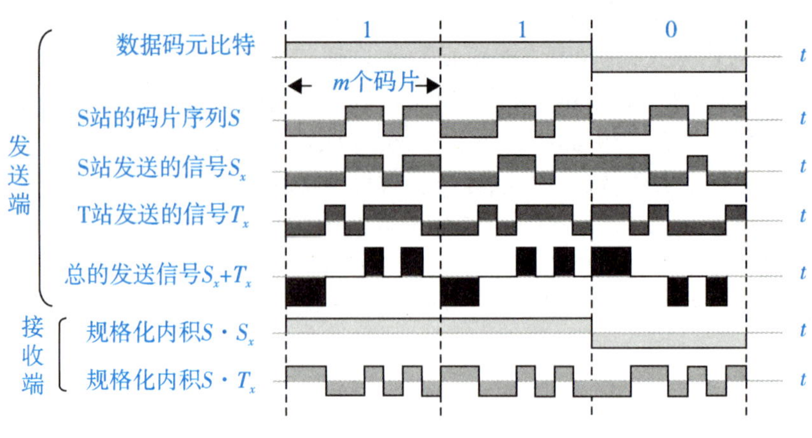

图 2.23　CDMA 的工作原理

相加的 8 项中的+1 和−1 各占一半，因此总和一定是零。

【示例讲解】

共有四个站点进行码分多址通信。四个站的码片序列为

A. (−1 −1 −1 +1 +1 −1 +1 +1)　　　　B. (−1 −1 +1 −1 +1 +1 +1 −1)

C. (−1 +1 −1 +1 +1 +1 −1 −1)　　　　D. (−1 +1 −1 −1 −1 −1 +1 −1)

现收到这样的码片序列：(−1 +1 −3 +1 −1 −3 +1 +1)。问哪个站发送了数据？发送数据的站发送的是 1，还是 0？

解答：

由题目可知，这四个站点要么发送了 1，要么发送了 0，要么没有发送，可以设四个参数，这里用 k_1、k_2、k_3、k_4 来表示，这四个参数可以取值为−1、0、1，取值为−1 发送的是 0，取值为 1，发送的是 1，取值为 0 表示没有发送。由此转化为方程求解问题。建立的方程如下：

k_1(−1，−1，−1，1，1，−1，1，−1)+k_2(−1，−1，1，−1，1，1，1，−1)+k_3(−1，1，−1，1，1，1，−1，−1)+$k_{(}$−1，1，−1，−1，−1，1，−1)=(−1，1，−3，1，−1，−3，1，1)

将上面的方程转化为前 4 个方程组，如下所示：

收到码片中第 1 个数建立的方程：$-k_1-k_2-k_3-k_4=-1$

收到码片中第 2 个数建立的方程：$-k_1-k_2+k_3+k_4=1$

收到码片中第 3 个数建立的方程：$-k_1+k_2-k_3-k_4=-3$

收到码片中第 4 个数建立的方程：$k_1-k_2+k_3-k_4=1$

四个参数，四个方程，能求出 $k_1=1$，$k_2=-1$，$k_3=0$，$k_4=1$，所以 A、D 发送了 1，B 发送了 0，C 没发送数据。

码分多路通信是利用各路信号码型结构的正交性来完成多路复用的。广义而言，频分和时分多路复用也是利用信号的正交性，即采用适当的措施使各路信号不重叠来完成多路复用；频分多路复用是利用了信号在频率上的相互不重叠，时分多路复用则是利用了信号在时间上的相互不重叠。

码分多路复用也是一种共享信道的方法，每个用户可在同一时间使用同样的频带进行通信，但使用的是基于码型的分割信道的方法，即每个用户分配一个地址码，各个码型互不重

叠，通信各方之间不会相互干扰，且抗干扰能力强。

码分多路复用技术主要用于无线通信系统，特别是移动通信系统。它不仅可以提高通信的话音质量和数据传输的可靠性以及减少干扰对通信的影响，而且增大了通信系统的容量。笔记本电脑或个人数字助理(personal data assistant，PDA)以及掌上计算机(handed personal computer，HPC)等移动性计算机的联网通信就是使用了这种技术。

在码分多址蜂窝通信系统中，用户之间的信息传输也是由基站进行转发和控制的。为了实现双工通信，正向传输和反向传输各使用一个频率，即通常所谓的频分双工。无论正向传输还是反向传输，除了传输业务信息外，还必须传送相应的控制信息。为了传送不同的信息，需要设置相应的信道，但是，CDMA 通信系统既不分频道又不分时隙，无论传送何种信息的信道都靠采用不同的码型来区分。类似的信道属于逻辑信道，这些逻辑信道无论从频域还是时域来看都是相互重叠的，或者说它们均占有相同的频段和时间。CDMA 数字蜂窝移动通信系统的各种信道的选择可用正交 Walsh 函数来实现。正交 Walsh 函数可以构成正交 Walsh 码，作为地址码实现码分多址。

2.2.5　空分多路复用

空分多路复用即多对电线或光纤共用 1 条缆的复用方式。例如，5 类线就是 4 对双绞线共用 1 条缆，还有市话电缆(几十对)也是如此。能够实现空分复用的前提条件是光纤或电线的直径很小，可以将多条光纤或多对电线做在一条缆内，既节省外护套的材料又便于使用。空分多路复用其实就是指在同一根光纤内传输多路不同波长的光信号，其原理与频分多路复用有相似之处。

2.3　数据交换技术

计算机网络的功能之一是实现数据通信。通信子网完成互联网上任意两个节点之间的数据通信。通信子网可以是一条传输电缆，如两台终端通过电缆直接相连，也可以是由多个中间节点互联而成的通信网络。当需要通信的两端距离较远时，两台终端就必须借助网状结构的通信网络，通信网络是互联网络的核心，由路由器充当中间节点，它是一种专用计算机，是实现分组交换的关键构件，其任务是转发收到的分组，这是通信网络最重要的功能。为了弄清分组交换，下面介绍电路交换的基本概念。

2.3.1　电路交换

电路交换(circuit switching，CS)是通信网中最早出现的一种交换方式，也是应用最普遍的一种交换方式，主要应用于电话通信网中，完成电话交换，已有 100 多年的历史。

电话通信的过程是：首先摘机，听到拨号音后拨号，交换机找寻被叫，向被叫振铃同时向主叫送回铃音，此时表明在电话网的主被叫之间已经建立起双向的话音传送通路；当被叫摘机应答后，即可进入通话阶段；在通话过程中，任何一方挂机，交换机会拆除已建立的通话通路，并向另一方送忙音提示挂机，从而结束通话。

从电话通信过程的描述可以看出，电话通信分为三个阶段：呼叫建立、通话、呼叫拆除。电话通信的过程，即电路交换的过程，因此，相应的电路交换的基本过程可分为建立连接、通话和释放连接三个阶段。

图 2. 24 为电路交换的示意图。每一部电话都连接到交换机上，电话机 A 和 B 通话经过四个交换机 C、D、E、F，通话在 A 到 B 的连接上进行。在图 2. 24 中，用户线是电话用户到所连接的市话交换机的连接线路，是用户独占的传送模拟信号的专用线路，而四个交换机之间拥有大量话路的中继线，这些中继线则由许多用户所共有，正在通话的用户只占用了中继线中的一个话路，电路交换的一个重要特点就是在通话的全部时间内，通话的两个用户始终占用端到端的通信资源。电路交换具有如下特点：

(1)电路交换是面向连接的。

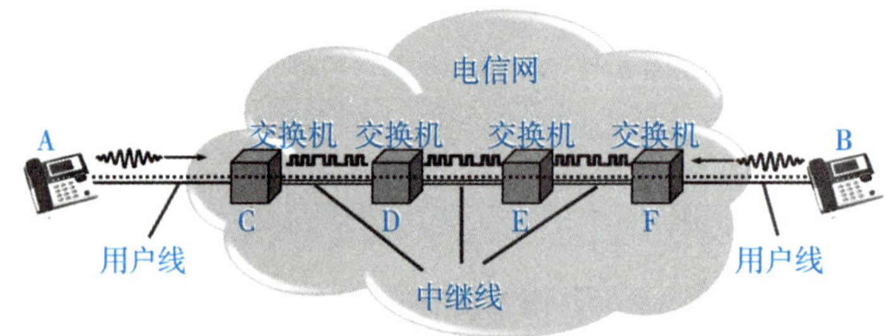

图 2. 24　电话 A 和 B 通过电路交换实现通信

(2)电路交换是一种直接的交换方式。

(3)电路交换中的交换的含义从资源分配的角度来看，就是电话交换机按照某种方式动态地分配传输线路的资源，如交换机 C、D、E、F 在呼叫连接建立时会动态地为电话机 A 到 B 通话分配一条专用的物理通道。

(4)电路交换分为三个阶段：建立连接，即建立一条专用的物理通路，以保证双方通话时所需的通信资源在通信时不会被其他用户占用；通话，即主叫和被叫双方就能互相通电话；释放连接，即释放刚才使用的这条专用的物理通路，即释放刚才占用的所有通信资源。

公共电话网采用电路交换实现接打电话，若公共电话网的终端对象改为计算机，使用电路交换来传送计算机数据时，其线路的传输效率往往很低，这是因为计算机产生通信数据需求往往是突发式地出现在传输线路上，因此线路上真正用来传输数据的时间往往不到 10%，甚至 1%，已被用户占用的通信线路资源在绝大部分时间是空的。例如，当用户阅读终端屏幕上的信息或用键盘输入或编辑一份文件时，或计算机正在进行处理，而结果尚未返回时，建立连接的宝贵通信线路资源并未利用，而是被白白浪费了。为了适应计算机之间的网络通信，诞生了存储转发技术。

2. 3. 2　报文交换

报文交换(message switching)，又称存储转发交换，是数据交换的三种方式之一。它以报文为数据交换单位，报文携带目标地址、源地址等信息。每一个节点接收整个报文，检查目标节点地址，然后根据网络中的交通情况在适当的时候转发到下一个节点。经过多次的存

储—转发，最后到达目的地，因而这样的通信网络叫存储—转发网络。其中的交换节点要有足够大的存储空间(一般是磁盘)，用以缓冲收到的长报文。交换节点对各个方向上收到的报文进行排队，找到下一个转结点，然后再转发出去，这些都带来了排队等待延迟。报文交换的优点是不建立专用链路，但是线路利用率较高，这是由通信中的等待时延换来的。电子邮件系统(E-mail)适合采用报文交换方式。

报文交换采用存储—转发的传输方式，因而有以下优缺点。

1. 优点

(1)报文交换不需要为通信双方预先建立一条专用的通信线路，不存在连接建立时延，用户可随时发送报文。

(2)在报文交换中便于设置代码检验和数据重发设施，加上交换节点还具有路径选择，就可以做到某条传输路径发生故障时，重新选择另一条路径传输数据，提高了传输的可靠性。

(3)在存储和转发中容易实现代码转换和速率匹配，甚至收发双方可以不同时处于可用状态。这样就便于类型、规格和速度不同的计算机之间进行通信。

(4)提供多目标服务，即一个报文可以同时发送到多个目的地址，这在电路交换中是很难实现的。

(5)允许建立数据传输的优先级，使优先级高的报文优先转换。

(6)通信双方不是固定地占有一条通信线路，而是在不同的时间一段一段地部分占有这条物理通路，因而大大提高了通信线路的利用率。

2. 缺点

(1)由于数据进入交换节点后要经历存储、转发这一过程，从而引起转发时延(包括接收报文、检验正确性、排队、发送时间等)，而且网络的通信量越大，造成的时延就越大，因此报文交换的实时性差，不适合传送实时或交互式业务的数据。

(2)报文交换只适用于数字信号。

(3)由于报文长度没有限制，而每个中间节点都要完整地接收传来的整个报文，当输出线路不空闲时，还可能要存储几个完整报文等待转发，要求网络中每个节点有较大的缓冲区。为了降低成本、减少节点的缓冲存储器的容量，有时要把等待转发的报文存在磁盘上，进一步增加了传送时延。

2.3.3　分组交换

1. 划分分组的基本思想

分组交换仍采用存储转发传输方式，但将一个长报文先分割为若干个较短的分组，然后把这些分组(携带源、目的地址和编号信息)逐个地发送出去。在图 2.25 中，把一个待发送的报文划分为 3 个分组：分组 1、分组 2 和分组 3。其具体做法是在发送端，先把较长的报文划分成较短的、固定长度的数据段如数据 1、数据 2、数据 3，例如，假设当前报文长度=3 000bit，若每个数据段为 1 024bit，则数据段 1 的长度=1 024bit，数据段 2 的长度=1 024bit，数据段 3 的长度=3 000-1 024-1 024=952(bit)。在每一个数据段前面添加一些必要的控制信息组成首部，就构成了一个分组（packet），在图 2.25 中，分组 1=首部+数据 1，分组 2=首部+数据 2，分组 3=首部+数据 3，若首部的长度=160bit，则分组 1=1 024+160=1184(bit)，分组 2=1 024+160=1184(bit)，分组 3=952+160=1112(bit)。

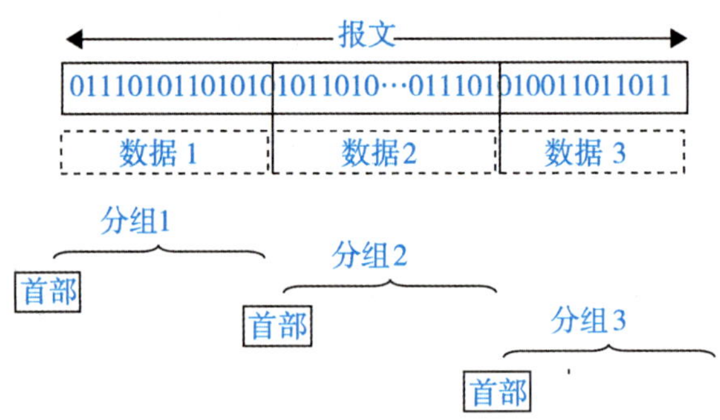

图 2.25　把一个报文划分为 3 个分组

分组又称为“包”(packet)，同样分组的首部也可以称为“包头”。Internet 以“分组”为基本单位在网络中传递，分组中的首部包含了目的 IP 地址和源 IP 地址等重要控制信息，发送端每个分组独立地选择传输路径，并被正确地交付到目的地。收到分组后剥去首部还原成报文。这里我们假定分组在传输过程中没有出现差错，在转发时也没有被丢弃。

在图 2.26 中，互联网核心部分的路由器把各个网络互联起来建立通信网络，主机处于互联网边缘部分，在互联网核心部分的路由器一般都用高速链路相连接，而在网络边缘的主机接入核心部分则通常以相对较低速率的链路相连接。

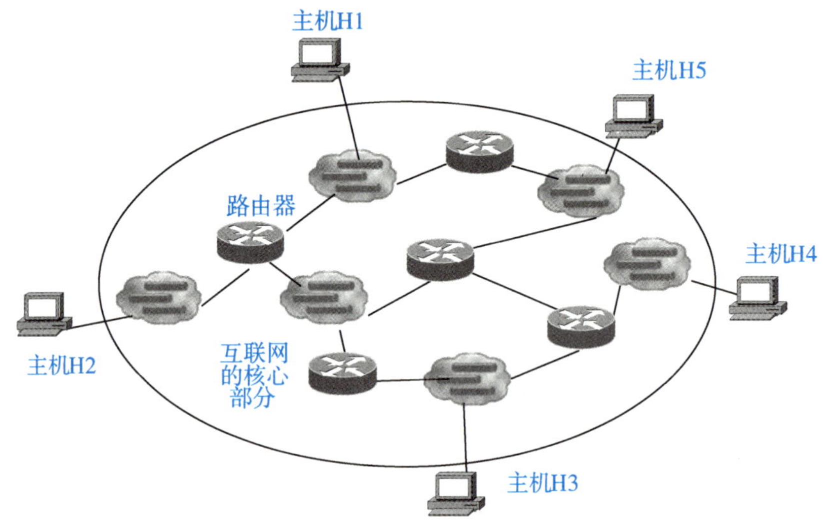

图 2.26　互联网核心部分的路由器把各个网络互联起来

主机和路由器都是计算机，但它们的作用却很不一样，主机是为用户进行信息处理，并且可以和其他主机通过网络交换信息，路由器只是用来转发分组即进行分组交换，路由器收到一个分组，先暂时存储一下，检查其首部是否正确，正确则查找路由表，按照首部中的目的地址，找到合适的接口转发数据，把分组交给下一个路由器，这样一步一步以存储、转发的方式把分组交给最终的目的主机，各路由器之间必须经常交换彼此掌握的路由信息，以便创建和动态维护路由器中的路由表，使路由表能够在整个网络拓扑发生变化时及时更新。

当我们讨论路由器转发分组过程时，往往把单个网络简化成一条链路，把路由器看成一个节点，这种简化图如图 2.27 所示。图 2.27 看到的是互联网核心部分是路由器互联起来的

通信网络，这样做的好处是可以重点关注路由器如何进行分组转发，而忽略具体网络的连接细节干扰。

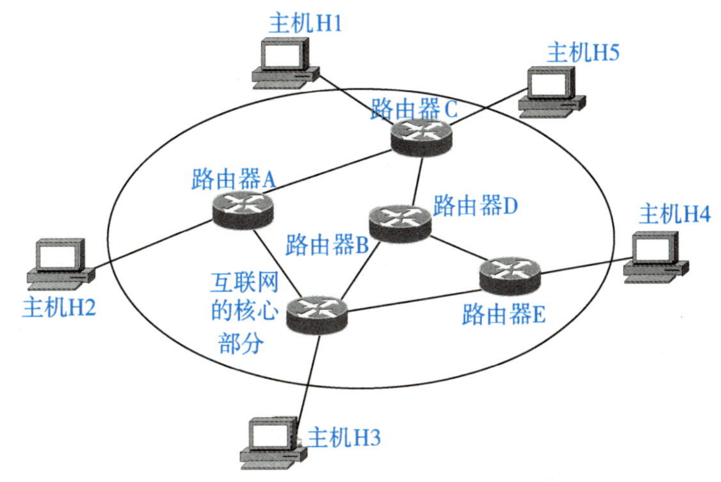

图 2.27　核心部分中的网络可用一条链路表示

2. 分组的转发方式

互联网核心部分的通信网络可采用数据报分组交换和虚电路分组交换两种方式。

1) 数据报分组交换

数据报分组交换以数据报(datagram)为基本传输单位，每个报文分组携带独立IP报头，IP报头里含有源IP地址和目的地IP地址，这样每个报文分组都独立选择路径进行传输，最终各个分组到达目的地时可能出现不是按发送端出发的顺序到达目的地，即乱序到达，也有可能某个分组丢失或某个分组重复到达。

现在举例说明数据报分组交换过程，在图 2.28 中，假设主机 A 向主机 D 发送三个分组，分别为 A. D. 1、A. D. 2、A. D. 3。主机 A 先将分组逐个地发往与它直接相连的路由器 A，路由器 A 把主机 A 发来的分组 A. D. 1、A. D. 2、A. D. 3 放入缓存，假定从路由器 A 的路由表中查出分组 A. D. 1 应该转发到链路路由器 A→路由器 C，于是分组 A. D. 1 就传送了路由器 C，路由器 C 发现与主机 D 直接相连，将分组 A. D. 1 交给主机 D，分组 A. D. 1 达到目的主机 D。当分组 A. D. 1 正在链路路由器 A→路由器 C 上传送时，该分组 A. D. 1 并不占用网络的其他链路资源。分组 A. D. 1 独立选择传输路径为：主机 A→路由器 A，链路路由器 A→路由器 C，路由器 C→主机 D，如图 2.28 的虚线所示。

当路由器 A 准备转发分组 A. D. 2 时，假设链路路由器 A→路由器 C 的通信量太大，路由器 A 把分组 A. D. 2 沿链路路由器 A→路由器 B 转发给路由器 B，路由器 B 把分组 A. D. 2 放入缓存，路由器 B 根据路由表将分组 A. D. 2 沿链路路由器 B→路由器 D 转发给路由器 D，路由器 D 把分组 A. D. 2 放入缓存，路由器 D 根据路由表将分组 A. D. 2 沿链路路由器 D→路由器 C 转发给路由器 C，路由器 C 发现与主机 D 直接相连，将分组 A. D. 2 交给主机 D，分组 A. D. 2 达到目的主机 D。分组 A. D. 2 独立选择传输路径为：主机 A→路由器 A，链路路由器 A→路由器 B，链路路由器 B→路由器 D，链路路由器 D→路由器 C，链路路由器 C→主机 D，如图 2.28 的实线所示。

当路由器 A 准备转发分组 A. D. 3 时，假定从路由器 A 的路由表中查出分组 A. D. 3 应该转发到链路路由器 A→路由器 C，于是分组 A. D. 3 就传送到了路由器 C，路由器 C 发现与主机 D 直接相连，将分组 A. D. 3 交给主机 D，分组 A. D. 3 到达目的主机 D。当分组 A. D. 3 正在链路路由器→路由器 C 上传送时，该分组 A. D. 3 并不占用网络的其他链路资源。分组 A. D. 3 独立选择传输路径为：主机→路由器 A，链路路由器→路由器 C，路由器 C→主机 D，如图 2.28 的虚线所示。

由于分组在交换转发过程中选择的传输路径不同，到达目的主机的先后顺序就有可能和

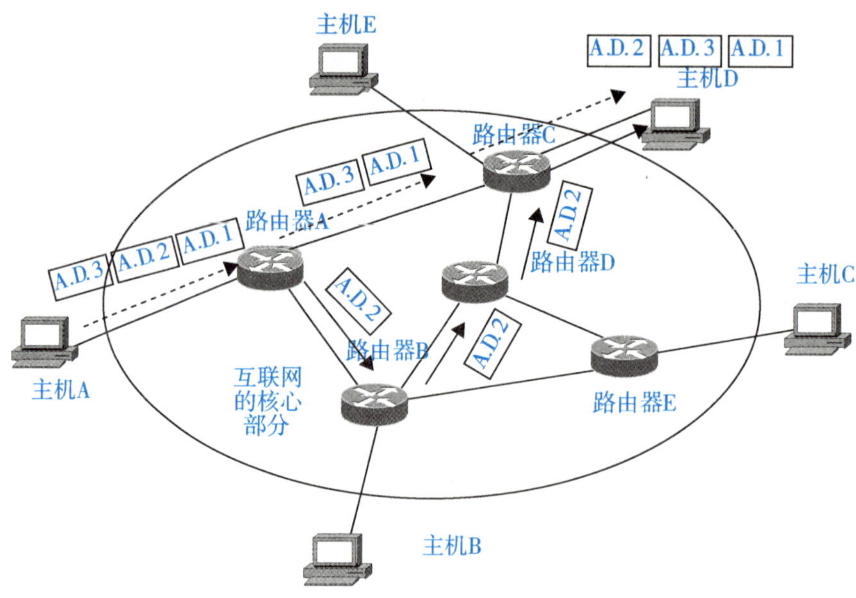

图 2.28 数据报分组交换的方式

发送端出发时的发送分组的顺序不同，假设在图 2.28 到达目的主机 D 的分组顺序为 A. D. 1、A. D. 3、A. D. 2，目的主机需要执行重组操作，重新对收到的分组进行排序，使其还原为发送时的顺序。这里假设各分组在发送的过程中没有出现丢失。

数据报分组交换的特点如下：

(1) 每个数据报分组在交换转发过程中独立选择传输路径；

(2) 每个数据报分组在传输过程中都必须带有源节点地址和目标节点地址；

(3) 每个数据报分组到达目标节点时可能出现乱序、重复或者丢失现象；

(4) 每个数据报分组传输路径逐段链路占用，使用完后立即释放。

在图 2.28 中我们只描述了假设主机 A 向主机 D 发送分组。实际上，Internet 可以容许非常多的主机同时进行通信。假设主机 A 向主机 D 发送分组的同时主机 B 向主机 E 发送分组 B. E. 1 和 B. E. 2，所选择的传输路径如箭头所示的方向，如图 2.29 所示。链路路由器 B→路由器 D，链路路由器 D→路由器 C 同时为两对主机通信服务，分组 B. E. 1、B. E. 2 和 A. D. 2 采用逐段占用的方式使用链路路由器 B→路由器 D，链路路由器 D→路由器 C，一旦完成某个分组传输，即可释放该链路。

2) 虚电路分组交换

虚电路分组交换就是两个用户的终端设备，在开始相互发送和接收数据之前，需要通过通信网络建立起逻辑连接，在虚电路分组交换中，所有分组都必须按照事先建立的虚电路传输，且存在一个虚呼叫建立连接和拆除阶段，而不是建立一条专用的物理电路，这是与电路交换本质上的区别。现在举例说明虚电路分组交换过程，在图 2.30 中，假设主机 A 向主机 D 发送分组，在发送分组之前需要建立分组转发数据的路径即虚电路号为：路由器 1→路由器 2→路由器 4→路由器 3，连接建立完成，所有分组 A. D. 1、A. D. 2、A. D. 3 都必须沿着事先建立的虚电路传输从路由器 1→路由器 2→路由器 4→路由器 3，路由器 3 发现与主机 D 直

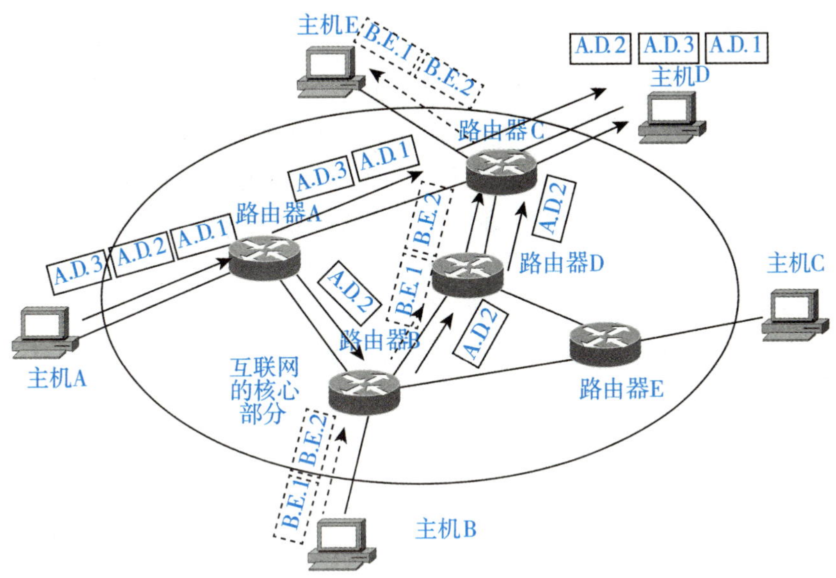

图 2.29　数据报分组交换中两对主机间同时通信

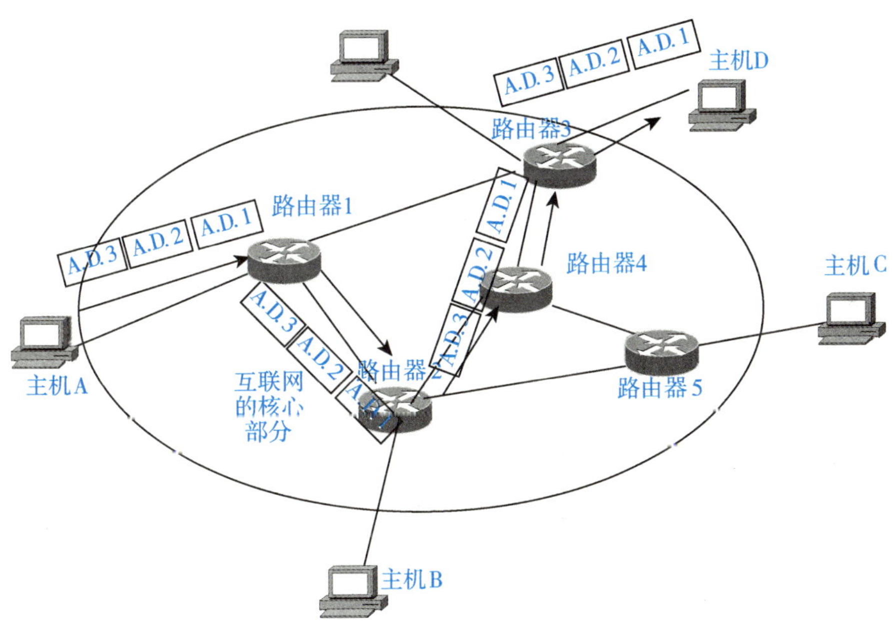

图 2.30　虚电路分组交换的工作方式

接相连，将分组 A. D. 1、A. D. 2、A. D. 3 按发送顺序交给主机 D。

此时传输路径：主机 A→路由器 1→路由器 2→路由器 4→路由器 3→主机 D，对于主机 A 向主机 D 发送分组来说，其路径是逐段占用的，例如分组 A. D. 1，A. D. 2，A. D. 3 使用完路由器 2→路由器 4 链路后，其他具有路由器 2→路由器 4 虚电路号的分组也可以使用链路路由器 2→路由器 4。如果在电路交换中，一旦连接路径建立如主机 A→路由器 1→路由器 2→路由器 4→路由器 3→主机 D，此时只有主机 A 和主机 D 可以使用，直到主机 A 和主机 D

之间的通话结束才释放所建立的所有链路段。

同样，在虚电路分组交换网中也支持多对主机同时进行通信。假设主机 A 向主机 D 发送分组的同时主机 B 向主机 E 发送分组 B. E. 1 和 B. E. 2，所选择的虚电路传输路径如图 2. 31 的虚线箭头所示的方向，主机 B→路由器 2→路由器 4→路由器 3→主机 E，如图 2. 31 所示。虚电路号路由器 2→路由器 4→路由器 3 同时为两对主机通信服务，分组 B. E. 1、B. E. 2 和 A. D. 1、A. D. 2、A. D. 3 采用逐段占用的方式使用虚电路号路由器 2→路由器 4，路由器 4→路由器 3，一旦完成分组传输，即可释放该虚电路号链路的占用。

虚电路分组交换的特点如下：

(1) 通信前必须在源节点和目标节点之间建立一条虚电路号建立连接；

(2) 主机间通信包括虚电路建立、数据传输和虚电路拆除三个阶段；

(3) 有临时性专用链路。报文分组不必带目标地址、源地址等辅助信息，但需要携带虚电路标识号；

(4) 分组到达目标节点时不会出现丢失、重复和乱序的现象；

(5) 分组通过每个虚电路上的节点时，节点只需要进行差错检测，不进行路径选择；

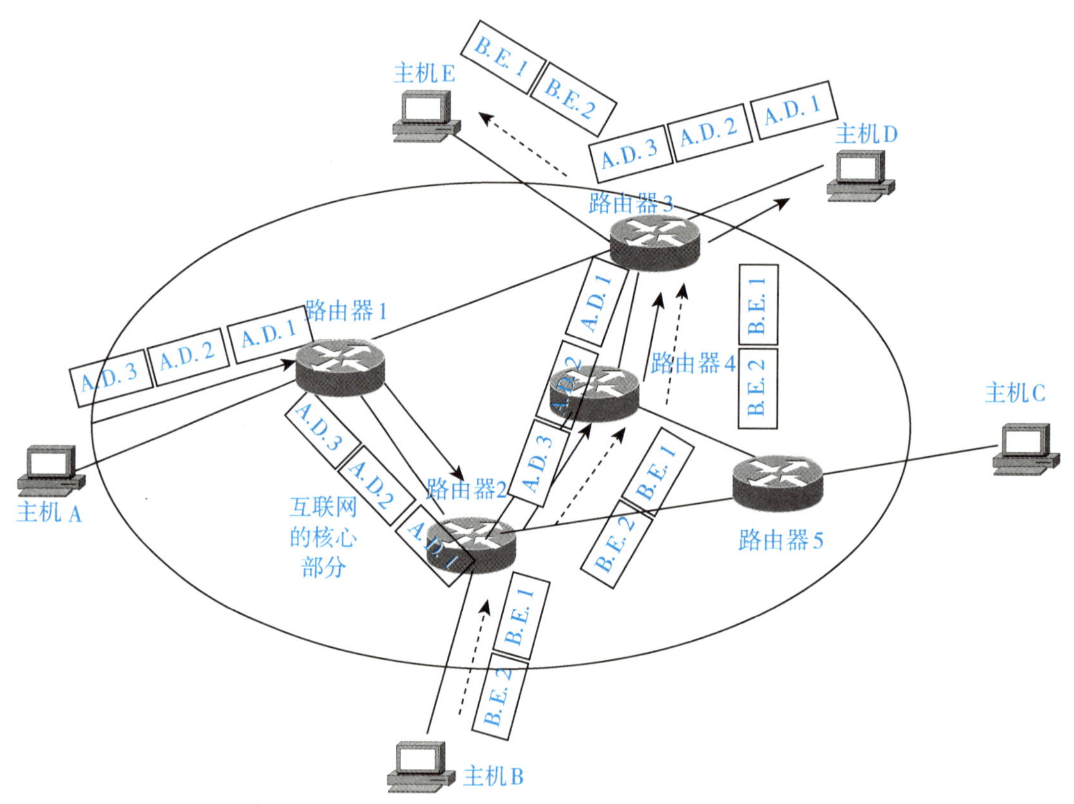

图 2. 31　虚电路两对主机同时通信

(6) 互联网核心部分中的每个节点可以和任何节点建立多条虚电路连接。

3. 分组交换的优缺点

分组交换采用存储—转发传输方式，因此分组交换除了具有报文的优点外，与报文交换相比有以下优点：

(1) 加速了数据在网络中的传输。因为分组是逐个传输的，可以使后一个分组的存储操作与前一个分组的转发操作并行，这种流水线式的传输方式缩短了报文的传输时间。此外，传输一个分组所需的缓冲区比传输一份报文所需的缓冲区小得多，这样因缓冲区不足而等待发送的概率及等待的时间也必然少得多。

(2) 简化了存储管理。因为分组的长度固定，相应的缓冲区的大小也固定，在交换节点中存储器的管理通常被简化为对缓冲区的管理，相对比较容易。

(3) 降低了出错概率并减少了重发数据量。因为分组较短，其出错概率必然降低，每次重发的数据量也就大大减少了，这样不仅提高了可靠性，也减少了传输时延。

(4) 由于分组短小，更适合采用优先级策略，便于及时传送一些紧急数据，因此对于计算机之间的突发式的数据通信，分组交换显然更为合适些。

分组交换具有以下缺点：

(1) 尽管分组交换比报文交换的传输时延少，但仍存在存储和转发时延，而且其节点交换机必须具有更强的处理能力。

(2) 分组交换与报文交换一样，每个分组都要加上源、目的地址和分组编号等信息，使传送的信息量增大 5%~10%，在一定程度上降低了通信效率，增加了处理的时间，使控制复杂、时延增加。

(3) 当分组交换采用数据报服务时，可能会出现失序、丢失或重复分组现象，分组到达目的节点时，要对分组按编号进行排序等，增加了工作量。若采用虚电路服务，虽无失序问题，但有呼叫建立、数据传输和虚电路释放三个过程。

2.3.4 三种交换技术的区别

图 2.32 给出了电路交换、报文交换和分组交换的主要区别，图中的 A 和 D 分别是源点和目的地，而 B 和 C 是在 A 和 D 之间的中间节点。图中的最下方归纳了三种交换方式在数据传送阶段的主要特点。

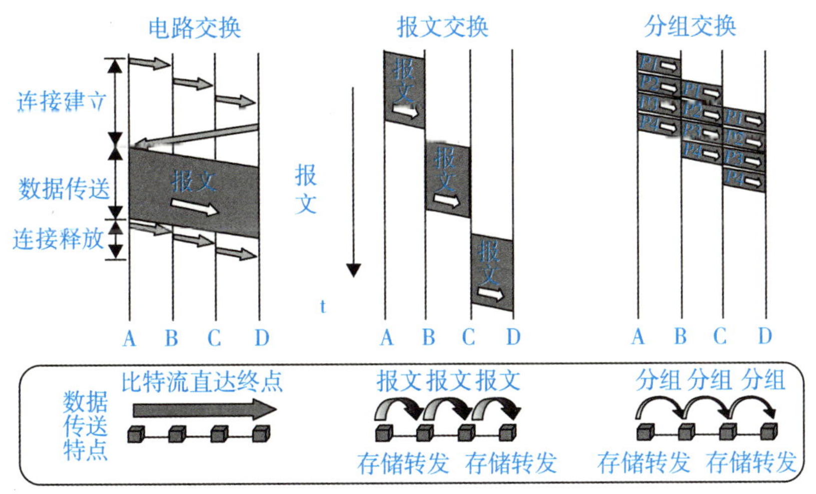

图 2.32 三种数据交换的比较

电路交换：整个报文的比特流连续地从源点直达目的地，好像在一个管道中传送。

报文交换：整个报文先传送到相邻节点 B，全部存储下来后查找转发表，转发到下一个

节点 C。

分组交换：将要发送的报文划分为 4 个分组 P1、P2、P3、P4，依次将各个分组传送到相邻节点 B，存储下来后查找转发表，转发到下一个节点 C。

从图 2.32 可以看出，若要传送的数据量很大，且其传送时间远大于呼叫时间，则采用电路交换较为合适；当端到端的通路由很多段链路组成时，采用分组交换传送数据较为合适。报文交换和分组交换不需要预先分配传输带宽，从提高整个网络的信道利用率上看，报文交换和分组交换优于电路交换。由于一个分组的长度往往远小于整个报文的长度，因此分组交换比报文交换的时延小，尤其适用于计算机之间的突发式的数据通信，具有更好的灵活性。

2.4 差错控制

2.4.1 差错产生原因与差错类型

所谓差错是指接收端收到的数据与发送端实际发出的数据出现不一致的现象。差错的产生是不可避免的，我们的任务是分析差错产生的原因，研究有效的差错控制方法。

1. 差错产生的原因

图 2.33 给出了差错产生的过程。其中，图 2.33(a)是数据通过通信信道的过程，图 2.33(b)是数据传输过程中噪声的影响。

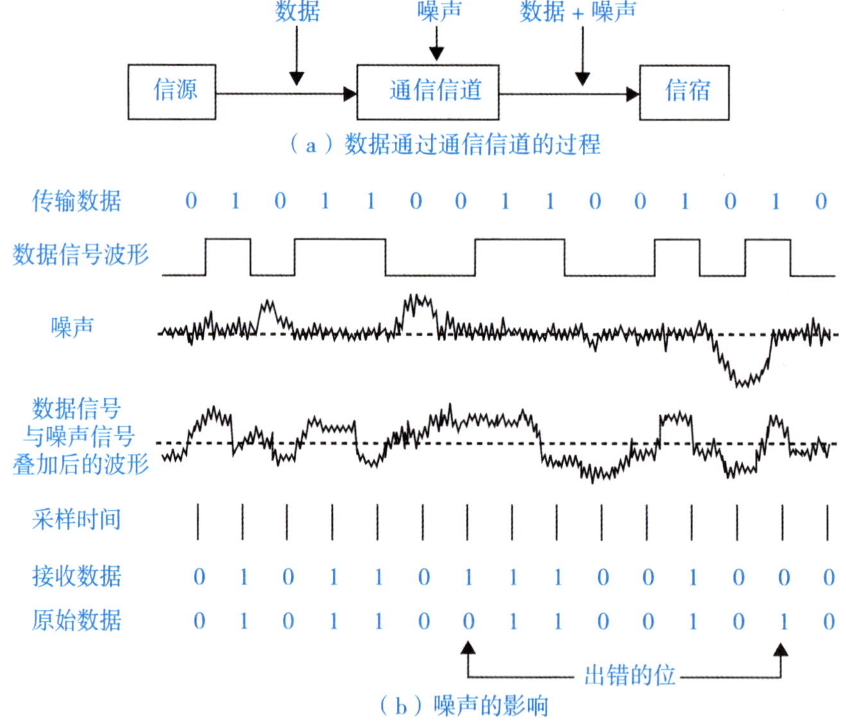

图 2.33 差错产生的过程

当数据从信源发送方出发经过通信信道时，通信信道总有一定的噪声存在，因此信宿接收方接收的信号是信号与噪声的叠加。在接收方，接收电路在取样时需要判断信号电平。如果噪声对信号叠加的结果在判决电平时出现错误，就会引起传输数据的错误。

2. 差错的类型

通信信道的噪声分为两类：热噪声与冲击噪声。

1) 热噪声

热噪声是由传输介质导体的电子热运动而产生的。热噪声的特点是：时刻存在，幅度较小，强度与频率无关，但频谱很宽。热噪声是一种随机的噪声，由热噪声引起的差错是一种随机差错。

2) 冲击噪声

冲击噪声由外界的电磁干扰引起。与热噪声相比，冲击噪声幅度较大，是引起传输差错的主要原因。冲击噪声持续时间与每比特数据发送时间相比可能较长，因此冲击噪声引起的相邻多个数据位出错呈突发性。冲击噪声引起的传输差错为突发差错。在通信过程中产生的传输差错由随机差错与突发差错共同构成。

2.4.2　误码率的定义

误码率是指二进制码元在数据传输系统中被传错的概率，它在数值上近似等于：

$$P_e = N_e/N \tag{2.6}$$

式中，N 为传输的二进制码元总数；N_e 为被传错的码元数。

在理解误码率的定义时，应注意以下几个问题：

(1) 误码率是衡量数据传输系统正常工作状态下传输可靠性的参数。

(2) 对于数据传输系统，不能笼统地说误码率越低越好，要根据实际需求提出对误码率的要求。在数据传输速率确定后，误码率越低，系统设备越复杂，造价就越高。

(3) 如果系统传输的不是二进制码元，则要折算成二进制码元来计算。

在实际的数据传输系统中，人们需要对通信信道进行大量的重复测试，求出该信道的平均误码率，或给出某些特殊情况下的平均误码率。根据测试，电话线路在 300~2400bit/s 的传输速率时，平均误码率为 10^{-6}~10^{-4}；在 4800~9600bit/s 传输速率时，平均误码率为 10^{-4}~10^{-2}。由于计算机通信的平均误码率要求低于 10^{-9}，因此如果不采取差错控制技术，普通电话线不能满足计算机通信的要求。

2.4.3　常用检错码

1. 检错码的类型

目前常用的检错码主要有以下两种：奇偶校验码与循环冗余校验码(cycle redundancy check，CRC)。奇偶校验码是一种最常见的检错码，它分为垂直奇(偶)校验、水平奇(偶)校验与水平垂直奇(偶)校验(即方阵码)。奇偶校验方法简单，但检错能力差，一般只用于通信要求较低的环境。循环冗余编码的检错能力很强，实现起来比较容易。目前，循环冗余编码是应用最广泛的检错码编码方法之一。

2. 奇偶校验码

奇偶校验的规则是在原数据位后附加一位校验位，将其值置为“0”或“1”，使附加该位后的整个数据码中“1”的个数成为奇数或偶数。使用奇数个“1”进行校验的方案称为奇校验；对应于偶数个“1”的校验方案称为偶校验。下面以奇校验为例进行介绍。

水平奇校验码是指在面向字符的数据传输中，在每个字符的7位信息码后附加一个校验位“0”或“1”，使整个字符中二进制位“1”的个数为奇数。

例如，设待传送字符的比特序列为1010010，则采用奇校验码后的比特序列形式为10100100。接收方在收到所传送的比特序列后，通过检查序列中的“1”的个数是否仍为奇数来判断传输是否发生了错误。若比特在传送过程中发生错误，就可能会出现“1”的个数不为奇数的情况。图2.34给出了发送序列1010010采用水平奇校验后可能会出现的三种典型情况。显然，水平奇校验只能发现字符传输中的奇数位错，而不能发现偶数位错。例如上述发送序列10100100，若接收端收到10101100，则可以校验出错误，因为有一位“0”变成了“1”；但是若收到“10110110”，则不能识别出错误；因为有两位“0”变成了“1”。不难理解，水平偶校验也存在同样的问题。

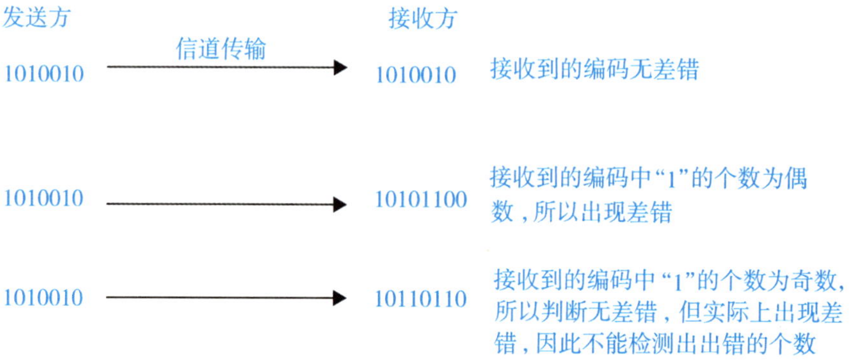

图2.34　水平奇校验

为了提高奇校验码的检错能力，我们引入了水平垂直奇校验，即由垂直奇校验和水平奇校验综合构成。

垂直奇校验也称为组校验，是将所发送的若干个字符组成字符组或字符块，从形式上看相当于一个矩阵，表2.1为垂直奇校验的例子，其中每行为一个字符，分别为a、b、c、d、e、f、g，每列为字符所对应的ASCII码。在这一组字符的末尾即最后一行附加上一个校验字符，该校验字符中的第i位分别是对应组中所有字符第i位的校验位。显然，如果单独采用垂直奇校验，则只能检出字符块中某一列中的1位或奇数位错。

表2.1　垂直奇校验示例

字符	编码
a	1100001
b	1100010
c	1100011
d	1100100
e	1100101

续表

字符	编码
f	1100110
g	1100111
校验字符	0011111

但是，如果我们同时采用了水平奇校验和垂直奇校验，即既对每个字符做水平校验，也对整个字符块做垂直校验，则奇校验码的检错能力可以明显提高。这种方式的奇校验称为水平垂直奇校验。表 2.2 给出了一个水平垂直奇校验的例子，最后一行是垂直奇校验码，最后一列是水平奇校验码。但是从总体上讲，奇校验方法的检错能力仍较差，虽然其实现方法简单，故这种校验一般只用于通信质量要求较低的环境中。

表 2.2 水平垂直奇校验示例

字符	编码
a	1100001 **0**
b	1100010 **0**
c	1100011 **1**
d	1100100 **0**
e	1100101 **1**
f	1100110 **1**
g	1100111 **0**
校验字符	**0011111**

3. 循环冗余校验码的工作原理

循环冗余校验(cycle redundancy check，CRC)码是一种被广泛采用的多项式编码。CRC 码由两部分组成，前一部分是 $k+1$ 比特的待发送信息，后一部分是 r 比特的冗余码。由于前一部分是实际要传送的内容，因此是固定不变的，CRC 码的产生关键在于后一部分冗余码的计算。冗余码的计算要用到两个多项式：$f(x)$ 和 $G(x)$。其中，$f(x)$ 是一个 k 阶多项式，其系数是待发送的 $k+1$ 个比特序列；$G(x)$ 是一个 r 阶的生成多项式，由收发双方预先约定。

CRC 码的计算过程如下：

(1)若发送数据有 $k+1$ 比特，构造对应的多项式 $f(x)$ 的最高阶为 k；

(2)收发双方约定的生成多项式 $G(x)$，它的最高阶为 r；

(3)按式(2.7)计算冗余码：

$$\frac{f(x)x^r}{G(x)} = Q(x) + \frac{R(x)}{G(x)} \tag{2.7}$$

式中，$Q(x)$ 为计算的商；$R(x)$ 为余数，其余数的位数是 r，它就是冗余码，发送端实际发

送的比特 $=f(x)x^r+R(x)$，其中 $f(x)x^r$ 为数据字段，$R(x)$ 为校验字段。

(4) 接收端如何检错？由于实际在信道上传输的码字为多项式 $T(x)$：

$T(x)=f(x)x^r+R(x)$

如果传输中没有出现差错，则接收端收到的码字也应该为多项式：

$T(x)=f(x)x^r+R(x)$

将多项式 $f(x)x^r=G(x).Q(x)+R(x)$ 代入 $T(x)=f(x)x^r+R(x)$ 中有

$T(x)=G(x)Q(x)+R(x)+R(x)$

根据异或运算，有 $R(x)+R(x)=0$，所以：

$T(x)=G(x)Q(x)$

也就是说，$T(x)$ 能够被 $G(x)$ 整除。因此，当余数 $R(x)=0$ 时，认为传输无差错，否则认为传输中有差错。

下面举例说明。假设实际要发送的信息序列是 1010001101，收发双方预先约定了一个 5 阶 ($r=5$) 的生成多项式 $G(x)=x^5+x^4+x^2+1$，那么可参照下面的步骤来计算相应的循环冗余校验码。

(1) 发送的信息序列为 1010001101 (10bit)，以它们作为多项式 $f(x)$ 的系数，得到对应的 $f(x)$ 为 9 阶多项式，$k=9$：

$f(x)=1\cdot x^9+0\cdot x^8+1\cdot x^7+0\cdot x^6+0\cdot x^5+0\cdot x^4+1\cdot x^3+1\cdot x^2+0\cdot x+1$

(2) 求 $f(x)$ 乘以 x^r 的表达式 $x^5\cdot f(x)=x^{14}+x^{12}+x^8+x^7+x^5$，该表达式对应的二进制序列为 101000110100000，相当于信息序列向左移动 $r(=5)$ 位，低位补 0。

(3) 计算 $x^5\cdot f(x)/G(x)$，得到 rbit 的冗余序列：$x^5\cdot f(x)/G(x)=$ (101000110100000)/(110101)，得余数为 01110，也就是冗余序列。该冗余序列对应的余式 $R(x)=0\cdot x^4+x^3+x^2+x+0\cdot x^0$ (注意：若 $G(x)$ 为 r 阶，则 $R(x)$ 对应的比特序列长度为 r)。

另外，由于模 2 除法在做减法时不借位，所以相当于在进行异或运算。上述多项式的除法过程如图 2.35 所示。求得的余数 $R(x)=01110$，即校验序列 ($r=5$ 位，r 也是 $G(x)$ 的阶)。

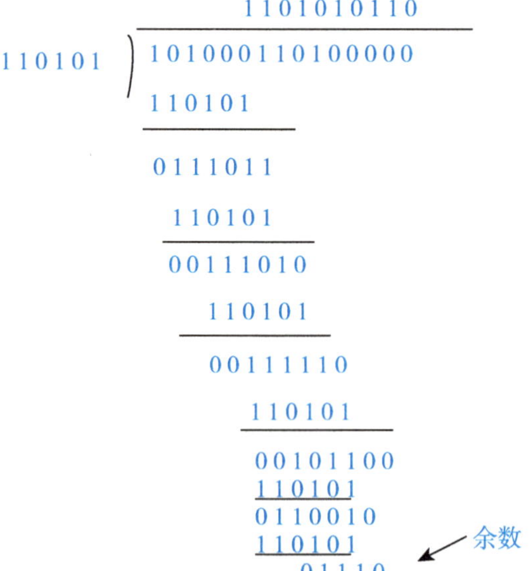

图 2.35 计算余数

(4) 得到带 CRC 的发送序列：将 $x^5 \cdot f(x) + R(x)$ 作为带冗余校验的发送序列，在本例中发送序列 = 101000110100000+01110 = 101000110101110，从形式上看，$x^5 \cdot f(x)$ 为数据字段，$R(x)$= 01110 为校验字段。

(5) 接收方接收后对接收到的数据进行校验，假设接收到数据 $T(x)$ = 101000110101110，用 $T(x)$ 除以 $G(x)$，发现余数为 0，说明收到的序列无差错。

CRC 方法是由多个数学公式、定理和推论得出的。CRC 中的生成多项式对于 CRC 的检错能力会产生很大的影响。生成多项式 $G(x)$ 的结构及检错效果是在经过严格的数学分析和实验后才确定的，有着相应的国际标准。常见的标准生成多项式有

CRC-12：$G(x) = x^{12}+x^{11}+x^3+x^2+1$

CRC-16：$G(x) = x^{16}+x^{15}+x^2+1$

CRC-32：$G(x) = x^{32}+x^{26}+x^{23}+x^{22}+x^{16}+x^{12}+x^{11}+x^{10}+x^8+x^7+x^5+x^4+x^2+x+1$

CRC 具有很强的检错能力，数学分析表明，$G(x)$ 应该有某些简单的特性，才能检测出各种错误。例如，当 $G(x)$ 包含项数大于 1 时，可以检测单个差错；当 $G(x)$ 含有因子 $x+1$ 时，则可以检测出所有奇数差错；具有 r 个校验位的多项式能检测出所有小于等于 r 的突发性差错。其中 r 是冗余码的长度，也是生成多项式的最高阶数。

可以看出，只要选择足够的冗余位，就可以使漏检率减小到任意小的程度。由于 CRC 码的检错能力强且容易实现，因此它是目前应用最广泛的检错码编码方法之一。CRC 码的生成和校验过程可以用软件或硬件方法来实现，如可以用移位寄存器和半加法器方便地实现。

2.4.4　差错控制机制

由于检错码本身不提供自动错误纠正的能力，所以需要提供一种与之相配套的错误纠正机制。目前常用的是一种被称为反馈重发的机制：当接收方检出错误的帧时，首先将该帧丢弃，然后接收方给发送方反馈信息，请求对方重发相应的帧。反馈重发也称为自动请求重传(automatic repeat request，ARQ)。反馈重发有两种常见的实现方法，即停止-等待方式和连续 ARQ 协议。

1. 停止-等待方式

在停止-等待(stop-and-wait)方式中，发送端在发出一帧之后必须停下来等待接收端对发送帧的确认。若确认提示对方已经正确收到，则发送方继续发送下一个帧；否则，发送方就重发该帧。对帧的确认有肯定和否定之分，表示正确接收的称为确认帧(acknowledgement，ACK)，表示错误接收的称为否认帧(negative acknowledgement，NAK)，其工作过程如图 2.36 所示。在图 2.36 中，发送端发送数据的单位是帧，发送帧 1，停下来等待，收到接收端对帧 1 的 ACK 确认，继续发送帧 2，停下来等待，收到接收端对帧 2 的 NAK 否认，对帧 2 进行重发，停下来等待，收到接收端对帧 2 的 ACK 确认，继续发送帧 3。停止-等待方式实现简单，但是这种发送一帧就停下来等待确认的方式使通信效率很低。为此，人们提出了连续自动请求重发方式。

2. 连续 ARQ 协议

连续 ARQ 协议的特点是发送端在发送一个帧后，不是停下来等待确认帧的到来，而是可以连续再发送多个帧，帧的个数取决于发送端的发送能力和接收端的接收能力。对于连续

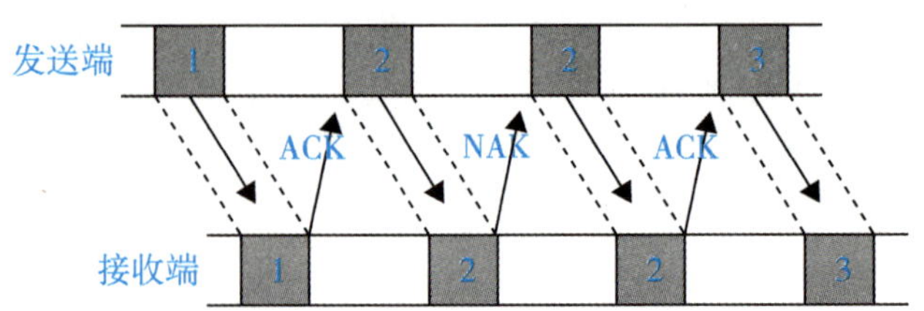

图 2.36 停止-等待方式的工作过程

ARQ 方式，必须要为不同的帧编上序列号以作为帧的标识。在连续发送的多个帧中，可能会有一个或多个帧出现传输差错。针对这种情况，连续 ARQ 分别采用了两种不同的处理方式，拉回(back to n)方式和选择性重传(selective repeat)方式，拉回方式是指若第 n 个帧发生错误，则从第 n 个帧开始的后续帧都需要重新传送。图 2.37 和图 2.38 分别是这两种方式的示意图。

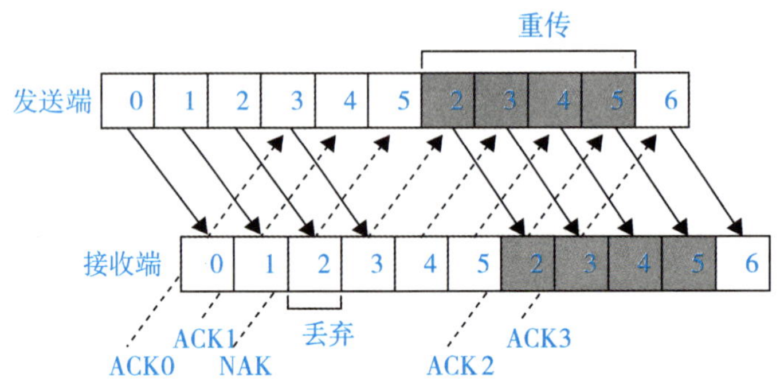

图 2.37 拉回方式连续 ARQ

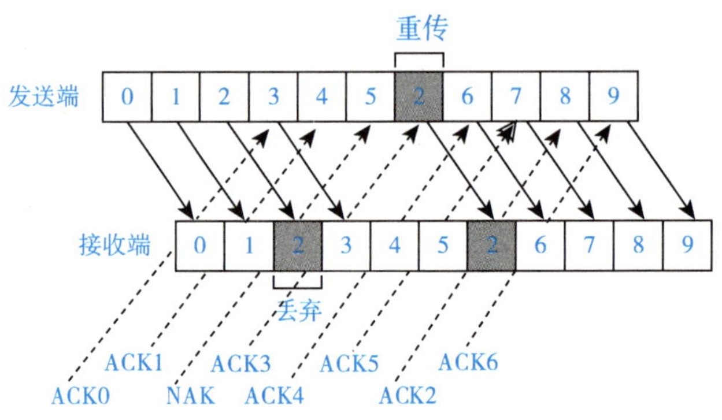

图 2.38 选择性重传方式连续 ARQ

1)拉回方式

发送方可以连续向接收方发送数据帧，接收方对接收的数据帧进行校验，然后向发送方返回应答帧。如果发送方在连续发送编号为 5 的数据帧后，通过应答帧得知 2 号数据帧传输错误，则发送方将停止当前数据帧的发送，重发 2、3、4、5 号数据帧。在拉回状态结束后，接着发送 6 号数据帧。

2) 选择性重传方式

选择性重传方式与拉回方式的区别是：如果在发送编号为 5 的数据帧之后，接收到编号为 2 的数据帧传输出错的应答帧，则发送方在发送完编号为 5 的数据帧之后，只重发出错的 2 号数据帧。在选择重发之后，接着发送编号为 6 的数据帧。显然，选择性重传方式的效率高于拉回方式。

本章总结

本章主要讲述了以下内容：

(1) 数据通信是在计算机之间传送表示字符、数字、语音与图形的二进制代码(0，1)比特序列的过程，信号是数据在传输过程中的电信号表示形式。按照传输的信号类型，传输介质可以分为两类：模拟信号和数字信号。数据通信系统相应也可分为两类：模拟通信系统和数字通信系统。

(2) 按照传输数据使用的信道数，数据通信可以分为两种类型：串行通信、并行通信。按照信号传送方向与时间的关系，数据通信可以分为三种类型：单工通信、半双工通信与全双工通信。

(3) 信道的带宽或信道中的信噪比越大，信息的极限传输速率就越高。香农公式指出了信息传输速率的上限，它的意义在于：只要信息传输速率低于信道的极限信息传输速率，就一定存在某种办法来实现无差错地传输。

(4) 在数据通信技术中，利用模拟信道通过调制解调器传输数字信号的方法称为频带传输，利用数字信道直接传输数字信号的方法称为基带传输。频带传输中的数据编码方法主要有振幅键控、移频键控、移相键控等。基带传输中的数据编码方法主要有非归零码、曼彻斯特编码、差分曼彻斯特编码等。

(5) 数据传输速率是描述数据传输系统性能的重要指标之一。数据传输速率是每秒钟传输构成数据的二进制比特数，单位为 bit/s。

(6) 为了提高通信线路传送信息的效率，人们提出了多路复用技术。当一条物理信道频带带宽大于一路信号所占用的频带带宽时，采用频率分隔的方式实现频分多路复用；当一路信号的频宽与物理线路的频宽相当时，若信源发送的数据量较少，根据信源的需要，动态地按需分配时间片，共享一个物理信道；在光纤通道中，由于光纤的频宽很大，借用频分复用技术的思想实现基于光纤的波分复用技术；在移动通信系统中，通过码型分割信道，系统给每个用户分配一个相互不重叠的地址码来区分各路原始信号。

(7) 以包为单位，建立数据报和虚电路两种分组交换技术，适用于计算机之间的突发式的数据通信，具有更好的灵活性。

(8) 误码率是指二进制码元在数据传输系统中传输出错的概率，它是衡量数据传输系统在正常工作状态下的传输可靠性的主要参数之一。循环冗余编码是一种应用广泛、检错能力强的检错码编码方法。接收方可通过检错码检测数据传输是否出错；当接收方发现传输错误时，通常采用反馈重发方法纠正。

实践认知活动

实践活动名称：认识数据通信。

实践活动内容：请同学们观察并分析日常生活中的三种典型上网方式，即通过办公/实验室局域网网卡上网、家庭上网、手机/iPad上网，来加深对数据通信有关概念的理解。关注下列问题：

(1)它们分别属于模拟通信还是数字通信？

(2)它们属于有线通信还是无线通信？

(3)它们属于全双工通信还是半双工通信？

(4)它们使用了哪些物理设备？

(5)画出家庭上网、办公室/实验室上网的网络拓扑结构。

本章习题

2.1 术语解释

(1)数字信号 (2)模拟信号 (3)全双工通信 (4)基带传输 (5)频带传输 (6)频分多路复用 (7)时分多路复用 (8)波分多路复用 (9)码分多路复用 (10)数据报分组交换 (11)虚电路分组交换

2.2 单项选择题

(1)在一条通信线路中可以同时双向传输数据的方式称为________。

A. 全双工通信 B. 单工通信 C. 半双工通信 D. 同步通信

(2)频分复用是指________。

A. 传输线上同时传送多路信号 B. 每个信号在时间上分时采样，互不重叠

C. 按照不同的波段传送信号 D. 按照不同的码元传送信号

(3)模拟电视要上网，还必须具备一个外围设备，它使用户利用模拟电视接收数字信号，这种外设的名称是________。

A. 调制解调器 B. 机顶盒

C. 网络设备器 D. 信号解码器

(4)在________差错控制方式中，只会重新传输出错的数据帧。

A. 连续工作 B. 停止-等待 C. 选择重发 D. 拉回

(5)通过改变载波信号的频率来表示数字信号1、0的方法叫作________。

A. 绝对调相 B. 振幅键控 C. 相对调相 D. 移频键控

(6)如果在通信信道上发送1比特0、1信号所需要的时间是0.001ms，那么信道的数据传输速率为________。

A. 1Mbit/s B. 2Mbit/s C. 10Mbit/s D. 1Gbit/s

(7)两台计算机利用电话线路传输数据信号时需要的设备是________。

A. 调制解调器 B. 网卡 C. 中继器 D. 集线器

(8)在模拟信道上传输数字信号，必须使用________。

A. 编码器 B. 调制解调器 C. 加密器 D. 复用器

(9)一般来说，数字传输比模拟传输能获得较高的信号质量，这是因为________。

A. 中继器再生数字脉冲，去掉了失真；放大器则在放大模拟信号的同时也放大了失真

B. 数字信号比模拟信号小，而且不容易发生失真

C. 模拟信号是连续的，不容易发生失真

D. 数字信号比模拟信号采样容易

(10) 为了进行差错控制，必须对传输的数据帧进行校验。在局域网中广泛使用的校验方法是循环冗余校验。CRC-16 标准规定的生成多项式为 $G(x)=x^{16}+x^{15}+x^{2}+1$，它产生的校验码是________位。

A. 17　　B. 4　　C. 16　　D. 32

(11) 下列________交换方法最有效地使用网络带宽。

A. 分组交换　　B. 报文交换　　C. 线路交换　　D. 各种方法都一样

2.3　计算题

(1) 画出 01100101 的不归零制编码、曼彻斯特编码、差分曼彻斯特编码的信号波形。

(2) 如果 CRC 的生成多项式为 $G(x)=x^{4}+x+1$，信息码字为 10110，则计算出的 CRC 码是什么？发送端发送的信息码是什么？

第 3 章

TCP/IP 网络通信

学习要求

通过本章学习，掌握 Internet 中计算机通过 TCP/IP 实现数据通信流动的过程。理解对等实体间的通信协议、TCP 和 IP 实现的主要功能。掌握 IP 地址的结构、分类以及子网掩码的作用。利用私有地址块实现内部网络设备地址规划，通过简单网络组建掌握网络连通性测试的方法。熟悉两类双绞线的应用场合。

思政元素 1：谈谈我们身边如何用分层思想实现复杂问题简单化。

思政元素 2：TCP/IP 是市场历练出来的标准

思政目标：理解分层思想在系统工程的作用；遵循市场发展的规律，理解市场是检验和衡量事物存在的标准。

本章所讨论的内容基于 TCP/IP 计算机之间数据流动通信知识，本章将回答以下问题：

(1)计算机网络为什么需要分层式的网络体系结构？如通信实体划分层次的必要性；

(2)对等实体间依靠什么进行通信？相邻层之间如何进行服务的传递与利用，如分层模型中协议、服务和接口等知识；

(3)不同本地网络如何实现各地网络的互联互通？如 OSI 和 TCP/IP 标准；

(4)基于 TCP/IP 计算机之间数据流动增加哪些内容，这些内容的作用是什么？如封装和解封装；

(5)Internet 将终端节点和中间结点进行互联，在网上如何标识这些节点的身份？如 IP 地址；

(6)如何对网上设备进行定位？类似于电话号码的区号和邮政编码，如 IP 地址二级结构；

(7)为什么预留了三个私有地址块，它和公有地址的关系是什么？

(8)组建一个简单的网络需要经历哪些步骤？

(9)直通双绞线应用在哪些场景中？

(10)通过哪些基本命令和步骤实现网络中基本故障的排除？

TCP/IP 是当前 Internet 中计算机相互通信的核心协议。本章将系统地讨论计算机间通信的层次结构、网络体系结构与 TCP/IP、OSI 参考模型与 TCP/IP 参考模型，并重点讨论 TCP/IP 协议族中的 IP 与传输层协议，搭建基于 TCP/IP 的简单通信。

3.1　计算机网络通信层次结构

3.1.1　计算机网络通信实体划分层次的必要性

Internet 通过路由器将各个网络连接起来形成互联网，实现通信和资源共享。数据通信从信源终端设备发出，流经通信子网中各个中间设备，然后到达信宿终端设备。例如，为了可靠地完成信源到信宿的网络文件传输任务，需要唤醒信宿，让信宿准备就绪，从信源到信宿经过多个中间节点，中间节点接收、存储、根据路由表重新转发数据，同时还需要对网络传输过程进行目的地寻址、通信线路选择、争用、出错重发等差错控制。由此可见，数据从信源到信宿进行数据通信，这种通信必须高度协调工作才行，而这种协调是相当复杂的，为了设计这种复杂网络，网络通信采用分层的设计方法，可以将庞大而复杂的问题转化为若干较小的局部问题，而这些较小的局部问题就比较易于研究和处理。

3.1.2　计算机网络的分层模型

将分层方法运用于计算机网络中，就产生了计算机网络的分层模型。在实施网络分层时要依据以下原则：

(1)根据功能进行抽象分层，每个层次所要实现的功能或服务均有明确的规定。

(2)每层功能的选择应有利于标准化。

(3)不同的系统分成相同的层次，对等层次具有相同的功能。

(4)高层使用下层提供的服务时，下层服务的实现是不可见的。

(5)层的数目要适当。层次太少功能不明确，层次太多体系结构过于庞大。

图 3.1 给出了计算机网络分层模型的示意图，该模型将计算机网络中的每台机器抽象为若干层(layer)，每层实现一种相对独立的功能。分层模型涉及下面一些重要的术语。

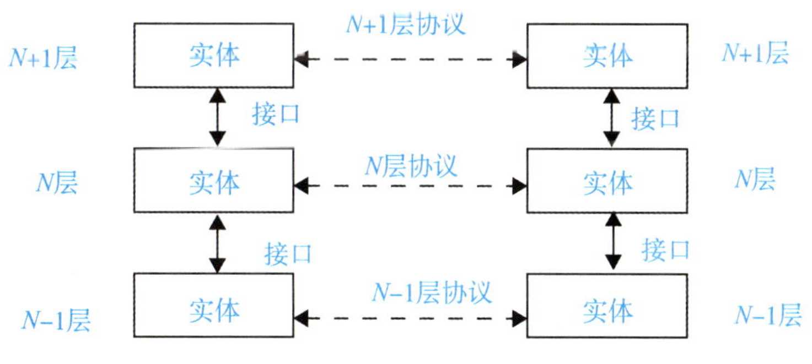

图 3.1　网络分层模型

1. 实体与对等实体

每一层中，用于实现该层功能的活动元素称为实体(entity)，包括该层上实际存在的所有硬件与软件，如终端、电子邮件系统、应用程序、进程等。不同机器上位于同一层次、完成相同功能的实体称为对等(peer to peer)实体，如计算机 A 和计算机 B 的应用层就是对等实体。

2. 协议

为了使两个对等实体之间能够有效地通信，对等实体需要就交换什么信息、如何交换信息等问题制定相应的规则或进行某种约定。这种对等实体之间交换数据或通信时所必须遵守的规则或标准的集合称为协议(protocol)。

协议由语法、语义和语序三大要素构成。语法包括数据与控制信息的格式、信号电平等；语义指协议语法成分的含义，包括协调用的控制信息和差错管理；语序包括时序控制和速度匹配关系。

3. 服务与接口

在网络分层结构模型中，每一层为相邻的上一层提供的功能称为服务。N 层使用 $N-1$ 层所提供的服务，向 $N+1$ 层提供功能更强大的服务。下层服务的实现对上层必须是透明的，N 层使用 $N-1$ 层所提供的服务时并不需要知道 $N-1$ 层所提供的服务是如何实现的，而只需要知道下一层可以为自己提供什么样的服务以及通过什么方式来提供。

N 层向 $N+1$ 层提供的服务通过 N 层和 $N+1$ 层之间的接口来实现。接口定义了下层向其相邻的上层所提供的服务及相应的原语操作，并使下层服务的实现细节对上层是透明的。

为了更好地理解分层模型及实体、协议、服务、接口等概念，我们以如图 3.2 所示的寄快递作为类比来说明这个问题。假设处于北京的用户 A 要给处于上海的用户 B 寄快递，实现这么一个寄快递的传递过程，需要涉及用户、快递接收点和运输部门三个层次。用户 A 选择快递公司，发起寄快递的请求，快递接收点接单，对物品进行打包，首先进行包裹的分拣和整理，然后交付 A 地运输部门进行运输，中转、B 地相应的运输部门得到装有该包裹的货物箱后，将包裹从其中取出，并交给 B 地的快递点，B 地的快递点将包裹进行同城派送，从而用户 B 收到来自用户 A 的包裹。

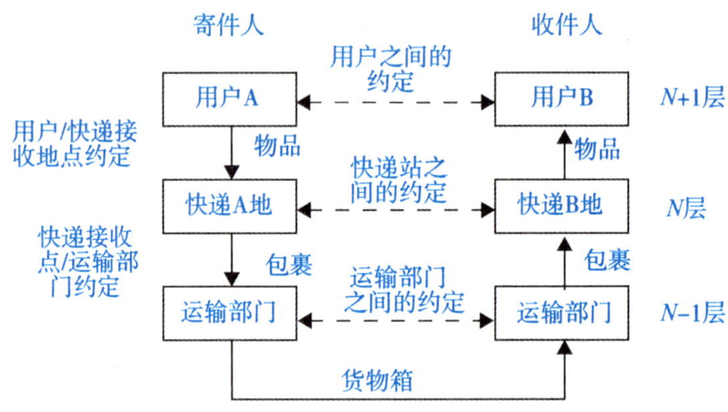

图 3.2　类似分层的快递运输系统

在这个过程中，寄件人和收件人都是最终用户，处于整个快递运输系统的最高层；快递接收点处于用户的下一层，是为用户服务的。对于用户来说，他只需知道如何按快递的规定登记寄件信息，而无须知道快递是如何实现运输过程的，这个过程对用户来说是透明的。处于整个快递系统最底层的运输部门是为快递服务的，并且负责实际包裹的运送，快递点只需

将装有物品的邮包送到运输部门的货物运输接收窗口，而无须操心邮包作为货物是如何到达异地的。在这个例子中，快递点就相当于快递公司为用户提供服务的接口，而运输部门的货物运输接收窗口则是运输部门为快递提供服务的接口。

另外，在快递运输系统的例子中，寄件人与收件人、本地快递站和远地快递站、本地运输部门和远地运输部门之间分别构成了快递系统分层模型中不同层上的对等实体。为了能将包裹准确地由寄件人送达收件人，这些对等实体之间必须有一些约定或惯例。例如，寄件人填写包裹单时必须采用双方都懂的语言文字和文体，开头是对方称谓，最后是落款等。这样，收件人在收到包裹后才可以知道是谁寄的、什么时候寄的等。同样地，快递点之间要就邮包重量、大小、颜色等制定统一的规则，而运输部门之间也会就货物运输制定有关的航运规定。这些对等实体之间的规则或约定就相当于网络分层模型中的协议。从这个类比中可以看出：协议是“水平的”，是控制对等实体间通信的规则；服务是“垂直的”，是通过层间接口由下层向上层提供的。

从上述关于快递系统的类比中我们还可以发现，尽管对收件人来说，包裹似乎直接来自寄件人，但实际上这包裹在 A 地历经了由用户→快递点→运输部门的过程，在 B 地则历经了从运输部门→快递点→用户的过程。

类似地，网络分层结构模型中的数据传输，也不是直接从发送方的最高层到接收方的最高层。在发送方，每一层都把含有本层控制信息的数据交给它的下一层，下层将该相邻上层传下来的数据直接作为本层数据字段的内容，同时还要加上自己这一层的控制信息，而到了接收方，在数据自下而上的过程中，每一层都要卸下在发送方的对等层所加上的那些控制信息，然后传给自己的相邻上层。

3.1.3 计算机网络体系结构

引入分层模型后，我们将计算机网络系统中的层、各层中的协议以及层次之间接口的集合称为计算机网络体系结构。实际上，计算机网络体系结构就是计算机网络及其各个组成部分的功能特性的精确定义。

但是，即使遵循了前面所提到的网络分层原则，不同的网络组织机构或生产厂商所给出的计算机网络体系结构也不一定是相同的，在关于层的数量、名称、内容、功能等方面都可能会有所差异。

在计算机网络产生之初，每个计算机厂商都制定了自己的网络模型。如 IBM 公司在 1974 年提出的系统网络结构（system network architecture，SNA）模型，DEC 公司于 1975 年提出的分布式网络结构模型（distributed network architecture，DNA）等。这些由不同厂商自行提出的专用网络模型，在体系结构上差异很大，相互之间互不相容。更谈不上将不同厂商产品的网络相互连接起来，构成更大的网络系统，严重阻碍了计算机网络的发展，在这种情况下，就需要一个所有计算机都能使用的网络模型，因此 OSI 模型诞生了。

3.2 OSI 分层模型与协议

国际标准化组织在 1978 年提出了开放系统互联参考模型（open system interconnect

reference model，OSI/RM）。“开放”是指非独家垄断，只要遵循 OSI 标准，一个系统就可以和位于世界上的任何地方的，也遵循 OSI 标准的其他任何系统进行通信。该模型是设计和描述网络通信的基本框架，生产厂商根据 OSI 模型的标准设计产品，OSI 模型描述了网络硬件和软件如何以层的方式协同工作进行网络通信。

OSI 参考模型是一种将异构系统互联的分层结构。该结构共有 7 层，如图 3.3 所示。从下往上依次为物理层、数据链路层、网络层、传输层、会话层、表示层、应用层，也被依次地称为 OSI 第 1 层、第 2 层、第 3 层、第 4 层、第 5 层、第 6 层、第 7 层。在图 3.3 中，源主机 A 的每一层与目标主机 B 的对应层进行通信，如主机 A 的应用层与主机 B 的应用层通过应用层协议进行通信，主机 A 的网络层与主机 B 的网络层通过网络层协议进行通信。这种通信称为对等实体间通信。对等实体之间交换数据和通信时所必须遵守的规则和标准的集合称为协议，协议由语法、语义和时序三个要素构成。

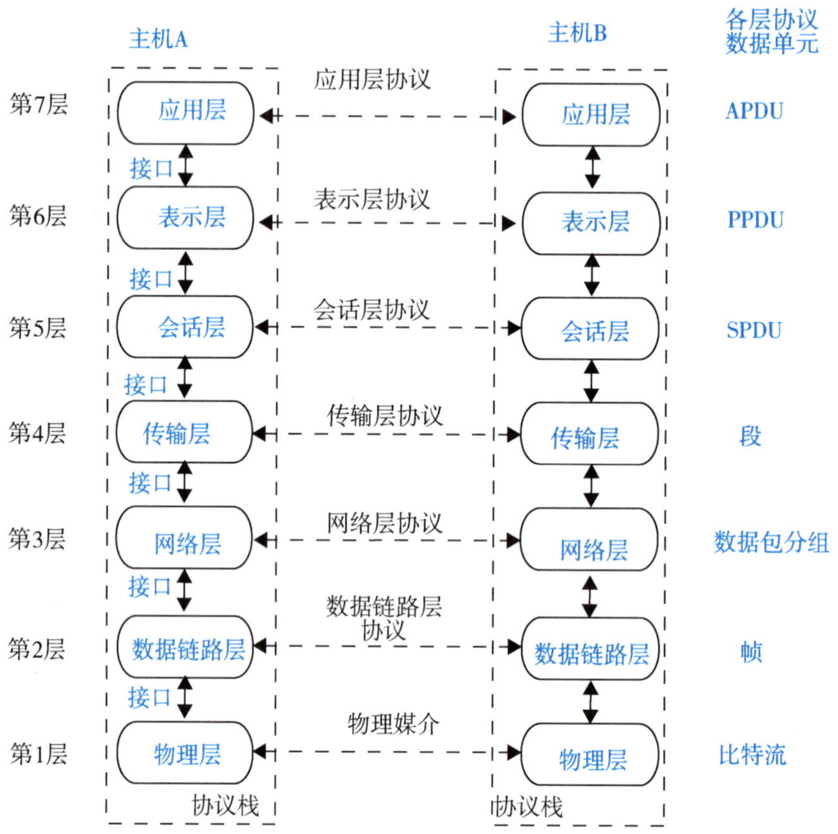

图 3.3　OSI 七层模型

在对等实体间通信的过程中，每一层协议交换的信息称为协议数据单元(protocol data unit，PDU)，通常在该层的 PDU 前面增加一个单字母的前缀，表示为哪一层数据，如应用层数据称为应用层协议数据单元(application PDU，APDU)，表示层数据称为表示层协议数据单元(presentation PDU，PPDU)，会话层数据称为会话层协议数据单元(session PDU，SPDU)；通常把传输层数据称为段(segment)，网络层数据称为数据包，数据链路层称为帧(frame)，物理层数据称为比特流(bit)。对等实体间通信建立的是逻辑信道，物理上上层通过接口调用下层服务。

OSI 试图达到一种理想情况，即如果所有的计算机都遵循这个统一的标准，那么全世界的计算机都能够很方便地进行互联和交换数据。在 20 世纪 80 年代，许多大公司甚至一些国家的政府机构纷纷表示支持 OSI。当时看来似乎在不久的将来，全世界一定会按照 OSI 的标准来构造自己的计算机网络。然而到了 20 世纪 90 年代初期，虽然整套的 OSI 国际标准都已经制定出来了，但由于基于 TCP/IP 的互联网已抢先在全球相当大的范围内成功运行了，而与此同时却几乎找不到有任何厂家生产出符合 OSI 标准的商用产品。因此人们得出这样的结论，OSI 只获得一些理论研究成果，但在市场化方面则事与愿违地失败了。现今规模最大的、覆盖全球的基于 TCP/IP 的互联网并未使用 OSI 标准。OSI 失败的原因，可归纳为：

(1) OSI 的专家缺乏实际经验，他们在完成 OSI 标准时缺乏商业驱动力；

(2) OSI 协议实现起来过分复杂，而且运行效率很低；

(3) OSI 标准的制定周期太长，因而，按 OSI 标准生产的设备无法及时进入市场；

(4) OSI 层次划分不合理，有些功能在多个层次中重复出现。

现在得到广泛应用的不是法律上的国际标准 OSI，而是非国际标准 TCP/IP，从而 TCP/IP 被称为事实上的国际标准。从这种意义上来讲，能够占领市场的就是标准，在过去制定标准的组织中，往往以专家学者为主，但现在许多公司都纷纷加入了各种标准化组织，使技术标准具有浓厚的商业体系，一个新标准出现，有时不一定反映其技术水平最先进，而是往往有一定的市场背景。

3.3　TCP/IP 体系结构

TCP/IP 模型源于美国国防部的 ARP 计划，是至今为止发展最成功的通信协议，它被用于构筑目前最大的、开放的互联网络系统 Internet。该模型分为四层，自下而上分别为网络接入层、网络互联层、传输层和应用层，如图 3.4 所示。在图 3.4 中，TCP/IP 模型有两个版本，左边版本是实际的模型，中间则是更通俗的对等模型，它们的区别在底部。正式的模型只有网络接入层，而对等模型则使用了 OSI 模型中相对应的两层。

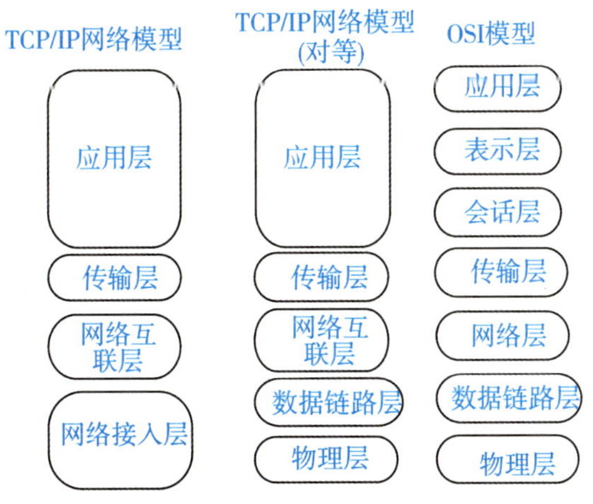

图 3.4　TCP/IP 模型

1. TCP/IP 各层功能

1）网络接入层

在 TCP/IP 模型中，网络接入层是 TCP/IP 模型的底层，负责接收从网络互联层交来的 IP 数据包，并将 IP 数据包通过底层物理网络发送出去，或者从底层物理网络上接收物理帧，抽出 IP 数据包，交给网络互联层。网络接入层使采用不同技术和网络硬件的网络之间能够互联，如以太网、帧中继、无线局域网之间能够互联。网络接入层的功能对应 OSI 体系结构中的数据链路层和物理层。

2）网络互联层

网络互联层负责为分组交换网上的不同主机提供通信服务，独立地将分组从源主机送往目的主机，包括为分组提供最佳路径选择和交换转发功能。TCP/IP 模型的网络互联层在功能上非常类似于 OSI 模型的网络层。在发送数据时，网络层把传输层产生的报文段封装成分组或包进行传送。在 TCP/IP 体系中，由于网络层使用 IP，因此分组也称为 IP 数据报或简称数据报。

3）传输层

传输层负责在源节点和目的节点的两个对等实体间提供可靠的端到端的数据通信，即两主机中进程之间的通信，为保证数据传输的可靠性，传输层协议提供了确认、差错控制和流量控制等机制，传输层从应用层接收数据，并且在必要的时候把它分成较小的单元传递给网络层，并确保到达对方的各段信息正确。

4）应用层

应用层的任务是通过应用进程间的交互来完成特定的网络应用，这些进程指主机上正在运行的程序，进程间交互和通信的规则对不同的应用需要不同的应用层协议，如 Internet 上的 HTTP、收发邮件的 SMTP、域名解析的 DNS 等，通常我们将应用层要发送的数据称为报文（message）。

2. TCP/IP 各层主要协议

TCP/IP 事实上是一个协议族，目前包含了 100 多个协议，用来将计算机和网络通信设备组成基于 TCP/IP 的互联网络。TCP/IP 体系结构各层的一些重要协议如图 3.5 所示。

（1）网络接入层包括各种具体的物理网络，如以太网（Ethernet）、令牌环网、帧中继、ISDN 和分组交换网 X. 25 等。

（2）网络互联层包括多个重要协议，主要协议有 4 个：IP、ICMP、ARP、RARP。IP（internet protocol，IP）是其中的核心协议，该协议规定 IP 分组的格式。Internet 控制消息协议（internet control message protocol，ICMP）提供网络控制和消息传递功能。地址解析协议（address resolution protocol，ARP）用来将逻辑 IP 地址解析为物理地址。反向地址解析协议（reverse address resolution protocol，RARP）通过 RARP 广播将物理地址解析成逻辑 IP 地址。

（3）传输层的主要协议有 TCP 和 UDP。传输控制协议（transport control protocol，TCP）是面向连接的协议，用三次握手和滑动窗口机制来保证传输的可靠性和进行流量控制。用户数据报协议（user datagram protocol，UDP）是面向无连接的不可靠的传输层协议。

（4）应用层协议，常见的有 HTTP、SMTP、DNS、Telnet 等。

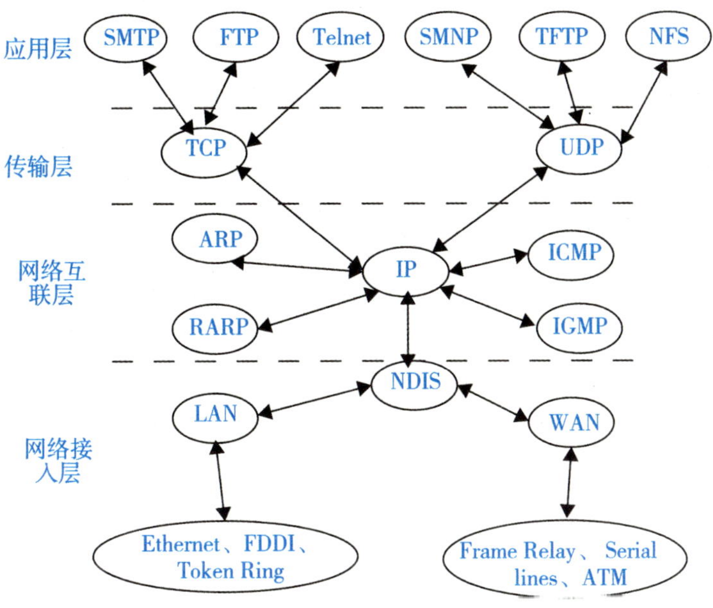

图 3.5 TCP/IP 各层主要协议

3.4 TCP/IP 模型中数据通信

在图 3.3 中，源主机 A 的每一层与目标主机 B 的对应层进行通信。对信源到信宿的通信过程采用层次结构进行描述，现在我们采用基于 TCP/IP 五层层次体系结构对信源到信宿的通信过程进行细化，为了说明通信过程，以图 3.6 为例，在图 3.6 中主机 A 通过路由器与主机 B 相连。

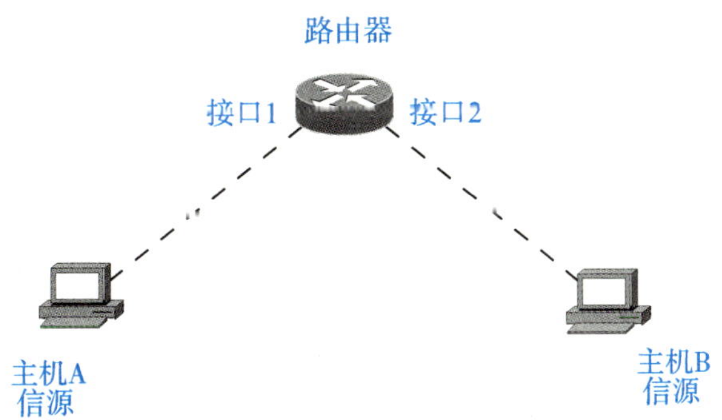

图 3.6 路由器直接连接两台主机

现在假设主机 A 上的应用进程 AP1 向主机 B 上的应用进程 AP1 传送数据。

采用 TCP/IP 五层层次体系结构对信源到信宿的通信过程进行描述，如图 3.7 所示，在图 3.7 中，路由器在转发分组时只用到 TCP/IP 物理层、数据链路层和网络互联层。

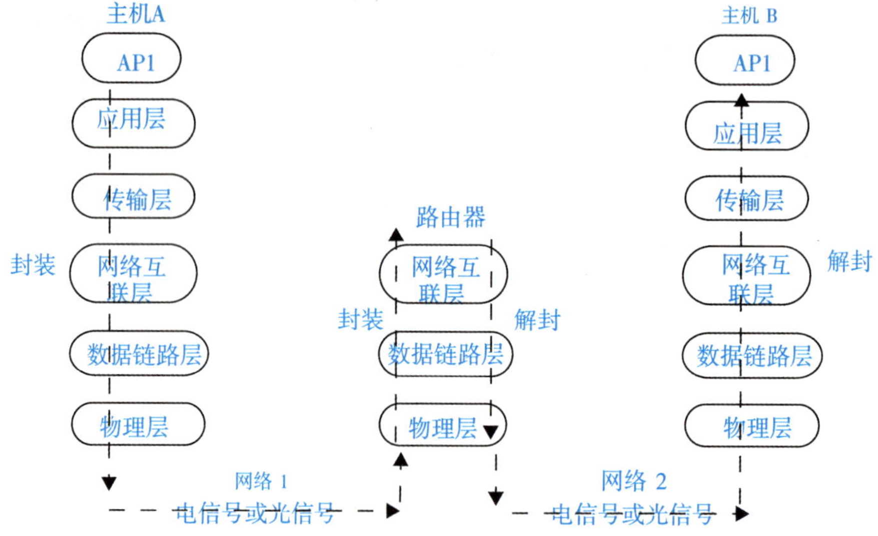

图 3.7　TCP/IP 五层结构表示通信过程

发送端应用进程 AP1 在各层的封装过程如图 3.8 所示。在图 3.8 中，数据从应用层开始，层次依次是第 5 层、第 4 层、第 3 层、第 2 层，每层逐层添加相应层的首部信息。如应用层在数据的前面加上 H5(H5 为第 5 层应用层的头部控制信息)；到传输层 H5+数据称为传输层的数据，此时加上 H4(H4 为第 4 层传输层的头部控制信息)，它是 TCP 头；到网络互联层 H4+H5+数据称为网络互联层的数据，此时加上 H3，它是 IP 头；到数据链路层 H3+H4+H5+数据称为数据链路层的数据，此时加上 H2 和 T2，它是帧头和帧尾；这种网络节点在发送数据之前从上到下逐层用特定的协议头打包来传送数据的过程，称为封装。发送端参与封装的层次和顺序是：第 5 层→第 4 层→第 3 层→第 2 层，第 1 层物理层没有参与封装，到了物理层转化为可以光信号或电信号进行传播的比特流。

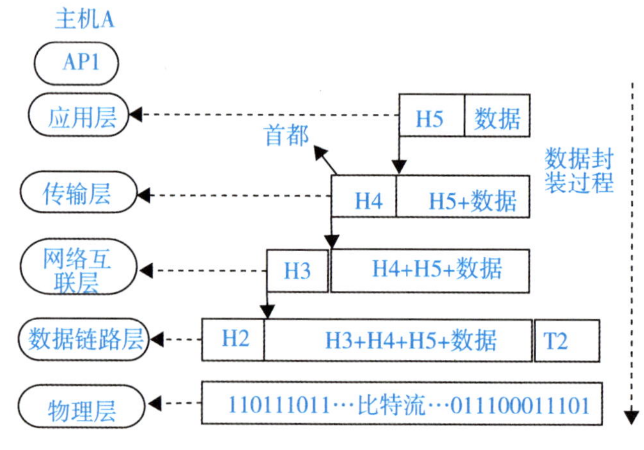

图 3.8　发送端主机 A 的封装过程

封装的数据通过物理电缆到达路由器的接口 1，接口 1 接收，逐层剥去相应的首部信息进行解封。例如，在数据链路层剥去帧头 H2 和帧尾 T2 后，剩下的数据 H3+H4+H5 上传到

网络层，网络互联层剥去 IP 报头 H3，查看 IP 报头 H3 和当前路由器转发表的内容，决定从路由器接口 2 转发出去，重新在路由器上对剥去 IP 头 H3 的数据进行封装，封装的顺序是网络互联层→数据链路层，在网络互连层添加原来的 H3，对 H4+H5+数据进行封装，在数据链路层添加 h2 和 t2 进行封装，此时帧头 h2 和帧尾 t2 与在主机 A 发送时添加的帧头 H2 和帧尾 T2 是不一样的，后面会对这部分内容进行详细介绍。物理层没有参与封装，封装的数据到了物理层转化为可以光信号或电信号进行传播的比特流，路由器上封装和解封的过程如图 3.9 所示。

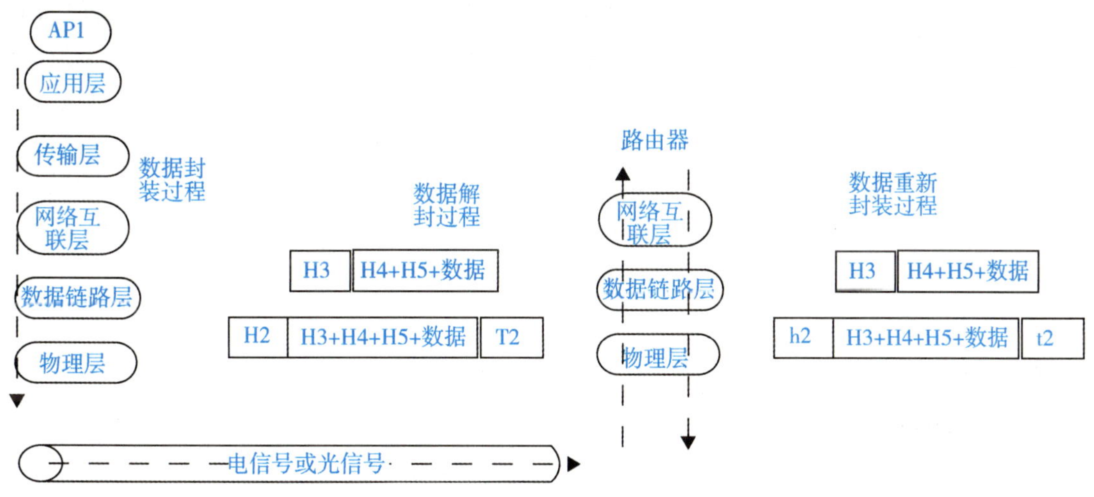

图 3.9　路由器的封装与解封

封装的数据通过物理电缆到达主机 B，主机 B 接收，逐层剥去相应的首部信息进行解封。解封的顺序是 layer2→ layer3→ layer4→ layer5，如图 3.10 所示。在图 3.10 中，在数据链路层剥去 h2 和 t2，在网络互联层剥去 H3，在传输层剥去 H4，在应用层剥去 H5，至此主机 B 上的应用进程 AP2 收到主机 A 上的应用进程 AP1 发送的数据，假设没发生出错和丢失，收到的数据和发送的数据是一模一样的。

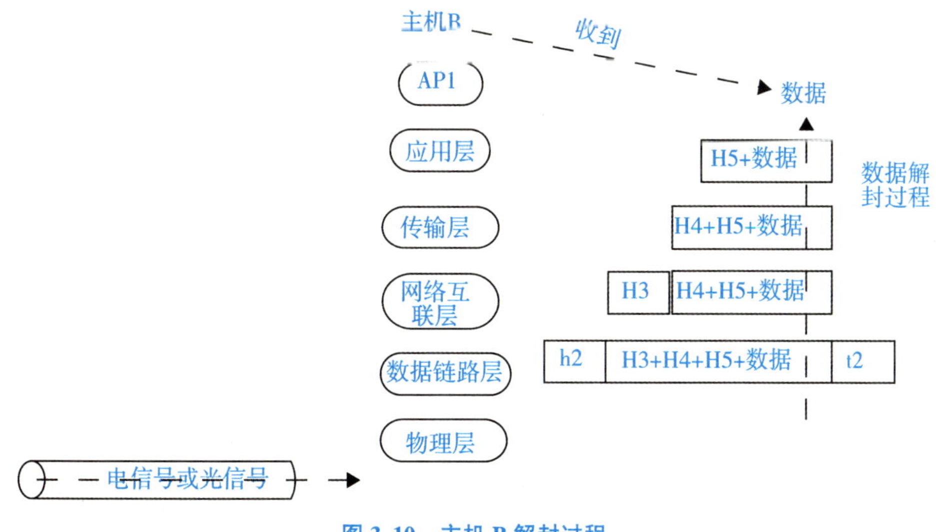

图 3.10　主机 B 解封过程

从图 3.8~图 3.10 可以看出，主机 A 上的应用进程 AP1 向主机 B 上的应用进程 AP1 传送数据的过程是复杂的，但这些复杂的封装和解封过程对用户来说，都被屏蔽掉了，用户感觉我们是从主机 A 上发送数据直接通过网络把数据交给了主机 B。

3.5 IP 地址

为了使两台主机间实现通信，就必须为它们配置恰当的地址，这个地址是网络层的 IP 地址，它是网络中每台设备都必须具有的唯一定义的网络层地址。联网的计算机都必须使用 IP 地址来标识自己，类似于电话号码，通过电话号码可以找到相应的电话机主，电话号码没有重复的，IP 地址也是一样。在网络层，通信两端的源地址和目的地址用来标识该通信的数据包。采用 IPv4，每个数据包的 IP 报头中都有一个 32 位源 IP 地址和一个 32 位目的 IP 地址。当该数据包在网络中传输时，这两个地址保持不变，以确保网络设备总是能根据确定的这两个 IP 地址，将数据包从源通信主机送往指定的目的主机。

1. IP 地址管理机构

IP 地址由统一的组织负责分配，所有的 IP 地址都由国际组织 NIC(network information center)负责统一分配，目前全世界共有 NIC、APNIC、RIPE 三个这样的网络信息中心，具体负责美国及其他地区的 IP 地址分配。我国申请的 IP 地址要通过 APNIC(亚太网络信息中心)分配，APNIC 的总部设在日本东京大学。在我国由 CNNIC(china internet network information center，CNNIC)负责全国的 IP 地址分配。

IP 地址是唯一的，因为 IP 地址是全局和标准的，所以没有任何两台连到公共网络的主机拥有相同的 IP 地址，所有连接 Internet 的主机都遵循此规则，公有 IP 地址是从 Internet 服务提供商或地址注册处获得的。在同一局域网中设备的 IP 地址也必须是唯一的。

2. IP 地址的点分十进制表示

采用 IPv4，IP 地址是 32 位的二进制，网络设备以二进制形式使用这些地址，设备内部则运用数字逻辑解释这些地址。但用户要书写、表达和记忆这 32 位二进制就显得困难重重。因此，我们使用点分十进制来表示 IPv4 地址。例如，在图 3.11 中，用点号分隔二进制形式的每个字节，每个字节用十进制表示，那么这个十进制的取值范围是 0~255。IP 地址上数最低为 0.0.0.0，IP 地址上数最高为 255.255.255.255。

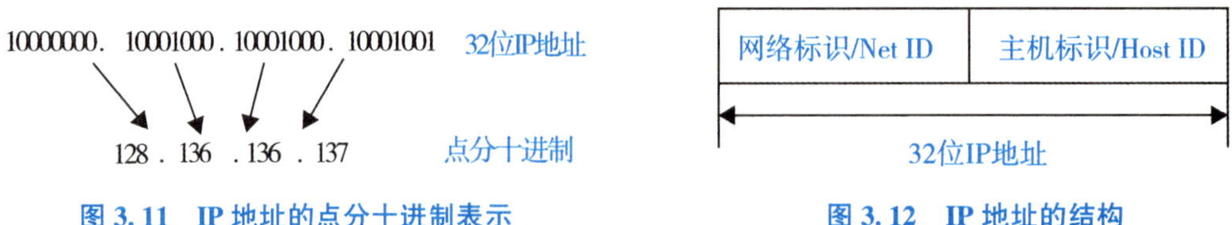

图 3.11 IP 地址的点分十进制表示

图 3.12 IP 地址的结构

3. IP 地址的结构

32 位的 IP 地址以二进制形式存储于计算机中，IP 地址结构由网络标识和主机标识两部分组成，如图 3.12 所示。其中网络标识用于标识该主机所在的网络，而主机标识则标识该主机在相应网络中的特定位置，正是网络号所给的网络位置信息，才使得路由器能够在网络互连的路径中为 IP 分组选择一条合适路径。

通常 IP 地址分为 A、B、C、D、E 共 5 类，称为有类别的 IP 地址。起始几位标识地址的类别，如图 3.13 所示。其中 A、B、C 三类作为普通的主机地址，D 类用于提供网络组播服务或作为网络测试用，E 类保留给未来扩充使用。A、B、C 三类的最大网络数目和可以容纳的主机数如表 3.1 所示。

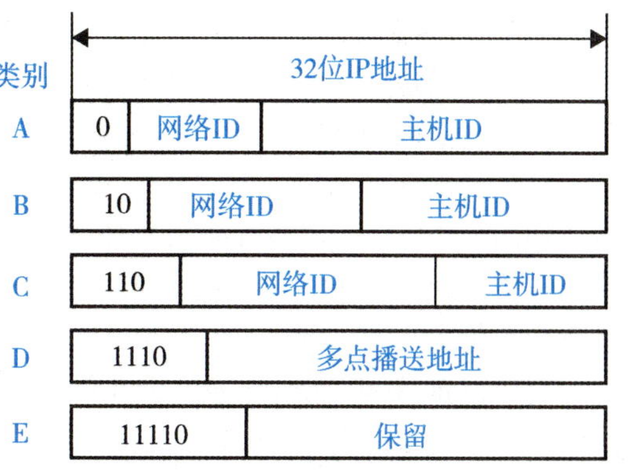

图 3.13 IP 地址的分类

表 3.1 A、B、C 三类的最大网络数目和可以容纳的主机数

类别	最大网络数	每个网络可容纳的最大主机数目
A	$2^7-2=126$	$2^{24}-2=16777214$
B	$2^{14}=16384$	$2^{16}-2=65534$
C	$2^{21}=2097152$	$2^8-2=254$

1) A 类地址

如图 3.13 所示，A 类地址用来支持超大型网络。A 类 IP 地址仅使用第一字节来标识网络部分，其余 3 字节标识主机部分。用二进制表示时，A 类地址的第一位总是 0，因此，第一字节的最小值为 00000000，其十进制为 0，最大值为 01111111，其十进制为 127，但是第一个十进制数为 0 或 127 开头的地址被保留，不能用作网络地址，任何有效 A 类 IP 地址第一字节二进制的取值范围都是 00000001~01111110，转换为十进制是 1~126。

2) B 类地址

如图 3.13 所示，B 类地址用来支持中大型网络，B 类 IP 地址使用四个 8 位组(4 字节)的前两个 8 位组标识地址的网络部分，其余的两个 8 位组用来标识主机部分。用二进制数表示时，B 类地址前两位总是 10，因此第一个 8 位组二进制最小值为 1000 0000，其十进制是 128，二进制的最大值为 1011 1111，其十进制是 191，任何有效的 B 类 IP 地址的第一个 8 位组的二进制范围是 10000000~10111111，即 B 类地址的第一个十进制的范围是 128~191。

3) C 类地址

如图 3.13 所示，C 类地址用来支持小型网络，C 类 IP 地址使用四个 8 位组(4 字节)的前三个 8 位组标识地址的网络部分，其余的一个 8 位组用来标识主机部分。用二进制数表示时，C 类地址前两位总是 110，因此第一个 8 位组二进制最小值为 1100 0000，其十进制是 192，二进制的最大值为 1101 1111，其十进制是 223，任何有效的 C 类 IP 地址的第一个 8 位组的二进制范围是 11000000~11011111，即 C 类地址的第一个十进制的范围是 192~223。

4) D 类地址

如图 3.13 所示，D 类地址用来支持组播，组播地址是唯一的网络地址，用来转发目的地址为预先定义的一组 IP 地址分组，因此，一台工作站可以将单一的数据流传输给多个接收者，用二进制表示时，D 类地址的前 4 位总是 1110。因此第一个 8 位组二进制最小值为

1110 0000，其十进制是 224，二进制的最大值为 1110 1111，其十进制是 239，任何有效的 D 类 IP 地址的第一个 8 位组的二进制范围是 11100000～11101111，即 D 类地址的第一个十进制的范围是 224～239。

5）E 类地址

如图 3.13 所示，Internet 工程任务组保留 E 类地址作为研究使用，因此 Internet 上没有发布 E 类地址的使用。用二进制表示时，E 类地址的前 4 位总是 1111，因此第一个 8 位组二进制最小值为 1111 0000，其十进制是 240，二进制的最大值为 1111 1111，其十进制是 255，任何有效的 E 类 IP 地址的第一个 8 位组的二进制范围是 11110000～11111111，即 E 类地址的第一个十进制的范围是 240～255。

4. IP 地址中二进制与十进制之间的转换

1）二进制转换为十进制

在 IP 地址的点分十进制的表示中，二进制每 8 位一组，即 1 字节大小为一组，分成 4 组，每组将二进制转换为十进制。那么二进制如何转换为十进制？8 位一组可以将这 8 个二进制看成 8 个位置，从右到左依次为位置 0，位置 1，…，位置 6，位置 7，每个位置代表 2 的幂，位置 0 为 2 的 0 次幂，位置 1 为 2 的 1 次幂，幂次逐位增加，在 8 位二进制数中，各个位置分别代表数量如表 3.2 所示。

表 3.2　8 位二进制位置的值

对应值	位置 7	位置 6	位置 5	位置 4	位置 3	位置 2	位置 1	位置 0
2 的幂	2^7	2^6	2^5	2^4	2^3	2^2	2^1	2^0
十进制数	128	64	32	16	8	4	2	1
二进制位	1	0	1	1	0	1	0	0
位置数	128	0	32	16	0	4	0	0
总数	128+0+32+16+0+4+0+0＝180							

从表 3.2 可以看出，要计算 IP 地址的点分十进制形式，只需要先 8 位一组分成 4 组，每组按表 3.2 所示的方式转换为十进制。

【计算题例 3-1】

若某个 IP 地址的十六进制表示是 DF2E8564，试将其转换为点分十进制的形式，并指出其属于哪一类 IP 地址？

解答：首先将 DF2E8564 从左到右按 2 个数一组分为四组，依次是 DF、2E、85、64；因为是十六进制表示，所以有

DF 对应的第一十进制数＝D×16+F＝223

2E 对应的第二十进制数＝2×16+E＝46

85 对应的第三十进制数＝8×16+5＝133

64 对应的第四十进制数＝6×16+4＝100

即 223.46.133.100，为 C 类。

2）十进制转换为二进制

IP 地址的本质是 32 位的二进制，有时需要将十进制转换为二进制，转换的方法是：将

该十进制转化为 2 的幂之和，按幂所处的位置写成二进制。如 180 展开为 2 的幂的形式为，它等于 128+32+16+4，写成 2 的幂之和，它等于 $2^7+2^5+2^4+2^2$，按幂的位置写成二进制形式为 1011 0100。

5. 子网掩码

IP 地址本质上是 32 位的二进制，那么如何确定哪部分是网络地址，哪部分是主机地址？即 IP 地址的网络标识和主机标识是如何划分的。在一个 IP 地址中，计算机是通过子网掩码来确定 IP 地址中的网络地址和主机地址的。地址规划组委员会规定，用 1 表示网络部分，用 0 表示主机部分。

子网掩码也同样是一个 32 位的二进制，用于屏蔽 IP 地址的一部分信息，以区别网络地址和主机地址，也就是说，通过 IP 地址和子网掩码的二进制逻辑与计算，才能知道计算机在哪个网络中，所以子网掩码很重要，必须配置正确，否则就会导致错误的网络地址。A、B、C 三类网络的默认子网掩码如表 3. 3 所示。

表 3. 3　A、B、C 三类网络的默认子网掩码

类别	二进制表示的掩码	点分十进制表示的掩码	掩码中 1 的个数	网络 ID 所占的位数
A	11111111 00000000 00000000 00000000	255. 0. 0. 0	8	8
B	11111111 11111111 00000000 00000000	255. 255. 0. 0	16	16
C	11111111 11111111 11111111 00000000	255. 255. 255. 0	24	24

【计算题例 3-2】

有类 IP 地址为 192. 168. 10. 8，求它的网络 ID(网络号)和主机 ID。

解答：从第一个十进制 192 看，可知是 C 类地址，C 类地址的默认子网掩码为 255. 255. 255. 0，将 192. 168. 10. 8 转化为 32 位二进制与默认子网掩码二进制进行逻辑与，得到网络 ID=192. 168. 10. 0，主机 ID=8。其具体的计算过程如下：

192 转化为二进制=1100 0000，与第一个 255=1111 1111 进行二进制逻辑与操作，二进制逻辑与操作规则为：1 and 1=1，1 and 0=0，0 and 1=0，0 and 0=0。

1100 0000 and 1111 1111 对应位置上进行逻辑与=1100 0000=192。

同理，168=128+32+8=1010 1000，与第二个 255=1111 1111，进行二进制逻辑与操作，1010 1000 and 1111 1111 对应位置上进行逻辑与=1010 1000=168；10=0000 1010 与第三个 255=1111 1111，进行二进制逻辑与操作=0000 1010=10；8 与第四个 0=0000 0000，进行二进制逻辑与操作=0000 0000=0。

将 4 对逻辑与操作的结果写成点分十进制形式，网络 ID=192. 168. 10. 0，主机 ID 为这个网络地址中第 8 个 IP 地址。

技巧：255 转换为二进制是全 1，所以与 255 进行逻辑与操作的数的结果是这个数本身，这个特性使得在这道题中我们不需要将 192、168、10 转换为二进制就知道结果。同样与 0 进行逻辑与操作的数的结果是 0。

6. 特殊含义的地址

在 IP 地址中，有些 IP 地址是被保留作为特殊之用的，这些保留地址空间如下面几种情况：

1）网络地址

网络地址用于表示一个具体的网络 ID，如路由器互联 5 个网络，这 5 个网络必须具备不同的网络 ID。一个有效的网络 ID，要求主机号部分全零，如 11.0.0.0，168.14.0.0，193.174.14.0 分别代表 A、B、C 3 类网络 ID。

网络地址通常被称为网络号，网络号在 IP 网络通信中非常重要，位于同一个网络中的主机必须具有相同的网络号，他们之间可以直接相互通信，如图 3.14 所示。而网络号不同的主机之间则不能直接进行通信，必须经过第三层网络设备如路由器进行转发，如图 3.15 所示。

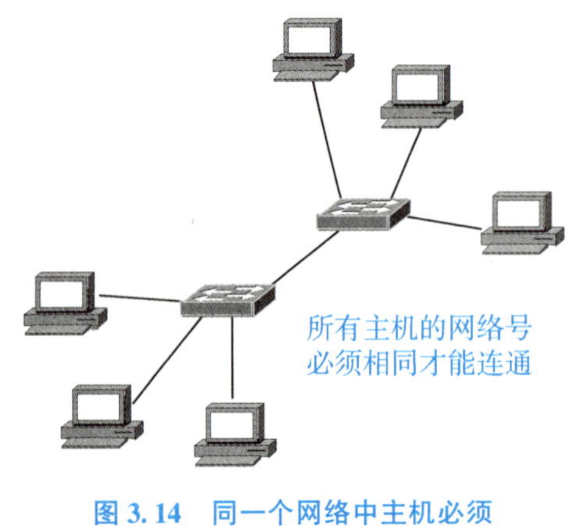

图 3.14　同一个网络中主机必须具有相同的网络号

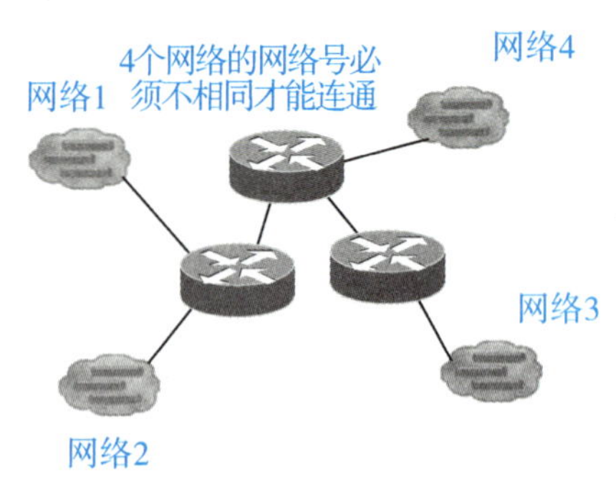

图 3.15　4 个网络中主机必须具有不同的网络号

2）广播地址

广播地址用于向网络中的所有设备广播分组，具有正常的网络号部分，主机号部分为全 1 的 IP 地址，代表一个在指定网络中的广播，称为广播地址，如 14.255.255.255、178.14.255.255、196.178.10.255 分别代表在一个 A、B、C 类网络中的广播。

广播地址对于网络通信也非常有用，在计算机网络通信中，经常会出现对某一个指定网络中所有的机器发送数据的情形，如小区广播系统、学校广播系统等。

如果没有广播地址，源主机就要对所有的目的主机启动多次 IP 分组的封装与发送过程。除网络地址和广播地址外，其他一些包括全 0 和全 1 的地址格式及作用，如图 3.16 所示。

网络部分	主机部分	地址类型	用　途
任意	全 0	网络地址	代表一个网段
任意	全 1	广播地址	某一网段的所有节点
127	任意	回送地址	回送测试
	全 0	所有网络	路由器指定默认路由
	全 1	广播地址	本网段所有节点

图 3.16　特殊用途地址

3) 回送地址

IP 地址中第一个十进制为 127 开头的地址为保留地址，如常用的 127.0.0.1 称为回路测试地址，用于测试本机的 TCP/IP 是否完整，不进行任何网络传输，只用于本机。

4) 私有 IP 地址

地址按用途分为私有地址和公有地址两种。所谓私有地址就是在 A、B、C 三类 IP 地址中保留下来为企业内部网络分配地址时所使用的 IP 地址。

私有地址主要用于在局域网中进行分配，在 Internet 上是无效的。这样可以很好地隔离局域网和 Internet。私有地址在公网上是不能被识别的，必须通过 NAT 将内部 IP 地址转换成公网上可用的 IP 地址，从而实现内部 IP 地址与外部公网的通信。公有地址是在广域网内使用的地址，但在局域网中同样也可以使用，除了私有地址以外的地址都是公有地址。

私有 IP 地址属于非注册地址，专门为组织机构内部使用。RFC1918 定义了私有 IP 地址范围：10.0.0.1 ~ 10.255.255.254（A 类）；172.17.0.1 ~ 172.31.255.254（B 类）；192.168.0.1~192.168.255.254(C 类)。

这些地址是不会被 Internet 分配的，它们在 Internet 上也不会被路由，虽然它们不能直接和 Internet 连接，但通过 NAT 技术仍旧可以和 Internet 通信。我们可以根据需要来选择适当的地址类，在内部局域网中将这些地址像公有 IP 地址一样使用。在 Internet 上，有些不需要与 Internet 通信的设备，如打印机、可管理交换机等也可以使用这些地址，以节省 IP 地址资源。公有地址(public address)由国际互联网络信息中心(internet network information center, Inter NIC)负责。这些 IP 地址分配给注册并向 Inter NIC 提出申请的组织机构，通过它直接访问互联网。

3.6 任务 1：简单网络组建

新办公区域网络组建的过程大致包括 7 个步骤：

(1)网络需求分析的调研，根据职能部门上网业务确定网络功能需求；

(2)确定上网的解决方案；

(3)确定上网的信息点数；

(4)设备选型；

(5)IP 地址规划；

(6)网络连通性测试；

(7)网络试运行监测和交付使用。

这里我们以最简单的两台计算机之间的直接相连为例，来说明网络组建的基本内容。在这里我们选择在 Cisco Packet Tracer 实施该任务，它包括物理网络逻辑拓扑结构搭建、网络中各设备 IP 地址的规划、各设备地址信息的配置、网络连通性测试 4 个方面的内容，下面逐一进行介绍。

3.6.1 逻辑拓扑结构搭建

最简单的计算机网络是两台计算机之间的直接相连，在 Cisco Packet Tracer 中搭建的网络拓扑如图 3. 17 所示。适用的情景是如小王家希望将两台计算机互联，采用的方法之一是可以使用交叉双绞线把两台计算机连接起来。

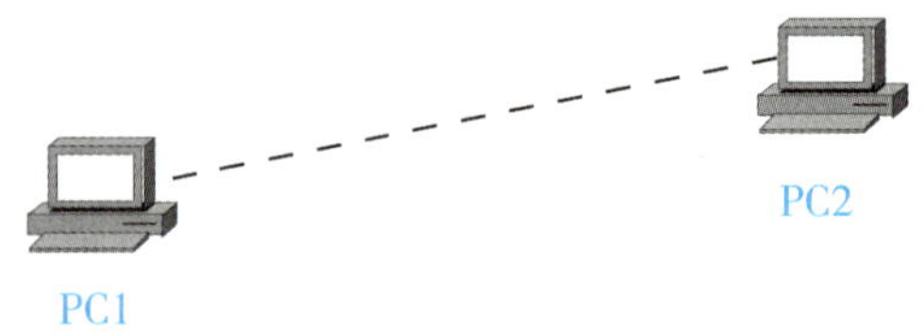

图 3. 17　最简单网络互联

3. 6. 2　网络中设备 IP 地址规划

在图 3. 17 中，需要分配地址的设备有 PC1 和 PC2，规划 IP 地址如表 3. 4 所示。从图 3. 17 可以判断出，该网络只需要一个网络号，在表 3. 4 中选用 C 类私有地址 192. 168 开头，第三个十进制选择的范围可以是 0~255，这里我们选择 10，第四个十进制选择的范围可以是 1~254，这里我们依次为 PC1 和 PC2 分配这个网络中第 1 个地址和第 2 个地址，分配的结果如表 3. 4 所示。按照上面计算网络号的方法，PC1 和 PC2 的网络号在同一个网络中，网络号/网络地址 = 192. 168. 10. 0/24。IP 地址和子网掩码如影随形，通常用前缀表示方式如网络号 = 192. 168. 10. 0/24，反斜杠后面的 24 代表 32 位子网掩码中前面 24 位全 1。

表 3. 4　规划 IP 地址

设备名	IP 地址	子网掩码
PC1	192. 168. 10. 1	255. 255. 255. 255. 0
PC2	192. 168. 10. 2	255. 255. 255. 255. 0

3. 6. 3　为设备分配地址

在 Cisco Packet 模拟软件中为 PC1 和 PC2 配置地址信息，如图 3. 18 所示。

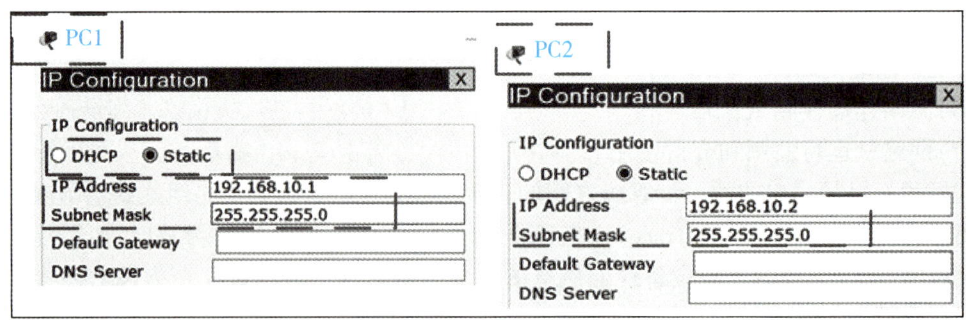

图 3. 18　PC1 和 PC2 配置地址信息

技巧：

(1) 为设备分配 IP 地址时，如果重复输入相同的 IP 地址会有提示该地址已使用，请分配其他地址；

(2) 子网掩码与 IP 地址如影随形，录入 IP 地址后，在子网掩码的空白处单击，默认子网掩码自动录入；

(3) 设备获取 IP 地址时有两种方式：动态或静态，默认静态(人工指定)，动态指从网络中的 DHCP 服务器上获取地址，如无线局域网中手机终端设备地址获取。

3.6.4　连通性测试

1. 连通性测试工具

配置完成后，需要测试配置是否生效和设备之间的连通性，需要用到 TCP/IP 实用程序中的 ipcongfig 和 ping 命令。

1) ipcongfig 命令

ipcongfig 命令可用于显示当前的 TCP/IP 配置的设置值。这些信息一般用来检验人工配置的 TCP/IP 设置是否正确。当我们所在的局域网使用了动态主机配置协议(DHCP)时，我们就可能经常跟 ipconfig 打交道了，因此掌握一些 ipconfig 的相关知识十分必要。下面就以 Windows 系统为例，介绍一下 ipconfig 命令的基本使用方法。

(1) ipconfig 命令基本格式和示例。

```
命令格式：
ipconfig [/allcompartments] [/? | /all |
                              /renew [adapter] | /release [adapter] |
                              /renew6 [adapter] | /release6 [adapter] |
                              /flushdns | /displaydns | /registerdns |
                              /showclassid adapter |
                              /setclassid adapter [classid] |
                              /showclassid6 adapter |
                              /setclassid6 adapter [classid] ]
```

ipconfig 选项参数含义如表 3.5 所示，默认情况下，仅显示绑定到 TCP/IP 的每个适配器的 IP 地址、子网掩码和默认网关。对于 Release 和 Renew，如果未指定适配器名称，则会释放或更新所有绑定到 TCP/IP 的适配器的 IP 地址租用。对于 Setclassid 和 Setclassid6，如果未指定 ClassId，则会删除 ClassId。常用示例如表 3.6 所示。

表 3.5　ipconfig 选项参数含义

选项	含义
/?	显示此帮助消息
/all	显示完整配置信息
/release	释放指定适配器的 IPv4 地址

续表

选项	含义
/release6	释放指定适配器的 IPv6 地址
/renew	更新指定适配器的 IPv4 地址
/renew6	更新指定适配器的 IPv6 地址
/flushdns	清除 DNS 解析程序缓存
/registerdns	刷新所有 DHCP 租用并重新注册 DNS 名称
/displaydns	显示 DNS 解析程序缓存的内容
/showclassid	显示适配器允许的所有 DHCP 类 ID
/setclassid	修改 DHCP 类 ID
/showclassid6	显示适配器允许的所有 IPv6 DHCP 类 ID
/setclassid6	修改 IPv6 DHCP 类 ID

表 3.6　ipconfig 示例

命令	含义
ipconfig	当使用 ipconfig 时不带任何参数选项，那么它为每个已经配置了的接口显示 IP 地址、子网掩码和缺省网关值
ipconfig/all	显示所有的有关 IP 地址的配置信息，例如 IP 的主机信息、DNS 信息、物理地址信息、DHCP 服务器信息等
ipconfig/renew	对于使用动态获取 IP 的主机重新获取一次 IP 地址
ipconfig/release	释放现有的 IP 地址
ipconfig/flushdns	清除本地 DNS 缓存内容
ipconfig/displaydns	显示本地 DNS 内容

ipconfig 属于 DOS 命令，因为我们首先需要打开命令提示符(cmd)。对于命令提示符(cmd)相信大家应该不会陌生，常使用计算机的朋友应该会经常用到。我们打开“开始”菜单，找到“运行”选项，在里面输入 cmd 然后按回车键，这样我们就进入到命令提示符窗口输入界面。或者同时按下 Win+R 键，在跳出的对话框中输入 cmd，单击“确定”按钮也可以进入命令提示符窗口。

(2) ipconfig 实践。在命令行窗口输入 ipconfig 或 ipconfig/all(Cisco Packet Tracer 不支持)，从图 3.19 可以看出，查看到的配置信息和我们输入的 IP 地址信息一致，说明生效，注意：Cisco Packet Tracer 中输入命令是及时生效的。

同理，在 PC1 的命令行窗口输入 ipcongfig，可以查看 PC1 的配置信息。

2) ping 命令

ping 命令是测试网络连接状况以及信息包发送和接收状况非常有用的工具，是网络测试最常用的命令。同时也是使用频率极高的网络诊断工具，在 Windows、UNIX 和 Linux 系统下

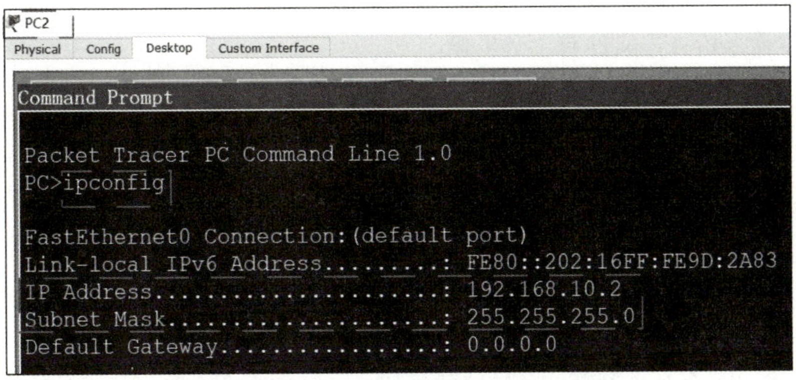

```
PC2
Physical  Config  Desktop  Custom Interface

Command Prompt

Packet Tracer PC Command Line 1.0
PC>ipconfig

FastEthernet0 Connection:(default port)
Link-local IPv6 Address.........: FE80::202:16FF:FE9D:2A83
IP Address......................: 192.168.10.2
Subnet Mask.....................: 255.255.255.0
Default Gateway.................: 0.0.0.0
```

图 3.19　通过 ipcongfig 查看 PC2 的配置信息

均适用，它是 TCP/IP 的一部分。ping 向目标主机(地址)发送一个回送请求数据包，要求目标主机收到请求后给予答复，从而判断网络的响应时间和本机是否与目标主机连通。下面就以 Windows 系统为例，介绍一下 ping 命令的基本使用方法。

(1) ping 命令基本格式和用法。

命令格式：

```
ping [-t] [-a] [-n count] [-l size] [-f] [-i TTL] [-v TOS]
          [-r count] [-s count] [[-j host-list] | [-k host-list]]
          [-w timeout] [-R] [-S srcaddr] [-c compartment] [-p]
          [-4] [-6] target_name
```

表 3.7　ping 选项参数含义

选项	含义
-t	ping 指定的主机，表示不间断地 ping 指定计算机，直到管理员中断。若要停止，请键入 Ctrl+C
-a	将地址解析为主机名
-n count	发送 count 指定的 ECHO 数据包数，默认值为 4
-l size	发送缓冲区大小
-f	在数据包中设置“不分段”标记(仅适用于 IPv4)
-i TTL	将“生存时间”字段设置为 TTL 指定的值
-r count	记录计数跃点的路由(仅适用于 IPv4)
-s count	计数跃点的时间戳(仅适用于 IPv4)
-w timeout	等待每次回复的超时时间(ms)

ping 选项参数含义如表 3.7 所示。

(2) 怎样使用 ping 命令来测试网络连通性呢？连通问题是由许多原因引起的，如本地配置错误、远程主机协议失效等，当然还包括设备等造成的故障。首先我们讲一下使用 ping

命令的步骤。

使用 ping 命令检查连通性有 5 个步骤：

①使用 ipconfig /all 观察本机本地网络设置是否正确，是否获取到有效的 IP 地址；

②ping 127.0.0.1，127.0.0.1 表示回送地址，ping 回送地址是为了检查本地的 TCP/IP 有没有设置好；

③ping 本机 IP 地址，这样是为了检查本机的 IP 地址是否设置有误；

④ping 本地网关，这样是为了检查硬件设备是否有问题，也可以检查本机与本地网络连接是否正常；(在非局域网中这一步骤可以忽略)

⑤ping 远程 IP 地址，这主要是检查本网或本机与外部的连接是否正常。

(3)如何用 ping 命令来判断一条链路的好坏？ping 这个命令除了可以检查网络的连通性和检测故障以外，还有一个比较有趣的用途，那就是可以利用它的一些返回数据，来估算你跟 ping 的主机之间的速度是每秒多少字节。我们先来看看它有哪些返回数据。例如，这里在 PC1 上 ping PC2，其具体的操作是在 PC1 的命令行窗口输入：ping 192.168.10.2，其结果如图 3.20 和图 3.21 所示。

"Reply from 192.168.10.2：bytes=32 time=3ms TTL=128"表示来自主机 192.168.10.2 的应答，其中"bytes=32"表示发送数据包的大小，默认为 32B；time 表示从发出数据包到接收到返回数据包所用的时间，time=3ms；TTL 表示生存时间值，该字段指定 IP 包被路由器丢弃之前允许通过的最大网段数量，这里 TTL=128。Minmum(最小值)= 3ms、Maximum(最大值)= 5ms、Average(平均值)= 4ms。从图 3.20 来看，平均来回只用了 4ms。

```
PC>ping 192.168.10.2

pinging 192.168.10.2 with 32 bytes of data:

Reply from 192.168.10.2: bytes=32 time=3ms TTL=128
Reply from 192.168.10.2: bytes=32 time=5ms TTL=128
Reply from 192.168.10.2: bytes=32 time=4ms TTL=128
Reply from 192.168.10.2: bytes=32 time=5ms TTL=128

ping statistics for 192.168.10.2:
    Packets: Sent = 4, Received = 4, Lost = 0 (0% loss),
Approximate round trip times in milli-seconds:
    Minimum = 3ms, Maximum = 5ms, Average = 4ms
```

图 3.20　在 PC1 上 ping PC2 文字结果

Packets：Sent=4，Received=4，Lost=0，即丢包数为 0，PC1 到 PC2 链路状态良好。在图 3.22 中 PC1 向 PC2 发送 4 个请求数据包，PC2 向 PC1 发送 4 个应答数据包，丢失率为 0，PC1 发出请求，PC2 对请求进行应答，是双向活动。若发送 4 个请求数据包，Sent=4，应答数据包为 0，即 Received=0，PC1 到 PC2 链路状态没有建立成功，无法实现 PC1 到 PC2 的数据传递。

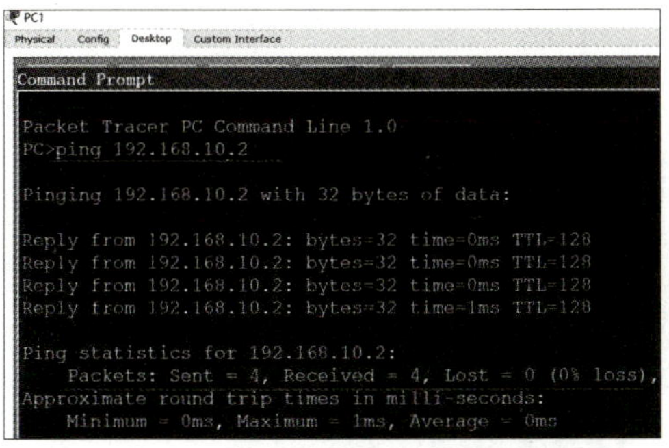

图 3.21 在 PC1 上 ping PC2 的图像结果

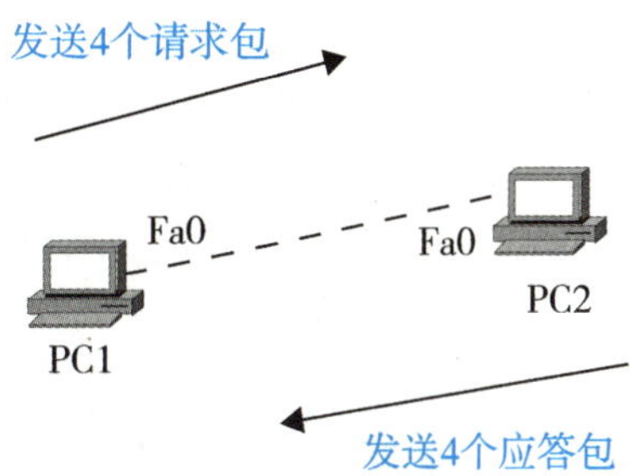

图 3.22 在 PC1 上 ping PC2 时双向通信

(4) ping 目标后应答数据丢失分析。

①Request timed out。

情景 1：目标主机在同一个网络 192.168.10.0/24 不存在。

图 3.23 中，在 PC1 的命令行窗口中 ping 192.168.10.3，结果如图 3.24 所示，出现 Request timed out。在图 3.24 中该地址 192.168.10.3 不在图 3.23 的网络 192.168.10.0/24 中。

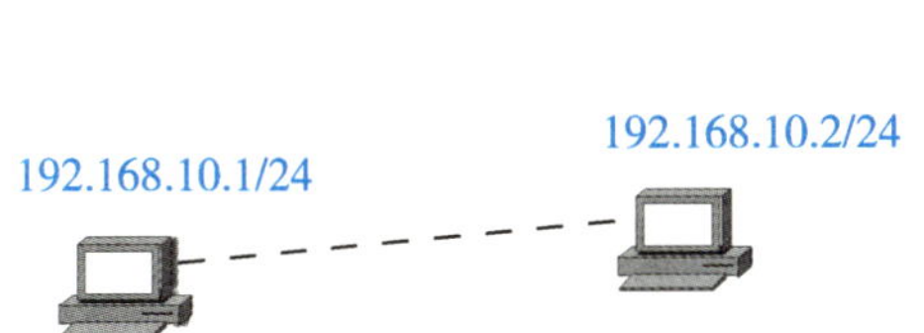

图 3.23 连通的网络

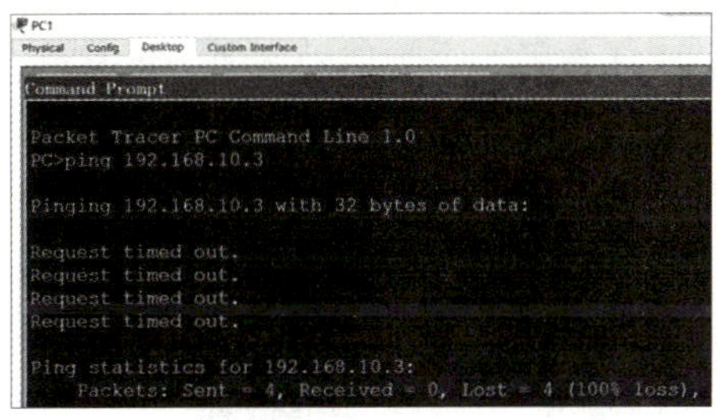

图 3.24 PC1 ping 192.168.10.3 出现请求超时

情景 2：目标主机关机。

在图 3.23 中，关闭 PC2 的电源，如图 3.25 所示。此时 PC1 与 PC2 的物理连接如图 3.26 所示，在 PC1 的命令行窗口中 ping 192.168.10.2，结果如图 3.27 所示，出现 Request timed out。

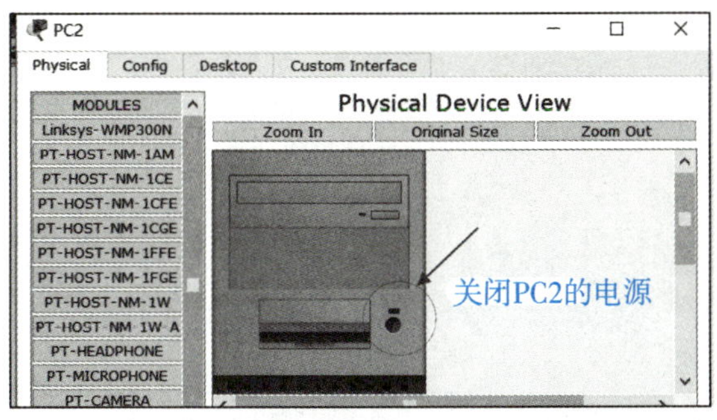

图 3.25 关闭 PC2 的电源

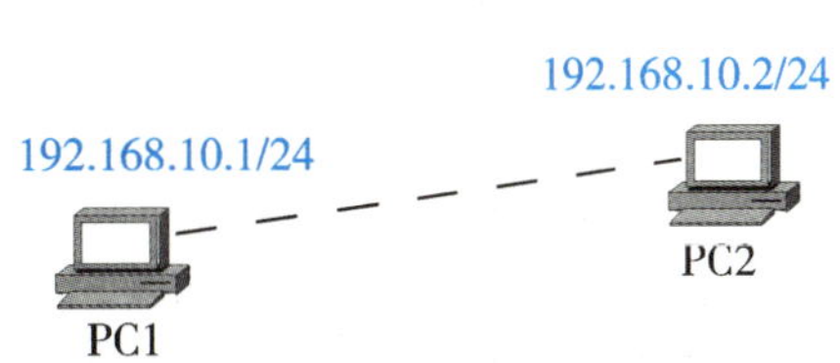

图 3.26 PC1 与 PC2 的物理连接断开状态

PC1

Physical Config Desktop Custom Interface

```
Command Prompt
PC>ping 192.168.10.2

Pinging 192.168.10.2 with 32 bytes of data:

Request timed out.
Request timed out.
Request timed out.
Request timed out.

Ping statistics for 192.168.10.2:
    Packets: Sent = 4, Received = 0, Lost = 4 (100% loss),
```

图 3.27　PC1 ping 192.168.10.2 出现请求超时

情景 3：目标主机不在同一个网络，且与源主机不连通。

搭建的网络拓扑如图 3.28 所示，路由器 Router0 连接两个局域网 192.168.10.0/24、192.168.11.0/24。PC1 和 PC2 在 192.168.10.0/24 中，PC3 和 PC4 在 192.168.11.0/24 中，从图中可以看出目前路由器 Router0 连接两个局域网的物理链路还没有连通，此时在 PC1 的命令行窗口中 ping 192.168.11.1，结果如图 3.29 所示，出现 Request timed out。此时的 ping 192.168.11.1 在另一个物理网络中，且与 PC1 没有连通。出现的情形是对方与自己不在同一网段内，通过路由也无法找到对方，但有时对方确实是存在的，当然不存在也是返回超时的信息。

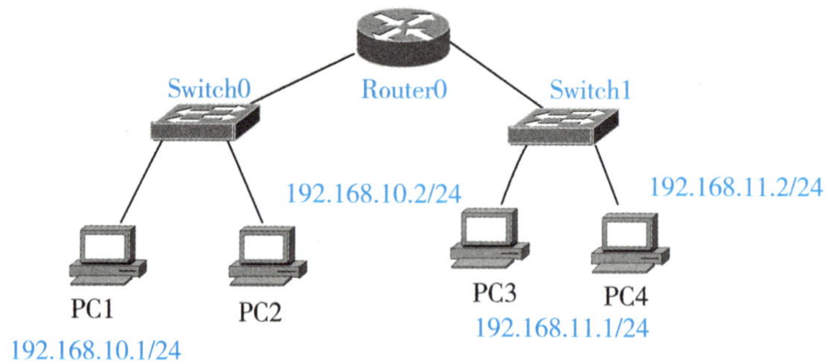

图 3.28　路由器 Router0 连接两个局域网

PC1

Physical Config Desktop Custom Interface

```
Command Prompt
PC>ping 192.168.11.1

Pinging 192.168.11.1 with 32 bytes of data:

Request timed out.
Request timed out.
Request timed out.
Request timed out.

Ping statistics for 192.168.11.1:
    Packets: Sent = 4, Received = 0, Lost = 4 (100% loss),
```

图 3.29　PC1 ping 192.168.11.1 出现请求超时

情景4：对方确实存在，但设置了ICMP数据包过滤(如防火墙设置)。

怎样知道对方是存在还是不存在呢？可以用带参数 -a 的 ping 命令探测对方，如果能得到对方的 NetBIOS 名称，说明对方是存在的，是有防火墙设置；如果得不到，多半是对方不存在或关机，或不在同一网段内。

②Destination host Unreachable：目标主机不可达。

此消息指示以下两个问题之一：本地系统没有到所需目标的路由，或者远程路由器报告它没有到目标的路由。该部分的情景在后续路由器相关的内容进行详细介绍。

2. 连通性测试实践

(1)通过 ipcongfig 查看 PC2 配置的信息，如图 3.19 所示。

(2)在 PC1 上 ping PC2，如图 3.21 所示。

(3)也可以在 PC2 上 ping PC1，其结果也是连通的。

3. ping 127.0.0.1 知识解析

前面我们介绍过 ping 127.0.0.1，127.0.0.1 代表回送地址，ping 回送地址是为了检查本地的 TCP/IP 有没有设置好。如何理解这个 ping 127.0.0.1 动作所代表的含义？

情景： 我们在命令行窗口执行 ping 127.0.0.1，效果如图 3.30 所示。在图 3.30 中从数据包的发送和接收来看，已发送=4，已接收=4，丢失=0，谁是发送者？谁是接收者？

答案： 发送者和接收者都是这台 Windows 主机。

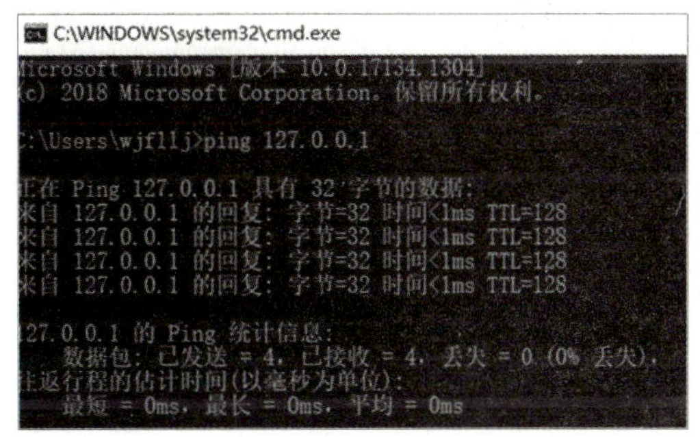

图 3.30 在 Windows 下 ping 127.0.0.1

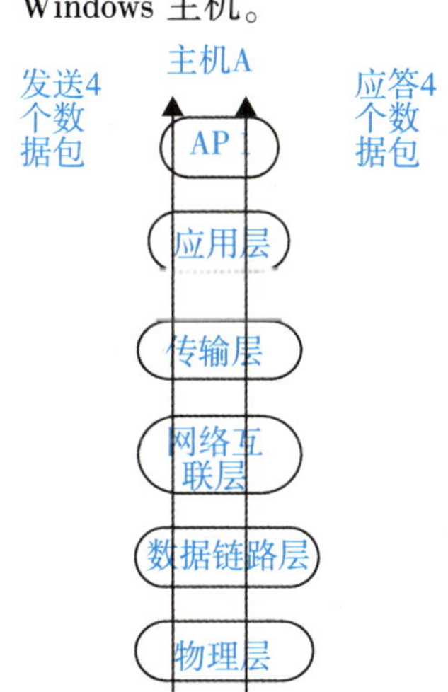

图 3.31 ping 127.0.0.1 协议栈执行过程

分析： 3.1 节中计算机网络通信采用层次结构来描述，TCP/IP 作为事实互联网通信标准，网络中任何通信的实体都遵循 TCP/IP，当然主机也遵循 TCP/IP。在主机上装有 TCP/IP 协议栈如图 3.31 所示，从上到下依次是应用层→传输层→网络互联网→数据链路层→物理层。ping 127.0.0.1 这个动作，主机执行 ping 这个实用程序，发送 4 个数据包，依次经过应用层→传输层→网络互联网→数据链路层封装，这些封装的数据到达物理层后，不离开主机，在本机依次经过数据链路层→网络互联网→传输层→应用层解封装，应用层收到数据，若 TCP/IP 工作正常，收到的数据包和发送的 4 个数据包就是一样的。同理，ping 这个实用程序的 4 个应答数据包执行前面 4 个发送数据包封装、解封的过程，若 TCP/IP 工作正常，收到的数据包和发送的 4 个应答数据包就是一样的。从 ping 127.0.0.1 这个动作的执行过程看，127.0.0.1 因此被称为回路测试地址。

3.7 任务2：双绞线线缆及其制作

双绞线(twisted pair，TP)是一种综合布线工程中最常用的传输介质，由两根具有绝缘保护层的铜导线组成。把两根绝缘的铜导线按一定密度互相绞在一起，目的是将导线在传输中电信号产生磁场辐射出来的电波互相抵消，有效降低信号干扰的程度。实际使用时，将4对双绞线包在一个绝缘电缆套管里，形成双绞线电缆，如图3.32所示。日常生活中一般把双绞线电缆直接称为双绞线。与其他传输介质相比，双绞线在传输距离、信道宽度和数据传输速率等方面均受到一定限制，其价格较为低廉。

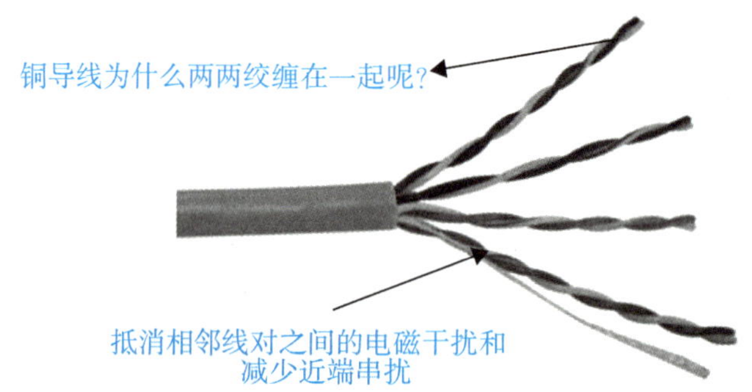

图3.32　4对双绞线两两绕在一起

3.7.1 双绞线的分类

双绞线可以根据有无屏蔽层进行分类，也可以从频率和信噪比角度进行分类。

根据有无屏蔽层进行分类，可将双绞线划分为屏蔽双绞线(shielded twisted pair，STP)与非屏蔽双绞线(unshielded twisted pair，UTP)。

屏蔽双绞线由4对不同颜色的传输线组成，在双绞线与外层绝缘层封套之间有一层金属屏蔽层。屏蔽层可减少辐射，防止信息被窃听，也可阻止外部电磁干扰进入。屏蔽双绞线比同类的非屏蔽双绞线具有更高的传输速率。

非屏蔽双绞线同样由4对不同颜色的传输线组成，广泛应用于以太网中。电话线用的是1对非屏蔽双绞线。在综合布线系统中，非屏蔽双绞线得到广泛应用，它的主要优点如下：

(1)无屏蔽外套，直径小，节省占用的空间，成本低；

(2)重量轻，易弯曲，易安装；

(3)具有阻燃性；

(4)具有独立性和灵活性，适用于结构化综合布线。

按照频率和信噪比进行分类，常见的双绞线有三类线、四类线、五类线、超五类线以及六类线等，具体如下。

(1)三类线(CAT3)：指在美国国家标准协会(American National Standards Institute，ANSI)和美国通信工业协会(Telecommunication Industry Association，TIA)以及美国电子工业

协会(Electronic Industries Alliance，EIA)制定的 EIA/T1A568 标准中指定的电缆，该电缆的传输频率为 16MHz，最高传输速率为 10Mbit/s，主要应用于语音、10Mbit/s 以太网(10Base-T)和 4Mbit/s 令牌环，最大网段长度为 100m，已淡出市场。

(2)四类线(CAT4)：该类电缆的传输频率为 20MHz，用于语音传输和最高传输速率 16Mbit/s(指的是 16Mbit/s 令牌环)的数据传输，主要用于基于令牌的局域网和 10Base-T/100Base-T。最大网段长 100m，未被广泛使用。

(3)五类线(CAT5)：这类电缆增加了绕线密度，外套是一种高质量的绝缘材料，线缆最高频率带宽为 100MHz，最高传输速率为 1000Mbit/s，用于语音传输和最高传输速率为 100Mbit/s 的数据传输，主要用于 100Base-T 和 1000Base-T 网络。最大网段长度为 100m，这是最常用的以太网电缆。在双绞线电缆内，不同线对具有不同的绞距长度。

(4)超五类线(CAT5e)：超五类线具有衰减小、串扰少、信噪比更高、时延误差更小等特点，性能得到很大提高。超五类线主要用于千兆位以太网(1 000Mbit/s)。

(5)六类线(CAT6)：该类电缆的传输频率为 1~250MHz，它提供的带宽为超五类线带宽的 2 倍。六类线的传输性能远远高于超五类线的标准，最适用于传输速率高于 1Gbit/s 的应用。

3.7.2 双绞线的制作

国际上最有影响力的 3 家综合布线组织为 ANSI、TIA 以及 EIA。在双绞线制作标准中，应用最广的是 EIA/TIA-568A 和 EIA/T1A-568B。这两个标准最主要的区别是线的排列顺序不一样。实际工程项目中用得比较多的线序标准为 EIA/TIA-568B。

EIA/TIA-568A 的线序为：白绿 绿 白橙 蓝 白蓝 橙 白棕 棕。

EIA/TIA-568B 的线序为：白橙 橙 白绿 蓝 白蓝 绿 白棕 棕。

EIA/TIA-568A 的线序和 EIA/TIA-568B 的线序如图 3.33 所示。

根据 568A 和 568B 标准，RJ-45 水晶头各触点在网络连接中，对传输信号来说它们起的作用分别是：1、2 用于发送，3、6 用于接收，所以 8 根线的双绞线中，实际使用的是 4 根线。也就是说，只保证这 4 根线连通，这根双绞线电缆就可用于实际工程项目中，而并不需要 8 根线一定全部连通。

双绞线的制作用到的工具和材料如图 3.34 所示。

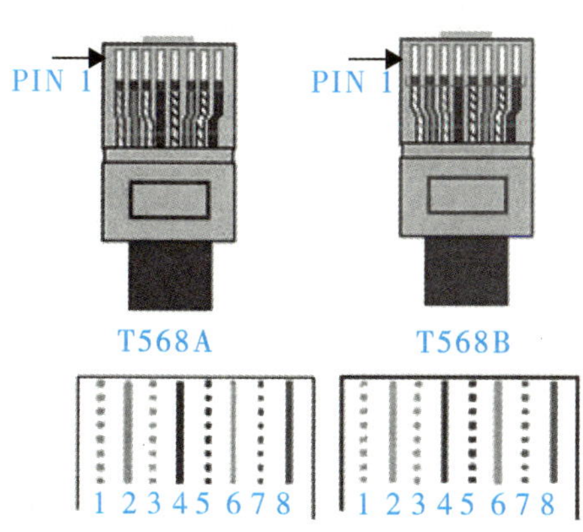

图 3.33 T568A 和 T568B

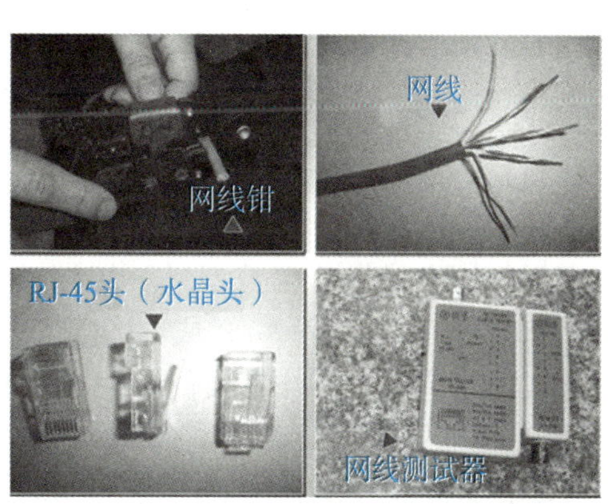

图 3.34 双绞线的制作用到的工具和材料

双绞线的制作步骤如下。

(1)剪断：用网线钳剪一段满足长度需要的双绞线。

(2)剥皮：把剪齐的一端插入网线钳用于剥线的缺口中，稍微握紧压线钳慢慢旋转一圈，让刀口划开双绞线的保护胶皮，露出4对线缆。当然，也可使用专门的剥线钳剥下保护胶皮。注意，剥皮的长度要适中，剥皮过长会导致网线外套胶皮不能被水晶头完全包住，实际使用时由于水晶头的晃动，网线会断裂，从而不能保护双绞线。剥线过短，会导致双绞线不能插到水晶头的底部，造成水晶头插针不能与网线完好接触。

(3)排序：剥除外皮后即可见到双绞线电缆的4对8条芯线，把每对相互缠绕的线缆解开，解开后根据规则排列好顺序并理顺。

(4)剪齐：由于线缆之前是互相缠绕的，排列好顺序并理顺弄直之后，双绞线的顶端8根线已经不再一样长了，此时用压线钳的剪线刀口把线缆顶部裁剪整齐。

(5)插入：把按照一定的标准顺序整理好的线缆插入水晶头内。注意，插入时将水晶头有塑料弹簧片的一面向下，有针脚的一面向上。插入时要求将8根线一直插到线槽的顶端。

(6)压线：将水晶头插入压线钳的8P槽内压线，用力握紧线钳，可以使用双手一起压，使水晶头凸出在外面的针脚全部压入水晶头内。

双绞线制作的主要步骤如图3.35所示。

(7)测试：将做好的网线的两头分别插入网线测试仪中，并启动开关，观察测线仪灯的闪烁情况，判断网线制作是否成功，如图3.36所示。

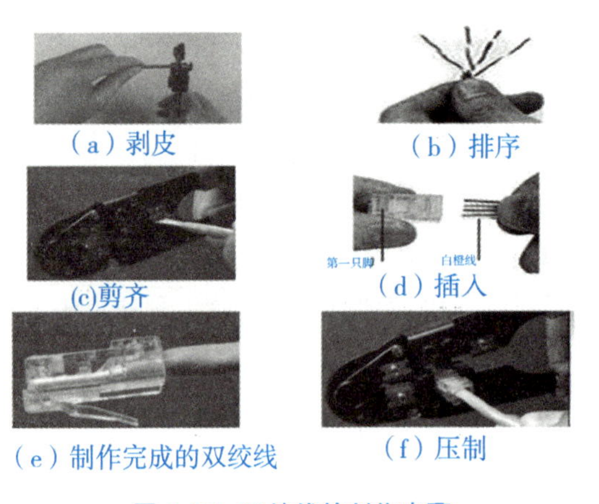

(a)剥皮 (b)排序 (c)剪齐 (d)插入 (e)制作完成的双绞线 (f)压制

图3.35 双绞线的制作步骤

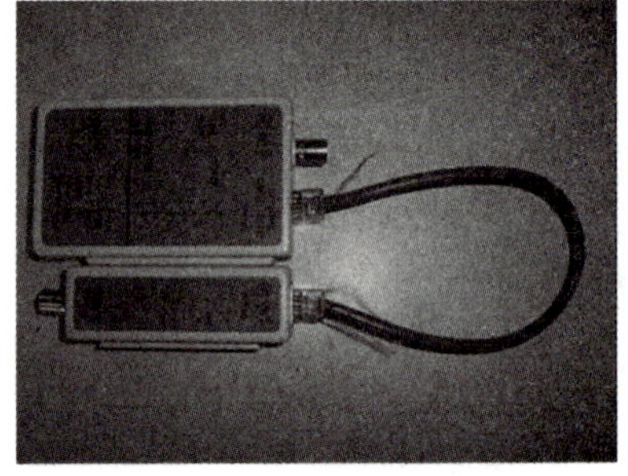

图3.36 用网线测试仪测试制作网线

两端做好水晶头的双绞线有直通线和交叉线之分。直通线也称为平行线，指的是双绞线两端线序相同，标准的做法是，如果一端做成EIA/TIA-568A标准，另一端同样要做成EIA/T1A-568A标准。如果一端做成EIA/TIA-568B标准，另一端同样要做成EIA/TIA-568B标准，总之，两端的顺序相同，如图3.37和图3.38所示。

在工程项目中，如果确实忘记了标准EIA/TIA-568A或EIA/TIA-568B的顺序，只需记住一点，直通线的本质是两边的线序相同即可，不按照标准做同样能够解决问题。当然，在实际的工程项目中，尽量按照标准做网线水晶头。这样的网线抗干扰能力是最强的。

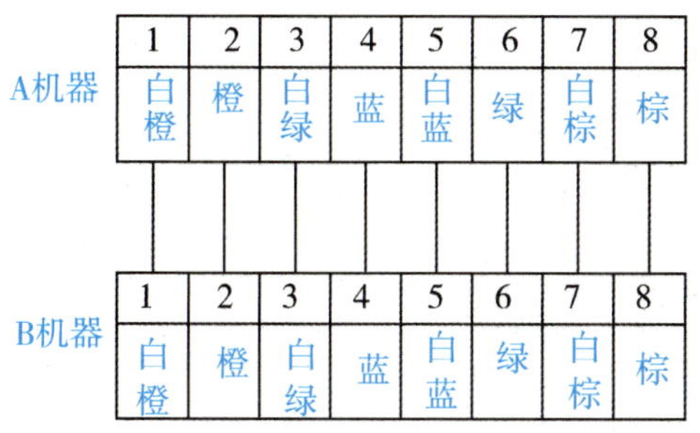

图 3.37 T568B 标准直通双绞线做法

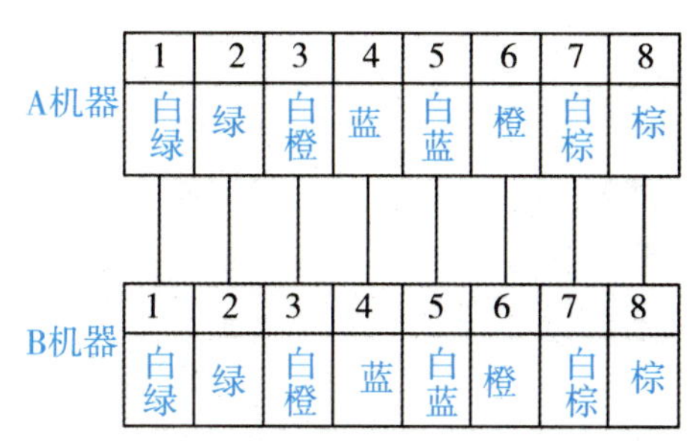

图 3.38 T568A 标准直通双绞线做法

了解直通线的本质之后，可以帮助我们解决一些实际问题。在实际工程中，利用标准做的双绞线主要使用 4 根线，分别为白橙、橙、白绿和绿。我们发现，有时这 4 根线存在断裂的情况，导致这根双绞线电缆线不能使用，从而网络不能连通。如果我们懂得双绞线制作的本质，就可以使用其他颜色的线代替那根断的线来解决问题，使这根双绞线仍然能够正常使用。如果一直强调必须使用标准的双绞线的做法来做这根双绞线，那么这根线永远做不通，而实际上这根线是可以再次使用的。

另一种常见的双绞线做法是做成交叉线。交叉线是双绞线一端的 1、2 号线对应另一端的 3、6 号线。一端的 3、6 号线对应另一端的 1、2 号线，如图 3.39 所示。按照标准的做法，如果双绞线的一端做成 EIA/TIA-568A，则另一端做成 EIA/TIA-568B。或者双绞线的一端做成 EIA/TIA-568B，则另一端做成 EIA/TIA-568A。这样的双绞线称为交叉线，如图 3.39 所示。懂得交叉线的本质之后，同样可以帮助我们解决实际问题。当编号为 1、2、3、6 的 4 根线中的某一根或几根出现断裂之后，可以利用其他线代替断裂的线，从而解决双绞线不通的问题。

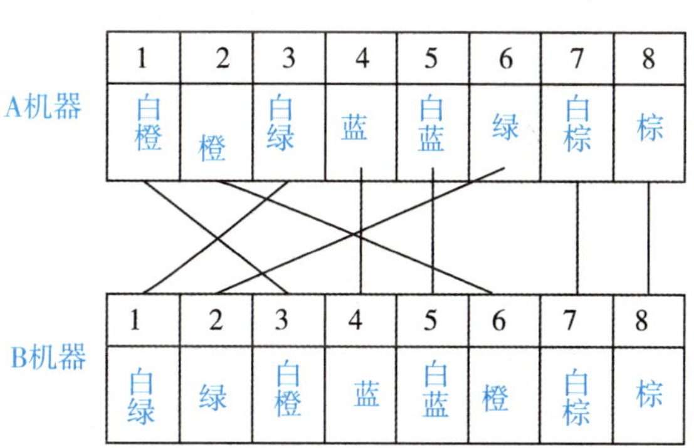

图 3.39 交叉双绞线的制作

3.7.3 双绞线线型的选择

在工程项目中，往往需要对双绞线的线型进行选择，是使用直通线还是使用交叉线？关于双绞线的选择，规则如下。

(1) 相同性质的设备之间用交叉线，不同性质的设备之间用直通线。

(2) 将路由器和 PC 看成相同性质的设备；将交换机和集线器看成相同性质的设备。

根据以上规则，得到常见设备之间的连线情况，见表 3.8。

表 3.8 常见设备间的线型选择

设备	计算机	交换机	路由器
计算机	交叉线	直通线	交叉线
交换机	直通线	交叉线	直通线
路由器	交叉线	直通线	交叉线

本章总结

本章主要讲述了以下内容:

(1)对计算机网络中的终端节点、中间节点划分层次结构，每一层中，用于实现该层功能的活动元素称为实体。不同机器上位于同一层次、完成相同功能的实体称为对等实体。对等实体之间交换数据或通信时使用对等协议。在网络分层结构模型中，每一层为相邻的上一层所提供的功能称为服务。*N* 层向 *N*+1 层提供的服务通过 *N* 层和 *N*+1 层之间的接口来实现。

(2)OSI 模型共有 7 层，是一种将异构系统互联的分层结构，描述了网络硬件和软件如何以层的方式协同工作进行网络通信，它是一种理论上的互联标准。

(3)TCP/IP 被用于构筑目前最大的、开放的互联网络系统 Internet。处于 TCP/IP 的节点通过封装和解封装完成数据在实体间的流动。TCP、IP 是 TCP/IP 协议族中两个最著名的协议。

(4)Internet 通过公有 IP 地址来标识主机的身份，通过网络号识别主机所在的位置。通过预留 3 个私有地址块解决公有 IPv4 地址的不足。私有地址主要用于在局域网中进行分配，在 Internet 上是无效的。这样可以很好地隔离局域网和 Internet。私有地址在公网上是不能被识别的，必须通过 NAT 将内部 IP 地址转换成公网上可用的 IP 地址，从而实现内部 IP 地址与外部公网的通信。

(5)在 Cisco Packet 中搭建两台 PC 的直连，明确网络搭建的步骤，包括拓扑图的连接、逻辑地址规划、地址的配置和连通性的测试。通过 ping 目标地址来了解目标地址的可达性，对返回的数据连通性和非连通性进行分析。

(6)通过非屏蔽双绞线的制作，掌握双绞线的制作方法以及设备间连接时双绞线线型的选择。

实践认知活动 1

实践活动名称：TCP/IP 实用程序查看本机的上网配置信息。

实践活动内容：请同学们使用 ipconfig、ping 查看自己的上网配置信息及故障诊断，包括以下内容。

(1)上网的网卡是哪块？通常有有线网卡和无线网卡两种；

(2)上网的 IP 地址、子网掩码、默认网关、DNS 是什么；

(3)上网的 IP 地址信息是动态获取还是人工分配？

(4) 自己的 IP 地址是私有地址还是公有地址？
(5) 当前自己的 IP 地址所在的网络号是多少？
(6) 在电脑的命令行窗口执行 ping127.0.0.1；
(7) 在电脑的命令行窗口执行 ping 网关；
(8) ARP、tracert 命令的内容见第 7 章的实践认知活动。

实践认知活动 2

实践活动名称：双绞线的制作。
实践活动内容：
(1) 双绞线制作的标准是 T568-B 或 T568-A，在表 3.9 中填写这两个标准的线序。

表 3.9　双绞线线序的标准

线序标准	1	2	3	4	5	6	7	8
T568-A								
T568-B								

(2) 使用 Cable Tester 对做好的 T568-B 直通方式双绞线进行测试，设双绞线一端为 A 端，另一端为 B 端，记录 A 端各引脚绿灯亮时，B 端哪一个引脚会亮，记录测试结果，如表 3.10 所示。

表 3.10　测试直通线时指示灯的工作状态

A 端	是否亮	B 端对应亮的引脚号
1 号引脚		
2 号引脚		
3 号引脚		
4 号引脚		
5 号引脚		
6 号引脚		
7 号引脚		
8 号引脚		

(3) 使用 Cable Tester 测试交叉方式跳线的连通性，并记录结果，如表 3.11 所示。

表 3.11 测试交叉线时指示灯的工作状态

A 端	是否亮	B 端对应亮的引脚号
1 号引脚		
2 号引脚		
3 号引脚		
4 号引脚		
5 号引脚		
6 号引脚		
7 号引脚		
8 号引脚		

(4)进阶练习：下列设备之间的连接应使用上面制作的哪种双绞线？

①PC 与交换机相连；

②交换机和交换机相连；

③交换机和集线器相连；

④PC 与路由器相连；

⑤交换机与路由器相连。

实践认知活动 3

实践活动名称：认识计算机网络中实体的分层活动。

实践活动内容：当主机 A 访问 www.baidu.com 主页时，主机 A 和 www.baidu.com 的 Web 服务器之间的交流用 TCP/IP 模型中的哪些层来描述这个活动过程，主机 A 参与这些活动的硬件设备、组件有哪些？画出 TCP/IP 各层的活动内容。

本章习题

3.1 术语解释

(1)网络体系结构 (2)协议 (3)数据封装与解封 (4)TCP/IP 协议栈

3.2 单项选择题

(1)下面关于计算机网络体系模型进行分层的作用，说法错误的是________。

A. 分层能促进标准化工作　　B. 分层有利于实现和维护

C. 分层后灵活性好　　D. 以上都不对

(2)下面关于计算机网络分层模型的描述中，正确的是________。

A. 分层模型增加了复杂性

B. 分层模型使接口不能标准化

C. 分层模型使专业的开发变得不可能

D. 分层模型能防止一个层上的技术变化影响到另一个层

(3) OSI 参考模型中的________提供电子邮件、文件传送和 Web 页面浏览等服务。

A. 运输层　　B. 表示层　　C. 会话层　　D. 应用层

(4) 下面属于 TCP/IP 模型运输层协议的是________。

A. UCP　　B. UDP　　C. TDP　　D. TDC

(5) 网络协议的三大要素为________。

A. 数据格式、编码、信号电平　　B. 数据格式、控制信息、速度匹配

C. 语法、语义、语序　　D. 编码、控制信息、同步

(6) 数据的加密和解密属于 OSI 参考模型________的功能。

A. 网络层　　B. 表示层　　C. 物理层　　D. 数据链路层

(7) 下面关于 TCP/IP 模型的描述中错误的是________。

A. 它是计算机网络互联的事实标准　　B. 它是 Internet 发展过程中的产物

C. 它是 OSI 参考模型的前身　　D. 它具有与 OSI 参考模型相当的网络层

(8) 当目的计算机接收到比特流后发生________过程。

A. 封装　　B. 解封装　　C. 分段　　D. 编码

(9) 关于封装，下面的哪一个描述是不正确的________?

A. 封装允许计算机进行数据通信

B. 如果一台计算机想给另外一台计算机发送数据，数据首先要被一个称为封装的过程进行打包(分组)

C. 封装只发生在一层上

D. 使用必要的协议信息对数据进行封装后再开始网络传输

(10) 下面哪一项________是传输层的协议数据单元?

A. 帧　　B. 段　　C. 数据包　　D. 分组

(11) 将双绞线制作成直通线，该双绞线连接的两个设备可为________。

A. 网卡与网卡　　B. 网卡与交换机

C. 交换机与集线器的普通端口　　D. 交换机与交换机的普通端口

3.3 计算题

(1) IP 地址的结构是怎样的? IP 地址可以分为哪几种? 若某个 IP 地址的十六进制表示是：DF2E8564，试将其转换为点分十进制的形式，并指出其属于哪一类 IP 地址。

(2) 有类 IP 地址为 192.168.20.10，它的默认子网掩码是多少? 网络号是多少? 当前 IP 属于这个网络号中的第几台主机?

(3) 有类 IP 地址为 192.168.10.1，它所在网络号是多少? 这个网络号中 IP 地址的范围是多少? 这个网络号的广播地址是多少?

3.4 简答题

(1) 说明层次、协议、服务和接口的关系。

(2) 简单说明 OSI 参考模型中每一层的主要功能。

(3) 画出 TCP/IP 模型并指出各层的主要协议。

(4) 下列功能分别属于 OSI 参考模型的哪个层次?

①把比特流还原为帧；

②决定使用哪些路径将数据传送到目标节点；

③差错控制；

④拥塞控制；

⑤流量控制；

⑥传输媒体。

(5)描述在 TCP/IP 模型中数据传输的基本过程，并说明数据链路层、网络层和运输层的协议数据单元分别是什么？

(6)试比较 TCP/IP 模型和 OSI 参考模型的异同点。

(7)画出 TCP/IP 协议簇，其中 LAN、WAN 是具体的网络。

(8)指出以下协议或服务工作在 TCP/IP 的哪一层？

DHCP、DNS、HTTP、FTP、TCP、IP、加密、UDP、X. 25、以太网

第 4 章

交换式以太网

学习要求

通过本章学习，认识局域网标准以太网技术，清楚以太网工作层次和要实现功能的定位，理解数据帧格式中源、目的物理地址的作用，理解局域网通过物理地址实现对目标主机的通信，了解百兆、千兆、万兆以太网。掌握小型交换机网络构建，理解交换机的工作机制，单一交换机、多级交换机级联的交换网络构建及测试连通性方法。掌握如何挑选交换机满足线速组网需求。

思政元素 1：通过文件、打印机、数据以及服务的共享说说我们身边的共享经济。

思政元素 2：交换式以太网组建项目实践。

思政元素 3：挑选项目中的接入层、汇聚层交换机。

思政目标：理解区域独立和接入世界的重要性，引导学生探讨我国为什么坚持独立自主和对外开放相统一。理解实践出真知，精益求精的工匠精神。把握网络搭建项目实施中的性价比。通过项目实施培养学生团队合作能力、语言沟通表达能力。

第 3 章我们学习了两台计算机之间基于 TCP/IP 的数据流动。在互联网时代，办公区域需要上网的设备有台式计算机、笔记本电脑、iPad、打印机、手机、内部数据服务器等终端设备，远远不止两台。面对这些终端的入网需求，众多中小企业、学校、社区都通过局域网实现区域内终端设备之间的数据通信、资源共享和信息传递。而社会信息化、数字化、网络化进程的推进，更是刺激了通过局域网进行网络互联的需求增长。因此理解局域网技术知识并组建一个经济、实用的办公局域网也就显得更加实用。

以太网是办公局域网的代表，在我们身边，一间实验室、一层、几层或整栋建筑物所在网络，校园网，中小企业办公网络都是由以太网构建的局域网，Internet 通过 WAN 把许许多多的局域网连接起来，形成了互联、共享的虚拟社区。局域网作为 Internet 最基本的独立单位，是我们学习网络的重点。按网络规模划分，局域网可以分为小型、中型及大型 3 类，在实际工作中，一般将信息点在 100 以下的网络称为小型网络，信息点在 100～500 的网络称为中型网络，信息点在 500 以上的网络称为大型网络。

本章以小型交换网络的构建为目标，探讨局域网工作的层次结构、局域网的功能以及组建的方法。具体将回答以下问题：

(1) IEEE 802 局域网体系结构工作在哪两层？如物理层和数据链路层；

(2) 以太网 MAC 子层和 LLC 子层是如何工作的？

(3)以太网中工作于物理层和数据链路层的设备有哪些？如网卡和接入交换机；

(4)以太网中传递的数据帧格式是怎样的？最大帧和最小帧是多少？组建交换式以太网需要哪些硬件设备和传输介质？

(5)在局域网中入网的设备使用私有 IP 地址，这些私有的 IP 地址在任何局域网中都可以重复使用，那么在局域网中用什么来标注各台入网设备的身份？如 48bit 的 MAC 物理地址。

(6)交换式以太网是如何构建自己的 MAC 地址表的？如何依据已有的 MAC 地址表进行数据帧的转发？

(7)为了扩展交换机的端口、让更多终端接入网络，可以采用哪些技术？如级联、堆叠、集群、冗余连接。

(8)在交换式以太网中冲突域仅限在交换机的一个端口上，不会和其他端口发生冲突，但构建的网络在一个广播域中。

(9)交换式以太网组建的主要步骤有哪些？

(10)挑选设备厂商生产的交换机时，如何通过计算背板带宽和包转发率来满足线速通信？

通过设置相应的实践认知活动，可以加深对所学知识的理解，训练自己动手实践的技能，培养网络应用的能力，面对类似的问题，能够运用所学的知识解决当前面临的任务。

4.1　局域网概述

局域网通过广域网将众多局域网互联起来形成如今的互联网，它是网络互联的重要组成部分，是当今网络互联技术应用与发展非常活跃的领域。局域网发展始于 20 世纪 70 年代，至今仍是网络发展中最活跃的一个领域。到了 20 世纪 90 年代，局域网更是在速度、带宽等指标方面有了更大的进展，并且在局域网的访问、服务、管理、安全和保密等方面都有了进一步的改善。例如，局域网的代表以太网，它的传输速率从 10Mbit/s 发展到 100Mbit/s 的高速以太网，并继续提高至 1 000Mbit/s 以太网、万兆以太网、100Gbit/s。

局域网，顾名思义自然是局部地区形成的一个区域网络，其分布地区范围有限，可大可小，大到一栋建筑与相邻建筑之间的连接，小到办公室之间的连接。局域网自身相对广域网传输速度更快，性能更稳定，框架简易，并且是封闭性，这也是很多机构选择局域网的原因所在。局域网自身大体由计算机等终端设备、网络互联设备、网络传输介质三大部分构成，其中，计算机等终端设备又包括服务器与工作站，网络互联设备则包含网卡、交换机，路由器、网络传输介质，简单来说就是网线，由同轴电缆、双绞线及光缆组成。

局域网是一种私有网络或内部网络，一般在一座建筑物内或建筑物附近，如家庭、办公室或工厂。局域网络被广泛用来连接个人计算机和消费类电子设备，使它们能够共享资源和交换信息。当局域网被用于公司时，它们就称为企业网络，被用于学校时，就称为校园网。

局域网将一定区域内的各种计算机、外部设备和数据库连接起来形成计算机通信网，通过专用数据线路与其他地方的局域网或数据库连接，形成更大范围的信息处理系统。局域网通过网络传输介质将网络服务器、网络工作站、打印机等网络互联设备连接起来，实现系统

管理文件，共享应用软件、办公设备，发送工作日程安排等通信服务。局域网为私有网络或内部网络，具有封闭性，在一定程度上能够防止信息泄露和外部网络病毒攻击，具有较高的安全性，但是一旦发生黑客攻击等事件，极有可能导致局域网整体出现瘫痪，网络内的所有工作无法进行，甚至泄露大量公司机密，对公司事业发展造成重创。局域网具有如下特点：

(1)网络所覆盖的地理范围比较小。通常不超过几十公里，甚至只在一个园区、一幢建筑物或一个实验室。

(2)数据的传输速率比较高，从最初的 10Mbit/s 到后来的 100Mbit/s、1 000Mbit/s，近年来已达到 10Gbit/s、100Gbit/s。

(3)具有较低的延迟和误码率，其误码率一般为 $10^{-10} \sim 10^{-8}$。

(4)局域网的经营权和管理权属于某个单位所有，为私有网络或内部网络，具有封闭性，具有较高的安全性，与广域网通常由服务提供商提供如电信、移动、联通形成鲜明对照。

(5)局域网内部的节点大多数使用私有地址块。

(6)内部的网络结构在 Internet 上不被路由。

(7)便于安装、维护和扩充，建网成本低、周期短。

尽管局域网地理覆盖范围小，但这并不意味着它们就是小型的或简单的网络。局域网可以扩展得相当大或者非常复杂。局域网具有如下一些主要优点。

(1)能方便地共享昂贵的外部设备、主机以及软件、数据。

(2)便于系统的扩展和逐渐演变，各设备的位置可灵活调整和改变。

(3)提高了系统的可靠性、可用性。

局域网的应用范围极广，可应用于办公自动化、生产自动化、企事业单位的业务自动管理、银行业务数字化处理、军事指挥控制、商业网络化拓展等方面。

4.2　IEEE 802 标准

局域网出现之后，发展迅速，类型繁多，为了促进产品的标准化以增加产品的互操作性，1980 年 2 月，美国电气和电子工程师学会(IEEE)成立了局域网标准化委员会(简称 IEEE 802 委员会)，研究并制定了 IEEE 802 局域网标准。

1. IEEE 802 局域网主要标准

IEEE 802 制定了以太网、令牌环和无线局域网等一系列局域网标准，被称为 802. x 标准，它们都涵盖了 OSI 参考模型的物理层和数据链路层。IEEE 802 为局域网制定了一系列标准，主要有如下几种。

(1)IEEE 802. 1：局域网体系结构、寻址、网络互联和网络。

(2)IEEE 802. 2：逻辑链路控制(LLC)子层的定义。

(3)IEEE 802. 3：以太网介质访问控制协议 (CSMA/CD)及物理层规范。

(4)IEEE 802. 4：令牌总线(token-bus)介质访问控制协议及物理层规范。

(5)IEEE 802. 5：令牌环(token-ring)的介质访问控制协议及物理层规范。

(6)IEEE 802. 7：宽带技术咨询组，提供有关宽带联网的技术咨询。

(7) IEEE 802.8：光纤技术咨询组，提供有关光纤联网的技术咨询。

(8) IEEE 802.9：综合声音、数据的局域网技术。

(9) IEEE 802.10：网络安全咨询组，定义了网络互操作的认证和加密方法。

(10) IEEE 802.11：无线局域网的介质访问控制协议及物理层技术规范。

(11) IEEE 802.14：电视介质访问控制协议及网络层规范。

(12) IEEE 802.15：采用蓝牙技术的无线个人网技术规范。

(13) IEEE 802.16：宽带无线连接工作组，开发 2~66GHz 无线接入接口。

(14) IEEE 802.22：无线区域网(wireless regional area network)。

(15) IEEE 802.23：紧急服务工作组 (emergency service work group)。

其中现有的 IEEE 802.3 标准主要有以下几种。

(1) IEEE 802.3ac 描述 VLAN 的帧扩展。

(2) IEEE 802. 3ad 描述多重链接分段的聚合协议(aggregation of multiple link segments)。

(3) IEEE 802.3an 描述 10GBase-T 媒体介质访问方式和相关物理层。

(4) IEEE 802.3ab 定义了 1 000Base-T 媒体接入控制方式和相关物理层规范。

(5) IEEE 802.3i 定义了 10Base-T 媒体接入控制方式和相关物理层规范。

(6) IEEE 802.3u 定义了 100Base-T 媒体接入控制方式和相关物理层规范。

(7) IEEE 802.3z 定义了 1 000Base-X 媒体接入控制方式和相关物理层规范。

(8) IEEE 802.3ae 定义了 10GBase-X 媒体接入控制方式和相关物理层规范。

从上述内容可以看出，IEEE 802 标准实际上是一个由一系列协议组成的标准体系。随着局域网技术的发展，该体系在不断地增加新的标准和协议，如 802.3 家族就随着以太网技术的发展出现了许多新的成员，如 802.3ac、802.3ab 和 802.3u 等。

2. IEEE 802 局域网层次体系结构

局域网内的中间节点连接设备如交换机的层次体系结构只涉及 OSI 模型的物理层和数据链路层，如图 4.1 所示。那么为什么局域网内中间节点交换机没有网络层及网络层以上的各层呢？首先，局域网是一种内部通信网，只涉及有关的内部通信功能，没有路由功能，所以至多与 OSI 7 层模型中的下 3 层有关。其次，由于独立局域网内只有交换机，没有路由器，所以也可以不设立单独的网络层。也就是说，不同局域网技术的区别主要在物理层和数据链路层，当这些不同的局域网需要在网络层实现互联时，可以借助 IP、IPX 网络互联协议。

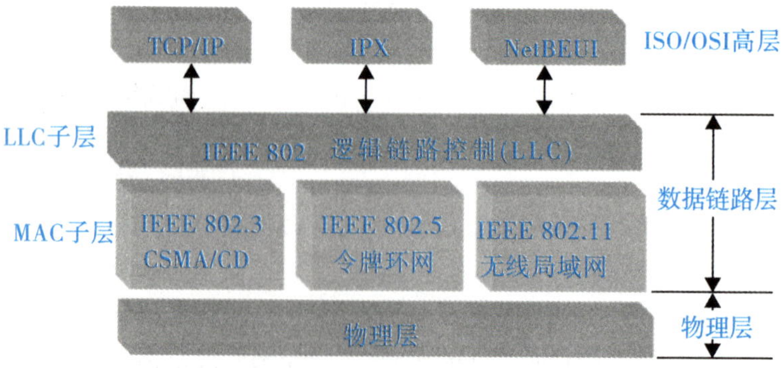

图 4.1　IEEE 802 层次体系结构模型

4.3　以太网

以太网(ethernet)是现实世界中最普遍的一种局域网。它分为两类：第一类是经典以太网；第二类是交换式以太网，交换式以太网使用交换机设备连接不同的计算机。经典以太网是以太网的原始形式，运行速度为 3~10Mbit/s 不等；而交换式以太网正是现在广泛应用的以太网，可运行在 100Mbit/s、1 000Mbit/s 和 10 000Mbit/s 的高速率，分别以快速以太网、千兆以太网和万兆以太网的形式呈现。

4.3.1　IEEE 802.3 以太网层次体系结构

IEEE 组织的 IEEE 802.3 标准制定了以太网的技术标准，它规定了包括物理层的连线、电子信号和介质访问层的协议内容，其功能对应 OSI 模型的下面两层，对应 TCP/IP 模型的网络接入层，如图 4.2 所示。在图 4.2 中，IEEE 802.3 以太网标准包括 802.3u、802.3z、802.3ab 等。以太网是目前应用最普遍的局域网技术，传输速率从 10Mbit/s 发展到 100Mbit/s 的快速以太网，并继续提高至千兆(1 000Mbit/s)以太网、万兆以太网。

图 4.2　以太网标准与 TCP/IP 模型、OSI 模型比较

4.3.2　IEEE 802.3

在图 4.2 中，IEEE 802.3 以太网标准主要包括 802.3u、802.3z、802.3ab，下面简单介绍。

1) IEEE 802.3u

IEEE 802.3u(100Base-T)是每秒发送 100Mbit 以太网的标准，即我们平时局域网中说的快速以太网(fastethernet)。100Base-T 技术中可采用 3 类传输介质，即 100Base-T4、100Base-TX 和 100Base-FX，100Base-TX 和 100Base-FX 采用 4B/5B 编码方式，100Base-T4 采用 8B/6T 编码方式。

2) IEEE 802.3z 和 IEEE 802.3ab

千兆以太网技术有两个标准：IEEE 802.3z 和 IEEE 802.3ab。IEEE 802.3ab 制定了五类双绞线上较长距离连接方案的标准。IEEE 802.3z 工作组负责制定光纤(单模或多模)和同轴电缆的全双工链路标准。IEEE 802.3z 定义了基于光纤和短距离铜缆的 1 000Base-X，采用

8B/10B 编码技术，信道传输速度为 1.25Gbit/s，去耦后实现 1 000Mbit/s 的传输速度。IEEE 802.3z 具有四种传输介质标准：1 000Base-LX、1 000Base-SX、1 000Base-CX、1 000Base-T。

(1)1 000Base-LX：若采用多模光纤，1 000Base-LX 可以采用直径为 62.5μm 或 50μm 的多模光纤，工作波长范围为 1270~1355nm，传输距离为 550m。

若采用单模光纤，1 000Base-LX 可以支持直径为 9μm 或 10μm 的单模光纤，工作波长范围为 1270~1355nm，传输距离为 5km 左右。

(2)1 000Base-SX：1 000Base-SX 只支持多模光纤，可以采用直径为 62.5μm 或 50μm 的多模光纤，工作波长为 770~860nm，传输距离为 220~550m。

(3)1 000Base-CX：1 000Base-CX 采用 150Ω 屏蔽双绞线，传输距离为 25m。使用 9 芯 D 型连接器连接电缆。1 000Base-CX 采用 8B/10B 编码方式。1 000Base-CX 适用于交换机之间的连接，尤其适用于主干交换机和主服务器之间的短距离连接。

(4)1 000Base-T：1 000Base-T 采用 4 对 5 类双绞线完成 1 000Mbit/s 的数据传送，每一对双绞线传送 250Mbit/s 的数据流。

4.3.3 IEEE 802.3 以太网的物理层和数据链路层

1. 物理层

以太网的物理层是和 OSI 七层模型的物理层功能相当的，主要涉及局域网物理链路上原始比特流的传送，定义局域网物理层的机械、电气、规程和功能特性，如信号的传输与接收、同步序列的产生和删除等，物理连接的建立、维护、拆除等。物理层还规定了局域网所使用的信号、编码、传输介质、拓扑结构和传输速率。例如，信号编码可以采用曼彻斯特编码，传输介质可采用双绞线、同轴电缆、光缆，甚至无线传输介质；拓扑结构则支持总线型、星型、环型、树型和网状等，可提供多种不同的数据传输率。

2. 数据链路层

在图 4.2 中，以太网标准把局域网的数据链路层分为逻辑链路控制(logical link control，LLC)和介质访问控制(medium access control，MAC)两个子层。上面的 LLC 层实现数据链路层与硬件无关的功能，如流量控制、差错恢复等，较低的 MAC 层提供 LLC 和物理层的接口。不同的局域网的 MAC 层不同，LLC 层相同。分层将硬件与软件实现有效地分离，硬件制造商可以在网络接口卡中提供不同的功能和相应的驱动程序，以支持各种不同的局域网(如以太网、令牌环网、无线网络等)，而软件设计上则无须考虑具体的局域网技术。

1)MAC 子层

MAC 子层位于数据链路层的下层，除了负责把物理层的 0、1 比特流组建成帧，并且通过帧尾部的错误校验信息进行错误检测外，它另外一个重要的功能是提供对共享介质如交换机的访问，即处理局域网中各节点对共享通信介质的争用问题。

MAC 子层分配单独的局域网地址，这就是通常所说的 MAC 地址即物理地址。MAC 子层将目标计算机的物理地址添加到数据帧上，当此数据帧传递到对端的 MAC 后，它检查该地址是否与自己的地址相匹配。如果帧中的地址与自己的地址不匹配，就将这一帧丢弃；如果相匹配，就将它发送到上一层。

(1)物理地址：MAC 地址也称物理地址、硬件地址，它是一个用来确认网络设备位置的地址。在 TCP/IP 模型中，第三层网络互联层负责 IP 地址，第二层数据链路层则负责 MAC

地址。MAC 地址用于在局域网中唯一标识计算机上一个网卡或交换机、路由器接口的地址。一台设备若有一个或多个网卡，则每个网卡都需要并会有一个唯一的 MAC 地址。网络中没有两个拥有相同物理地址的网卡。

网络设备制造商生产时将 MAC 地址烧录在网卡(network interface card)的 EPROM(一种闪存芯片，通常可以通过程序擦写)中。IP 地址与 MAC 地址在计算机里都是以二进制表示的，IP 地址是 32 位的，而 MAC 地址则是 48 位的。通常用 12 个 16 进制数表示，例如，01-16-EA-AE-3C-40 就是一个合法的 MAC 地址，其中前 3B，表示 OUI(organizationally unique identifier)，是 IEEE 的注册管理机构给不同厂家分配的代码，区分不同的厂家，如 01-16-EA 代表网络硬件制造商的编号；后 3B，由厂家自行分配，如 AE-3C-40 代表该制造商所制造的某个网络产品(如网卡)的系列号。只要不更改自己的 MAC 地址，MAC 地址在世界上是唯一的。形象地说，MAC 地址就如同身份证上的身份证号码，具有唯一性。

(2)查看设备上的 MAC 地址：例如，在 Windows 操作系统中同时按下 Win+R 键打开命令窗口，在命令行窗口输入 ipconfig/all 可以查看到自己的物理地址，如图 4.3 所示。

在 Cisco Packet Tracer 仿真平台上以 2950-24 交换机为例，当鼠标放在交换机上时可以查看到交换机上每个端口都有一个 MAC 地址，2950-24 交换机一共有 24 个端口，每个端口都有一个 MAC 地址，这些 MAC 地址各不相同，如图 4.4 所示。

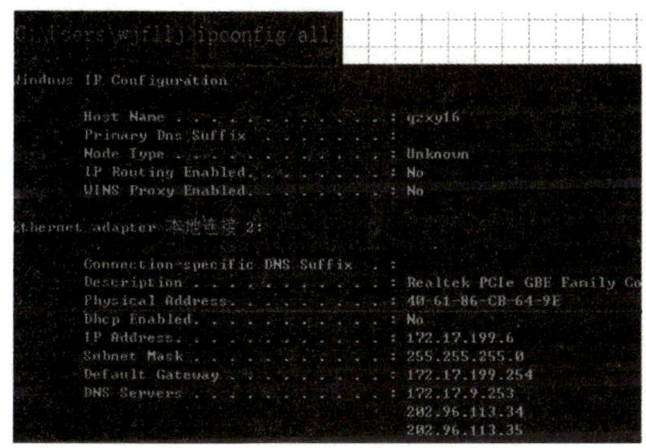

图 4.3　在 PC 的命令行窗口中查看自己本地网卡的 MAC 地址

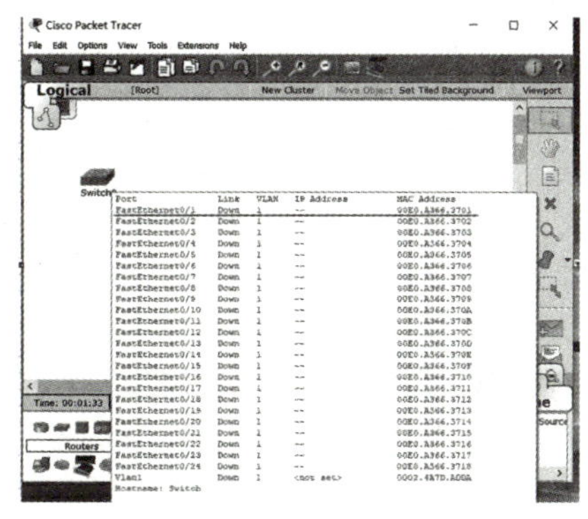

图 4.4　Cisco Packet Tracer 仿真平台上查看交换机每个端口都有一个 MAC 地址

在 Cisco Packet Tracer 仿真平台上以 1841 路由器为例，当鼠标放在路由器上时可以查看到路由器上每个接口都有一个 MAC 地址，1841 路由器一共有两个接口，每个接口都有一个 MAC 地址，这些 MAC 地址各不相同，如图 4.5 所示。

Port	Link	VLAN	IP Address	IPv6 Address	MAC Address
FastEthernet0/0	Down	--	<not set>	<not set>	0001.97A0.A801
FastEthernet0/1	Down	--	<not set>	<not set>	0001.97A0.A802
Vlan1	Down	1	<not set>	<not set>	000D.BD00.D891

Hostname: Router

Physical Location: Intercity, Home City, Corporate Office, Main Wiring Closet

图 4.5　Cisco Packet Tracer 仿真平台上查看路由器每个接口都有一个 MAC 地址

2) LLC 子层

LLC 子层位于网络层和 MAC 子层之间，负责屏蔽 MAC 子层的不同实现，将其变成统一的 LLC 界面，从而向网络层提供一致的服务，LLC 子层向网络层提供的服务通过其与网络层之间的逻辑接口(又称为服务访问点(SAP))实现。LLC 子层负责完成数据链路流量控制、差错恢复等功能。这样的局域网体系结构不仅使 IEEE 802 标准更具有可扩充性，有利于其将来接纳新的介质访问控制方法和新的局域网技术，同时也不会使局域网技术的发展或变革影响到网络层。

4.3.4 以太网帧

尽管不同的以太网标准在物理层存在较大的差异，但在 MAC 子层使用统一的 IEEE 802.3 帧格式；因此，不同的以太网标准之间是相互兼容的，事实上，即使在以太网技术后来的几次重大发展中，也仍然保留了这种标准的帧格式，从而使所有的以太网系列技术之间能够相互兼容。

常用的以太网 MAC 帧格式有两种标准，一种是 DIX Ethernet V2 标准，即以太网 V2 标准；另一种是 IEEE 的 802.3 标准。这里只介绍使用得最多的以太网 V2 的 MAC 帧格式。图 4.6中假定网络层使用的是 IP。实际上使用其他的协议也是可以的。

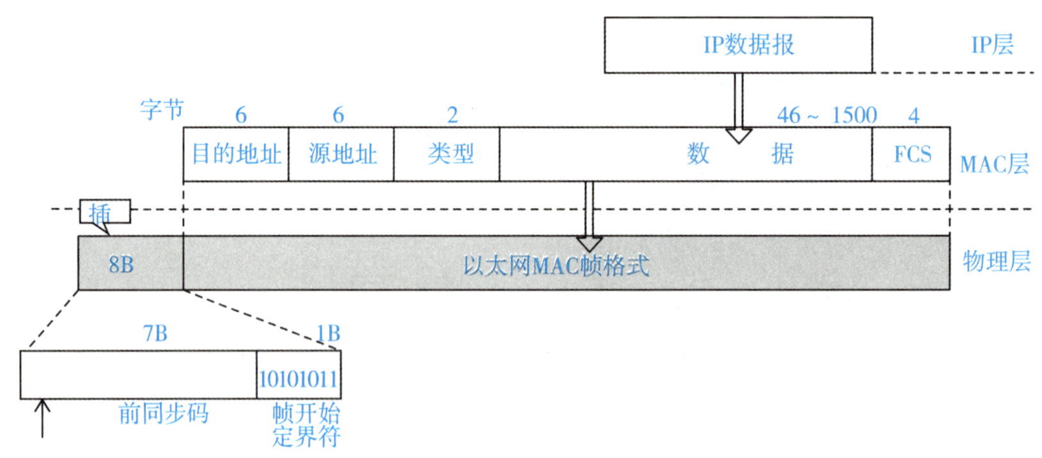

图 4.6　以太网 V2 的 MAC 帧格式

图 4.6 中各字段的说明如下。

(1)前同步码：占 7B，用于接收方与发送方的时钟同步，以便数据的接收。

(2)帧开始定界符(SFD)：占 1B，内容为 10101011，标志着帧的开始。

(3)目的地址和源地址：均占 6B，该地址又称为 MAC 地址、物理地址或网络适配器地址。目的地址为全 1 时，表示将传送至网上的所有站点。

(4)类型：占 2B，用来标志上一层使用的是什么协议，以便把收到的 MAC 帧的数据上交给上一层的这个协议。例如，当类型字段的值是 0x0800 时，就表示上层使用的是 IP 数据报。若类型字段的值为 0x8137，则表示该帧是由 NovellIPX 发过来的。

(5)数据：46~1500B，来自较高层次的封装数据(一般是第 3 层 PDU 或更常见的 IPv4 数据报)，其 IP 数据报长度为 46~1500B。那么最小帧长度 = 46+18 = 64B，最大帧长度 =

1500+18 =1518B，其中18表示帧头+帧尾的字节数，帧头=6+6+2=14B，帧尾=4B。

FCS：最后一个字段是4B的帧检验序列FCS(使用CRC检验)。当传输媒体的误码率为1×10^{-8}时，MAC子层可使未检测到的差错小于1×10^{-14}。IEEE 802.3规定有效帧从目的地址到校验序列字段的最短长度为64B。如果帧的数据部分少于46B，使用填充字段以达到要求的最短长度。

在描述帧的大小时，不包含“前同步码”和“帧开始定界符”字段。如果发送的帧小于最小值或者大于最大值，接收设备将会丢弃该帧。帧之所以被丢弃，可能是因为冲突或其他多余信号而被视为无效。

从图4.6可看出，在传输媒体上实际传送的要比MAC帧还多8B。这是因为当一个站在刚开始接收MAC帧时，由于适配器的时钟尚未与到达的比特流达成同步，因此MAC帧最前面的若干位就无法接收，结果使整个MAC成为无用的帧。为了接收端迅速实现位同步，从MAC子层向下传到物理层时还要在帧的前面插入8B(由硬件生成)，它由两个字段构成。第一个字段是7B的前同步码(1和0交替码)，它的作用是使接收端的适配器在接收MAC帧时能够迅速调整其时钟频率，使它和发送端的时钟同步，也就是“实现位同步”(位同步就是比特同步的意思)。第二个字段是帧开始定界符，定义为10101011。它的前六位的作用和前同步码一样，最后的两个连续的1就是告诉接收端适配器：“MAC帧的信息马上就要来了，请适配器注意接收。”MAC帧的FCS字段的检验范围不包括前同步码和帧开始定界符。顺便指出，在使用SONET/SDH进行同步传输时则不需要用前同步码，因为在同步传输时收发双方的位同步总是一直保持着的。

还需注意，在以太网上传送数据时是以帧为单位传送的。以太网在传送帧时，各帧之间还必须有一定的间隙。因此，接收端只要找到帧开始定界符，其后面的连续到达的比特流就都属于同一个MAC帧。可见以太网不需要使用帧结束定界符，也不需要使用字节插入来保证透明传输。

IEEE 802.3标准规定凡出现下列情况之一的即为无效的MAC帧：

(1)帧的长度不是整数字节；

(2)用收到的帧检验序列查出有差错；

(3)收到的帧的MAC客户数据字段的长度不在46~1500B。考虑到MAC帧首部和尾部的长度共有18B，可以得出有效的MAC帧长度为64~1518B。对于检查出的无效MAC帧就简单地丢弃。以太网不负责重传丢弃的帧。

4.4　交换式以太网组网设备及介质

交换式以太网使用交换机设备连接不同的计算机，计算机通过网卡接入局域网，下面对这两种网络硬件设备进行简单介绍。

4.4.1　以太网交换机

交换机(switch)意为“开关”，是一种用于电(光)信号转发的网络设备，为接入交换机的任意两个网络节点提供独享的电(光)信号通路。最常见的交换机是以太网交换机，其他常见的还有电话程控交换机、工业交换机。

在中关村在线官网上，我们可以看到有生产网络设备的厂商，如华为、华三(H3C)、腾达 Tenda、友讯(D-Link)、锐捷、飞鱼星、艾泰、优倍快、网件，如图 4.7 所示。

1. 交换机的分类

以华为公司生产的交换机为例，交换机通常按产品类型、价格区间、传输速度、应用层级进行分类，如图 4.8 所示。

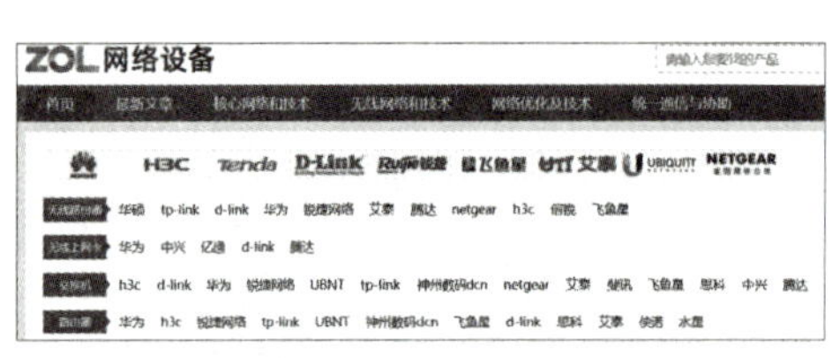

图 4.7 网络设备生产厂家

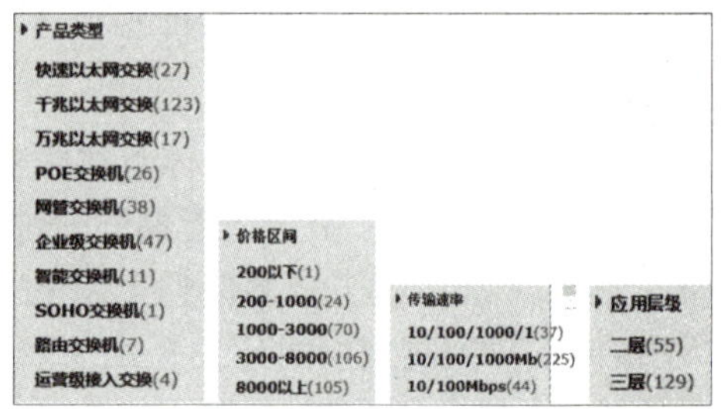

图 4.8 交换机的分类

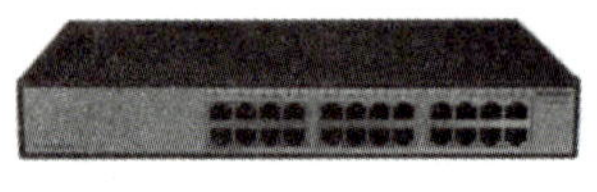

图 4.9 S1700-24(AC) 产品的外观

在图 4.8 中，交换机的产品类型有快速以太网交换机、千兆以太网交换机、万兆以太网交换机、POE 交换机、网管交换机、企业级交换机、智能交换机、SOHO 交换机、路由交换机及运营级接入交换机。在应用层级方面分为二层和三层，对应 TCP/IP 模型的数据链路层和网络互联层。在传输速率方面，以华为 S1700-24(AC)产品为例，它的外观如图 4.9 所示，我们看到交换机具有 24 个端口，每个端口都具有桥接功能，可以连接一台计算机或一台高性能服务器甚至一个网段。应用层级为二层，属于接入层交换机，其主要参数如图 4.10 所示，其传输速率为 10Mbit/s/100Mbit/s，表示自动适应 10Mbit/s 或 100Mbit/s 传输速率。图 4.11 为以太网交换机通过双绞线连接服务器和工作站等终端设备。

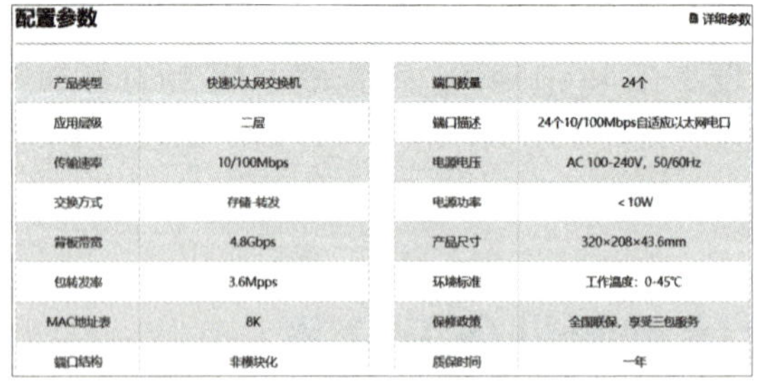

配置参数　　详细参数

产品类型	快速以太网交换机	端口数量	24个
应用层级	二层	端口描述	24个10/100Mbps自适应以太网电口
传输速率	10/100Mbps	电源电压	AC 100-240V，50/60Hz
交换方式	存储-转发	电源功率	< 10W
背板带宽	4.8Gbps	产品尺寸	320×208×43.6mm
包转发率	3.6Mpps	环境标准	工作温度：0-45℃
MAC地址表	8K	保修政策	全国联保，享受三包服务
端口结构	非模块化	质保时间	一年

图 4.10 S1700-24(AC) 产品的配置参数

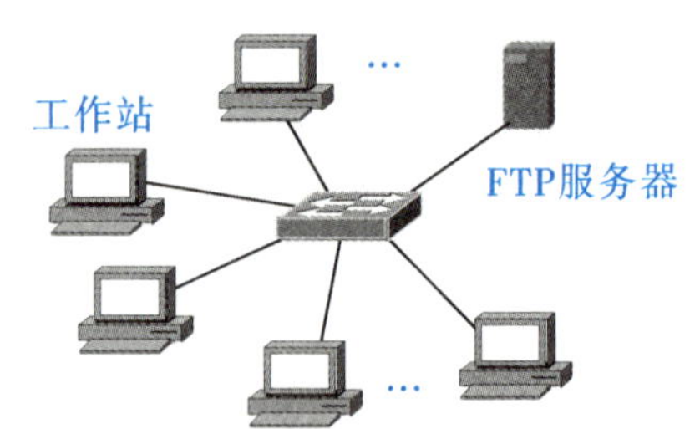

图 4.11 以太网交换机通过双绞线连接终端

2. 交换机性能

衡量交换机性能的指标有很多，以华为 S1700-24GR 为例，如图 4.12 所示。该交换机的性能参数有传输速率、端口数、背板带宽、包转发率、MAC 地址表等。当我们需要购买交换机组建以太网时，需要确定该交换机是否满足需求、是否满足线速交换、怎么计算？下面分别对它们进行详细说明。

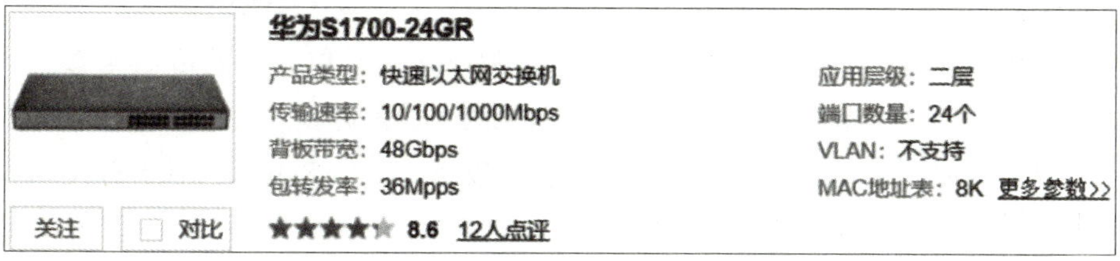

华为S1700-24GR
产品类型：快速以太网交换机　　应用层级：二层
传输速率：10/100/1000Mbps　　端口数量：24个
背板带宽：48Gbps　　VLAN：不支持
包转发率：36Mpps　　MAC地址表：8K　更多参数>>
关注　对比　★★★★☆ 8.6　12人点评

图 4.12　华为 S1700-24GR 主要参数

1）背板带宽

背板带宽标志了交换机总的数据交换能力，单位为 Gbit/s，也叫交换带宽，是交换机端口处理器或端口卡和数据总线间所能吞吐的最大数据量。一般交换机的背板带宽从几 Gbit/s 到上百 Gbit/s 不等。在图 4.12 中，背板带宽为 48Gbit/s。一台交换机的背板带宽越大，所能处理数据的能力就越强，但同时设计成本也会越高。采购交换机的时候，背板带宽是衡量处理速度的主要指标。

背板带宽计算公式：背板带宽等于每种端口的速率乘以端口数量之和，再乘以 2（全双工方式，上传和下载两个方向同时传输数据）。以 24 个端口千兆接入交换机为例：

第 1 步：背板带宽＝24×1 000×2（Mbit/s）＝48 000（Mbit/s）

第 2 步：48 000（Mbit/s）/1 000＝48（Gbit/s）

在 Cisco 架构体系中汇聚层交换机背板带宽＝接入交换机数量×48（Gbit/s）。

2）包转发率

包转发率用来衡量网络设备转发数据能力。交换机的包转发率标志了交换机转发数据包能力的大小，单位一般为 pps（包每秒）。也可以这么说，包转发率是指交换机每秒可以转发多少百万个数据包（mpps），即交换机能同时转发的数据包的数量。包转发率以数据包为单位体现了交换机的交换能力。

决定包转发率的一个重要指标就是交换机的背板带宽，背板带宽标志了交换机总的数据交换能力。一台交换机的背板带宽越大，所能处理数据的能力就越强，也就是包转发率越高。包转发率和背板带宽是相辅相成、互相影响的。

计算公式：满线速配置 GE（千兆）端口数 ×1.488＋满配置百兆端口数×0.1488（单位 Mpps）

这个千兆端口包转发速率 1.448Mpps 是怎么来的呢？

计算方法如下：

第 1 步：千兆端口的速率是 1 000 000 000bit/s 等于 10^9bit/s，现在把这个速率转化为每秒传输多个少字节，计算过程如下：

10^9bit/s/8＝125 000 000B，其含义是将单位为比特每秒速率转化字节每秒速率。

第 2 步：一个包的大小＝（64＋8＋12）B＝84B，这里 64 为以太网帧的最小长度，8 为以太网帧前同步码＋帧开始定界符之和，12 为帧间隙长度。

125 000 000/84＝1 488 095pps，其单位是每秒发送多少数据包，写成 pps（packet per

second)。1 488 095pps 即 1.488Mpps，其含义每秒转发大小为 1.488Mpps 包。

对于千兆以太网交换机一个端口而言，1. 488Mpps 包是单方向的传输速率，从上面的计算公式可以看出，一个包越大，每秒需要传送包的个数就越少。

同理，对于万兆以太网，一个线速端口的包转发率为 14.88Mpps；对于百兆以太网，一个线速端口的包转发率为 0.148 8Mpps。

【计算例 4-1】在图 4.12 中有 24 个端口，假设将该交换机每个端口以千兆速度连接工作站，全双工工作，传送最小的 64B 的包，问该交换机所有端口是否线速工作？

解答：由题可知，每个端口以千兆速度全双工工作，其最大吞吐量应达到 24×1.488Mpps×2=71.424Mpps，在图 4.12 中，它提供的包转发率是 36Mpps，我们全速计算得到的最大吞吐量 71.424Mpps 大于交换机提供的包转发率 36Mpps，所以该交换机无法保证所有端口线速工作时，提供无阻塞的包交换。

【计算例 4-2】计算汇聚层交换机的背板带宽和包转发率，评价交换机的性能。

若某个公司有 300 台计算机上网，接入层交换机选择千兆接入层交换机，每个接入层交换机端口数量是 24，那么千兆汇聚层交换机应该选择的背板带宽是多少？包转发率为多少才能满足线速接入？

解答：有 300 台电脑，电脑与接入层交换机相连，从图 4.13 可以看到，接入层交换机与汇聚层交换机相连已经用掉一个端口，所以接入层交换机还有 23 个端口，那么接入层交换机的个数=300/23≈13.04，所以接入层交换机选择 14 台，汇聚层千兆以太网交换机选择 1 台，那么这一台如何选？我们一起来看看。

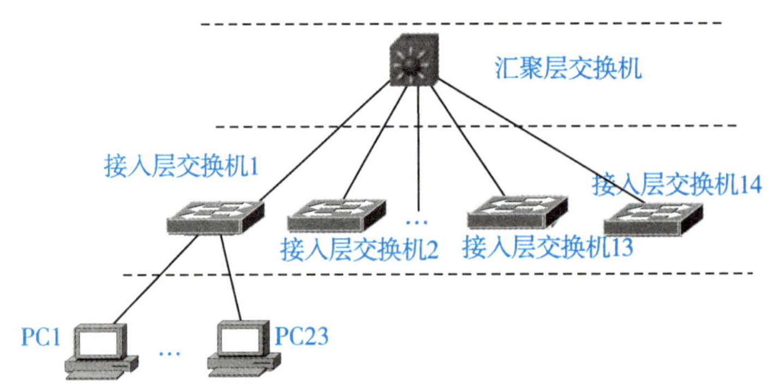

图 4.13　汇聚层交换机与接入层交换机相连

从上面计算的包转发率来看，图 4.12 的华为 S1700-24GR 交换机不能满足接入层交换机线速工作的要求。一台 24 端口千兆接入交换机的背板带宽是 48Gbit/s，在 Cisco 架构体系中汇聚层交换机背板带宽=接入交换机数量乘以 48Gbit/s=14×48Gbit/s=672Gbit/s。

千兆核心交换机的吞吐量包转发率为 1.488Mpps×2 =2.976Mpps(一个端口上联到汇聚层交换机，但是有上行和下行)。千兆核心交换机包转发率为接入交换机数量 14×2.976Mpps=41.664Mpps。所以对于汇聚层交换机，要让 300 台计算机以线速进行工作，选择背板带宽和包转发率要大于下面计算的值。

(1)背板带宽 = 14×48Gbit/s = 672Gbit/s。

(2)千兆核心交换机包转发率 = 14×2.976Mpps = 41.664Mpps。选用的汇聚层交换机如图 4.14所示。

在图 4.13 中接入层交换机以线速进行工作，选择背板带宽和包转发率要大于下面计算的值。

(1)背板带宽 = 48Gbit/s。

(2)千兆接入层交换机包转发率 = 24×1.488Mpps×2 = 71.424Mpps。选用的接入层交换机如图 4.15 所示。

华为S5735S-S24T4S-A参数

背板带宽：336Gbps/3.36Tbps
包转发率：96/126Mpps

端口描述：24个10/100/1000BASE-T以....>>
电源功率：44W

图 4.14　选用的汇聚层交换机

华为S1700-28GR-4X参数

背板带宽：168Gbps
包转发率：96Mpps

端口描述：24个10/100/1000Base-T以....>>
电源功率：

图 4.15　选用的接入层交换机

4.4.2　网卡

1. 网卡简介

网卡(network interface card, NIC)，也称网络适配器，是一块被设计用来允许计算机在计算机网络上进行通信的计算机硬件，是计算机与局域网相互连接的设备。无论普通计算机还是高端服务器，只要连接到局域网，就都需要安装一块网卡。如果有需要，一台服务器也可以同时安装两块或多块网卡。

网卡由于拥有 MAC 地址，它属于 OSI 模型的第 1 层和第 2 层之间。它使用户可以通过电缆或无线相互连接。在物理层，它定义了数据传送与接收所需要的电与光信号、线路状态、时钟基准、数据编码和电路等，并向数据链路层设备提供标准接口。在数据链路层，它提供寻址机构、数据帧的构建、数据差错检查、传送控制、向网络层提供标准的数据接口等功能。

在中关村在线官网上，我们可以看到有生产网卡的厂商，如 Intel、TP-LINK、D-Link 等，如图 4.16 所示。在图 4.16 中，网卡按品牌、价格、适用网络类型、传输速率、总线类型、网络接口类型进行分类。其中支持双绞线的 RJ-45 接口和支持光纤的光纤接口，网卡在速度上从 10Mbit/s 到 10 000Mbit/s，适用网络类型有以太网、快速以太网、千兆以太网和万兆以太网。

以 Intel X710-DA4(含 4 个单模模块)网卡为例，如图 4.17 所示。它主要应用在服务器上，网速达到万兆，连接光纤，售价在 7 000 元左右。

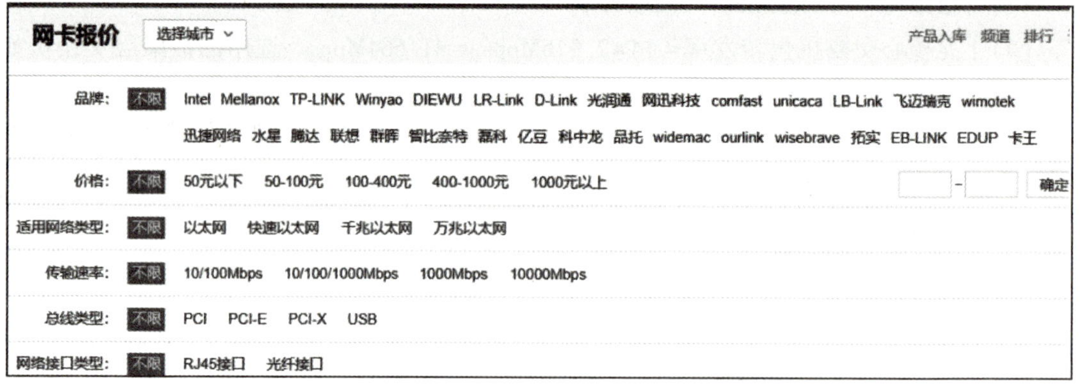

图 4.16　生成网卡的厂商

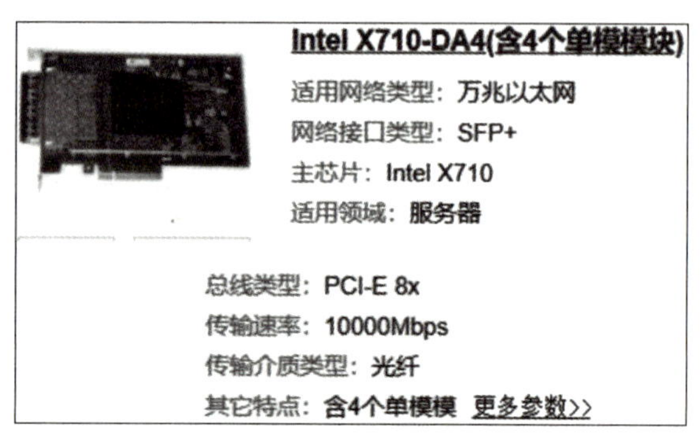

图 4.17　Intel X710-DA4

2. 网卡的功能

计算机通过网卡接入局域网的通信结构如图 4. 18 所示。在图 4. 18 中，网卡和局域网之间的通信是通过双绞线或无线电波以串行传输方式进行的。而网卡和计算机之间的通信则是通过计算机主板上的 I/O 总线以并行传输方式进行的。因此，网卡的一个重要功能就是要进行串行/并行转换。由于网络上的数据率和计算机总线上的数据率并不相同，因此在网卡中必须装有对数据进行缓存的存储芯片。

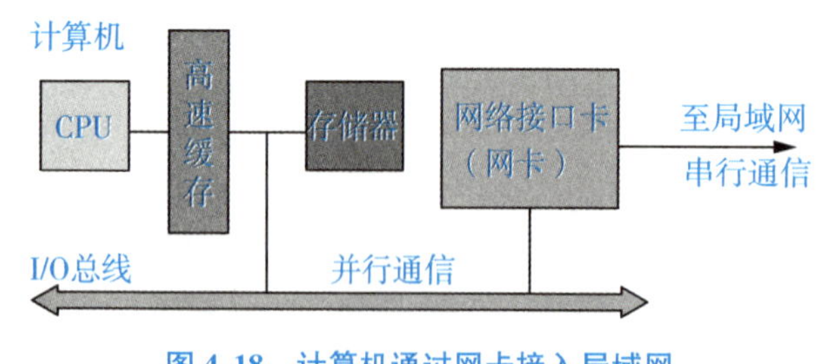

图 4.18　计算机通过网卡接入局域网

网卡以前是作为扩展卡插到计算机总线上的，但是由于其价格低廉而且以太网标准普遍存在，大部分新的计算机都在主板上集成了网络接口。这些主板或是在主板芯片中集成了以太网的功能，或是使用一块通过 PCI（或者更新的 PCI-Express 总线）连接到主板上的廉价网卡。除非需要多接口或者使用其他种类的网络，否则不再需要一块独立的网卡。甚至更新的主板可能含有内置的双网络（以太网）接口。

在安装网卡时必须将管理网卡的设备驱动程序安装在计算机的操作系统中。这个驱动程序以后就会告诉网卡，应当从存储器的什么位置上将局域网传送过来的数据块存储下来。网卡还要能够实现以太网协议。

网卡并不是独立的自治单元，因为网卡本身不带电源，而是必须使用所插入的计算机的电源，并受该计算机的控制。因此网卡可看成一个半自治的单元。当网卡收到一个有差错的帧时，它就将这个帧丢弃而不必通知它所插入的计算机。当网卡收到一个正确的帧时，它就使用中断来通知该计算机并交付给协议栈中的网络层。当计算机要发送一个 IP 数据包时，它就由协议栈向下交给网卡组装成帧后发送到局域网。

随着集成度的不断提高，网卡上的芯片数不断减少，虽然各个厂家生产的网卡种类繁多，但其功能大同小异。

从上述内容可以看出工作站或服务器上的网卡主要具备如下功能：

(1)数据进行串行/并行转换；

(2)对数据进行缓存；

(3)在计算机的操作系统安装设备驱动程序；

(4)实现以太网协议。

在实现以太网协议方面，一是将计算机的数据封装为帧，并通过网线(对无线网络来说就是电磁波)将数据发送到网络上；二是接收网络上其他设备传过来的帧，并将帧重新组合成数据，发送到所在的计算机中。

网卡能接收所有在网络上传输的信号，但正常情况下只接收发送到该计算机的帧和广播帧，将其余的帧丢弃。然后，传送到系统 CPU 做进一步处理。当计算机发送数据时，网卡等待合适的时间将分组插入数据流中。接收系统通知计算机消息是否完整地到达，如果出现问题，将要求对方重新发送。

3. 网卡的分类

根据网卡与主板上总线的连接方式、网卡的传输速率和网卡与传输介质连接的接口的不同，网卡可分为不同的类型。

1)按照网卡支持的计算机种类分类

按照网卡支持的计算机种类，网卡主要分为标准以太网卡和 PCMCIA 网卡：标准以太网卡用于台式计算机联网，而 PCMCIA 网卡用于笔记本电脑。

2)按照网卡支持的传输速率分类

按照网卡支持的传输速率，网卡主要分为 10Mbit/s 网卡、100Mbit/s 网卡、10/100Mbit/s 自适应网卡和 1 000Mbit/s 网卡四类：根据传输速率的要求，10Mbit/s 和 100Mbit/s 网卡仅支持 10Mbit/s 和 100Mbit/s 的传输速率，在使用非屏蔽双绞线(UTP)作为传输介质时，通常 10Mbit/s 网卡与 3 类 UTP 配合使用，而 100Mbit/s 网卡与 5 类 UTP 相连接。10/100Mbit/s 自适应网卡是由网卡自动检测网络的传输速率，保证网络中两种不同传输速率的兼容性。随着局域网传输速率的不断提高，1 000Mbit/s 网卡大多被应用于高速的服务器中。

3)按网卡所支持的总线类型分类

按照所支持的总线类型，网卡主要可以分为 ISA、EISA、PCI 等：由于计算机技术的飞速发展，ISA 总线接口的网卡使用得越来越少。EISA 总线接口的网卡能够并行传输 32 位数据，数据传输速度快，但价格较贵。PCI 总线接口网卡的 CPU 占用率较低，常用的 32 位

PCI 网卡的理论传输速率为 133Mbit/s，因此支持的数据传输速率可达 100Mbit/s。

4.4.3 传输介质

目前局域网常采用的数据传输介质有双绞线、同轴电缆、光纤和无线电。特别是便携式计算机的普及，无线局域网也日渐流行。由于性能和成本的问题，局域网一般不使用电话线、微波和激光。

交换式以太网所需的传输介质通常是双绞线，一般用到的是 UTP(超五类及以上)。接入层交换机通过非屏蔽双绞线将计算机与接入层交换机的各个端口直接相连，其相连的接口为 RJ-45 接口。

在以太局域网中，相同设备之间使用交叉 UTP 电缆，不同设备之间使用直通 UTP 电缆。例如，交换机之间的级联使用交叉 UTP 电缆，若交换机有 Uplink 口，可以使用直通 UTP 电缆。

在局域网中使用双绞线实现 100m 范围内通信，使用光纤实现更远距离的传输，如建筑群体之间的通信。随着企业不断地扩大，办公楼越修越多，厂房也越建越大。随之对应企业网络的范围也在加大。以前都在一个位置办公，用铜缆网线就能解决问题，现在厂房增多后很多地方超过了双绞线的传输限制，我们也不得不把光纤应用考虑进来。

另外，最近几年，国际金属资源面临枯竭，铜的涨价直接导致了网络电缆的飞涨，现在符合国际标准的超五类网络电缆的价格在每箱 600 元左右。而我们调查得到的市场内普通室外单模光纤的价格在 2 元/m 左右。这样看来，光纤的使用成本并不高，同时光纤不同于双绞线有 100m 传输距离限制。如果使用普通双绞网线，我们每隔 100m 就要放置一台交换机，这样做存在如下问题：

(1)级联过多就会造成网络瓶颈；

(2)中间设备需要供电，如设备在马路中间，不安安置设备；

(3)室外悬置电缆，日晒夜露，时间一长，尤其是雷雨天气，容易引发电磁干扰，发生通信故障。

所以，综合考虑，室外布置网线时我们还是多考虑使用光纤。

4.5 交换式以太网构建

4.5.1 交换的提出

1. 共享式以太网

共享式以太网也称为经典以太网，它的典型代表是使用 10Base-2、10Base-5 的总线型网络和以集线器为核心的 10Base-T 星型网络。在使用集线器的以太网中，其物理拓扑结构为星型，如图 4.19 所示，集线器内部逻辑拓扑结构为总线型，如图 4.20 所示。在图 4.20 中 B 向 D 发送数据，数据到达集线器后，它将数据向除了 B 以外的节点进行广播，所有连接在集线器上的节点都收到 B 发送的数据，由于目的 MAC 地址不匹配，节点 A、C、E 拒绝接收，节点 D 匹配接收。可见集线器是一种信道共享的网络设备，即每个时刻只能有一个端口发送数据。集线器并不处理或检查其上的通信量，而是将一个端口接收的信号重复分发给其他端口来扩展物理介质。所有连接到集线器的设备共享同一介质，其结果是它们也共享同一冲突域、广播和带宽，因此集线器和它所连接的设备组成了一个单一的冲突域。如果一个节点发出一个广播信息，集线器会将这个广播传输给所有同它相连的节点，因此它也是一个单一的广播域。当网络中有两个或多个节点同时进行数据传输时，将会产生冲突，如图 4.19 所示。例如，在图 4.21 中，使用多级集线器创建的共享介质环境都是在一个冲突域，因为 A 向 B 发送数据时，D 不能向 E 发送数据。

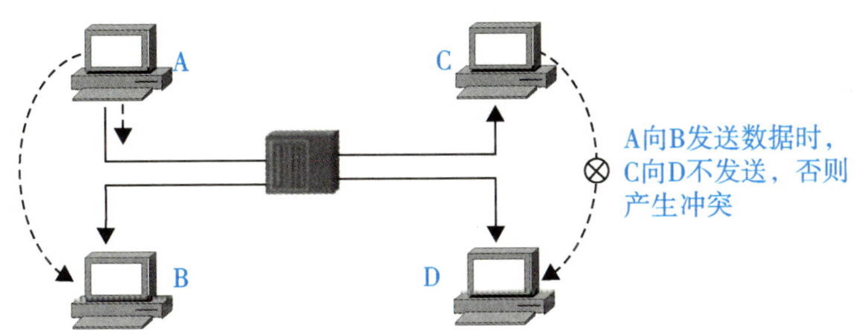

图 4.19　单集线器构建一个单一冲突域网络

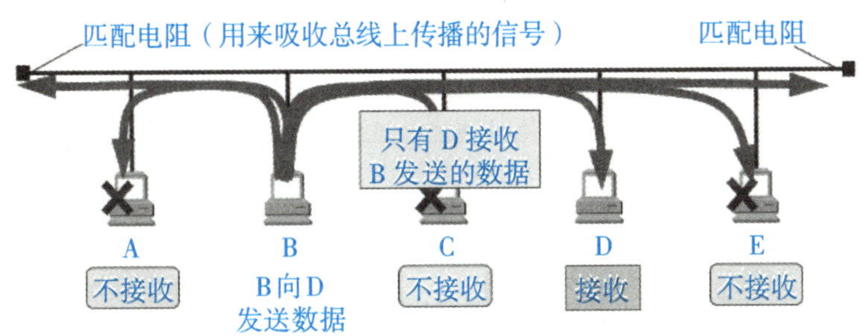

图 4.20　集线器内部的逻辑拓扑结构为总线型

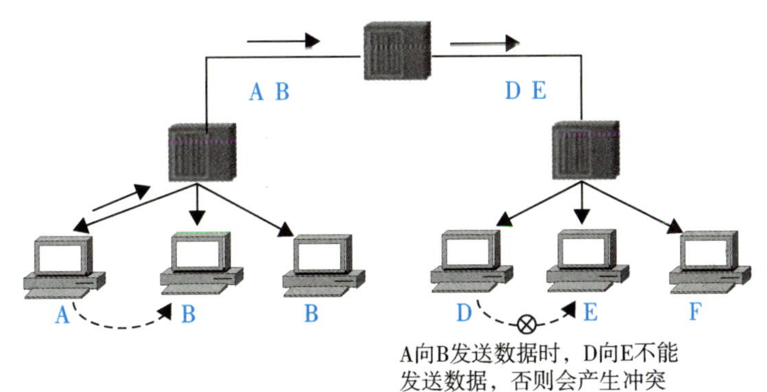

图 4.21　多级集线器构建一个单一冲突域网络

2. CSMA/CD

CSMA/CD是带冲突检测的载波侦听多址访问(carrier sense multiple access/collision detection)的英文缩写，它是共享以太网中所采用的媒体访问控制方法。CSMA/CD协议包括载波侦听、多址访问、冲突检测、冲突退避等机制。其中，载波侦听(CS)是指网络中的各个站点都具备一种对总线上所传输的信号或载波进行监测的功能；多址(MA)是指当总线上的一个站点占用总线发送信号时，所有连接到同一总线上的其他站点都可以通过各自的接收器收听，只不过目标节点会对所接收的信号进行进一步的处理，而非目标节点则忽略所收到的信号；冲突检测(CD)是指一种检测或识别冲突的机制，这是实现冲突退避的前提。在总线环境中，冲突的发生有两种可能的原因：一是总线上两个或两个以上的节点同时发送信息；另一种可能就是一个较远的节点已经发送了数据，但由于信号在传输介质上的时延，信号在未到达目的地时，另一个节点刚好发送了信息。CSMA/CD通常用于总线型拓扑结构和星型拓扑结构的局域网中。

CSMA/CD的工作原理可概括成四句话，即先听后发，边发边听，冲突停止，随机延时后重发。其具体工作流程如图4.22所示。

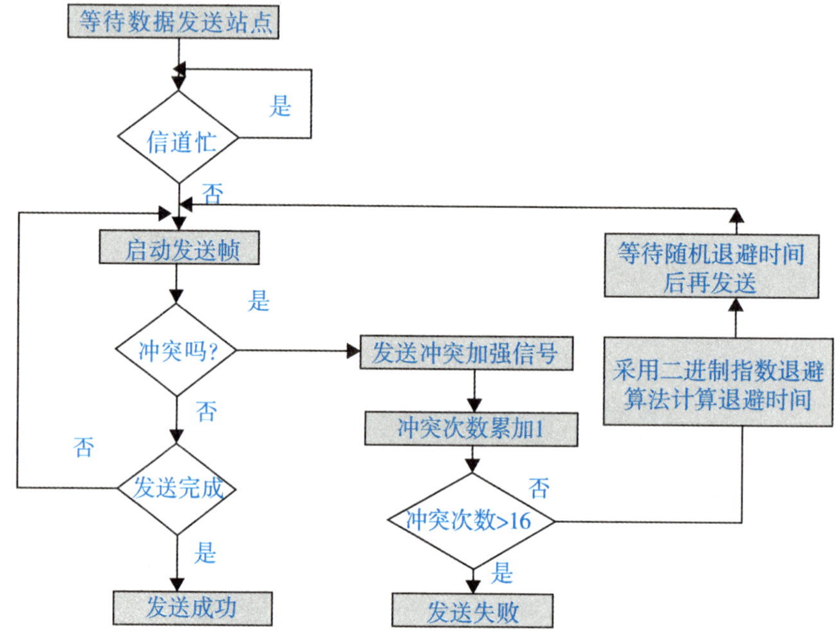

图4.22　CSMA/CD协议的工作流程

有关说明如下：

(1)当一个站点想要发送数据的时候，它检测网络查看是否有其他站点正在传输，即侦听信道是否空闲。

(2)如果信道忙，则等待，直到信道空闲。

(3)如果信道闲，站点就传输数据。

(4)在发送数据的同时，站点继续侦听网络确信没有其他站点在同时传输数据。因为有可能两个或多个站点都同时检测到网络空闲，然后几乎在同一时刻开始传输数据。如果两个

或多个站点同时发送数据，就会产生冲突。

(5)当一个传输节点识别出一个冲突后，它就发送一个拥塞信号，这个信号使冲突的时间足够长，让其他的节点都能发现。

(6)其他节点收到拥塞信号后，都停止传输，等待一个随机产生的时间间隙后重发，该时间间隙被称为回退时间(back off time)。

总之，CSMA/CD 采用的是一种“有空就发”的竞争型访问策略，因而不可避免会出现信道空闲时多个站点同时争发的现象。CSMA/CD 无法完全消除冲突，它只能采取一些措施来减少冲突，并对所产生的冲突进行处理。另外，网络竞争的不确定性，也使网络时延变得难以确定，因此采用 CSMA/CD 协议的局域网通常不适合于那些实时性很高的网络应用。

提示：

冲突域：指发出的帧可能产生冲突的网络区域；

广播域：虽然交换机基于 MAC 地址过滤大多数帧，但是它们不过滤广播帧。LAN 上的其他交换机如果获得广播帧，交换机必须转发广播帧。相连交换机的集合构成了一个广播域。只有第 3 层实体，如路由器或虚拟局域网才能阻隔第 3 层的广播域。

随着更多的设备加入以太网，帧的冲突量大幅增加。当通信活动少时，偶尔发生的冲突可由 CSMA/CD 管理，因此性能很少甚至不会受到影响。但是，当设备数量和随之而来的数据流量增加时，冲突的上升就会给用户体验带来明显的负面影响。因此当网络中节点过多时，冲突将会很频繁，利用集线器接入计算机入网并不合适，这也限制了共享式以太网的可扩展性。随着网络技术的发展，在越来越多的局域网环境中，交换机取代了集线器，网络设备生产厂商已不生产集线器。

3. 交换的提出

解决共享式以太网存在的问题采用“分段”的方法，所谓分段就是将一个大型的以太网分割成两个或多个小型的以太网，每个段(分割后的每个小以太网)使用 CSMA/CD 介质访问控制方法维持段内用户的通信。段与段之间通过一种“交换”设备，可以将一段接收到的信息经过简单处理后转发给另一段。通过分段，既可以保证部门内部信息不会流到其他部门，又可以保证部门之间的通信。另外，以太网节点的减少使冲突和碰撞的概率更小，网络效率更高。并且分段之后，各段可按需要选择自己的网络速率，组成性价比更高的网络。

交换设备根据工作位置的不同分为接入层交换机、汇聚层交换机、核心层交换机。接入层交换机一般用于直接连接计算机，汇聚层交换机一般用于楼宇间。汇聚相当于一个局部或重要的中转站，核心相当于一个出口或总汇总。本章介绍接入层交换机。

4.5.2 交换式以太网的概念

交换式以太网使用接入层交换机设备连接不同的计算机，计算机通过网卡接入局域网。交换机能识别数据帧的 MAC 地址，根据数据帧的目的 MAC 地址定向转发帧到相应的交换机端口。交换式以太网允许多对节点同时通信，如图 4.23 所示，PC1 和 PC2 通信的同时，PC3 和 PC4 也可通信。

以太网交换机可以有多个端口，每个端口可以单独与一个终端节点相连，也可以与一个共享介质的以太网集线器连接。如果一个端口只连接一个节点，那么这个节点就可以独占整

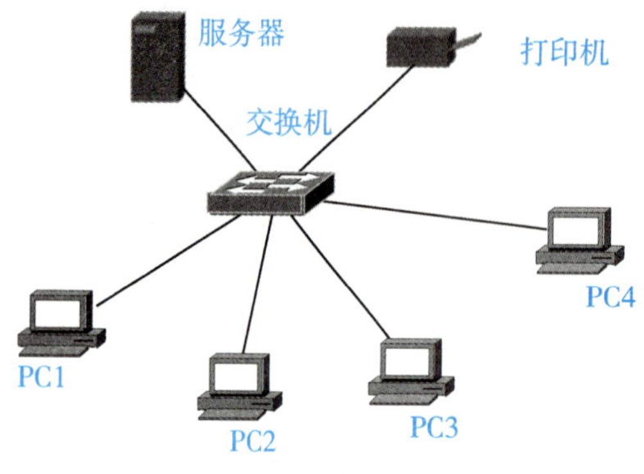

图 4.23　多对节点同时通信

个带宽，这类端口通常称作专用端口；如果一个端口连接一个与端口带宽相同的以太网集线器，那么这个端口将被以太网中的所有节点所共享，这类端口称为共享端口。例如，一个带宽为 100Mbit/s 的交换机有 10 个端口，每个端口的带宽为 100Mbit/s。而集线器的所有端口共享带宽，同样一个带宽 100Mbit/s 的集线器，如果有 10 个端口，则每个端口的平均带宽为 10Mbit/s，如图 4.24 所示。

在图 4.24 中，当主机连接到交换机端口时，交换机将创建一条专用连接，此连接被视为独立冲突域。在图 4.24 中 10Mbit/s 交换机使用了 4 个端口，每个端口上都连接了设备，则 10Mbit/s 交换机上形成了 4 个冲突域，分别为冲突域 1、冲突域 2、冲突域 3 和冲突域 4。100Mbit/s 交换机使用了 3 个端口，形成了 3 个冲突域，分别为冲突域 4、冲突域 5、冲突域 6。其中冲突域 5 是由一个集线器和 3 台 PC 构成的。在这里我们可以认为每个冲突域为一个网段，这样交换机为每个网段提供专用带宽，从而减少了各网段上的冲突，提高了网段上的带宽使用率。所以交换式以太网从根本上解决了共享以太网中节点冲突的问题。

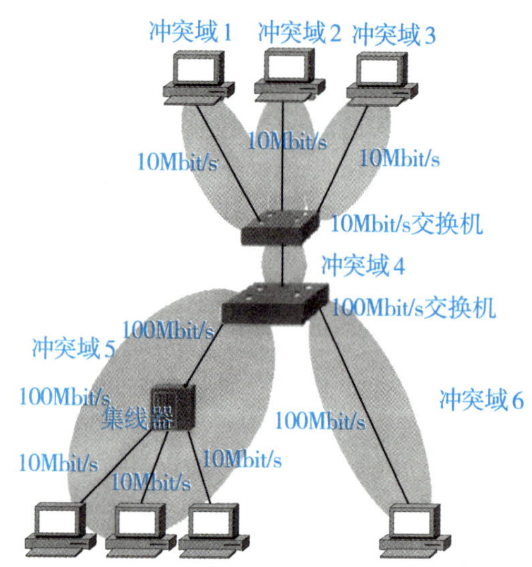

图 4.24　交换机端口独享带宽及将 LAN 上的冲突域规模缩小为单条链路

4.5.3　交换机的工作原理

以太网交换机(以下简称交换机)是工作在 OSI 参考模型物理层和数据链路层的设备，其外表和集线器相似。交换机通过判断数据帧的目的 MAC 地址，从而将帧从合适的端口发送出去。交换机的冲突域仅局限于交换机的一个端口上。例如，一个节点向网络发送数据，集线器将会向所有端口转发，而交换机通过对帧的识别，只将帧单点转发到与目的地址对应的端口，而不是向所有端口转发，从而有效地提高了网络的可利用带宽。以太网交换机实现数据帧的单点转发是通过 MAC 地址的学习和维护更新机制来实现的。以太网交换机的主要功能包括 MAC 地址学习、帧的转发及过滤和避免回路。

1. 交换机数据帧的转发

交换机根据数据帧的 MAC 地址(即物理地址)进行数据帧的转发操作。交换机转发数据帧时，遵循以下规则：

(1)如果数据帧的目的 MAC 地址是广播地址或者组播地址，则向交换机所有端口转发(除数据帧来的端口)。

(2)如果数据帧的目的地址是单播地址，但是这个地址并不在交换机的 MAC 地址表中，那么也会向所有的端口转发(除数据帧来的端口)。

(3)如果数据帧的目的地址在交换机的 MAC 地址表中，那么就根据 MAC 地址表转发到相应的端口。

(4)如果数据帧的目的地址与数据帧的源地址在一个网段上，就会丢弃这个数据帧，交换也就不会发生。

下面以图 4.25 为例来看看具体的数据帧交换过程，在图 4.25 中假设 MAC 地址表学习到的地址信息为：计算机 A 与交换机的端口 E0 相连，计算机 C 与交换机的端口 E2 相连，计算机 B 与交换机的端口 E1 相连，计算机 D 与交换机的端口 E3 相连。

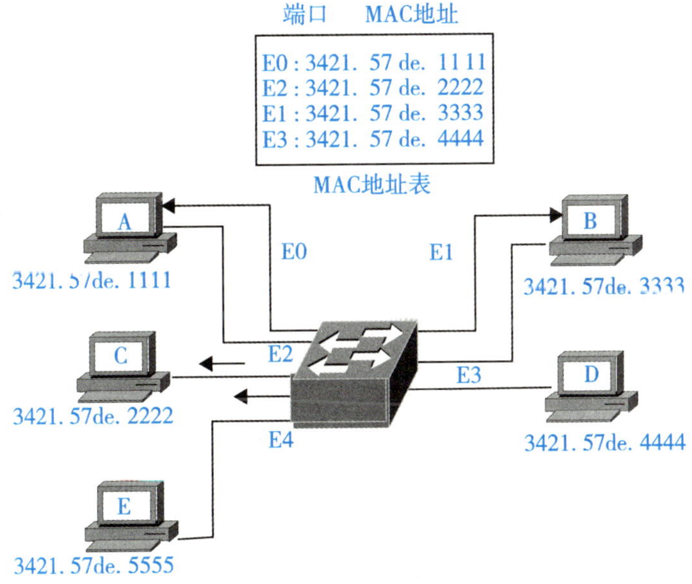

图 4.25　数据帧的交换过程

(1)当主机 D 发送广播帧时，交换机从 E3 端口接收到目的地址为 ffff. ffff. ffff 的数据帧，则向 E0、E1、E2 和 E4 端口转发该数据帧。

(2)当主机 D 与主机 E 通信时，交换机从 E3 端口接收到目的地址为 3421. 57de. 5555 的数据帧，查找 MAC 地址表后发现 3421. 57de. 5555 并不在交换机的 MAC 地址表中，因此交换机仍然向 E0、E1、E2 和 E4 端口转发该数据帧。

(3)当主机 D 与主机 A 通信时，交换机从 E3 端口接收到目的地址为 3421. 57de. 1111 的数据帧，查找 MAC 地址表后发现 3421. 57de. 1111 位于 E0 端口，所以交换机只将数据帧转发至 E0 端口，这样主机 A 即可收到该数据帧。其他端口不会收到主机 D 发送的数据帧。

(4)如果在主机 D 与主机 A 通信的同时，主机 B 也正在向主机 C 发送数据，交换机同样会把主机 B 发送的数据帧转发到连接主机 C 的 E2 端口。这时 E1 和 E2 之间，以及 E3 和 E0 之间，通过交换机内部的硬件交换电路建立了两条链路，这两条链路上的数据通信互不影响，因此网络也不会产生冲突。所以，主机 D 和主机 A 之间的通信独享一条链路，主机 C 和主机 B 之间也独享一条链路。而这样的链路仅在通信双方有需求时才会建立，一旦数据传输完毕，相应的链路也随之拆除。这就是交换机的主要特点。

从以上的交换操作过程中可以看到数据帧的转发都是基于交换机内的 MAC 地址表，但是这个 MAC 地址表是如何建立和维护的呢？下面就来介绍这个问题。

2. 交换机地址自学习和管理机制

交换机的 MAC 地址表中，一条表项主要由一个主机 MAC 地址和该地址所连接的交换机端口号组成。整张地址表的生成采用动态自学习的方法，即当交换机收到一个数据帧以后，将数据帧的源地址和输入端口记录在 MAC 地址表中。思科的交换机中，MAC 地址表放置在内容可寻址存储器(content-addressable memory，CAM)中，因此也被称为 CAM 表。

当然，在存放 MAC 地址表项之前，交换机首先应该查找 MAC 地址表中是否已经存在该源地址的匹配表项，仅当匹配表项不存在时才能存储该表项。每一条地址表项都有一个时间标记，用来指示该表项存储的时间周期。地址表项每次被使用或者被查找时，表项的时间标记就会被更新，如果在一定的时间范围内地址表项仍然没有被引用，它就会从地址表中被移走。因此 MAC 地址表中所维护的一直是最有效和最精确的 MAC 地址/端口信息。

我们用一个简单例子来说明以太网交换机是怎样进行自学习的。

假定在图 4. 26 中以太网交换机有 4 个端口，各连接一台计算机，其 MAC 地址分别是 A、B、C 和 D。在一开始，以太网交换机里面的交换表是空的(图 4. 26 (a))。

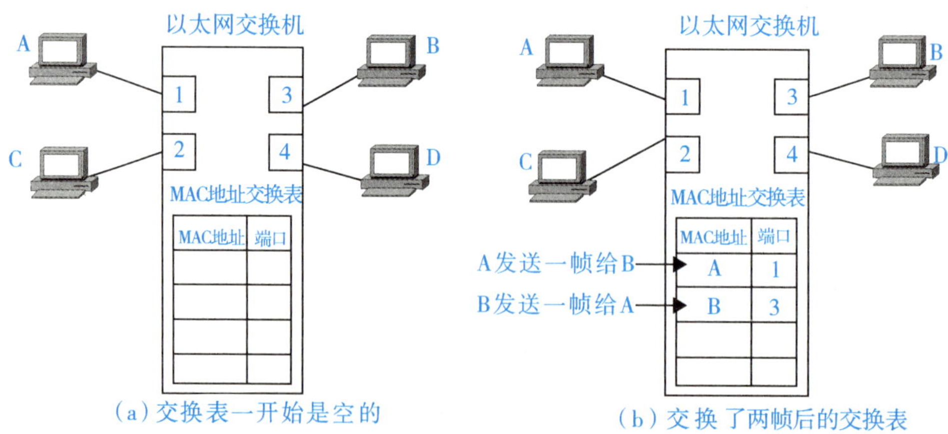

图 4. 26　以太网交换机中 MAC 地址表

A 先向 B 发送一帧，从端口 1 进入交换机。交换机收到帧后，先查找交换表，没有查到应从哪个端口转发这个帧(在 MAC 地址这一列中，找不到目的地址为 B 的项目)。接着，交换机把这个帧的源地址 A 和端口 1 写入交换表中，并向除端口 1 以外的所有端口广播这个帧(这个帧就是从端口 1 进来的，当然不应当把它再从端口 1 转发出去)。

C 和 D 将丢弃这个帧，因为目的地址不对。只有 B 才收下这个目的地址正确的帧，这也称为过滤。

从新写入交换表的项目(A，1)可以看出，以后不管从哪一个端口收到帧，只要其目的地址是 A，就应当把收到的帧从端口 1 转发出去。这样做的依据是：既然 A 发出的帧是从端口 1 进入交换机的，那么从交换机的端口 1 转发出的帧也应当可以到达 A。

假定接下来 B 通过端口 3 向 A 发送一帧。交换机查找交换表，发现交换表中的 MAC 地址有 A，表明要发送给 A 的帧(即目的地址为 A 的帧)应从端口 1 转发。于是就把这个帧传送到端口 1 转发给 A。显然，现在已经没有必要再广播收到的帧。交换表这时新增加的为项目(B，3)，表明今后如有发送给 B 的帧，就应当从端口 3 转发出去。

经过一段时间后，只要主机 C 和 D 也向其他主机发送帧，以太网交换机中的交换表就会把转发到 C 或 D 应当经过的端口号(2 或 4)写入交换表中。这样，交换表中的项目就齐全了。要转发给任何一台主机的帧，都能够很快地在交换表中找到相应的转发端口。

考虑到有时可能要在交换机的端口更换主机，或者主机要更换其网络适配器，这就需要更改交换表中的项目。为此，在交换表中每个项目都设有一定的有效时间，过期的项目就自动被删除。用这样的方法保证交换表中的数据都符合当前网络的实际状况。

3. MAC 地址表

交换机的 MAC 地址表也可以手工静态配置，静态配置的记录不会老化。由于 MAC 地址表中对于同一个 MAC 地址只能有一个记录，所以如果静态配置某个目的地址和端口号的映射关系以后，交换机就不能再动态学习这个主机的 MAC 地址。

4. 交换机数据转发方式

以太网交换机的数据交换与转发方式可以分为直接交换、存储转发交换和改进的直接交换三类。

1）直接交换

在直接交换方式下，交换机边接收边检测。一旦检测到目的地址字段，便将数据帧传送到相应的端口上，而不管这一数据是否出错，出错检测任务由节点主机完成。这种交换方式交换延迟时间短，但缺乏差错检测能力，不支持不同输入/输出速率的端口之间的数据转发。

2）存储转发交换

在存储转发交换方式中，交换机首先要完整地接收站点发送的数据，并对数据进行差错检测。如果接收数据是正确的，再根据目的地址确定输出端口号，将数据转发出去。这种交换方式具有差错检测能力并能支持不同输入/输出速率端口之间的数据转发，但交换延迟时间较长。

3）改进的直接交换

改进的直接交换方式是将直接交换与存储转发交换结合起来，在接收到数据的前 64B 之后，判断数据的头部字段是否正确，如果正确则转发出去。这种方式对于短数据来说，交换延迟与直接交换方式比较接近；而对于长数据来说，由于它只对数据前部的主要字段进行差错检测，交换延迟将会减少。

5. 通信过滤

交换机建立起MAC地址表后，就可以对通过的信息进行过滤了。以太网交换机在地址学习的同时还检查每个帧，并基于帧中的目的地址做出是否转发或转发到何处的决定。图4.27所示为两个以太网网段和三台计算机通过以太网交换机相互连接的示意图，通过一段时间的地址学习，交换机形成了表4.1所示的MAC地址表。

(1)假设主机B需要向主机H发送数据，因为主机B通过集线器连接到交换机的端口1，所以，交换机从端口1读入数据，并通过MAC地址表决定将该数据帧转发到端口5。在图4.27中，主机H通过集线器连接到交换机的端口5，于是，交换机将该数据帧转发到端口5，不再向端口1、端口2、端口3和端口4转发。

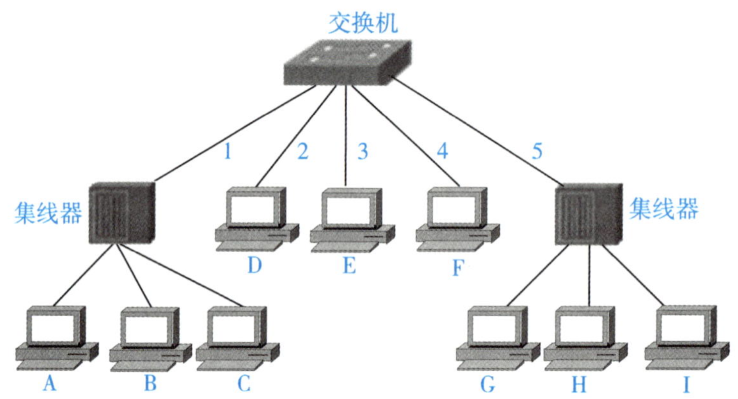

图4.27　交换机的通信过滤

(2)假设主机B需要向主机C发送数据帧，交换机同样在端口1接收该数据。通过搜索地址映射表，交换机发现主机C与端口1相连，与发送的源主机处于同一端口。这时交换机不再转发，而是将数据丢弃，数据帧被限制在本地流动。这是交换机和集线器截然不同之处。

表4.1　交换机的地址映射表

端口	MAC地址
1	00:0C:76:C1:D0:06(A)
1	00:00:E8:F1:6B:32(B)
2	00:E0:4C:52:A3:3E(D)
3	00:E0:4C:6C:10:E5(F)
5	00:E0:4C:42:53:95(G)
5	00:0C:76:41:97:FF(H)

4.5.4　交换机之间的连接

当单一交换机提供的端口无法满足更多用户的入网需求时，多台交换机的互联取代了单台交换机。多台交换机的互联技术主要包括交换机的级联、冗余连接、堆叠和集群4种。级

联技术可以实现多台交换机之间的互联；冗余连接可以在交换机间连接链路提供备份链路，工作时一条链路工作，一条链路处于休眠状态，一旦工作链路出现故障，休眠链路立刻启用；堆叠技术可以将多台交换机组成一个单元，从而增大端口密度和提高端口的性能；集群技术可以将相互连接的多台交换机作为一个逻辑设备进行管理，从而大大降低了网络管理成本，简化管理操作。

1. 级联

当单一交换机所能够提供的端口数量不足以满足网络中计算机的接入需求时，必须要由两个以上的交换机提供相应数量的端口，级联扩展模式是最常见、最直接的一种扩展模式。交换机的级联根据交换机的端口配置情况又有两种不同的连接方式，即通过 Uplink 端口或普通端口进行交换机的级联。

1）通过 Uplink（级联）端口进行交换机的级联

如果交换机有 Uplink 端口，如图 4.28 所示。在级联时，使用直通双绞连线接，上一级交换机要连到交换机的普通端口，下层交换机则连到专门的 Uplink 端口，如图 4.29 所示。

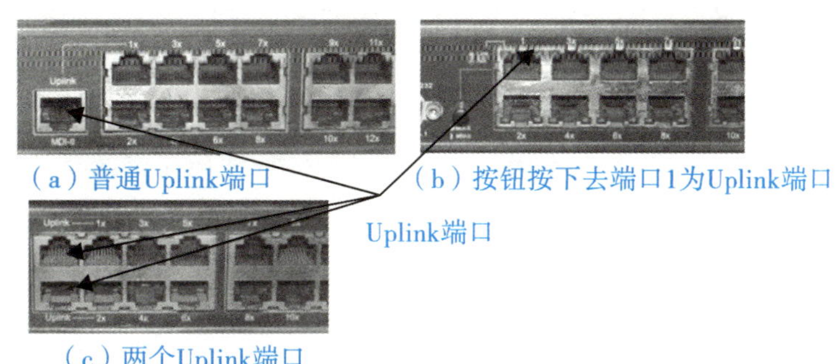

图 4.28　交换机上的 Uplink 端口

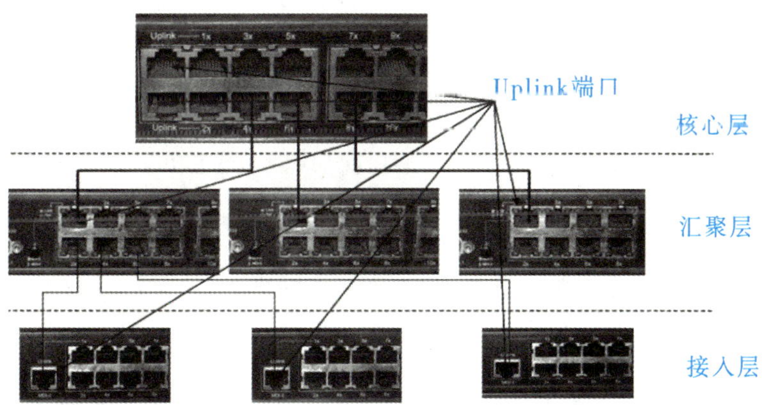

图 4.29　交换机通过 Uplink 端口级联扩展模式

这种级联方式性能比较好，因为级联端口的带宽通常较高。交换机间的级联网线必须是直通线，不能采用交叉线，而且每段网络不能超过双绞线单段网线的最大长度 100m。

2）通过普通端口进行交换机的级联

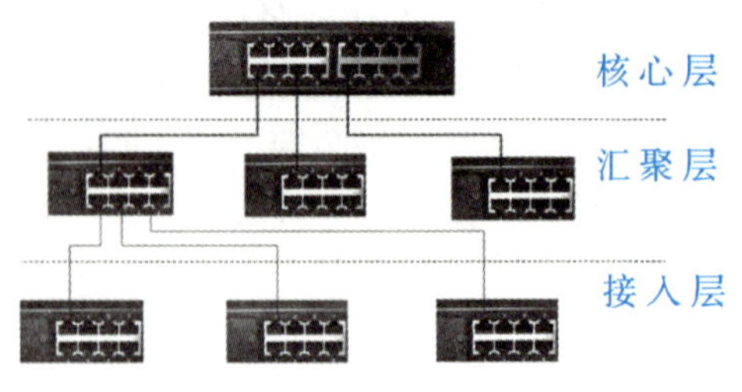

图 4.30　交换机通过普通端口级联扩展模式

如果交换机没有 Uplink 端口，可以采用交换机的普通端口进行交换机的级联，但这种级联方式的性能稍差，因为下级交换机的有效总带宽实际上就相当于上级交换机的一个端口带宽。级联方式如图 4.30 所示。这时交换机间的级联网线必须是交叉双绞线，不能采用直通线，同样单网线长度不能超过 100m。

在较大的局域网如园区网(校园网)中，多台交换机按照性能和用途一般形成总线型、树型或星型的级联结构。城域网是交换机级联的极好例子，目前各地电信部门已经建成了许多地级市的宽带 IP 城域网。这些宽带城域网自上向下一般分为 3 个层次：核心层、汇聚层、接入层。核心层一般采用千兆以太网技术，汇聚层采用 1 000Mbit/s/100Mbit/s 以太网技术，接入层采用 100Mbit/s/10Mbit/s 以太网技术，所谓“40G 到大楼，万兆到楼层，千兆到桌面”。

这种结构的宽带城域网实际上就是由各层次的许多台交换机级联而成的。核心交换机(或路由器)下连若干台汇聚交换机，汇聚交换机下连若干台小区中心交换机，小区中心交换机下连若干台楼宇交换机，楼宇交换机下连若干台楼层(或单元)交换机。

级联方式是组建大型 LAN 的最理想方式，可以综合各种拓扑设计技术和冗余技术，实现层次化网络结构，被广泛应用于各种局域网中。为了保证网络的效率，一般遵循 LAN 设计的分层网络模型，该 LAN 设计原则参考 Cisco 企业架构。

2. 生成树协议提供冗余连接

在以太网环境下是不允许出现环路的，生成树(spanning tree)则可以在交换机之间实现冗余连接又避免出现环路。当然，这要求交换机支持生成树协议。

前面我们学习了交换机具备自学习 MAC 地址的方法。这种自学习方法使以太网交换机能够即插即用，不必人工进行配置，因此非常方便。但有时为了提高网络的可靠性，在使用以太网交换机组网时，往往会增加一些冗余的链路。在这种情况下，自学习的过程就可能导致以太网帧在网络的某个环路中无限制地兜圈子。我们用图 4.31 的简单例子来说明这个问题。

在图 4.31 中，假定一开始主机 A 通过端口交换机#1 向主机 B 发送一帧。交换机#1 收到这个帧后就向所有其他端口进行广播发送。现观察其中一个帧的走向：离开交换机#1 的端口 3→交换机#2 的端口 1→端口 2→交换机#1 的端口 4→端口 3→交换机#2 的端口 1→……。这样就无限制地循环兜圈子下去，白白消耗了网络资源。

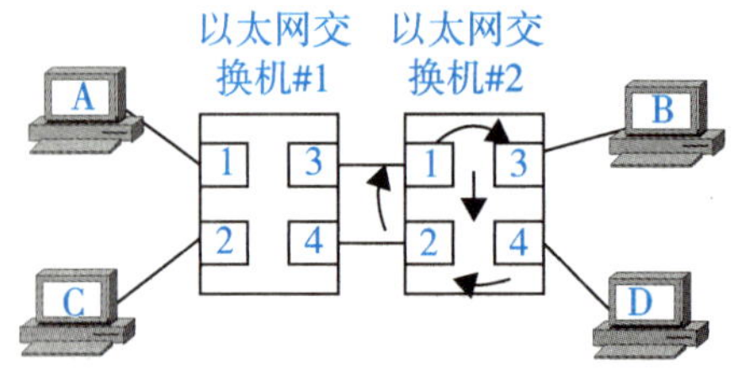

图 4.31　帧在循环流动

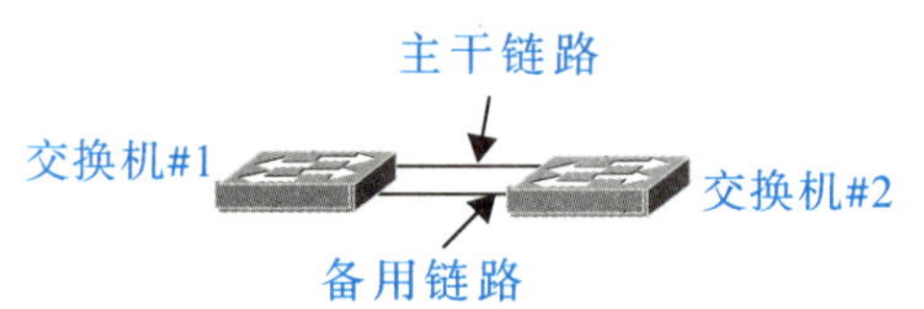

图 4.32　STP 建立冗余链路实现链路连接的可靠性

为了解决这种兜圈子问题，IEEE 的 802.1D 标准制定了一个生成树协议(spanning tree protocol，STP)。其要点就是不改变网络的实际拓扑，但在逻辑上则切断某些链路，使得从一台主机到所有其他主机的路径是无环路的树状结构，从而消除了兜圈子现象。如图 4.32 所示，上面一条链路为主干链路，下面一条链路为备用链路，正常工作时激活主干链路，备用链路处于休眠状态，一旦主干链路断开，备用链路马上启用。

生成树冗余连接的工作方式是待机(stand by)，也就是说，除了一条链路工作外，其余链路实际上是处于待机状态，这显然会影响传输效率。一些最新的技术，例如，FEC(fast ethernet channel)、ALB(advanced load balancing)和 Port Trunking 技术，则可以允许每条冗余连接链路实现负载分担。其中 FEC 和 ALB 技术用来实现交换机与服务器之间的连接，而 Port Trunking 技术则是实现交换机之间的连接。通过 Port Trunking 的冗余连接，交换机之间可以实现几倍于线速带宽的连接。

3. 堆叠

相对于级联而言，堆叠无疑是扩展端口最快捷、最便利的方式。提供堆叠接口的交换机之间可以通过专用的堆叠线连接起来，如图 4.33 所示，该图中采用 Cisco Catalyst 3550-12G 作为堆叠中心，Cisco Catalyst 3550 或 Catalyst 2950G 作为堆叠成员。该堆叠方式为全双工方式，带宽可以达到 2Gbit/s。通常，堆叠的带宽是交换机端口速率的几十倍，例如，一台 100Mbit/s 的交换机，堆叠后两台交换机之间的带宽可以达到几百兆甚至上千兆。

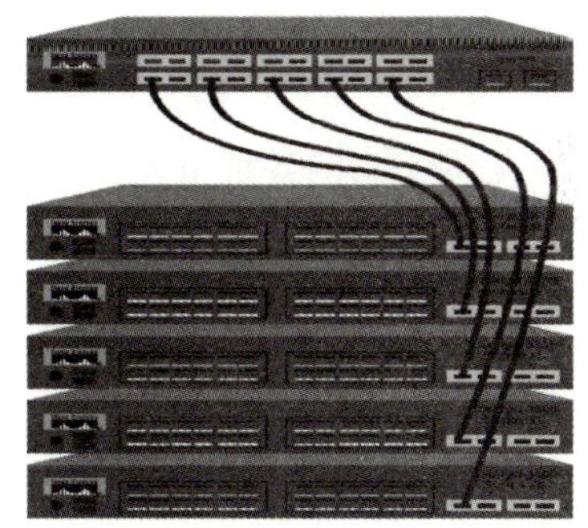

图 4.33　Cisco 星型堆叠

多台交换机的堆叠是靠一个提供背板总线带宽的多口堆叠母模块与单口的堆叠子模块相连实现的，并插入不同的交换机实现交换机的堆叠。上联交换机可以通过上联端口实现与骨干交换机的连接。例如，一台具有 24 个 100Mbit/s 和 1 个 1 000Mbit/s 端口的交换机，就可以通过 1 000Mbit/s 端口与 1 000Mbit/s 主干交换机实现 1 000Mbit/s 速率的连接。

4. 集群

所谓集群，就是将多台互相连接(级联或堆叠)的交换机作为一台逻辑设备进行管理。集群中，一般只有一台起管理作用的交换机，称为命令交换机，它可以管理若干台其他交换机。在网络中，这些交换机只需要占用一个 IP 地址(仅命令交换机需要)，节约了宝贵的 IP 地址。在命令交换机的统一管理下，集群中多台交换机协同工作，大大降低了管理强度。

集群技术给网络管理工作带来的好处是毋庸置疑的。但要使用这项技术，应当注意到，不同厂家对集群有不同的实现方案，一般厂家都是采用专有协议实现集群的。这就决定了集群技术有其局限性。不同厂家的交换机可以级联，但不能集群。即使同一厂家的交换机，也只有指定的型号才能实现集群，如 Cisco 3500XL 系列就只能与 1900、2800、2900XL 系列实现集群。

交换机的级联、冗余连接、堆叠、集群这 4 种技术既有区别又有联系。级联、堆叠、集群的目的是提供更多的端口容纳用户的接入。级联和堆叠是实现集群的前提，集群是级联和堆叠的目的；级联和堆叠是基于硬件实现的；集群是基于软件实现的；级联和堆叠有时很相似(尤其是级联和虚拟堆叠)，有时则差别很大(级联和真正的堆叠)。而冗余连接是从提高网络可靠性的角度出发，物理上看两台交换机之间有多条连接链路，逻辑上只有一条。随着局域网和城域网的发展，上述四种技术必将得到越来越广泛的应用。

4.5.5 交换机的工作特点

以太网交换机的每个接口都直接与一个单台主机或另一个以太网交换机相连，并且一般都工作在全双工方式。以太网交换机还具有并行性，即能同时连通多对接口，使多对主机能同时通信(而网桥只能一次分析和转发一个帧)。相互通信的主机都是独占传输媒体，无碰撞地传输数据。

以太网交换机的接口还有存储器，能在输出端口繁忙时将到来的帧进行缓存。因此，如果连接在以太网交换机上的两台主机同时向另一台主机发送帧，那么当这台主机的接口繁忙时，发送帧的两台主机的接口会把收到的帧暂存一下，以后再发送出去。

以太网交换机由于使用了专用的交换结构芯片，用硬件转发，其转发速率要比使用软件转发的网桥快很多。

以太网交换机一般都具有多种速率的接口，例如，可以具有 100Mbit/s、1 000Mbit/s 和 1Gbit/s 的接口的各种组合，这就大大方便了各种不同情况的用户。

4.6 交换机工作机制实践认知讨论

1. 情景描述

在 Cisco Packet Tracer 中搭建如图 4.34 所示的拓扑和配置信息，此时查看当前交换机 Switch1 的 MAC 地址表，发现为空。在 Cisco Packet Tracer 中查看 PC1 的 MAC 地址如图 4.35 所示。查看 PC2 的 MAC 地址如图 4.36 所示。现在为 PC1 和 PC2 配置 IP 地址和子网掩码，配置完成后，在 PC1 的命令窗口输入：Ping 192.168.10.2 后按回车键，如图 4.37 所示。再次查看交换机 Switch1 的 MAC 地址表，发现学习到了 PC1 和 PC2 的物理地址及连接的交换机的端口信息，如图 4.38 所示。

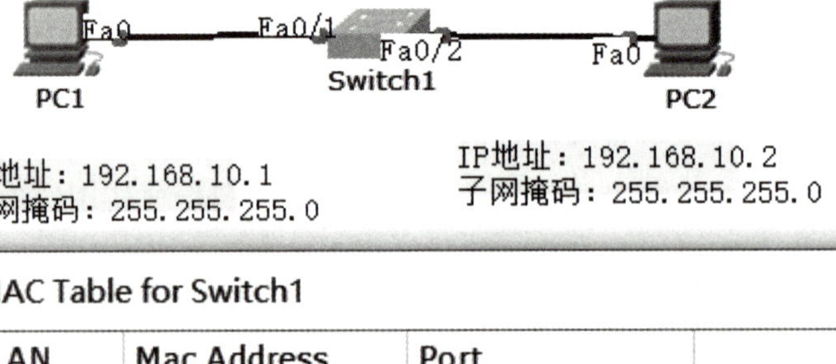

图 4.34 在 Cisco Packet Tracer 最初交换机 MAC 地址为空

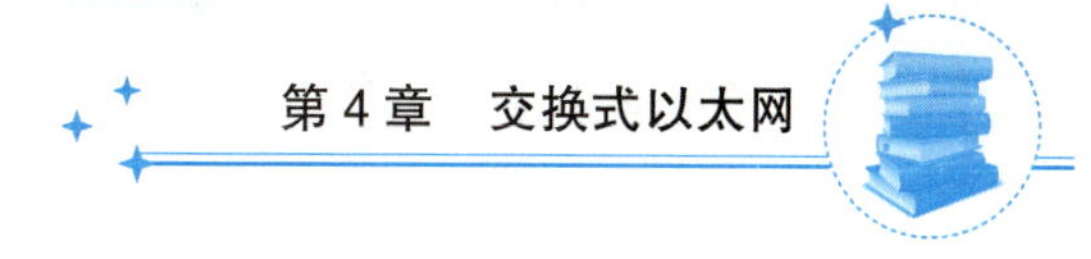

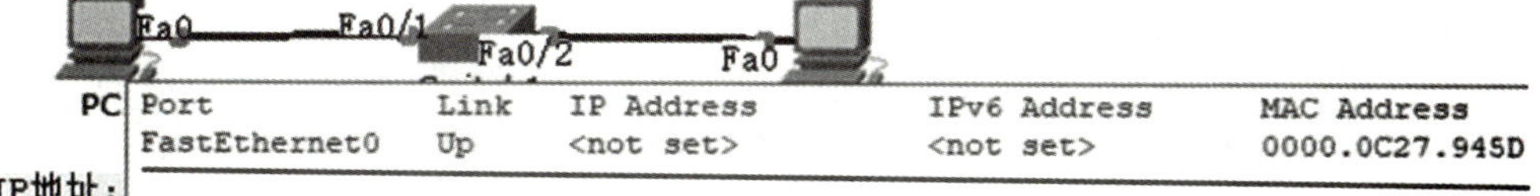

Fa0
Fa0/1
Fa0/2
Fa0
PC
IP地址：
子网掩码
Port
FastEthernet0
Link
Up
IP Address
<not set>
IPv6 Address
<not set>
MAC Address
0000.0C27.945D
Gateway: <not set>
DNS Server: <not set>
Line Number: <not set>
Physical Location: Intercity, Home City, Corporate Office

图 4.35　在 Cisco Packet Tracer PC1 的 MAC 地址

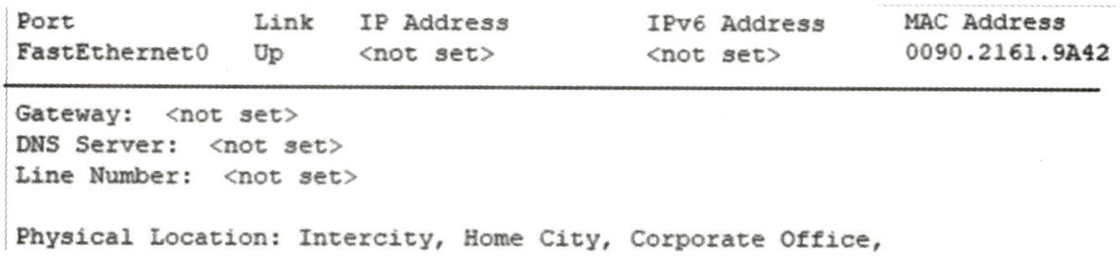

Port
FastEthernet0
Link
Up
IP Address
<not set>
IPv6 Address
<not set>
MAC Address
0090.2161.9A42
Gateway: <not set>
DNS Server: <not set>
Line Number: <not set>
Physical Location: Intercity, Home City, Corporate Office,

图 4.36　在 Cisco Packet Tracer PC2 的 MAC 地址

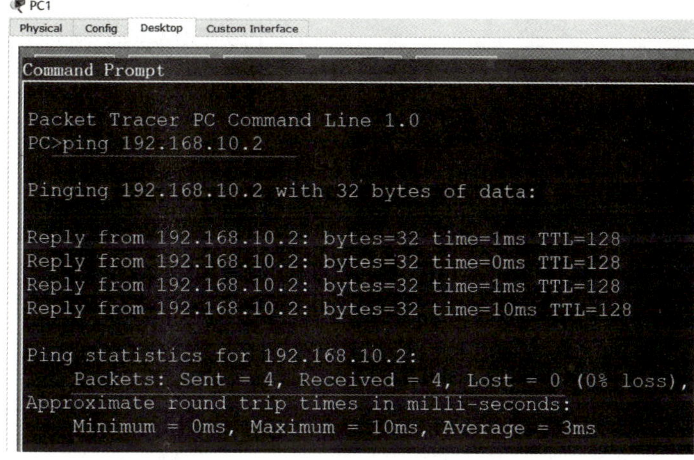

PC1
Physical
Config
Desktop
Custom Interface
Command Prompt
Packet Tracer PC Command Line 1.0
PC>ping 192.168.10.2
Pinging 192.168.10.2 with 32 bytes of data:
Reply from 192.168.10.2: bytes=32 time=1ms TTL=128
Reply from 192.168.10.2: bytes=32 time=0ms TTL=128
Reply from 192.168.10.2: bytes=32 time=1ms TTL=128
Reply from 192.168.10.2: bytes=32 time=10ms TTL=128
Ping statistics for 192.168.10.2:
Packets: Sent = 4, Received = 4, Lost = 0 (0% loss),
Approximate round trip times in milli-seconds:
Minimum = 0ms, Maximum = 10ms, Average = 3ms

图 4.37　在 Cisco Packet Tracer PC1 ping PC2 的结果

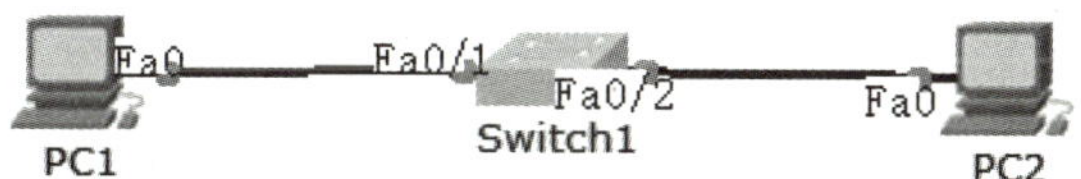

Fa0
Fa0/1
Fa0/2
Fa0
PC1
Switch1
PC2
IP地址：192.168.10.1
子网掩码：255.255.255.0
IP地址：192.168.10.2
子网掩码：255.255.255.0

MAC Table for Switch1

VLAN	Mac Address	Port
1	0000.0C27.945D	FastEthernet0/1
1	0090.2161.9A42	FastEthernet0/2

图 4.38　MAC 地址获取到 PC1 和 PC2 的 MAC 和对应端口情况

2. 原因讨论

PC1 ping PC2 目标这个动作，发送 4 个数据包，到达交换机 Switch1 的端口 F0/1，交换机按自学习机制，发现源地址为 PC1 的地址对，不存在于交换机 MAC 地址表中，学习它，将它加入 MAC 地址表。PC2 收到请求包，它对 PC1 发送 4 个应答包，应答包到达交换机 Switch1 的端口 F0/2，交换机按自学习机制，发现源地址为 PC2 的地址对不存在，学习它并将它加入 MAC 地址表，从而学习到两对地址对如图 4. 39 所示。在图 4. 39 中 PC1 发送 4 个请求数据包中，源物理地址 = PC1 的物理地址，目的物理地址 = PC2 的物理地址；PC2 向 PC1 发送 4 个应答数据包中，源物理地址 = PC2 的物理地址，目的物理地址 = PC1 的物理地址。

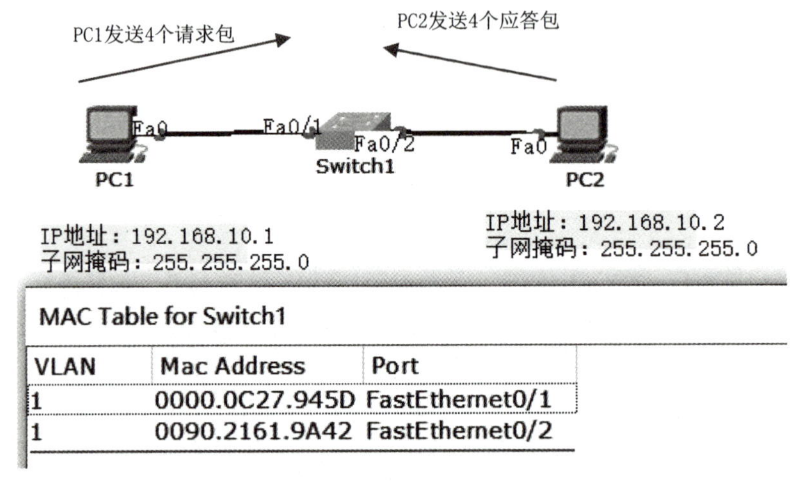

图 4. 39　交换机学习到两对 MAC 地址对

4. 7　交换式以太网技术

交换式以太网包括快速以太网、千兆以太网、万兆以太网，下面一一介绍。

4. 7. 1　快速以太网技术

快速以太网技术 100Base-X 是由 10Base-T 以太网发展而来的，主要解决网络带宽在局域网络应用中的瓶颈问题。其协议标准为 1995 年颁布的 IEEE 802. 3u，可支持 100Mbit/s 的数据传输速率，并且与 10Base-T 一样可支持共享式与交换式两种使用环境，在交换式以太网环境中可以实现全双工通信。IEEE 802. 3u 在 MAC 子层仍采用 CSMA/CD 作为介质访问控制协议，并保留了 IEEE 802. 3 的帧格式。但是，为了实现 100Mbit/s 的传输速率，IEEE 802. 3u 在物理层进行了一些重要的改进。例如，在编码上，采用了效率更高的编码方式。传统以太网采用曼彻斯特编码，其优点是自带时钟特性，能够将数据和时钟编码在一起，但其编码效率只能达到 1/2，即在具有 20Mbit/s 传送能力的介质中，只能传送 10Mbit/s 的信号。所以快速以太网没有采用曼彻斯特编码，而采用 4B/5B 编码。图 4. 40 给出了 IEEE 802. 3u 协议的体系结构，该协议体系结构对应于 OSI 模型的数据链路层和物理层。

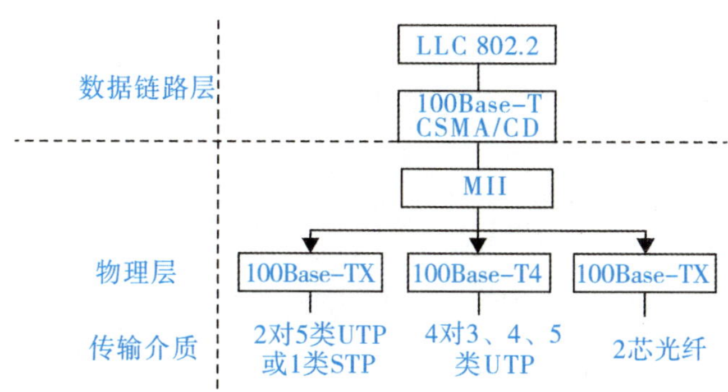

图 4.40　IEEE 802.3u 协议的体系结构

从图 4.40 可以看出，快速以太网在物理层支持三种介质标准，表 4.2 给出了这三种物理层标准的对比。为了屏蔽下层不同的物理细节，为 MAC 和高层协议提供了一个 100Mbit/s 传输速率的公共透明接口，快速以太网在物理层和 MAC 子层之间还定义了一种独立于介质种类的介质无关接口(medium independent interface，MII)，该接口可以支持上面三种不同的物理层介质标准。图 4.41 给出了一个采用 100Mbit/s 交换机进行组网的快速以太网的例子。由于快速以太网是从 10Base-T 发展而来的，并且保留了 IEEE 802.3 的帧格式，所以 10Mbit/s 以太网可以非常平滑地过渡到 100Mbit/s 的快速以太网，图 4.42 给出了将图 4.41 所示的 10Mbit/s 以太网向 100Mbit/s 以太网升级并同时进行扩充的例子。

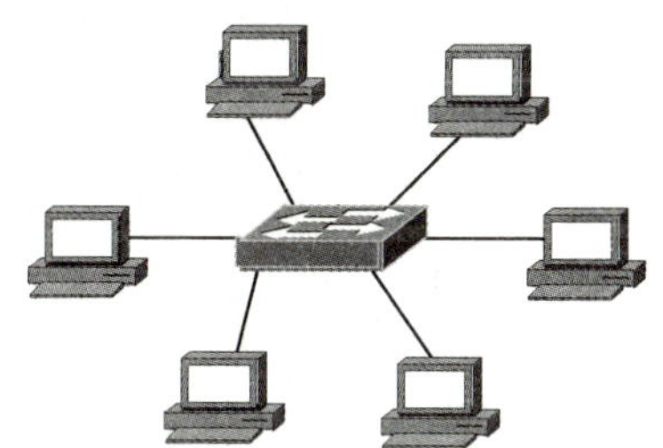

图 4.41　100Base-TX 快递以太网组网举例

表 4.2　100Base-T 的三种不同的物理层协议

物理层协议	线缆类型	线缆对数	最大分段长度/m	编码方式	优点
100Base-T4	3/4/5 类 UTP	4 对(3 对数据线，1 对冲突检测)	100	8B/6T	3 类 UTP
100Base-TX	5 类 UTP/RJ-45 接头 1 类 STP/DB-9 接头	2 对 2 对	100	4B/5B	全双工
100Base-FX	62.5UMD 单模/12 5UM 多模光纤，ST 或 SC 光纤连接器	2 对	2 000	4B/5B	全双工 长距离

快速以太网的最大优点是结构简单、实用、成本低并易于普及，目前主要用于快速桌面系统，也有少量被用于小型园区网络的主干。

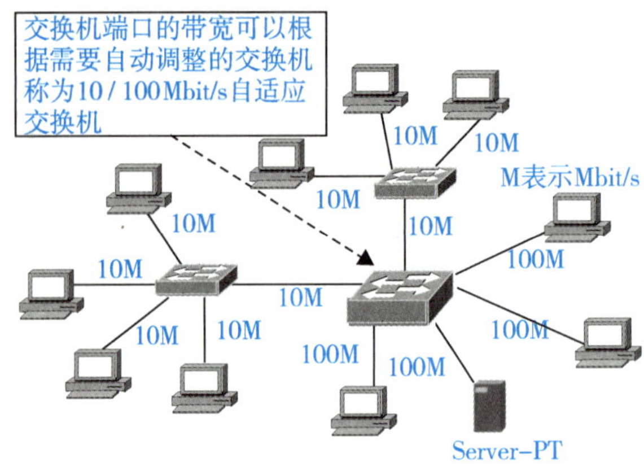

图 4.42　10Mbit/s 以太网向 100Mbit/s 以太网升级举例

4.7.2　千兆以太网技术

随着网络环境中多媒体传输、高性能分布计算等应用的不断发展，用户对局域网的带宽提出了越来越高的要求。同时，100Mbit/s 快速以太网也要求主干网、服务器一级的设备有更高的带宽。在这种需求背景下，人们开始酝酿速度更高的以太网技术。1996 年 3 月，IEEE 802 委员会成立了 IEEE 802.3z 工作组，专门负责千兆位以太网及其标准，并于 1998 年 6 月正式公布关于千兆位以太网的标准。

千兆位以太网标准是对以太网技术的再次扩展，其数据传输率为 1 000Mbit/s，即 1Gbit/s，因此也被称为吉比特以太网。千兆位以太网基本保留了原有以太网的帧结构，所以以太网与快速以太网完全兼容，从而使原有的 10Mbit/s 以太网或快速以太网可以方便地升级到千兆位。千兆位以太网标准实际上包括支持光纤传输的 IEEE 802.3z 和支持铜缆传输的 IEEE 802.3ab 两大部分。图 4.43 给出了千兆位以太网的协议结构。

从图 4.43 可以看出，千兆位以太网的物理层包括 1 000Base－SX、1 000Base－LX、1 000Base-CX和 1 000Base-T 四个协议标准。

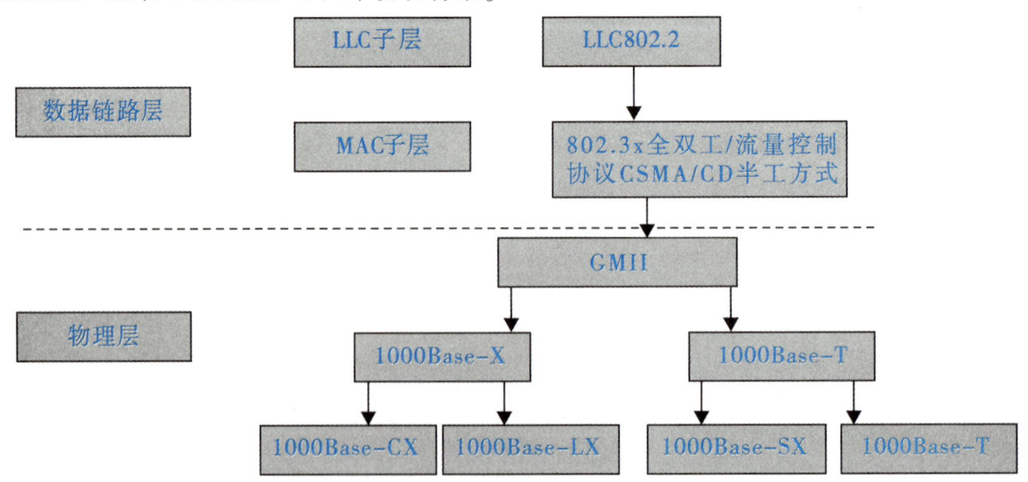

图 4.43　包括 IEEE 802.3z 和 IEEE 802.3ab 标准的千兆以太网协议体系

(1)1 000Base-SX：使用芯径为 62.5μm 和 50μm，工作波长为 850nm 的多模光纤，采用 8B/10B 编码方式，最大传输距离分别为 275m 和 550m，适用于建筑物中的短距离主干网。

(2)1 000Base-LX：可以驱动芯径为 62.5μm 和 50μm 两种直径的多模光纤，也可驱动直径为 9μm/10μm 的单模光纤，工作波长为 1300m，采用 8B/10B 编码方式，传输距离分别为 550m、550m 和 5km，前面两种介质方式适合作为大楼网络系统的主干，而第三种传输方式则主要用于园区网络主干。

(3)1 000Base-CX：使用 150Ω 平衡屏蔽双绞线，采用 8B/10B 编码方式，传输速率为 1.25Gbit/s，传输距离为 25m，主要用于集群设备的连接，如一个交换机房的设备互联。

(4)1 000Base-T：使用 4 对五类非平衡屏蔽双绞线，传输距离为 100m，主要用于结构化布线中同一层建筑的通信，从而可以利用以太网或快速以太网已铺设的 UTP 电缆，也可用于大楼内的网络主干。

在千兆位以太网的 MAC 子层，除了支持以往的 CSMA/CD 协议外，还引入了全双工流量控制协议。其中，CSMA/CD 协议用于共享信道的争用问题，所支持的是以集线器作为星型拓扑中心的共享以太网组网；全双工流量控制协议适用于交换机到交换机或交换机到站点之间的点-点连接，两点间可以同时进行发送与接收，所支持的是以交换机作为星型拓扑中心的交换式以太网。在中关村在线官网上可以查看到现有千兆以太网交换机仅工作在全双工方式。

与快速以太网相比，千兆位以太网有其明显的优点。千兆位以太网的速度是快速以太网的 10 倍，但其价格只是快速以太网的 2~3 倍，即千兆位以太网具有更高的性能价格比。而且从现有的传统以太网与快速以太网可以平滑地过渡到千兆位以太网，并不需要掌握新的配置、管理与排除故障等技术。下面列举了一些千兆位以太网的优点。

(1)简易性：千兆位以太网保持了经典以太网的技术原理、安装实施和管理维护的简易性，这是千兆位以太网成功的基础之一。

(2)技术过渡的平滑性：千兆位以太网保持了经典以太网的主要技术特征，采用 CSMA/CD 介质管理协议，采用相同的帧格式及帧的大小，支持全双工、半双工工作方式，以确保平滑过渡。

(3)网络可靠性：保持经典以太网的安装、维护方法，采用中央集线器和交换机的星型结构和结构化布线方法，以确保千兆位以太网的可靠性。

(4)可管理性和可维护性：采用简易网络管理协议(SNMP)，即经典以太网的故障查找和排除工具，以确保千兆位以太网的可管理性和可维护性。

(5)网络成本包括设备成本、通信成本、管理成本、维护成本和故障排除成本。由于继承了经典以太网的技术，千兆位以太网的整体成本下降。

(6)支持新应用与新数据类型：随着计算机技术和应用的发展，出现了许多新的应用模式，对网络提出了更高的要求。千兆位以太网具有支持新应用与新数据类型的高速传输能力。

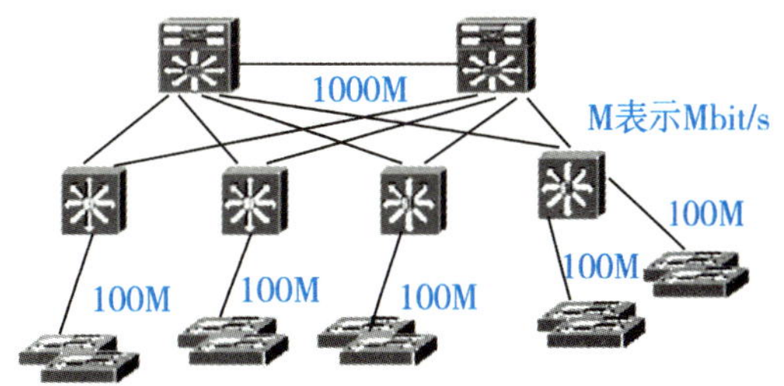

图 4.44　千兆位以太网的应用举例

目前，千兆位以太网主要用于园区或大楼网络的主干中，但也有被用于有非常高带宽要求的高性能桌面环境中。图 4.44 给出了一个将千兆位以太网用于网络主干，将快速以太网或 10Mbit/s 以太网用于桌面环境的校园网络示意图。该网络采用了典型的层次化网络设计方法。其中，最下面一层由 10Mbit/s 以太网交换机加上 100Mbit/s 上行链路组成；第二层由 100Mbit/s 以太网交换机加 1 000Mbit/s 上行链路组成；最高层由千兆位以太网交换机组成。通常，我们将面向用户连接或访问网络的层称为接入层，将网络主干层称为核心层，将连接接入层和核心层的中间部分称为分布层或汇聚层。

4.7.3　万兆以太网技术

在以太网技术中，快速以太网是一个里程碑，确立了以太网技术在桌面的统治地位。随后出现的千兆位以太网更是加快了以太网的发展。然而以太网主要在局域网中占绝对优势，在很长的一段时间内，由于带宽以及传输距离等原因，人们普遍认为以太网技术不能用于城域网，特别是在汇聚层以及骨干层。1999 年底成立的 IEEE 802. 3ae 工作组进行了万兆以太网技术(10Gbit/s)的研究，并于 2002 年正式发布 IEEE 802. 3ae 10GE 标准。万兆以太网不仅再次扩展了以太网带宽和传输距离，更重要的是使以太网从局域网领域向城域网领域渗透。

1. 万兆以太网技术介绍

万兆以太网的 IEEE 802. 3ae 标准在物理层只支持光纤作为传输介质，但提供了两种物理连接类型。一种是提供与传统以太网进行连接的速率为 10Gbit/s 的 LAN 物理层设备，即 LAN PHY；另一种是提供与 SDH/SONET 进行连接的速率为 9. 58464Gbit/s 的 WAN 物理层设备，即 WAN PHY。WAN PHY 提供了以太网帧与 SONNET OC-192 帧结构的融合，WAN PHY 可与 OC-192、SONET/SDH 设备一起运行，从而在保护现有网络投资的基础上，能够在不同地区通过 SONNET 城域网提供端到端以太网连接。

万兆以太网的物理层包括 10GBase-X、10GBase-R 和 10GBase-W 三个协议标准。其中，10GBase-X 使用一种特紧凑包装，含有 1 个较简单的 WDM 器件、4 个接收器和 4 个在 1300nm 波长附近以大约 25nm 为间隔工作的激光器，每一对发送器/接收器在 3. 125Gbit/s 速度(数据流速度为 2. 5Gbit/s)下工作。10GBase-R 是一种使用 64B/66B 编码的串行接口，数据流为 10. 000Gbit/s，时钟速率为 10. 3Gbit/s。10GBase-W 是广域网接口，与 SONET OC-192 兼容，其时钟为 9. 953Gbit/s，数据流为 9. 585Gbit/s。

在物理拓扑上，万兆以太网既支持星型连接或扩展星型连接，也支持点到点连接及星型连接与点到点连接的组合，在万兆以太网的 MAC 子层，已不再采用 CSMA/CD 机制，它只支持全双工方式。事实上，尽管在千兆以太网协议标准中提到了对 CSMA/CD 的支持，但基本上已经只采用全双工方式，而不再采用共享带宽方式。另外，它继承了 IEEE 802. 3 以太网的帧格式和最大/最小帧长度，从而能充分兼容已有的以太网技术，以降低对现有以太网进行万兆位升级的风险。

2. 万兆以太网的应用场合

随着千兆到桌面的日益普及，万兆以太网技术将会在汇聚层和骨干层广泛应用。从目前的网络现状来看，万兆以太网先应用的场合包括教育行业、数据中心出口和城域网骨干。

1）在校园网的应用

随着高校多媒体网络教学、数字图书馆等应用的展开，高校校园网将成为万兆以太网的重要应用场合，如图 4. 45 所示。利用 10GE 高速链路构建校园网的骨干链路和各分校区与本部之间的连接，可实现端到端的以太网访问，进而提高传输效率，有效保证远程多媒体教学和数字图书馆等业务的开展。

2) 在数据中心出口的应用

随着服务器纷纷采用千兆链路连接网络，汇聚这些服务器的上行带宽将逐渐成为业务瓶颈，使用 10GE 高速链路可为数据中心出口提供充分的带宽保障，如图 4.46 所示。

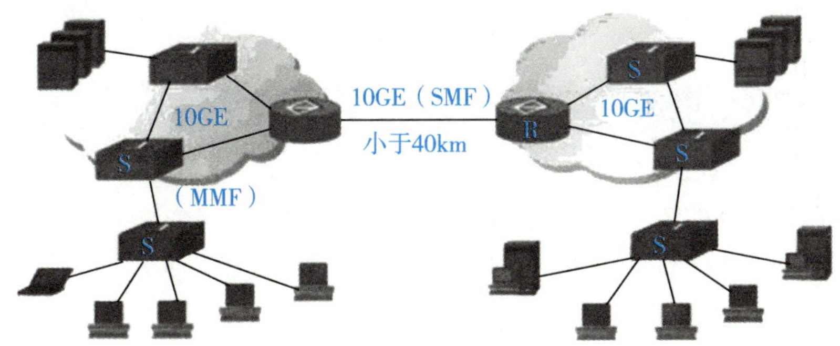

图 4.45　10GE 在校园网的应用

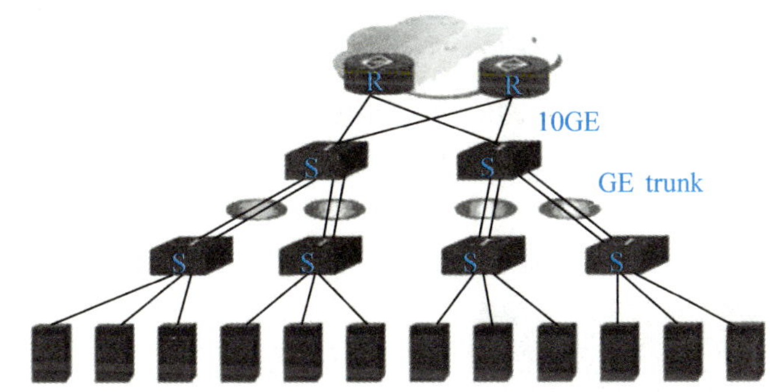

图 4.46　10GE 在数据中心出口的应用

3) 在城区网的应用

随着城域网建设的不断深入，各种业务(流媒体视频应用、多媒体互动游戏)纷纷出现，这些业务对城域网的带宽提出更高的要求，而传统的 SDH、DWDM 技术作为骨干存在着网络结构复杂、难以维护和建设成本高等问题。如图 4.47 所示，在城域网骨干层部署 10GE 可大大地简化网络结构、降低成本、便于维护，通过端到端以太网打造低成本、高性能和具有丰富业务支持能力的城域网。

10GE 在城域网中的应用主要有两个方面：直接采用 10GE 取代原来的传输链路，作为城域网骨干，如图 4.47 所示；通过 10GE CWDM 接口或 WAN 接口与城域网的传输设备相连接，充分利用已有的 SDH 或 DWDM 骨干传输资源，如图 4.48 所示。

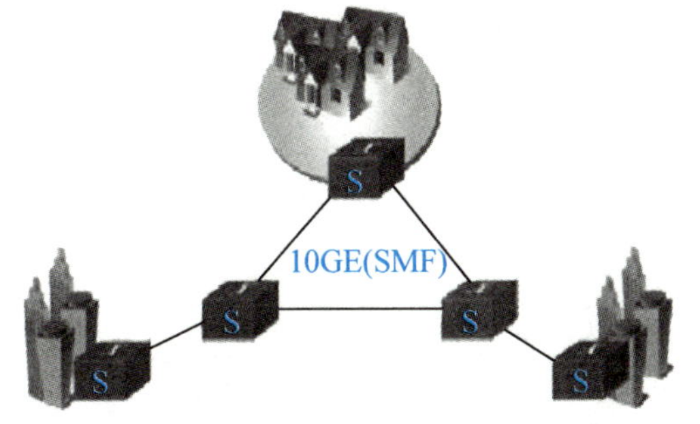

图 4.47　10GE 直接作为城域网骨干

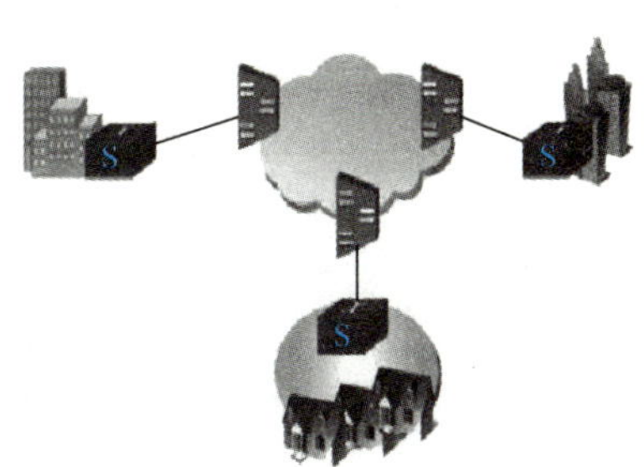

图 4.48　10GE 与城域网骨干的连接

4.8 任务1：小型交换式局域网组建

4.8.1 任务情境用户需求与分析

小王是公司的网络管理员，公司有计财处和市场部等部门，这两个部门分布在同一楼层，各自分别有三台PC终端，现要求两部门合用一台二层可网管交换机，使各终端能互联互通，实现资源共享和文件的传递。小王计划把这些计算机连接起来，组成一个小型的交换网络。

4.8.2 交换式以太网相关知识

(1)学习了前面交换机组建以太网的相关知识，我们知道PC机通过直通的UTP与接入层交换机相连，所有接入同一台交换机的PC默认情况下都处于同一个网段，物理上即可连通，二层交换机不需要做任何配置。

(2)PC的IP地址的设置：在桌面上选中“网上邻居”，按图4.49所示的步骤设置IP地址。

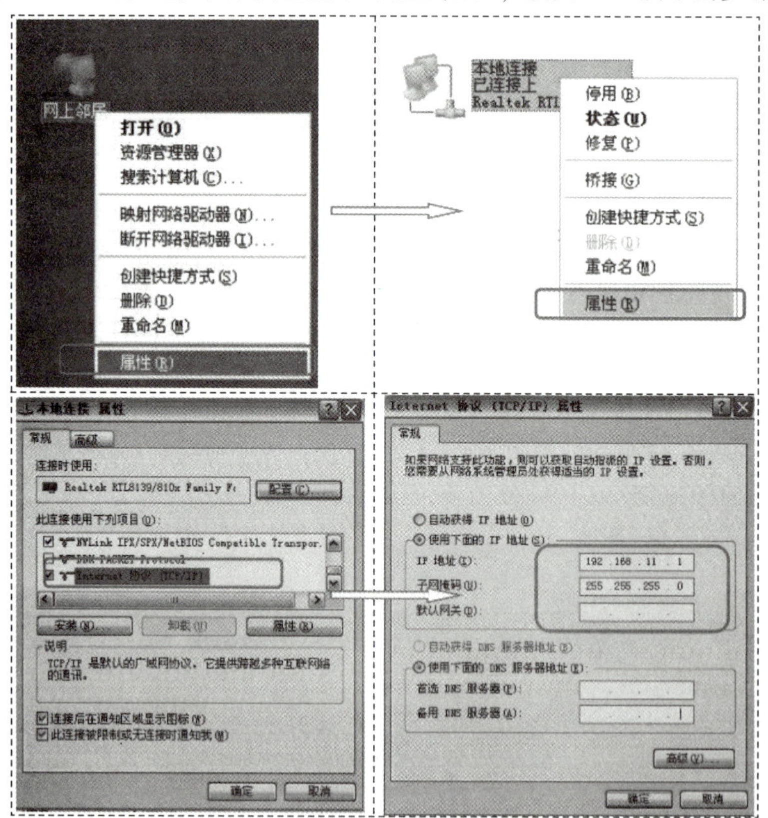

图4.49 设置IP地址

(3)测试连通性：打开“开始”菜单，单击 运行(R)... 选项，输入 cmd 打开 Windows 下的命令提示符界面，如图 4.50 所示。

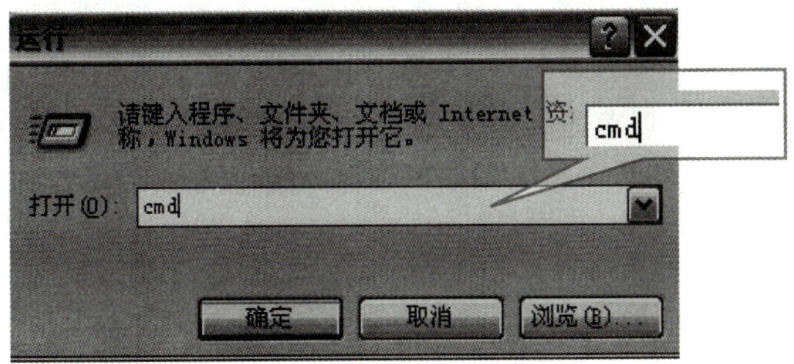

图 4.50　“运行”对话框

用 ipconfig 命令查看配置是否已经生效，并确定是否配对了相应网卡(多网卡的 PC 需要注意)。

```
C:\Documents and Settings\陈>ipconfig
WindowsIPConfiguration
Ethernet adapter 本地连接:
        Connection-specific DNS Suffix. :
        IP Address. . . . . . . . . . . :192. 168. 11. 1
        Subnet Mask . . . . . . . . . . : 255. 255. 255. 0
        IP Address. . . . . . . . . . . : fe80::213:d3ff:fe94:e9b%4
        Default Gateway . . . . . . . . :
```

如上，IP 配置已经生效。

用 ping 命令测试本机与同组 PC 的连通性：

```
C:\Documents and Settings\陈>ping 192. 168. 11. 2
pinging192. 168. 11. 2 with 32 bytes of data:
Reply from192. 168. 11. 2: bytes=32 time<1ms TTL=255
Reply from192. 168. 11. 2: bytes=32 time<1ms TTL=255
Reply from192. 168. 11. 2: bytes=32 time<1ms TTL=255
Reply from192. 168. 11. 2: bytes=32 time<1ms TTL=255
ping statistics for192. 168. 11. 2:
    Packets: Sent = 4, Received = 4, Lost = 0 (0% loss),
Approximate round trip times in milli-seconds:
    Minimum = 0ms, Maximum = 0ms, Average = 0ms
```

从上面的测试结果可知，该 PC(IP 地址为 192. 168. 11. 1)与同组的其他 PC(如 IP 地址为 192. 168. 11. 2)连接成功。

4. 8. 3　组建小型交换式局域网所需设备

所需设备包括以太网交换机、以太网网卡(PC 已带 10Mbit/s/1 000Mbit/s 以太网网卡)、

5类UTP。

4.8.4 网络规划和实现

(1) 网络拓扑的设计：设计的网络拓扑如图4.51所示。

(2)交换机设备选型：根据任务的需求，以太网交换机选择思科可网管24口交换机，选择的设备如图4.52所示，设备参数如表4.3所示。

(3) 制作6根直通的UTP，用测试仪测试其连通性，制作方法见第3章的任务2。

(4)根据图4.51设计的拓扑图使用直通线从计算机网卡上的RJ-45接口连接到交换机的RJ-45接口，组成实体网络。

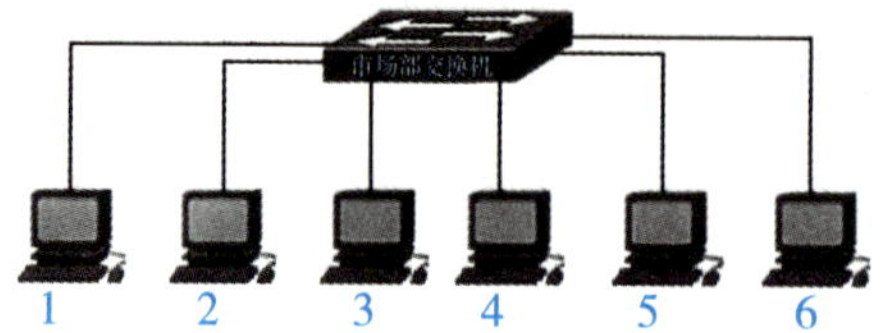

图4.51 任务1 网络拓扑的设计

图4.52 任务1 交换机设备选型

表4.3 可网管24口交换机参数表

参数	参数值
品牌	Cisco/思科
型号	精睿 SLM224G2
传输速率	(10/100/1000)Mbit/s
接口数目	24口
VLAN功能	支持
堆叠功能	不可堆叠
内存	64MB
交换方式	存储—转发
背板带宽/(Gbit/s)	8.8
包转发率/(Mbit/s)	6.5
MAC地址表	8K
支持网络标准	IEEE 802.3，802.3u，802.3ab，802.3z，802.3x，802.1D，802.1Q/p，802.1w，802.1s，802.1X
端口类型	10/100Base-TX
网管功能	Web接口管理，SNMP，SNMP MIBS，RMON，DHCP/BootP Client，SNTP，ping，System Log，Configuration Upload and Backup via HTTP or TFTP
是否支持全双工	全、半双工

(5)IP 地址规划，如表 4.4 所示。

表 4.4　IP 地址规划示例

设备名	IP 地址	子网掩码	默认网关
1 号终端	192.168.11.1	255.255.255.0	192.168.11.254
2 号终端	192.168.11.2	255.255.255.0	192.168.11.254
3 号终端	192.168.11.3	255.255.255.0	192.168.11.254
4 号终端	192.168.11.4	255.255.255.0	192.168.11.254
5 号终端	192.168.11.5	255.255.255.0	192.168.11.254
6 号终端	192.168.11.6	255.255.255.0	192.168.11.254

提示：这 6 台 PC 只要保证在同一个网段即可，这里可以不设网关。

(6)实现过程：对每台 PC 终端按 IP 规划的地址进行配置后，在各台终端之间使用 ping 命令测试其相互间的连通性。

(7)在 Cisco Packet Tracer 实践任务 1：上面的规划和实现是在具体物理网络需求下所做的规划和实施步骤，若在 Cisco Packet Tracer 实践任务 1，其步骤如下。

①搭建网络拓扑：在 Cisco Packet Tracer 中搭建拓扑，选用快速以太网交换机 2950－24，设备间的物理连接如图 4.53 所示。PC 和交换机的连接如表 4.5 所示。

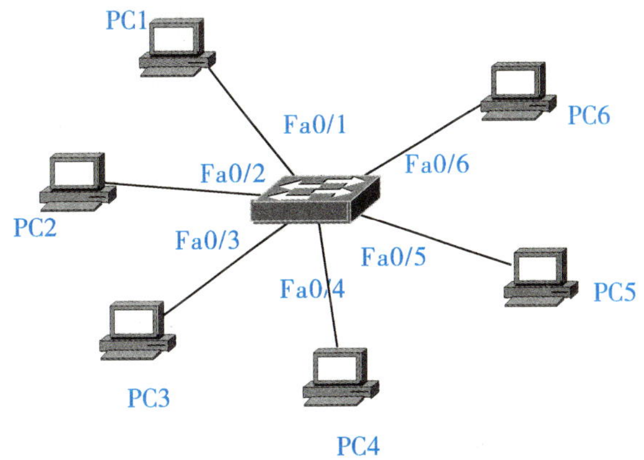

图 4.53　搭建的星型网络拓扑

表 4.5　PC 和交换机的连接

设备名	使用的接口类型	双绞线的类型	对接交换机的接口
PC1	FastEthernet0	直通双绞线	FastEthernet0/1
PC2	FastEthernet0	直通双绞线	FastEthernet0/2
PC3	FastEthernet0	直通双绞线	FastEthernet0/3
PC4	FastEthernet0	直通双绞线	FastEthernet0/4
PC5	FastEthernet0	直通双绞线	FastEthernet0/5
PC6	FastEthernet0	直通双绞线	FastEthernet0/6

②PC 的 IP 地址规划：按表 4.4 规划即可。

③例如 PC1 的 IP 地址配置，双击 PC1，选择“Desktop”标签，选中 IP Configuration 如图 4.54 所示。

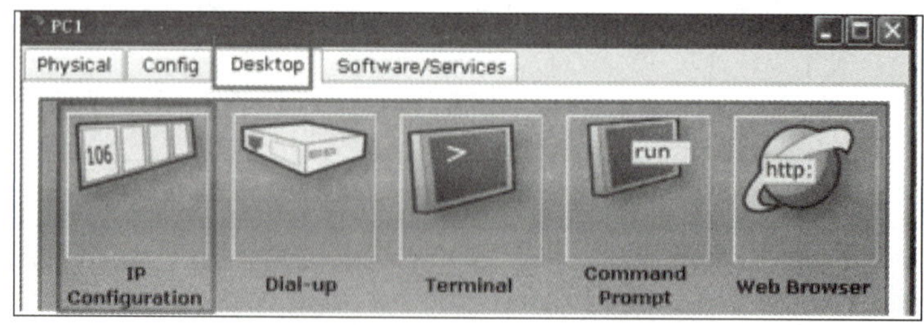

图 4.54　PC1 的 IP Configuration

双击“IP Configuration”，进入图 4.55，IP 地址配置如下。

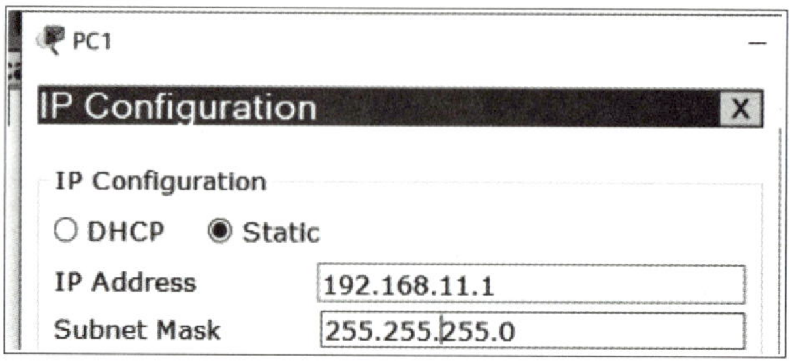

PC1
IP Configuration
IP Configuration
DHCP　Static
IP Address　192.168.11.1
Subnet Mask　255.255.255.0

图 4.55　PC1 的 IP 地址配置

PC2~PC6 IP 地址配置步骤与 PC1 相同。

技巧：

a. 为设备分配 IP 地址时，如果重复输入相同的 IP 地址会有提示该地址已使用，请分配其他地址；

b. 子网掩码与 IP 地址如影随形，录入 IP 地址后，在子网掩码的空白处单击，默认子网掩码自动录入；

c. 设备获取 IP 地址时有两种方式：动态或静态，默认静态（人工指定），动态指从网络中 DHCP 服务器上获取地址，如无线局域网中手机终端设备地址获取。

④PC 间的连通性测试：双击 PC1，在图 4.54 中双击 Command Prompt，进入 cmd 命令窗口，输入 ping 192.168.1.2，如图 4.56 所示。

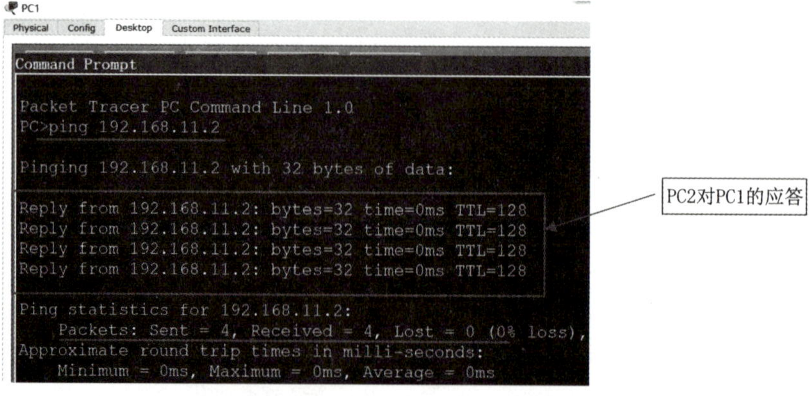

图 4.56　测试 PC1 ping PC2

从图 4.56 可以看到 PC1 ping PC2 的测试结果。在测试的过程中可以使用 ipconfig 来测试自己在各 PC 上配置的 IP 地址。

4.9　任务 2：组建多交换机级联小型交换式网络

单一交换机构建交换式以太网时，一个交换机能够提供的端口数量是有限的，若需要接入的信息点数超过了一台交换机提供的端口数，这时需要将多个交换机实现级联。

4.9.1　任务情境用户需求与分析

小王所在的研究生实验室 318 今年扩招了 10 个研究生，现在实验室要把新进来的 10 台计算机加入原有的局域网中，而实验室原有的交换机只有 24 个端口，无法将计算机全部连接起来，只好又增加了 1 台交换机，加入现有网络中，组成一个小型交换式局域网。

4.9.2　交换机之间的级联知识

这里选择交换机之间的级联，级联知识见 4.5.4 节。

4.9.3　网络设备选型

新增加的交换机若选用快速以太网交换机，传输速率为(10/100/1 000)Mbit/s，端口数量为 24 个，新增加的交换机端口具有 MDI/MDIX 自校准功能，通过直通双绞线将两台交换机实现级联，如图 4.57 所示。

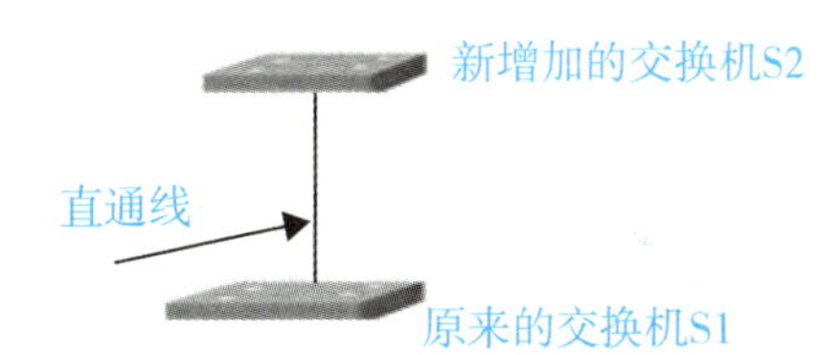

图 4.57　新增加的交换机接入网络中

假设当前端口速率为千兆以太网，需要的背板带宽=原来交换机 S1 的背板带宽+新增加交换机 S2 的背板带宽，假设 S2 的 0/1 端口与 S1 相连，其余的端口需要接入编号为 24～30 的计算机，为了以后迎接更多学生进入实验室，我们假设 S2 的 23 个端口都需要接入学生的计算机。那么需要背板带宽=S1 的背板带宽+ S2 余下 23 个端口的背板带宽。计算过程如下：

(1) 1 000Mbit/s×24×2=48Gbit/s

(2) 1 000Mbit/s×23×2=46Gbit/s

(3) 48Gbit/s+46Gbit/s=94Gbit/s

需要的包转发率：

千兆核心交换机包转发率=24×1.488Mpps×2=71.424Mpps

若要保证所有端口线速工作，新增加交换机选用的背板带宽应大于 94Gbit/s，最大吞吐量应达到 24×1.488Mpps×2=71.424Mpps。

4.9.4　网络拓扑的搭建

以以太网交换机为中心构建交换式以太网，采用的拓扑结构为星型，在 Cisco Packet

Tracer 中搭建拓扑，选用快速以太网交换机 2950-24，设备间的物理连接如图 4.58 所示，在 Cisco Packet Tracer 中交换机 S1 和交换机 S2 之间的连接必须使用交叉线。PC 和交换机的连接如表 4.6 和表 4.7 所示。

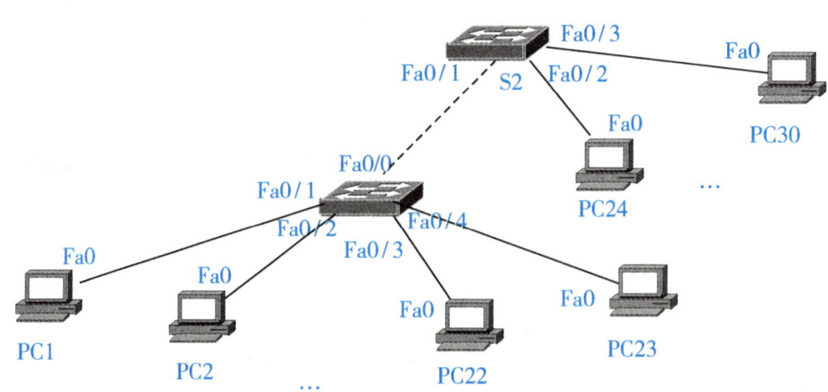

图 4.58　搭建的星型网络拓扑

表 4.6　PC 和交换机 S1 的连接

设备名	使用的接口类型	双绞线的类型	对接 S1 的接口
PC1	FastEthernet0	直通双绞线	FastEthernet0/1
PC2	FastEthernet0	直通双绞线	FastEthernet0/2
⋮	⋮	⋮	⋮
PC22	FastEthernet0	直通双绞线	FastEthernet0/22
PC23	FastEthernet0	直通双绞线	FastEthernet0/23

表 4.7　PC 和交换机 S2 的连接及 S1 与 S2 的级联

设备名	使用的接口类型	双绞线的类型	对接 S2 的接口
S1	FastEthernet0	交叉双绞线	FastEthernet0/1
PC24	FastEthernet0	直通双绞线	FastEthernet0/2
PC25	FastEthernet0	直通双绞线	FastEthernet0/2
⋮	⋮	⋮	⋮
PC29	FastEthernet0	直通双绞线	FastEthernet0/6
PC30	FastEthernet0	直通双绞线	FastEthernet0/7

4.9.5　PC 的 IP 地址规划

在图 4.58 中，需要分配地址的设备有 PC1～PC30，规划逻辑地址如表 4.8 所示。从图 4.58 可以判断出，该网络只需要一个网络号，在表 4.8 中选用 C 类私有地址 192.168 开

头，第三个十进制选择的范围可以是 0~255，这里我们选择 1，第四个十进制选择的范围可以是 1~254，这里我们依次为 PC1 和 PC2 分配这个网络中第 1 个地址和第 2 个地址，…，PC29 和 PC30 分配这个网络中第 29 个地址和第 30 个地址，分配的结果如表 4.8 所示。按照上面计算网络号的方法，PC1 和 PC2 的网络号在同一个网络中，网络号/网络地址 = 192.168.1.0/24。

表 4.8 PC 的 IP 地址规划

设备名	IP 地址	子网掩码	默认网关
PC1	192.168.1.1	255.255.255.0	无
PC2	192.168.1.2	255.255.255.0	无
⋮	⋮	⋮	⋮
PC22	192.168.1.22	255.255.255.0	无
PC23	192.168.1.23	255.255.255.0	无
PC24	192.168.1.24	255.255.255.0	无
PC29	192.168.1.29	255.255.255.0	无
PC30	192.168.1.30	255.255.255.0	无

提示：PC1~PC30 的地址规划中暂时不考虑网关，只实现局域网内部之间的通信。

4.9.6 PC 的 IP 地址配置

按任务 1 中所介绍的方法进行设置，这里不再赘述。

4.9.7 PC 间的连通性测试

(1) 在 PC1 上通过 ping 命令检查和 PC2 和 P30 之间的连通性。

如果 PC1 和 PC24 或 PC30 之一能够连通，则说明两台交换机之间的连接无问题；如果和 PC24 或 PC30 都不连通，则说明两台交换机之间连接可能存在问题。

(2) 在 PC24 上通过 ping 命令检查和 PC30、PC1、PC23 之间的连通性。

(3) 在 PC1 计算机上通过 ping 命令检查和 PC2、PC23 等计算机之间的连通性，若出现无法连通，可以通过 ipconfig 命令来检查当前计算机的 IP 地址配置是否正确。

本章总结

本章主要讲述了以下内容：

(1) 局域网是一种覆盖范围较小的网络类型。在 IEEE 802 众多局域网标准中，以太网作为办公局域网的代表，构建了校园网、中小企业内部网络。它是一种主流的局域网技术，从传统的 10Mbit/s 的以太网发展到百兆以太网、千兆以太网和万兆以太网。

(2) 现在网络设备生产厂商生产的交换机替换了集线器，用交换式以太网替换了共享以太网，以全双工的方式进行工作。

(3) 802.3 以太网实现 OSI 模型物理层和数据链路层功能，在局域网中通过物理地址标识主机。PC 上网卡 MAC 地址的唯一性标识了它在局域网中的位置信息。交换机根据自学习的 MAC 地址表对收到的数据帧进行定向转发。

(4)交换式以太网中的硬件设备包括交换机、网卡。

(5)交换式以太网构建的网络处在同一个广播域内。

(6)若想构建的交换式以太网工作在线路状态下，必须要考虑购买交换机的背板带宽和包转发率。

(7)交换机的端口分为固定端口、支持模块化端口、支持堆叠的端口。

当单一交换机提供的端口无法满足更多用户的入网需求时，多台交换机的互联取代了单台交换机。多台交换机的互联技术主要包括交换机的级联、冗余连接、堆叠和集群 4 种重要的技术。

(8)小型交换网络组建的步骤包括用户需求分析、设备选型、拓扑搭建、地址规划、地址配置和连通性测试。

实践认知活动 1

实践活动名称：计算机交换机性能。

实践活动内容：衡量交换机性能的指标有很多，当我们需要购买交换机组建以太网时，需要确定该交换机是否满足需求，是否满足线速交换，其要求如下。

若某个公司有 200 台计算机上网，接入层交换机选择千兆接入层交换机，每个接入层交换机端口数量是 24，那么：

(1)选择的接入层交换机的背板带宽是多少？包交换率是多少？才能满足线速接入。

(2)选择的千兆汇聚层交换机背板带宽是多少？包交换率是多少？才能满足线速接入。

实践认知活动 2

实践活动名称：局域网上可以接入多少台 PC？

实践活动内容：请同学们阅读下面的内容，回答以下问题。

当实验室构建交换式以太网时，4 台交换机级联，每台接入层交换机的端口数是 48，请计算当前网络可以接多少台计算机？

实践认知活动 3

实践活动名称：组建 45 人的实验室以太网。

实践活动内容：请同学们阅读下面的内容，回答以下问题。

当实验室构建交换式以太网时，每台接入层交换机的端口数是 24，试在 Cisco Packet Tracer 完成以下内容：

(1)搭建拓扑图；

(2)规划地址；

(3)设备接口连接表；

(4) PC 上配置示例；
(5) 连通性测试示例。

思考题

(1) 说出 IEEE 802 与 TCP/IP 层次的对应关系。
(2) IEEE 802 帧结构由哪几部分组成？
(3) 什么是共享式以太网和交换式以太网？它们之间最大的区别是什么？
(4) 交换机转发数据的三个动作分别是什么？
(5) 交换机 MAC 地址表是如何学习的？

阅读拓展与讨论

(1) 以太网家族中有经典的以太网、快速以太网、吉比特以太网、10 吉比特以太网等，每个最新的以太网技术都可以向前兼容，通过阅读和查找资料，分析和研讨以太网家族采用什么技术或机制实现了具有不同传输速率及不同通信方式如半双工、全双工之间的互操作或互兼容？
(2) 交换机有 24 个端口，每个端口 100Mbit/s，这个交换机能够提供的带宽是 2400Mbit/s 还是 4800Mbit/s？
(3) 生活中的交换机有接入层、汇集层、核心层交换机，通过阅读和查找资料，分析和研讨这三类交换机在网络中扮演的角色。

本章习题

4.1　术语解释

(1) 以太网　(2) 以太网帧　(3) 交换式以太网　(4) 共享式以太网　(5) MAC 地址表　(6) 交换机的自学习　(7) 冲突域　(8) 广播域　(9) 背板带宽　(10) 包转发率

4.2　填空题

(1) 以太网交换机的主要功能包括________、________、________。
(2) 如果按交换机的端口结构来分，交换机可分为________和________两种不同的结构。
(3) 交换机的互联方式主要有________、________、________、________，其中________最为常见，主要是为了扩展背板带宽，________既可以扩展交换机连接端口，又可以扩展连接距离。
(4) 组建交换式以太网组网所需的设备是________、________。

4.3　选择题

(1) 以太网交换机的端口/MAC 地址映射表________。
A. 是由交换机的生产厂商建立的
B. 是交换机在数据转发过程中通过学习动态建立的
C. 是由网络管理员建立的
D. 是由网络用户利用特殊的命令建立的

(2) 以太网交换机根据________转发数据包。
A. IP 地址　　B. MAC 地址　　C. LLC 地址　　D. Port 端口

(3) 在默认的情况下，交换机的所有端口________。

A. 要开启才能连通　　B. 属于同一 VLAN

C. 属于不同的 VLAN　　D. 地址都相同

(4) 在图 4.59 所示的网络配置中，总共有________个广播域，________个冲突域。

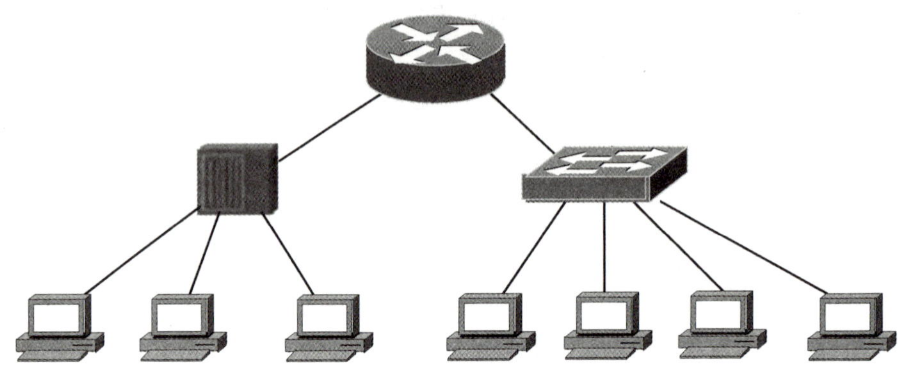

图 4.59　拓扑图

A. 2　6　　B. 3　2　　C. 4　6　　D. 5　5

(5) 下面网络互联设备中，不能分割冲突域的是________。

A. 交换机　　B. 集线器　　C. 路由器　　D. 网桥

(6) 下面的 MAC 地址中，表示广播地址的是________。

A. FF-FF-FF-FF-FF-FF　　B. AA-AA-AA-AA-AA-AA

C. 77-77-77-77-77-77　　D. 11-11-11-11-11-11

(7) 下列标准中，属于快速以太网标准的是________。

A. IEEE 802.3　　B. IEEE 802.3u　　C. IEEE 802.3a　　D. IEEE 802.3z

(8) 下面对万兆以太网特点的描述中，不正确的是________。

A. 万兆以太网的传输速率为 10Gbit/s

B. 万兆以太网只支持全双工

C. 万兆以太网 MAC 使用 CSMA/CD 协议

D. 万兆以太网的帧格式与千兆以太网是一样的

(9) 在局域网中，各个节点计算机之间的通信线路是通过________接入计算机的。

A. 串行输入口　　B. 第一并行输入口

C. 第二并行输入口　　D. 网卡(网络适配器)

(10) 交换机依据________将帧转发到哪个端口？

A. 用 MAC 地址表　　B. 用 ARP 地址表

C. 读取源 ARP 地址　　D. 读取源 MAC 地址

(11) 以太网交换机的每一个端口可以看作一个________。

A. 冲突域　　B. 广播域　　C. 管理域　　D. 阻塞域

(12) 数据链路层可以通过________标识不同的主机。

A. 物理地址　　B. 端口号　　C. IP 地址　　D. 逻辑地址

实训题

(1) 图 4.60 有几个冲突域，几个广播域？

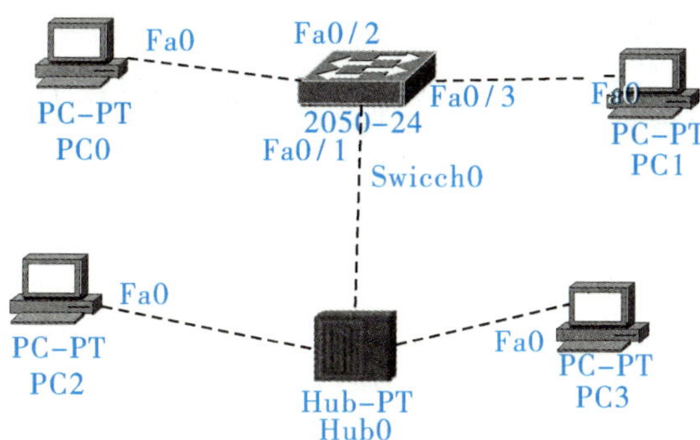

图 4.60　实训题拓扑图

(2) 当图 4.60 中各 PC 机地址配置完成后，这 4 台 PC 机间物理链路连通，没进行任何通信，此时查看图 4.60 交换机的 MAC 地址表内容是什么？

(3) 第一次 PC1 ping PC2 后，图 4.60 交换机的 MAC 地址表的内容是什么？交换机 MAC 地址表的结构是什么？

第 5 章 交换机设备的管理

学习要求

通过本章学习，认识交换机的 IOS(internetwork operating system)，清楚交换机三级模式如用户模式、特权模式以及管理模式的作用；熟悉交换机的 IOS，掌握交换机设置口令的方法；应用通过 Console 口安全访问交换机和通过 Telnet 安全访问交换机；理解 MAC 地址绑定交换机端口安全的作用。

思政元素 1： 谈谈校园网中交换机、路由器如何实现远程管理，遵循设备管理的规章制度。

思政元素 2： 浙江“最多跑一次”便民服务改革。

思政元素 3： 交换机的远程登录实践。

思政目标： 激发学生探讨如何高效地实现设备管理。培养学生遵循网络设备管理的规章制度。

第 4 章我们学习了以以太网为代表的局域网的层次体系结构、数据传输单位以及交换式以太网的工作机制、组网所需的硬件设备、小型交换式网络组建。第 4 章的内容仅呈现交换机最基本的工作方式如交换机主要属于数据链路层设备，可以识别数据包中的 MAC 地址信息，然后根据 MAC 地址进行转发，并将这些 MAC 地址与对应的端口记录在自己内部的一个地址表中。PC 通过直通双绞线接入交换机入网，即插即用。一旦连接正确，则物理线路连通。除此之外交换机还可以拥有自己的操作系统 IOS 来增加自己的功能，如交换机的远程管理，对数据的地址、端口、协议类型、服务等进行过滤。

本章以如何实现交换机的管理为目标，探讨交换机 IOS 的三大命令模式、远程管理、端口开关等。具体将回答以下问题：

(1) 如何实现交换机设备的安全保护？如 IOS 三级命令模式；

(2) 如何设置交换机的各种口令？如特权口令、Console 口令；

(3) 如何对同一个网络中的交换机实现远程管理？如 Telnet 登录；

(4) 让交换机指定端口只认识某 PC 的好处有哪些？

(5) 如何按需购买网管交换机与非网管交换机？

(6) SOHO 交换机应用在什么场景中？如家庭和小型办公。

5.1　支持网络管理的交换机

第 4 章已介绍过，交换机在网络中肩负着数据交换和传输的重担。目前市面上的交换机根据是否支持网管功能划分为网管型交换机和非网管型交换机。这两种交换机最基本的区别是：不可网管的交换机是不能被治理的，这里的治理是指通过配置端口执行监控交换机端口、划分 VLAN、设置 Trunk 端口等功能。网管交换机主要是通过管理端口执行监控交换机端口、划分 VLAN、设置 Trunk 端口等功能。非网管交换机是一种即插即用的以太网交换机，它工作于物理层和数据链路层设备，承担交换机最基本的数据帧的转发功能，可以识别数据帧中的源 MAC 地址、目的 MAC 地址信息，然后根据目的 MAC 地址进行转发，并将源 MAC 地址与对应的端口记录在自己内部的一个地址表中。除此之外它对数据不做直接处理，如第 4 章的任务 1 和任务 2。我们对交换机端口没做任何监控，插上网线即可使用。这种对交换机的包转发率不做要求，俗称傻瓜式交换机。通常一台交换机是否支持可网管，可以从外观上分辨出来。可网管交换机的正面或背面一般有一个串口或并口，通过串口电缆或并口电缆可以把交换机和计算机连接起来，这样便于设置。下面通过具体的任务实施来学习交换机的管理。在中关村在线官网上可以选择产品类型为“网管交换机”来认识交换机的外观和主要参数，图 5.1 展示的是 H3C 可网管交换机。它支持命令行接口配置，支持 Telnet 操作。下面通过熟悉交换机的 IOS 来理解工程师如何对交换机进行管理。

图 5.1　H3C 可网管交换机

5.2　任务 1：熟悉交换机的 IOS

5.2.1　任务情境用户需求与分析

小王受聘于一家公司的网络中心做网络管理员，随着网络应用的逐步深入，公司陆续添置计算机和可管理的网络设备。单位要求他熟悉交换机，了解并掌握交换机的使用及基本功能实现。

5.2.2　可网管交换机的基础知识

1. 管理方式

可网管交换机可以通过以下几种途径进行管理：通过 RS-232 串行口(或并行口)管理、通过网络浏览器管理和通过网络管理软件管理。

1)通过 Console 口访问交换机

新交换机在进行第一次登录时必须通过交换机的 Console 口访问交换机。计算机的串口和交换机的 Console 口通过 Console 线进行连接，如图 5.2 所示。注意：不同的厂家、不同的产品线，它们的 Console 口是不同的，一般包括 RJ-45 和 DB-9（9 针串口）两种。而和 PC 端连接的配置线一般都是 DB-9(9 针串口)接口。由于 PC 的更新换代速度较快，有些笔记本电脑、个人计算机已经不具备外露的串口接口，我们可以通过购买 USB 转串口的转换线来连接交换机配置线。

在 PC 中执行“开始”→“程序”→“附件”→“通讯”→“超级终端”命令，打开“超级终端”，如图 5.3 所示。填写区号，给新连接命名，选择连接时使用端口 COM1，选择端口的默认配置，就可以通过串口电缆与交换机交互了。这种方式并不占用交换机的带宽，因此称为“带外管理”(out of band)。

这种方式是对单台交换机的登录。在计算机网络实验室中，交换机或路由器等设备通过统一的集中平台管理，不需要各位同学通过以上的方式来配置交换机。

提示：交换机没有像计算机一样提供鼠标、键盘、显示器与人的交互，它必须借助我们手中的计算机来访问交换机。

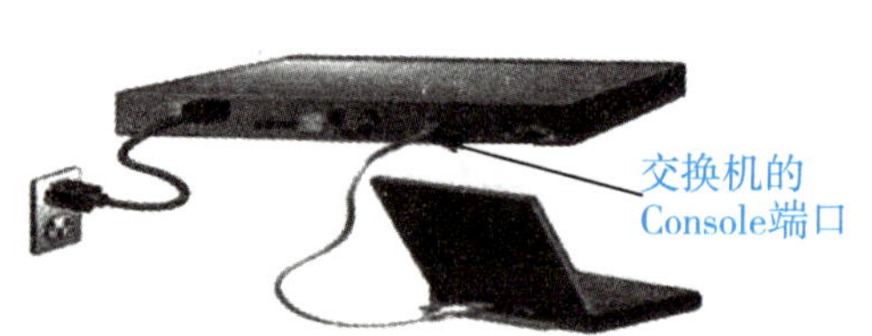

图 5.2　计算机和交换机通过 Console 线进行连接

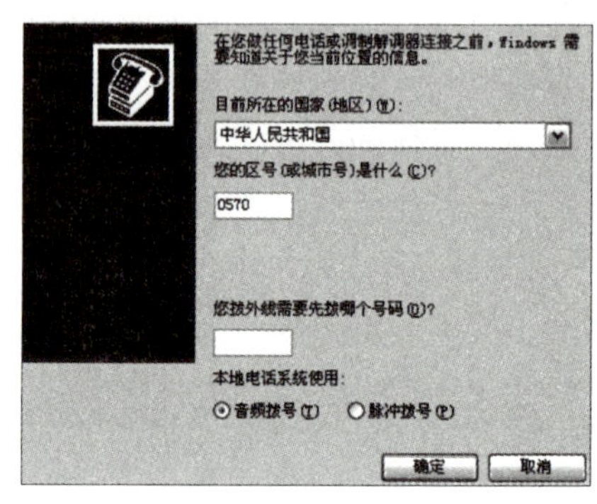

图 5.3　PC 通过超级终端建立与交换机的连接

为了能让同学们体验通过计算机登录单个交换机，我们在 Cisco Packet Tracer 中搭建了拓扑，如图 5.4 所示。选用快速以太网交换机 2950-24，PC 和交换机的连接如表 5.1 所示。

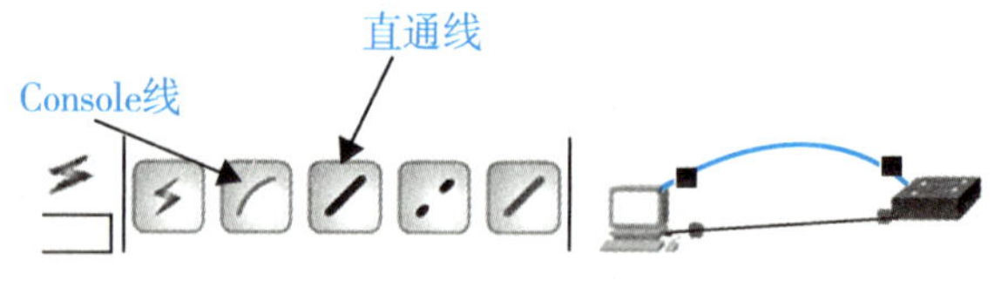

图 5.4　搭建的星型网络拓扑

表 5.1　PC 和交换机的连接

设备名	使用的接口类型	双绞线的类型	对接交换机的接口
PC1	FastEthernet0	直通双绞线	FastEthernet0/1
PC1	RS-232	Console 线	Console

单击 PC，选择 Desktop 标签，进入 Terminal 窗口，如图 5.5 所示。

选择默认设置，单击 OK 按钮，进入交换机操作系统 IOS 命令行界面，如图 5.6 所示。

图 5.5　进入 PC 终端配置界面

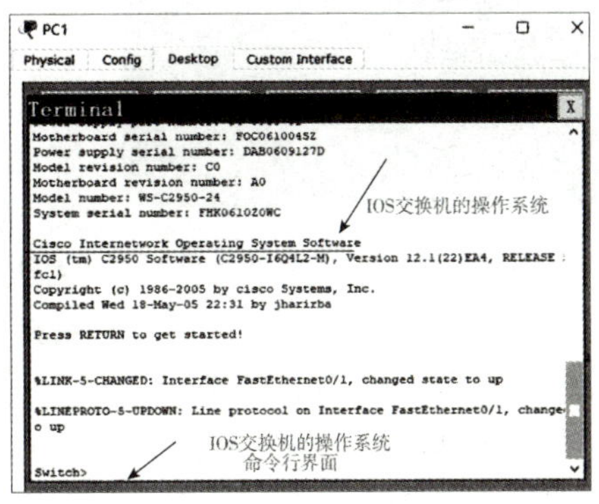


```
Motherboard serial number: FOC061004SZ
Power supply serial number: DAB0609127D
Model revision number: C0
Motherboard revision number: A0
Model number: WS-C2950-24
System serial number: FHK0610Z0WC

Cisco Internetwork Operating System Software
IOS (tm) C2950 Software (C2950-I6Q4L2-M), Version 12.1(22)EA4, RELEASE
fc1)
Copyright (c) 1986-2005 by cisco Systems, Inc.
Compiled Wed 18-May-05 22:31 by jharirba

Press RETURN to get started!

%LINK-5-CHANGED: Interface FastEthernet0/1, changed state to up

%LINEPROTO-5-UPDOWN: Line protocol on Interface FastEthernet0/1, change
o up

Switch>
```

图 5.6　交换机 IOS 命令行交互界面

在图 5.6 中，我们进入交换机的 IOS，交换机通过 IOS 来实现对交换机软件功能的增强，进而实现对交换机的管理。登录交换机后，就进入交换机的 CLI（命令行接口），在这种管理方式下，交换机提供了一个菜单驱动的控制台界面或命令行界面。用户可以使用 Tab 键或箭头键在菜单和子菜单中移动，按回车键执行相应的命令，或者使用专用的交换机管理命令集管理交换机，如图 5.7 所示。在图 5.7 中，交换机在配置模式下提供支持操作的各个命令，使用 Tab 键或箭头键在命令里移动。不同品牌的交换机命令集是不同的，甚至同一品牌的交换机，其命令集也不同。后面通过实践活动熟悉交换机常见的命令功能。

2）通过 Web 管理

可网管交换机可以通过 Web（网络浏览器）管理，但是必须给交换机指定一个 IP 地址。这个 IP 地址除了供管理交换机使用之外，并没有其他用途。在默认状态下，交换机没有 IP 地址，必须通过串口或其他方式指定一个 IP 地址之后，才能启用这种管理方式。

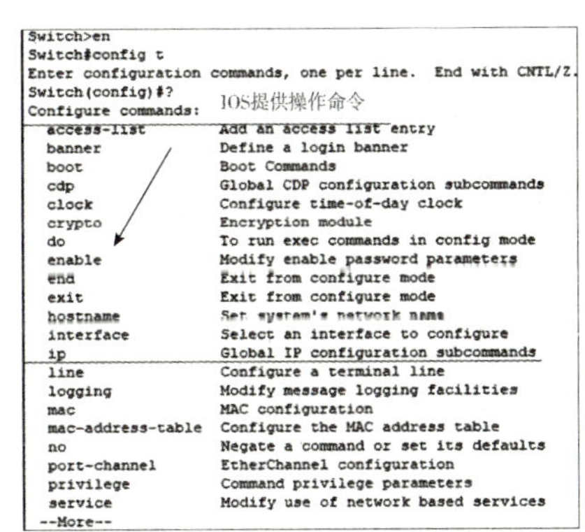


```
Switch>en
Switch#config t
Enter configuration commands, one per line.  End with CNTL/Z.
Switch(config)#?
Configure commands:
  access-list        Add an access list entry
  banner             Define a login banner
  boot               Boot Commands
  cdp                Global CDP configuration subcommands
  clock              Configure time-of-day clock
  crypto             Encryption module
  do                 To run exec commands in config mode
  enable             Modify enable password parameters
  end                Exit from configure mode
  exit               Exit from configure mode
  hostname           Set system's network name
  interface          Select an interface to configure
  ip                 Global IP configuration subcommands
  line               Configure a terminal line
  logging            Modify message logging facilities
  mac                MAC configuration
  mac-address-table  Configure the MAC address table
  no                 Negate a command or set its defaults
  port-channel       EtherChannel configuration
  privilege          Command privilege parameters
  service            Modify use of network based services
 --More--
```

图 5.7　交换机在配置模式下提供的命令

使用网络浏览器管理交换机时，交换机相当于一台 Web 服务器，只是网页并不存储在硬盘里面，而是在交换机的 NVRAM 里面，通过程序可以把 NVRAM 里面的 Web 程序升级。当管理员在浏览器中输入交换机的 IP 地址时，交换机就像一台服务器一样把网页传递给计算机，此时给用户的感觉就像在访问一个网站一样。这种方式占用交换机的带宽，因此称为“带内管理”（in band）。

通过 Web 浏览器的方式进行配置的方法如下：把计算机连接到交换机的一个普通端口上，在计算机上运行 Web 浏览器。在浏览器的地址栏中输入被管理交换机的 IP 地址（如 192.168.0.1）。按回车键，弹出如图 5.8 所示的窗口。

图 5.8 Web 方式登录交换机

分别在“用户名”和“密码”文本框中，输入拥有管理权限的用户名和密码。用户名/密码对应事先通过 Console 端口进行设置或厂家默认提供登录账号。

单击“确定”按钮，即可建立与被管理交换机的连接，在 Web 浏览器中显示交换机的管理界面。如果想管理交换机，只要单击网页中相应的功能项，在文本框或下拉列表中改变交换机的参数就可以了。Web 管理这种方式可以在局域网上进行，所以可以实现远程管理。

3)通过网络管理软件管理

可网管交换机均遵循 SNMP 协议，凡是遵循 SNMP 的设备，均可以通过网络管理软件来管理。用户只需要在一台网管工作站上安装一套 SNMP 网络管理软件，通过局域网就可以很方便地管理网络上的交换机、路由器、服务器等。通过 SNMP 网络管理软件进行管理，它需要占用带宽属于带内管理方式。

4)通过 Telnet 访问交换机

如果管理员不在交换机跟前，可以通过 Telnet 远程配置交换机，当然这需要预先在交换机上配置 IP 地址和密码，并保证管理员的计算机和交换机之间是 IP 可达的。

可网管交换机的管理可以通过以上四种方式来管理。究竟采用哪一种方式呢？在交换机初始设置的时候，必须通过带外管理；在设定好 IP 地址之后，就可以使用带内管理方式了。因为带内管理的管理数据是通过公共使用的局域网传递的，可以实现远程管理，然而安全性不强。带外管理是通过串口通信的，数据只在交换机和管理用机之间传递，因此安全性很强；然而由于串口电缆长度的限制，不能实现远程管理。所以采用哪种方式要看用户对安全性和可管理性的要求。

2. 网络设备的 IOS

IOS 是交换机或路由器的操作系统的简称，IOS 相当于 PC 的操作系统。不同设备厂商 IOS 提供配置交换机的方式存在一定的差异。下面在 Cisco Packet Tracer 6.0 环境下介绍交换机配置模式。

交换机建立用户模式、特权模式、配置模式三级管理机制，实现对交换机的管理和安全保护，图 5.9 中给出了这些模式的前后关系。

(1)**用户模式**：从 Console 口或 Telnet 进入交换机时，首先进入的是用户模式，在此模式下用户只能进行一些简单的交换机查看命令，不能对交换机进行配置，如查看有限的交换机信息，不允许破坏现有交换机的配置。它的默认提示符为：Switch>。如果设置了交换机的名称是 Center，则提示符为 ：

交换机的名字>(e. g. Center>)

(2)**特权模式**：在默认情况下特权模式可以使用比用户模式更多的命令，可以详细地查看、测试、调试、重新启动交换机等操作，但不能对端口和协议进行配置。它的默认提示符为：Switch#。

如果设置了交换机的名称是 Center，则提示符为 ：

交换机的名字#(e. g. Center #)

(3)**全局模式：**在此模式下可以设置对于交换机来说全局性的参数，可以对交换机进行具体内容的配置，如启动或关闭交换机的某一个端口，设置交换机的可管理的 IP 地址等。要进入全局模式，必须在进入特权模式之后输入 config terminal，它的默认提示符为：Switch(config)#

如果设置了交换机的名称是 Center，则提示符为 ：

交换机的名字(config)#(e. g. Center (config)#)

(4)**各种特定配置模式：**如交换机的接口配置模式、线路配置模式等。

①接口配置模式：进入方式为在全局模式下输入 interface 命令进入具体的端口。

```
Sw1(config)# interface interface-type interface-number
```

提示符为：Sw1(config-if)#。

②线路配置子模式：进入方式为在全局模式下输入 line 命令指定具体的 line 端口。

```
Sw1(config)#line number 或 {vty|aux|con} number
```

提示符为：Sw1(config-line)#。

在今后的课程中我们会对其进行具体学习。

表 5.2 列出了常见的配置模式及其含义。不同的配置模式有不同的提示符，假设当前交换机的名字为 S1，不同配置模式的提示符如表 5.2 所示。

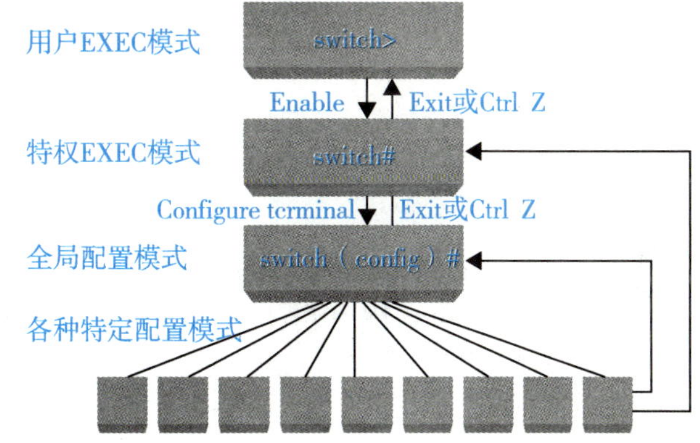

图 5.9　交换机的配置模式

①"S1>" 表示交换机 S1 后">"当前为用户模式。

②"S1#" 表示交换机 S1 后"#"当前为特权模式。

③"S1 (config)#" 表示交换机名 S1 后"(config)#"当前为配置模式。

表 5.2　配置模式和提示符

提示符	配置模式	描述
S1>	用户 EXEC 模式	查看有限的交换机信息
S1>#	特权 EXEC 模式	详细地查看、测试、调试和配置命令
S1 (config)#	全局配置模式	修改高级配置和全局配置
S1 (config-if)#	接口配置模式	执行用于接口的命令
S1 (config-line) #	线路配置模式	执行线路配置命令

5.2.3　交换机的基本配置

1. 重新命名网络设备

在 Cisco Packet Tracer 6.0 环境下启动交换机 2950-24，进入交换机的命令行配置窗口，

图 5.10 进入交换机的命令行配置窗口

如图 5.10 所示。

在图 5.10 中，处于用户模式，此时交换机的名字默认为 Switch。作为设备配置的一部分，应该为每台设备配置一个独有的主机名。要采用一致有效的方式命名设备，需要在整个公司(或至少在整个局域网内)建立统一的命名约定。通常在信息点进行地址规划、建立编址方案的同时建立命名约定，以在整个组织内保持良好的可续性，针对交换机名称的有关命名约定包括：以字母开头；不包含空格；以字母或数字结尾；仅由字母、数字和短划线组成；长度不超过 63 个字符。

例如，在特权执行模式下输入 configure terminal 命令进入全局配置模式。

```
Switch>enable                          //进入特权模式
Switch#configure t                     //进入全局配置模式
Enter configuration commands, one per line. End with CNTL/Z.
Switch(config)#hostname center         // hostname 命令将交换机命名为 center,按回车键立即生效
center(config)#exit                    //从全局模式返回特权模式
center#
```

2. 在命令行获取帮助

(1)例如，在特权模式下，想查看看当前模式下 IOS 提供哪些功能。在特权模式下输入“?”获取当前支持的命令，如图 5.11 所示。用户可以在用户模式下、配置模式下输入“?”获取当前支持的命令。试比较体会这三种模式下各支持功能的不同。

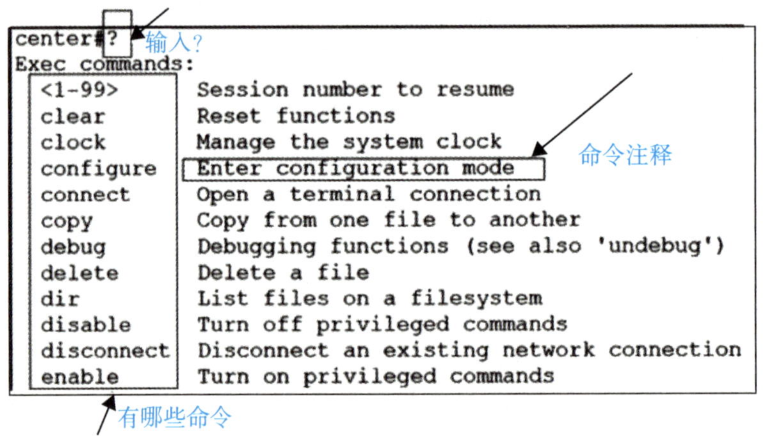

图 5.11 输入“?”获取帮助提示

(2)在图 5. 12 中，假设我在配置模式下想输入 hostname 命令配置交换机的名称，在输入 hos 时忘记这个命令的全称，此时在 hos 后面输入“?”帮助，它可以提示当前完整的命令。

```
Switch(config)#hos?    输入 "?" 帮助提示完整的命令
hostname
```

图 5.12　补充完整当前命令

(3)在图 5. 13 中，假设在特权模式下想输入 hostname 命令配置交换机的名称，在输入 hos 时忘记这个命令的全称，此时输入“?”帮助，它提示:% Unrecognized command，说明当前模式下不识别该命令。在刚认识交换机的 IOS 时，这种现象经常出现。当出现这种情况时，检查当前所处的模式和要输入的命令是否符合要求。

图 5.13　不识别当前命令

3. 命令的缩写

同样以给交换机命名为例，执行下面的操作：

```
Switch(config)#host center          // host 命令将交换机命名为 center,按回车键立即生效
center(config)#
```

这里给交换机命名的命令 hostname 缩写成了 host，执行命名的效果一样，都将交换机的名称改为了 center。原因是在当前配置模式下以 host 开头的命令没有其他命令，只有 hostname 命令与 host 一一对应。此时可以直接使用 host 命令简写代替 hostname 命令。这样的方法有助于提高我们配置交换机的效率。

例如，在交换机的配置模式下，想进入某个端口输入“i?”，发现以“i”开头的命令有两个：interface 和 ip。

```
Switch(config)#i?
interface   ip
所以,进入交换机 F0/1 端口的命令缩写如下:
Switch(config)#int f0/1             //进入交换机的 F0/1 端口
Switch(config-if)#                  //交换机的 F0/1 端口模式
```

4. Tab 键的使用

Tab 键自动补齐当前的命令。在特权模式下，想查看当前在交换机上所做的操作，使用 show running-config 命令。running-config 这个命令相对较长，可以输入 show run 后按 Tab 键自动补齐 show running-config，如下所示：

```
center#sh                 //输入 sh 后按 Tab 键自动补齐 show
center#show run           //输入 show run 后按 Tab 键自动补齐 show running-config
center#show running-config
```

5. 设置交换机端口的开关

在某些特定的网络环境下，需要临时关闭某个交换机端口，而这时我们就需要用到 shutdown 这个命令。首先在 Cisco Packet Tracer 6.0 环境下用交换机和 6 台终端组成一个局域网拓扑，如图 5.14 所示。按第 4 章任务 1 的方法为 PC 终端分配地址、配置地址信息，这 6 台 PC 间通过 ping 命令测试是连通的。

提示： PC 与交换机相连的过程中双绞线两端的链路状态颜色由琥珀色变为绿色，这个过程在模拟器中持续几秒时间，这是为了说明在物理连接过程中线路从不通到连通的渐变。在计算机网络实验中，实物交换机和计算机通过直通双绞线相连，链路状态要么是红色，要么是绿色，没有渐变的琥珀色。

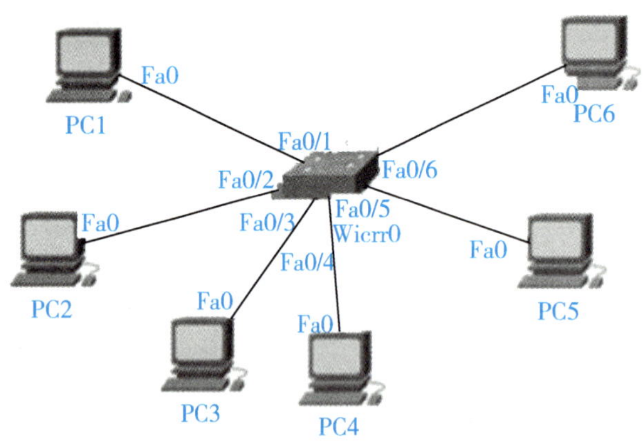

图 5.14　交换式以太网

在模拟器环境下，交换机与计算机之间的连接为即插即用型，链路状态都是绿色，若是红色，则将链路删除后重新连接。

此时，由于交换机在默认情况下端口是开启的，所以相互之间是可以 ping 通的。但是当使用 shutdown 命令之后，关闭的交换机端口就不能再进行连通了，现在假设对 PC1 与交换机相连的端口执行 shutdown 命令，其操作和结果如何？

对于交换机而言，不同厂商对接口的编号的命名规则是不一样的。那么如何在 CLI 命令行窗口中查看到自己这台交换机端口的命名规则呢？方法如下：在交换机的特权模式下，输入 show running-config 可以查看到当前交换机端口的命名规则，如图 5.15 所示。

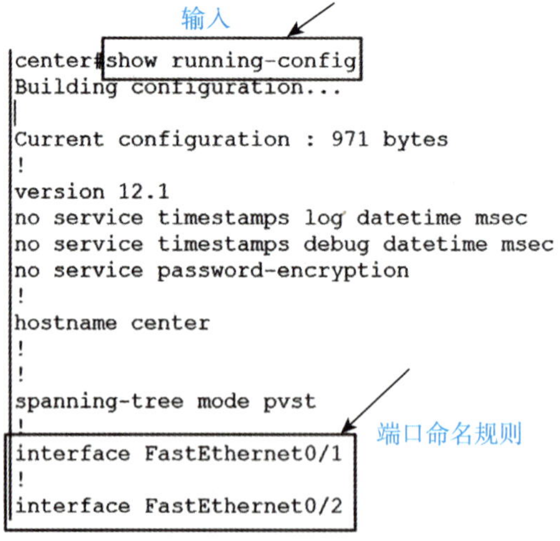


```
center#show running-config
Building configuration...

Current configuration : 971 bytes
!
version 12.1
no service timestamps log datetime msec
no service timestamps debug datetime msec
no service password-encryption
!
hostname center
!
!
spanning-tree mode pvst
!
interface FastEthernet0/1
!
interface FastEthernet0/2
```

图 5.15　查看交换机端口命名规则

```
center#config t
Enter configuration commands, one per line.   End with CNTL/Z.
center(config)#interface fastEthernet 0/1          //进入端口 Fa0/1
center(config-if)#shutdown                         //关闭端口
center(config-if)#
%LINK-5-CHANGED: Interface FastEthernet0/1, changed state to administratively down
%LINEPROTO-5-UPDOWN: Line protocol on Interface FastEthernet0/1, changed state to down
center(config-if)#exit
center(config)#exit
center#
```

读者可用前面介绍过的 ping 命令对网络进行再次检测，测试的效果如图 5.16 所示，此时 PC1 与交换机相连的端口 fastEthernet 0/1 状态为 down，信号灯为红色。

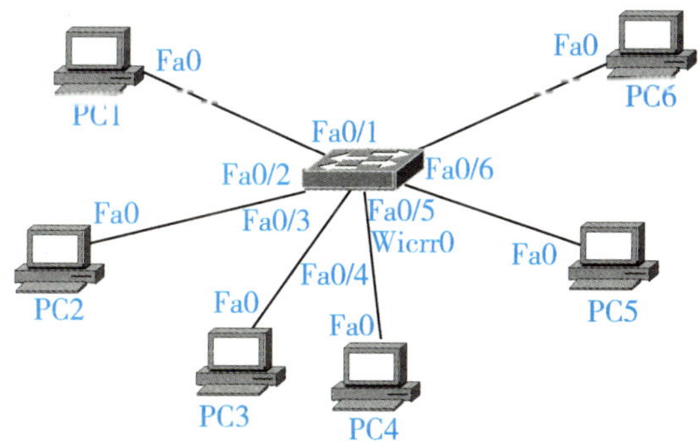

图 5.16　PC1 与交换机相连的端口 fastEthernet 0/1 状态为 down

若想恢复该端口，使其能够再次使用，可以对端口执行 no shutdown 命令，其操作和结果如下：

```
center#config t
Enter configuration commands, one per line.   End with CNTL/Z.
center(config)#interface fastEthernet 0/1
center(config-if)#no shutdown                 //打开端口
center(config-if)#
%LINK-5-CHANGED: Interface FastEthernet0/1, changed state to up
%LINEPROTO-5-UPDOWN: Line protocol on Interface FastEthernet0/1, changed state to up
```

注：通过在原命令的前面加入 no，可以取消对应的操作，如 shutdown 为关闭端口，no shutdown 为打开端口；no hostname 为取消原来的命名，hostname 为给设备命名。

```
center#config t
Enter configuration commands, one per line.   End with CNTL/Z.
center(config)#no hostname                        //取消原来的命名
Switch(config)#                                   //交换机变为原来的名字
```

6. 历史命令缓存

通过“↑”键可以查找以前使用的命令，通过“→”和“←”键可以将光标移动到命令中需要修改的位置。若某个命令需要输入多次，只有个别参数可能不同，无须每一次都全部重新输入命令及参数，可以通过“↑”键显示上一次输入的命令，通过“→”和“←”键移动光标到需要修改的位置，对命令中需要修改的部分进行修改即可。如对交换机的非连续端口执行关闭操作：

```
center>en                              //enable 缩写成 en
center#config t                        //config terminal 缩写成 config t
Enter configuration commands, one per line. End with CNTL/Z.
center(config)#int f0/1                //interface fastEthernet 0/1 缩写成 int f0/1
center(config-if)#no shu               //Tab 键补全
center(config-if)#no shutdown
center(config-if)#int f0/3             //用↑键,修改参数为 f0/3
center(config-if)#no shutdown          //用↑键
center(config-if)#,
```

5.3 任务 2：交换机的安全访问

目前，交换机在企业网络中的应用越来越广泛，交换机是网络管理人员最常打交道的设备。使用机柜和上锁的机架限制人员实际接触网络设备是不错的做法，但口令仍是防范未经授权的人员访问网络设备的主要手段，必须从本地为每台设备配置口令以限制访问。

5.3.1 任务情境用户需求与分析

小明受聘于一家公司网络中心做网络管理员，在掌握了交换机配置命令使用方法后，希望以后不用每次到机房才能修改交换机配置，而是在办公室或出差时也可以对机房的交换机进行远程管理，现需要设置口令对交换机进行安全防护，通过 Console 口令和 Telnet 远程访问交换机。

5.3.2 三级模式保护交换机安全知识

网络设备 IOS 使用分层模式来提高设备的安全性。IOS 可以通过不同的口令来提供不同设备的访问权限，设置交换机的口令有以下几种方式。

(1)控制台口令：用于限制人员通过控制台连接访问设备。

(2)特权口令：用于限制人员访问特权执行模式。

(3)特权加密口令：经加密，用于限制人员访问特权执行模式。

(4)VTY 口令：用于限制人员通过 Telnet 访问设备。

通常情况下应该为这些权限级别分别采用不同的身份验证口令。尽管使用多个不同的口令登录不太方便，但这是防范未经授权的人员访问网络设备的必要预防措施。此外，要使用

不容易猜到的强口令，使用弱口令或容易猜到的口令一直是安全隐患。

选择口令时应考虑下列关键因素。

(1)口令长度应大于 8 个字符。

(2)在口令中组合使用小写字母、大写字母和数字序列。

(3)避免为所有设备使用同一个口令。

(4)避免使用常用词语，如 password 或 administrator，因为这些词语容易被猜到。设备提示用户输入口令时，不会将用户输入的口令显示出来。换句话说，输入口令时，口令字符不会出现。这么做是出于安全考虑，很多口令都是因遭偷窥而泄露的。

1. 控制台口令

Cisco 设备的控制台端口具有特别权限。作为第一层次的安全措施，必须为所有网络设备的控制台端口配置强口令。这可降低未经授权的人员将电缆插入实际设备来访问设备的风险。

```
S1(config)#line console 0                      //进入控制台
S1(config-line)#password xindianxi404          //通过 password 命令设置控制台口令
S1(config-line)#login                          //登录有效
```

可以在交换机的特权模式下，输入 show running-config 查看这种加密口令设置后的效果。

```
S1(config-line)#end
S1#
%SYS-5-CONFIG_I: Configured from console by console
S1#show running-config          //输入 show running-config 查看配置效果
Building configuration...
…….                             //查看中间部分内容已省略
line con 0                      //查看生效的内容
  password xindianxi404
  login
```

2. 特权口令和特权加密口令

为了提供更好的安全性，可使用 enable password 或者 enable secret 命令。这两个命令都可用于在用户访问特权执行模式前进行验证。enable secret 命令可提供更强的安全性，因为使用此命令设置的口令会被加密。password 命令仅在尚未使用 enable secret 命令设置口令时才能使用。

```
S1(config)#enable secret class          //设置特权加密口令为 class
S1(config)#enable password class        //设置特权口令为 class
```

可以在交换机的特权模式下，输入 show running-config 查看这种加密口令设置后的效果。

```
S1#show running-config                                        //输入 show running-config 查看配置效果
Building configuration...
Current configuration : 1038 bytes
!
version 12.1
no service timestamps log datetime msec
no service timestamps debug datetime msec
no service password-encryption
!
hostname S1
!                                                             //查看生效的内容
enable secret 5 $1$mERr$9cTjUIEqNGurQiFU.ZeCi1                //-设置特权加密口令效果
enable password class                                         //设置特权口令效果
!
!
spanning-tree mode pvst
……                                                            //查看后面部分内容已省略
```

3. VTY 口令

VTY 线路使用户可通过 Telnet 访问交换机。许多 Cisco 设备默认支持 5 条 VTY 线路，这些线路编号为 0~4。所有可用的 VTY 线路均需要设置口令，可为所有连接设置同一个口令。通常为其中的一条线路设置不同的口令，这样可以为管理员提供一条保留通道，当其他连接均被使用时，管理员可以通过此保留通道访问设备以进行管理工作。下列命令用于为 VTY 线路设置口令：

```
switch(config)#line vty 0 4
switch(config-line)# password password2020                    //设置 VTY 口令是 password2020
switch(config-line)#login
```

默认情况下，IOS 自动为 VTY 线路执行 login 命令。这可防止在用户通过 Telnet 访问设备时不事先要求其进行身份验证。如果用户错误地使用了 no login 命令，则会取消身份验证要求，这样未经授权的人员就可通过 Telnet 连接到该线路。

可以在交换机的特权模式下，输入 show running-config 查看这种加密口令设置后的效果。

```
S1(config-line)#end
S1#
%SYS-5-CONFIG_I: Configured from console by console
S1#show running-config
Building configuration...
....                     //查看中间部分内容已省略
line vty 0 4             //查看生效的内容
password password2020
login
```

4. 交换机的口令基础

前面我们介绍了控制台、VTY、特权口令，其中控制台口令是用户从控制台进入交换机用户模式所需的口令，Telnet 或 VTY 口令是用户远程登录交换机的口令，enable 口令是从用户模式进入特权模式的口令。图 5.17 显示了登录过程及不同口令的名称。

IOS 提供了两个命令来配置 enable 口令，即 enable password password 和 enable secret password 这两个配置命令，都会在用户输入 enable 命令之后，让交换机提示用户输入口令。但 enable password 只提供了很弱的口令加密的方法（service password encryption），而 enable secret 用更安全的加密方法。

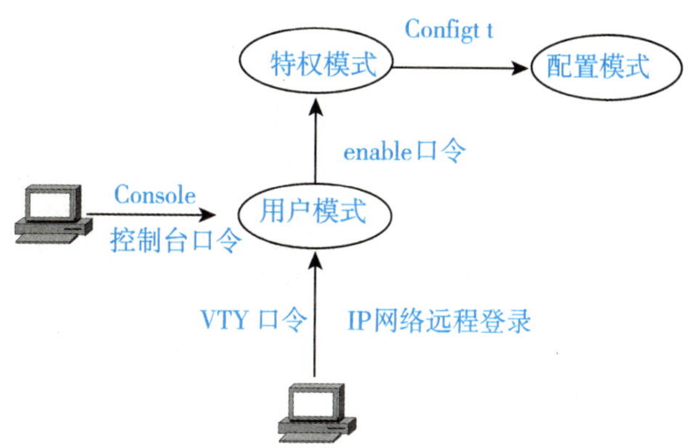

图 5.17　控制台、VTY 及特权口令

（1）如果只设置了其中一个口令（enable password 或 enable secret），交换机 IOS 期待用户输入的就是在那个命令中设置的口令。

（2）如果两个命令都设置了，交换机 IOS 期待用户输入的是在 enable secret 命令中设置的口令，也就是说交换机将忽略 enable password 中设置的命令。

（3）如果 enable password 和 enable secret 这两个命令都没有设置，情况会有所不同。如果用户是在控制台端口，交换机自动允许进入特权模式；如果不是在控制台端口，想通过远程登录交换机，交换机拒绝用户进入特权模式。Cisco 交换机所有的口令都是区分大小写的。

5.3.3　通过 Console 口安全访问交换机

对交换机配置各种口令时，由于交换机没有显示屏幕、键盘和鼠标，只能借助其他方式来完成对交换机的配置。对于新进交换机，必须通过 Console 口对交换机进行配置。

1. PC 通过 Terminal 终端进入交换机

（1）在 Cisco Packet Tracer 中，搭建拓扑如图 5.18 所示。

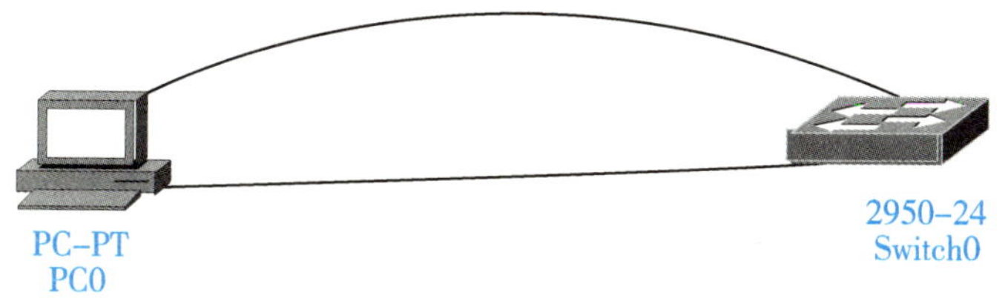

图 5.18　PC0 通过 RS-232 与交换机的 Console 口相连

（2）PC 和交换机的连接，如表 5.3 所示。

表 5.3 PC 和交换机的连接

设备名	选用线缆类型	自己端口	对接端口
PC0	Console	RS-232	交换机的 Console 口
PC0	直通线	FastEthernet0	交换机的 FastEthernet0/1

(3)双击 PC0，进入如图 5.19 所示的界面。

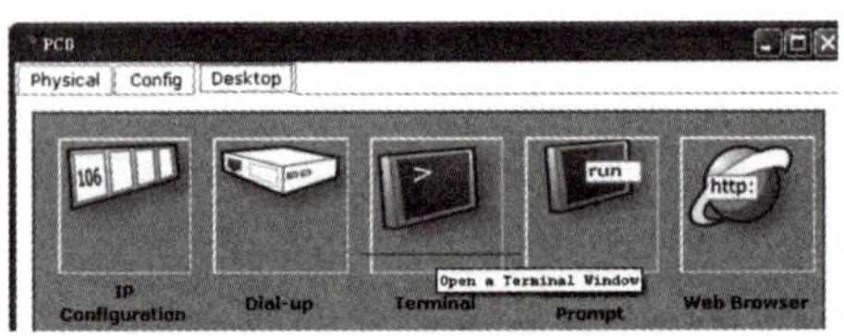

图 5.19 进入 PC0 的 Terminal 终端

(4)在图 5.19 中双击 Terminal 图标，进入图 5.20 所示的界面，设置每秒发送的比特数为 9600 和数据位为 8，停止位为 1。

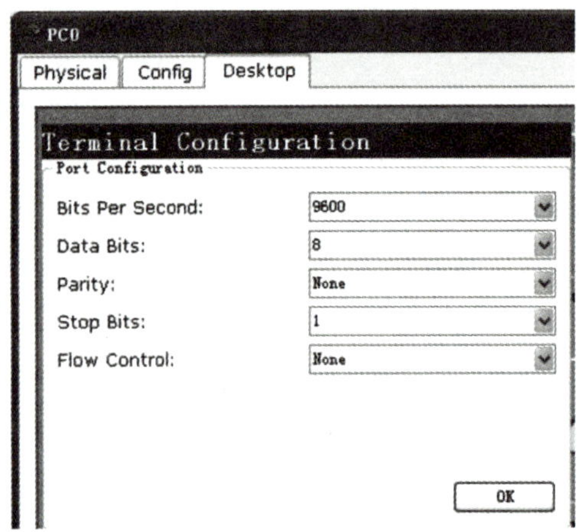

图 5.20 PC0 的 Terminal 设置

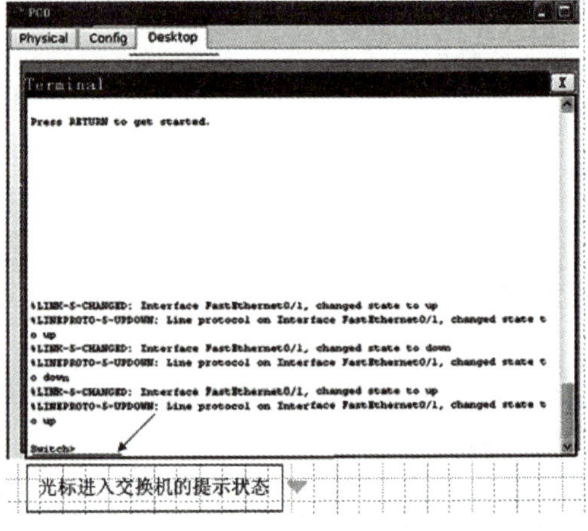

图 5.21 进入交换机的用户模式

(5)点击“OK”并敲回车，此时用户登录了交换机，如图 5.21 所示。

此时，在 PC0 上看到了 Switch>提示符，模仿了从真实的 PC 通过 Console 口进入交换机的情形。

2. 为交换机设置控制台口令

(1)将交换机命名为 S1。

```
Switch>en
Switch#config t
Enter configuration commands, one per line.   End with CNTL/Z.
Switch(config)#hostname S1                //这个命令的作用就是将交换机命名为 S1
S1(config)#                               //改名已经起作用,变为 S1
```

(2)配置通过 Console 口登录交换机的口令。

```
S1(config)#line console 0          //命令 line console0 用于从全局配置模式进入控制台线路,0
                                     用于代表交换机的第一个控制台接口
S1(config-line)#password cisco     //设置 Console 口登录交换机口令是 cisco
S1(config-line)#login              //在控制台登录时生效
S1(config-line)#exit
S1(config)#exit
S1#
%SYS-5-CONFIG_I: Configured from console by console
S1#exit
```

(3)检验设置 Console 口登录交换机的口令。

从交换机的特权模式退到用户模式后，出现如下提示：

```
Press RETURN to get started!

User Access Verification

Password:            // <-------此处输入口令,不可见

S1>                  //<-------输入口令后,就进入了用户模式
```

3. 为交换机设置特权加密口令

(1)设置特权口令。

```
S1>en
S1#config t
S1(config)#enable secret class        //<-------设置特权口令为 class
S1(config)#
S1(config)#end
S1#
%SYS-5-CONFIG_I: Configured from console by console
S1#exit
```

(2)检验配置的特权口令。

从交换机的特权模式退到用户模式后，出现如下提示：

```
Press RETURN to get started.
User Access Verification
Password:            //<----此处输入 Console 口登录交换机口令 cisco,不可见

S1>en
Password:            //<-------此处输入特权口令为 class 口令,不可见
S1#
```

注：如果特权口令或特权加密口令均未设置，则 IOS 将不允许用户通过 Telnet 会话访问特权执行模式。

此时输入 config t 进入配置模式：

```
S1#config t
Enter configuration commands, one per line.   End with CNTL/Z.
S1(config)#
```

5.3.4 通过 Telnet 安全访问交换机

如果管理员不在交换机跟前，可以通过 Telnet 远程配置交换机。需要预先在交换机上配置 IP 地址和密码，并保证管理员的计算机和交换机之间是 IP 可达的。搭建的拓扑如图 5.18 所示，下面来实践通过 Telnet 远程访问交换机这一要求。

1. 规划交换机的管理地址

通过 Telnet 远程登录的方式访问交换机，此时要求交换机有一个管理 IP 地址。交换机管理地址就是管理交换机的地址。IP 地址是所有连接到网络中的主机设备都需要的，没有 IP 地址就不能通信。而在远程上管理一个交换机也是一种通信，理所当然地需要一个可以通信的 IP 地址。当然交换机作为一个二层设备，IP 地址只是用来方便运维人员的远程管理，交换机的管理地址设置在虚拟接口上，如在 VLAN1 这个虚拟接口上，或创建其他的虚拟接口。默认情况下，交换机已经自动创建了 VLAN1 这个虚拟接口，状态为 down，如图 5.22 所示。

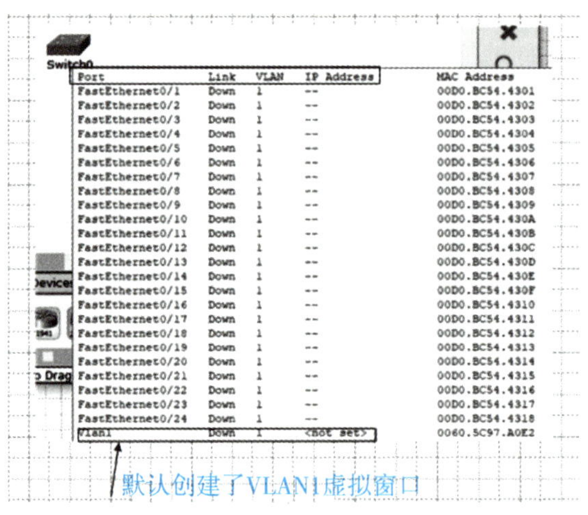

图 5.22 交换机默认创建了 VLAN1 虚拟接口

（1）IP 地址规划，图 5.18 中 PC0 的 IP 地址分配如表 5.4 所示。

表 5.4 IP 地址规划

设备名	IP 地址	子网掩码
PC0	192.168.1.2	255.255.255.0

（2）交换机管理地址分配，这里将与 PC0 同在一个网络中没有使用过的 IP 地址 192.168.1.100/24 分配给 VLAN1 这个虚拟接口，如表 5.5 所示。

表 5.5 交换机的地址分配

端口	IP 地址	子网掩码	端口状态
VLAN 1（虚拟接口）	192.168.1.100	255.255.255.0	开启
FastEthernet0/1			开启

2. 配置 IP 地址

（1）PC0 的配置如图 5.23 所示。

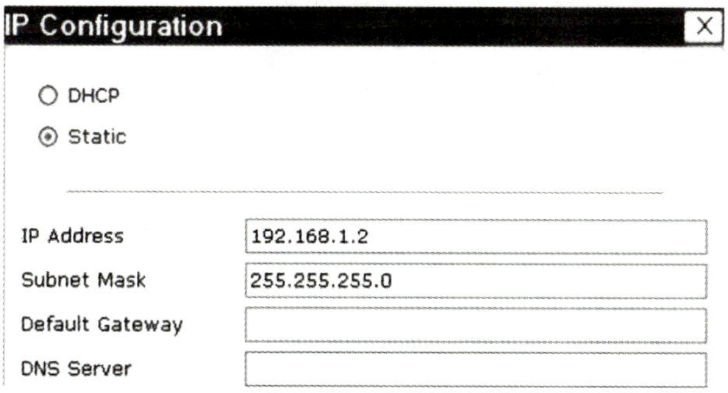

IP Configuration

○ DHCP
⊙ Static

IP Address	192.168.1.2
Subnet Mask	255.255.255.0
Default Gateway	
DNS Server	

图 5.23 PC0 IP 地址配置

（2）在交换机的虚拟接口上配置管理地址。

```
S1#config t
Enter configuration commands, one per line.              End with CNTL/Z.
S1(config)#int vlan 1                                    // <-------进入虚拟接口
S1(config-if)#ip address 192.168.1.100 255.255.255.0     //<-------设置虚拟接口 IP 地址
S1(config-if)#no shutdown                                //<-------开启虚拟接口
%LINK-5-CHANGED: Interface Vlan1, changed state to up
%LINEPROTO-5-UPDOWN: Line protocol on Interface Vlan1, changed state to up
```

3. 为交换机设置 VTY 口令

设置远程登录口令。

```
S1(config)#line vty 0 4                    //支持 0~4 的 5 条 VTY 线路
S1(config-line)#password xdxdjsj401        //设置 VTY 口令是 xdxdjsj401
S1(config-line)#login
S1(config-line)#exit
S1(config)#end
```

4. 检验远程登录口令

在 PC0 的命令窗口输入：telnet 目标地址，用来测试从 PC0 上远程登录交换机，如图 5.24 所示。

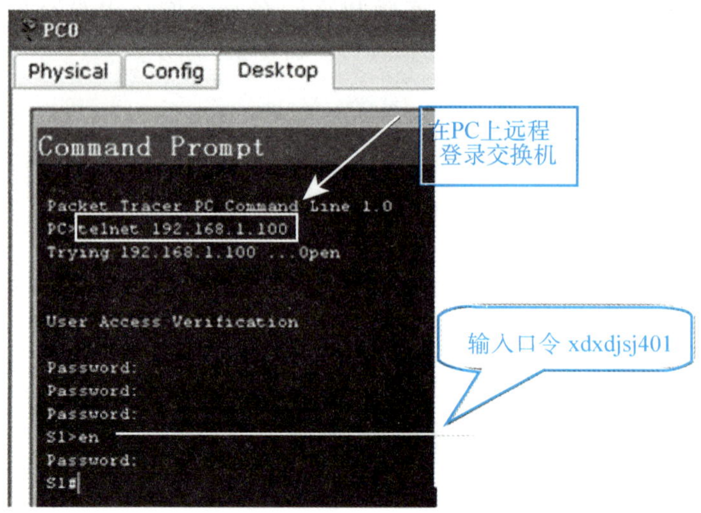

图 5.24　在 PC0 远程登录交换机

5.4　任务 3：MAC 地址绑定交换机端口安全

5.4.1　任务情境用户需求与分析

端口安全功能适用于用户希望控制端口下接入用户的 IP 和 MAC 必须是管理员指定的合法用户才能使用网络，或者希望使用者能够在固定端口下上网而不能随意移动，变换 IP/MAC 或者端口号或控制端口下的用户 MAC 数，防止 MAC 地址耗尽攻击(病毒发送持续变化的构造出来的 MAC 地址，导致交换机短时间内学习了大量无用的 MAC 地址，8K/16K 地址表满后无法学习合法用户的 MAC，导致通信异常)的场景。

5.4.2　设置端口安全的基本原理

端口安全(port security)，从基本原理上讲，端口安全特性会通过 MAC 地址表记录连接到交换机端口 PC 的 MAC 地址(即网卡号)，并只允许某个 MAC 地址通过本端口通信。其他 MAC 地址发送的数据包通过此端口时，端口安全特性会阻止它。使用端口安全特性可以防止未经允许的设备访问网络，并增强安全性。另外端口安全特性也可用于防止 MAC 地址泛洪造成 MAC 地址表填满。当端口接收到未经允许的 MAC 地址流量时，交换机会执行违规动作，主要包括三个动作。

(1)保护(protect)：丢弃未允许的 MAC 地址流量，但不会创建日志消息。

(2)限制(restrict)：丢弃未允许的 MAC 地址流量，创建日志消息并发送 SNMP Trap 消息。

(3)关闭(shutdown)：默认选项，将端口置于 err-disabled 状态，创建日志消息并发送

SNMP Trap 消息，需要手动恢复或者使用 errdisable recovery 特性重新开启该端口。

5.4.3　方案设计及实现步骤

若让交换机的某一端口如 Fa0/1 只认识指定的 PC1，其他 PC 如 PC2 要接入该端口无效。

1. 拓扑结构

设计的拓扑结构如图 5.25 所示。

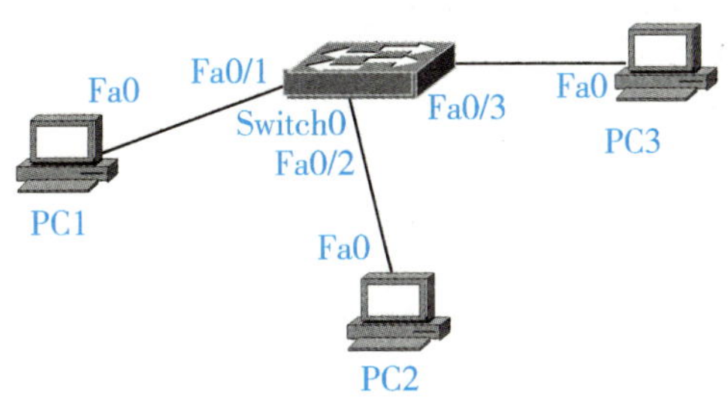

图 5.25　设置端口安全搭建的拓扑

2. 地址规划

图 5.25 各 PC 的 IP 地址规划及交换机连接的接口如表 5.6 所示。

表 5.6　图 5.25 各 PC 的 IP 地址规划及交换机连接的接口

设备名	IP 地址	子网掩码	默认网关	对接交换机端口
PC1	192.168.0.10	255.255.255.0	无	Fa0/1
PC2	192.168.0.20	255.255.255.0	无	Fa0/2
PC3	192.168.0.30	255.255.255.0	无	Fa0/3

3. 配置端口容纳数量和违规动作

指定交换机的 Fa0/1 只能接 PC1，双击交换机进入命令行提示窗口，执行的动作如下：

```
Switch>en
Switch#config t
Enter configuration commands, one per line.   End with CNTL/Z.
Switch(config)#int f0/1                                  //进入 Fa0/1 所在接口
Switch(config-if)#switchport mode access                 // 设置接口为 access 访问模式
Switch(config-if)#switchport port-security               //开启交换机端口安全功能
Switch(config-if)#switchport port-security maximum 1     //配置端口的最大连接数为 1
Switch(config-if)#switchport port-security violation shutdown
                                                         //配置安全违例的处理方式为 shutdown
Switch(config-if)#end
Switch#
```

4. 查看交换机上所有端口的安全配置

在交换机的特权模式下使用 show port-security 命令查看当前交换机上所有端口安全配置，从图 5.26 显示的结果看，只有 Fa0/1 设置了端口违规操作。

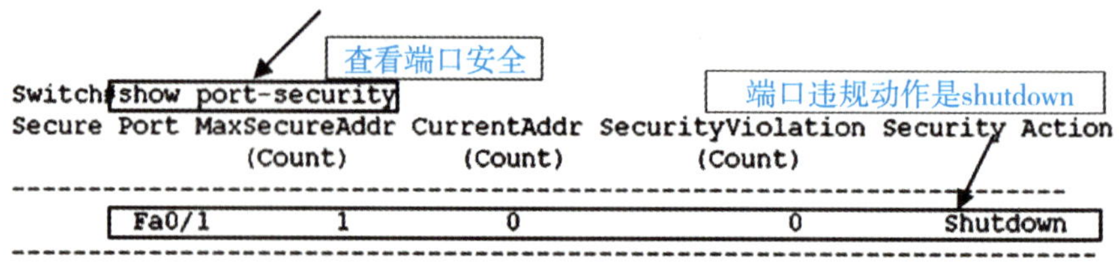

图 5.26　交换机上 Fa0/1 端口的安全违规为 shutdown

5. 查看交换机上指定端口 Fa0/1 的安全状态

在交换机的特权模式下使用 show port-security int f0/1 命令查看当前交换机上 F0/1 端口安全状态，从图 5.27 显示的结果看，Fa0/1 设置了端口违规操作。

查看Fa0/1端口安全

```
Switch#show port-security int f0/1
Port Security                 : Enabled
Port Status                   : Secure-up
Violation Mode                : Shutdown
Aging Time                    : 0 mins
Aging Type                    : Absolute
SecureStatic Address Aging    : Disabled
Maximum MAC Addresses         : 1
Total MAC Addresses           : 0
Configured MAC Addresses      : 0
Sticky MAC Addresses          : 0
Last Source Address:Vlan      : 0000.0000.0000:0
Security Violation Count      : 0
```

图 5.27　查看交换机上指定端口 Fa0/1 的状态

6. 配置交换机端口 Fa0/1 的地址绑定

```
Switch#config t
Enter configuration commands, one per line.  End with CNTL/Z.
Switch(config)#int f0/1
Switch(config-if)#switchport port-security
Switch(config-if)#switchport port-security mac-address 00D0.5897.4BE9
                    // <-------PC1 的 MAC 地址
Switch(config-if)#end
Switch#
```

提示：实践任务 3 时，上面的 switchport port-security mac-address 00D0.5897.4BE9 命令的 MAC 地址换成自己实践中 PC 的 MAC 地址。

7. 查看端口 Fa0/1 绑定 PC1 的 MAC 地址

在交换机的特权模式下使用 show port-security address 命令查看当前交换机上 F0/1 端口

的安全设置，从图 5.28 显示的结果看，Fa0/1 端口只认识 MAC 地址为 00D0.5897.4BE9 的 PC1。

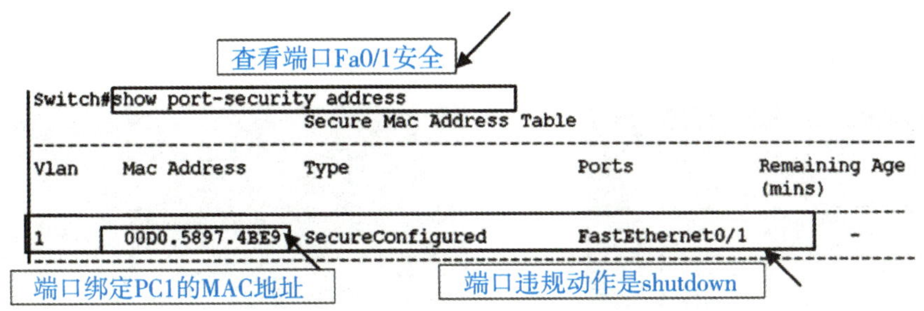

图 5.28　端口 Fa0/1 绑定 PC1 的 MAC 地址

8. 验证交换机端口安全功能的效果

(1)在 PC1 上 ping 通 PC3，结果如图 5.29 所示；PC2 上 ping 通 PC3，结果如图 5.30 所示。

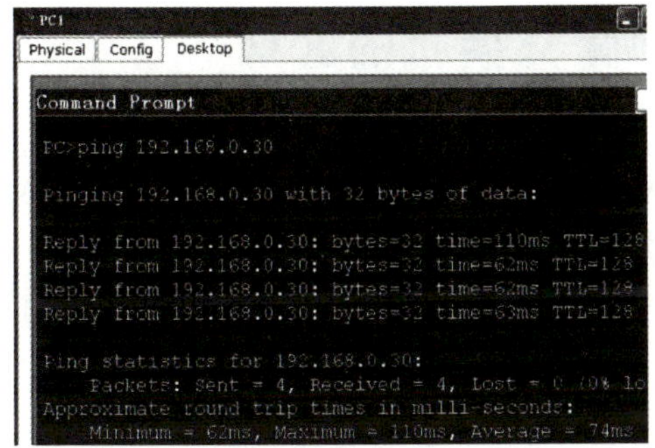

图 5.29　PC1 上 ping 通 PC3

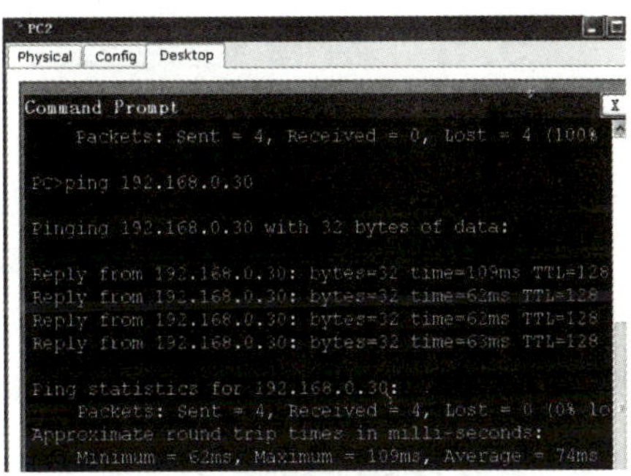

图 5.30　PC2 上 ping 通 PC3

(2)将 PC1 接到交换机的 F0/2，将 PC2 接到交换机的 F0/1 后，过一会儿效果如图 5.31 所示。从图 5.31 看出，PC2 与交换机相连的链路状态灯是红色，物理链路断开。

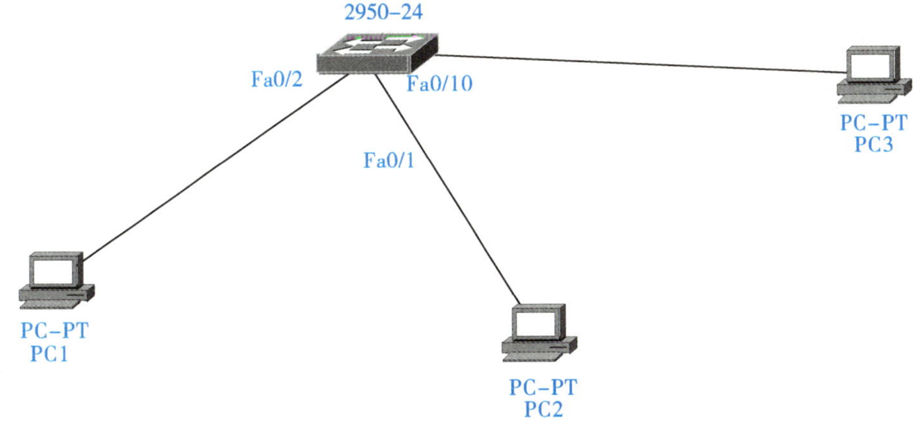

图 5.31　F0/1 端口不认识 PC2

在图 5.31 中，F0/1 只认识 PC1，不认识 PC2，而 F0/2 没做任何端口安全设置，所以这个端口接谁都可以，现在接的是 PC1，理所当然 PC1 能接入这个网络，而 PC2 接错了端口，可以通过 ping 来验证这个效果。

在 PC1 上 ping PC3 的效果如图 5.32 所示。

```
PC>ping 192.168.0.30

Pinging 192.168.0.30 with 32 bytes of data:

Reply from 192.168.0.30: bytes=32 time=47ms TTL=128
Reply from 192.168.0.30: bytes=32 time=63ms TTL=128
Reply from 192.168.0.30: bytes=32 time=63ms TTL=128
Reply from 192.168.0.30: bytes=32 time=62ms TTL=128

Ping statistics for 192.168.0.30:
    Packets: Sent = 4, Received = 4, Lost = 0 (0% loss),
Approximate round trip times in milli-seconds:
    Minimum = 47ms, Maximum = 63ms, Average = 58ms
```

图 5.32　PC1 上 ping 通 PC3

```
PC>ping 192.168.0.30

Pinging 192.168.0.30 with 32 bytes of data:

Request timed out.
Request timed out.
Request timed out.
Request timed out.

Ping statistics for 192.168.0.30:
    Packets: Sent = 4, Received = 0, Lost = 4 (100% loss),
```

图 5.33　PC2 上 ping 不通 PC3

在 PC2 ping PC3 的效果如图 5.33 所示。

从图 5.31～图 5.33 可以看出，PC2 没有接入网络。

5.5　网管交换机与非网管交换机的区别

从任务 1、任务 2、任务 3 的实践可以看出，网管交换机通过自己的 IOS 实现对交换机端口的关/开操作、用户的加密访问以及端口只认识指定的 PC。

非网管交换机只实现交换机的基本功能，属于傻瓜型交换机。下面从多个方面来探讨两者之间的区别以及网络工程师在组网时如何挑选。

5.5.1　两者的区别

1. 工作模式不同

网管交换机产品提供了基于终端控制口(console)、基于 Web 页面以及支持 Telnet 远程登录交换机等多种网络管理方式。

非网管交换机工作于物理层和数据链路层设备，承担交换机最基本的功能，可以识别数据包中的 MAC 地址信息，然后根据 MAC 地址进行转发，并将这些 MAC 地址与对应的端口记录在自己内部的一个地址表中。

2. 功能不同

网管交换机的数据会通过 SNMP 来实现配置，SNMP 是目前基于 TCP/IP 网络使用最广泛的网络管理协议，可以对数据单元的地址、端口、协议类型、服务等进行过滤，通常还拥有 VLAN 划分功能。

非网管交换机缺少网管功能，只负责接入网络，对数据内容不做直接处理。因此在当前一些特定的行业和领域仍然有相当大的市场，如电力行业、煤矿行业、交通行业等。

3. 价格不同

网管交换机功能多样，价格昂贵。非网管交换机使用灵活，价格便宜。

4. 参数配置不同

非网管交换机参数已经出厂固化了，如果需要更改部分参数，需要返回工厂由生产商修改。

网管交换机可以定义、配置很多参数，目前最具常用的是安全访问，例如可以实现：端口指定某个设备的访问、VLAN、防 ARP 攻击、dot1x 认证、ACL、SNMP 等。

5. 登录方式不同

非网管交换机不可以登录，而网管交换机可以通过连接 Console、Telnet 的连接或者登录 Web 页面可以登录。

不管网管交换机还是非网管交换机，它们都是用端口来接入用户实现数据交换，只不过网管交换机在此基础上又增加了一系列的管理功能，具体如表 5.7 所示。

表 5.7　网管交换机与非网管交换机配置与否

配置与否	网管交换机（需要配置）	非网管交换机（免配置，即插即用）
VLAN 划分	支持	不支持
DHCP 功能	支持	不支持
MAC 地址绑定	支持	不支持
端口镜像	支持	不支持
ARP 防护	支持	不支持
SNMP 功能	支持	不支持
流量控制	支持	不支持

从表 5.7 可以看出，网管交换机支持配置，它可以通过更改配置来实现对网络的控制，如优先级、流量控制和 ACL 等，而非网管交换机是不支持更改配置的，因此它的功能没有网管交换机丰富。不仅如此，网管交换机还具备背板带宽大、数据吞吐量大、包丢失率小、延迟低以及组网灵活等优点，不过也正是因为网管交换机的功能丰富，它的成本相对于非网管交换机来说较高。

5.5.2　如何选择

想要保证整个网络系统顺利运行，选择一款合适的交换机是非常重要的，那么网管交换机与非网管交换机之间应该如何选择呢？我们可以从网络环境及成本两个方面考虑。

在复杂的数据中心和大型企业网络中，网络需要不断传输大量数据，这时交换机要承担成千上万的数据流量传输以及管理，在此情况下选择一款网管交换机是非常明智的做法，因为网管交换机可以根据交换机上的设备和用户，对网络设备进行检测管理和用户控制管理。

在小型办公室、家用等简单的网络环境中，不需要复杂的管理功能，因此可以选择非网管交换机，因为非网管交换机的价格相对于网管交换机来说便宜、实惠。

5.5.3　SOHO 交换机

SOHO 交换机就是小型家用的交换机，SOHO 是 small office home office 的缩写，它常用在家里或小型办公场合。它将家庭中多台计算机或办公室十台左右的计算机连接起来，组成小型局域网。例如，TP-LINK TL-SF1010D 型号的 SOHO 交换机如图 5.34 所示。TP-LINK 的 SOHO 交换机的端口数量是 4~16，主要用于 PC 的接入。通常组建的网络类似交换式以太网的星型结构。

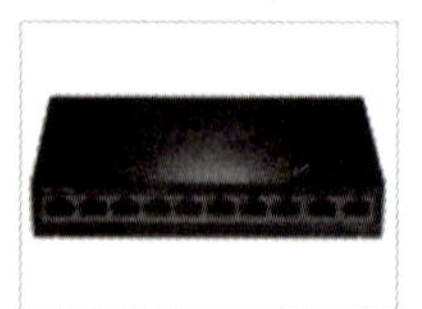

图 5.34　TP-LINK TL-SF1010D 型号的 SOHO 交换机

本章总结

本章主要讲述了以下内容：

(1) 交换机提供 IOS 实现对交换机的管理。它提供用户模式、特权模式、管理模式以及其他特定模式来实现交换机的层次安全保护。

(2) 登录新交换机必须使用 Console 口访问。

(3) 通过设置 Console 口令和特权口令实现 Console 口安全访问交换机，通过设置特权口令和 VTY 口令实现 Telnet 安全访问交换机。

(4) MAC 地址绑定到指定的交换机端口实现 PC 的安全接入。

(5) 是否具有 IOS 命令行配置方式是网管交换机与非网管交换机的区别。

(6) SOHO 交换机常用在家里或小型办公场合，接入端口数量有限。

实践认知活动 1

实践活动名称：认识交换机的 IOS。

实践活动内容：

(1) 查看交换机接口的命名方式。

(2) 在哪里查看交换机上配置生效的内容，如为交换机配置了管理地址，如何查看这个生效的地址？

(3) 为什么要关闭交换机没有使用的端口？

实践认知活动 2

实践活动名称：实现 Console 口安全访问交换机。

实践活动内容：

(1) 将交换机命名为自己名字的全拼。

(2) 为交换机设置 Console 口令，口令为自己入学的学号。

(3)为交换机设置特权口令，口令为自己入学的年月。
(4)检验登录的效果。
(5)如何重置交换机上的设置?

实践认知活动 3

实践活动名称：实现 Telnet 安全访问交换机。
实践活动内容：
(1)将交换机命名为自己名字的全拼。
(2)为交换机设置 Telnet 口令，口令为自己姓名+入学的日期。
(3)为交换机设置特权口令，口令为自己入学的年月。
(4)规划这个网络的 IP 地址并实施配置。
(5)检验远程登录的效果。
(6)如何重置交换机上的设置?
(7)体会远程登录和 Console 口登录交换机的区别。

实践认知活动 4

实践活动名称：让交换机 F0/10 端口只认识 PC1。
实践活动内容：
(1)查 PC1 的 MAC 地址是多少?
(2)在交换机上设置 MAC 地址绑定。
(3)当 PC1 接入交换机 F0/9 端口，PC2 接入交换机 F0/10 端口时，效果如何?在模拟器中实施。

思考题

(1)防止非网络管理员访问交换机的方法有哪些?
(2)这里 Telnet 登录交换机，交换机和登录的 PC 在同一网络中，若不在同一个网络中，思考下如何实现?
(3)同一网络从定量的角度出发可以用什么来衡量?如同一网络号，还有其他衡量指标吗?
(4)让交换机指定端口只认识某 PC 的好处有哪些?
(5)在同一局域网(网络号相同)中，自己能查到 IP 地址和 MAC 地址，如何查到同一个局域网内其他同伴的地址?

本章习题

5.1　填空题

(1)交换机提供的操作系统通常简称为________。
(2)可网管交换机可以通过________、________、________、________4 种方式访问。
(3)交换机建立________、________、________三级管理机制实现对交换机的管理和安全保护。

(4) 交换机根据是否支持网管功能划分为________和________。

(5) 设置交换机的口令有________、________、________、________4 种。

5.2 选择题

(1) 访问一台新的交换机可以________进行访问。

A. 通过微机的串口连接交换机的控制台端口

B. 通过 Telnet 程序远程访问交换机

C. 通过浏览器访问指定 IP 地址的交换机

D. 通过运行 SNMP 的网管软件访问交换机

(2) 口令可用于限制对 Cisco IOS 所有或部分内容的访问。请选择可以用口令保护的模式和接口。________(选择三项)

A. VTY 接口　　B. 控制台接口

C. 以太网接口　　D. 加密执行模式

E. 特权执行模式　　F. 交换机配置模式

(3) 某位网络管理员需要配置交换机。下列哪一种________连接方法需要用到网络功能?

A. 控制台电缆　　B. AUX

C. Telnet　　D. 调制解调器

(4) 下列哪一条________命令用来显示运行配置文件?

A. show running-config　　B. show startup- config

C. show backup-config　　D. show version

(5) 以下描述中，不正确的是：________。

A. 设置了交换机的管理地址后，就可使用 Telnet 方式来登录连接交换机，并实现对交换的管理与配置

B. 首次配置交换机时，必须采用 Console 口登录配置

C. 默认情况下，交换机的所有端口均属于 VLAN1，设置管理地址，实际上就是设置 VLAN1 接口的地址

D. 交换机允许同时建立多个 Telnet 登录连接

(6) 哪一条命令提示符是在接口配置模式下________?

A. >　　B. #　　C. (config)#　　D. (config-if) #

第 6 章

部门间安全及网络健壮性增强技术

学习要求

通过本章学习，认识广播域，清楚广播域产生的原因以及解决的方法，理解 VLAN 的作用，理解以太网帧和虚拟局域网中帧的区别。掌握单一交换机、多级交换机上 VLAN 的划分方法，能运营它解决单位部门间数据的安全传递问题，能根据地理位置实现单交换和跨交换上的 VLAN 划分技术。理解生成树工作的机制。熟悉交换机间链路聚合的方法。能将 VLAN、生成树、端口聚合应用在交换式以太网中。

思政元素：谈谈单位核心部门(如财务部门、技术部门)的安全。

思政目标：激发学生探讨数据传递如何既高效又安全。

在第 4 章和第 5 章我们学习了交换式以太网，认识了带 IOS 的网管交换机。交换式以太网通过交换机之间的连接来扩展端口，让更多的用户接入网络。交换机能识别数据帧的目的 MAC 地址，实现数据帧的定向转发。若数据帧的目的 MAC 地址不在交换机的 MAC 地址表里时，交换机除了连接数据源的端口向其他所有端口进行广播，也包括级联交换机所有端口。当网络中有大量这样的广播存在时，一个广播就会被交换机转发到与其相连的所有网段中；这不仅是对带宽的浪费，还会因过量的广播产生广播风暴，当交换网络规模增加时，网络广播风暴问题还会更加严重，并可能因此导致网络瘫痪。

本章探讨在跨多个办公区域构建的交换式以太网中分割广播域，保证部门间安全。通过 STP、端口聚合增强网络的健壮性。将着重讨论以下问题：

(1) 什么是广播域?

(2) 在广播域中什么情况下会产生广播风暴?

(3) 交换式以太网中有哪些工作的广播帧?

(4) 划分广播域的软件技术的方法是什么? 如 VLAN 技术。

(5) VLAN 技术如何实现部门间数据的隔离? 如隔离了广播帧的侦听。

(6) 谁实现了交换机级联时既能提供冗余连接还能不产生广播风暴?

(7) 链路聚合的工程意义是什么? 提供 200~900Mbit/s 带宽或 2 000~9 000Mbit/s 带宽，在全双工工作模式下，最高带宽是 400~1 800Mbit/s 或 4 000~18 000Mbit/s。

(8) 对建立的以太网信道建立 Trunk，在交换式以太网中实现 VLAN、STP 和链路聚合的综合应用。

通过设置相应的实践认知活动，可以加深对所学知识的理解，训练自己的动手实践技能，培养网络应用的能力，面对类似的问题，能够运用所学的知识解决当前面临的任务。

6.1 广播域

广播是一种信息的传播方式，指网络中的某一设备同时向网络中所有的其他设备发送数据，这个数据所能广播到的范围称为广播域(broadcast domain)。也就是说，网络中所有能接收到同样广播消息的设备的集合称为一个广播域。广播域基于第二层(数据链路层)，即站点发出一个广播信号后能够接收到这个信号的范围。通常，一个局域网就是一个广播域。广播域内所有的设备都必须监听所有的广播包，如果广播域太大，用户的带宽就小了，并且需要处理更多的广播，网络响应时间将会长到让人无法容忍的地步。

交换机具有 MAC 地址学习能力，通过查找 MAC 地址表将接收到的数据实现定向端口交换。交换机可以分割冲突域，一个端口对应一个冲突域，但是交换机下所有连接的设备依然在一个广播域中，如图 6.1 和图 6.2 所示，当交换机收到广播数据包时，会在所有连接的设备中进行传播，在一些情况下容易导致网络拥塞以及安全隐患。在图 6.1 中由单交换机构建的以太网处在一个广播域中。在图 6.2 中两台交换机级联构建的以太网仍处于一个广播域中。

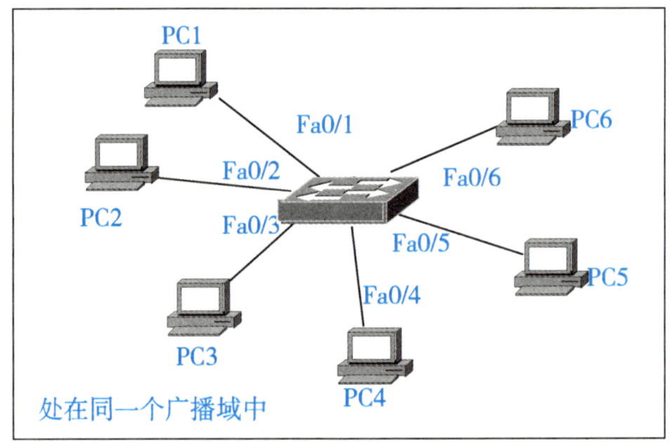

图 6.1　单交换机构建的以太网处于一个广播域中

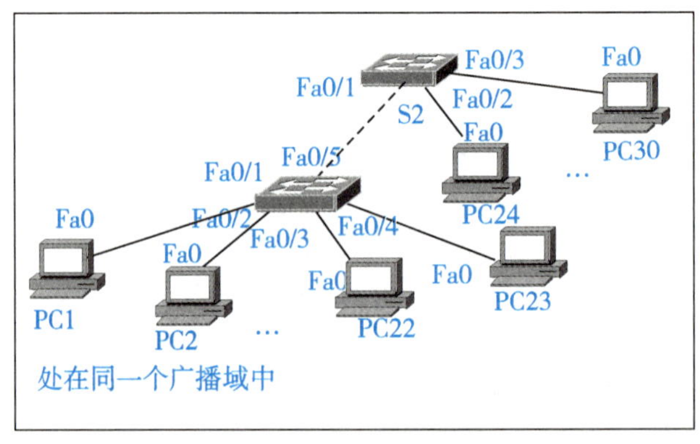

图 6.2　多交换机级联构建的以太网仍处于一个广播域中

提示： 由多台交换机互联构建的以太网仍处于一个广播域中。

通信网络中，为了避免因不可控制的广播导致的网络故障风险，通常使用路由器设备分割广播域，如图 6.3 所示。在图 6.3 中，假设交换机的端口为 48 个。我们可以看到有广播域 1 和广播域 2。PC1～PC47、交换机 S1 和路由器 R1 的 F0/1 接口处于广播域 1 中。PC48～PC94、交换机 S2 和路由器 R1 的 F0/2 接口处于广播域 2 中。

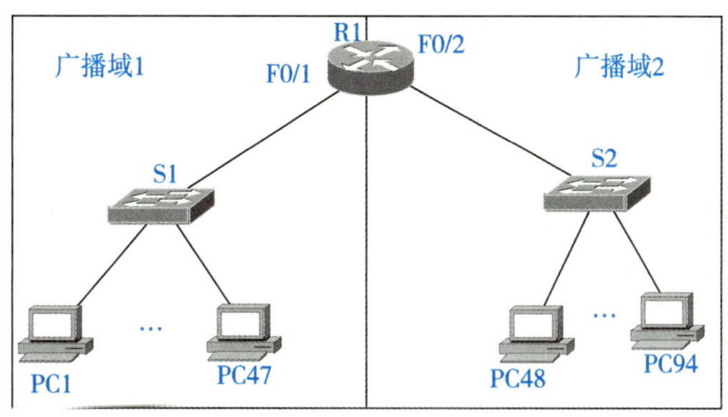

图 6.3　路由器可以分割广播域

相比于交换机，路由器并不通过目的 MAC 地址转发数据。路由器工作在网络层，通过路由器端口互联不同的网络，每个网络的网络号必须不相同。每个端口下连接的网络即为一个广播域，广播不会扩散到该端口以外的地方，因此说路由器隔离了广播域。路由器分割广播域的知识在后面的章节进行介绍。

6.2　广播风暴

作为发现未知设备的主要手段，广播在网络中起着非常重要的作用。一个数据帧或包被传输到本地网段(由广播域定义)上的每个节点就是广播。在广播帧中，帧头中的目的 MAC 地址是 FF.FF.FF.FF.FF.FF，该地址代表网络上所有主机网卡的 MAC 地址。

到目前为止，我们所学的要产生广播帧的情景主要包括以下几种。

(1)最初交换机的 MAC 地址表是空的，在没有学到 MAC 地址对应哪个端口时，都会产生广播，去寻找数据帧中目的 MAC 地址所在的设备。

(2)当数据帧到达交换机后，目的 MAC 地址不在交换机的 MAC 地址表中，交换机会广播转发该数据帧，去发现数据帧中目的 MAC 地址所在的设备。

(3)假设 PC1 与 PC2 在同一网络中，PC1 向 PC2 发送数据时，在 PC1 上要对发送的数据进行封装，在数据链路层的封装中，需要 PC2 的 MAC 地址，若自己的 ARP 高速缓存没有 PC2 的对应 MAC 地址，也会发送 ARP 广播寻求 PC2 的对应 MAC 地址，以便完成封装。ARP 广播在第 7 章介绍。

以上情形的广播数据是由工作需要产生的，无法避免。随着网络中计算机数量的增多，广播包的数量会急剧增加，网络长时间被大量的广播数据包占用，当广播数据包的数量达到一定的程度时，网络传输速率将会明显下降，使正常的点对点通信无法正常进行，最终导致网络性能下降，甚至导致网络瘫痪，这就是广播风暴。

6.2.1 广播风暴的危害

广播风暴现象是导致常见的数据泛洪(food)的原因之一，是一种典型的雪球效应。当广播风暴产生时，以太网传输介质中几乎充满了广播数据包，网络设备端口上统计的报文速率达到很高的数量级，设备处理器高负荷运转。广播风暴不仅影响网络设备，而且它还使所有的主机都要接收链路层的广播数据包，因而受到危害。每秒数万级的数据包通常会使网卡工作异常繁忙、操作系统反应迟缓、网络通信严重受阻，严重危害网络的正常运行。

6.2.2 广播风暴产生原因和解决方法

1. 广播风暴产生原因

形成广播风暴的原因有很多，这里主要介绍以下 5 种。

1)基于广播机制的网络设备所导致

之前的中、小型办公网络以及网吧、校园网等常见的网络中大量采用集线器构建共享式以太网。在共享式以太网中，使用 CSMA/CD 机制解决数据包的碰撞问题。随着网络主机数目的不断增加，数据包数量也不断增长，这种情况下容易形成广播风暴，共享式以太网的不足之处就表现得非常突出了，在广播报文较多的情况下，广播风暴会造成网络崩溃。目前，集线器在市场中已经不生产了，在网络工程项目中也很难见到它的踪影。

2)网卡或网络设备损坏

长时间工作容易使网络中主机的网卡或网络设备的端口发生损坏，损坏的网卡或网络设备也同样会产生广播风暴。当某块网卡或网络设备的某个端口损坏后，有可能向网络发送大量广播帧和非法帧，产生大量无用的数据包，占用大量带宽，使网络运行速度明显变慢，严重时会产生广播风暴。

3)网络环路

在网络管理过程中，如果人们对网络拓扑结构不清楚，在对网络设备进行安装的过程中出现疏漏，可能会导致一条物理网络线路的两端接在同一台网络设备中，或者虽然经过了不同的设备，但是还是形成了环路。广播数据包在网络中反复大量传送，容易导致广播风暴，造成网络阻塞甚至瘫痪。

4)网络病毒

目前，网络中的病毒很多，许多病毒和木马程序也容易引起广播风暴。局域网中一旦有一台机器中病毒，就会立即通过网络进行传播。网络病毒的传播会损耗大量的网络带宽，引起网络堵塞，产生广播风暴。

5)黑客软件的使用

一些上网者经常利用黑客软件对网络进行攻击。这些软件的使用，在一定程度上会造成广播风暴。

2. 广播风暴问题的解决方案和防范措施

解决广播风暴要从源头入手，从监控和管理两个方面进行。

1)使用较好的网络设备及质量较好的线缆

在资金充裕的条件下使用高档次的网络设备，保证网络的通信质量。具体是从网卡到线路再到交换机都采用质量高的设备，这样才能从硬件上减少故障发生的概率。

2) 掌握网络的拓扑结构，避免联网中环路的出现

在一些比较复杂的网络中，经常会出现多余的备用线路，一旦线路连接不当，就容易构成回路。例如，网线从网络中心接到计算机 1 室，再从计算机 1 室接到计算机 2 室。同时，从网络中心又有一条备用线路直接连到计算机 2 室，若这几条线同时接通，则构成环路，数据包会不断发送和校验数据，从而影响整体网速。在这种情况下查找出现问题的原因比较困难。为避免该类情况发生，在铺设网线时要养成良好的习惯，包括在网线上打上明显的标签、在有备用线路的地方做好记载等。当怀疑有此类故障发生时，一般采用分区分段逐步排除的方法。

3) 在网络中快速定位网络故障点

查找产生网络广播风暴的故障点通常比较困难，如网卡或网络设备物理损坏引起的广播风暴，这类故障查找和排除比较困难。网卡或网络设备出现故障时，一般这些设备仍能正常工作，只不过工作时时好时坏。碰到这样的问题一般从源头入手，从监控和管理两方面解决，网管人员可以使用 Windows 自带的网络监视器宏观地对网络进行监控，了解网络运行的大致情况。使用网络流量分析软件和协议分析软件(如 Sniffer、Wireshark 等)观察网络内计算机的通信状况，可以观察到广播帧的数量以及所占比例，从而迅速定位，找到广播风暴的源头所在，也可以利用 MRTG(multi router traffic grapher，一个监控网络链路流量负载的工具软件，通过 SNMP 得到设备的流量信息)监控工具，动态监测各网络设备的流量。另外，通过安装网络版杀毒软件并及时升级，计算机也及时升级并安装系统补丁程序，同时卸载不必要的服务、关闭不必要的端口，以提高系统的安全性和可靠性。

4) 采用 VLAN 技术

VLAN 技术是一种将局域网交换机从逻辑上划分成一个个网段，每个网段对应一个广播域，从而实现虚拟工作组的新兴数据交换技术。VLAN 技术的产生是为了解决以太网的广播问题和安全性问题，它在以太网数据帧的基础上增加了一个 VLAN ID 字段，通过 VLAN ID 把物理的交换机划分成若干个不同的虚拟局域网。

VLAN 可以提供建立防火墙的机制，防止交换网络的过量广播风暴。使用 VLAN 可以对某个交换端口或用户赋予某一个特定的 VLAN 组，该 VLAN 组可以在一个交换网中跨接多个交换机，一个 VLAN 中的广播风暴不会跨越另一个 VLAN。同样，相邻的端口不会收到其他 VLAN 产生的广播风暴。这样可以减少广播流量，减少广播风暴的产生，从而释放带宽给其他用户终端设备使用。

一般局域网都是基于端口划分 VLAN 的。在一座楼内尽量设置多个 VLAN，如楼内有大的机房，应让每个机房使用单独的 VLAN，使广播局部化，降低整个局域网的广播流量和广播风暴发生的可能性，保证网络的安全性和高可用性。

6.3 VLAN

6.3.1 VLAN 引入及介绍

1. 需要分割广播域

交换式以太网中存在工作需要的数据转发广播帧和 ARP 广播帧，同时也存在其他产生广播帧的因素，如网卡或网络设备损坏、网络环路、ARP 攻击网络病毒等。随着交换式以太网规模的增加，广播域的范围也相应得以增加。为了降低广播风暴发生的概率，需要分割广播域，在不增加硬件成本的条件下，VLAN 技术是分割广播域的不二选择。

2. 需要划分逻辑工作组

在单交换机构建的交换式以太网中，若交换机的端口数量为 48，接入的用户有平面设计部、婚纱业务部、财务部、行政部，这些部门领导希望各自在一个逻辑组中。但目前的交换式以太网都处在同一个 VLAN 1 中，在不增加硬件成本的条件下，VLAN 技术是划分逻辑工作组的不二选择。

假设某学校的实验楼 1 和行政楼位于两个不同的 VLAN 中，当某位同事因工作调动从实验楼 1 搬至行政楼，而同时他又希望继续与实验楼 1 中的同事在同一逻辑工作组时，校园网的网络管理员就必须为其重新提供一条到实验楼 1 的物理连接。显然，这根本无法执行，因为学校不会临时增加布线。如何实现跨越物理位置而在同一个逻辑工作组的需求？在跨交换机的情形下，VLAN 技术是划分逻辑工作组的不二选择。

3. VLAN 介绍

VLAN 是以局域网交换机为基础，通过交换机软件实现根据功能、部门、应用等因素将设备或用户组成虚拟工作组或逻辑网段的技术。一个逻辑网段使用一个 VLAN ID 如 VLAN 10，处在同一个 VLAN ID 中的成员相互之间可以通信，不同 VLAN ID 中的成员相互之间不可以直接通信。一个 VLAN 就是一个广播域，VLAN 之间的通信是通过第 3 层设备路由器完成的。

一个 VLAN 包含一组具有相同需求的计算机工作站，与物理上形成的 LAN 具有相同的属性。它是从逻辑上划分，不是从物理上划分的，因此一个 VLAN 内的各个工作站没有限制在一个物理范围中，即这些工作站可以在不同物理 LAN 网段。

VLAN 最大的特点是在组成逻辑网时无须考虑用户或设备在网络中的物理位置。VLAN 可以在一个交换机中或者跨交换机实现，相互之间通信就如同在同一个网段中。

同一个 VLAN 内部的广播和单播流量不会转发到其他 VLAN 中，从而有助于控制流量、减少设备投资、简化网络管理、提高网络的安全性。

图 6.4 给出了一个关于 VLAN 划分的示例。VLAN 技术可以将位于不同物理网段、连在不同交换机端口的节点纳入同一 VLAN 中。经过这样的划分，位于同一物理网段中的节点之间不一定能直接相互通信，如图 6.4 中的主机 1、主机 4 和主机 7；而位于不同物理网段中但属于同一 VLAN 中的节点却可以直接相互通信，如图 6.4 中的主机 1、主机 2 和主机 3。

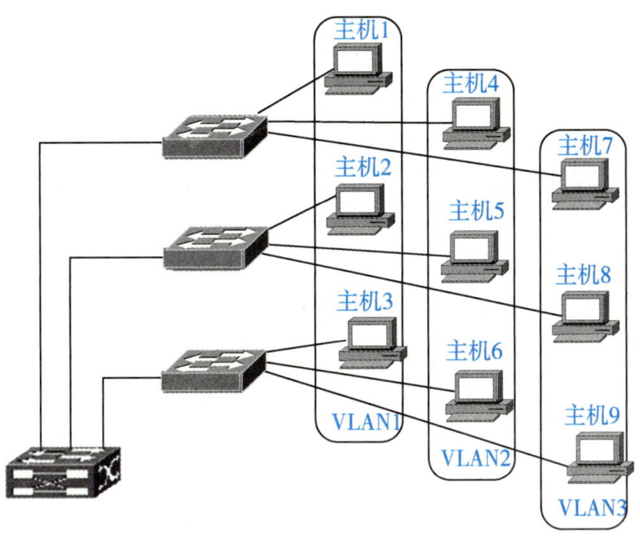

图 6.4　VLAN 的示例

6.3.2　VLAN 的实现

VLAN 可以根据功能、部门或应用划分而无须考虑用户的物理位置。以太网交换机的每个端口都可以分配给一个 VLAN。分配给同一个 VLAN 的端口共享广播域(一个站点发送广播信息，同一 VLAN 中的所有站点都可以听到)，分配给不同 VLAN 的端口不共享广播域。VLAN 既可以在单台交换机中实现，也可以跨越多台交换机实现。

从实现的方式上看，所有 VLAN 均是通过交换机软件实现的；从实现的机制或策略分，VLAN 分为静态 VLAN 和动态 VLAN 两种。

1. 静态 VLAN

在静态 VLAN 中，由网络管理员根据交换机端口进行静态的 VALN 分配，当在交换机上将其某一个端口分配给一个 VLAN 时，其将一直保持不变直到网络管理员改变这种配置，所以又被称为基于端口的 VLAN。基于端口的 VLAN 配置简单，网络的可监控性强，但是缺乏足够的灵活性，当用户在网络中的位置发生变化时，必须由网络管理员将交换机端口重新进行配置。因此，静态 VLAN 比较适合用户或设备位置相对稳定的网络环境。图 6.5 给出了静态 VLAN 的示意。

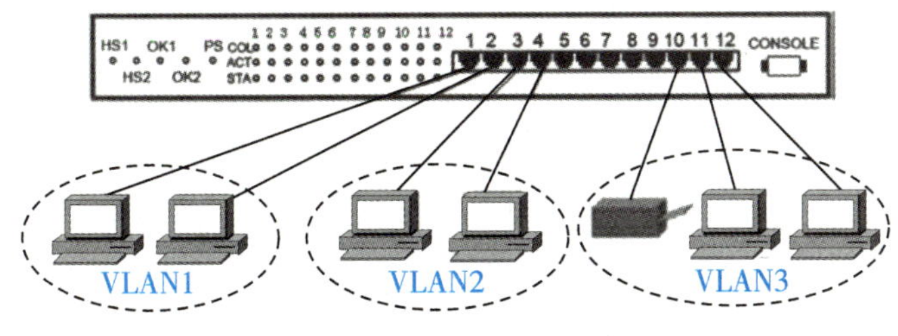

图 6.5　静态 VLAN 示例

2. 动态 VLAN

动态 VLAN 是指以联网用户的 MAC 地址、逻辑地址(如 IP 地址)或数据包协议等信息为基础将交换机端口动态分配给 VLAN 的方式。总之，不管以何种机制实现，分配给同一个 VLAN 的所有主机共享一个广播域，而分配给不同 VLAN 的主机将不会共享广播域。也就是说，只有位于同一 VLAN 中的主机才能直接相互通信，而位于不同 VLAN 中的主机之间是不能直接相互通信的。

1)基于 MAC 地址的 VLAN 划分

基于 MAC 地址的 VLAN 划分是以网卡的 MAC 地址来决定隶属的虚拟网。MAC 地址是网卡的地址，每一块网卡的 MAC 地址都是唯一的，并且已经固化在网卡上。如图 6.6 所示，网络管理员可以按照各个网络节点的 MAC 地址将一些站点划分为一个逻辑子网 VLAN 1，将另外一些站点划分为另一个逻辑子网 VLAN 2。

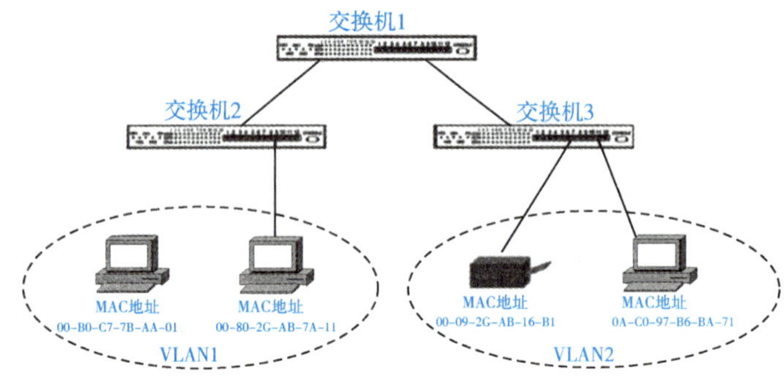

图 6.6 基于 MAC 地址的 VLAN 划分

采用这种方式的 VLAN 划分，要求交换机对节点的 MAC 地址和交换机端口进行跟踪，在新节点入网时，根据需要将其划至某一个 VLAN。不论该节点在网络中怎样移动，由于其 MAC 地址保持不变，用户不需对网络地址重新配置。所有的用户必须明确地分配给一个 VLAN，在这种初始化工作完成后，对用户的自动跟踪才成为可能。在一个大型网络中，网络管理人员需要将每个用户划分到某一个 VLAN，这项工作是十分烦琐的。为此，由相应的网络管理工具来配置 MAC 地址。这些网管工具可以根据当前网络的使用情况，在 MAC 地址的基础上自动划分虚拟网。

2)基于网络层协议或地址划分 VLAN

路由协议工作在网络层，相应的网络设备有路由器和三层交换机。基于网络层的虚拟网有多种划分方式，例如，当网络中存在多种协议时，可以通过不同的可路由协议来划分多个 VLAN。当然，也可以使用网络层地址来确定虚拟网络的成员，例如，对于使用 TCP/IP 的网络，可以使用子网段的地址来划分 VLAN。

3)用 IP 广播组定义虚拟局域网

这种虚拟局域网的建立是动态的，它代表一组 IP 地址，由代理的设备对虚拟局域网中的成员进行管理。当 IP 广播包要送达多个目的地址时，就动态建立虚拟局域网代理，这个代理和多个 IP 节点组成 IP 广播组虚拟局域网。网络用广播信息通知各 IP 站，表明网络中存在 IP 广播组，节点如果响应信息，就可以加入 IP 广播组，成为虚拟局域网中的一员，与虚拟局域网中的其他成员通信。IP 广播组中的所有节点属于同一个虚拟局域网，但它们只是特定时间段内特定 IP 广播组的成员。IP 广播组虚拟局域网的动态特性使局域网具有很高的灵活性，可以根据服务灵活地组建虚拟局域网，而且可以跨越路由器形成与广域网的互联。

6.3.3　VLAN 使用的以太网帧格式

IEEE 802.1Q 标准定义了虚拟局域网的以太网帧格式，在传统的以太网帧格式中插入一个 4B 的标识符，称为 VLAN 标记，也称为 Tag 域，用来指明发送该帧的工作站属于哪一个虚拟局域网，如图 6.7 所示。如果还使用传统的以太网帧格式，就无法划分虚拟局域网。

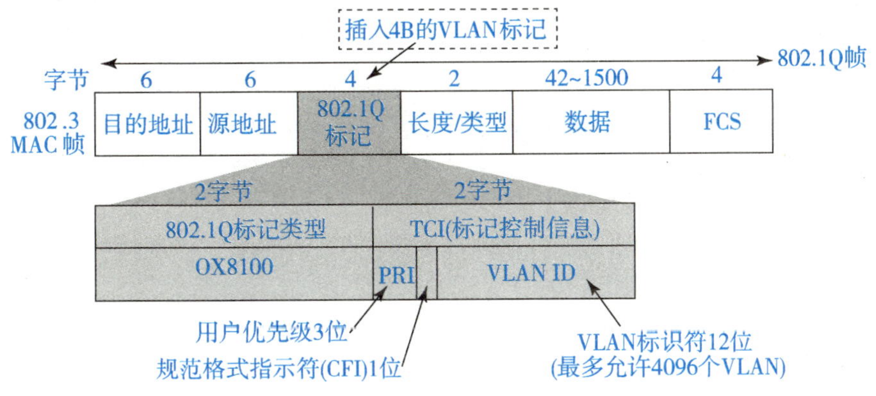

图 6.7　虚拟局域网以太网帧格式

VLAN 标记字段的长度是 4B，插入以太网 MAC 帧的源地址字段和长度/类型字段之间。VLAN 标记的前 2B 和原来的长度/类型字段的作用一样，但它总是设置为 0x8100（这个数值大于 0x0600，因此不是代表长度），称为 802.1Q 标记类型。当数据链路层检测到在 MAC 帧的源地址字段后面的长度/类型字段的值是 0x8100 时，就知道现在插入了 4B 的 VLAN 标记。于是就检查该标记的后 2B 的内容。在后面的 2B 中，前 3bit 是用户优先级字段，接着的 1bit 是规范格式指示符（canonical format indicator，CFI），最后的 12b 是该虚拟局域网的标识符 VID，它唯一地标识这个以太网帧属于哪一个 VLAN。在 802.1Q 标记（4B）后面的 2B 是以太网帧的长度/类型字段。因为用于虚拟局域网的以太网帧的首部增加了 4B，所以以太网帧的最大长度从原来的 1518B 变为 1522B。

6.3.4　VLAN 数据帧的传输

目前任何主机都不支持带有 Tag 域的以太网数据帧，即主机只能发送和接收标准的以太网数据帧，而将 VLAN 数据帧作为非法数据帧。所以支持 VLAN 的交换机在与主机和交换机进行通信时，需要区别对待。当交换机将数据发送给主机时，必须检查该数据帧并删除 Tag 域。而交换机将数据发送给交换机时，为了让对端交换机能够知道数据帧的 VLAN ID，它应该给从主机接收到的数据帧增加一个 Tag 域后再发送，数据帧在传输过程中的变化如图 6.8 所示。

当交换机接收到某数据帧时，交换机根据数据帧中的 Tag 域或者接收端口的默认 VLAN ID 来判断该数据帧应该转发到哪些端口，如果目标端口连接的是普通主机，则删除 Tag 域（如果数据帧中包含 Tag 域）后再发送数据帧；如果目标端口连接的是交换机，则添加 Tag 域（如果数据帧中不包含 Tag 域）后再发送数据帧。为了保证在交换机之间的 Trunk 链路上能够

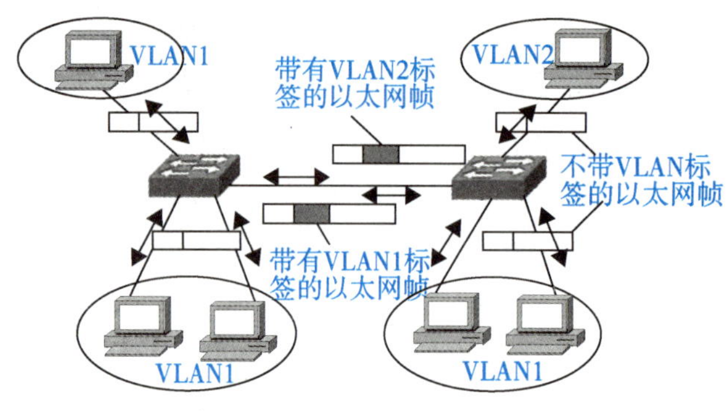

图 6.8 VLAN 数据帧的传输

接入普通主机，当以太网检查到数据帧的 VLAN ID 和 Trunk 端口的默认 VLAN ID 相同时，数据帧不会被增加 Tag 域。而数据帧到达对端交换机后，交换机发现数据帧中没有 Tag 域时，就认为该数据帧为接收端口的默认 VLAN 数据。

根据交换机处理数据帧的不同方式，可以将交换机的端口分为两类：Access 端口和 Trunk 端口。

(1) Access 端口：只能传送标准以太网帧的端口，一般是指那些连接不支持 VLAN 技术的端设备的接口，这些端口接收到的数据帧都不包含 VLAN 标签，而向外发送数据帧时，必须保证数据帧中不包含 VLAN 标签。

(2) Trunk 端口：既可以传送有 VLAN 标签的数据帧，也可以传送标准以太网帧的端口，一般是指那些连接支持 VLAN 技术的网络设备(如交换机)的端口，这些端口接收到的数据帧一般都包含 VLAN 标签(数据帧 VLAN ID 和端口默认 VLAN ID 相同除外)，而向外发送数据帧时，必须保证接收端能够区分不同 VLAN 的数据帧，故常常需要添加 VLAN 标签(数据帧 VLAN ID 和端口默认 VLAN ID 相同除外)。

6.3.5 VLAN 的优点

采用 VLAN 后，在不增加设备投资的前提下，可在许多方面提高网络的性能，并简化网络的管理，具体表现在以下几方面。

1) 提供了一种控制网络广播的方法

基于交换机组成的网络的优势在于可提供低时延、高吞吐量的传输性能，但其会将广播包发送到所有互连的交换机、所有的交换机端口、干线连接及用户，从而引起网络中广播流量的增加，甚至产生广播风暴。通过将交换机划分到不同的 VLAN 中，一个 VLAN 的广播不会影响到其他 VLAN 的性能。即使是同一交换机上的两个相邻端口，只要它们不在同一个 VLAN 中，相互之间也不会渗透广播流量。这种配置方式大大减少了广播流量，提高了用户的可用带宽，弥补了网络易受广播风暴影响的弱点。同时也是一种比传统的采用路由器在共享集线器间进行网络广播阻隔更灵活有效的方法。

2) 提高了网络的安全性

VLAN 的数目及每个 VLAN 中的用户和主机是由网络管理员决定的。网络管理员通过将可以相互通信的网络节点放在一个 VLAN 内，或将受限制的应用和资源放在一个安全的 VLAN 内，并提供基于应用类型、协议类型和访问权限等不同策略的访问控制表，就可以有效限制广播组或共享域的大小。

3) 简化了网络管理

一方面，可以不受网络用户的物理位置限制而根据用户需求进行网络逻辑，如同一项目或部门中的协作者、功能上有交叉的工作组、共享相同网络应用或软件的不同用户群。另一方面，由于 VLAN 可以在单独的交换设备中或跨多个交换设备实现，也会大大减少在网络中增加、删除或移动用户时的管理开销。增加用户时只要将其所连接的交换机端口指定到其所属的 VLAN 中即可；而在删除用户时只要将其 VLAN 配置撤销或删除即可；在用户移动时，只要能够连接到任何交换机的端口，就无须重新布线。

4）提供了基于第二层的通信优先级服务

在最新的以太网技术如千兆位以太网中，基于与 VLAN 相关的 IEEE 802. 1P 标准可以在交换机上为不同的应用提供不同的服务，如传输优先级等。

总之，VLAN 是交换式网络的灵魂，其不仅在逻辑上对网络用户和资源进行有效、灵活、简便的管理提供了手段，同时提供了极高的网络扩展和移动性。但是，尽管 VLAN 具有众多的优越性，但是它并不是一种新型的局域网技术，而是一种基于现有交换机设备的网络管理技术或方法，是提供给用户的一种服务。

6. 4　任务 1：单交换机上 VLAN 划分

1. 学习情境 1

小王是公司的网络管理员，公司有计财处和市场部等部门，这两个部门分布在同一楼层，各自分别有三台 PC 终端，现要求两部门合用一台二层可网管交换机，使各终端能互联互通，其拓扑如图 6. 9 所示。

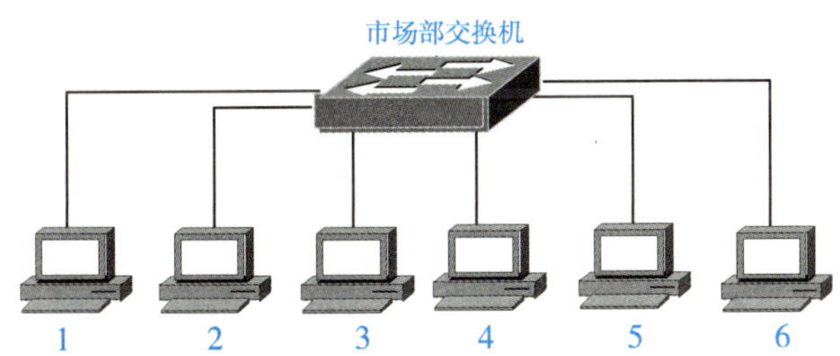

图 6. 9　学习情境 1 设计的网络拓扑

（1）网络规划：各终端规划的 IP 地址、子网掩码如表 6. 1 所示。

表 6. 1　IP 地址规划表

PC 终端名	IP 地址	子网掩码	所属 VLAN
1 号终端	192. 168. 11. 1	255. 255. 255. 0	VLAN 1
2 号终端	192. 168. 11. 2	255. 255. 255. 0	VLAN 1
3 号终端	192. 168. 11. 3	255. 255. 255. 0	VLAN 1
4 号终端	192. 168. 11. 4	255. 255. 255. 0	VLAN 1
5 号终端	192. 168. 11. 5	255. 255. 255. 0	VLAN 1
6 号终端	192. 168. 11. 6	255. 255. 255. 0	VLAN 1

提示：规划的 IP 地址只要处在同一个网段即可，可以不考虑网关，只实现局域网内部之间的通信。

(2)实现过程。

① 根据图 6.9 搭建网络实体环境。

② 对每台 PC 终端按 IP 规划的地址进行配置后，在各台终端之间使用 ping 命令测试其相互间的连通性。

2. 学习情境 2

现公司基于安全方面的考虑，希望在不增加投入的情况下将两个部门在逻辑上进行分割，相互不能进行互访，无法窃听广播信息，设计的拓扑如图 6.10 所示。

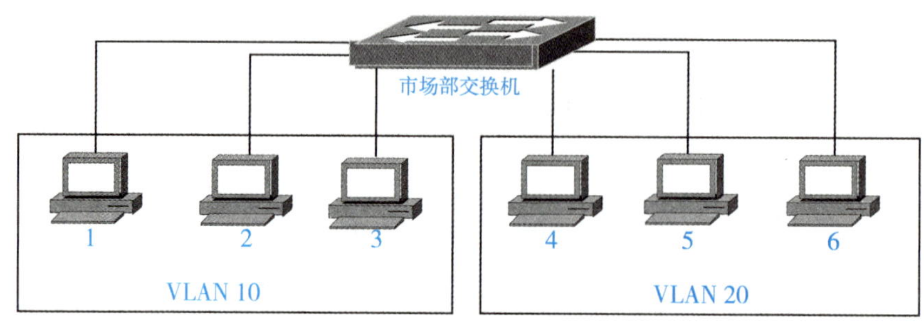

图 6.10　学习情境 2 设计的网络拓扑

(1)解决方案：通过使用 VLAN 的安全特性，将一台交换机在逻辑上划分成两台相互不关联的交换机，从而使两个部门不能相互访问。

(2)网络规划：各终端规划的 IP 地址、子网掩码如表 6.2 所示。

表 6.2　IP 地址规划表

PC 终端名	IP 地址	子网掩码	所属 VLAN
1 号终端	192. 168. 10. 1	255. 255. 255. 0	VLAN 10
2 号终端	192. 168. 10. 2	255. 255. 255. 0	VLAN 10
3 号终端	192. 168. 10. 3	255. 255. 255. 0	VLAN 10
4 号终端	192. 168. 20. 1	255. 255. 255. 0	VLAN 20
5 号终端	192. 168. 20. 2	255. 255. 255. 0	VLAN 20
6 号终端	192. 168. 20. 3	255. 255. 255. 0	VLAN 20

提示：计财处和市场部规划的 IP 地址可以处在两个不同的网段，也可以处在同一个网络号中。若希望两个 VLAN ID 的数据通过路由器设备进行通信，两个 VLAN ID 的网络号就必须不相同，后面的章节会介绍。所创建的 VLAN ID，普通范围的 ID 取值范围是 1~1005，其中 1 和 1002~1005 是系统自动创建的，不能删除。

(3)交换机设备端口分配：在交换机上通过 show run 命令查看设备端口命名规则，结果如表 6.3 所示。

表 6.3　交换机的端口分配表

	本地设备端口号	对端设备
某交换机	F0/1	1 号终端
	F0/2	2 号终端
	F0/3	3 号终端
	F0/4	4 号终端
	F0/5	5 号终端
	F0/6	6 号终端

(4)在交换机上创建 VLAN 并把相应的端口绑定到对应的 VLAN，如表 6.4 所示。

表 6.4　在交换机上创建 VLAN 及端口绑定

	所创建的 VLAN	加入 VLAN 的端口
某交换机	VLAN 10	F0/1
	VLAN 10	F0/2
	VLAN 10	F0/3
	VLAN 20	F0/4
	VLAN 20	F0/5
	VLAN 20	F0/6

(5) 命令示例。

①创建 VLAN 命令：

```
Switch>
Switch>en
Switch#config t
Enter configuration commands, one per line.   End with CNTL/Z.
Switch(config)#vlan 10                                  //创建 VLAN 10
Switch(config-vlan10)#exit
Switch(config)#exit
```

②检测 VLAN 创建成功命令：

```
Switch#show vlan                //查看当前交换机上创建的 VLAN
```

③端口绑定到对应的 VLAN 命令：

```
switch#
switch#config t                                        //进入全局模式
switch(Config)#int f0/1                                //进入第一个以太网口
switch(Config-Ethernet0/0/1)#switchport access vlan 10 //将该端口绑定至 VLAN10
Set the port Ethernet0/0/1 access vlan 10 successfully //交换机提示绑定成功
switch(Config-Ethernet0/0/1)#exit                      //退出端口配置模式
switch(Config)#
```

④检测端口对应的 VLAN 是否绑定成功命令

```
Switch#show vlan
```

(6)实现过程。

①根据图 6.10 在 Cisco Packet tracer 中搭建拓扑如图 6.11 所示。PC 和交换机的连接如表 6.5 所示。

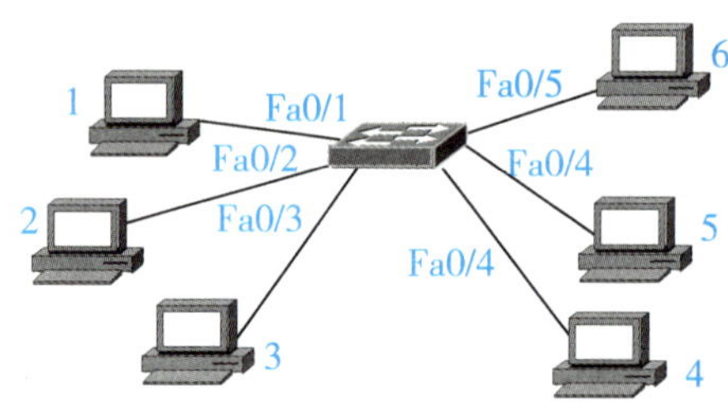

图 6.11 在 Cisco Packet Tracer 中搭建拓扑

表 6.5 PC 和交换机的连接

设备名	使用的接口类型	双绞线的类型	对接交换机的接口
1	FastEthernet0	直通双绞线	FastEthernet0/1
2	FastEthernet0	直通双绞线	FastEthernet0/2
3	FastEthernet0	直通双绞线	FastEthernet0/3
4	FastEthernet0	直通双绞线	FastEthernet0/4
5	FastEthernet0	直通双绞线	FastEthernet0/5
6	FastEthernet0	直通双绞线	FastEthernet0/6

②PC 的 IP 地址规划：按表 6.2 为 6 个终端分配地址。

③在交换机上创建 VLAN，检测创建 VLAN 是否生效的方法如下：

```
Switch>en
Switch#config t
Enter configuration commands, one per line.   End with CNTL/Z.
Switch(config)#hostname SW1
SW1(config)#vlan 10
SW1(config-vlan)#exit
SW1(config)#vlan 20
SW1(config-vlan)#exit
SW1(config)#exit
SW1#
SW1#show vlan
  VLAN  Name                              Status    Ports
-----------------------------------------------------------------------
  10    VLAN0010                          active
  20    VLAN0020                          active
```

④将端口绑定到对应的 VLAN：

```
SW1#config t
SW1(config)#int f0/1                              //进入接口 F0/1
SW1(config-if)#switchport access vlan 10          //将接口 F0/1 加入 VLAN 10
SW1(config-if)#int f0/2
SW1(config-if)#switchport access vlan 10
SW1(config-if)#int f0/3
SW1(config-if)#switchport access vlan 10
SW1(config-if)#int f0/4
SW1(config-if)#switchport access vlan 20
SW1(config-if)#int f0/5
SW1(config-if)#switchport access vlan 20
SW1(config-if)#int f0/6
SW1(config-if)#switchport access vlan 20
SW1(config-if)#exit
SW1(config)#exit
SW1#
```

⑤使用 show vlan 命令查看各个端口所在的 VLAN，并检测是否生效的方法如图 6.12 所示。

```
Switch#show vlan
VLAN Name                             Status    Ports
---- -------------------------------- --------- -------------------------------
1    default                          active    Fa0/7, Fa0/8, Fa0/9, Fa0/10
                                                Fa0/11, Fa0/12, Fa0/13, Fa0/14
                                                Fa0/15, Fa0/16, Fa0/17, Fa0/18
                                                Fa0/19, Fa0/20, Fa0/21, Fa0/22
                                                Fa0/23, Fa0/24
10   caiwu                            active    Fa0/1, Fa0/2, Fa0/3
20   shichang                         active    Fa0/4, Fa0/5, Fa0/6
1002 fddi-default                     act/unsup
1003 token-ring-default               act/unsup
1004 fddinet-default                  act/unsup
1005 trnet-default                    act/unsup
```


图 6.12　查看各个端口所在 VLAN

⑥ 用 ping 命令测试同部门 PC 终端之间是否连通；跨部门 PC 终端之间是否连通，测试的结果如表 6.6 所示。

表 6.6　6 台计算机间的连通性

设备名	1	2	3	4	5	6
1	—	连通	连通	不连通	不连通	不连通
2	连通	—	连通	不连通	不连通	不连通
3	连通	连通	—	不连通	不连通	不连通

续表

设备名	1	2	3	4	5	6
4	不连通	不连通	不连通	—	连通	连通
5	不连通	不连通	不连通	连通	—	连通
6	不连通	不连通	不连通	连通	连通	—

在交换机的特权模式下，输入 show running-config，查看配置生效的内容。

```
SW1#show running-config                //查看配置生效的内容

Building configuration...
Current configuration : 1133 bytes
version 12.1
no service timestamps log datetime msec
no service timestamps debug datetime msec
no service password-encryption
hostname Switch
!
!
spanning-tree mode pvst
!
interface FastEthernet0/1
  switchport access vlan 10
!
interface FastEthernet0/2
  switchport access vlan 10
!
interface FastEthernet0/3
  switchport access vlan 10
!
interface FastEthernet0/4
  switchport access vlan 20
!
interface FastEthernet0/5
  switchport access vlan 20
!
interface FastEthernet0/6
  switchport access vlan 20
!
interface FastEthernet0/7
!
```

```
interface FastEthernet0/8
!
! ..............                    //省略中间的输出结果
end
```

6.5 任务 2：跨交换机上 VLAN 划分

1. 学习情境

小王是公司的网络管理员，公司有计财处和市场部等部门，其中计财处和市场部在一楼和二楼均有办公人员，分布在不同的楼层，现在由两个楼层交换机将两个部门互联，两个交换机用各自的 24 号端口进行级联，为了不增加布线成本，利用现有的两台交换机将两个部门在逻辑上进行分割，使两个部门不能互相访问，设计的拓扑如图 6.13 所示。

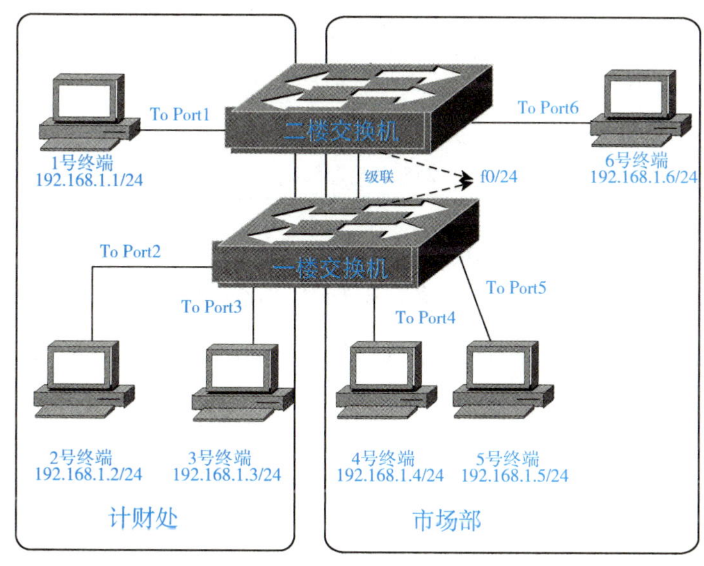

图 6.13 任务 4 设计的网络拓扑

2. 解决方案

我们已经知道 VLAN 可以在逻辑上将一台交换机划分成多台交换机使用，但在上面的网络环境中，需要将两台交换机在逻辑上分割成四台交换机，这样就需要两条级联线并占用四个交换机端口用于级联，而实际环境中不允许我们用两条级联线占用四个端口来连接交换机。基于以上条件，我们可以使用 TRUNK 技术来解决这一问题。

3. 相关知识

在交换领域中，VLAN 的端口聚合叫 TRUNK 或 TRUNKING，所谓的 TRUNKING 是用来在不同的交换机之间进行连接的，以保证在跨越多台交换机建立的同一个 VLAN 中的成员能够相互通信。其中交换机之间互联用的端口就称为 TRUNK 端口。与一般的交换机的级联不同，TRUNKING 是基于 OSI 第 2 层的。假设没有 TRUNKING 技术，如果在两个交换机上分别划分了多个 VLAN(VLAN 也是基于第 2 层的)，那么分别在两个交换机上的 VLAN 10 和 VLAN 20 的各自的成员如果要互通，就需要在 A 交换机上设为 VLAN 10 的端口中取一个和交换机 B 上设为 VLAN 10 的某个端口进行级联连接，VLAN 20 也是这样。那么如果交换机上划分了 10 个 VLAN，就需要分别连 10 条线进行级联，端口效率就太低了。当交换机支持 TRUNKING 的时候，事情就简单了，只需要两个交换机之间有一条级联线，并将对应的端口设置为 TRUNK，这条线路就可以承载交换机上所有 VLAN 的信息。这样，就算交换机上设了上百个 VLAN 也只用 1 个端口就可以解决。

4. 网络规划和设计

(1)各终端规划的 IP 地址、子网掩码如表 6.7 所示。

表 6.7　IP 地址规划表

PC 终端名	IP 地址	子网掩码	所属 VLAN
1 号终端	192.168.10.1	255.255.255.0	VLAN 10
2 号终端	192.168.10.2	255.255.255.0	VLAN 10
3 号终端	192.168.10.3	255.255.255.0	VLAN 10
4 号终端	192.168.20.1	255.255.255.0	VLAN 20
5 号终端	192.168.20.2	255.255.255.0	VLAN 20
6 号终端	192.168.20.3	255.255.255.0	VLAN 20

提示：计财处和市场部规划的 IP 地址可以处于两个不同的网段，所创建的 VLAN ID，普通范围的 ID 取值范围是 1~1005，其中 1 和 1002~1005 是系统自动创建的，不能删除。

(2)交换机设备端口分配：在交换机上通过 show run 命令查看设备端口命名规则，填写的内容如表 6.8 所示。

表 6.8　交换机的端口分配表

交换机	本地设备端口号	对端设备
一楼交换机	F0/2	2 号终端
	F0/3	3 号终端
	F0/4	4 号终端
	F0/5	5 号终端
二楼交换机	F0/1	1 号终端
	F0/6	6 号终端
	F0/24	一楼交换机的 F0/24

(3)在交换机上创建 VLAN 并把相应的端口绑定到对应的 VLAN，如表 6.9 所示。

表 6.9　在交换机上创建 VLAN 及端口绑定

交换机	所创建的 VLAN	加入 VLAN 的端口
一楼交换机	VLAN 10	F0/2
一楼交换机	VLAN 10	F0/3
一楼交换机	VLAN 20	F0/4
一楼交换机	VLAN 20	F0/5
二楼交换机	VLAN 10	F0/1
二楼交换机	VLAN 20	F0/6
二楼交换机	VLAN 10、VLAN 20	F0/24
一楼交换机	VLAN 10、VLAN 20	F0/24

5. 设置 TRUNK 模式命令示例

```
Switch1(config)#int F0/24                           //进入交换机的第 24 号物理端口
Switch1(config-if)#switchport mode trunk            //将端口设置为 TRUNK 模式
Switch1(config-if)#switchport trunk allowed vlan all  //允许所有的 VLAN 信息通过该 TRUNK
```

6. 实现过程

(1) 根据上面的拓扑图搭建网络实体环境。

(2)在一楼和二楼交换机上分别都创建 VLAN 10 和 VLAN 20。

(3)将一楼交换机的 2、3 号端口划分到 VLAN 10，一楼交换机的 4、5 号端口划分到 VLAN 20，二楼交换机的 1 号端口划分到 VLAN 10，二楼交换机的 6 号端口划分到 VLAN 20。完成了这步工作之后，同楼层内部门内的 PC 终端可以相互通信，但是跨楼层的 PC 终端并不能互联。

(4)使用 TRUNK 技术将两台交换机的 VLAN 信息共享。这就需要我们在两台交换机的级联端口即本案例的交换机 24 号物理端口进行 TRUNK 设置。

① 将一楼交换机 F0/24 端口设置为 TRUNK 模式并允许所有 VLAN 通过。

```
Switch1(config)#int f0/24
Switch1(config-if)#switchport mode trunk
Switch1(config-if)#switchport trunk allowed vlan all
```

②将二楼交换机 F0/24 端口设置为 TRUNK 模式并允许所有 VLAN 通过。

```
Switch2(config)#int f0/24
Switch2(config-if)#switchport mode trunk
Switch2(config-if)#switchport trunk allowed vlan all
```

(5)用 ping 命令测试同部门 PC 终端之间是否连通；跨部门 PC 终端之间是否连通，测试的结果如表 6.10 所示。

表 6.10　6 台计算机间的连通性

设备名	1	2	3	4	5	6
1	—	连通	连通	不连通	不连通	不连通
2	连通	—	连通	不连通	不连通	不连通
3	连通	连通	—	不连通	不连通	不连通
4	不连通	不连通	不连通	—	连通	连通
5	不连通	不连通	不连通	连通	—	连通
6	不连通	不连通	不连通	连通	连通	—

(6)在交换机的特权模式下，输入 show running-config，查看配置生效的内容。如在一楼交换机 Switch1 上：//查看配置生效的内容。

```
Switch1#show running-config
Building configuration...
Current configuration : 1075 bytes
!
version 12.1
no service timestamps log datetime msec
no service timestamps debug datetime msec
no service password-encryption
!
hostnameSwitch1
!
!
spanning-tree mode pvst
!
interface FastEthernet0/2
  switchport access vlan 10
!
interface FastEthernet0/3
  switchport access vlan10
!
interface FastEthernet0/4
  switchport access vlan20
!
interface FastEthernet0/5
  switchport access vlan20
!
interface FastEthernet0/24
  switchport mode trunk
!
```

同理，在 Switch2 上，也可以通过 show running-config 命令来查看配置生效的内容。

6.6　任务3：交换机网络健壮增强技术

在第4章中我们介绍了交换机之间的连接有冗余连接，通过STP在交换机之间不仅实现了冗余连接，还可避免出现环路，增强了交换网络的健壮性。

6.6.1　生成树协议简介

在实际的网络工程项目中，交换机与交换机之间往往有多条链路，以提供路径冗余，目的是一条链路的损坏不影响整个网络的互联互通。在具有路径冗余的网络中，当交换机接收到一个未知目的地址的数据帧时，交换机的操作是将这个数据帧广播出去，这样，具有冗余路径的交换网络中容易产生广播风暴，广播风暴的产生会占用交换机大量的系统资源，从而导致交换机死机。如何解决既要有物理冗余链路保证网络的可靠性，又能避免冗余环路产生广播风暴的问题？IEEE的802.1D标准制定了一个STP，它能够在逻辑上断开网络的环路，防止广播风暴产生，而一旦正在使用的线路出现故障，逻辑上被断开的线路又被连通，继续传输数据。因此，STP能够很好地解决具有冗余链路网络的广播风暴问题。到目前为止，STP一共有3代，分别为第一代STP/RSTP、第二代PVST/PVST+、第三代MTSTP/MSTP。

STP的原理是将一个有环路的桥接网络修剪成一个无环路的树形拓扑结构，按照树的结构构造网络拓扑，消除网络中的环路，通过一定的方法实现路径冗余。STP能够确保数据帧在某一时刻从一个源出发，到达网络中任何一个目标的路径只有一条，而其他路径都处于非激活状态(即不能进行转发)，若在网络中发现某条正在使用的链路出现故障，网络中开启了STP技术的交换机会将非激活状态的阻塞端口打开，恢复曾经断开的链路，从而确保网络的连通性。

如图6.14所示，从PC1到达PC2的数据帧会经过中间由3台交换机组成的环路，STP会选择一条最短的路径让数据帧从PC1到达PC2。假如STP通过计算，认为从Switch1经过Switch2再到Switch3到达PC2是最短路径，此时Switch1到Switch3的线路端口处于非激活状态，即有关的端口处于阻塞状态。如果Switch2出现了故障，导致Switch1到Switch2不能传输数据，那么STP会激活Switch1到Switch3的链路，确保数据帧能够到达PC2。

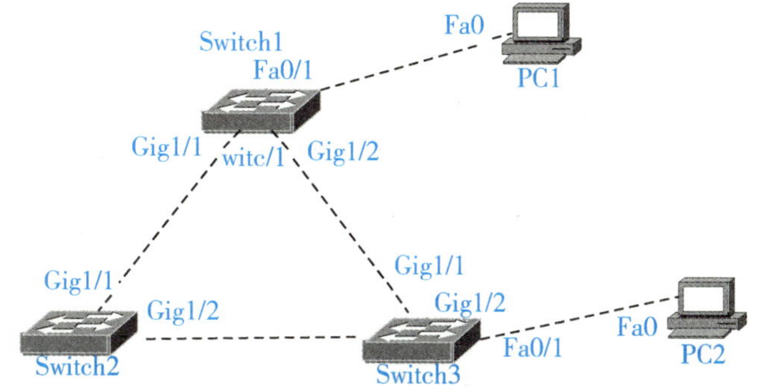

图6.14　两个终端之间有多条链路下的STP网络拓扑图

再如图 6.15 所示，Switch1 和交换机 Switch2 之间有两条冗余链路，从 PC1 到 PC2 的数据帧会经过这两台交换机组成的环路，STP 会选择一条路径让数据帧从 PC1 到 PC2，假如 STP 通过计算，认为从交换机 Switch1 的端口 Gig1/1 到交换机 Switch2 的端口 Gig1/1 为最佳路径，此时交换机 Switch1 的端口 Gig1/2 到交换机 Switchl 的端口 Gig1/2 处于非激活状态，即有关的端口处于阻塞状态。如果交换机 Switch1 的端口 Gig1/1 到交换机 Switch2 的端口 Gig1/1 链路出现了故障，导致不能传输数据，那么 STP 会激活 Switch1 的端口 Gig1/2 到交换机 Switch2 的端口 Gig1/2 链路，以确保数据帧能够顺利到达 PC2。

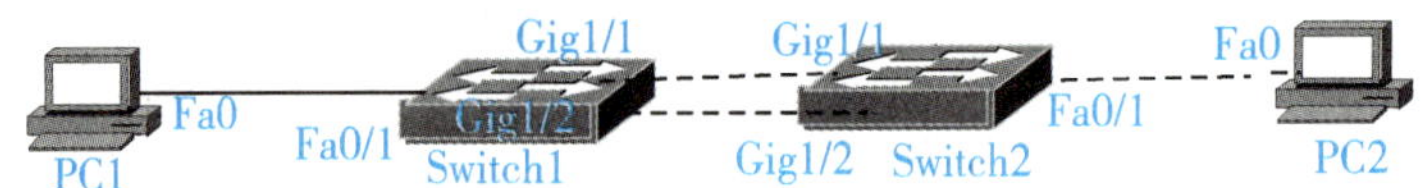

图 6.15　交换机之间两条冗余链路下的 STP 网络拓扑图

6.6.2　生成树协议工作机制

维护一个环状的网络拓扑，当交换机发现拓扑中有环时，就会逻辑地阻塞一个或更多余端口实现无环拓扑，当网络拓扑发生变化时，运行 STP 的交换机会自动重新配置它的端口以避免环路产生或连接丢失。

1. 选择根桥

在网络中需要选择一台根桥(root bridge，RB，也称根交换机)，RB 的选择是由交换机自主进行的，交换机之间的通信信息称为(桥协议数据单元 BPDU)，每 2s 发送一次，BPDU 中包含的信息较多，但 RB 的选择只比较 BID(桥 ID)，BID 最小的就是根交换机。BID＝桥优先级+桥 MAC 地址，BPDU 数据帧中的网桥 ID 有 8B，它是由 2B 的网桥优先级和 6B 的背板 MAC 组成的，其中网桥优先级的取值范围是 0～65535，默认值是 32768，即先比较桥优先级，然后比较桥 MAC 地址。一般来说，桥优先级都是一样的，都是 32768，所以一般只比较桥 MAC 地址，将 MAC 地址最小(也就是 BID 最小)的作为 RB。下面以图 6.15 为例，说明根桥的选取结果。

在 Cisco Packet Tracer 中选择型号为 2960 的交换机搭建的拓扑如图 6.15 所示。

在 2960 交换机上，默认开启了 STP。在交换机的特权模式下通过 show spanning-tree 命令查看生成树的工作情况。在 Switch1 上查看当前生成树协议的开启情况，BID 信息如图 6.16所示。

生成树协议已启用

```
Switch1#show spanning-tree
VLAN0001
  Spanning tree enabled protocol ieee
  Root ID    Priority    32769
             Address     000D.BDAB.D5BA
             Cost        4
             Port        25(GigabitEthernet1/1)
             Hello Time  2 sec  Max Age 20 sec  Forward Delay 15 sec

  Bridge ID  Priority    32769  (priority 32768 sys-id-ext 1)
             Address     0060.47D0.C142
  BID        Hello Time  2 sec  Max Age 20 sec  Forward Delay 15 sec
             Aging Time  20
```

图 6.16　Switch1 上的 BID 和 RID

在图 6.16 中，Switch1 的桥 ID，即 BID 的信息如下：

```
Bridge ID    Priority    32769  (priority 32768 sys-id-ext 1)
             Address     0060.47D0.C142
```

即 Priority=32769，MAC=0060.47D0.C142。

当前根桥 RID 的信息如下：

```
Root ID    Priority    32769
           Address     000D.BDAB.D5BA
```

即 Priority=32769，MAC=000D.BDAB.D5BA。

同理在 Switch2 中查看当前交换机的开启生成树协议，BID 信息如图 6.17 所示。

```
Switch2#show spanning-tree
VLAN0001
  Spanning tree enabled protocol ieee
  Root ID     Priority     32769
              Address      000D.BDAB.D5BA
              This bridge is the root
              Hello Time   2 sec  Max Age 20 sec  Forward Delay 15 sec

  Bridge ID   Priority     32769  (priority 32768 sys-id-ext 1)
              Address      000D.BDAB.D5BA
              Hello Time   2 sec  Max Age 20 sec  Forward Delay 15 sec
```

图 6.17　Switch2 上的 BID 和 RID

在图 6.17 中，Switch2 的桥 ID，即 BID 的信息如下：

```
Bridge ID    Priority    32769  (priority 32768 sys-id-ext 1)
             Address     000D.BDAB.D5BA
```

即 Priority=32769，MAC=000D.BDAB.D5BA。

当前根桥 RID 的信息如下：

```
Root ID    Priority    32769
           Address     000D.BDAB.D5BA
```

即 Priority=32769，MAC=000D.BDAB.D5BA。

到目前为止，我们手动比较 Switch1 和 Switch2 的 BID，优先级相同，MAC 地址一一对应比较其字符发现：第一个字符都是 0，第二字符都是 0，再比较第三个，一个是 6，一个是 0。Switch2 的 MAC 地址小，按照根桥的选取原则，Switch2 为根桥，与我们查看到的结果相同。

提示：在实践过程中查看到的 BID 和 RID 信息取决当前的交换机，不会与我们在图 6.16和图 6.17 中看到的一样。上面只是告诉读者如何选择出根桥。

2. 选择根端口

根端口(root port，RP)：对于每台非根桥，都要选择一个端口来连接到根桥，这就是根端口，从所有非根网桥交换机上的不同端口之间选举出一个到根桥最近的端口作为根端口。

根端口的判定条件如下：首先比较端口到根网桥的路径开销，开销最小的为根端口，开销相同的情况下，比较发送方网桥 ID，BID=桥优先级+桥 MAC 地址，最小的为根端口，网桥 ID 相同的情况下比较发送方端口 ID(PID)，端口 ID 有 16 位，它由 8 位端口优先级和 8 位端口编号组成，其中端口优先级的取值范围是 0~240，默认值是 128，可以修改，但必须是 16 的倍数，端口 ID 最小的为根端口。

根端口只能在非根交换机上选取。当非根桥有多个端口连接到根桥时，应该选择性能比较好的端口作为根端口，选择的依据是：首先比较开销 Q，规定带宽 10Mbit/s 端口开销为 100，带宽 100Mbit/s 端口开销为 19，带宽 1 000Mbit/s 端口开销为 4。

3. 选择指定端口

指定端口的判定过程如下：首先比较网桥到根网桥的路径开销，开销最小的端口为指定端口，开销相同的情况下，比较发送方网桥 ID 值，网桥 ID 值最小的为指定端口，BID＝桥优先级+桥 MAC 地址，网桥 ID 相同的情况下，比较发送方端口 ID，端口 ID 有 16 位，它由 8 位端口优先级和 8 位端口编号组成，其中端口优先级的取值范围是 0~240，默认值是 128，可以修改，但必须是 16 的倍数，端口 ID 最小的为指定端口。

在每一个交换机之间的链路上选择一个端口，作为指定端口。根桥没有根端口，有的只是指定端口。其余的端口首先比较到根桥的开销，开销小的为指定端口，开销相同的再比较交换机的 BID，BID 小的交换机的端口为指定端口。

4. RP、DP 设置为转发状态，其他端口设置为阻塞状态

选出来的 RP 和 DP 将设为转发状态，既不是根端口，也不是指定端口的其他端口将被阻止(bock)。通过这四步，就可以形成无环路的网络。

在图 6.16 和图 6.17 中，我们知道 Switch2 为根桥，接下来按照根端口的选择方法在 Switch1 上选择根端口。

(1)选择根端口。

①Switch1 两个端口到 Switch2 开销相同，都是千兆网。

②同一台交换机，BID 相同。

③比较 PID，G1/1 比 G1/2 端口号小，Switch1 的 G1/1 为根端口。

(2)选择指定端口：根桥 Switch2 上的端口为指定端口，Switch1 没有指定端口。

```
Switch1#show spanning-tree
VLAN0001
  Spanning tree enabled protocol ieee
  Root ID    Priority     32769
             Address      000D.BDAB.D5BA
             Cost         4
             Port         25(GigabitEthernet1/1)
             Hello Time   2 sec  Max Age 20 sec  Forward Delay 15 sec

  Bridge ID  Priority     32769  (priority 32768 sys-id-ext 1)
             Address      0060.47D0.C142
             Hello Time   2 sec  Max Age 20 sec  Forward Delay 15 sec
             Aging Time   20

Interface        Role Sts Cost      Prio.Nbr Type
---------------- ---- --- --------- -------- --------------------------------
Gi1/2            Altn BLK 4         128.26   P2p
Gi1/1            Root FWD 4         128.25   P2p
Fa0/1            Desg FWD 19        128.1    P2p
```

图 6.18　Switch1 的端口状态

(3)设置端口的状态：Switch2 的所有端口为转发状态，Switch1 的 G1/1 为转发状态，Switch1 的 G1/2 为阻塞状态。除此之外，连接 PC 的端口也是转发状态。

在交换机的特权模式下通过 show spanning-tree 命令查看生成树工作情况。在 Switch1 查看当前交换机的开启生成树协议，端口信息如图 6.18 所示。

在图 6.18 中，Interface 这列代表的是接口，Role 这列代表的是角色，Sts 这列代表的是状态，Prio. Nbr 这列代表的是端口的优先级。

G1/2 对应角色是 Altn，即交替角色，随时准备切换，状态是 BLK，即阻塞状态。

G1/1 对应角色是 Root，即根端口，状态是 FWD，即转发状态。

Fa0/1 对应角色是 Desg，即指定端口，状态是 FWD，即转发状态。

同理，在 Switch2 查看当前交换机的开启生成树协议，端口信息如图 6.19 所示。

```
Switch2#show spanning-tree
VLAN0001
  Spanning tree enabled protocol ieee
  Root ID     Priority    32769
              Address     000D.BDAB.D5BA
              This bridge is the root
              Hello Time  2 sec  Max Age 20 sec  Forward Delay 15 sec

  Bridge ID   Priority    32769  (priority 32768 sys-id-ext 1)
              Address     000D.BDAB.D5BA
              Hello Time  2 sec  Max Age 20 sec  Forward Delay 15 sec
              Aging Time  20

Interface        Role Sts Cost      Prio.Nbr Type
---------------- ---- --- --------- -------- --------------------------------
Fa0/1            Desg FWD 19        128.1    P2p
Gi1/1            Desg FWD 4         128.25   P2p
Gi1/2            Desg FWD 4         128.26   P2p
```

图 6.19　Switch2 的端口状态

在图 6.19 中，看到端口的状态如下：

G1/2 对应角色是 Desg，即指定端口，状态是 FWD，即转发状态。

G1/1 对应角色是 Desg，即指定端口，状态是 FWD，即转发状态。

Fa0/1 对应角色是 Desg，即指定端口，状态是 FWD，即转发状态。

6.6.3　查看 STP 工作情景

1. 任务规划

学校的教务处及学生处的计算机分别通过两台交换机接入校园，并且这两个部门平时经常有数据往来，要求保持两部门的网络畅通。为了提高网络的可靠性，网络管理员用两条链路将交换机互联，其中，一条(Fa0/23)为双绞线；另一条(F0/24)也为双绞线。在 Cisco Packet Tracer 中，按表 6.11 搭建如图 6.20 所示的拓扑，交换机选用 2960。

表 6.11　设备之间的连接

设备名	自己端口	所在 VLAN	对接端口
教务处 PC1	FastEthernet	VLAN 1	交换机 SwitchA 的 FastEthernet0/2
学生处 PC2	FastEthernet	VLAN 1	交换机 SwitchB 的 FastEthernet0/2
交换机 SwitchA	FastEthernet0/23	VLAN 1	交换机 SwitchB 的 FastEthernet0/23
交换机 SwitchB	FastEthernet0/24	VLAN 1	交换机 SwitchA 的 FastEthernet0/24

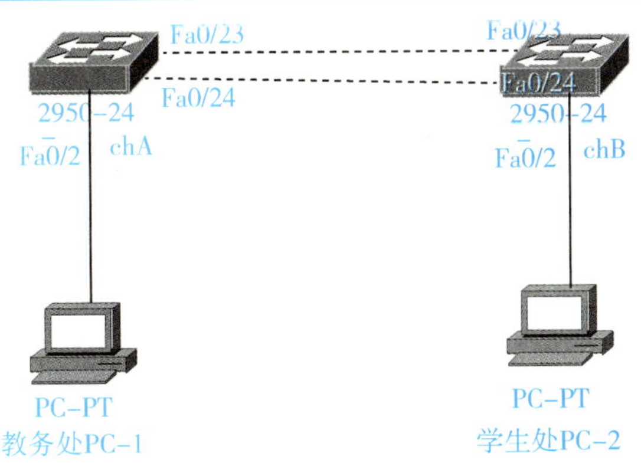

图 6.20　使用 STP 的情景

图 6.20 中的 IP 地址分配如表 6.12 所示。

表 6.12　IP 地址规划

设备名	IP 地址	子网掩码
教务处 PC1	192.168.1.1	255.255.255.0
学生处 PC2	192.168.1.2	255.255.255.0

2. 任务实施

(1)PC 按表 6.12 配置了 IP 地址以后，在命令行窗口测试两者之间的连通性。

(2)这两台 PC 之间是连通的，分析原因，分别进入交换机 A 和交换机 B 为交换机命名。

```
Switch>en
Switch#config t
Enter configuration commands, one per line.   End with CNTL/Z.
Switch(config)#hostname SwitchA
SwitchA(config)#

Switch>en
Switch#config t
Enter configuration commands, one per line.   End with CNTL/Z.
Switch(config)#hostname SwitchB
SwitchB(config)#
```

(3)使用 show spanning-tree 命令查看生成树协议的启用情况，如图 6.21 和图 6.22 所示。

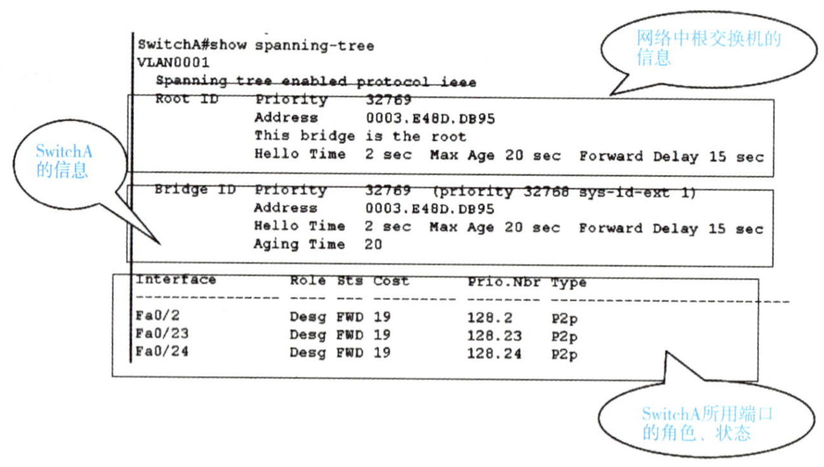

图 6.21　SwitchA 的 STP 选举的结果

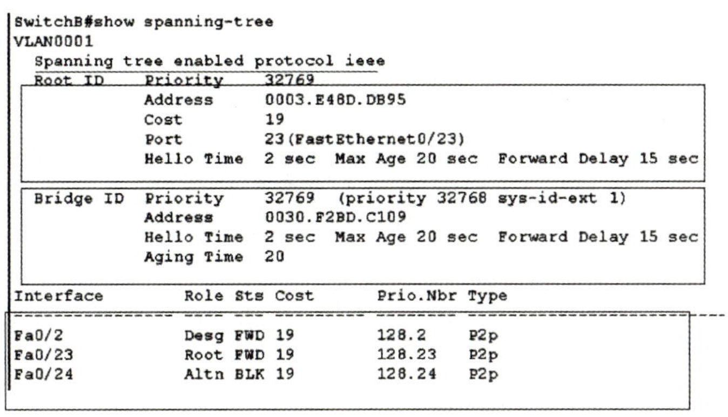

```
SwitchB#show spanning-tree
VLAN0001
  Spanning tree enabled protocol ieee
  Root ID    Priority    32769
             Address     0003.E48D.DB95
             Cost        19
             Port        23(FastEthernet0/23)
             Hello Time  2 sec  Max Age 20 sec  Forward Delay 15 sec

  Bridge ID  Priority    32769  (priority 32768 sys-id-ext 1)
             Address     0030.F2BD.C109
             Hello Time  2 sec  Max Age 20 sec  Forward Delay 15 sec
             Aging Time  20

Interface        Role Sts Cost      Prio.Nbr Type
---------------- ---- --- --------- -------- --------------------------------
Fa0/2            Desg FWD 19        128.2    P2p
Fa0/23           Root FWD 19        128.23   P2p
Fa0/24           Altn BLK 19        128.24   P2p
```

图 6.22　SwitchB 的 STP 选举的结果

通过图 6.21 和图 6.22 可回答下列问题：

①两个交换机上启用了生成树协议，从这句话可以看出：

```
Spanning tree enabled protocol ieee
```

②交换机 A 的 BID 信息是 = Priority = 32769，MAC 地址 = 0003. E48D. DB95。

③交换机 B 的 BID 信息是 = Priority = 32769，MAC 地址 = 0030. F2BD. C109。

④交换机 A 的 MAC 地址是 = 0003. E48D. DB95。

⑤交换机 B 的 MAC 地址是 = 0030. F2BD. C109。

⑥交换机 A 是根交换机，判断的依据是什么？比较两交换机的 BID 时，优先级相同，再比较 MAC 地址，交换机 A 的 MAC 地址小。

⑦通过图 6.21 和图 6.22 填写表 6.13。

表 6.13　交换机端口的状态

交换机的设备名	所使用的端口的类型(角色)	所使用的端口	启用生成树以后所用端口状态
SwitchA	Desg	Fa0/2	FWD
	Desg	Fa0/23	FWD
	Desg	Fa0/24	FWD
SwitchB	Desg	Fa0/2	FWD
	Root	Fa0/23	FWD
	Altn	Fa0/24	BLK

6.6.4　指定根桥

以图 6.20 的拓扑不变，将交换机 B 指定为根桥的方法如下：

```
SwitchB(config)#spanning-tree mode pvst
//在交换机上设置生成树的模式为 pvst
//pvst  Per-Vlan spanning tree mode
SwitchB(config)#spanning-tree vlan 1 root primary  //将 SwitchB 指定为根交换机
```

过一会儿，使用 show spanning-tree 命令在 SwitchB 上查生成树协议的工作情况，如图 6.23 所示。

```
SwitchB#show spanning-tree
VLAN0001
  Spanning tree enabled protocol ieee
  Root ID    Priority    24577
             Address     0030.F2BD.C109
             This bridge is the root
             Hello Time  2 sec  Max Age 20 sec  Forward Delay 15 sec

  Bridge ID  Priority    24577  (priority 24576 sys-id-ext 1)
             Address     0030.F2BD.C109
             Hello Time  2 sec  Max Age 20 sec  Forward Delay 15 sec
             Aging Time  20

Interface        Role Sts Cost      Prio.Nbr Type
---------------- ---- --- --------- -------- ----------------------------
Fa0/2            Desg FWD 19        128.2    P2p
Fa0/23           Desg FWD 19        128.23   P2p
Fa0/24           Desg FWD 19        128.24   P2p
```

图 6.23 指定后 SwitchB 的 STP 选举的结果

在图 6.23 中可以看出，交换机 B 的 BID 信息是 = Priority = 24577，MAC 地址 = 0030. F2BD. C109，优先级从 32769 变为 24577。比较两交换机的 BID 时，先比较优先级，交换机 B 小于交换机 A，所以交换机 B 为根交换机。交换机 B 的 F0/23、F0/24 端口的角色和状态都发生了变化如图 6.23。

6.7 任务 4：交换机之间的链路聚合

有百兆以太网交换机、千兆以太网交换机。若每个实验室的信息点都是百兆或千兆到桌面，两个实验室之间的带宽也是 100Mbit/s/1 000Mbit/s。如果实验室之间需要传输数据的带宽大于 100Mbit/s/1 000Mbit/s，就会明显感觉带宽资源紧张。当楼层之间的大量用户都希望桌面以 100Mbit/s/1 000Mbit/s 传输数据的时候，楼层实验室间的链路就呈现出了独木桥的状态，必然造成网络传输效率下降等后果。通过流量数据监测显示，两个实验室相连交换机之间传输 200~500Mbit/s 或 2 000~5 000Mbit/s 带宽。

解决这个问题的办法就是提高楼层主交换机之间的连接带宽，实现的办法可以是采用千兆端口替换原来的 100Mbit/s 端口进行互联或，采用万兆端口替换原来的 1 000Mbit/s 端口进行互联。但这样无疑会增加组网的成本，需要更新端口模块，并且线缆也需要进行进一步的升级。在不更换硬件设备的前提下，有什么好的办法呢？

一种相对经济的升级办法就是链路聚合技术。顾名思义，链路聚合是将几个链路进行聚合处理，这几个链路必须是同时连接两个相同的设备的，这样，当进行了链路聚合之后就可以实现几个链路带宽相加了。例如，我们可以将 4 个 100Mbit/s 的链路使用链路聚合做成一个逻辑链路，这样在全双工条件下就可以达到 800Mbit/s 的带宽，即将近 1 000Mbit/s 的带宽。这种方式比较经济，实现也相对容易。

6.7.1　用户需求情境

随着 2 号教学楼学生机房计算机数量的增加，学生在使用网络的过程中，2 号教学楼交换机和核心交换机之间的连接采用 1 000Mbit/s，在网络访问高峰阶段，2 号教学楼和核心交换机之间的网络流量比较大，已经超过了 1 000Mbit/s，成为一个瓶颈，如何提高 2 号教学楼和核心交换机的网络带宽呢？

目前通常采用的办法是升级网络系统，将千兆以太网升级到万兆以太网，这样 2 号教学楼和核心交换机之间的网络带宽达到了 10 000Mbit/s，但这样就需要更换核心交换机和 2 号教学楼的交换机。这样无疑会增加组网的成本，需要更新端口模块，并且线缆也需要进行进一步的升级。

检测发现，高峰阶段 2 号教学楼和核心交换机之间的网络流量一般为 2500~3500Mbit/s。那有没有其他的解决方案呢？这时有人提出了能不能采用交换机之间链路聚合的方式来提高交换机之间的连接带宽呢？

6.7.2　以太信道知识

以太网技术经历了从 10Mbit/s 标准以太网到 100Mbit/s 快速以太网，到现在的 1 000Mbit/s、10 000Mbp 以太网，提供的网络带宽越来越大，但是仍然不能满足某些特定场合的需求，特别是集群服务的发展，对此提出了更高的要求。到目前为止，服务器以太网网卡基本都只有 1 000Mbit/s 带宽，而集群服务器面向的是成百上千的访问用户，如果仍然采用 1 000Mbit/s 网络接口提供连接，必然成为用户访问服务器的瓶颈。由此产生了多网络接口卡的连接方式，一台服务器同时通过多个网络接口提供数据传输，提高用户访问速率。这就涉及用户究竟占用哪一个网络接口的问题。同时，为了更好地利用网络接口，也希望在没有其他网络用户时，唯一用户可以占用尽可能大的网络带宽。这些就是端口聚合技术解决的问题。同样在大型局域网中，为了有效转发和交换所有网络接入层的用户数据流量，核心层设备之间或者核心层和分布层设备之间，都需要提高链路带宽。这也是端口聚合技术应用广泛的原因所在。

在这里把绑定(聚合)多条平行链路的方法称为以太信道技术。以太信道(etherchannel)通过把多条链路聚集成一条逻辑链路来将干道的速率提升到 160Mbit/s~160Gbps。以太信道技术有 4 种形式。

(1)标准以太信道(为了兼容以前的技术)；

(2)快速以太信道(fast etherchannel，FEC)；

(3)吉比特以太信道(gigabit etherchannel，GEC)；

(4)10 吉比特以太信道(10 gigabit etherchannel)。

以太信道包括所有以上这些技术，以太信道能从组合 2~8 条标准的以太链路(最高 160Mbit/s)到一条逻辑信道，到组合 2~8 条快速以太链路(全双工下最高 1.6Gbit/s)到一条逻辑信道，再到组合 2~8 条 10 吉比特以太链路(全双工下最高 160Gbit/s)到一条逻辑信道。

以太信道将 2~8 条链路捆绑为一组逻辑链路，如图 6.24 所示。并且当捆绑的链路中某条出现故障时，以太信道能继续运行，以及当故障链路恢复后能重新将其加入捆绑链路中。以太信道常与以太网 TRUNK 同时使用，并且支持 IEEE 802.1Q 和 ISL 两种以太网 TRUNK 技术。

以太信道技术主要应用于以下场合。

(1)交换机与交换机之间的连接：分布层交换机到核心层交换机或核心层交换机之间。

(2)交换机与服务器之间的连接：集群服务器采用多网卡与交换机连接提供集中访问。

(3)交换机与路由器之间的连接：交换机和路由器采用端口聚合可以解决广域网与局域网的连接瓶颈。

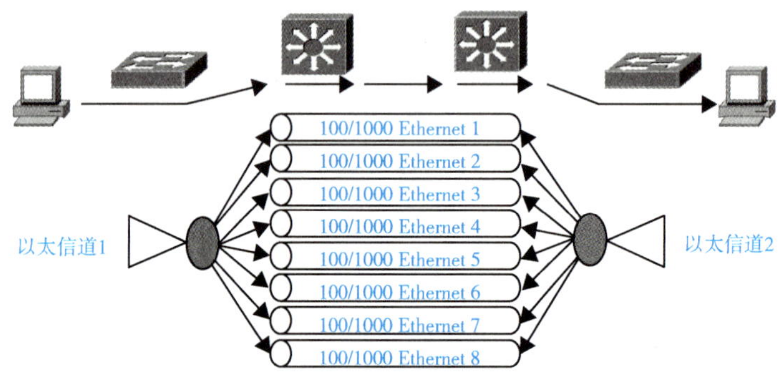

图 6.24　以太信道技术

(4)服务器与路由器之间的连接：集群服务器采用多网卡与路由器连接提供集中访问。特别是在服务器采用端口聚合时，需要专有的驱动程序配合完成。

如图 6.25 所示，分布层和核心层之间、核心层和服务器之间部署了以太信道，提供了可扩展的带宽。其中在核心层和服务器之间为接入链路，在核心层和分布层之间为 TRUNK 链路。

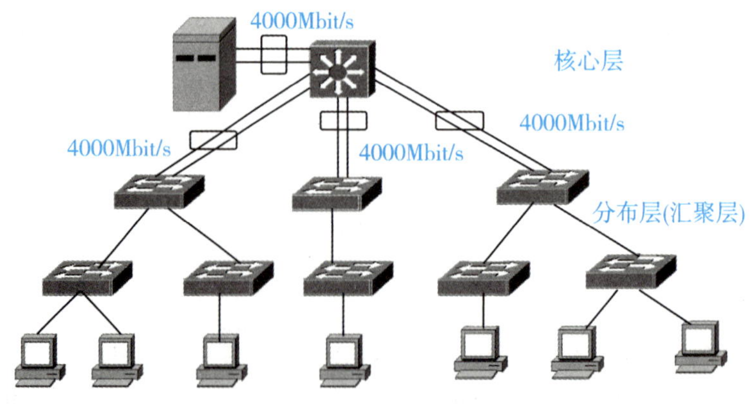

图 6.25　使用以太信道的网络配置

6.7.3　解决方案

要满足高峰阶段 2 号教学楼和核心交换机之间 2500~3500Mbit/s 的网络流量，建立吉比特以太信道，将 4 条吉比特以太链路组合成一条 4 000Mbit/s 的逻辑信道。为了完成本任务，搭建如图 6.26 所示的网络拓扑。

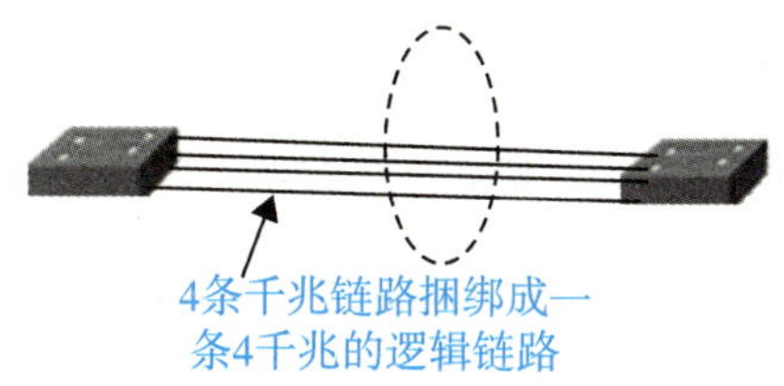

图 6.26　建立千兆以太信道

6.7.4　实施步骤

(1)为了简化操作，在 Cisco Packet Tracer 中搭建拓扑，如图 6.27 所示。选用 2960 交换机，打算将两个千兆的以太网端口捆绑为一条两千兆的逻辑链路，并由两台 PC 进行捆绑效果的测试。

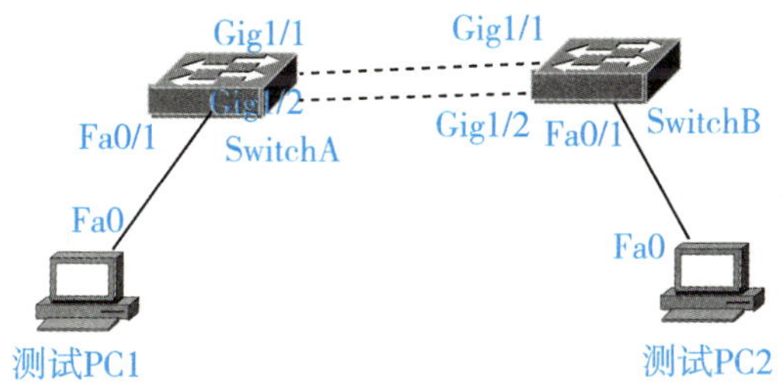

图 6.27　建立以太信道

PC 和交换机的连接如表 6.14 所示。

表 6.14　PC 和交换机的连接

设备名	使用的接口类型	双绞线的类型	对接交换机的接口
测试 PC1	FastEthernet0	直通双绞线	SwitchA 的 Fa0/1
测试 PC2	FastEthernet0	直通双绞线	SwitchB 的 Fa0/1
SwitchA	GigabitEtherne1/1	交叉双绞线	SwitchB 的 GigabitEtherne1/1
SwitchA	GigabitEtherne1/2	交叉双绞线	SwitchB 的 GigabitEtherne12

(2)PC 的 IP 地址规划。在图 6.27 中，需要分配地址的设备有两台，规划逻辑地址如表 6.15 所示。从图 6.27 可以判断出，该网络只需要一个网络号，在表 6.15 中选用 C 类私有地址 192.168 开头，第三个十进制选择的范围可以是 0~255，这里我们选择 10，第四个十进

制选择的范围可以是 1~254，分配的结果如表 6.15 所示。按照上面计算网络号的方法，两台 PC 的网络号在同一个网络中，网络号/网络地址 = 192.168.10.0/24。

表 6.15　PC 的 IP 地址规划

设备名	IP 地址	子网掩码	默认网关
测试 PC1	192.168.10.1	255.255.255.0	无
测试 PC2	192.168.10.2	255.255.255.0	无

提示：两台 PC 的地址规划里暂时不考虑网关，只实现局域网内部之间的通信。

(3)按前面任务中 PC 的 IP 地址配置方法配置图 6.27 中两台 PC 的地址。

(4)测试这两台计算机之间的连通性，其结果是连通的。

从图 6.27 可以看出，SwitchA 和 SwitchB 相连的两条链路构成了一个物理环路，但一个 SwitchB 的 Gig1/2 端口颜色为琥珀色，表示该端口为阻塞状态，不进行数据的收发，这样 SwitchA 和 SwitchB 之间有效的连接端口为 Gig1/1 之间的连接。出现上述情况的原因是在这两台交换机上默认启动了 STP，如图 6.28 所示。同理用 show spanning-tree 命令在 SwitchB 也能查看到默认启用了 STP。

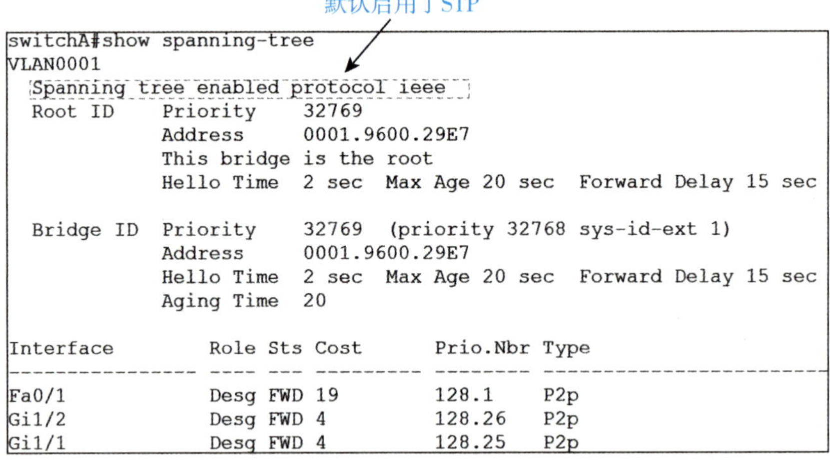

图 6.28　SwitchA 默认启用了 STP

(5)在 SwitchA 和 SwitchB 上创建以太信道。

```
switchA(config)#int range gigabitEthernet1/1-2          //进入端口
switchA(config-if-range)#channel-group 1 mode on        //在交换机 A 上创建以太信道 1
switchB(config)#int range gigabitEthernet1/1-2          //进入端口
switchB(config-if-range)#channel-group 1 mode on        //在交换机 B 上创建以太信道 1
```

以太信道创建完成后，可以通过 show etherchannel summary 命令查看绑定了多少端口，在 SwitchA 和 SwitchB 查看绑定端口的情况如图 6.29 和图 6.30 所示。

```
switchB#show etherchannel summary
Flags:  D - down        P - in port-channel
        I - stand-alone s - suspended
        H - Hot-standby (LACP only)
        R - Layer3      S - Layer2
        U - in use      f - failed to allocate aggregator
        u - unsuitable for bundling
        w - waiting to be aggregated
        d - default port


Number of channel-groups in use: 1
Number of aggregators:           1

Group  Port-channel  Protocol    Ports
------+-------------+-----------+-------------------------

1      Po1(SU)           -      Gig1/1(P) Gig1/2(P)
```

创建了以太信道

图 6.29　SwitchB 上将 Gig1/1 和 Gig1/2 捆绑为一条逻辑上以太信道

```
switchA#show etherchannel summary
Flags:  D - down        P - in port-channel
        I - stand-alone s - suspended
        H - Hot-standby (LACP only)
        R - Layer3      S - Layer2
        U - in use      f - failed to allocate aggregator
        u - unsuitable for bundling
        w - waiting to be aggregated
        d - default port


Number of channel-groups in use: 1
Number of aggregators:           1

Group  Port-channel  Protocol    Ports
------+-------------+-----------+-----------------------

1      Po1(SU)           -      Gig1/1(P) Gig1/2(P)
```

图 6.30　SwitchA 上将 Gig1/1 和 Gig1/2 捆绑为一条逻辑上以太信道

在测试 PC2 上 ping 测试 PC1，效果如图 6.31 所示。

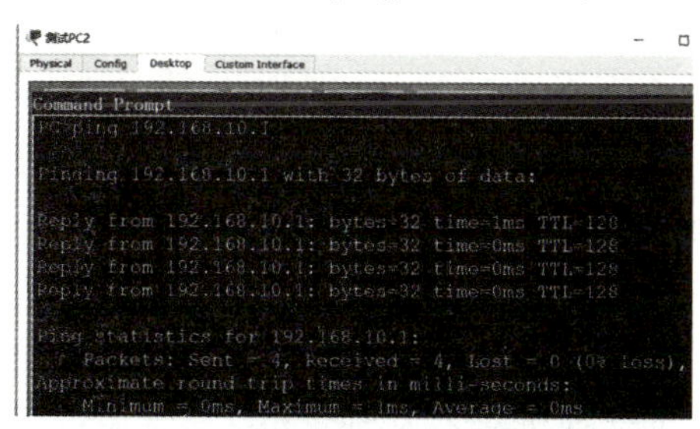

图 6.31　测试 PC2 上 ping 测试 PC1

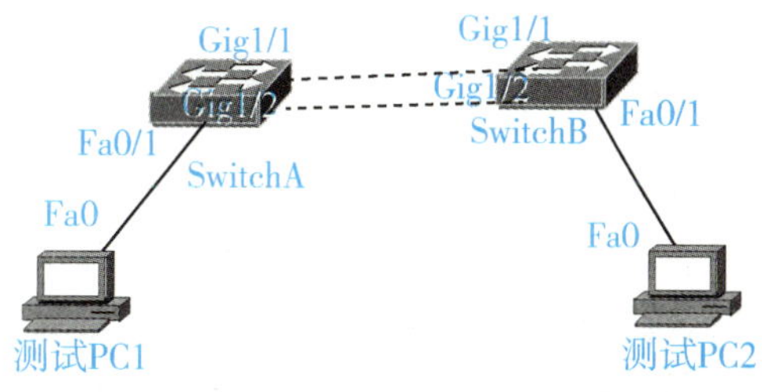

图 6.32　建立以太信道 SwitchA 和 SwitchB 之间的链路状态

没有建立以太信道之前，SwitchA 和 SwitchB 之间的链路带宽为 1 000Mbit/s。对 SwitchA 和 SwitchB 的 Gig1/1 和 Gig1/2 进行捆绑建立以太信道，SwitchA 和 SwitchB 之间的链路带宽

为 2 000Mbit/s，其端口状态如图 6. 32 所示。若全双工下都收发数据，最高可以达到 4 000Mbit/s。

6. 7. 5　以太信道技术优点

以太信道主要用于交换机之间的连接。当两个交换机之间有多条冗余链路的时候，STP 会将其中的几条链路关闭，只保留一条，这样可以避免二层的环路产生。由于 STP 链路切换很慢，失去了路径冗余的优点，使用以太信道，交换机会把一组物理端口联合起来，作为一个逻辑的通道。

以太信道技术优点如下：

(1)带宽增加，带宽相当于一组端口的带宽总和；

(2)增加冗余，只要组内不是所有的端口都停机不工作，两个交换机之间就仍然可以继续通信；

(3)负载均衡，可以在组内的端口上配置，使流量可以在这些端口上自动进行负载均衡。端口聚合可将多物理连接当作一个单一的逻辑连接处理，它允许两个交换机之间通过多个端口并行连接，同时传输数据，以提供更高的带宽、更大的吞吐量和可恢复性的技术一般来说，两个普通交换机连接的最大带宽取决于媒介的连接速度，而使用 TRUNK 技术可以将 4 个 200Mbit/s 的端口捆绑成为一个高达 800Mbit/s 的连接。这一技术的优点是以较低的成本通过捆绑多端口提高带宽，而其增加的开销只是连接用的普通五类网线和多占用的端口，它可以有效提高上行速度，从而消除网络访问中的瓶颈。另外，TRUNK 还具有自动带宽平衡即容错功能，即使 TRUNK 只有一个连接存在，也仍然会工作，这无形中提高了系统的可靠性。

6. 8　任务 5：VLAN+STP+端口聚合

在交换式以太网中，交换机之间的连接需要将 VLAN、链路聚合和 STP 融合在一起，实现网络的健壮增强技术。

6. 8. 1　任务情境用户需求

有两个研究生实验室，每个实验室有学生和老师。两个实验室之间研究主题有交叉，需要在两个实验室之间共享数据信息。要求：

(1)老师在 VLAN 20 中，学生在 VLAN 10 中；

(2)实验室 1 的交换机命名为 SwitchA，实验室 2 的交换机命名为 SwitchB；

(3)将 SwitchA 和 SwitchB 上的 F0/3-F0/4 聚合成一条逻辑链路；

(4)将 SwitchA 和 SwitchB 上的 F0/5 作为冗余链路。

6. 8. 2　任务规划

在 Cisco Packet Tracer 中，按表 6. 16 搭建如图 6. 33 拓扑，交换机选用 2960。

表 6.16　任务 5 连接信息

设备名	自己端口	所在 VLAN	对接端口
教师 PC1	FastEthernet	VLAN 1	交换机 SwitchB 的 FastEthernet0/2
教师 PC2	FastEthernet	VLAN 1	交换机 SwitchA 的 FastEthernet0/2
学生 PC1	FastEthernet	VLAN 1	交换机 SwitchB 的 FastEthernet0/1
学生 PC2	FastEthernet	VLAN 1	交换机 SwitchA 的 FastEthernet0/1
SwitchA	FastEthernet0/3	VLAN 1	交换机 SwitchB 的 FastEthernet0/3
SwitchA	FastEthernet0/4	VLAN 1	交换机 SwitchB 的 FastEthernet0/4
SwitchB	FastEthernet0/5	VLAN 1	交换机 SwitchA 的 FastEthernet0/5

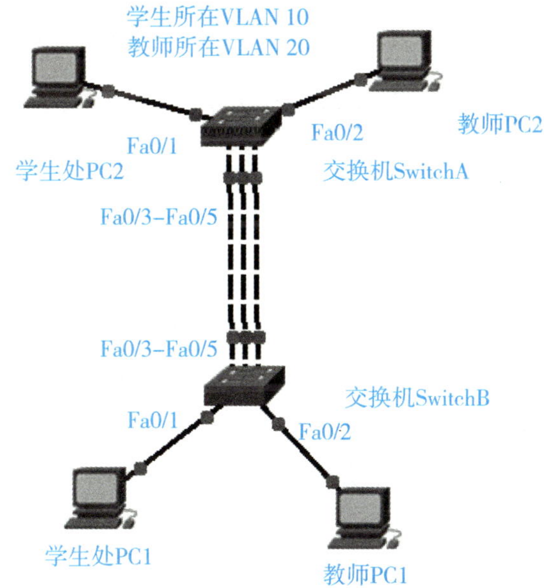

图 6.33　任务 5 拓扑

图 6.33 中 IP 地址的分配如表 6.17 所示。

表 6.17　任务 5 中各设备的 IP 地址

设备名	IP 地址	子网掩码
教师 PC1	192.168.1.1	255.255.255.0
教师 PC2	192.168.1.2	255.255.255.0
学生 PC1	192.168.1.3	255.255.255.0
学生 PC2	192.168.1.4	255.255.255.0

6.8.3　任务配置

(1)按表 6.17 配置 IP 地址以后，在命令行窗口测试两者之间的连通性。

(2)在 SwitchA 上创建 VLAN 10 和 VLAN 20。

(3)在 SwitchB 上创建 VLAN 10 和 VLAN 20。

(4)在 SwitchA 上创建以太信道 1。

```
SwitchA(config)#int range f0/3-4                        //进入接口 Fa0/3-Fa0/4
SwitchA(config-if-range)#channel-group 1 mode on        //建立以太信道 1
SwitchA(config)#int port-channel 1                      //进入以太信道 1
SwitchA(config-if)#switchport mode trunk                //把以太信道端口设置为 TRUNK
```

(5)在 SwitchB 上创建以太信道 1。

```
SwitchB(config)#int range f0/3-4                        //进入接口 Fa0/3-Fa0/4
SwitchB(config-if-range)#channel-group 1 mode on        //建立以太信道 1
SwitchB(config)#int port-channel 1                      //进入以太信道 1
SwitchB(config-if)#switchport mode trunk                //把以太信道设置为 TRUNK
```

(6)将 PC 加入各自的 VLAN 中，在 SwitchA 中：

```
SwitchA(config)#int f0/1                                //进入接口 Fa0/1
SwitchA(config-if)#switchport access vlan 10            //将接口 f0/1 加入 VLAN 10
SwitchA(config-if)#exit                                 //退到上一级
SwitchA(config)#int f0/2
SwitchA(config-if)#switchport access vlan 20
```

将 PC 加入各自的 VLAN 中，在 SwitchB 中：

```
SwitchB(config)#int f0/1
SwitchB(config-if)#switchport access vlan 10
SwitchB(config-if)#exit
SwitchB(config)#int f0/2
SwitchB(config-if)#switchport access vlan 20
```

6.8.4 效果测试

(1)使用 show vlan 命令查看创建的 VLAN，如图 6.34 所示。

```
SwitchB#show vlan

VLAN Name                             Status    Ports
---- -------------------------------- --------- -----------
1    default                          active    Fa0/5, Fa0/
                                                Fa0/9, Fa0/
                                                Fa0/13, Fa0
                                                Fa0/17, Fa0
                                                Fa0/21, Fa0
10   VLAN0010                         active
20   VLAN0020                         active
```

图 6.34 SwitchB 上创建的 VLAN

(2)在 SwitchB、SwitchA 上查看创建的端口聚合，如图 6.35 和图 6.36 所示。

```
SwitchB#show etherchannel summary
Flags:  D - down         P - in port-channel
        I - stand-alone s - suspended
        H - Hot-standby (LACP only)
        R - Layer3       S - Layer2
        U - in use       f - failed to allocate aggregator
        u - unsuitable for bundling
        w - waiting to be aggregated
        d - default port


Number of channel-groups in use: 1
Number of aggregators:           1

Group  Port-channel  Protocol    Ports
------+-------------+-----------+-----------------------
```

图 6.35　SwitchB 上创建的端口聚合

```
SwitchA#show etherchannel summary
Flags:  D - down         P - in port-channel
        I - stand-alone s - suspended
        H - Hot-standby (LACP only)
        R - Layer3       S - Layer2
        U - in use       f - failed to allocate aggregator
        u - unsuitable for bundling
        w - waiting to be aggregated
        d - default port


Number of channel-groups in use: 1
Number of aggregators:           1

Group  Port-channel  Protocol    Ports
------+-------------+-----------+-----------------------
```

图 6.36　SwitchA 上创建的端口聚合

(3)在 SwitchB、SwitchA 上查看创建的 TRUNK，如图 6.37 和图 6.38 所示。

```
SwitchB#show int trunk
Port        Mode          Encapsulation  Status        Native vlan
Fa0/3       on            802.1q         trunking      1
Fa0/4       on            802.1q         trunking      1
Po1         on            802.1q         trunking      1
```

图 6.37　SwitchB 上创建的 TRUNK

```
SwitchA#show int trunk
Port        Mode          Encapsulation  Status        Native vlan
Fa0/3       on            802.1q         trunking      1
Fa0/4       on            802.1q         trunking      1
Po1         on            802.1q         trunking      1
```

图 6.38　SwitchA 上创建的 TRUNK

(4)同 VLAN 内的 PC 间通信，如图 6.39 所示。

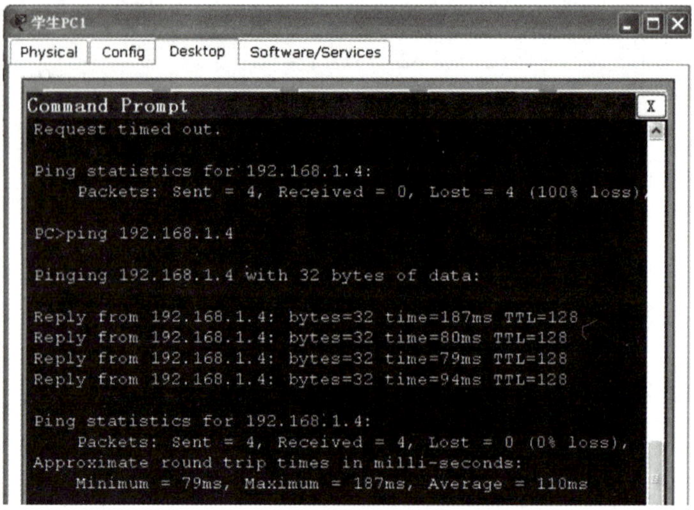

```
学生PC1
Physical  Config  Desktop  Software/Services

Command Prompt
Request timed out.

Ping statistics for 192.168.1.4:
    Packets: Sent = 4, Received = 0, Lost = 4 (100% loss),

PC>ping 192.168.1.4

Pinging 192.168.1.4 with 32 bytes of data:

Reply from 192.168.1.4: bytes=32 time=187ms TTL=128
Reply from 192.168.1.4: bytes=32 time=80ms TTL=128
Reply from 192.168.1.4: bytes=32 time=79ms TTL=128
Reply from 192.168.1.4: bytes=32 time=94ms TTL=128

Ping statistics for 192.168.1.4:
    Packets: Sent = 4, Received = 4, Lost = 0 (0% loss),
Approximate round trip times in milli-seconds:
    Minimum = 79ms, Maximum = 187ms, Average = 110ms
```

图 6.39　同 VLAN 内的 PC 间相互通信

本章总结

本章主要讲述了以下内容：

(1)交换式以太网中因工作需要产生交换机未知帧的广播、ARP 广播帧以及桥协议数据单元信息交换帧。

(2)没有采用 VLAN 技术时，无论交换式以太网规模多大或多小，都处在一个广播域中。

(3)在交换式以太网中，随着规模的增加，产生广播帧的概率增大，形成广播风暴的危害就增大。

(4)在不增加硬件成本的基础上，通过 VLAN 技术实现广播域的划分。默认情况下，在交换式以太网中所有的设备都在 VLAN 1 中。本章介绍了基于端口的 VLAN 划分，包括在单交换机上和跨交换机上的实践。

(5)通过生成树在交换机之间不仅实现冗余连接，还避免出现环路，增强交换网络的健壮性。交换机之间通过链路聚合技术提供更加灵活的链路带宽，最后构建了 VLAN+STP+端口聚合的综合任务。

实践认知活动 1

实践活动名称：查看交换机默认情况下处在哪个 VLAN 中？

实践活动内容：在 Cisco Packet Tracer 中查看交换机默认情况下处在哪个 VLAN 中？

实践认知活动 2

实践活动名称：在单交换机上熟悉 VLAN 划分的动作。

实践活动内容：在 Cisco Packet Tracer 中建立单交换机的以太网。

(1)实现基于端口的 VLAN 划分实践；
(2)通过 show vlan 命令查看实现 VLAN 划分的效果；
(3)通过 show running-configt 命令查看实现 VLAN 划分的效果。

实践认知活动 3

实践活动名称：在跨交换机上熟悉 VLAN 划分的动作。
实践活动内容：在 Cisco Packet Tracer 中建立跨交换机的以太网。
(1)实现基于端口的 VLAN 划分实践；
(2)通过 show vlan 命令查看多个交换机上实现 VLAN 划分的效果；
(3)通过 show running-configt 命令查看多个交换机上实现 VLAN 划分的效果。

实践认知活动 4

实践活动名称：在交换机上查看 STP 的开启。
实践活动内容：在 Cisco Packet Tracer 中建立带冗余链路的两个交换机的以太网，与图 6.20 相同。
(1)在交换机上查看 STP 的开启；
(2)若关闭 STP，两台 PC 之间是否还能连通？
(3)关闭 STP 后，在图 6.20 中是否会产生广播风暴？

实践认知活动 5

实践活动名称：在交换机上建立 3 条链路的捆绑。
实践活动内容：在 Cisco Packet Tracer 中建立带冗余链路的两个交换机的以太网，与图 6.33 相同。
(1)在交换机上对 F0/3～F0/5 端口进行聚合；
(2)若不实现端口聚合，有几条链路处于备份状态？

思考题

(1)VLAN 有哪些优点？
(2)VLAN 组网方法有哪几种？
(3)什么是 IEEE 802.1Q 的数据封装及其作用？
(4)使用什么方式可以控制 TRUNK 允许某些 VLAN 通过？试举例说明。
(5)一个 VLAN 对应一个广播域这个说法正确吗？

本章习题

6.1　术语解释

(1)广播域　(2)泛洪　(3)广播风暴　(4)VLAN　(5)TRUNK 技术　(6)生成树协议　(7)链路聚合　(8)VLAN 数据帧

6.2 填空题

(1)虚拟局域网是以________为基础，通过交换机________实现根据________、________、________等因素将设备或用户组成虚拟工作组或逻辑网段的技术。

(2)根据交换机处理数据帧的不同方式，可以将交换机的端口分为两类：________端口和________端口。

(3)从实现的机制或策略分，VLAN 分为________和________两种。

(4)IEEE 的 802.1D 标准制定了一个________，它能够在逻辑上断开网络的环路，防止广播风暴产生。

(5)把绑定(聚合)多条平行链路的方法称为________。

6.3 选择题

(1)下列________说法是错误的。

A. 以太网交换机可以对通过的信息进行过滤

B. 以太网交换机中端口的速率可能不同

C. 在交换式以太网中可以划分 VLAN

D. VLAN 的划分是基于硬件完成的

(2)连接在不同交换机上的、属于同一 VLAN 的数据帧必须通过________传输。

A. 服务器　　B. 路由器

C. Backbone 链路　　D. TRUNK 链路

(3)在下面关于 VLAN 的描述中，不正确的是________。

A. VLAN 把交换机划分成多个逻辑上独立的计算机

B. 主干链路(TRUNK)可以提供多个 VLAN 之间通信的公共通道

C. 由于包含了多个交换机，所以 VLAN 扩大了冲突域

D. 一个 VLAN 可以跨越交换机

(4)对于引入 VLAN 的二层交换机，下列说法正确的是________。(选择三项)

A. 任何一个帧都不能从自己所属的 VLAN 被转发到其他的 VLAN 中

B. 每一个 VLAN 都是一个独立的广播域

C. 每一个人都不能随意地从网络上的一点，毫无控制地直接访问另一点的网络或监听整个网络上的帧

D. VLAN 隔离了广播域，但并没有隔离各个 VLAN 之间的任何流量

(5)下列关于 VLAN 的描述中，正确选项为________。(选择三项)

A. 一个 VLAN 形成一个小的广播域，同一个 VLAN 的成员都在由所属 VLAN 确定的广播域内

B. VLAN 技术被引入网络解决方案中，用于解决大型的二层网络面临的问题

C. VLAN 的划分必须基于用户地理位置，受物理设备的限制

D. VLAN 在网络中的应用增强了通信的安全性

(6)下列关于 VLAN 特性的描述中，正确的选项为________。(选择三项)

A. VLAN 技术是在逻辑上对网络进行划分

B. VLAN 技术增强了网络的健壮性，可以将一些网络故障限制在个 VLAN 之内

C. VLAN 技术有效地限制了广播风暴，但并没有提高带宽的利用率

D. VLAN 配置管理简单，降低了管理维护的成本

(7) 使用以太网交换机的主要目的是隔离________，使用 VLAN 的主要目的是隔离________。

A. 广播域、冲突域　　B. 冲突域、广播域

C. 冲突域、冲突域　　D. 广播域、广播域

(8) 划分 WAN 的方法有多种，这些方法中不包括________。

A. 根据端口划分　　B. 根据路由设备划分

C. 根据 MAC 地址划分　　D. 根据 IP 地址划分

(9) 在 VLAN 中，每个虚拟局域网组成一个________。

A. 区域　　B. 组播域　　C. 冲突域　　D. 广播域

(10) 哪两项会阻止广播流量通过网络？________(选择两项)

A. 网桥　　B. 路由器　　C. 交换机　　D. VLAN

(11) STP 使用哪两个条件选择根桥？________(选择两项)

A. 内存容量　　B. 桥的优先级　　C. 交换速度　　D. 端口数量

E. MAC 地址　　F. 交换机位置

(12) STP 的主要目的是________。

A. 保护单一环路　　B. 消除网络中的环路

C. 保持多个环路　　D. 减少环路

(13) 两台以太网交换机之间使用了两根 5 类双绞线相连，要解决其通信问题，避免产生环路问题，需要采用什么技术？________

A. 源路由网桥　　B. 生成树网桥

C. MAC 子层网桥　　D. 介质转换网桥

(14) 在 STP 中，当网桥的优先级一致时，________将被选为根桥。

A. 拥有最小 MAC 地址的网桥　　B. 拥有最大 MAC 地址的网桥

C. 端口优先级数值最高的网桥　　D. 端口优先级数值最低的网桥

第 7 章

网络互联

学习要求

通过本章学习网络互联设备，清楚各互联设备工作的层次和作用。理解网络互联层的作用，理解 IP 和 ARP 实现的功能。掌握 IP 数据报的封装、分片和重组。认识路由的 IOS 和支持操作的多级模式，路由器是具有多端口物理连接的主机，每个物理连接连接一个网络，每个网络的网络号不同。掌握 IP 路由的过程，理解直连路由获取的途径，掌握静态路由的配置方法。掌握子网划分方法、计算网络号。掌握三层交换机实现不同 VLAN 的通信。了解 IPv6 和从 IPv4 到 IPv6 的过渡技术。

思政元素 1：谈谈包裹传递。

思政元素 2：探讨路由器中路由表的记录条数，将互联网区域自治思想和我国民族区域自治制度相对比。

思政元素 3：通过 IP 地址识别互联网中设备身份引出生活中识别身份的技术(如身份证、人脸、虹膜技术)。

思政元素 4：这一章各任务的实践。

思政目标：理解互联网区域自治和网络的互联互通，IP 地址身份的作用。通过项目任务实施培养学生动手实践能力，团队合作能力、语言沟通表达能力、精益求精工匠精神。实践是检验真理的唯一标准，实践出真知。

第 4 章~第 6 章我们学习了以太网构建，接下来我们开始讨论不同网络的互联，本章将回答以下问题：

(1) 网段互联和具有不同网络号网络的互联有什么本质区别?

(2) 二层交换机实现不同网段的互联以延伸局域网的规模，而路由器和三层交换机实现不同子网、不同 VLAN 之间的互联是为了什么目的? 如实现不同子网、不同 VLAN 之间的通信。

(3) 网络互联层的作用是什么?

(4) ARP 的作用是什么?

(5) 在数据传递过程中为什么需要 IP 地址和物理地址?

(6) IP 数据报为什么需要分片和重组?

(7) 路由器在网络互联中的作用有哪些?

(8) 路由器的 IOS 和交换机的 IOS 有哪些相同和不同之处?

(9)如何获取路由器的直连路由?

(10)IP 路由过程中从一个网络进入另外一个网络，IP 地址和物理地址是如何变化的?

(11)路由器获取路由的方式有哪 3 种? 如直连路由、静态路由和动态路由。

(12)为什么需要进行子网划分? 如提高 IP 地址的利用率。

(13)三层交换机和路由器的区别。

(14)三层交换机实现不同 VLAN 通信与使用路由器实现不同 VLAN 间通信的优势有哪些?

(15)IPv6 的地址结构，从 IPv4 到 IPv6 的过渡技术有哪些? 如双协议栈。

通过设置相应的实践认知活动，可以加深对所学知识的理解，训练自己的动手实践技能，培养网络应用的能力，面对类似的问题，能够运用所学的知识解决当前面临的任务。

7.1　网络互联设备

若要把全世界范围内的数以百万计的网络都互联起来，并且能够实现互联互通，那么这样的任务一定非常复杂，会遇到许多需要解决的问题，如:

(1)不同的寻址方案;

(2)不同的最大分组长度;

(3)不同的网络接入机制;

(4)不同的超时控制;

(5)不同的差错恢复方法;

(6)不同的状态报告方法;

(7)不同的路由选择技术;

(8)不同的用户接入控制;

(9)不同的服务(面向连接服务和无连接服务);

(10)不同的管理与控制方式等。

能否让大家都使用相同的网络，这样可使网络互联变得比较简单? 答案是不行的。因为用户的需求是多种多样的，没有一种单一的网络能够满足所有用户的需求。另外，网络技术是不断发展的，网络的制造厂家也要经常推出新的网络，在竞争中求生存。因此市场上总是有很多种不同性能、不同网络协议的网络，供不同的用户选用。

网络互联时需要涉及一些硬件设备，这些设备称为网络互联设备。根据硬件设备所在的层次，可以有集线器、交换机、路由器、三层交换机四种不同的中间设备。

7.1.1　网络互联设备简介

常用的网络互联设备如交换机、路由器。在中关村在线官网上，我们可以看到有生产网络设备的厂商，如华为、华三(H3C)、腾达(Tenda)、友讯(D-Link)、锐捷、飞鱼星、艾泰、优倍快、网件等，如图 7.1 所示。在图 7.1 中，网络设备除了交换机和路由器，还包括无线路由器、无线网卡。另外，我们可以看到生产设备的厂商有哪些，每个厂商都有自己的侧重，例如华为生产路由器、交换机、无线控制器、无线接入器和无线路由器。

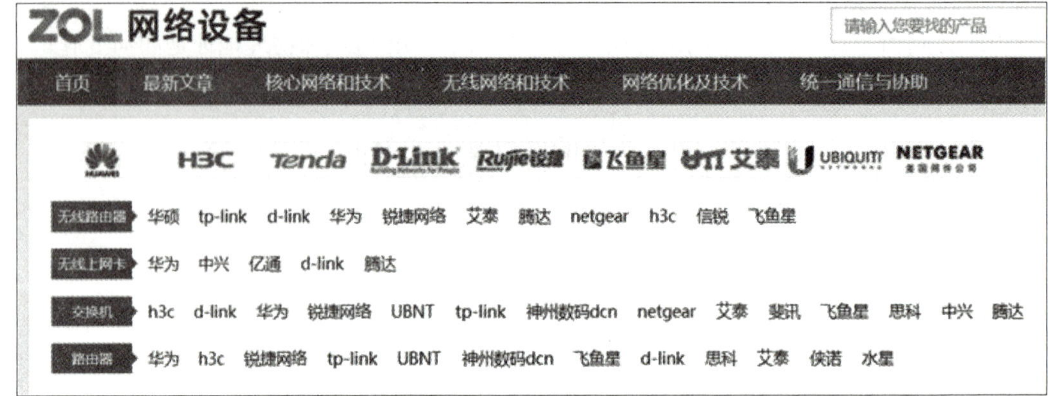

图 7.1　ZOL 网络设备

7.1.2　网络互联设备的层次

根据网络互联层次的不同，所使用的网络互联设备也不同。从网络规模的角度来看，网络的互联可以分为两种不同的类型，一种是同一个网络(网络号相同)的互联，经常通过集线器或交换机互联；另一种是不同网络(网络号不相同)的互联，是通过路由器的互联。

1. 集线器实现终端设备的互联

在经典以太网中，以集线器为中心构建物理拓扑结构为星型、逻辑拓扑结构为总线型的共享式以太网，其拓扑结构如图 7.2 所示。集线器工作在物理层，逐位复制某一个端口收到的信号，放大后输出到其他所有端口，从而使一组计算机终端设备共享信号。目前生产设备厂商已不生产该设备，在这里介绍，是为了更好地理解交换式以太网中交换机工作的机制。其主要特点如下：

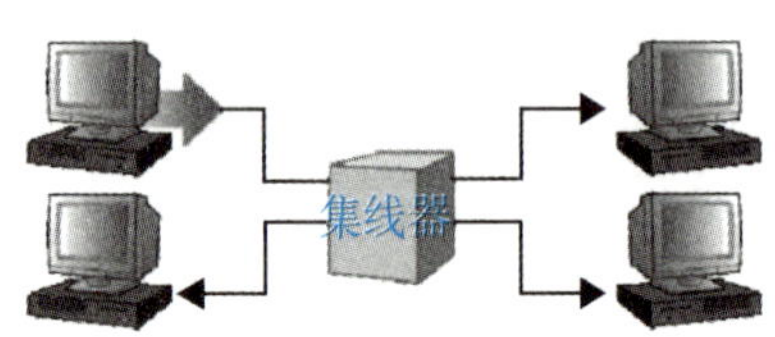

图 7.2　集线器构建共享式以太网

(1)各 PC 的网络号相同；
(2)所有 PC 终端处在同一个冲突域；
(3)所有 PC 终端处在同一个广播域；
(4)采用 CSMA/CD 媒体访问控制方法。

2. 交换机实现网段的互联

在交换式以太网中，由单交换机或多交换机级联构建的网络中，交换机实现多个网段的互联，如图 7.3 所示。在图 7.3 中，交换机实现 4 个网段的互联，多个网段的网络号相同。交换机工作在物理层和数据链路层，它通过判断数据帧的目的 MAC 地址，将帧从合适的端口发送出去。交换机的冲突域仅局限于交换机的一个端口上，是目前校园网、企事业办公区域上网的必备之选。

其主要特点如下：

(1)各 PC 的网络号相同；
(2)交换机的冲突域仅局限于交换机的一个端口上；
(3)交换机的端口接入设备后，默认是开启的(up)；

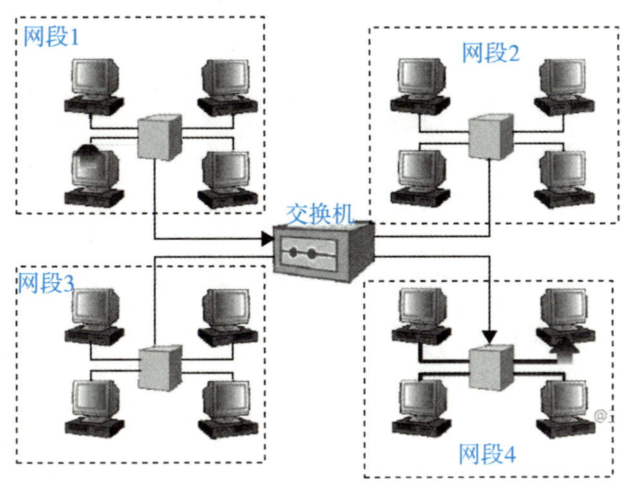

图 7.3　交换机互联 4 个网段构建交换式以太网

(4)交换机的端口不能配置 IP 地址信息；

(5)所有 PC 终端处在同一个广播域，图 7.3 有 1 个广播域；

(6)交换机基于自己学习的 MAC 地址表转发数据帧。

在交换式以太网中，随着建筑群的增加，企业的网络架构使用推荐的 Cisco 企业架构，该架构适合企业的各个发展阶段，如小型网络、中型网络和大型网络。该架构采用分层设计模型，第 1 层为接入层交换机，第 2 层为汇聚层交换机，第 3 层为核心层交换机。在网络中的位置如图 7.4 所示。将网络中直接面向用户连接或访问网络的部分如大楼 1 和大楼 2 各楼层交换机称为接入层，将位于接入层和核心层之间的部分称为分布层或汇聚层。接入交换机一般用于直接连接计算机，汇聚交换机一般用于楼宇间。汇聚相当于一个局部或重要的中转站，核心相当于一个出口或总汇总。定义汇聚层的目的是减少核心层的负担，将本地数据交换机流量在本地的汇聚交换机上交换，减少核心层的工作负担，使核心层只处理到本地区域外的数据交换。

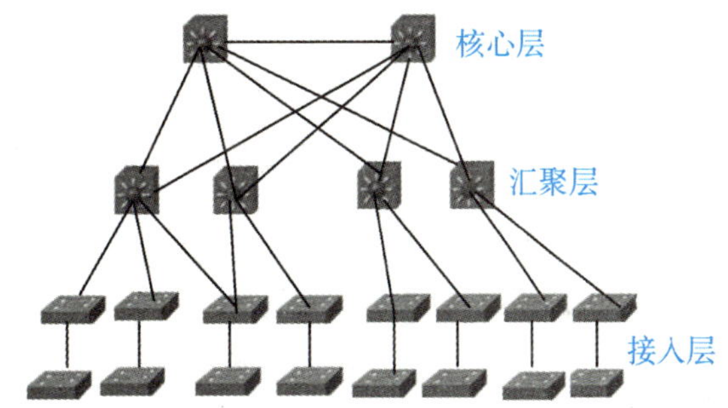

图 7.4　交换式以太网的层次架构模型

3. 路由器实现不同网络的互联

路由器是连接两个或多个网络的硬件设备，在网络间起网关的作用，工作在物理层、数据链路层和网络互联层。路由器主要实现 IP 功能，完成不同网络的互联，如以太网、无线局域网、PPP、帧中继等 LAN 与 LAN 的互联，LAN 与 WAN 的互联，WAN 与 WAN 的互联。对不同的网络之间的数据包进行存储、转发处理，数据从一个子网中传输到另一个子网中，可以通过路由器的路由功能。例如，在图 7.5 中两路由器互联了 5 个网络，网络 3 是由于需要互联网络 1、网络 2、网络 4 和网络 5 而产生的互联网络，网络 3 不接终端用户入网。

其主要特点如下：

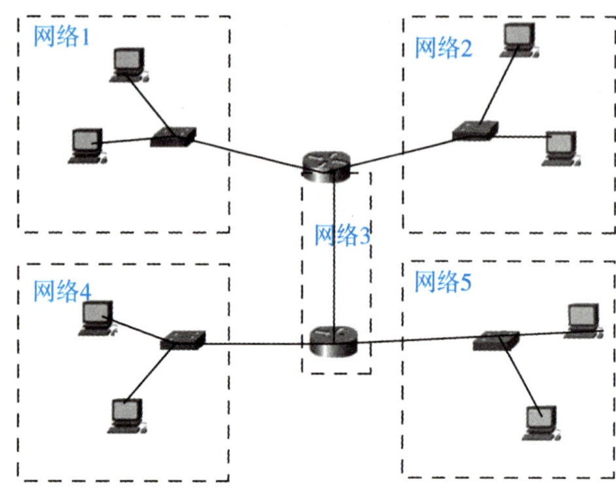

图 7.5　路由器互联了 5 个网络

(1) 网络 1、网络 2、网络 3、网络 4、网络 5 的网络号必须不相同；

(2) 路由器通过端口连接不同网络；

(3) 接入网络的同一个路由器上的各个端口配置的 IP 地址信息所产生的网络号必须不相同；

(4) 路由器的接口默认是关闭的 (shutdown)；

(5) 路由器端口数少，通常为 2~8 个端口；

(6) 路由器每个接口连接不同的网络，每个网络对应一个广播域；

(7) 图 7.5 有 5 个广播域；

(8) 路由器根据自己的路由表转发数据报。

4. 三层交换机实现不同 VLAN 子网的互联

在交换式以太网中，随着网络规模的增加，广播域的范围也在扩大。为了减小广播数据的扩散范围，必须把大型局域网按功能或地域等因素划成一个个小的局域网。这就使 VLAN 技术在网络中得以大量应用，而各个不同 VLAN 间的通信都要通过路由器来完成转发，随着子网间互访的不断增加，单纯使用路由器来实现子网间的访问，不但端口数量有限，而且路由速度较慢，从而限制了网络的规模和访问速度。基于这种情况，三层交换机应运而生，三层交换机是为 IP 设计的，接口类型简单，拥有很强的二层包处理能力，非常适用于大型局域网内的数据路由与交换，它既可以工作在协议第三层替代或部分完成传统路由器的功能，同时又具有几乎第二层交换的速度，且价格相对便宜些。

三层交换机就是具有部分路由器功能的交换机，工作在 TCP/IP 标准模型的网络互联层。三层交换机的最重要目的是加快大型局域网内部的数据交换。所具备的路由功能也多是围绕这一目的而展开的，所以它的路由功能没有同一档次的专业路由器强。毕竟它在安全、协议支持等方面还有许多欠缺，并不能完全取代路由器工作。在企业网和教学网中，一般会将三层交换机用在网络的核心层，用三层交换机上的千兆端口或百兆端口连接不同的子网或 VLAN。在实际应用过程中，典型的做法是：处于同一个局域网中的各个子网的互联以及局域网中 VLAN 间的路由，用三层交换机来代替路由器，而只有局域网与公网互联之间要实现跨地域的网络访问时，才通过专业路由器。例如，在图 7.6 中，三层交换机实现多个 VLAN 子网的通信。在 2 栋宿舍楼划分了 VLAN 20 和 VLAN 30，在 3 栋宿舍楼划分了 VLAN 40，在 4 栋宿舍楼划分了 VLAN 50。三层交换机实现 4 个 VLAN 间的路由的同时，还实现数据的高速交换。其主要特点如下：

(1) VLAN 20、VLAN 30、VLAN 40 及 VLAN 50 网络号必须不相同；

(2) 三层交换机的端口默认为二层交换机的端口状态；

(3) 三层交换机通过开启二层端口变为三层接口连接不同的 VLAN 子网；

(4) 在图 7.6 中，三层交换机通过一个接口与 2 栋宿舍相接，一个接口下有 VLAN 20 和

VLAN 30，此时必须开启两个虚拟接口，分别对应 VLAN 20 和 VLAN 30；

(5)三层交换机的端口开启三层功能后，可以为该端口配置 IP 地址信息；

(6)若三层交换机上的各个端口接入各个 VLAN，该 VLAN 所产生的网络号必须不相同；

(7)三层交换机通过 ip routing 命令开启路由功能；

(8)三层交换机端口数多，通常为 24~64 个端口；

(9)一个 VLAN 对应一个广播域；

(10)图 7.6 有 4 个广播域；

(11)三层交换机根据自己的路由表转发数据报。

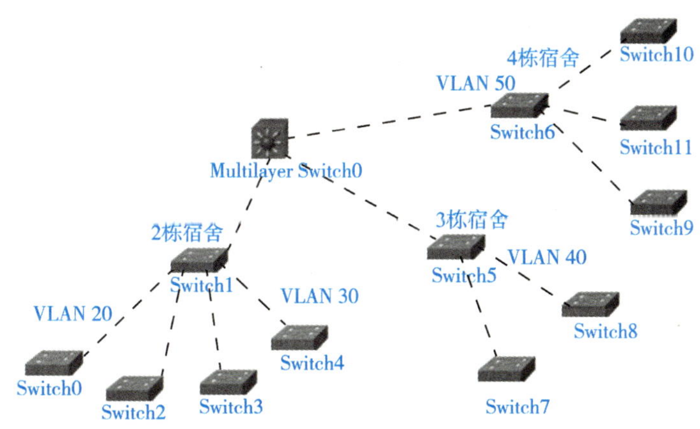

图 7.6　三层交换机实现多个 VLAN 子网的通信

提示：在交换式以太网中划分多个 VLAN 时，若不考虑多个 VLAN 之间的通信，多个 VLAN 的网络号可以相同。

7.2　互联网

前面我们学习了交换式以太网构建，关心的是网络中需要选择什么型号的交换机、交换机可以接入多少用户终端节点以及选择什么传输介质如双绞线还是光纤，以及这些节点按层次结构还是星型拓扑连接、数据如何交换等问题。当谈及网络互联时，我们通常用网络云来表示一个交换式以太网络，如图 7.7 所示。这样做的好处是可以不去关心网络云中的细节，如有多少节点和链路，此时探讨的是网络互联有关的内容。路由器可以将多个网络互联起来，形成一个覆盖范围更大的网络，即互联网，如图 7.8 所示。在图 7.8 中两台路由器将五个网络互联起来。单个网络是把地理位置分散的计算机连接在一起，而互联网则是把多个网络通过路由器连接在一起。网络互联关心的是：路由器是如何工作的？它把数据报从一个网络如何传递到下一个网络，最终到达目的地，类似快速包裹的传递。

图 7.7 网络云

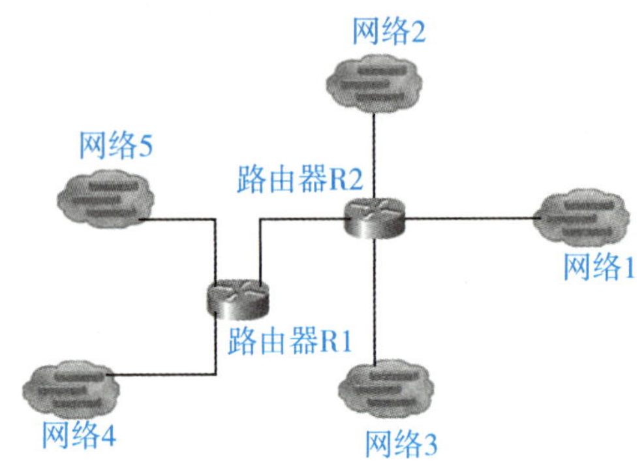

图 7.8 两台路由器将五个网络互联构建互联网

7.2.1 互联网的层次结构

在互联网商业化过程中出现了很多 ISP。为了使不同的 ISP 经营的网络能够互联，美国建立了 4 个网络接入点(network access point，NAP)，它们分别由不同的电信公司经营，NAP 是最高级的互联网接入点，用来交换不同网络的流量。实际上没有一个组织规定哪个 ISP 位于第一级，这要看这个 ISP 的网络规模、连接位置与覆盖范围。NAP 只负责连接那些第二级的 ISP，这级 ISP 一般是国家或区域级的 ISP。第二级的 ISP 负责连接第三级的 ISP，这级 ISP 一般是地区和本地的 ISP，这样互联网就形成了由 ISP 构成的多层次结构，如图 7.9所示。终端设备可以通过校园网、企业网或 ISP 联入地区主干网，地区主干网通过国家主干网联入国家间的高速主干网，这样就形成了一个由 ISP 互联的大型、层次结构的互联网络结构。

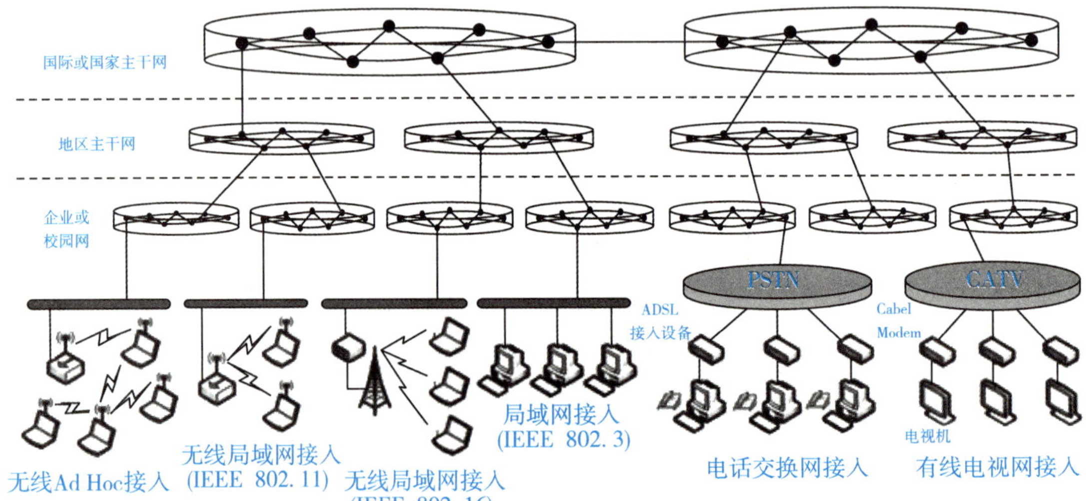

图 7.9 基于 ISP 的多级层次结构

7.2.2　互联网的组成

从互联网的层次结构可以看出，互联网的拓扑结构虽然非常复杂，并且地理位置分布在全球，但从其工作方式上看，可以划分为以下两个部分。

(1)边缘部分：由接入互联网的主机组成，用户可以直接使用和访问它来进行数据传递、音频或视频和资源共享。

(2)核心部分：由大量网络和连接这些网络的路由器组成，它们为边缘部分的主机提供数据交换和通信功能。

图 7.10 给出了互联网的两个组成部分，下面分别讨论这两部分的作用和工作方式。

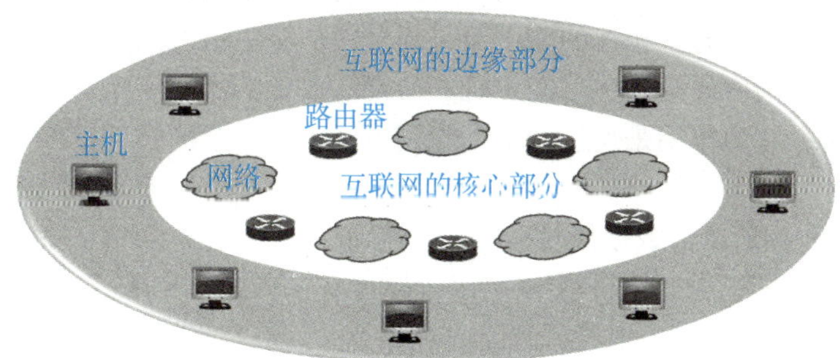

图 7.10　互联网的组成

1. 互联网的边缘部分

从图 7.10 中可以看出，处于互联网边缘部分的是接入互联网的主机，这些主机又称为终端设备，要么是网络通信中的源端，要么是目的端，数据从信源终端设备发出，流经网络，然后到达信宿终端设备。通常包括工作站、笔记本电脑、连接到网络中的服务器、网络打印机、VoIP 电话、网络摄像头、移动无线条码扫描仪、PDA、气象观测的遥控站等，如图 7.11 所示。其中接入网络中的 PC 机不仅可以提供资源(服务)，也可以获取资源(服务)，接入网络中的服务器仅提供服务。

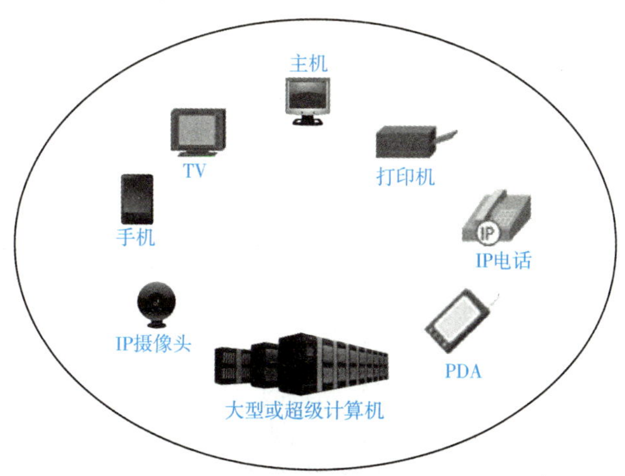

图 7.11　互联网的终端设备

随着现代工业生产规模的日益扩大，工业自动化应用日益呈现规模化、复杂化和广域分布化特性，同时随着数据时代的到来，用户对终端设备的功能和结构都提出了更高的要求。可以针对不同的行业选择终端设备之间的通信方式，如航天、电力等领域对实时性要求较高，对分布性要求相对较低。而环境监测、供水、供气等行业对实时性要求较低，对分布性要求较高。由于行业条件要求的差异，相应的终端设备之间的通信方式也会有所差别。

2. 互联网的核心部分

在图 7.10，中互联网的核心部分是路由器将 Internet 中各个网络互联起来。路由器是一种专用的计算机，但它不叫作主机，路由器是实现分组交换(packet switching)的关键部件，其任务是转发收到的分组，这是网络核心部分最重要的功能。当分组从网络中的某台主机传输到路由器时，路由器根据分组要到达的目的地，通过路由选择算法为分组选择最佳的输出路径，然后将分组转发给与它相连的路由器，当分组从源主机发出后，往往需要经过多个路由器转发，经过多个网络最终到达目的主机。与终端设备的作用不同，在互联网核心部分的路由器是中间设备，它的作用是连接一个网络到另一个或多个网络。在路由器上运行的进程执行以下功能：

(1)重新生成和重新传输数据信号；

(2)维护直连网络和与之相连网络的路由信息；

(3)将错误和通信故障通知其他设备；

(4)发生链路故障时，按照备用路径转发数据；

(5)根据服务质量优先级别分类和转发消息；

(6)根据安全设置允许或拒绝数据通信。

7.3 网络互联层

7.3.1 网络互联层的作用

在同一个网络中，数据链路层只能将数据帧由传输介质的一端送到另一端。如图 7.12 所示，源主机的 DTE1 和 DCE1 为相邻节点，而 DCE1 则分别与 DCE2、DCE3 和 DCE4 为相邻节点，数据链路层可以解决这些相邻节点之间的数据传输问题。但是在图 7.12 中，从源主机 DTE1 到目的主机 DTE2 要历经许多中间节点，而这些中间节点构成了多条不同的网络路径，从而必然带来路径选择问题。也就是说，当 DCE1 收到从 DTE1 发来的数据后，就马上面临着是从 DCE2 还是 DCE3 或者是 DCE4 进行数据转发的问题，而数据链路层显然没有提供这种实现源到目的数据传输所必需的路径选择功能。数据链路层能够以物理地址(如以太网中的 MAC 地址)来标识网络中的每一个节点，但不能绕开路径选择问题而直接利用物理层地址实现主机寻址。可以说，当源和目的地址位于同一个交换机的不同端口直接相连的网段时，这种寻址方式可以非常方便地定位到目的主机。但是，若交换机的其他端口直接所连的网段没有目的主机，则交换机就只能通过向所有其他相连的交换机进行广播的方式来间接地找到目的节点。这种通过物理地址直接寻址的方式只能适用于同一个网络，在多个网络互联的情况下，网络路径选择功能是必不可少的。

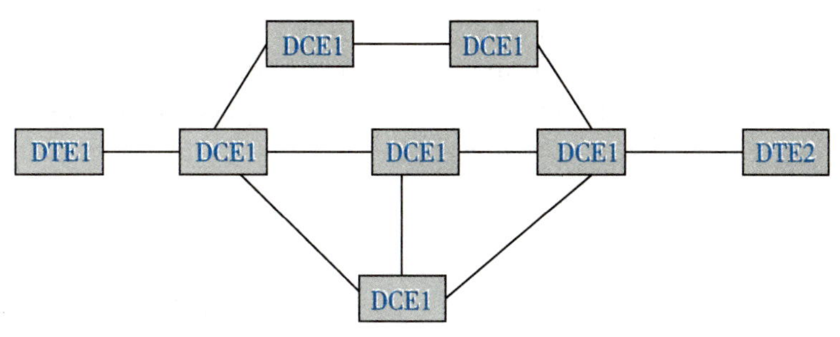

图 7.12　网络中间节点和网络路径的示例

网络互联层涉及源主机发出的分组经由各种网络路径到达日的主机，其利用了数据链路层所提供的相邻节点之间的数据传输服务，向传输层提供了从源到目的的数据传输服务。网络互联层是处理端到端(end to end)数据传输的最低层，但同时又是通信子网的最高层，如图 7.13 所示。资源子网中的主机具备了 TCP/IP 模型中所有 5 层的功能，但通信子网中的路由器因为只涉及通信问题而只拥有 TCP/IP 的低 3 层。所以网络互联层被看成通信子网与资源子网的接口，即通信子网的边界。在图 7.13 中，路由器作为主机 A 与主机 B 通信的中间节点，主机 A 的分组经过 3 个路由器的路径选择功能到达主机 B。主机 A、B 的协议栈共有 5 层，路由器的协议栈只有下面的 3 层。在图 7.13 中，我们看到数据从主机 A 的应用层出发，数据在各节点的协议栈中流动。如在主机 A 的协议栈进行封装，经过网络 1 的传递，到达路由器 1 时先解封再封装，经过网络 2 的传递，到达路由器 2 时先解封再封装，经过网络 3 的传递，到达路由器 3 时先解封再封装，经过网络 4 的传递，到达主机 B，解封后收到主机 A 发给自己的数据。

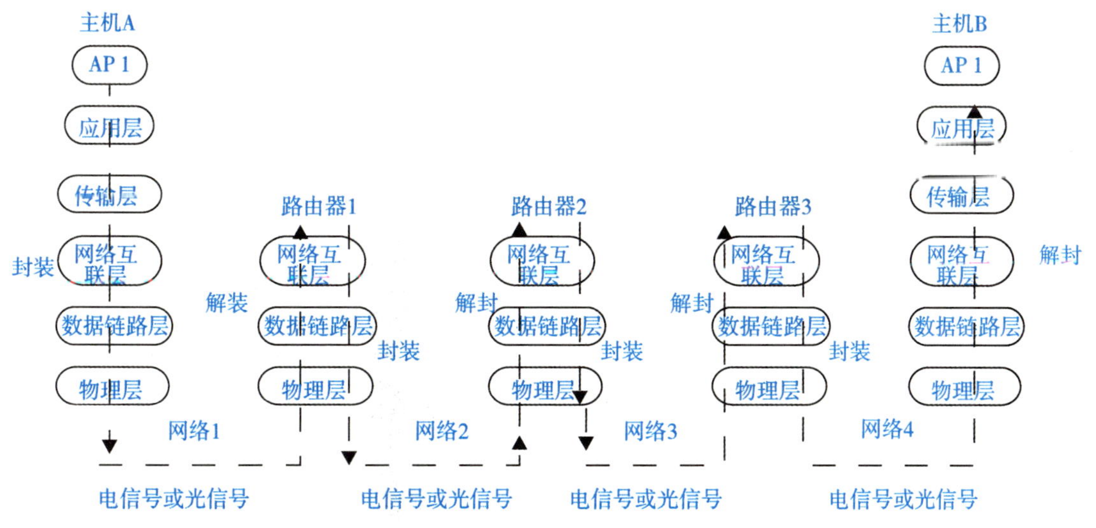

图 7.13　分组在互联网中传递

从图 7.13 中可以看出，主机 A 到主机 B 数据的传递路径若用协议栈的方式进行描述，就很烦琐。在本章中，我们若只从网络互联层考虑问题，那么分组就可以想象成在网络互联层中传送，其传送路径是：主机 A → 路由器 1→ 路由器 2→ 路由器 3 →主机 B。

这样就不必为每个节点画出许多完整协议栈，使问题的描述更加简单，如图 7.14 所示。分组的路径选择只考虑通信子网的拓扑结构，即各个节点之间的连接路径，不考虑协议栈，从而能够进行最佳路径的选择，最佳路径选择又称为路由(routing)。从水平方向看，图 7.14 中主机 A 到主机 B 只有 1 条路由路径。

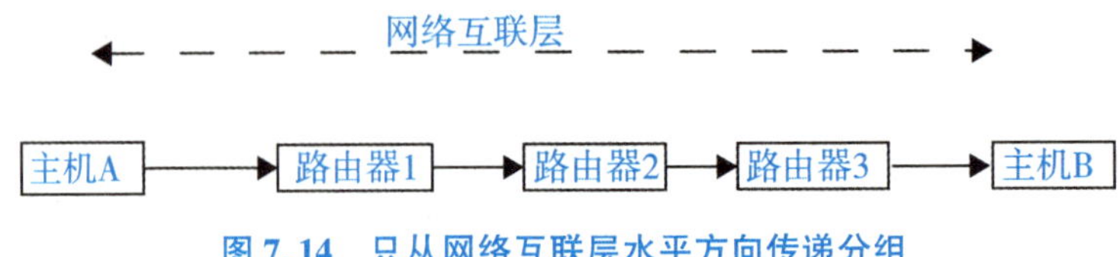

图 7.14　只从网络互联层水平方向传递分组

为了有效地实现源到目的的分组传输，网络互联层需要提供多方面的功能。

首先，需要规定该层协议数据单元的类型和格式，网络互联层的协议数据单元称为分组(packet)，和其他各层的协议数据单元类似，分组是网络互联层协议功能的集中体现，其中要包括实现该层功能所必需的控制信息(如收发双方的网络地址等)。

其次，在分组的控制信息中有 IP 地址，通过 IP 地址的结构实现互联网上的寻址。

再次，在选择路径时还要注意既不要使某些路径或通信线路处于超负载状态，也不能让另一些路径或通信线路处于空闲状态，即所谓的拥塞控制和负载平衡；当网络带宽或通信子网中的路由设备性能不足时都可能导致拥塞。

最后，当源主机和目的主机的网络不属于同一种类型时，网络互联层还要协调好不同网络间的差异，即异构网络互联的问题。同时根据分层的原则，网络互联层在为传输层提供分组传输服务时还要做到：服务与通信子网技术无关，即通信子网的数量、拓扑结构及类型对于传输层是透明的；传输层所能获得的地址应采用统一的方式，以使其能跨越不同的 LAN 和 WAN，这也是网络互联层设计的基本目标。

网络互联网的作用主要包括如下几方面：

(1)按通信子网的拓扑结构进行分组的最佳路径的选择；

(2)按 IP 地址结构在互联网上进行寻址；

(3)实现异构 LAN(以太网、无线局域网 802.11 等)技术、WAN(PPP、帧中继等)技术的互联；

(4)屏蔽不同 LAN 技术、WAN 技术具体网络实现的细节，实现网络技术的优胜劣汰，通过网络互联层的 IP 实现互联，类似一个运行 IP 的虚拟庞大网络。

7.3.2　网络互联层提供的服务

在 TCP/IP 层次结构中，下层为上层提供服务。网络互联层提供给传输层的服务有面向连接(TCP)和面向无连接(UDP)之分。所谓面向连接，就是指在数据传输之前双方需要为此建立一种连接，然后在该连接上实现有次序的分组传输，直到数据传输完毕才释放连接；面向无连接则不需要为数据传输事先建立连接，只提供简单的源和目的之间的数据发送与接收功能。网络互联层服务方式的不同主要取决于通信子网的内部结构。

面向无连接的服务在通信子网内通常以数据报(datagram)方式实现。在数据报服务中，每个分组都必须提供关于源和目的的完整地址信息，通信子网根据地址信息为每一个分组独

立进行路径选择。数据报方式的分组传输可能会出现丢失、重复或乱序的现象。

面向连接的服务则通常采用虚电路(virtual circuit，VC)方式实现。虚电路是指通信子网为实现面向连接的服务而在源与目的之间所建立的逻辑通信链路。虚电路服务的实现涉及三个阶段，即虚电路建立、数据传输和虚电路拆除。在建立连接时，将从源端网络到目的网络的路由作为连接建立的一部分加以保存；在数据传输过程中，在虚电路上传输的分组总是取相同的路径通过通信子网；数据传输完毕后需要拆除连接。如果以生活化的实例类比数据报，有点类似于中国邮政的平信服务，而虚电路则更像电话服务。

在 Internet 中，网络互联层本身只提供无连接的、尽最大努力交付分组服务。网络在发送分组时不需要先建立连接。每一个分组(也就是 IP 数据报)独立发送，与其前后的分组无关(不进行编号)。网络互联层不提供服务质量的承诺。也就是说，所传送的分组可能出错、丢失、重复和失序(即不按序到达终点)，当然也不保证分组交付的时限。由于传输网络不提供端到端的可靠传输服务，这就使网络中的中间节点路由器比较简单，且价格低廉(与电信网的交换机相比较)。如果主机(即端系统)中的进程之间的通信需要保证可靠性，那么就由网络中主机的运输层 TCP 服务负责(包括差错处理、流量控制等)。采用这种设计思路的好处是：网络造价大大降低，运行方式灵活，能够适应多种应用。互联网能够发展到今日的规模，充分证明了当初采用这种设计思路的正确性。

所以 Internet 中源端到目的端数据的可靠交付由终端设备(接入网络中的主机)负责，不是由 Internet 的通信子网负责的。

提示：本章中数据报是互联网最初设计者使用的名词，其实数据报、IP 数据报、分组都是同义词，可以混用。

本章中网际层、网络层、网络互联层都是同义词，可以混用。

7.3.3 网络互联层核心协议

网络互联层定义了如何从一台主机向另一台主机发送数据，定义了如何在多种不同的物理网络如以太网、PPP、帧中继、无线局域网上发送数据，包括支持任何一种局域网、城域网和广域网媒介访问控制策略。网络互联层通过有目的地将其逻辑与底层物理网络细节相分离，来实现在任意类型的物理网络基础上发送数据的能力。这就允许主机和网络设备(主要是路由器)可以使用相同的进程和逻辑，而不必考虑底层使用什么样的物理网络。网络互联层的核心协议主要包括以下几个方面，如图 7.15 所示。

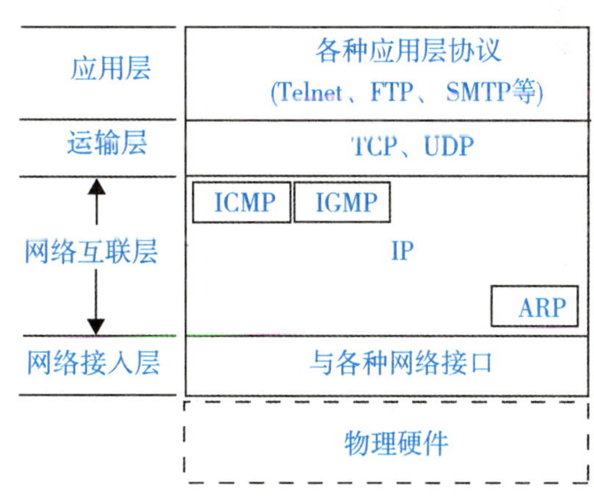

图 7.15　网络互联层的核心协议

(1) IP：定义了路由、逻辑 IP 寻址、IP 包头和数据报的格式以及接口。

(2) ARP：定义了一台 IP 地址主机动态地获取另一台主机的 IP 地址和 MAC 地址映射关系的过程。

(3)ICMP：定义了用于管理和控制 IP 的消息报文。例如，ping 命令使用的就是 ICMP 消息。

在以上所有协议中，IP 定义了 TCP/IP 网络互联层最重要的部分。利用 IP 就可以屏蔽具体物理网络实现的细节，实现各个具体物理网络的互联，在网络互联层上看起来好像是一个统一的网络，由 IP 实现的互联的网络如 Internet。

7.4 IP

IP 实现多个网络的互联，整个互联网就是一个单一的、抽象的网络。IP 地址就是给互联网上的每一台主机或路由器接口分配一个在全世界范围内的唯一的 32 位标识符。IP 地址的结构使我们可以在互联网上很方便地进行寻址，网络号类似于电话座机的区号，主机号类似于座机号码。有类别的 IP 地址我们已经在前面的第 3 章介绍过了。后面我们介绍 IPv6。

7.4.1 IP 地址与硬件地址

在学习 IP 地址时，很重要的一点就是要弄懂主机的 IP 地址与硬件地址的区别。图 7.16 说明了这两种地址的区别。从层次的角度看，硬件地址是数据链路层和物理层使用的地址，而 IP 地址是网络互联层和以上各层使用的地址，是一种逻辑地址(称 IP 地址为逻辑地址是因为 IP 地址是用软件实现的)。

提示： 在局域网中，由于硬件地址已固化在网卡上的 ROM 中，因此常常将硬件地址称为物理地址，因为在局域 MAC 帧中的源地址和目的地址都是硬件地址，因此硬件地址又称为 MAC 地址，在本书中，物理地址、硬件地址和 MAC 地址常常作为同义词出现。

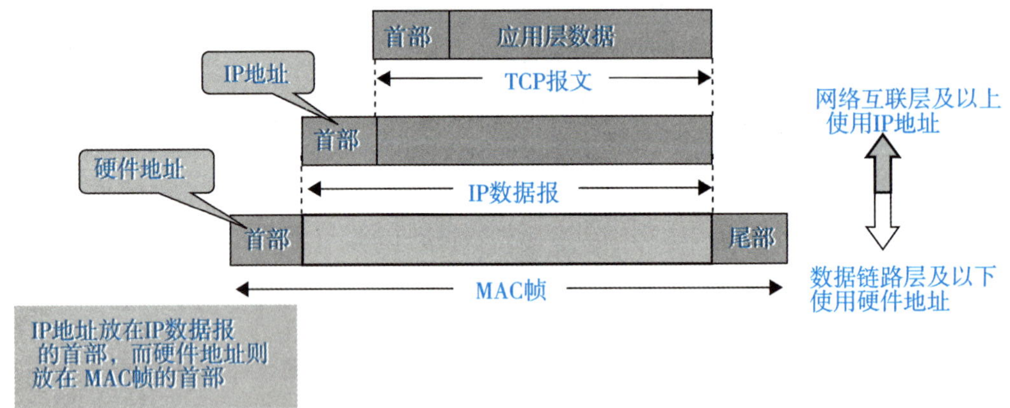

图 7.16 IP 地址与硬件地址的区别

在发送数据时，数据从高层下到低层，然后才到通信链路上传输。使用 IP 地址的 IP 数据报一旦交给了数据链路层，就被封装成 MAC 帧了。MAC 帧在传送时使用的源地址和目的地址都是硬件地址，这两个硬件地址都写在 MAC 帧的首部中。

连接在通信链路上的设备(主机或路由器)在收到 MAC 帧时，根据 MAC 帧首部中的硬件地址决定收下或丢弃。只有在解封时剥去 MAC 帧的首部和尾部后把 MAC 层的数据上交给网络互联层，网络互联层才能在 IP 数据报的首部中找到源 IP 地址和目的 IP 地址。

总之，IP 地址放在 IP 数据报的首部，而硬件地址则放在 MAC 帧的首部。在网络互联层和网络互联层以上使用的是 IP 地址，而数据链路层及以下使用的是硬件地址。在图 7.16 中，当 IP 数据报放入数据链路层的 MAC 帧中以后，整个 IP 数据报就成为 MAC 帧的数据部分，因而在数据链路层看不见数据报的 IP 地址。

图 7.17 画的是三个局域网用两个路由器 R1 和 R2 互联起来。现在主机 H1 要和主机 H2 通信。这两台主机的 IP 地址分别是 IP1 和 IP2，而它们的硬件地址分别为 HA1 和 HA2(HA 表示 hardware address)。通信的路径是：H1→经过 R1 转发→再经过 R2 转发→H2。路由器 R1 因同时连接到两个局域网上，因此它有两个硬件地址，即 HA3 和 HA4。同理，路由器 R2 也有两个硬件地址 HA5 和 HA6。主机 H1 与 H2 通信中经过局域网 1、局域网 2 以及局域网 3，使用的 IP 地址与硬件地址如表 7.1 所示。

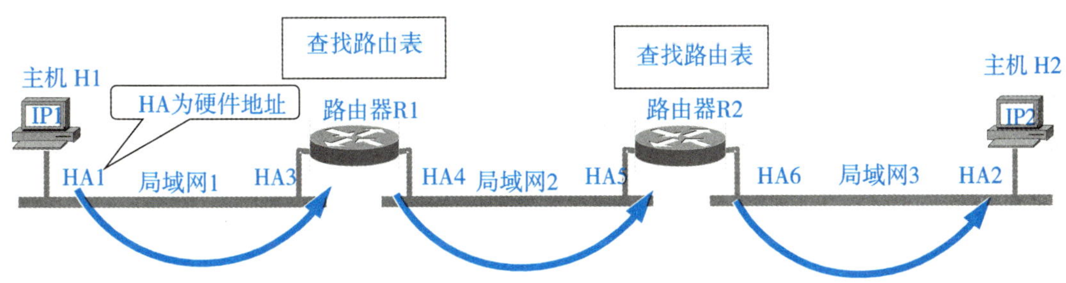

图 7.17　通信过程中地址的变化

表 7.1　主机 H1 与 H2 通信中使用的 IP 地址与硬件地址

经过的网络	在网络互联层 写入 IP 数据报首部的地址		在数据链路层 写入 MAC 帧首部的地址	
	源地址	目的地址	源地址	目的地址
从 H1 到 R1 的局域网 1	IP1	IP2	HA1	HA3
从 R1 到 R2 的局域网 2	IP1	IP2	HA4	HA5
从 R2 到 H2 的局域网 3	IP1	IP2	HA6	HA2

在表 7.1 中，可以看出：

(1)在 IP 层抽象的互联网上只能看到 IP 数据报。虽然 IP 数据报要经过路由器 R1 和 R2 的两次转发，但在它的首部中的源地址和目的地址始终分别是 IP1 和 IP2。

数据报中间经过的两个路由器的 IP 地址并不出现在 IP 数据报的首部中。

(2)虽然在 IP 数据报首部有源站 IP 地址，但路由器只根据目的站的 IP 地址的网络号进行路由选择。

(3)在局域网的数据链路层，只能看见 MAC 帧。IP 数据报被封装在 MAC 帧中的数据部分。MAC 帧在不同网络上传送时，其 MAC 帧首部中的源地址和目的地址要发生变化，如表 7.1 所示。开始在 H1 到 R1 间传送时，MAC 帧首部中写的是从硬件地址 HA1 发送到硬件地址 HA3，路由器 R1 收到此 MAC 帧后，在数据链路层，要丢弃原来的 MAC 帧的首部和尾部。转发时，在数据链路层，要重新添加上 MAC 帧的首部和尾部。这时首部中的源地址和目的地址分别变成 HA4 和 HA5。路由器 R2 收到此帧后，再次更换 MAC 帧的首部和尾部，首部中的源地址和目的地址分别变成 HA6 和 HA2。MAC 帧首部的这种变化，在上面的 IP 层上是看不见的。MAC 帧的首部和尾部每经过一个网络要丢弃原来的 MAC 帧的首部和尾部，转发时，在数据链路层，要重新添加上 MAC 帧的首部和尾部的这种行为可以用我们前面所学的数据在协议栈中流动的细节来解释，即在中间节点上接收数据报后先解封，查路由表决定转发端口后，再重新封装。

(4)尽管互联在一起的网络的硬件地址体系各不相同，但 IP 层抽象的互联网却屏蔽了下层这些很复杂的细节。只要我们在网络互联层上讨论问题，就能够使用统一的、抽象的 IP 地址研究主机和主机或路由器之间的通信。上述的这种“屏蔽”概念是一个很有用、很普遍的基本概念。例如，计算机中广泛使用的图形用户界面使用户只需简单地单击几下就能让计算机完成很多任务。实际上计算机要完成这些任务必须执行很多条指令。但这些复杂的过程全都被设计良好的图形用户界面屏蔽了，使用户看不见这些复杂过程。以上这些概念是计算机网络的精髓所在，对这些重要概念务必仔细思考和掌握。

我们会发现，还有两个重要问题没有解决：

(1)主机或路由器怎样知道应当在 MAC 帧的首部填入什么样的硬件地址?

(2)路由器中的路由表是怎样得出的?

第一个问题下面直接介绍，而第二个问题将在后面的章节讨论。

7.4.2 ARP

IP 数据报能够跨越多个网络，在互联网上传送。作为一个高层网络数据，IP 数据报最终也需要封装成帧进行传输。在图 7.17 的局域网 1 中，主机 H1 在封装帧时，需要在 MAC 帧的首部填入源硬件地址和目的硬件地址。在局域网 1 中数据传递的目的地是路由器 R1 左边的接口，该接口的 IP 地址是主机 H1 的网关。主机 H1 知道自己的 IP 地址、硬件地址、网关地址，但不知道网关对应的应硬件地址。已知网关地址，需要找到其对应的硬件地址。ARP 就是用来解决这样的需求的。

1. ARP 的功能

ARP(address resolution protocol)是地址解析协议的简称。在实际通信时，物理网络依然是利用物理地址进行报文传输，IP 地址在物理网络中是不能被识别的。对于以太网而言，当 IP 数据报通过以太网发送时，以太网设备并不识别 32 位 IP 地址，它们是以 48 位的 MAC 地址传输以太网数据的。所以必须建立两种地址的映射关系，这一过程称为地址解析。地址解析是从 IP 地址到物理地址的映射。用于将 IP 地址解析成物理地址的协议就称为地址解析协议。ARP 是动态协议，解析过程是自动完成的。

在每一台使用 ARP 的主机中，都保留了一个专用的内存区(称为缓存)，存放最近取得

的 IP 地址和物理地址的对应关系。一旦收到 ARP 应答，主机就将获得的 IP 地址和物理地址的对应关系存到缓存中。当发送报文时，首先去缓存中查找目标 IP 地址对应的 MAC 地址项，找到对应项后，便将报文直接发送出去；如果找不到，再利用 ARP 进行解析。

2. ARP 的工作原理

1) 子网内 ARP 解析

一台主机能够解析另一台主机地址的条件是这两台主机都连在同一物理网络中。假设以太网上有 3 台计算机，分别是主机 A、主机 B 和主机 C，如图 7.18 所示。现在主机 A 的应用程序要和主机 B 的应用程序交换数据，在主机 A 发送数据前，必须首先得到主机 B 的 IP 地址和 MAC 地址的映射关系。一个完整的 ARP 的工作过程如下。

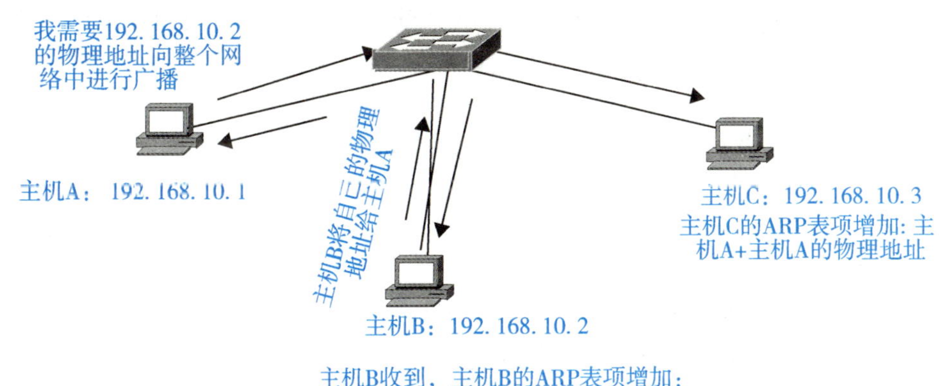

图 7.18　子网内 ARP 解析示意图

(1) 发送数据报。主机 A 以主机 B 的 IP 地址为目标 IP 地址，以自己的 IP 地址为源 IP 地址封装了一个 IP 数据报；在数据报发送以前，主机 A 通过将自己的子网掩码分别和源 IP 地址及目标 IP 地址进行求“与”操作，判断源和目标在同一网络中；于是主机 A 转向查找本地的 ARP 缓存，以确定在缓存中是否有关于主机 B 的 IP 地址与 MAC 地址的映射信息；若在缓存中存在主机 B 的 IP 地址和 MAC 地址的映射关系，则不需要 ARP 地址解析。此后主机 A 的网卡立即以主机 B 的 MAC 地址为目标 MAC 地址，以自己的 MAC 地址为源 MAC 地址进行帧的封装并启动帧的发送；主机 B 收到该帧后，确认是给自己的帧，进行帧的拆封并取出其中的 IP 分组交给网络互联层去处理。若在缓存中不存在关于主机 B 的 IP 地址和 MAC 地址的映射信息，则转至第(2)步。

(2) 主机 A 以广播帧形式向同一网络中的所有节点发送一个 ARP 请求(arp request)报文，请求 IP 地址为 192.168.10.2 的主机 B 回答其物理地址，在该广播帧中 48 位的目标 MAC 地址以全“1”即 ff.ff.ff.ff.ff.ff 表示，源 MAC 地址为主机 A 的地址。

(3) 网络中的所有主机都会收到该 ARP 请求帧，并且所有收到该广播帧的主机都会检查一下自己的 IP 地址，但只有主机 B 识别出自己的 IP 地址并回答自己的物理地址，并返回一个响应报文。响应报文的目的 MAC 地址为主机 A 的 MAC 地址，源 MAC 地址是主机 B 的 MAC 地址。这样，IP 地址就被转化成了物理地址。

(4) 主机 A 收到主机 B 的响应信息，首先将其中的 MAC 地址信息加入本地 ARP 缓存中，从而完成主机 B 的地址解析，然后启动相应帧的封装和发送过程，完成与主机 B 的通信。

在整个 ARP 工作期间，不但主机 A 得到了主机 B 的 IP 地址和 MAC 地址的映射关系，而且主机 B 和主机 C 也得到了主机 A 的 IP 地址和 MAC 地址的映射关系。如果主机 B 的应用程序需要立即返回数据给主机 A 的应用程序，那么主机 B 就不必再次执行上面的 ARP 请求过程。

2）子网间 ARP 解析

源主机和目标主机不在同一网络中，例如主机 PC11 向主机 PC21 发送数据报，假定 PC21 的 IP 地址为 192.168.20.10。这时若继续采用 ARP 广播方式请求主机 PC21 的 MAC 地址是不会成功的，因为第二层广播（在此为以太网帧的广播）是不可能被第三层设备路由器转发的。于是需要采用一种称为代理 ARP（proxy ARP）的方案，即所有目标主机不与源主机在同网络中的数据报均会被发给源主机的默认网关，即只需查找或解析自己的默认网关地址即可。

在图 7.19 是，主机 PC11 若要发报文给主机 PC21，首先主机 PC11 分析目的地址与自己不在同一网段，需要将报文先发给其默认网关，再由默认网关转发。如果没有找到默认网关的物理地址，便发送 ARP 请求报文，请求默认网关的物理地址，默认网关收到之后，将自己的物理地址写入应答报文，发送给主机 PC11。然后主机 PC11 到主机 PC21 的报文首先被送到默认网关，默认网关再查找或解析主机 PC21 的物理地址，将报文送到主机 PC21 中。主机 PC21 到主机 PC11 的报文以相反的顺序发送。

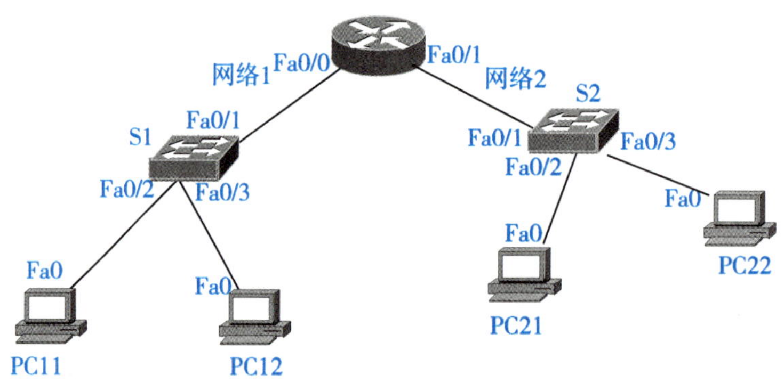

图 7.19　R1 将网络 1 和网络 2 互联

在许多情况下需要多次使用 ARP。有时可能会产生这样的疑问：既然在网络链路上传送的帧最终是按照硬件地址找到目的主机的，那么为什么我们还要使用抽象的 IP 地址，而不直接使用硬件地址进行通信？这样似乎可以免除使用 ARP。

下面我们来回答这个问题：由于全世界存在着各式各样的网络技术，它们使用不同的硬件地址。要使这些异构网络技术能够互相通信，就必须进行非常复杂的硬件地址转换工作，因此由用户、用户主机、路由器来完成这项工作几乎是不可能的事，但 ARP 把这个复杂问题解决了。连接到互联网的主机只需各自拥有一个唯一的 IP 地址，它们之间的通信就像连接在同一个网络上那样简单方便，因为上述调用 ARP 的复杂过程都是由计算机软件自动进行的，用户是看不见这种调用过程的。

因此，在 Internet 上用 IP 地址进行通信给广大的计算机用户带来很大的方便。

7.4.3 IP 数据报的格式

IP 数据报的格式能够说明 IP 都具有什么功能。在 TCP/IP 标准中，各种数据格式常常以 4B 为单位来描述。图 7.20 是 IP 数据报的完整格式。

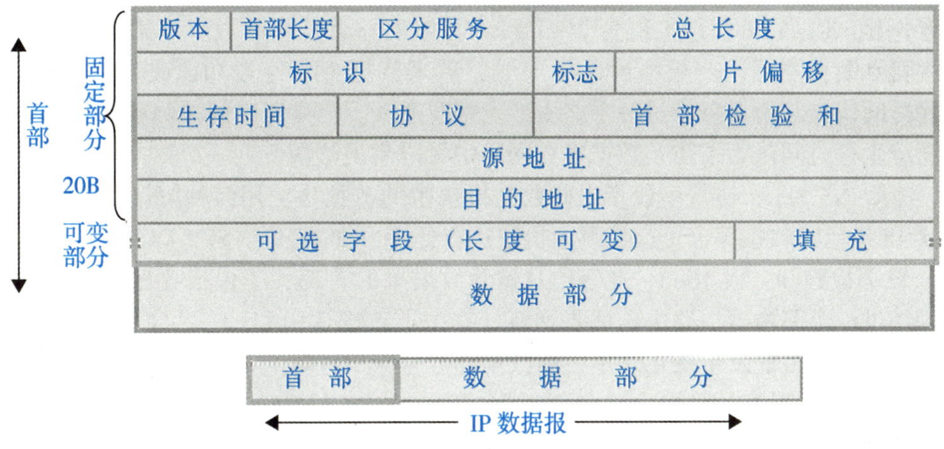

图 7.20 IP 数据报的完整格式

从图 7.20 可看出，一个 IP 数据报由首部和数据两部分组成。首部的前一部分是固定长度，共 20B，是所有 IP 数据报所必须具有的。在首部的固定部分的后面是一些可选字段，其长度是可变的。

1. IP 数据报首部固定部分中的各字段含义

(1)版本：占 4bit，指 IP 的版本，这里介绍的是 IPv4 版本。通信双方使用的 IP 的版本必须一致。目前广泛使用的是 IPv4 和 IPv6。我们将在后面的章节讨论。

(2)首部长度：占 4bit，可表示的最大十进制数值是 15。请注意，首部长度字段所表示数的单位是 32bit 字(1 个 32bit 字长是 4B)。因为 IP 首部的固定长度是 20B，因此首部长度字段的最小值是 5(即二进制表示的首部长度是 0101)。而当首部长度为最大值 1111 时(即十进制数的 15)，就表明首部长度达到最大值 15 个 32bit 字长，即 60B。

(3)区分服务：占 8bit，也称服务类型，即主机要求通信子网提供的服务类型。包括一个 3bit 长度的优先级，4 个标志位 D、T、R 和 C 分别表示延迟、吞吐量、可靠性和代价。另外 1bit 未用。通常文件传输更注重可靠性，而数字声音或图像的传输更注重延迟。

(4)总长度：占 16bit，数据报的总长度，包括首部和数据部分，以字节为单位。数据报的最大长度为 $2^{16}-1$B，即 65535B。

(5)标识：占 16bit，标识数据报。当数据报长度超出网络最大传输单元(maximum transfer unit，MTU)时，必须要进行分割，并且需要为分割片段(fragment)提供标识。所有属于同一数据报的分割片段被赋予相同的标识值。

(6)标志：占 3bit，指出该数据报是否可分片段，目前只有前 2bit 有意义。标志字段中的最低位记为 MF(more fragment)。MF=1 即表示后面“还有分片”的数据报；MF=0 表示这已是若干数据报片中的最后一个。

标志字段中间一位记为 DF(don't fragment)，只有当 DF=0 时才允许分片。

(7)片偏移：占 13bit，若有分片段时，用以指出该分片段在数据报中的相对位置，也就是说，相对于用户数据字段的起点，该片从何处开始。片偏移以 8B 为偏移单位，即每个分片的长度一定是 8B(64bit)的整数倍。

(8)生存时间或生命期：占 8bit，记为 TTL(time to live)，即数据报在网络中的寿命，以秒来计数，建议值是 32s，最大值为 $2^8-1=255$。然而随着技术的进步，路由器处理数据报所需的时间不断在缩短，一般都远远小于 1s，后来就把 TTL 字段功能改为路由器的跳数。此时生存时间代表路由器每经过一个路由节点都要递减，当生存时间减到零时，分组就要被丢弃。设定生存时间是为了防止数据报在网络中无限制地漫游。

(9)协议：占 8bit，协议字段指出此数据报携带的数据是使用何种协议，以便使目的主机的 IP 层知道应将数据部分上交给哪个协议进行处理，如 ICMP、TCP、UDP 等。

(10)首部检验和：占 16bit，此字段只检验数据报的首部，不包括数据部分。这是因为数据报每经过一个路由器，路由器都要重新计算一下首部检验和，一些字段，如生存时间、标志、片偏移等都可能发生变化。不检验数据部分可减少计算的工作量。为了进一步减少计算检验和的工作量，IP 首部的检验和不采用复杂的 CRC 检验码，而采用下面的简单计算方法。

在发送方，先把 IP 数据报首部划分为许多 16bit 字序列，并把检验和字段置零。用反码算术运算把所有 16bit 字相加后，将得到的和的反码写入检验和字段。接收方收到数据报后，将首部的所有 16bit 字再使用反码算术运算相加一次。将得到的和取反码，即得出接收方检验和的计算结果。若首部未发生任何变化，则此结果必为 0，于是就保留这个数据报。否则即认为出差错，并将此数据报丢弃。

(11)IP 地址：占 32bit，32 位的源地址与目的地址分别表示该 IP 数据报发送者和接收地址。在整个数据报传送过程中，无论经过什么路由，无论如何分片，此两字段一直保持不变。

2. IP 数据报首部可变部分

IP 数据报首部可变部分指的是可选字段，它支持各种选项，提供扩展余地。根据选项的不同，该字段是可变长的从 1B 到 40B。用来支持排错、测量以及安全等措施。作为选项，用户可以使也可以不使用它们。但作为 IP 的组成部分，所有实现 IP 的设备都必须能处理 IP 选项。在用选项的过程中，如果造成 IP 数据报的首部不是 32 的整数倍，这时需要使用填充域凑齐。

7.4.4 IP 数据报的封装、分片和重组

1. IP 数据报的封装

IP 数据报在互联网上传送，它可能要跨越多个网络。作为网络互联层的数据单位，IP 数据报在具体物理网络里最终也需要封装成帧进行传输。将 IP 数据报封装到以太网的 MAC 数据帧如图 7.21 所示。

如图 7.22 所示，显示了一个 IP 数据报从源主机到达目的主机经过 3 个网络，每个网络都参与了封装和解封装的过程。在网络 1 中传递时，按帧 1 进行封装，到达路由器 R1 后，解封去掉帧头 1。在网络 2 中传递时，按帧 2 进行封装，到达路由器 R2 后，解封去掉帧头

2。在网络 3 中传递时，按帧 3 进行封装，最终到达目的主机。在图 7.22 中，只有当 IP 数据报通过一个物理网络 1 时，才会被封装进一个合适的帧 1 中。帧头的大小依赖于相应的网络技术，在数据报通过互联网的整个过程中，帧头并没有累积起来。当数据报到达它的最终目的主机时，数据报的大小与其最初发送时是一样的。

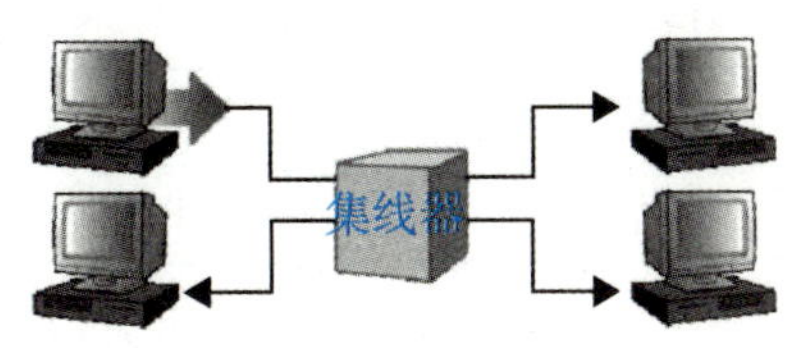

图 7.21　IP 数据报的封装

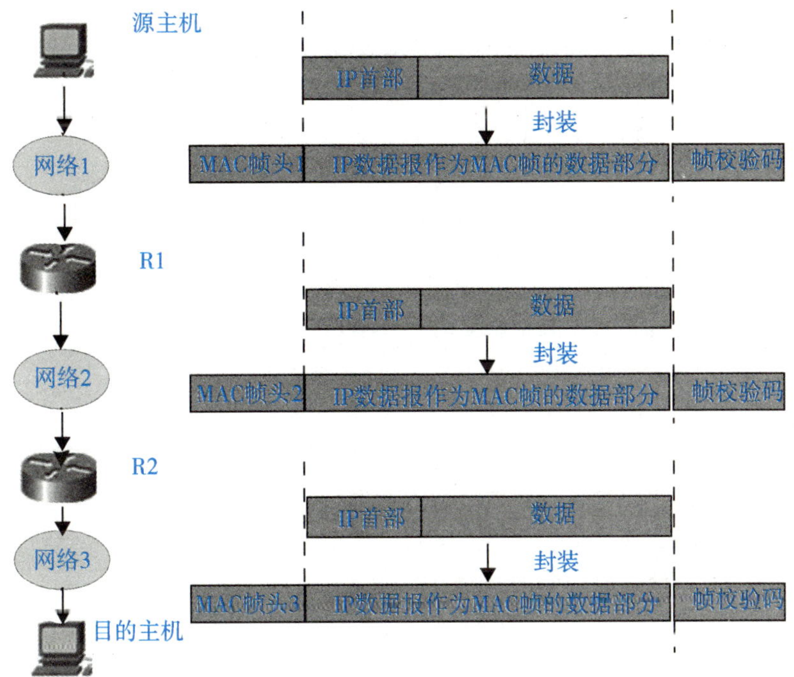

图 7.22　IP 数据报经过各个网络被重新封装

2. IP 数据报的分片

在 IP 层下面的每一种数据链路层都有其自己的帧格式，其中帧格式的数据字段称为最大传输单元，简称 MTU，当一个 IP 数据报封装成数据链路层的帧时，数据报的总长度一定不能超过各个数据链路层的 MTU。因此一个 IP 数据报的长度只有小于或等于一个网络的 MTU，才能在这个网络中进行传输。表 7.2 给出了不同数据链路层协议的 MTU 值。

表 7.2　不同数据链路层协议的 MTU 值

协议	MTU/B	协议	MTU/B
Hyperchannel	65535	以太网	1500
令牌环(16Mbit/s)	17914	X.25	576
令牌环(4Mbit/s)	4464	PPP	296
FDDI	4352	Frame Relay	1600

互联网可以包含各种各样的异构网络，一个路由器也可能连接着具有不同 MTU 值的多个网络，从一个网络接收的 IP 数据报，并不一定能在另一个网络上发送该数据报，如图 7.23 所示。在图 7.23 中路由器连接两个网络，一个网络是以太网，MTU=1500B，另一个网络是 X.25，MTU=576B。主机 A 连接着 MTU=1500B 的以太网，每次传送 IP 数据报不超过 1500B，而主机 B 连接着 MTU=576B 的 X.25，每次传送 IP 数据报不超过 576B。

如果主机 A 要把一个 1450B 的数据报发送给主机 B，路由器可以接收到主机 A 发送的数据报，但却不能在 X.25 网络上转发它。

图 7.23　路由器连接两个具有不同 MTU 值的网络

为了解决这个问题，IP 互联网络采用分片与重组技术。

当一个数据报的尺寸大于将要发往网络的 MTU 时，路由器会将 IP 数据报分成若干较小的部分，这就是分片，然后再将每片独立地进行发送，每片都可以像正常的 IP 数据报一样，经过独立的路由选择等处理，结果最终到达目的主机。

数据分片时，每个分片前都要加上相应的 IP 首部，形成新的 IP 数据报，除了包含一些分片控制如标志、片偏移外，分片的首部和原来 IP 数据报的首部基本一样。

【例 7-1】在图 7.23 中源 IP 数据报应划分为几个短些的数据报片？各数据报片的数据字段长度是多少？各数据报长度是多少？片偏移字段和 MF 标志应为何值？

解答：这里需要用到 IP 数据报格式中的片偏移、标识、标志字段。

知识回顾：分段偏移(13 bit)是指较长的分组在分片后，它需要计算各分片在原分组中的相对位置，其中分段偏移以 8 个字节为偏移单位。

标识：占 16bit，用来让目的主机判断新来的分段属于哪个分组，所有属于同一分组的分段包含同样的标志值。

标志：占 3bit，指出该数据报是否可分片段。

假设采用 IP 首部=40B，源 IP 数据报的数据部分=1450-40=1410B。

而 X.25 网络的 MTU=576B=536B+40B IP 首部。分片后的数据报保持原数据报的首部大小。对 1450 数据报要在 X.25 网络中传输，其数据报的大小必须小于等于 576B，576B 减去 40B IP 首部，其数据部分为 576-40=536。所以进行分片的情况如下：

(1)分片后的第一个数据报，数据部分是 536B，IP 首部是 40B；

(2)分片后的第二个数据报；数据部分是 536B，IP 首部是 40B ；

(3)分片后的第三个数据报，其数据部分为 1410-536-536=338B，IP 首部是 40B。

片偏移字段，分段偏移以 8B 为偏移单位，计算各分片的片偏移如下：

(1)第一个数据报的片偏移是 0/8=0；

(2)第二个数据报的片偏移是 536/8=67；

(3)第三个数据报的片偏移是 1072/8=134。

假设源 IP 数据报标识为 12345，分片后 IP 数据报标识仍然为 12345。MF 代表是否有更多的分片，分片后的：

(1)第一个数据报的 MF=1；

(2)第二个数据报的 MF=1；

(3)第三个数据报的 MF=0。

表 7.3 是本例中源 IP 数据报首部与分片首部有关字段的数值，其中标识字段的值是任意给定的(12345)。具有相同标识的数据报片在目的主机就可无误地重装成原来的数据报。

表 7.3　源 IP 数据报首部与分片首部有关字段的数值

数据报	总长度	标识	MF	DF	片偏移
原始数据报	1450	12345	0	0	0
数据报片 1	576	12345	1	0	0
数据报片 2	576	12345	1	0	67
数据报片 3	378	12345	0	0	134

现在假设数据报片 2 经过 PPP(MTU=296)网络时还需要再进行分片。PPP 网络的 IP 首部为 40 B，数据部分=296-40=256 B。分片后的数据报仍保持原数据报的首部大小。对数据报片 2 而言，它的 IP 首部为 40 B，数据部分=576-40=536。数据报片 2 进行再分片的情况如下：

(1)分片后的第一个数据报，数据部分是 256B，IP 首部是 40B；

(2)分片后的第二个数据报，数据部分是 256B，IP 首部是 40B；

(3)分片后的第三个数据报，其数据部分为 536-256-256=24B，IP 首部是 40B。

片偏移字段，分段偏移以 8B 为偏移单位，我们是对数据报片 2 进行分片，它分片的片偏移量要在原数据报片 2 的基础上进行，可以用图 7.24 来表示。

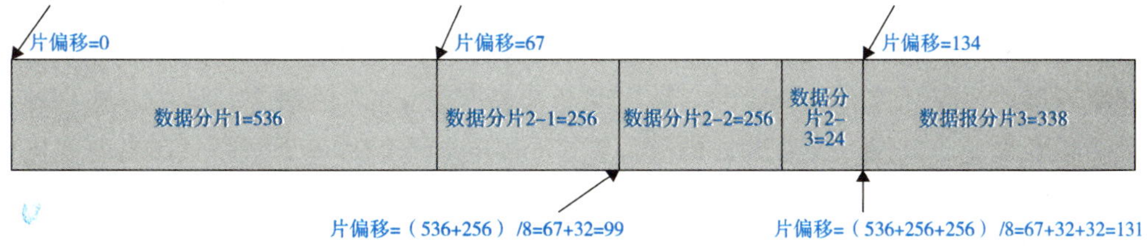

图 7.24　第 2 次分片数据报的片偏移计算

从图 7.24 可以看出，数据报片 2-1、数据报片 2-2、数据报片 2-3 的片偏移计算的分子要加上数据分片 1 的大小。所以计算二次分片的片偏移如下：

(1)第一个数据报的片偏移是 536/8=67；

(2)第二个数据报的片偏移是(536+256)/8=67+32=99；

(3)第三个数据报的片偏移是(536+256+256)/8=67+32+32=131。

表 7.4 是本例中数据报片 2 首部与二次分片首部有关字段的数值，其中标识字段的值仍然是给定的(12345)。

表 7.4　数据报片 2 首部与二次分片首部有关字段的数值

数据报片	总长度	标识	MF	DF	片偏移
数据报片 2	576	12345	1	0	67
数据报片 2-1	296	12345	1	0	67
数据报片 2-2	296	12345	1	0	67+32
数据报片 2-3	64	12345	1	0	67+32+32

虽然使用尽可能长的 IP 数据报会使传输效率得到提高(因为每一个 IP 数据报中首部长度占数据报总长度的比例就会小些)，但数据报短些也有好处。每一个 IP 数据报越短，路由器转发的速度就越快。为此，IP 规定，在互联网中所有的主机和路由器必须能够接收长度不超过 576B 的数据报。这是假定上层交下来的数据长度有 512B(合理的长度)，加上最长的 IP 首部 60B，再加上 4B 的富余量，就得到 576B。当主机需要发送长度超过 576B 的数据报时，应当先了解一下，目的主机能否接收所要发送的数据报长度；否则，就要进行分片。

3. IP 数据报的重组

数据分片以后，什么时候实现分片数据报重组？在最终的目的主机上将接收到的所有分片进行重新组装的过程就是 IP 数据报重组。这时要根据数据报的标识、片偏移、标志等字段将分片的各个 IP 数据报重新组装成完整的原始数据报。

7.5　路由器

路由器是互联网的中间节点设备。路由器通过自己的路由表的路由决定数据的转发。转发策略称为路由选择(routing)，这也是路由器名称的由来。作为不同网络之间互相连接的枢纽，路由器系统构成了基于 TCP/IP 的国际互联网络 Internet 的主体脉络，也可以说，路由器构成了 Internet 的骨架。它的处理速度是网络通信的主要瓶颈之一，它的可靠性则直接影响着网络互联的质量。因此在园区网、地区网乃至整个 Internet 的研究领域中，路由器技术始终处于核心地位，其发展历程和方向成为整个 Internet 研究的一个缩影。在当前我国网络基础建设和信息建设方兴未艾之际，探讨路由器结构、功能、不同应用场景分类、主要参数以及在互联网络中的作用，对于国内的网络技术学习、网络建设以及明确网络市场上对于路由器和万物互联等应用都有重要的意义。

7.5.1 路由器的结构及功能

路由器是一种具有多个输入端口和多个输出端口的专用计算机，其任务是转发分组。也就是说，将路由器某个输入端口收到的分组，按照分组要去的目的地(即目的网络)，把该分组从路由器的某个合适的输出端口转发给下一跳路由器。

下一跳路由器也按照这种方法处理分组，直到该分组到达终点为止。路由器的转发分组正是网络互联层的主要工作。图 7.25 给出了一种典型的路由器的结构。

从图 7.25 可以看出，整个路由器结构可划分为两大部分：路由选择部分和分组转发部分。

路由选择部分也称为控制部分，其核心构件是路由选择处理机。路由选择处理机的任务是根据所选定的路由选择协议构造出路由表，同时经常或定期地和相邻路由器交换路由信息而不断地更新和维护路由表。关于怎样根据路由选择协议构造和更新路由表，我们会在后面的章节讨论。

分组转发部分是本节所要讨论的问题，它由三部分组成：交换结构、一组输入端口和一组输出端口(请注意：这里的端口就是硬件接口)。下面分别讨论每一部分的组成。

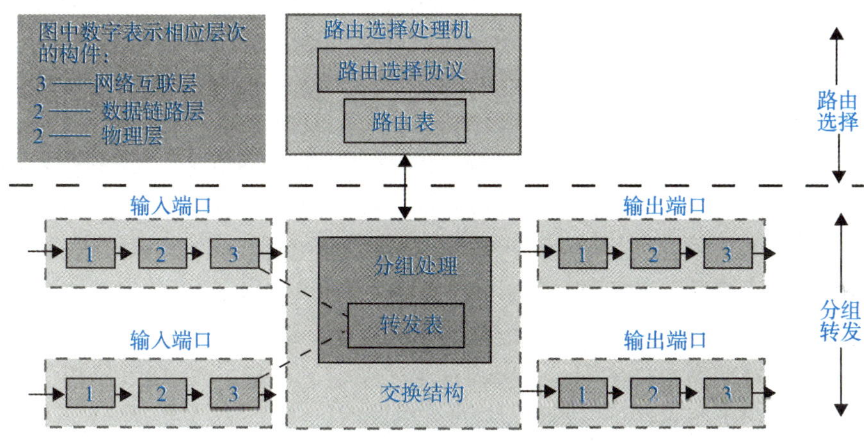

图 7.25 典型的路由器的结构

交换结构(switching fabric)又称为交换组织，它的作用就是根据转发表(forwarding table)对分组进行处理，将某个输入端口进入的分组从一个合适的输出端口转发出去。交换结构本身就是一种网络，但这种网络完全包含在路由器之中，因此交换结构可看成“在路由器中的网络”。

请注意“转发”和“路由选择”是有区别的。在互联网中，“转发”就是路由器根据转发表把收到的 IP 数据报从路由器合适的端口转发出去。“转发”仅仅涉及一个路由器，但“路由选择”则涉及很多路由器，路由表则是许多路由器协同工作的结果。这些路由器按照复杂的路由算法，得出整个网络的拓扑变化情况，因而能够动态地改变所选择的路由，并由此构造出整个路由表。路由表一般仅包含从目的网络到下一跳(用 IP 地址表示)的映射，而转发表是从路由表得出的。转发表必须包含完成转发功能所必需的信息。这就是说，在转发表的每一行必须包含从要到达的目的网络到输出端口和某些 MAC 地址信息(如下一跳的以太网地址)的映射。将转发表和路由表用不同的计算机网络技术及应用实现会带来一些好处，这是因为在转发分组时，转发表的结构应当使查找过程最优化，但路由表则需要对网络拓扑变化的计算进行最优化。路由表总是用软件实现的，但转发表则甚至可用特殊的硬件来实现。请读者注意，在讨论路由选择的原理时，往往不区分转发表和路由表的区别，而可以笼统地都使用路由表这一名词。

在图 7.25 中，路由器的输入端口和输出端口里面都各有三个方框。用方框中的 1、2 和 3 分别代表物理层、数据链路层和网络互联层的处理模块。物理层进行比特的接收，数据链路层则按照链路层协议接收传送分组的帧。在把帧的首部和尾部剥去后，分组就被送入网络互联层的处理模块。若接收到的分组是路由器之间交换路由信息的分组(如 RIP 或 OSPF 分组等)，则把这种分组送交路由器的路由选择部分中的路由选择处理机。若接收到的是数据分组，则按照分组首部中的目的地址查找转发表，根据得出的结果，分组就经过交换结构到达合适的输出端口。一个路由器的输入端口和输出端口就做在路由器的线路接口卡上。

输入端口中的查找和转发功能在路由器的交换功能中是最重要的。为了使交换功能分散化，往往把复制的转发表放在每一个输入端口中(如图 7.25 中的虚线箭头所示)。路由选择处理机负责对各转发表的副本进行更新。这些副本常称为“影子副本”(shadow copy)。分散化交换可以避免在路由器中的某一点上出现瓶颈。

以上介绍的查找转发表和转发分组的概念虽然并不复杂，但在具体的实现中还是会遇到不少困难。问题就在于路由器必须以很高的速率转发分组。最理想的情况是输入端口的处理速率能够跟上线路把分组传送到路由器的速率，这种速率称为线速(line speed 或 wire speed)。可以粗略地估算一下，设线路是 OC-48 链路，即 2.5Gbit/s，若分组长度为 256B，那么线速就应当达到每秒能够处理 100 万以上的分组。现在常用 Mpps(百万分组每秒)为单位来说明一个路由器对收到的分组的处理速率有多高。在路由器的设计中，怎样提高查找转发表的速率是一个十分重要的研究课题。

当一个分组正在查找转发表时，后面又紧跟着从这个输入端口收到另一个分组。这个后收到的分组就必须在队列中排队等待，因而产生了一定的时延。图 7.26 给出了在输入端口的队列中排队的分组的示意图。

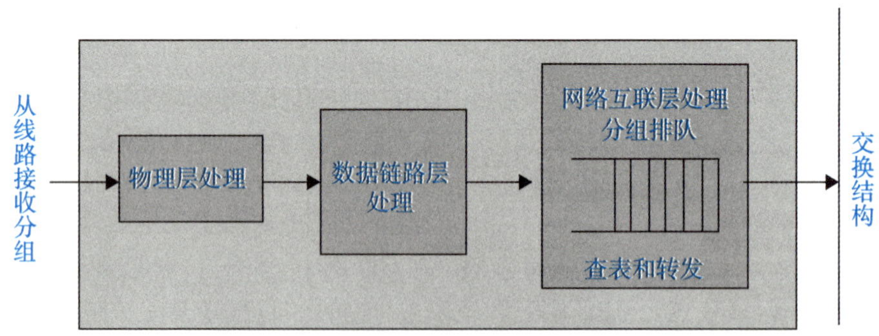

图 7.26 输入端口对线路上收到分组的处理

我们再来观察在输出端口上的情况，如图 7.27 所示。输出端口从交换结构接收分组，然后把它们发送到路由器外面的线路上。在网络互联层的处理模块中设有一个缓冲区，实际上它就是一个队列。当交换结构传送过来的分组的速率超过输出链路的发送速率时，来不及发送的分组就必须暂时存放在这个队列中。数据链路层处理模块把分组加上数据链路层的首部和尾部，交给物理层后发送到外部线路。

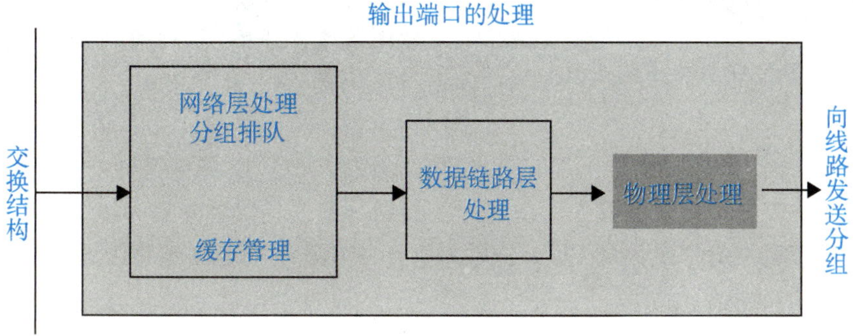

图 7.27　输出端口把交换结构传送过来的分组发送到线路上

从以上讨论可以看出，分组在路由器的输入端口和输出端口都可能会在队列中排队等候处理。若分组处理的速率赶不上分组进入队列的速率，则队列的存储空间最终必定减少到零，这就使后面再进入队列的分组由于没有存储空间而只能被丢弃。以前我们提到过的分组丢失就是发生在路由器中的输入或输出队列产生溢出的时候。当然设备或线路出故障也可能使分组丢失。

7.5.2 路由器分类

在中关村在线官网上查看路由器网络设备，可以看到路由器按品牌、价格、类型、传输速率、端口结构、特性进行分类，如图 7.28 所示。在类型里路由器分为企业级路由器、SOHO 路由器、VPN 路由器、上网行为管理路由器、网吧专用路由器、多业务路由器、网络安全路由器。

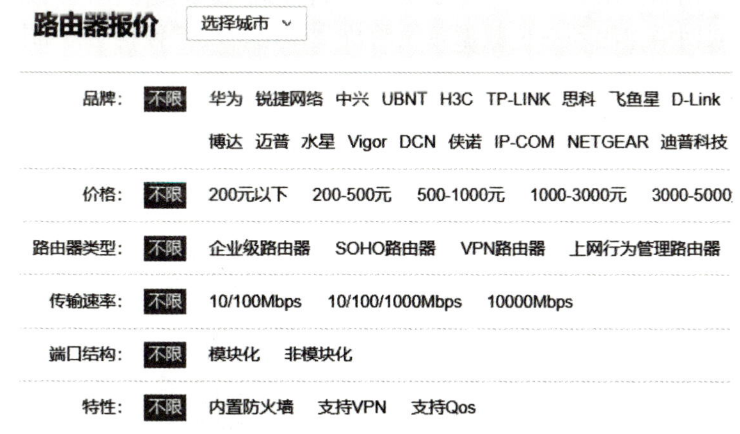

图 7.28　路由器的分类

以华为 AR6140-S 为例，其外观如图 7.29 所示。

图 7.29　华为 AR6140-S 的外观

路由器产品按照不同的划分标准有多种类型。常见的分类有以下几类。

1）按性能档次分

路由器按性能档次分为高、中、低档路由器。通常将路由器吞吐量大于 40Gbit/s 的路由器称为高档路由器，将吞吐量在 25~40Gbit/s 的路由器称为中档路由器，而将低于 25Gbit/s 的看作低档路由器。当然这只是一种宏观上的划分标准，各厂家划分并不完全一致，实际上路由器档次的划分不仅是以吞吐量为依据的，是有一个综合指标的。以市场占有率最大的 Cisco 公司为例，12 000 系列为高端路由器，7500 以下系列路由器为中低端路由器。

2）从结构上分

路由器从结构上分为模块化路由器和非模块化路由器。模块化结构可以灵活地配置路由器，以适应企业不断增加的业务需求，非模块化结构就只能提供固定的端口。通常中高端路由器为模块化结构，低端路由器为非模块化结构。

3）从功能上划分

从功能上划分，可将路由器分为骨干级路由器、企业级路由器和接入级路由器。骨干级路由器是实现企业级网络互联的关键设备，它数据吞吐量较大，非常重要。对骨干级路由器的基本性能要求是高速度和高可靠性。为了获得高可靠性，网络系统普遍采用热备份、双电源、双数据通路等传统冗余技术，从而使骨干级路由器的可靠性一般不成问题。

企业级路由器连接许多终端系统，连接对象较多，但系统相对简单且数据流量较小，对这类路由器的要求是以尽量便宜的方法实现尽可能多的端点互连，同时还要求能够支持不同的服务质量。接入级路由器主要应用于连接家庭或 ISP 内的小型企业客户群体。

4）按所处网络位置划分

按所处网络位置划分，通常把路由器划分为边界路由器和中间节点路由器。很明显，边界路由器处于网络边缘，用于连接不同网络路由器；而中间节点路由器则处于网络的中间，通常用于连接不同网络，起到一个数据转发的桥梁作用。由于各自所处的网络位置有所不同，其主要性能也就有相应的侧重，如中间节点路由器互联各种各样的网络。如何识别这些网络中的各节点呢？靠的就是这些中间节点路由器的 MAC 地址记忆功能。基于上述原因，选择中间节点路由器时就需要更加注重 MAC 地址记忆功能，也就是要求选择缓存更大、MAC 地址记忆能力较强的路由器。但是边界路由器可能要同时接收来自许多不同网络路由器的数据，所以这就要求这种边界路由器的背板带宽要足够宽，当然这也要由边界路由器所处的网络环境而定。

5）从性能上划分

路由器从性能上可分为线速路由器以及非线速路由器。线速路由器就是完全可以按传输介质带宽进行通畅传输，基本上没有间断和时延的路由器。通常线速路由器是高端路由器，具有非常高的端口带宽和数据转发能力，能以媒体速率转发数据报；中低端路由器是非线速路由器。但是一些新的宽带接入路由器也有线速转发能力。

7.5.3　路由器主要参数

图 7.30 中的路由器有 4 个广域网接口、5 个局域网接口。

图 7.30　华为 AR6140-S 的主要参数

1)广域网接口

路由器不仅能实现局域网之间的连接，更重要的应用还是局域网与广域网、广域网与广域网之间的相互连接。路由器与广域网连接的接口称为广域网接口(WAN 接口)。路由器中常见的广域网接口有以下几种。

(1)RJ-45 端口。

(2)AUI 端口。

(3)高速同步串口。

(4)异步串口。

(5)ISDN BRI 端口。

RJ-45 端口是我们最常见的端口，它是我们常见的双绞线以太网端口，因为在快速以太网中也主要采用双绞线作为传输介质，所以根据端口的通信速率，RJ-45 端口又可分为 10Base-T 网 RJ-45 端口和 100Base-TX 网 RJ-45 端口两类。其中 10Base-T 网的 RJ-45 端口在路由器中通常标识为 ETH，而 100Base-TX 网的 RJ-45 端口则通常标识为 10/100bTX，这主要是现在快速以太网路由器产品多数还是采用 10Mbit/s/100Mbit/s 带宽自适应的。其实这两种 RJ-45 端口仅就端口本身而言是完全一样的，但端口中对应网络电路结构是不同的，所以也不能随便接。

AUI 端口是用来与粗同轴电缆连接的接口，它是一种 D 型 15 针接口，这在令牌环网或总线型网络中是一种比较常见的端口。路由器可通过粗同轴电缆收发器实现 10Base-5 网络的连接，但更多的是借助外接的收发转发器(AUI-to-RJ-45)实现与 10Base-T 以太网络的连接。当然，也可借助其他类型的收发转发器实现与细同轴电缆(10Base-2)或光缆(10Base-F)的连接。这里所讲的路由器 AUI 端口主要是用粗同轴电缆作为传输介质的网络进行连接用的。

高速同步串口(SERIAL)在路由器的广域网连接中应用最多，这种端口主要用于连接目前应用非常广泛的 DDN、帧中继(frame relay)、X. 25、(模拟电话线路 PSTN)等网络连接模式。在企业网之间有时也通过 DDN 或 X. 25 等广域网连接技术进行专线连接。这种同步端口一般要求速率非常高，因为一般来说通过这种端口连接的网络的两端都要求实时同步。

异步串口(ASYNC)主要应用于 Modem 或 Modem 池的连接，用于实现远程计算机通过公用电话网拨入网络。这种异步端口相对于上面介绍的同步端口来说在速率上要求宽松许多，因为它并不要求网络的两端保持实时同步，只要求能连续即可。所以我们在上网时所看到的并不一定就是网站上实时的内容，但这并不重要，因为毕竟这种时延是非常小的，重要的是在浏览网页时能够保持网页的正常下载。

ISDN BRI 端口用于 ISDN 线路通过路由器实现与 Internet 或其他远程网络的连接，可实现 128Kbit/s 的通信速率。ISDN 有两种速率连接端口，一种是 ISDN BRI(基本速率接口)；另一种是 ISDN PRI(基群速率接口)，ISDN BRI 端口采用 RJ-45 标准，与 ISDN NT1 的连接使用 RJ-45-to-RJ-45 直通线。

2)局域网接口

局域网接口主要用于路由器与局域网的连接，因局域网类型也是多种多样的，这也就决定了路由器的局域网接口类型也可能是多样的。不同的网络有不同的接口类型，常见的以太网接口主要有 AUI、BNC 和 RJ-45 接口，还有 FDDI、ATM、光纤接口，这些网络都有相应的网络接口，下面是主要的几种局域网接口。

(1)AUI 端口。

(2)RJ-45 端口。

(3)SC 端口。

AUI 端口和 RJ-45 端口也可以作为局域网端口。

SC 端口也就是我们常说的光纤端口，它用于与光纤的连接，一般来说这种光纤端口是不太可能直接用光纤连接至工作站的，一般是通过光纤连接到快速以太网或千兆以太网等具有光纤端口的交换机。这种端口一般高档路由器才具有，都以 100b FX 标注。

3)包转发率

包转发率也称端口吞吐量，是指路由器在某端口进行数据报转发的能力，单位通常使用 pps(包每秒)。一般来讲，低端路由器包转发率只有几 Kpps 到几十 Kpps，而高端路由器则能达到几十 Mpps(百万包每秒)甚至上百 Mpps。如果小型办公使用，则选购转发速率较低的低端路由器即可；如果是大中型企业部门应用，这个指标就要严格，建议性能越高越好。

4)内置防火墙

防火墙是隔离本地和外部网络的一道防御系统。早期低端的路由器大多没有内置防火墙功能，而现在的路由器几乎普遍支持防火墙功能，有效地提高了网络的安全性，只是路由器内置的防火墙在功能上要比专业防火墙产品相对弱些。在选购产品时要注意这一点。

5)支持 VPN

VPN 的英文全称是 virtual private network，翻译过来就是虚拟专用网络。顾名思义，虚拟专用网络可以理解成虚拟出来的企业内部专线。早期的路由器可能不支持 VPN 功能。现在的路由器产品基本都支持 VPN 功能。

6)QoS 支持

QoS 的英文全称为 quality of service，中文名为服务质量。QoS 是网络的一种安全机制，是用来解决网络延迟和阻塞等问题的一种技术。现在的路由器一般均支持 QoS。路由器上的 QoS 可以通过下面几种手段获得。

(1)通过大带宽得到：在路由器上除增加接口带宽以外不做任何额外的工作来保障 QoS。由于数据通信没有相应公认的数学模型作为保障，该方法只能粗略地使用经验值进行估计。

通常认为当带宽利用率达到 50%以后就应当扩容，保证接口带宽利用率小于 50%。

(2)通过端到端带宽预留实现：该方法通过使用 RSVP 或者类似协议在网络内实现端到端预留带宽。该方法能保证 QoS，但是代价太高，通常只在企业网或者私网上运行，在大网、公网上无法实现。

(3)通过接入控制、拥塞控制和区分服务等方式得到：该方式无法完全保证 QoS，只能与增加接口带宽等方式结合使用，在一定程度上提供相对的 QoS。

(4)通过 MPLS 流量工程得到。

7.5.4 路由器在网络互联中的作用

作为网络互联设备，路由器在网络互联中起到了重要的作用。

1)提供异构网络的互联

从路由器提供的接口类型来看，路由器提供与多种网络的接口，如以太网口、令牌环网口、FDDI 口、ATM 口、串行连接口、SDH 连接口、ISDN 连接口等多种不同的接口。通过这些接口，路由器可以支持各种异构网络的互联，其典型的互联方式包括 LAN-LAN、LAN-WAN、WAN-WAN 等。

事实上，正是由于路由器强大的支持异构网络互联的能力，才使其成为 Internet 中的核心设备。图 7.31 给出了路由器实现异构网络互联的实例。从网络互联设备的基本功能来看，路由器具备非常强的在物理上扩展网络的能力。

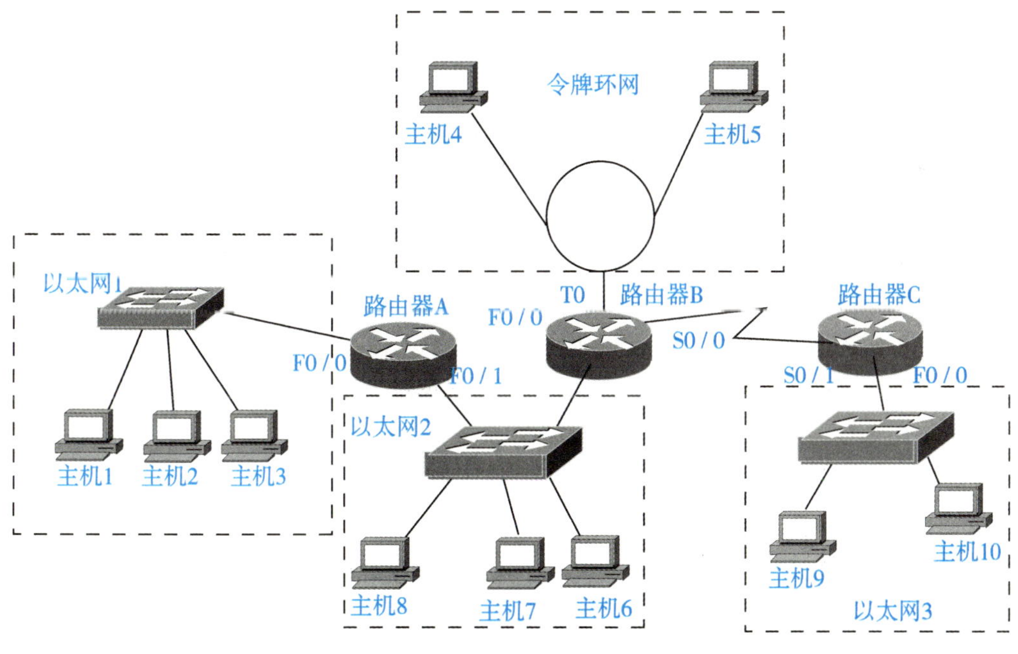

图 7.31　路由器实现异构网络的互联

路由器之所以能支持异构网络的互联，关键还在于其在网络互联层能够实现基于 IP 的分组转发。只要所有互联的网络、主机及路由器能够支持 IP，则位于不同 LAN 和 WAN 中的主机之间就能以统一的 IP 数据报形式实现相互通信。以图 7.31 中的主机 1 和主机 5 为例，一个位于以太网 1 中，一个位于令牌环网中，中间还隔着以太网 2。假定主机 1 要给主机 5 发送数据，则主机 1 将以主机 5 的 IP 地址为目的 IP 地址，以自己的 IP 地址为源 IP 地址启动 IP 分组的发送。由于目的主机和源主机不在同一网络中，为了发送该 IP 分组，主机 1 需要将该分组封装成以太网的帧发送给默认网关即路由器 A 的 F0/0 端口；F0/0 端口收到该帧后进行帧的拆封并分离出 IP 分组，通过将 IP 分组中的目的网络号与自己的路由表进行匹配，决定将该分组由自己的 F0/1 口送出，但在送出之前，必须首先将该 IP 分组重新按以太网帧的帧格式进行封装，这次要以自己的 F0/1 口的 MAC 地址为源 MAC 地址、路由器 B 的 F0/0 口的 MAC 地址为目的 MAC 地址进行帧的封装，然后将帧发送出去；路由器 B 收到该以太网帧之后，通过帧的拆封，再度得到原来的 IP 分组，并通过查找自己的 IP 路由表，决定将该分组从自己的以太网口 T0 送出去，即以主机 5 的 MAC 地址为目的 MAC 地址，以自己的 T0 口的 MAC 地址为源 MAC 地址进行 802.5 令牌环网帧的封装，然后启动帧的发送；最后，该帧到达主机 5，主机 5 进行帧的拆封，得到主机 1 给自己的 IP 分组并送到自己的更高层即传输层。

【思考题】图 7.31 中若主机 2 把数据发送给主机 6，回答下列问题：

(1) 主机 2 发送数据的源、目的 IP 地址是什么？源、目的 MAC 地址是什么？

(2) 在 IP 分组到达路由器 A 时，把该分组转发给路由器 B，此时发送分组的源、目的 IP 地址是什么？源、目的 MAC 地址是什么？

以课堂讨论形式完成上面的内容。

2) 实现网络的逻辑划分

路由器在物理上扩展网络的同时，还提供了逻辑上划分网络的功能。如图 7.32 所示，路由器将网络划分为三个网络：网络 1、网络 2 和网络 3。网络 1 使用的网络号为 192.168.1.0/24，网络 2 使用的网络号为 192.168.2.0/24，网络 3 使用的网络号为 192.168.3.0/24。路由器通过自己的三个接口分别连接三个网络。接口 F0/0 接网络 1，接口 F0/1 接网络 2，接口 T0 接网络 3。当网络 1 中的主机 1 给主机 2 发送 IP 分组 1 的同时，网络 2 中的主机 5 可以给主机 6 发送 IP 分组 2，而网络 3 中的主机 8 则可以向主机 9 发送 IP 分组 3，它们互不矛盾，因为路由器是基于第 3 层 IP 地址来决定是否进行分组转发的，所以这三个分组由于源和目的 IP 地址在同一网络中而都不会被路由器转发。

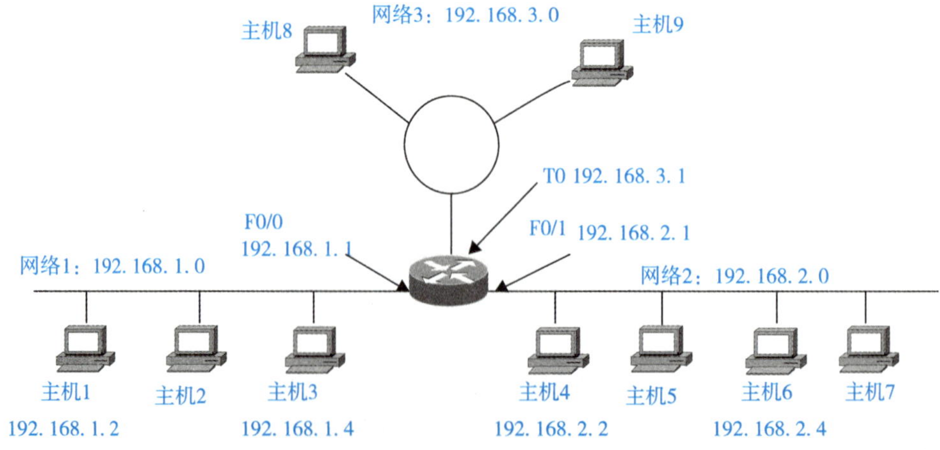

图 7.32　路由器将网络划分为三个子网

不仅如此，路由器还可以隔离广播流量。假定主机 1 以目标地址 255.255.255.255 向本网中的所有主机发送一个广播分组，则路由器通过判断该目标 IP 地址就知道自己不必转发该 IP 分组，从而广播被局限于网络 1 中，而不会渗漏到网络 2 或网络 3 中；同样的道理，若主机 1 以广播地址 192.168.2.255 向网络 2 中的所有主机进行广播，则该广播也不会被路由器转发到网络 3 中，因为通过查找路由表，该广播 IP 分组是要从路由器的 F0/1 接口出去的，而不是 T0 接口。也就是说，由路由器相连的不同网络之间可以相互隔离广播流量，即路由器不同接口所连接的网络属于不同的广播域。广播域是对所有能分享广播流量的主机及其网络环境的总称。

网络互联设备所关联的 OSI 层次越高，其网络互联能力就越强。物理层设备只能简单地提供物理扩展网络的功能；数据链路层设备在提供物理扩展网络功能的同时，还能进行冲突域的逻辑划分；而网络层设备则在提供物理扩展网络功能之外，同时提供了逻辑划分广播域的功能。

3) 实现 VLAN 间的通信

VLAN 限制了网络之间不必要的通信，但在任何一个网络中，还必须为不同 VLAN 之间的必要通信提供手段，同时也要为 VLAN 访问网络中的其他共享资源提供途径，这些都要借助 OSI 第三层或网络层的功能。VLAN 之间的通信可以由外部路由器来完成。在交换机设备之外，提供只具备第三层路由功能的独立路由器用以实现不同 VLAN 之间的通信。图 7.33 给出了一个由路由器实现不同 VLAN 之间通信的示例。此时路由器需要三个以太网的物理接口或采用单臂路由的形式实现 VLAN 之间的通信。在这里仅仅是想说明路由器具备实现不同 VLAN 之间通信的能力。在实际网络工程中，采用具备数据路由与交换功能的三层交换机实现 VLAN 之间的通信。路由器还可以实现访问控制功能、优先级服务和负载平衡等。

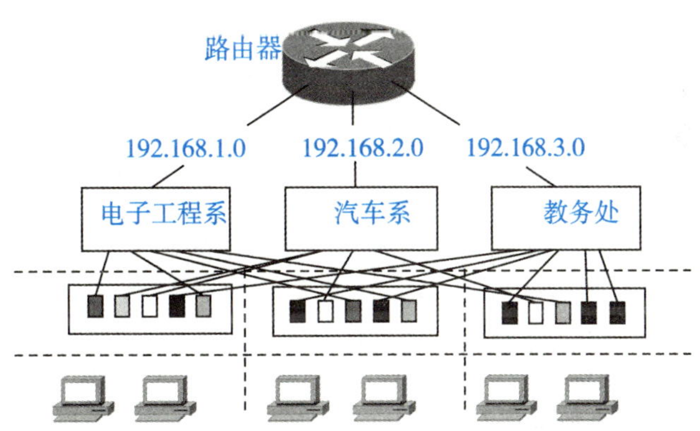

图 7.33 路由器实现不同 VLAN 之间的通信

7.6 任务 1：熟悉路由器的 IOS

7.6.1 任务情境用户需求与分析

小王受聘于一家公司网络中心做网络管理员，公司最近添置了路由器。单位要求他熟悉路由器，了解并掌握路由器的使用及基本功能实现。

7.6.2 可网管路由器的基础知识

1. 管理方式

路由器的管理与交换机的管理相同，分为带外和带内管理。其中带外管理方法是通过 Console 接口配置的。带内管理方法是通过 Telnet、Web 方式配置、网管软件管理的。新路由器在进行第一次登录时必须通过路由器的 Console 口访问路由器。计算机的串口和路由器的 Console 口通过 Console 线进行连接，如图 7.34 所示。

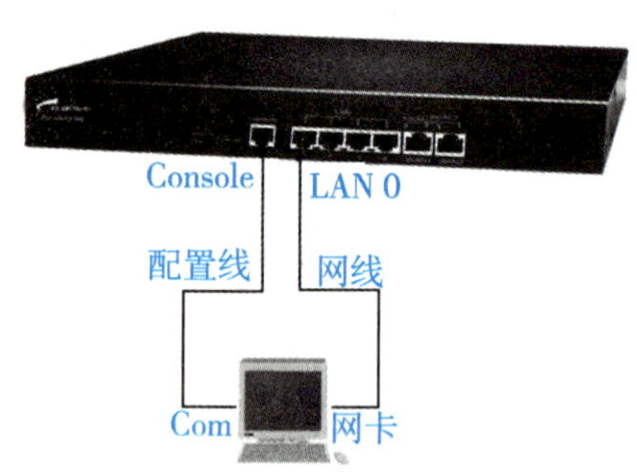

图 7.34 计算机和路由器通过 console 线进行连接

2. 路由器的 IOS

IOS 是路由器的操作系统，它相当于 PC 的操作系统。不同设备厂商 IOS 提供配置路由器的方式存在一定的差异。下面在 Cisco Packet Tracer 6.0 环境下介绍路由器配置模式。

路由器建立用户模式、特权模式、配置模式三级管理机制实现对路由器的管理和安全保护，图 7.35 中给出了这些模式的前后关系。路由器拥有的这些模式和交换机相同。

(1)用户模式：从 Console 口或 Telnet 进入路由器时，首先进入的是用户模式，在此模式下用户只能进行一些简单的路由器查看命令，不能对路由器进行配置，如查看有限的路由器信息，不允许破坏现有路由器的配置。它的默认提示符为：Router>。

如果设置了路由器的名称是 Center，则提示符为：

路由器的名字>(e. g. Center>)

(2)特权模式：在默认情况下特权模式可以使用比用户模式更多的命令，可以详细地查看、测试、调试、重新启动路由器等，但不能对端口和协议进行配置。它的默认提示符为：Router #。

如果设置了路由器的名称是 Center，则提示符为：

路由器的名字#(e. g. Center #)

(3)全局模式：在此模式下可以设置对于路由器来说全局性的参数，可以对路由器进行具体内容的配置，如启动或关闭路由器的某一个端口、设置路由器端口的 IP 地址等。要进入全局模式，必须在进入特权模式之后输入 config terminal，它的默认提示符为：Router (config)#。

如果设置了路由器的名称是 Center，则提示符为：

路由器的名字(config)#(e. g. Center (config)#)

(4)各种特定配置模式：如路由器的接口配置模式、线路配置模式等。

①接口配置模式：进入方式为在全局模式下输入 interface 命令进入具体的端口。

```
R1(config)# interface interface-type interface-number
```

提示符为：R1(config-if)#。

②线路配置模式：进入方式为在全局模式下输入 line 命令指定具体的 line 端口。

```
R1(config)#line number 或 {vty|aux|con} number
```

提示符为：R1(config-line)#。

在今后的课程中我们会对其具体学习。

表 7.5 列出了常见的配置模式及其含义。不同的配置模式有不同的提示符，假设当前路由器的名字为 R1，不同配置模式的提示符如表 7.5 所示。

①"R1>" 表示路由器 R1 后">"当前为用户模式。

②"R1#" 表示路由器 R1 后"#"当前为特权模式。

③"R1 (config)#" 表示交换机名 R1 后"(config)#"当前为配置模式。

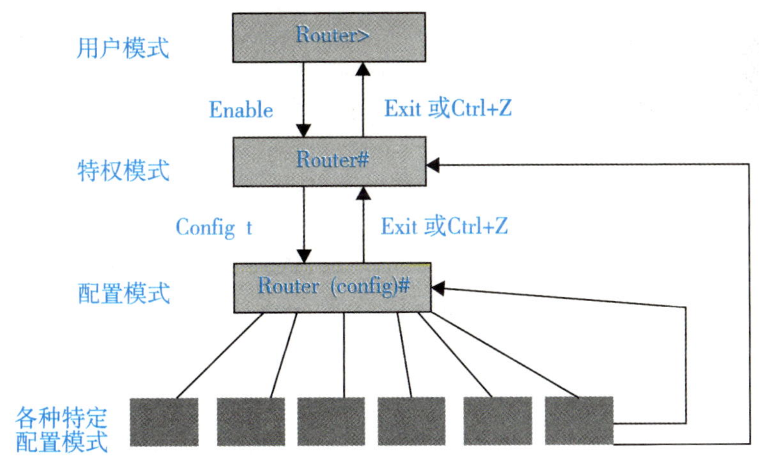

图 7.35　路由器的配置模式

表 7.5　配置模式和提示符

提示符	配置模式	描述
R1>	用户 EXEC 模式	查看有限的路由器信息
R1>#	特权 EXEC 模式	详细地查看、测试、调试和配置命令
R1 (config)#	全局配置模式	修改高级配置和全局配置
R1 (config-if)#	接口配置模式	执行用于接口的命令
R1 (config-line) #	线路配置模式	执行线路配置命令

7.6.3　路由器的基本配置

1. 重新命名网络设备

在 Cisco Packet Tracer 6.0 环境下，启动路由器 1941，进入路由器的命令行配置窗口，如图 7.36 所示。在图 7.36 中，处于用户模式，此时路由器的名字默认为 Router。作为设备配置的一部分，应该为每台设备配置一个独有的主机名。要采用一致有效的方式命名设备，需要在整个公司(或至少在整个局域网内)建立统一的命名约定。通常在信息点进行地址规划建立编址方案的同时建立命名约定，以在整个组织内保持良好的可续性，针对路由器名称的有关命名约定包括：以字母开头；不包含空格；以字母或数字结尾；仅由字母、数字和短划线组成；长度不超过 63 个字符。

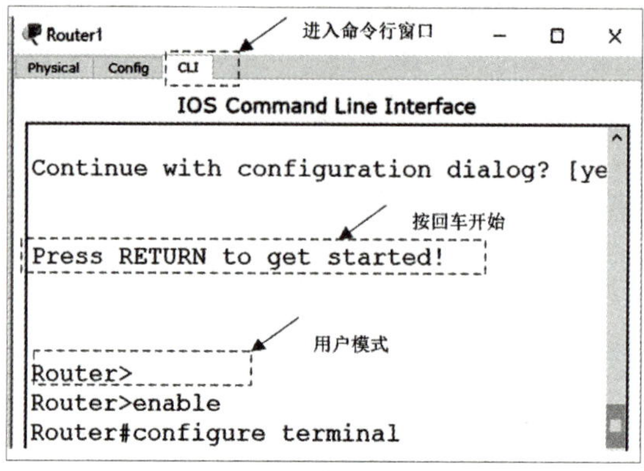

图 7.36　进入路由器的命令行配置窗口

例如，在特权执行模式下输入 configure terminal 命令进入全局配置模式，该命令可以简写为 configure t。

```
Router >                              //进入用户模式
Router >enable                        //进入特权模式
Router #configure t                   //进入全局配置模式
Enter configuration commands, one per line. End with CNTL/Z.
Router (config)#hostname center       // hostname 命令将路由器命令为 center,按回车键立即生效
center(config)#exit                   //从全局模式返回特权模式
center#
```

2. 在命令行获取帮助

(1)例如，在特权模式下，想查看当前模式下 IOS 提供哪些功能？在特权模式下输入“？”获取当前支持的命令，如图 7.37 所示。可以在用户模式下、配置模式下输入“？”获取当前支持的命令。试比较体会这三种模式下各支持功能的不同。

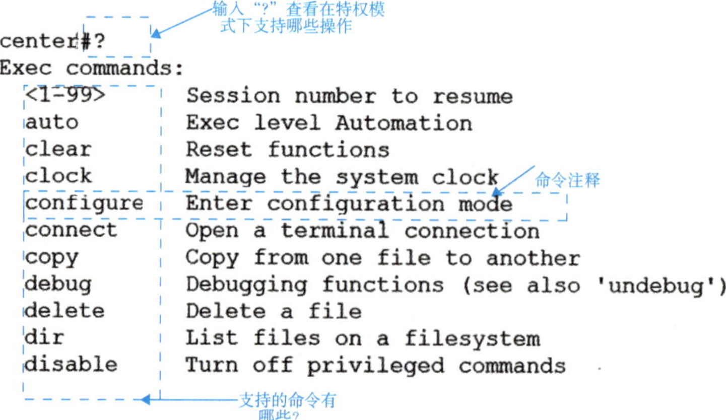

图 7.37　在特权模式输入“?”获取帮助提示

(2)在图 7.38 中，假设在配置模式下想输入 hostname 配置路由器的名称，在输入 hos 时忘记这个命令的全称，此时输入“?”，它可以提示当前完整的命令。

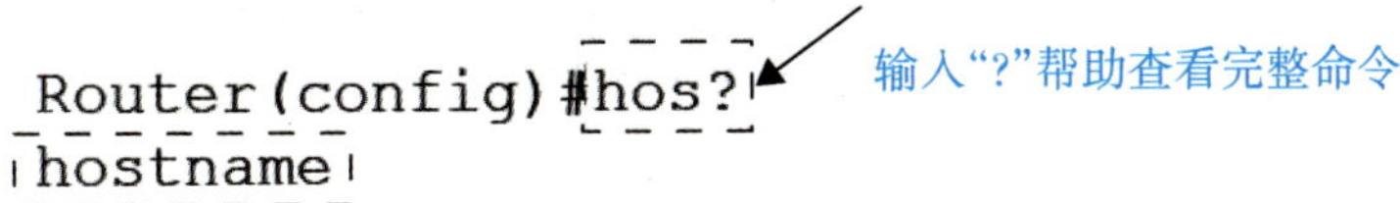

图 7.38　补充完整当前命令

(3)在图 7.39 中，假设在特权模式下想输入 hostname 配置路由器的名称，在输入 hos 时忘记这个命令的全称，此时输入“?”，它提示当前模式下不识别该命令，即% Unrecognized command。在刚认识交换机的 IOS 时，这种现象经常出现。当出现这种情况时，检查当前所处的模式和要输入的命令是否符合要求。

图 7.39　PC1 给主机 PC2 发送数据

3. 命令的缩写

同样以给路由器命名为例，执行下面的操作：

```
Router (config)#host center // host 命令将路由器命名为 center,按回车键立即生效
center(config)#
```

这里给路由器命名的命令 hostname 缩写成了 host，命名的效果一样，都将路由器的名称改为 center。原因是在当前配置模式下以 host 开头的命令没有命令重码的情况下，即只有 hostname 命令与 host 一一对应。此时可以直接使用 host 命令简写代替 hostname 命令。这样的方法有助于提高我们配置路由器的效率。

例如，在路由器的配置模式下，想进入某个端口输入“i?”，发现以“i”开头的有两个命令 interface、ip 和 ipv6。

```
Router (config)#i?
interface  ip  ipv6
```

所以，进入路由器 Fa0/0 端口的命令缩写如下：

```
Router (config)#int f0/0        //进入路由器的 f0/0 端口
Router (config-if)#             //路由器的 f0/0 端口模式
```

提示：以快速以太网为例，交换机端口的编号是 FastEthernet0/1 ~ FastEthernet0/24。路由器接口少，以 1841 为例，它默认只有两个以太网接口，编号为 fastEthernet0/0~fastEthernet0/2。

4. Tab 键的使用

Tab 键自动补齐当前的命令。在特权模式下，想查看当前在路由器上所做的操作，使用 show running-config 命令。running-config 这个命令相对较长，可以输入 show run 后按 Tab 键

自动补齐 show running-config，如下所示：

```
center#sh              //输入 sh 后按 Tab 键自动补齐 show
center#show run        //输入 show run 后按 Tab 键自动补齐 show running-config
center#show running-config
```

5. 对路由器接口进行配置

在图 7.40 中，路由器通过两个接口连接网络 1 和网络 2。两个网络的网络号不同，网络 1 的网络号 = 192.168.10.0/24，网络 2 的网络号 = 192.168.20.0/24。从图 7.40 可以看出，交换机 S1 和路由器 R1 相连的接口 Fa0/0 物理链路状态是红色，没有连通，同样交换机 S2 和路由器 R1 相连的接口 Fa0/1 物理链路状态是红色，也没有连通。Fa0/0 是 FastEthernet 0/0 接口的简称。

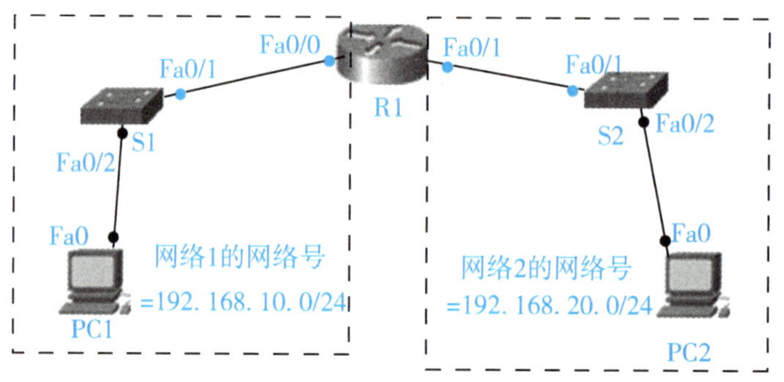

图 7.40　路由器通过两个接口连接两个网络

在 Cisco Packet Tracer 中，鼠标放在路由器查看路由器接口的状态，如图 7.41 所示。从图 7.41 中可以看出，路由器接口 Fa0/0、Fa0/1 默认的 Link 状态是 Down，需要主动开启。与交换机端口默认的 Link 状态是 Up 正好相反。

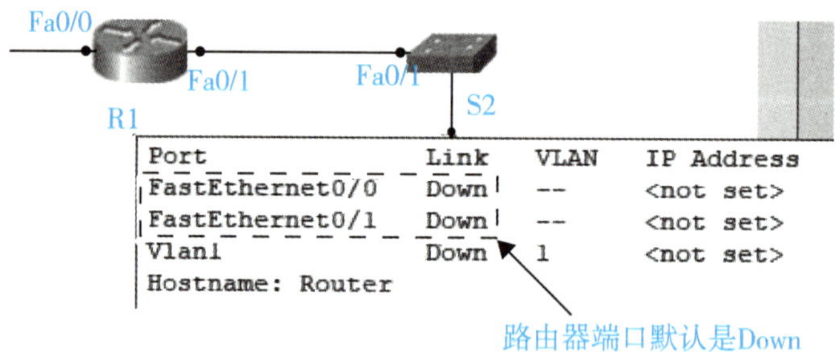

图 7.41　路由器接口默认为 down

1) 使用 no shutdown 开启路由器端口/接口

```
Router>                  //进入用户模式
Router>en                //进入特权模式
Router#config t          //进入配置模式
Enter configuration commands, one per line.    End with CNTL/Z.
```

```
Router(config)#hostname R1          //重命名路由器为 R1
R1(config)#int f0/0                 //进入路由器 R1 的接口 Fa0/0
R1(config-if)#no shutdown           //开启路由器 R1 接口 Fa0/0 的状态为 Up
R1(config-if)#
%LINK-5-CHANGED:Interface FastEthernet0/0, changed state to up
%LINEPROTO-5-UPDOWN: Line protocol on Interface FastEthernet0/0, changed state to up
```

通过"↑"键可以查找前面使用的命令，通过"→"和"←"键可以将光标移动到命令中，修改接口为 Fa0/1。

```
R1(config)#int f0/1
R1(config-if)#no shutdown
R1(config-if)#
%LINK-5-CHANGED: Interface FastEthernet0/1, changed state to up
%LINEPROTO-5-UPDOWN: Line protocol on Interface FastEthernet0/1, changed state to up
```

此时交换机端口的链路状态为 Up，如图 7.42 所示。

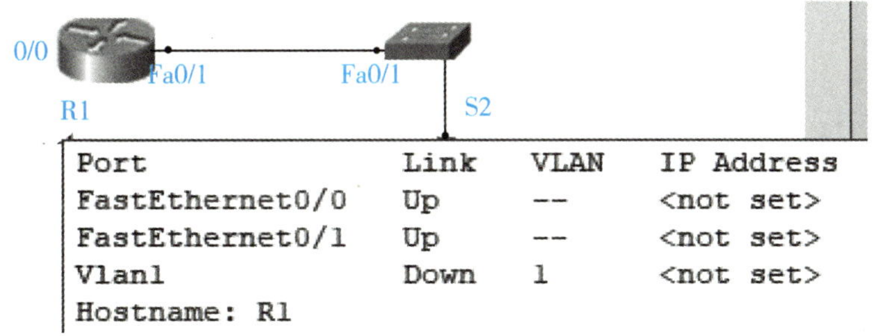

Port	Link	VLAN	IP Address
FastEthernet0/0	Up	--	<not set>
FastEthernet0/1	Up	--	<not set>
Vlan1	Down	1	<not set>

Hostname: R1

图 7.42　路由器接口 Link 变为 Up

2）为路由器接口配置 IP 地址信息

路由器通过两个接口连接两个不同的网络，需要为接口配置 IP 地址信息。

这里将网络 1 的 192.168.10.0/24 中最大的 IP 地址 192.168.10.254/24 分配给 Fa0/0，网络 2 的 192.168.20.0/24 中最大的 IP 地址 192.168.20.254/24 分配给 Fa0/1。

```
R1(config)#int f0/1
R1(config-if)#ip address 192.168.20.254 255.255.255.0      //为接口配置 IP 地址信息
R1(config-if)#exit
R1(config)#int f0/0
R1(config-if)#ip address 192.168.10.254 255.255.255.0
```

命令 ip address 的格式是"ip address IP 地址 IP 地址对应的子网掩码"。配置完成后，如图 7.43 所示。

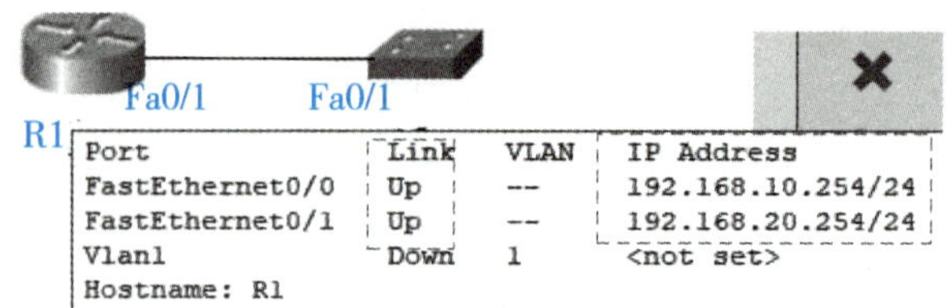

图 7.43 路由器接口开启和具有 IP 地址信息

提示：(1)二层交换机端口即插即用。

(2)路由器接口需要主动开启，且需要配置 IP 地址信息。

7.7 任务2：路由器的安全访问

目前，路由器在企业网络中得到越来越广泛的应用，路由器是网络管理人员最常打交道的设备。使用机柜和上锁的机架限制人员实际接触网络设备是不错的做法，但口令仍是防范未经授权的人员访问网络设备的主要手段。必须从本地为每台设备配置口令以限制访问。

7.7.1 任务情境用户需求与分析

小明受聘于一家公司网络中心做网络管理员。在掌握了路由器配置命令的使用方法后，他希望以后不用每次到机房才能修改路由器配置，而是在办公室或出差时也可以对机房的路由器进行远程管理，现需要设置口令对路由器进行安全防护，通过 Console 口令和 Telnet 远程访问路由器。

7.7.2 三级模式保护路由器安全

网络设备 IOS 使用分层模式来提高设备的安全性。IOS 可以通过不同的口令来提供不同设备访问权限，设置路由器的口令有以下几种方式。

(1)控制台口令：用于限制人员通过控制台连接访问设备。

(2)特权口令：用于限制人员访问特权执行模式。

(3)特权加密口令：经加密，用于限制人员访问特权执行模式。

(4)VTY 口令：用于限制人员通过 Telnet 访问设备。

1. 控制台口令

Cisco 设备的控制台端口具有特别权限。作为第一层次的安全措施，必须为所有网络设备的控制台端口配置强口令。这可降低未经授权的人员将电缆插入实际设备来访问设备的风险。

```
R1(config)#line console 0                    //进入控制台
R1(config-line)#password xindianxi406        //通过 password 命令设置控制台口令
R1(config-line)#login                        //登录有效
```

可以在路由器的特权模式下，输入 show running-config 查看这种加密口令设置后的效果。

2. 特权口令和特权加密口令

为了提供更好的安全性，可使用 enable password 或者 enable secret 命令。这两个命令都可用于在用户访问特权执行模式前进行验证。enable secret 命令可提供更强的安全性，因为使用此命令设置的口令会被加密。enable password 命令仅在尚未使用 enable secret 命令设置口令时才能使用。

```
R1 (config)#enable secret class        //设置特权加密口令为 class
R1 (config)#enable password class      //设置特权口令为 class
```

可以在路由器的特权模式下，输入 show running-config 查看这两种加密口令设置后的效果。

3. VTY 口令

VTY 线路使用户可通过 Telnet 访问路由器。许多 Cisco 设备默认支持 5 条 VTY 线路，这些线路编号为 0~4。所有可用的 VTY 线路均需要设置口令，可为所有连接设置同一个口令。通常为其中的一条线路设置不同的口令，这样可以为管理员提供一条保留通道，当其他连接均被使用时，管理员可以通过此保留通道访问设备以进行管理工作。下列命令用于为 VTY 线路设置口令：

```
Router(config)#line vty 0 4
Router(config-line)# password  password2020      //设置 VTY 口令是 password2020
Router(config-line)#login
```

默认情况下，IOS 自动为 VTY 线路执行了 login 命令。这可防止在用户通过 Telnet 访问设备时不事先要求其进行身份验证。如果用户错误地使用了 no login 命令，则会取消身份验证要求，这样未经授权的人员就可通过 Telnet 连接到该线路。

可以在路由器的特权模式下，输入 show running-config 查看这两种加密口令设置后的效果。

7.7.3 通过 Console 口安全访问路由器

对路由器配置各种口令，由于路由器没有显示屏幕、键盘和鼠标，只能借助其他方式来完成对路由器的配置。新路由器在进行第一次登录时，必须通过路由器的 Console 口访问路由器。计算机的串口 RS-232 和路由器的 Console 口通过 Console 线进行连接。

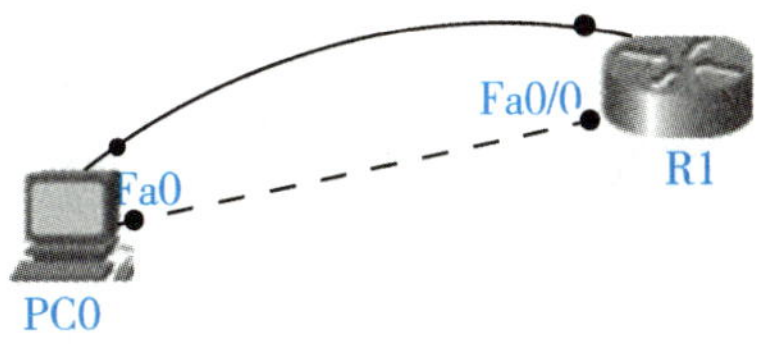

图 7.44 计算机和路由器通过 console 线进行连接

1. PC 通过 Terminal 终端进入路由器

(1)在 Cisco Packet Tracer 搭建拓扑，如图 7.44 所示。

和交换机一样，路由器的 IOS 也建立了用户模式、特权模式、配置模式三层级管理机制，各级模式使用的权限与交换机相同。

```
Router>enable                          //通过 enable 命令进入特权模式
Router#config t                        //进入配置模式
Enter configuration commands,one per line.   End with CNTL/Z.
Router(config)#hostname R1             //将路由器命名为 R1,按回车键立即生效
R1(config)#
```

在图 7.45 中，我们可以看到，路由器目前有两个接口：Fa0/0 和 Fa0/1，PC 与路由器的 Fa0/0 接口通过交叉线进行相连，两个接口的连接状态默认为 Down，IP 地址没有设置。与交换机不同，若 PC 与交换机的端口 Fa0/1 进行连接，连接链路马上连通，属于即插即用型，而 PC 与路由器连接接口 Fa0/0 是关闭的，若需使用，必须主动开启。

```
Port                 Link   VLAN   IP Address
FastEthernet0/0      Down   --     <not set>
FastEthernet0/1      Down   --     <not set>
Vlan1                Down   1      <not set>
Hostname: Router
```

图 7.45 路由器的端口及状态

提示：路由器被认为是专用的计算机，所以路由器与计算机相连用交叉线。

(2) PC 和路由器的连接如表 7.6 所示。

表 7.6 PC 和路由器的连接

设备名	选用线缆类型	自己端口	对接端口
PC0	Console	RS-232	路由器的 Console 口
PC0	交叉线	FastEthernet0	路由器的 FastEthernet0/0

(3) 双击 PC0，进入如图 7.46 所示的界面。

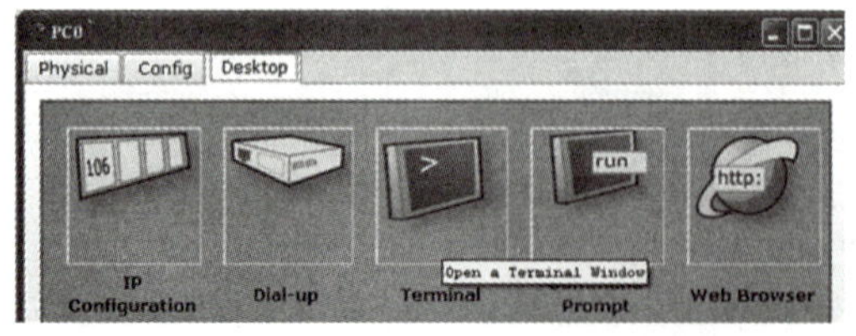

图 7.46 进入 PC0 的 Terminal 终端

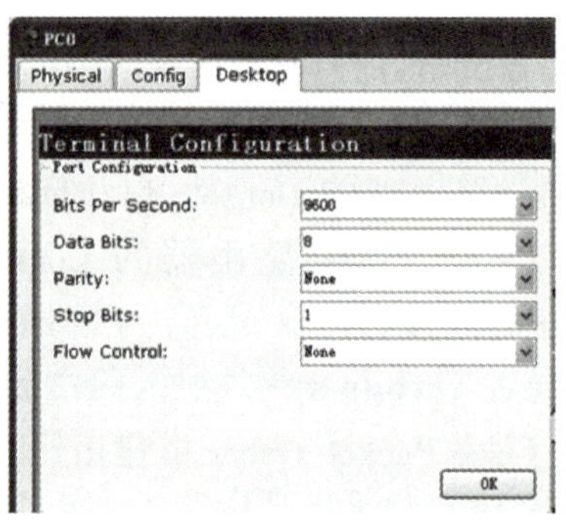

图 7.47 PC0 的 Terminal 设置

(4)在图 7.46 中双击 Terminal，进入图 7.47 所示的界面，设置每秒发送的比特为 9600 和数据位为 8，停止位为 1。

(5)单击 OK，同时敲回车，进入的界面如图 7.48 所示。

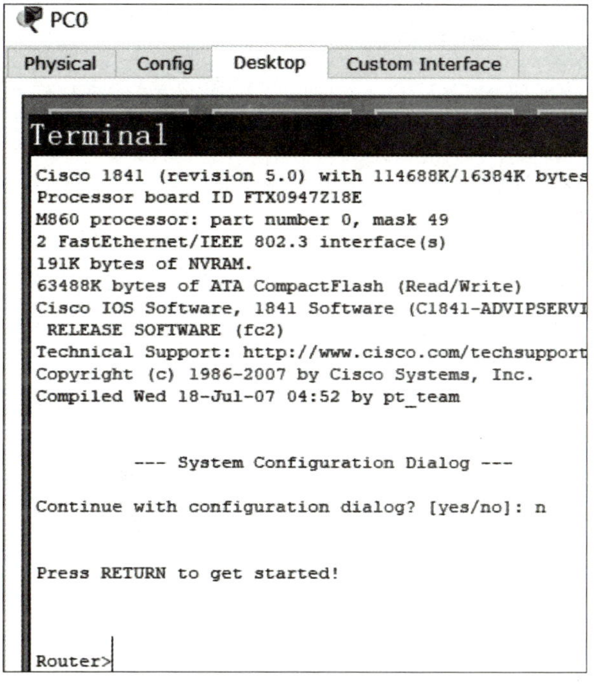

图 7.48　进入路由器的用户模式

此时，在 PC0 上看到了 Router>提示符，模仿了从真实的 PC 通过 Console 口进入路由器的情形。

2. 为路由器设置控制台口令

1)设置控制台口令

```
R1(config)#line console 0
//命令 line console 0 用于从全局配置模式进入控制台线路,0 用于代表路由器的第一个控制台接口
R1(config-line)#password cisco          //设置 Console 口登录路由器的口令是 cisco
R1(config-line)#login                   //在控制台登录时生效
R1(config-line)#exit
R1(config)#exit
R1#
%SYS-5-CONFIG_I: Configured from console by console
R1#exit
```

2)检验设置 Console 口登录路由器的口令

从路由器的特权模式退到用户模式后，出现如下提示：

```
Press RETURN to get started!

User Access Verification

Password:                    //此处输入口令,不可见

R1>                          //输入口令后,就进入了用户模式
```

3. 为路由器设置特权加密口令

1)设置特权口令

```
R1>en
R1#config t
R1(config)#enable secret class          //设置特权口令为 class
R1(config)#
R1(config)#end
R1#
%SYS-5-CONFIG_I: Configured from console by console
S1#exit
```

2)检验配置的特权口令

从路由器的特权模式退到用户模式后，出现如下提示：

```
Press RETURN to get started.
User Access Verification
Password:        //此处输入 Console 口登录路由器口令 cisco,不可见

R1>en
Password:        //此处输入特权口令为 class 口令,不可见
R1#
```

注：如果特权口令或特权加密口令均未设置，则 IOS 将不允许用户通过 Telnet 会话访问特权执行模式。

此时输入 config t 进入配置模式：

```
R1#config t
Enter configuration commands, one per line.   End with CNTL/Z.
R1(config)#
```

7.8　任务 3：Telnet 访问路由器

7.8.1　任务情境用户需求与分析

小王想在办公室或出差时也可以对机房的路由器进行远程管理，现可以通过 Telnet 远程访问路由器。

7.8.2　拓扑搭建和地址规划

设置通过远程登录 Telnet 的方式访问路由器，在 Cisco Packet Tracer 中，搭建拓扑如图 7.49 所示。设备之间的连接如表 7.7 所示。

在图 7.49 中，需要分配地址的设备有 PC1 和路由器 R1，规划逻辑地址如表 7.8 所示。从图 7.49 可以判断出，该网络只需要一个网络号，在表 7.7 中选用 C 类私有地址 192.168 开头，第三个十进制选择的范围可以是 0～255，这里我们选择 10，第四个十进制选择的范围可以是 1～254，地址分配的结果如表 7.8 所示。按照上面计算网络号的方法，PC1 和路由器 R1 的网络号在同一个网络中，网络号或网络地址＝192.168.10.0/24。在这里 PC1 和路由器 R1 的接口 Fa0/0 构建了一个子网 1，这个子网中 PC 想把数据包通过路由器 R1 转发给其他子网中的目标主机，离开子网 1 的出口就是路由器 R1 的接口 Fa0/0，所以通常将路由器 R1 接口 Fa0/0 的 IP 地址设置为子网 1 中各 PC 的默认网关。

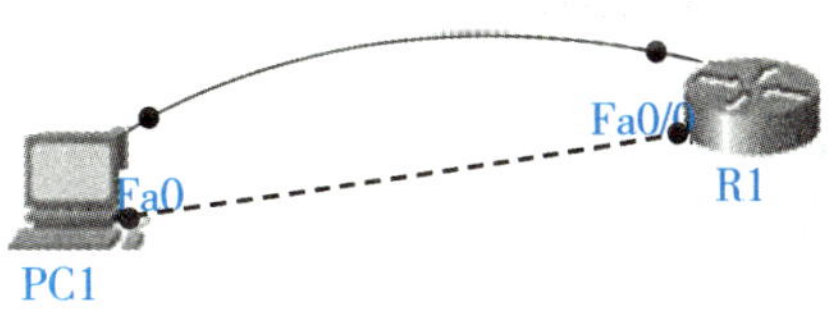

图 7.49　PC1 与路由器相连

默认网关在 TCP/IP 网络中扮演重要的角色，它通常是一个路由器的接口，在 TCP/IP 网络上可以转发数据包到其他网络，可以为网络上的 TCP/IP 主机提供同远程网络上其他主机通信时所使用的默认路由。

默认网关(default gateway)是子网与外网连接的设备，通常是一个路由器。当一台计算机发送信息时，根据发送信息的目标地址，通过子网掩码来判定目标主机是否在本地子网中，如果目标主机在本地子网中，则直接转发即可。如果目标不在本地子网中，则将该信息送到缺省(默认)网关或路由器，由路由器将其转发到其他网络中，进一步寻找目标主机。

表 7.7　设备之间的连接

设备名	使用线缆	自己端口	对接端口
PC1	Console 线	RS 232	路由器的 Console 口
PC1	交叉线	FastEthernet	路由器的 FastEthernet0/0

表 7.8　图 7.49 中 IP 地址规划

设备名	IP地址	子网掩码	默认网关
PC1	192.168.10.1	255.255.255.0	192.168.10.254
路由器的 FastEthernet0/0	192.168.10.254 这两个地址必须一样	255.255.255.0	无

7.8.3 IP 地址配置

(1)PC1 的 IP 地址配置：双击 PC1，选择 Desktop 标签，单击 IP Configuration 图标，如图 7.50 所示。

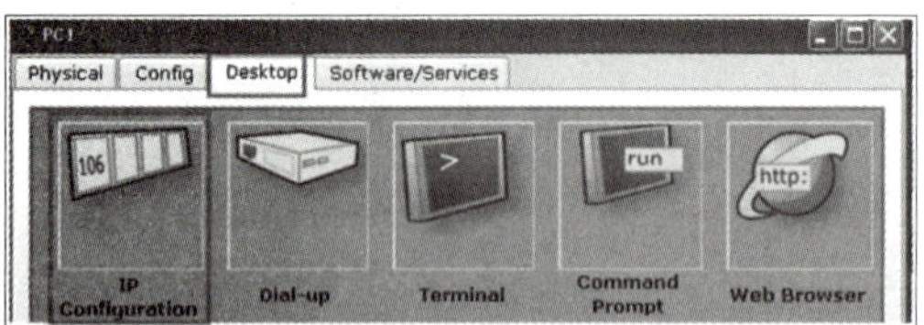

图 7.50　PC1 的 IP Configuration

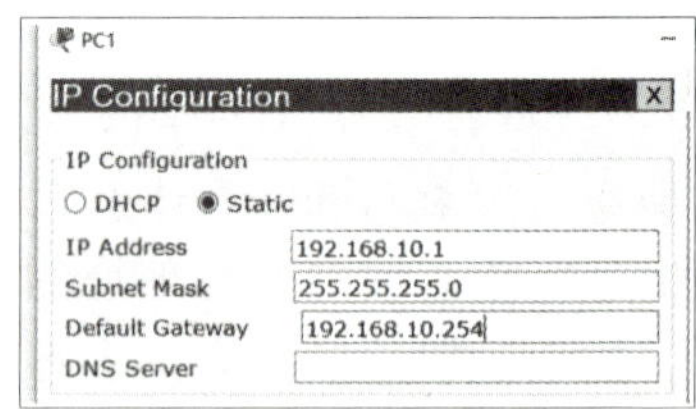

图 7.51　PC1 的 IP 地址配置

(2)双击 IP Configuration，进入图 7.51，IP 地址配置如图 7.51 所示。

(3)为路由器接口配置 IP 地址时，可以通过图形化或命令行的方式进行配置。图形化操作如图 7.52 所示。命令行的方式如下：

```
R1>enable
R1#configure terminal
Enter configuration commands, one per line. End with CNTL/Z.
R1(config)#interface FastEthernet0/0                          //进入接口 Fa0/0
R1(config-if)#ip address 192.168.10.254 255.255.255.0         //为接口配置 IP 地址
R1(config-if)#no shutdown                                     //开启端口
```

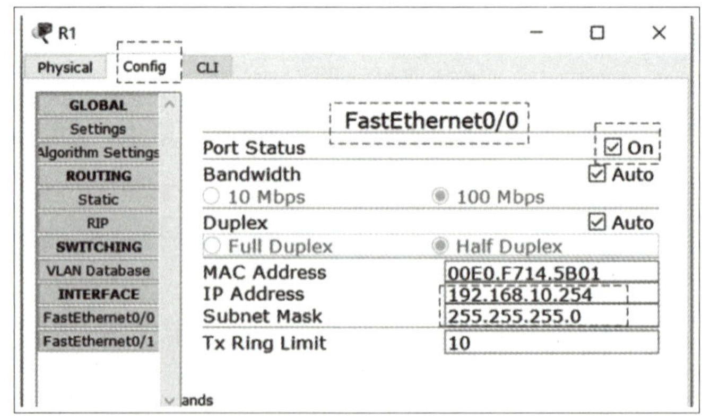

图 7.52　路由器接口开启和 IP 地址的配置

7.8.4　路由器安全口令设置

```
R1>enable
R1#config t
Enter configuration commands,  one per line.  End with CNTL/Z.
R1(config)#line vty 0 4                    //支持 0~4 的 5 条 VTY 线路
R1(config-line)#password xdx401_1          //设置 VTY 口令是 xdx401_1
R1(config-line)#login                      //登录时生效
R1(config-line)#end
R1(config)#enable secret class2020         //设置特权口令为 class2020
```

7.8.5　测试

设置完成后，在 PC1 上测试远程登录的效果，如图 7.53 所示。同时我们也可以通过 show running-config 命令查看在路由器上已有的配置信息。

```
hostname R1
enable secret 5  $1$mERr$aSw7UUK05S75N07jRWSxE0
!
interface FastEthernet0/0
  ip address 192.168.10.254 255.255.255.0
  duplex auto
  speed auto
!
line vty 0 4
  password xdx401_1
  login
```

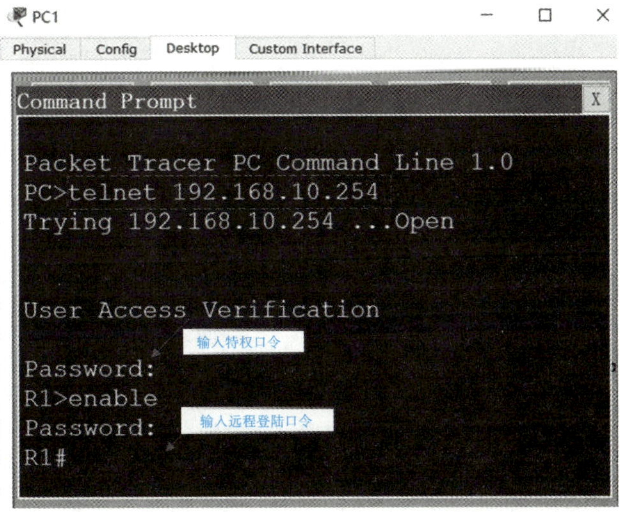

图 7.53　在 PC1 上测试远程登录

7.9 路由器获取直连路由

7.9.1 什么是直连路由

新的路由器中没有任何地址信息，路由表也是空的，需要在使用过程中获取。根据获得地址信息的方法，路由可分为直连路由、静态路由和动态路由三种。本讲述直连路由的获取，那么什么是直连路由?

直连网络就是直接连到路由器某一接口的网络。当路由器接口配置有 IP 地址和子网掩码时，此接口即成为与该路由器相连的网络。接口的网络地址和子网掩码以及接口类型和编号都将直接进入路由表，用于表示直连网络。生成直连路由的条件有两个：接口配置了网络地址，并且这个接口的 Link 是 Up 状态。

7.9.2 路由器获取两个直连路由

1. 拓扑搭建和地址规划

为了说明直连路由的获取，在 Cisco Packet Tracer 中搭建拓扑如图 7.54 所示。设备之间的连接如表 7.9 所示。在图 7.54 中，需要分配地址的设备有 PC11、PC12、PC21、PC22 和路由器 R1，规划逻辑地址如表 7.10 和表 7.11 所示。从图 7.54 可以判断出，网络 1 和网络 2 各需要一个网络号，选用 C 类私有地址 192.168 开头，第三个十进制选择的范围可以是 0 ~255，这里我们选择 10 和 20，第四个十进制选择的范围可以是 1~254，地址分配的结果如表 7.10 所示。按照上面计算网络号的方法，PC11、PC12 和路由器 R1 的接口 Fa0/0 在同一个网络中，网络号/网络地址 = 192.168.10.0/24。在这里 PC11、PC12 和路由器 R1 的接口 Fa0/0 构建了一个网络 1。同样，PC21、PC22 和路由器 R1 的接口 Fa0/1 在另一个网络中，网络号/网络地址 = 192.168.20.0/24。在这里 PC21、PC22 和路由器 R1 的接口 Fa0/1 构建了一个网络 2。

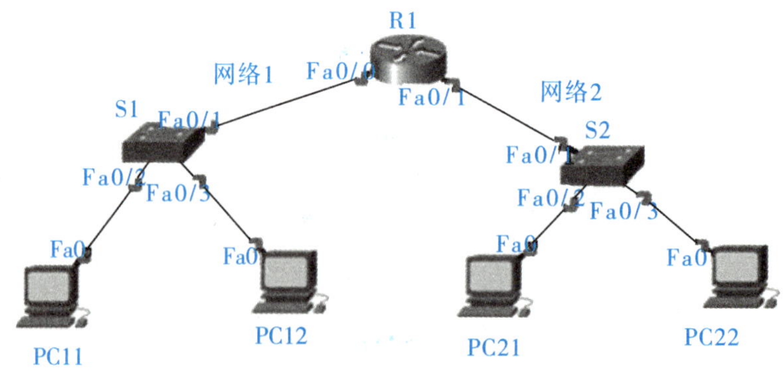

图 7.54 R1 将网络 1 和网络 2 互联

表 7.9　设备之间的连接

设备名	使用线缆	自己端口	对接端口
PC11	直通线	FastEthernet	交换机 S1 的 Fa0/2
PC12	直通线	FastEthernet	交换机 S1 的 Fa0/3
PC21	直通线	FastEthernet	交换机 S2 的 Fa0/2
PC22	直通线	FastEthernet	交换机 S2 的 Fa0/3
交换机 S1	直通线	S1 的 Fa0/1	路由器 R1 的 Fa0/0
交换机 S2	直通线	S2 的 Fa0/1	路由器 R1 的 Fa0/1

表 7.10　图 7.54 中 PC 的 IP 地址规划

设备名	IP 地址	子网掩码	默认网关
PC11	192.168.10.10	255.255.255.0	192.168.10.254
PC12	192.168.10.11	255.255.255.0	192.168.10.254
PC21	192.168.20.10	255.255.255.0	192.168.20.254
PC22	192.168.20.11	255.255.255.0	192.168.20.254

表 7.11　图 4.7 中 PC 和路由器 R1 接口地址规划

接口	IP 地址	子网掩码
Fa0/0	192.168.10.254	255.255.255.0
Fa0/1	192.168.20.254	255.255.255.0

提示：从图 7.54 中设备的关系来看，PC11、PC12 的默认网关必须与路由器 R1 的接口 Fa0/0 的 IP 地址一样，PC21、PC22 的默认网关必须和路由器 R1 的接口 Fa0/1 的 IP 地址一样。

2. IP 地址配置

PC 的 IP 地址和 R1 接口地址的配置按 7.8.3 节中所介绍的方法进行设置，这里不再赘述。

3. 连通性测试

(1) 网络 1 中 PC 之间的连通性测试，如 PC11 ping PC12：首先通过 ipconfig 命令查看配置生效的 IP 地址，再通过 ping 命令来测试到 PC12 的连通性，如图 7.55 所示。

(2) 网络 1 中 PC 测试默认网关的连通性，如 PC11 ping 路由器 R1 的接口 Fa0/0，如图 7.56 所示。

(3) 网络 2 中 PC 之间的连通性测试，如 PC21 ping PC22，如图 7.57 所示。

```
PC11
Physical  Config  Desktop  Custom Interface
Command Prompt

Packet Tracer PC Command Line 1.0
PC>ipconfig

FastEthernet0 Connection:(default port)
Link-local IPv6 Address.........: FE80::230:F2FF:FEB5:C50A
IP Address......................: 192.168.10.10
Subnet Mask.....................: 255.255.255.0
Default Gateway.................: 192.168.10.254

PC>ping 192.168.10.11

Pinging 192.168.10.11 with 32 bytes of data:

Reply from 192.168.10.11: bytes=32 time=1ms TTL=128
Reply from 192.168.10.11: bytes=32 time=0ms TTL=128
Reply from 192.168.10.11: bytes=32 time=0ms TTL=128
Reply from 192.168.10.11: bytes=32 time=0ms TTL=128

Ping statistics for 192.168.10.11:
    Packets: Sent = 4, Received = 4, Lost = 0 (0% loss),
Approximate round trip times in milli-seconds:
    Minimum = 0ms, Maximum = 1ms, Average = 0ms
```

图 7.55 PC11 ping 通 PC12

```
PC>ping 192.168.10.254

Pinging 192.168.10.254 with 32 bytes of data:

Reply from 192.168.10.254: bytes=32 time=1ms TTL=255
Reply from 192.168.10.254: bytes=32 time=0ms TTL=255
Reply from 192.168.10.254: bytes=32 time=0ms TTL=255
Reply from 192.168.10.254: bytes=32 time=0ms TTL=255

Ping statistics for 192.168.10.254:
    Packets: Sent = 4, Received = 4, Lost = 0 (0% loss),
Approximate round trip times in milli-seconds:
    Minimum = 0ms, Maximum = 1ms, Average = 0ms
```

图 7.56 PC11 ping 通自己的默认网关

(4)网络 2 中 PC 测试默认网关，如 PC21 ping 路由器 R1 的接口 Fa0/1，如图 7.58 所示。

```
PC21
Physical  Config  Desktop  Custom Interface
Command Prompt

Packet Tracer PC Command Line 1.0
PC>ipconfig

FastEthernet0 Connection:(default port)
Link-local IPv6 Address.........: FE80::201:42FF:FE25:71AC
IP Address......................: 192.168.20.10
Subnet Mask.....................: 255.255.255.0
Default Gateway.................: 192.168.20.254

PC>ping 192.168.20.11

Pinging 192.168.20.11 with 32 bytes of data:

Reply from 192.168.20.11: bytes=32 time=0ms TTL=128
Reply from 192.168.20.11: bytes=32 time=0ms TTL=128
Reply from 192.168.20.11: bytes=32 time=0ms TTL=128
Reply from 192.168.20.11: bytes=32 time=0ms TTL=128

Ping statistics for 192.168.20.11:
    Packets: Sent = 4, Received = 4, Lost = 0 (0% loss),
Approximate round trip times in milli-seconds:
    Minimum = 0ms, Maximum = 0ms, Average = 0ms
```

图 7.57 PC21 ping 通 PC22

```
PC>ping 192.168.20.254

Pinging 192.168.20.254 with 32 bytes of data:

Reply from 192.168.20.254: bytes=32 time=1ms TTL=255
Reply from 192.168.20.254: bytes=32 time=0ms TTL=255
Reply from 192.168.20.254: bytes=32 time=0ms TTL=255
Reply from 192.168.20.254: bytes=32 time=0ms TTL=255

Ping statistics for 192.168.20.254:
    Packets: Sent = 4, Received = 4, Lost = 0 (0% loss),
Approximate round trip times in milli-seconds:
    Minimum = 0ms, Maximum = 1ms, Average = 0ms
```

图 7.58 PC21 ping 通自己的默认网关

(5)网络 2 中 PC 测试网络 1 中的 PC，如 PC21 ping P11 山，如图 7.59 所示。

```
PC>ping 192.168.10.10

Pinging 192.168.10.10 with 32 bytes of data:

Reply from 192.168.10.10: bytes=32 time=0ms TTL=127
Reply from 192.168.10.10: bytes=32 time=0ms TTL=127
Reply from 192.168.10.10: bytes=32 time=0ms TTL=127
Reply from 192.168.10.10: bytes=32 time=1ms TTL=127

Ping statistics for 192.168.10.10:
    Packets: Sent = 4, Received = 4, Lost = 0 (0% loss),
Approximate round trip times in milli-seconds:
    Minimum = 0ms, Maximum = 1ms, Average = 0ms
```

图 7.59 PC21 ping 通 PC11

通过上面五步连通性测试，我们知道网络 1 和网络 2 是连通的。在路由器互联的网络中，我们必须采用这五步来测试连通性。

(1)网络 1 中，内部 PC 间的连通性测试；
(2)网络 1 中，其中一台 PC 测试网关的连通性；
(3)网络 2 中，内部 PC 间的连通性测试；
(4)网络 2 中，其中一台 PC 测试网关的连通性；
(5)网络 1 中的 PC 测试网络 2 中的 PC。

路由器作为网络互联设备，在这里它将网络号 = 192. 168. 10. 0/24 和网络号 = 192. 168. 20. 0/24 的网络互联起来，这里的不同网络指的是网络号不同，在交换式以太网络中，交换机之间的互联是网段之间的互联，连接在一起的设备的网络号相同。

4. 路由器获取直连路由

在 Cisco Packet Tracer 中，我们可以通过图形化或命令行的方式查看路由器 R1 获得的直连路由。通过 inspect 命令查看 R1 获得的直连路由信息如图 7. 60 所示。栏目包括路由类型为 C，通过 Fa0/0 端口获得的网络号是 192. 168. 10. 0/24(网络前缀的表示方式，反斜杠后面的 24 表示 32 位子网掩码中前 24 位为 1)，路由管理距离是 0。若将图 7. 60 以表格的形式显示，如表 7. 12 所示。

Routing Table for R1

Type	Network	Port	Next Hop IP	Metric
C	192.168.10.0/24	FastEthernet0/0	---	0/0
C	192.168.20.0/24	FastEthernet0/1	---	0/0

图 7. 60　路由器 R1 获得的直连路由器

表 7. 12　R1 的路由表

路由类型	网络号	接口	下一跳	管理距离	开销
C	192. 168. 10. 0/24	Fa0/0	无	0	0
C	192. 168. 20. 0/24	Fa0/1	无	0	0

其中，路由类型为 C 表示 connected 的第一个字母，表示直接连接路由，路由器的某个接口连接了某个网络后，开启端口并配置了合适的 IP 地址信息后，这个路由会自动生成。直连路由是路由器广播自己路由信息的基础。

管理距离代表了路由来源的可信度，值越小，可信度越高。直连路由的管理距离是 0。

路由器 R1 在特权模式下通过命令 show ip route，查看获得的路由信息。

```
R1>en
R1#show ip route
Codes: C - connected, S - static, I - IGRP, R - RIP, M - mobile, B - BGP
       D - EIGRP, EX - EIGRP external, O - OSPF, IA - OSPF inter area
       N1 - OSPF NSSA external type 1, N2 - OSPF NSSA external type 2
       E1 - OSPF external type 1, E2 - OSPF external type 2, E - EGP
       i - IS-IS, L1 - IS-IS level-1, L2 - IS-IS level-2, ia - IS-IS inter area
```

```
        * - candidate default, U - per-user static route, o - ODR
        P - periodic downloaded static route
Gateway of last resort is not set
C    192.168.10.0/24 is directly connected, FastEthernet0/0
C    192.168.20.0/24 is directly connected, FastEthernet0/1
```

7.10 IP 路由

网络互联层利用 IP 路由表将数据包从源网络发送至目的网络。路由器从一个接口接收数据包，然后通过数据包的目的地查路由器的路由表，从路由表中选择一条到达目的地的最佳路径将其转发给另外一个接口。

7.10.1 IP 路由过程

IP 路由是由路由器把数据从一个网络转发到另一个网络的过程。数据在网络上是以数据包为单元进行转发的。每个数据包都携带两个逻辑地址(IP 地址)，一个是数据的源地址，一个是数据要到达的目的地址，所以每个数据包都可以被独立地转发。下面以图 7.61 为例来解释路由的过程。

在图 7.61 中，路由器 R1 把两个网络连接起来，它们是 192.168.10.0/24 和 192.168.20.0/24。假设 PC11 向 PC21 发送数据，而 PC11 和 PC21 不在一个网络。PC11 看不到图 7.61，它如何知道 PC21 在哪里呢?

PC11 上配置了 IP 地址和子网掩码，知道自己的网络号是 192.168.10.0，它把 PC21 的 IP 地址(PC11 知道)与自己的子网掩码做“与”运算，可以得知 PC21 的网络号是 192.168.20.0，显然两者不在同一个网络中。PC11 得知目的主机与自己不在同一个网络时，它只需将这个数据包送到距它最近的 R1 就可以了。

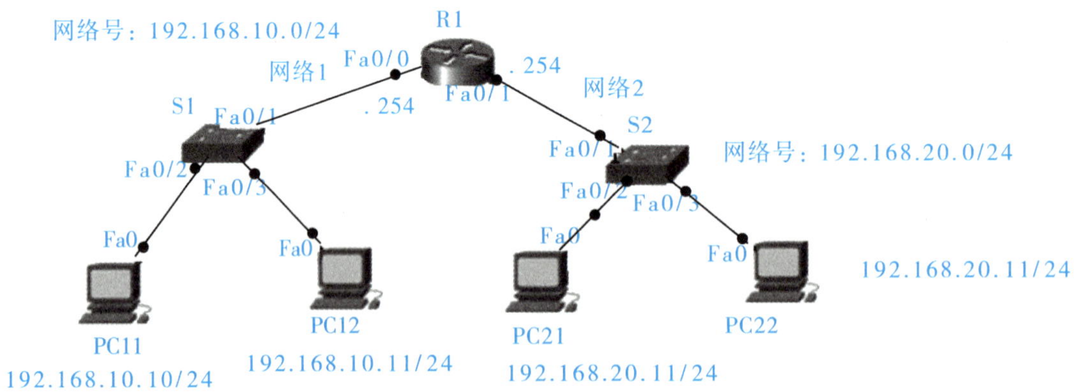

图 7.61 IP 路由的过程

在 PC11 中除了配置 IP 地址与子网掩码外，还配置了另外一个参数：默认网关，其实就是路由器 R1 与网络 1 相连的接口（Fa0/0）的地址。在 PC11 上设置默认网关的目的就是把去往不同于自己所处网络的数据发送到默认网关。只要找到了 Fa0/0 接口就等于找到了 R1。为了找到 R1 的 Fa0/0 接口的 MAC 地址，PC11 使用了地址解析协议，获得 R1 的 Fa0/0 接口的 MAC 地址，有了默认网关和对应的 MAC 地址，PC11 就开始封装数据包。

（1）把 Fa0/0 接口的 MAC 地址封装在数据链路层的目的地址域；

（2）把自己的 MAC 地址封装在数据链路层的源地址域；

（3）把自己的 IP 地址封装在网络层的源地址域；

（4）把 PC21 的 IP 地址封装在网络层的目的地址域。

之后，把数据发送出去。

路由器 R1 收到 PC1 送来的数据包后，把数据包解开到第三层，读取数据包中的目的 IP 地址，然后查阅路由表并决定如何处理数据。路由表是路由器工作时的向导，是转发数据的依据。如果路由表中没有可用的路径，路由器就会把该数据丢弃。路由表中记录了以下内容。

（1）目标网络号；

（2）到达目标网络的距离；

（3）到达目标网络应该经由自己哪一个接口；

（4）到达目标网络的下一台路由器的地址。

路由器使用最佳的路径转发数据，把数据交给路径中的下一台路由器，并不负责把数据送到最终目的地。

在图 7.61 中，R1 拿出数据的目的地址 192.168.20.10，查当前 R1 的路由表，如表 7.12 所示，里面是各目的网络号，不是具体目的 IP 地址，计算过程如下：

（1）将目的 IP 地址依次遍历 R1 的路由表，把第 1 条记录目标网络号的子网掩码与目的 IP 地址进行逻辑与，计算的网络号 = 192.168.20.0，与第 1 条记录目标网络号 192.168.10.0 不匹配；

（2）继续遍历第 2 条记录，将当前目标网络号的子网掩码与目的 IP 地址进行逻辑与，计算的网络号 = 192.168.20.0，与第 2 条记录目标网络号匹配，找到匹配路由的转发路径，从 R1 接口 Fa0/1 转发出去。转发之前要判断，R1 接口 Fa0/1 的 IP 地址与目的 IP 地址是否在同一个网络，若在同一个网络，启用 ARP 获取目的 IP 地址对应的 MAC 地址。有了这些信息后，R1 接口 Fa0/1 重新开启封装，封装的过程如下：

（1）把 Fa0/1 接口的 MAC 地址封装在数据链路层的源地址域；

（2）把 PC21 的 MAC 地址封装在数据链路层的目的地址域；

（3）源数据包的源 IP 地址域不变；

（4）源数据包的目的 IP 地址域不变。

之后，把数据发送出去，PC21 接收该数据包。至此数据传递的一个单程完成了。

PC21 回应给 PC11 的数据经过同样的处理过程到达目的地 PC11，只不过数据包中的目的 IP 地址是 PC11 的地址，源 IP 地址是 PC21 的地址，经过 R1 到达 PC11。

从上面的过程可以看出，为了能够转发数据，路由器必须对整个网络拓扑有清晰的了解，并把这些信息反映在路由表里，当网络拓扑结构发生变化时，路由器也需要及时在路由表里反映出这些变化，这样的工作被看作路由器的路由功能。路由器还有一项独立于路由功能的工作就是交换/转发数据，即把数据从进入接口转移到外出接口。

7.10.2 路由两个动作

路由器通常用来将数据包从一条数据链路传送到另外一条数据链路。这其中使用了两项功能，即寻径功能和转发功能。

1. 寻径功能

寻径即判定到达目的地的最佳路径，由路由选择算法来实现。为了判定最佳路径，路由选择算法必须启动并维护包含路由信息的路由表。路由选择算法将收集到的不同信息填入路由表中，根据路由表可将目的网络与下一站的关系告诉路由器。路由器间互通信息进行路由更新，更新维护路由表使之正确反映网络的拓扑变化，并由路由器根据度量来决定最佳路径，这就是路由选择协议(routing protocol)，如路由信息协议(RIP)、内部网关路由协议(IGRP)、增强内部网关路由协议(EGRP)以及开放式最短路径优先。

2. 转发功能

转发即沿寻好的最佳路径传送信息分组。路由器首先在路由表中查等路由记录，判明是否知道如何将分组发送到下一个站点(路由器或主机)。如果路由器没有对应的路由信息，通常将该分组丢弃；否则就根据路由表里的相应表项将分组发送到下一个站点。如果目的网络直接与路由器相连，路由器就把分组直接送到相应的接口上，这就是路由转发。

已知路由表必须包含目的网络地址、子网掩码和下一跳地址三项内容。分组转发的算法如下：

(1)从收到的数据报的首部提取目的 IP 地址 D。

(2)先判断是否为直接交付。对路由器直接相连的网络逐个进行检查：用各网络的子网掩码和 D 逐位相“与”(AND 操作)，看结果是否和相应的网络地址匹配。若匹配，则把分组进行直接交付(当然还需要调用 ARP 把 D 转换成物理地址，把数据报封装成帧发送出去)，转发任务结束。否则就是间接交付，执行步骤(3)。

(3)若路由表中有目的地址为 D 的特定主机路由，则把数据报传送给路由表中所指明的下一跳路由器；否则，执行步骤(4)。

(4)对于路由表中的每一行(目的网络地址，子网掩码，下一跳地址)，用每一行的子网掩码和 D 逐位相“与”(AND 操作)，其结果为 N。若 N 与该行的目的网络地址匹配，则把数据报传送给该行指明的下一跳路由器；否则，执行步骤(5)。

(5)若路由表中有一个默认路由，则把数据报传送给路由表中所指明的默认路由器；否则，执行步骤(6)。

(6)报告转发分组出错。

【例 7-2】某个路由器的路由表 7.13 所示。

表 7.13　某路由器的路由表

目的网络地址	子网掩码	下一跳
120.40.39.0	255.255.255.192	接口 0
120.40.39.128	255.255.255.192	接口 1
120.40.40.0	255.255.255.128	R2
200.4.153.0	255.255.255.192	R3
default	—	R4

现收到 5 个分组，其目的 IP 地址分别如下：

(1) 120.40.39.10；

(2)120.40.40.148；

(3)120.40.39.151；

(4)200.4.153.17；

(5)200.4.153.96。

试分别计算每个目的 IP 地址的下一跳(必须给出计算步骤)。

解答：

(1)将目的 IP 地址 120.40.39.10 与路由表中第 1 条记录中的子网掩码 255.255.255.192 的二进制进行逻辑与，其结果为 120.40.39.0，与第 1 条记录中的网络号匹配，找这条记录对应的出口是接口 0，从接口 0 转发。

(2)将目的 IP 地址 120.40.40.148 与路由表中第 1 条记录中的子网掩码 255.255.255.192 的二进制进行逻辑与，其结果为 120.40.40.128，与第 1 条记录中的网络号不匹配，按同样的方法继续查找路由表的第 2 条记录；

将目的 IP 地址 120.40.40.148 与路由表中第 2 条记录中的子网掩码 255.255.255.192 的二进制进行逻辑与，其结果为 120.40.40.128，与第 2 条记录中的网络号不匹配，按同样的方法继续查找路由表的第 3 条记录；

将目的 IP 地址 120.40.40.148 与路由表中第 3 条记录中的子网掩码 255.255.255.128 的二进制进行逻辑与，其结果为 120.40.40.128，与第 3 条记录中的网络号不匹配，按同样的方法继续查找路由表的第 4 条记录；

将目的 IP 地址 120.40.40.148 与路由表中第 4 条记录中的子网掩码 255.255.255.192 的二进制进行逻辑与，其结果为 120.40.40.128，与第 4 条记录中的网络号不匹配，按同样的方法继续查找路由表的第 5 条记录；

第 5 条记录为默认路由，找到下一跳为 R4，交给下一个路由器。假如没有默认路由，该路由器将丢弃这个分组。

(3)、(4)、(5)的计算过程类似。

默认路由的应用场景在后面的章节进行介绍。

7.11　静态路由

7.11.1　什么是静态路由

静态路由是由网络管理员手动输入路由器的，当网络拓扑发生变化而需要改变路由时，网络管理员就必须手动改变路由信息，不能动态反映网络拓扑。

静态路由不会占用路由器的 CPU、RAM 和线路的带宽，同时静态路由也不会把网络的拓扑暴露出去。

通过配置静态路由，用户可以人为地指定对某一网络访问时所要经过的路径。通常只能在互联的网络数量少、网络与网络之间只能通过一条路径路由的情况下使用静态路由，如从一个网络路由到末端网络时，一般使用静态路由。末端网络是只能通过单条路由访问的网络，如图 7.62 所示。任何连接到 R1 的网络都只能通过一条路径到达其他目的地，无论其目的网络是与 ISP 直连还是远离 ISP。因此网络 110.18.20.0/24 是一个末端网络，而 R1 是末端路由器。

注：末端网络又称为边界网络、边缘网络，如校园网、家庭网、小区住宅、企事业单位的内部网络。

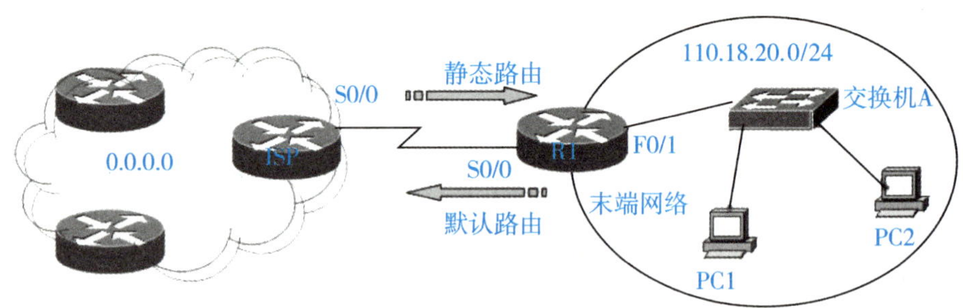

图 7.62　静态路由应用于末端网络

7.11.2　静态路由的配置方法

(1)在全局配置模式下，使用 ip route 命令建立静态路由的格式为：

```
router(config)#ip route destination-network network-mask {next-hop-address|interface}
```

其中相关参数说明如下：

①destination-network：所要到达的目的网络号或目的子网号。

②network-mask：目的网络的子网掩码。可对此子网掩码进行修改，以汇总一组网络。

③next-hop-address：到达目的网络所经由的下一跳路由器的 IP 地址，即相邻路由的接口地址。

④interface：将数据包转发到目的网络时使用的送出接口或者用于到达目的网络的本地

出口。

(2)可以使用 no ip route 命令来删除静态路由。

(3)可以使用 show ip route 命令来显示路由器中的路由表。

(4)可以使用 how running-config 命令来检查静态路由。

7.11.3 什么是默认路由

默认路由也叫缺省路由，是指路由器没有明确路由可用时所采纳的路由，或者叫最后的可用路由。当路由器不能用路由表中的一个具体条目来匹配一个目的网络时，它就将使用默认路由，即“最后的可用路由”。数据包到达路由器，从上往下依次遍历其路由表，若路由表中具体目的网络的路由信息都不匹配，此时使用默认路由将数据包转发出去，若没有默认路由，目的地址在路由表中无匹配表项的数据包将被丢弃。

默认路由一般处于整个网络的末端路由器上，如图 7.62 所示，R1 为末端路由器，这台路由器被称为默认网关，它负责所有的向外连接任务，默认路由也需要手动配置。默认路由可以尽可能地将路由表的大小保持得很小，它们使路由器能够转发目的地为任何 Internet 主机的数据包而不必为每个 Internet 网络都维护一个路由表条目。默认路由可由管理员静态输入或者通过路由选择协议动态学到。

如校园网、家庭网、小区住宅、企事业单位的内部网络的出口路由器，类似图 7.62 所示的 R1，内部用户要访问 Internet 上的目的地是未知的，网络管理在配置具体路由信息时无法预测内部用户的访问需要，为了能让内部用户将数据包离开内部网络转发到 Internet 上，就必须使用默认路由，如果没有这个路由信息，该数据包将在出口路由器上丢失。用户得到的结果是对方不可达。

7.11.4 默认路由的配置方法

配置默认路由通常有两种方法。

1)0.0.0.0 路由

创建一条到 0.0.0.0/0 的 IP 路由是配置默认路由最简单的方法。在全局配置模式下建立默认路由的命令格式为

```
router(config)#ip route 0.0.0.0 0.0.0.0 {next hop-ip interface}
```

其中，next hop-ip 为相邻路由器的相邻接口地址；interface 为本地物理接口号。对于 Cisco IOS，网络 0.0.0.0/0 为最后可用路由有特殊的意义。所有的目的地址都匹配这条路由，因为全为 0 的掩码不需要对一个地址中的任何比特进行匹配。对 0.0.0.0/0 的路由经常被称为“4 个 0 路由”或“全零路由”。

在图 7.62 中路由器 R1 除了与路由器 ISP 相连外，不再与其他路由器相连，所以也可以为它赋予一条默认路由，假设路由器 ISP 的 S0/0 接口地址为 197.3.20.1/24。

```
R1(config)# ip route 0.0.0.0 0.0.0.0 197.3.20.1
```

即只要没有在路由表里找到去特定目的地址的路径，则数据均被路由到地址为 197.3.20.1 的相邻路由器。

2) default-network

ip default-network 命令可以用来标记一条到任何 IP 网络的路由，而不仅仅是 0.0.0.0/0，作为一条候选默认路由，其命令语法格式如下：

```
R1(config)# ip default-network network
```

候选默认路由在路由表中是用星号来标注的，并且被认为是最后的网关。

7.12 静态路由项目实施

7.12.1 用户需求

某高校学校有两个分校区，这两个校区都建有自己的校园网。首先需要将这两个校区的校园网通过路由器连接到本部的路由器，现要在路由器上做静态路由配置，实现各校区校园网内部主机的相互通信，并且通过主校区连接到互联网。

7.12.2 方案设计

针对客户提出的要求，公司网络工程师计划通过同步串口线路将两个校区局域网连到主校区的路由器上，然后再连接到互联网上(在这里用一台路由器 ISP 和计算机来模拟 Internet)。分别对路由器的接口分配 IP 地址，并配置静态路由，这样对校园网内的各主机设置 IP 地址及网关就可以相互通信了。在 Cisco Packet Tracer 实施该项目需要的网络设备包括：

(1) Cisco 2811 路由器 4 台；

(2) Cisco 2960 交换机 3 台；

(3) PC 4 台；

(4) 双绞线(若干根)。

查看路由器 2811，发现路由器只有固有的两个接口 Fa0/0 和 Fa0/1，如图 7.63 所示。关闭路由器电源、通过添加 WIC-2T 物理模块，为路由器 2811 扩展两个串行接口 Se0/0/0 和 Se0/0/1，如图 7.64 所示。

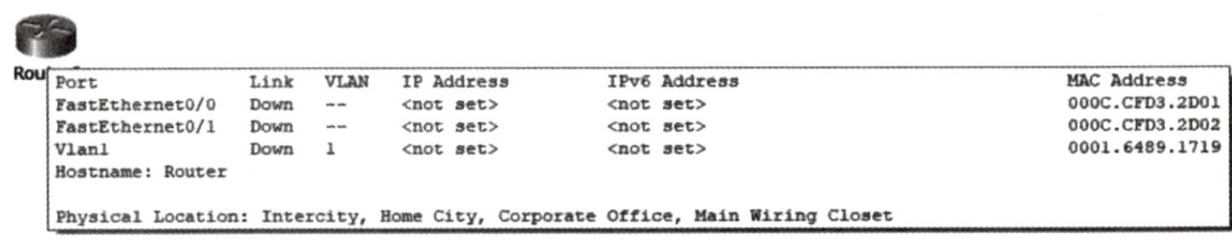

Port	Link	VLAN	IP Address	IPv6 Address	MAC Address
FastEthernet0/0	Down	--	<not set>	<not set>	000C.CFD3.2D01
FastEthernet0/1	Down	--	<not set>	<not set>	000C.CFD3.2D02
Vlan1	Down	1	<not set>	<not set>	0001.6489.1719

Hostname: Router

Physical Location: Intercity, Home City, Corporate Office, Main Wiring Closet

图 7.63　路由器 2811 的固有两个接口

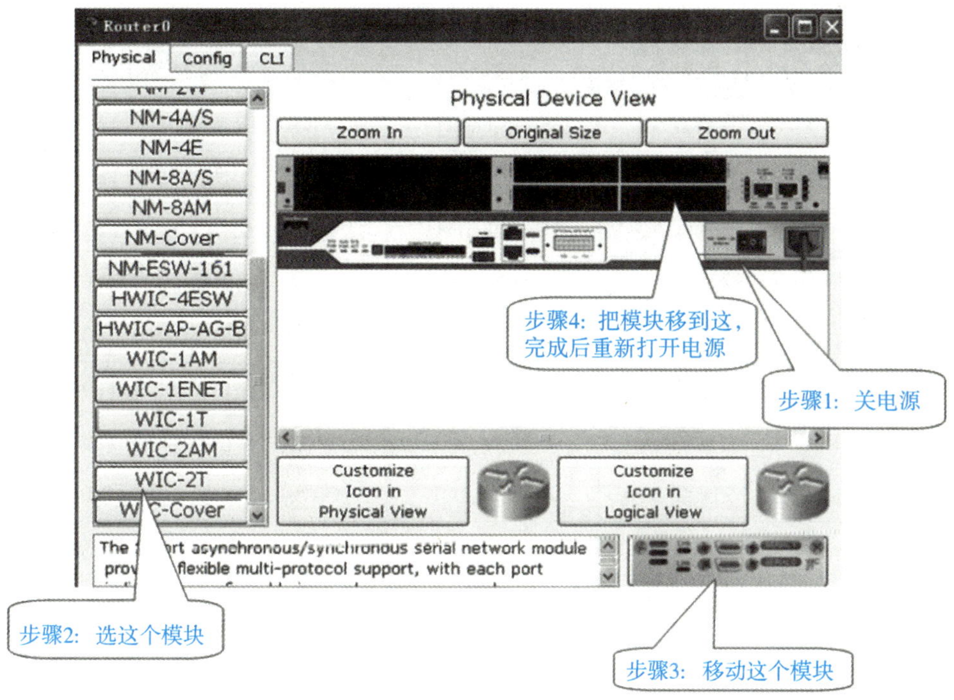

图 7.64　为路由器 2811 扩展两个串行接口 Se0/0/0 和 Se0/0/1

7.12.3　拓扑搭建和地址规划

为了实现本项目，在 Cisco Packet Tracer 中搭建拓扑如图 7.65 所示。设备之间的连接如表 7.14 所示。

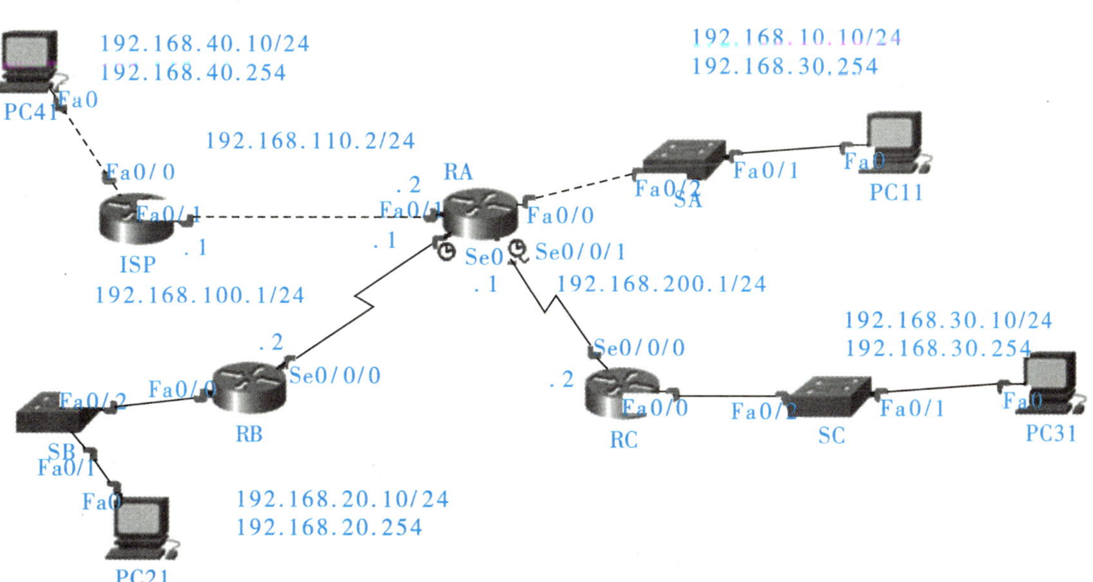

图 7.65　路由器静态路由

表 7.14　设备之间的连接

设备名	使用线缆	自己端口	对接端口
PC11	直通线	FastEthernet	交换机 SA 的 Fa0/1
PC21	直通线	FastEthernet	交换机 SB 的 Fa0/1
PC31	直通线	FastEthernet	交换机 SC 的 Fa0/1
PC41	交叉线	FastEthernet	路由器 ISP 的 Fa0/0
交换机 SA	直通线	SA 的 Fa0/2	路由器 RA 的 Fa0/0
交换机 SB	直通线	SB 的 Fa0/2	路由器 RB 的 Fa0/0
交换机 SC	直通线	SC 的 Fa0/2	路由器 RC 的 Fa0/0
路由器 RA	交叉线	RA 的 Fa0/1	路由器 ISP 的 Fa0/1
路由器 RA	串行线 DCE	RA 的 Se0/0/0	路由器 RB 的 Se0/0/0
路由器 RA	串行线 DCE	RA 的 Se0/0/1	路由器 RC 的 Se0/0/0

在图 7.65 中，PC11、交换机 SA、路由器 RA 的接口 Fa0/0 构建的网络号 = 192.168.10.10/24；PC21、交换机 SB、路由器 RB 的接口 Fa0/0 构建的网络号 = 192.168.20.10/24；PC31、交换机 SC、路由器 RC 的接口 Fa0/0 构建的网络号 = 192.168.30.10/24；PC41 和路由器 ISP 的接口 Fa0/0 构建的网络号 = 192.168.40.10/24；RA 的接口 Se0/0/0 和 RB 的接口 Se0/0/0 构建的网络号 = 192.168.100.10/24；RA 的接口 Se0/0/1 和 RC 的接口 Se0/0/0 构建的网络号 = 192.168.200.10/24；RA 的接口 Fa0/1 和 ISP 的接口 Fa0/1 构建的网络号 = 192.168.110.10/24。图 7.65 中一共有 7 个网络，192.168.10.10/24、192.168.20.10/24、192.168.30.10/24 分别为主校区、校区 B、校区 C 的网络，PC11、PC21、PC31 分别为主校区、校区 B、校区 C 的用户代表、路由器 ISP 和计算机 PC41 来模拟互联网。192.168.100.10/24、192.168.200.10/24、192.168.110.10/24 这 3 个网络是由于要把主校区、校区 B、校区 C 的用户和 Internet 互联而产生的连接网络。从图 7.65 可以看出，即使这 3 个连接网络每个网络只需要两个 IP 地址，也不可或缺。地址分配的结果如表 7.15 所示。

表 7.15　图 7.65 信息点地址规划

设备	接口	IP 地址	子网掩码	默认网关
RA	Se0/0/0	192.168.100.1	255.255.255.0	不适用
	Se0/0/1	192.168.200.1	255.255.255.0	不适用
	Fa0/0	192.168.10.254	255.255.255.0	不适用
	Fa0/1	192.168.110.2	255.255.255.0	不适用
RB	Se0/0/0	192.168.100.2	255.255.255.0	不适用
	Fa0/0	192.168.20.254	255.255.255.0	不适用

续表

设备	接口	IP 地址	子网掩码	默认网关
RC	Fa0/0	192. 168. 30. 254	255. 255. 255. 0	不适用
	Se0/0/0	192. 168. 200. 2	255. 255. 255. 0	不适用
ISP	Fa0/0	192. 168. 40. 254	255. 255. 255. 0	不适用
	Fa0/1	192. 168. 110. 1	255. 255. 255. 0	不适用
PC11	网卡	192. 168. 10. 10	255. 255. 255. 0	192. 168. 10. 254
PC21	网卡	192. 168. 20. 10	255. 255. 255. 0	192. 168. 20. 254
PC31	网卡	192. 168. 30. 10	255. 255. 255. 0	192. 168. 30. 254
PC41	网卡	192. 168. 40. 10	255. 255. 255. 0	192. 168. 40. 254

7. 12. 4　IP 地址配置

PC 的 IP 地址和路由器以太网接口地址的配置按 7. 8. 3 节中所介绍的方法进行设置，这里不再赘述。路由器串行接口的配置，以 RA 的接口 Se0/0/1 和 RC 的接口 Se0/0/0 连接的网络为例，RA 的接口 Se0/0/1 为 DCE，RC 的接口 Se0/0/0 为 DTE，需要在 RA 的接口 Se0/0/1 设置同步时钟 Clock Rate = 64 000，如图 7. 66 所示。

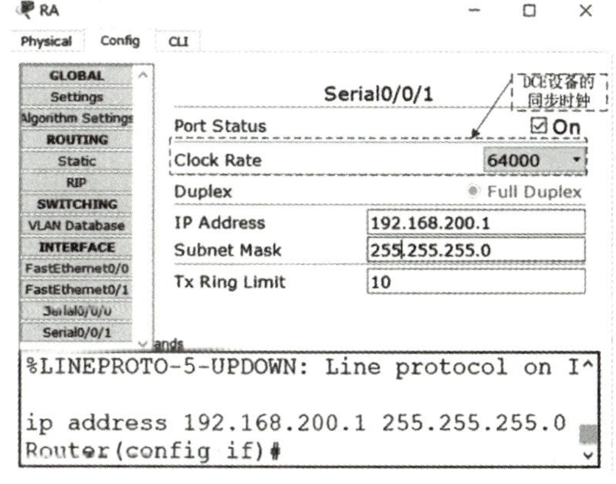

图 7. 66　RA 的接口 Se0/0/1 设置同步时钟

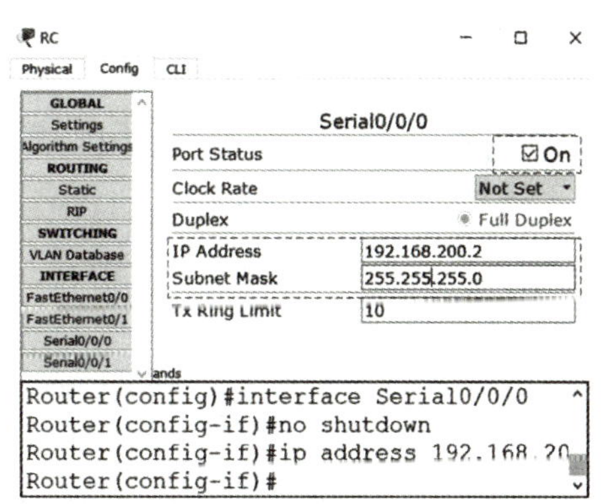

图 7. 67　RC 的接口 Se0/0/0 的配置

RC 的接口 Se0/0/0 为 DTE，其配置内容如图 7. 67 所示。在图 7. 67 中只需要开启端口和按规划的地址配置 IP 地址和子网掩码，子网掩码必须和 IP 地址一起出现。

同理，RA 的接口 Se0/0/0 为 DCE，RB 的接口 Se0/0/0 为 DTE，需要在 RA 的接口 Se0/0/0 设置同步时钟 Clock Rate = 64 000。所有的地址信息配置完成后，图 7. 65 中所有信号灯都变成了绿色，如图 7. 68 所示。

说明：这部分内容属于“7. 12 静态路由项目实施”，它是实践感知知识，只有实践了才能感知这个状态的变化。

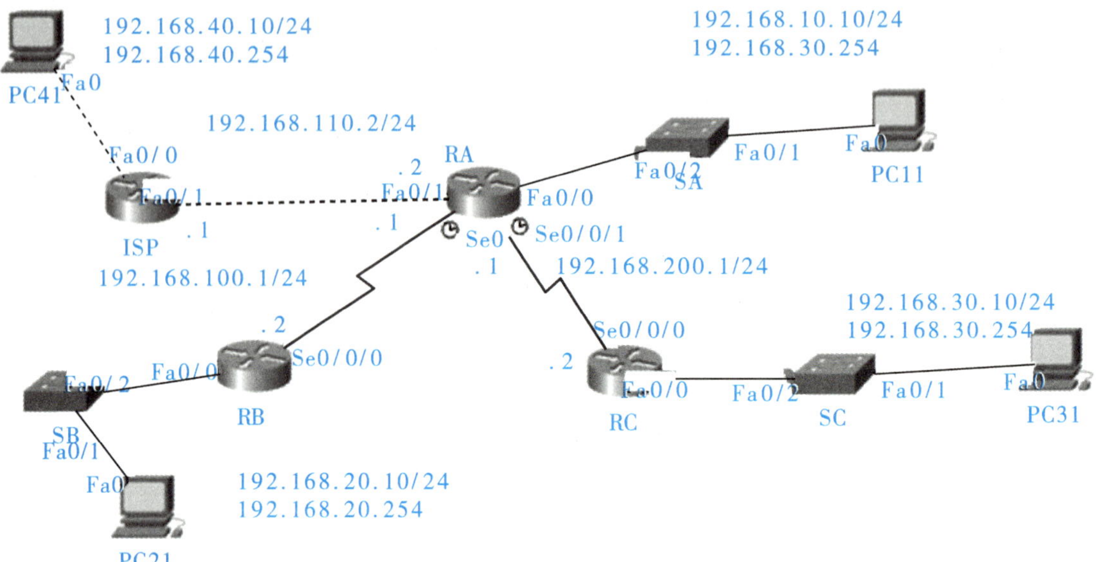

图 7.68　IP 地址配置结束和接口开启后的状态

此时 7 个网络内部应该是相互连通的。我们需要各自在自己的网络中测试内部网络的连通性。必须进行下面内容的测试，以验证图 7.68 中 4 个路由器获得了直连路由信息。路由器只有获得了直连路由信息后，我们才能谈静态路由或动态路由的配置，直连路由信息为静态路由的配置或动态路由信息交换奠定了基础。

7.12.5　内部网络连通性测试

（1）同一个网络中的 PC 测试默认网关的连通性，如 PC11 ping 路由器 RA 的接口 Fa0/0；必须连通，若不通，请检测原因，测试方法见 7.9 节中的连通性测试；

（2）PC21 ping 路由器 RB 的接口 Fa0/0，必须连通，若不通，请检测原因；

（3）PC31 ping 路由器 RC 的接口 Fa0/0，必须连通，若不通，请检测原因；

（4）PC41 ping 路由器 ISP 的接口 Fa0/0，必须连通，若不通，请检测原因。

192.168.100.0/24、192.168.200.0/24、192.168.110.0/24 这 3 个连接网络的连通性测试，必须登录路由器进入其特权模式，输入 ping 目标地址，在 RA 上测试到 RB 的连通性如图 7.69 所示。

```
RA#ping 192.168.100.2

Type escape sequence to abort.
Sending 5, 100-byte ICMP Echos to 192.168.100.2, timeout is 2
!!!!!
Success rate is 100 percent (5/5), round-trip min/avg/max = 2
```

图 7.69　在 RA 上 ping RB

同理在 RA 上测试到 RC 的连通性，在 RA 上测试到 ISP 的连通性。上面 7 个测试必须

连通，若不通，请检测原因。

在此基础上，通过图形化查看 4 个路由器获得的直连路由信息是否与图 7.68 所连接的网络一致，如 RA、RB、RC、ISP 获得的直连路由信息如图 7.70～图 7.73 所示。若不一致，请检测原因。必须保证自己获得了直连路由以后才可以配置静态路由或开启动态路由协议。

Routing Table for RA

Type	Network	Port	Next Hop IP	Metric
C	192.168.10.0/24	FastEthernet0/0	---	0/0
C	192.168.100.0/24	Serial0/0/0	---	0/0
C	192.168.110.0/24	FastEthernet0/1	---	0/0
C	192.168.200.0/24	Serial0/0/1	---	0/0

图 7.70　RA 获得的直连路由

Routing Table for RB

Type	Network	Port	Next Hop IP	Metric
C	192.168.100.0/24	Serial0/0/0	---	0/0
C	192.168.20.0/24	FastEthernet0/0	---	0/0

图 7.71　RB 获得的直连路由

Routing Table for RC

Type	Network	Port	Next Hop IP	Metric
C	192.168.200.0/24	Serial0/0/0	---	0/0
C	192.168.30.0/24	FastEthernet0/0	---	0/0

图 7.72　RC 获得的直连路由

Routing Table for ISP

Type	Network	Port	Next Hop IP	Metric
C	192.168.110.0/24	FastEthernet0/1	---	0/0
C	192.168.40.0/24	FastEthernet0/0	---	0/0

图 7.73　ISP 获得的直连路由

7.12.6　连通性剖析

在网络的构建过程中，我们需要经常测试连通性。假设图 7.68 的状态是王某在实践过程中完成的状态，这个时候他在 PC21 ping PC11，情况会如何？ping 的结果如图 7.74 所示。图 7.74 中显示目的主机不可达，发送 4 个请求数据包，收到 0 个数据包，丢失数据包为 4 个。这个时候如果你来帮助王某，应该如何帮助他找出故障？排除故障的步骤如下：

(1) 在 PC21 使用 ipconfig 命令查看配置的地址是否和规划的地址一样，如图 7.75 所示，结果显示和规划地址一样；

(2) 在 ping 的目标主机 PC11 上使用 ipconfig 命令查看配置的地址是否和规划的地址一

样，使用图 7.75 所示的方法，结果显示和规划地址一样(这里就不截图显示了)；

```
PC21
Physical  Config  Desktop  Custom Interface
Command Prompt

Packet Tracer PC Command Line 1.0
PC>ipconfig

FastEthernet0 Connection:(default port)
Link-local IPv6 Address.........: ::
IP Address......................: 192.168.20.10
Subnet Mask.....................: 255.255.255.0
Default Gateway.................: 192.168.20.254

PC>ping 192.168.10.10

Pinging 192.168.10.10 with 32 bytes of data:          目地主机不可达

Reply from 192.168.20.254: Destination host unreachable.
Reply from 192.168.20.254: Destination host unreachable.
Reply from 192.168.20.254: Destination host unreachable.
Request timed out.
                                          丢失4个数据包
Ping statistics for 192.168.10.10:
    Packets: Sent = 4, Received = 0, Lost = 4 (100% loss),
```

图 7.74　PC21 ping 不通 PC11

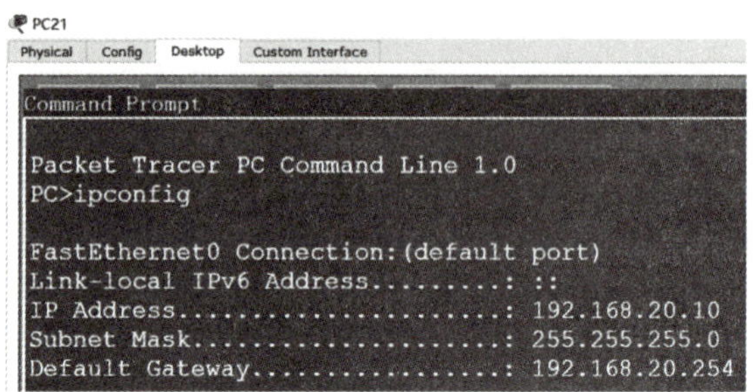

图 7.75　PC21 使用 ipconfig 命令查看自己的网络配置

(3)PC21 ping 步骤(1)中所查看到的网关，如路由器 RB 的接口 Fa0/0；查看配置的地址是否和规划的地址一样，结果显示和规划地址一样(这里就不截图显示了)；

(4)PC11 ping 步骤(2)中所查看到的网关，如路由器 RA 的接口 Fa0/0；查看配置的地址是否和规划的地址一样，结果显示和规划地址一样(这里就不截图显示了)；

(5)使用跟踪命令 tracert 来跟踪目的地址，其格式是：tracert 目标地址。

tracert 命令用来显示数据包到达目的主机所经过的路径，并显示到达每个节点的时间。命令功能和 ping 类似，但它所获得的信息要比 ping 命令详细得多，它把数据包所走的全部路径、节点的 IP 以及花费的时间都显示出来。例如，在 PC21 tracert PC11，其结果如图 7.76 所示。在图 7.76 中，只显示一条地址为 192.168.20.254 可达路径信息，查看地址规划表，这是 PC21 的默认网关，到了网关就发出 Request timed out，请求超时；再结合图 7.68，我们发现 PC21 到 PC11 的路径是：192.168.20.254 → 192.168.100.1 → 192.168.10.10，后面的路径没有显示出来，查路径上的 192.168.100.1→192.168.10.10 上的路由表，如图 7.77 所示。在图 7.77 中，PC21 ping PC11 4 个请求包的目的地址是 192.168.10.10，按 7.10 节中所计算的 IP 路由过程，依次将 192.168.10.10 目的地址与图 7.77 中路由表的第一条记录 192.168.100.0/24 的子网掩码进行逻辑与计算，得到的网络号是 192.168.10.0，不匹配，继续下一条记录的计算，计算结果依旧不匹配，后面没有记

```
PC>tracert 192.168.10.10

Tracing route to 192.168.10.10 over a maximum of 30 hops:

 1   0 ms     0 ms     0 ms     192.168.20.254
 2   0 ms     *        0 ms     192.168.20.254
 3   *        0 ms     *        Request timed out.
 4   0 ms     *        0 ms     192.168.20.254
 5   *        0 ms     *        Request timed out.
 6   0 ms     *        0 ms     192.168.20.254
 7   *        0 ms     *        Request timed out.
 8   1 ms     *        0 ms     192.168.20.254
```

图 7.76　在 PC21 使用 tracert 跟踪到 PC11 的路径信息

录可计算，路由表就做出丢失该数据包的动作。所以到目前为止，我们发现 PC21 ping PC11 4 个 请求包在 RB 上就丢失了。没有路由 192.168.10.0 可走，这时需要为它人工配置到网络 192.168.10.0 的静态路由。这是 7.12.7 节学习的内容。

Routing Table for RB

Type	Network	Port	Next Hop IP	Metric
C	192.168.100.0/24	Serial0/0/0	---	0/0
C	192.168.20.0/24	FastEthernet0/0	---	0/0

图 7.77 192.168.20.254 地址的路由器的路由表

7.12.7 配置静态和默认路由

图 7.68 整个互联网络一共有 7 个网络，RB 获得了两个直连路由，不知道到 192.168.10.0/24、192.168.30.0/24、92.168.200.0/24 网络的路由，需要配置到这三个网络的静态路由，我们需要知道下一跳地址应该选择谁，在这里必须观察图 7.68 这个拓扑，如 RB 想到达 192.168.10.0/24 这个网络，从 RB 出发，经过的下一个路由器是 RA，那么到达路由器 RA 入口的地址即为我们要找的下一跳地址，这个地址看图 7.68 中是 192.168.100.1/24，静态路由格式为：

```
RB(config)#ip route 目的网络号 目的网络号对应的子网掩码  下一跳
```

按配置静态路由格式书写内容如下：

```
RB(config)#ip route 192.168.10.0 255.255.255.0 192.168.100.1
```

同理，按照这个方法，如 RB 想到达 192.168.30.0/24 这个网络，从 RB 出发，经过的下一个路由器是 RA，那么到达路由器 RA 入口的地址即为我们要找的下一跳地址，这个地址在图 7.68 中是 192.168.100.1/24，按静态路由配置格式书写内容如下：

```
RB(config)#ip route 192.168.30.0 255.255.255.0 192.168.100.1
```

同理，按照这个方法，如 RB 想到达 192.168.200.0/24 这个网络，从 RB 出发，经过的下一个路由器是 RA，那么到达路由器 RA 入口的地址即为我们要找的下一跳地址，这个地址看图 7.68 中是 192.168.100.1/24，按配置静态路由格式书写内容如下：

```
RB(config)#ip route 192.168.200.0 255.255.255.0 192.168.100.1
```

在 7.12.6 节中我们对网络连通性进行了剖析，以 PC21 ping PC11 的连通性为例，对 PC21 ping 不通 PC11 的故障按顺序进行排查，故障原因是发现数据请求包到达 RB 时，RB 没有到达 192.168.10.0 这个网络的路由信息，RB 丢弃该请求数据包，所以 PC21 ping 不通 PC11。现在上面 RB 已经配置了到 192.168.10.0 网络的静态路由，RB 生效的路由表如图 7.78 所示。在图 7.78 中增加了三条类型为 S、表示静态路由的路由信息 192.168.10.0/24、192.168.30.0/24 和 192.168.200.0/24。

有了到 192.168.10.0/24 的路由信息是不是意味着，RB 能将该 PC21 ping PC11 4 个请求包按下一条地址 192.168.100.1 转发出去？答案是肯定的，RB 将 4 个请求包转发给 RA。RA 与 192.168.10.0/24 直接相连，它的路由信息如图 7.70 所示。RA 将 4 个请求包通过

Routing Table for RB

Type	Network	Port	Next Hop IP	Metric
C	192.168.100.0/24	Serial0/0/0	---	0/0
C	192.168.20.0/24	FastEthernet0/0	---	0/0
S	192.168.10.0/24	---	192.168.100.1	1/0
S	192.168.200.0/24	---	192.168.100.1	1/0
S	192.168.30.0/24	---	192.168.100.1	1/0

图 7.78　RB 配置静态路由后的路由表

192.168.10.0/24 网络交给 PC11，PC11 发现目的地址是自己，接收，至此 ping 命令 4 个请求包方向已经完成。现在 PC11 要发送 4 个应答数据包对 PC21 进行应答，此时 ping 4 个应答数据包源 IP 地址是 PC11，目的 IP 地址是 PC21，4 个应答数据包到达 RA，取出目的 IP 地址，依次遍历 RA 的路由表，如图 7.70 所示，计算发现，RA 的路由表没有到达 192.168.20.0 这个网络的路由信息，RA 丢弃该应答数据包，所以到目前为止 PC21 仍然 ping 不通 PC11，读者可以自己尝试 PC21 ping PC11。这时需要为 RA 人工配置到网络 192.168.20.0 的静态路由。

RA 获得了 4 个直连路由，不知道到 192.168.20.0/24、192.168.30.0/24 网络的路由，需要配置到这两个网络的静态路由，我们需要知道下一跳地址应该选择谁，在这里必须看图 7.68 这个拓扑，如 RA 想到达 192.168.20.0/24 这个网络，从 RA 出发，经过的下一个路由器是 RB，那么到达路由器 RB 入口的地址即为我们要找的下一跳地址，这个地址看图 7.68 这个拓扑是 192.168.100.2/24，所以按格式配置的静态路由如下：

```
RA(config)#ip route 192.168.20.0 255.255.255.0 192.168.100.2
```

同理，按照这个方法，RA 想到达 192.168.30.0/24 这个网络，从 RA 出发，经过的下一个路由器是 RC，那么到达路由器 RC 入口的地址即为我们要找的下一跳地址，这个地址看图 7.68 这个拓扑是 192.168.200.2/24，所以按格式配置的静态路由如下：

```
RA(config)#ip route 192.168.30.0 255.255.255.0 192.168.200.2
```

RA 配置上述静态路由信息后，其路由表如图 7.79 所示。

Routing Table for RA

Type	Network	Port	Next Hop IP	Metric
C	192.168.10.0/24	FastEthernet0/0	---	0/0
C	192.168.100.0/24	Serial0/0/0	---	0/0
C	192.168.110.0/24	FastEthernet0/1	---	0/0
C	192.168.200.0/24	Serial0/0/1	---	0/0
S	192.168.20.0/24	---	192.168.100.2	1/0
S	192.168.30.0/24	---	192.168.200.2	1/0

图 7.79　RA 配置静态路由后的路由表

RA 有了到 192.168.20.0/24 的路由信息是不是意味着，RA 能将该 PC21 ping PC11 4 个应答包按下一条地址 192.168.100.2 转发出去？答案是肯定的，RA 将 4 个应答包转发给 RB，RB 与 192.168.10.0/24 直接相连。RB 将 4 个应答包通过 192.168.20.0/24 网络交给 PC21，PC21 发现目的地址是自己，接收，至此 ping 命令 4 个应答包方向已经完成。所以到目前为止 PC21 可以 ping 通 PC11，如图 7.80 所示，在 PC21 上 tracert PC11 如图 7.81 所示。

```
PC>ping 192.168.10.10

Pinging 192.168.10.10 with 32 bytes of data:

Reply from 192.168.10.10: bytes=32 time=1ms TTL=126
Reply from 192.168.10.10: bytes=32 time=1ms TTL=126
Reply from 192.168.10.10: bytes=32 time=1ms TTL=126
Reply from 192.168.10.10: bytes=32 time=2ms TTL=126

Ping statistics for 192.168.10.10:
    Packets: Sent = 4, Received = 4, Lost = 0 (0% loss),
Approximate round trip times in milli-seconds:
    Minimum = 1ms, Maximum = 2ms, Average = 1ms
```

图 7.80　PC21 可以 ping 通 PC11

在图 7.81 中，在 PC21 上 tracert PC11，显示的路径依次是 PC21 的网关→RA 的接口 Se0/0/0→ 目的地址 PC11。

```
PC>tracert 192.168.10.10

Tracing route to 192.168.10.10 over a maximum of 30 hops:

  1   0 ms      0 ms      0 ms      192.168.20.254
  2   1 ms      0 ms      3 ms      192.168.100.1
  3   *         1 ms      0 ms      192.168.10.10

Trace complete.
```

图 7.81　在 PC21 上 tracert PC11

对于 RC 需要配置的静态路由，按照前面的方法，RC 获得了两个直连路由，不知道到 192.168.10.0/24、192.168.20.0/24、192.168.100.0/24 网络的路由，需要配置到这三个网络的静态路由，我们需要知道下一跳地址应该选择谁，在这里必须看图 7.68 这个拓扑，如 RC 想到达 192.168.10.0/24 这个网络，从 RC 出发，经过的下一个路由器是 RA，那么到达路由器 RA 入口的地址即为我们要找的下一跳地址，这个地址看图 7.68 拓扑是 192.168.200.1/24，所以按格式配置的静态路由如下：

```
RC (config)#ip route 192.168.10.0 255.255.255.0 192.168.200.1
```

同理，按照这个方法，如 RC 想到达 192.168.20.0/24 这个网络，从 RC 出发，经过的下一个路由器是 RA，那么到达路由器 RA 入口的地址即为我们要找的下一跳地址，这个地址看图 7.68 拓扑是 192.168.200.1/24，所以按格式配置的静态路由如下：

```
RC (config)#ip route 192.168.20.0 255.255.255.0 192.168.200.1
```

同理，按照这个方法，如 RC 想到达 192.168.100.0/24 这个网络，从 RC 出发，经过的下一个路由器是 RA，那么到达路由器 RA 入口的地址即为我们要找的下一跳地址，这个地址看图 7.68 拓扑是 192.168.200.1/24，所以按格式配置的静态路由如下：

```
RC (config)#ip route 192.168.100.0 255.255.255.0 192.168.200.1
```

RC 配置上述静态路由信息后，其路由表如图 7.82 所示。在图 7.82 增加了 3 条类型为

S、表示静态路由的路由信息 192. 168. 10. 0/24、192. 168. 20. 0/24 和 192. 168. 100. 0/24。

Routing Table for RC

Type	Network	Port	Next Hop IP	Metric
C	192.168.200.0/24	Serial0/0/0	---	0/0
C	192.168.30.0/24	FastEthernet0/0	---	0/0
S	192.168.10.0/24	---	192.168.200.1	1/0
S	192.168.100.0/24	---	192.168.200.1	1/0
S	192.168.20.0/24	---	192.168.200.1	1/0

图 7. 82　RC 配置静态路由后的路由表

到目前为止，我们仅仅将 3 个校区互联互通，但还没有连接到 Internet，在解决方案中用路由器 ISP 和计算机 PC41 来模拟 Internet，路由器 ISP 作为学校接入 Internet 的最后一公里(边界路由器)，按照图 7. 11. 4 的介绍，我们需要为路由器 RA、RB、RC 配置默认路由。在图 7. 68 中，仅仅从拓扑结构来看，要让图 7. 68 中 7 个网络互联互通，可以为 RB、RC 配置到 192. 168. 40. 0/24、192. 168. 110. 0/24 的静态路由，为 RA 配置到 192. 168. 40. 0/24 的静态路由。但实际上 192. 168. 40. 0/24 这个网络号是无法提前预知的，校园网的用户要访问哪些地方，网络管理员无法提前预知，也做不到预知，所以这个时候默认路由就帮了大忙，当用户要访问校园以外的网络时，我们都告诉自己的路由器，通过默认路由转发出去，在 RA、RB、RC 配置默认路由如下：

```
RA(config)#ip route 0. 0. 0. 0 0. 0. 0. 0 192. 168. 110. 1
RB(config)#ip route 0. 0. 0. 0 0. 0. 0. 0 192. 168. 100. 1
RC(config)#ip route 0. 0. 0. 0 0. 0. 0. 0 192. 168. 200. 1
```

而对于 ISP 边界路由器而言，三个校区的网络号是明确的，可以在 ISP 配置到 192. 168. 10. 0/24、192. 168. 20. 0/24、192. 168. 30. 0/24、192. 168. 100. 0/24、192. 168. 200. 0/24 网络的路由。按照上面介绍的方法，如 ISP 想到达 192. 168. 10. 0/24 这个网络，从 ISP 出发，经过的下一个路由器是 RA，那么到达路由器 RA 入口的地址即为我们要找的下一跳地址，这个地址看图 7. 68 中是 192. 168. 110. 2/24，所以按命令格式配置的静态路由如下：

```
ISP (config)#ip route 192. 168. 10. 0 255. 255. 255. 0 192. 168. 110. 2
```

同理，其他网络的静态路由如下：

```
ISP (config)#ip route 192. 168. 20. 0 255. 255. 255. 0 192. 168. 110. 2
ISP (config)#ip route 192. 168. 30. 0 255. 255. 255. 0 192. 168. 110. 2
ISP (config)#ip route 192. 168. 100. 0 255. 255. 255. 0 192. 168. 110. 2
ISP (config)#ip route 192. 168. 200. 0 255. 255. 255. 0 192. 168. 110. 2
```

现在我们可以在 PC21 上 ping PC41，其效果如图 7. 83 所示。在图 7. 83 中发送 4 个请求包，接收 2 个，丢失 2 个，原因是刚配置好立刻开始测试，会出现这种情况。重复上述命令，就不会出现数据包丢失的情况。

整个项目实施完成后，各路由器必须要获得项目中所有网络的路由信息。RA、RB、

RC、ISP 最终的路由表分别如图 7.84、图 7.85、图 7.86、图 7.87 所示。

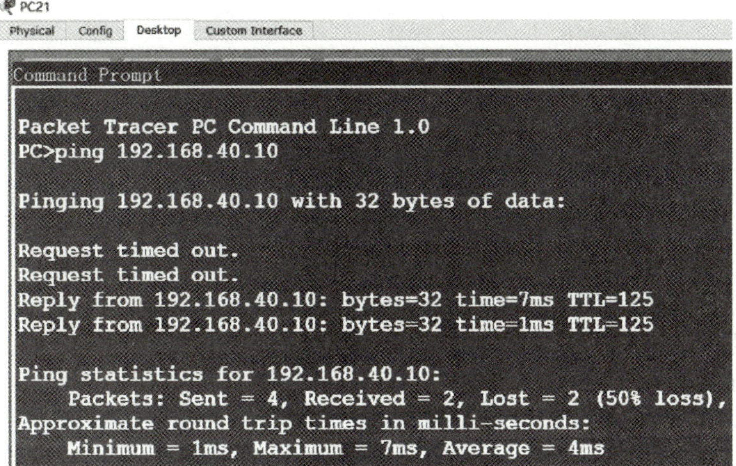


```
Packet Tracer PC Command Line 1.0
PC>ping 192.168.40.10

Pinging 192.168.40.10 with 32 bytes of data:

Request timed out.
Request timed out.
Reply from 192.168.40.10: bytes=32 time=7ms TTL=125
Reply from 192.168.40.10: bytes=32 time=1ms TTL=125

Ping statistics for 192.168.40.10:
    Packets: Sent = 4, Received = 2, Lost = 2 (50% loss),
Approximate round trip times in milli-seconds:
    Minimum = 1ms, Maximum = 7ms, Average = 4ms
```

图 7.83　PC21 ping 通 PC41

Routing Table for RA

Type	Network	Port	Next Hop IP	Metric
C	192.168.10.0/24	FastEthernet0/0	---	0/0
C	192.168.100.0/24	Serial0/0/0	---	0/0
C	192.168.110.0/24	FastEthernet0/1	---	0/0
C	192.168.200.0/24	Serial0/0/1	---	0/0
S	0.0.0.0/0	---	192.168.110.1	1/0
S	192.168.20.0/24	---	192.168.100.2	1/0
S	192.168.30.0/24	---	192.168.200.2	1/0

图 7.84　RA 路由表有 7 条路由信息

Routing Table for RB

Type	Network	Port	Next Hop IP	Metric
C	192.168.100.0/24	Serial0/0/0	---	0/0
C	192.168.20.0/24	FastEthernet0/0	---	0/0
S	0.0.0.0/0	---	192.168.100.1	1/0
S	192.168.10.0/24	---	192.168.100.1	1/0
S	192.168.200.0/24	---	192.168.100.1	1/0
S	192.168.30.0/24	---	192.168.100.1	1/0

图 7.85　RB 路由表有 6 条路由信息

Routing Table for RC

Type	Network	Port	Next Hop IP	Metric
C	192.168.200.0/24	Serial0/0/0	---	0/0
C	192.168.30.0/24	FastEthernet0/0	---	0/0
S	0.0.0.0/0	---	192.168.200.1	1/0
S	192.168.10.0/24	---	192.168.200.1	1/0
S	192.168.100.0/24	---	192.168.200.1	1/0
S	192.168.20.0/24	---	192.168.200.1	1/0

图 7.86　RC 路由表有 6 条路由信息

Routing Table for ISP

Type	Network	Port	Next Hop IP	Metric
C	192.168.110.0/24	FastEthernet0/1	---	0/0
C	192.168.40.0/24	FastEthernet0/0	---	0/0
S	192.168.10.0/24	---	192.168.110.2	1/0
S	192.168.100.0/24	---	192.168.110.2	1/0
S	192.168.20.0/24	---	192.168.110.2	1/0
S	192.168.200.0/24	---	192.168.110.2	1/0
S	192.168.30.0/24	---	192.168.110.2	1/0

图 7.87　ISP 路由表有 7 条路由信息

7.12.8　IP 路由过程地址的变化

IP 路由是由路由器把数据包从一个网络转发到另一个网络的过程。每个数据包都携带源 IP 地址和目的 IP 地址，这两个逻辑地址在 IP 路由发送数据包的过程中不管经过多少个网络，始终都不变。目的端接收后对源 IP 地址进行应答时，应答数据包源 IP 地址是目的端，目的 IP 地址为源发送端。在低层的物理网络通过物理地址发送和接收信息，IP 数据包在路由的过程中，每经过一个物理网络，源物理地址和目的物理地址都发生改变。

下面以图 7.68 中 PC21 把数据发送给 PC31 为例，来说明数据发送过程中源 IP 地址、目的 IP 地址、物理地址和目的物理地址的变化。PC21 把数据发送给 PC31 要经过 192.168.20.0/24、192.168.100.0/24、192.168.200.0/24、192.168.30.0/24 这 4 个网络。源 IP 地址始终为 PC21，目的 IP 地址始终为 PC31，每经过一个物理网络，源物理地址和目的物理地址都发生改变。

在 192.168.20.0/24 网络中，源物理地址= PC21 的物理地址，目的物理地址=RB 的 Fa0/0 接口的地址；在 192.168.100.0/24 网络中，源物理地址= RB 的 Se0/0/0 接口的地址，目的物理地址=RA 的 Se0/0/0 接口的地址；在 192.168.200.0/24 网络中，源物理地址= RA 的 Se0/0/1 接口的地址，目的物理地址=RC 的 Se0/0/0 接口的地址；在 192.168.30.0/24 网络中，源物理地址= RC 的 F0/0 接口的地址，目的物理地址= PC31 的物理地址。

从 TCP/IP 的五层模型从上到下是应用层、传输层、网络互联层、数据链路层、物理层角度来看数据的流动。在 192.168.20.0/24 网络中，PC21 进行应用层、传输层、网络互联层、数据链路层的封装，经过 192.168.20.0/24 网络，数据包到达 RB 的 F0/0 接口。RB 从数据链路层、网络互联层解封，读出目的 IP 地址，查 RB 的路由表，决定从 RB 的 Se0/0/0 接口转发出去，开始网络互联层、数据链路层的封装，封装好的数据从 RB 的 Se0/0/0 接口发送，经过 192.168.100.0/24 网络，到达 RA 的 Se0/0/0 接口。RA 从数据链路层、网络互联层解封，读出目的 IP 地址，查 RA 的路由表，决定从 RA 的 Se0/0/1 接口转发出去，开始网络互联层、数据链路层的封装，封装好的数据从 RA 的 Se0/0/1 接口发送，经过 192.168.200.0/24 网络，到达 RC 的 Se0/0/0 接口。RC 从数据链路层、网络互联层解封，读出目的 IP 地址，查 RC 的路由表，决定从 RC 的 Fa0/0 接口转发出去，开始网络互联层、数据链路层的封装，封装好的数据从 RC 的 Fa0/0 接口发送，经过 192.168.30.0/24 网络，到达目的地址 PC31。

7.13　子网划分

7.13.1　为什么需要子网划分

1. IP 地址空间的利用率有时很低

第 3 章我们学习了 A、B、C、D、E 类别的 IP 地址。32 位 IP 地址以 A 类为例，它的主机号占 24 位，能提供的主机数是 $2^{24}-2$，即有 1600 多万个 IP 地址。你能想象出 16 000 000 台主机在同一个局域网中吗？它们处于同一广播域。而在同一广播域中有这么多节点是不可能的，网络会因为广播通信而饱和，结果造成 16 000 000 个地址大部分没有分配出去。在实际的网络中，同一个网络号含有 1 百到 2 百台的 IP 地址是正常的，而在同一个网络号含有几千台主机是不存在，何况是 A 类的一个网络号想容纳 1 千多万主机在同一个局域网中。这说明若按有类别 A、B、C IP 地址分配，IP 地址浪费现象非常严重，而 IP 地址还不够分配。所以可以把基于每类的 IP 网络进一步分成更小的网络，每个子网由路由器界定并分配一个新的子网网络地址，子网地址是借用基于每类的网络地址的主机部分创建的。划分子网后，通过使用掩码把子网隐藏起来，使得从外部看网络没有变化。

2. 路由表变得太大使网络性能变坏

给每一个物理网络分配一个网络号会使路由表变得太大而使网络性能变坏。每一个路由器都应当能够从路由表查出怎样到达其他网络的下一跳路由器。因此，互联网中的网络数越多，路由器的路由表的项目也就越多。这样，即使我们拥有足够多的 IP 地址资源可以给每一个物理网络分配一个网络号，也会导致路由器的路由表中的项目过多。这不仅增加了路由器的成本(需要更多的存储空间)，而且使查找路由时耗费更多的时间，同时也使路由器之间定期交换的路由信息急剧增加，因而使路由器和整个互联网的性能都下降了。

3. 两级 IP 地址不够灵活

有时情况紧急，一个单位需要在新的地点马上开通一个新的网络。但是在申请到一个新的 IP 地址之前，新增加的网络是不可能连接到互联网上工作的。我们希望有一种方法，使一个单位能随时灵活地增加本单位的网络，而不必事先到互联网管理机构申请新的网络号。原来的两级 IP 地址无法做到这一点。

为解决上述问题，从 1985 年起 IP 地址中又增加了一个“子网号字段”，使两级 IP 地址变为三级 IP 地址，它能够较好地解决上述问题，并且使用起来也很灵活。这种做法称为子网划分(subnetting)或子网寻址或子网路由选择。子网划分已成为互联网的正式标准协议。

7.13.2　子网划分的基本思想

子网划分是指由网络管理员将一个给定的网络分为若干个更小的部分，这些更小的部分称为子网(subnet)。子网划分纯属一个单位内部的事情。单位对外仍然表现为没有划分子网的网络。本单位以外的网络看不见这个网络是由多少个子网组成的。

子网划分的方法是从主机号借用若干比特作为子网号 subnet-id，而主机号 host-id 也就相应减少了若干比特。于是两级 IP 地址在本单位内部就变成了三级 IP 地址。其结构如图 7.88 所示。子网划分后子网号属于网络号部分。

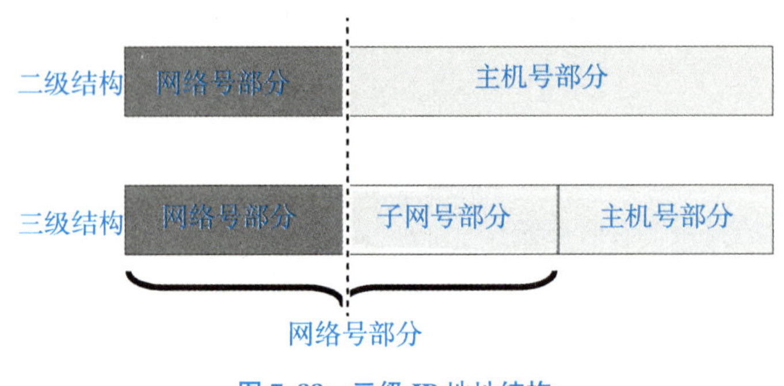

图 7.88　三级 IP 地址结构

7.13.3　子网划分后的子网掩码

我们在使用有类别的 IP 地址配置主机时，默认子网掩码和 IP 地址如影随行。例如，为 PC1 分配的 C 类地址为 192.168.10.10 时，它默认的子网掩码是 255.255.255.0。第 3 章有类别 IP 地址的网络号可以简单通过判断 IP 地址的第一个十进制来判断。判断的方法如表 7.16 所示。

表 7.16　有类别 IP 地址第 1 个十进制范围

类别	IP 地址第 1 个十进制范围
A 类	1~126
B 类	128~191
C 类	192~223
D 类	224~239
E 类	240~255

引入子网划分后网络号如何判断？例如，IP 地址为 102.2.3.3 的网络号是什么？可以看作 A 类 102.0.0.0，也可以是 B 类 102.2.0.0，子网号占 8 位，也可以是 C 类 102.2.3.0，子网号占 16 位。所以引入子网划分后 IP 地址称为无类别的 IP 地址，不能简单地通过 IP 地址的第一个十进制来判断 IP 地址的网络。

我们在第 3 章中知道子网掩码的作用是区分出当前 IP 地址的网络地址和主机地址。子网划分后，子网掩码的作用仍然是区分出当前 IP 地址的网络地址和主机地址。

子网掩码是一个网络或一个子网的重要属性。我们以一个 B 类地址为例，说明可以有多少种子网划分的方法。在采用等长子网划分时，所划分的所有子网的子网掩码都是相同的，如表 7.17 所示。

表 7.17 B 类地址等长子网划分

子网号的位数	子网掩码全 1 的位数	子网掩码	子网数	每个子网可用主机数
2	18	255.255.192.0	$2^2-2=2$	$2^{14}-2=16382$
3	19	255.255.224.0	$2^3-2=6$	$2^{13}-2=8190$
4	20	255.255.240.0	$2^4-2=14$	$2^{12}-2=4094$
5	21	255.255.248.0	$2^5-2=30$	$2^{11}-2=2046$
6	22	255.255.252.0	$2^6-2=62$	$2^{10}-2=1022$
7	23	255.255.254.0	$2^7-2=126$	$2^9-2=510$
8	24	255.255.255.0	$2^8-2=254$	$2^8-2=254$
9	25	255.255.255.128	$2^9-2=510$	$2^7-2=126$
10	26	255.255.255.192	$2^{10}-2=1022$	$2^6-2=62$
11	27	255.255.255.224	$2^{11}-2=2046$	$2^5-2=30$
12	28	255.255.255.240	$2^{12}-2=4094$	$2^4-2=14$
13	29	255.255.255.248	$2^{13}-2=8190$	$2^3-2=6$
14	30	255.255.255.252	$2^{14}-2=16382$	$2^2-2=2$

子网掩码全 1 的计算过程如下：32 位的子网掩码，18 位全 1 写成 11111111.11111111.11000000.00000000，转换为对应点分十进制为 11111111 = 255，11111111=255，11000000=192，00000000=0，即 255.255.192.0。

在表 7.17 中，子网数是根据子网号计算出来的。若子网号有 n 位，则共有 2^n 种可能的排列。除去全 0 和全 1 这两种情况，就得出表 7.17 中的子网数。表中的“子网号的位数”中没有 0、1、15 和 16 这四种情况，因为这没有意义。

提示：子网号不能为全 1 或全 0，但随着无分类域间路由选择的广泛使用，现在全 1 和全 0 的子网号也可以使用了，但一定要谨慎使用，要弄清购买的路由器所用的路由协议软件是否支持全 0 或全 1 的子网号这种较新的用法。

我们可以看出，B 类地址能够提供 14 个子网，14 个子网能够提供的主机数量大大减少，本来一个 B 类地址最多可连接 65534 台主机，但表 7.17 中 14 个子网提供主机的数量远远小于 65534 台。但子网划分增加了灵活性，每个子网中 IP 地址的利用率提高了。另外，若使用较少位数的子网号，则每一个子网上可连接的主机数就较多；反之，若使用较多位数的子网号，则子网的数目较多，但每个子网上可连接的主机数就较少。

因此我们可根据网络的具体情况、一共需要划分多少个子网、每个子网中最多有多少台主机来选择合适的子网掩码。对 A 类和 C 类地址的子网划分也可得出类似的表格，读者可自行算出。

【例 7-3】已知 IP 地址是 130.140.12.10，它的子网掩码是 255.255.224.0，求该 IP 地址所在网络号或网络地址。

解答：采用的方法仍然是将 IP 地址 130.140.12.10 转化为 32 位二进制，与它的子网掩码二进制一一对应进行逻辑与运算，得到网络号为130.140.0.0，其具体的计算过程如下：

这里255的二进制是8个全1，任何数逻辑与255的二进制都是它本身，0的二进制是8个全0，任何数逻辑与0的二进制都是0，所以130的二进制逻辑与255的二进制为130，140的二进制逻辑与255的二进制为140，10的二进制逻辑与0的二进制为0。只需要计算12的二进制逻辑与224的二进制是什么，12转化为二进制为0000 1100，224转化为二进制为1110 0000，0000 1100逻辑与1110 0000为0000 0000，转换为十进制为0。计算网络号的过程如图7.89所示。

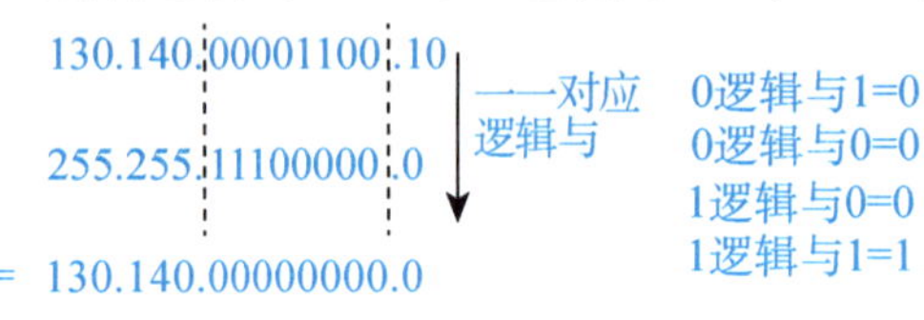

图7.89 计算网络号

【例7-4】在上例中，若将子网掩码改为255.255.240.0。求网络号或网络地址，并讨论所得结果。

解答：用同样的方法可得出网络地址是130.140.0.0，和上例的结果相同，如图7.90所示。不同的子网掩码得到了相同的网络号。

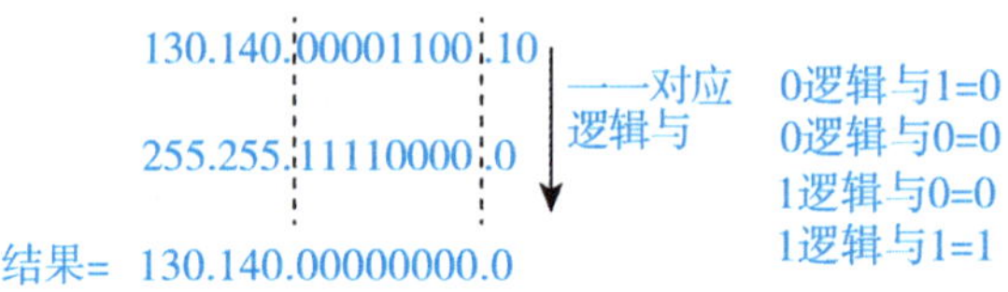

图7.90 不同的子网掩码得到相同的网络号

例7-3和例7-4说明，同样的IP地址和不同的子网掩码可以得出相同的网络地址。但是，不同的子网掩码的效果是不同的。在例7-3中，子网号是3位，主机号是13位。在例7-4中，子网号是4位，主机号是12位。因此这两个例子中可划分的子网数和每一个子网中的最大主机数都是不一样的。

7.13.4 等长子网划分

子网划分分为等长子网划分和变长子网划分。等长子网划分是指每个子网需要的主机数相当，这时按需要几个子网从主机位中借几位来划分。

1. 子网规划任务

为网络中心规划IP地址，该中心有6个局域网，每个局域网最多有24台主机(或网络设备)，现申请一个C类地址为211.81.192.0/24。如何划分子网？

规划思路如下：

(1)决定子网掩码所占的位数：需要6个子网，若从主机位中借出1位，子网号为0或者1，可以划分两个子网；若从主机位中借出2位，子网号为00、01、10、11，可以划分4个子网；若从主机位中借出3位，子网号为000、001、010、011、100、101、110、111，可以划分8个子网。该任务要求有6个局域网，所以在子网划分时需要从主机位中借出其中的高3位作为子网络位，这样一共可得8个子网络。从而可以确定网络号的位数为24+3=27，按照子网掩码的作用，子网掩码所占的位数也为24+3=27位，写成点分十进制是255.255.255.224。

(2)可用的子网号：若子网号 000、111 不能用，我们从 001 开始使用。

对于第 1 个子网 001 而言，把原来申请的 C 类地址写下来：211.81.192. 我们是从第 4 个十进制中借了 3 位，这三位是 001，代表子网号，第 4 个十进制中剩下的主机位为 8-3=5 位，主机位可以变换的范围是 00000~11111，记住，主机号不能为全 0 或全 1，所以主机位可以变换的范围是 00001~11110。

(3)每个子网的 IP 地址范围：将 001 这个子网号放在第 4 个十进制的高 3 位，将可变的主机位放在后 5 位，算第 4 个十进制的范围是 001 00001~001 11110，即 33~62。所以 001 子网的 IP 地址范围是：211.81.192.33-211.81.192.62，在这里前三个十进制没有变化，可变的是第 4 个十进制，从 33 到 62。此时子网掩码所占的位数是 27，表示有 27 位二进制全 1，5 位二进制全 0，写成点分十进制是 255.255.255.224。IP 地址和子网掩码如影随形，通常用前缀表示方式，如 001 子网 IP 地址范围是 211.81.192.33/27~211.81.192.62/27，反斜杠后面的 27 代表 32 位子网掩码中前面 27 位为全 1。001 子网的主机号占后 5 位，它的网络号是主机号全 0 的情况，等于 211.81.192.32，001 子网的广播地址是主机号全 1 的情况，等于 211.81.192.63。

同理，第 2 个子网 010 的计算过程同上，把第 4 个十进制的高 3 位换成 010，可变的主机位后 5 位依旧是 00001~11110，合成 8 位为一字节，再把这个二进制换算成十进制，即 65~94。所以 010 子网的 IP 地址范围是：211.81.192.65-211.81.192.94，在这里前三个十进制没有变化，可变的是第 4 个十进制，从 65 到 94。

第 3 个子网 011 的 IP 地址范围是 211.81.192.97~211.81.192.126。

第 4 个子网 100 的 IP 地址范围是 211.81.192.129~211.81.192.158。

第 5 个子网 101 的 IP 地址范围是 211.81.192.161~211.81.192.190。

第 6 个子网 110 的 IP 地址范围是 211.81.192.193~211.81.192.222。

每个子网第 4 个数的二进制范围如图 7.91 所示。

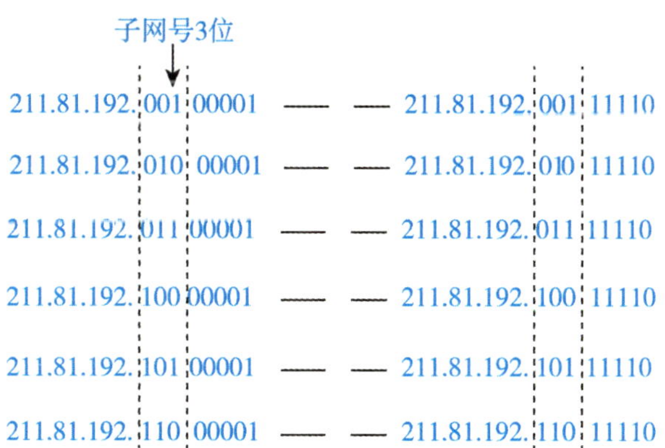

图 7.91　6 个子网第 4 个数的二进制的范围

表 7.18 列出了各个子网的地址规划。网络号是每个子网最小 IP 地址减 1，广播地址是每个子网最大 IP 地址加 1。

表 7.18　各子网可分配的地址

子网位数	子网号	子网掩码位数	网络号	最小 IP 地址	最大 IP 地址
3	001	27	211.81.192.32	211.81.192.33	211.81.192.62
3	010	27	211.81.192.64	211.81.192.65	211.81.192.94
3	011	27	211.81.192.96	211.81.192.97	211.81.192.126
3	100	27	211.81.192.128	211.81.192.129	211.81.192.158
3	101	27	211.81.192.160	211.81.192.161	211.81.192.190
3	110	27	211.81.192.192	211.81.192.193	211.81.192.222

(4)子网划分后减少的主机台数：没进行子网划分时，主机位为 8，提供 2 的 8 次方减 2 即 254 台，子网划分后，每个子网主机位剩下 5 位，提供 2 的 5 次方减 2 即 30 台，共 6 个子网，子网划分后 6 个子网提供的主机台数为 6×30＝180。子网划分后减少了 254−180＝74 台主机。子网划分的意义是提高了 IP 地址的利用率。

2. 子网规划任务的实施建议

上面划分了 6 个子网，每个子网一个广播域，现在希望实现 6 个子网的互联。方法 1 是使用一台路由器实现 6 个子网的互联，每个网络云代表一个子网。但路由器的端口有限，在 Cisco Packet Tracer 6.0 中型号为 1841 和 1941 端口的数量有两个，数量有限，如图 7.92 所示。若要在 Cisco Packet Tracer 6.0 中实施图 7.93 的内容，需给型号 1841 增加以太网接口模块，但仅能增加一个接口，无法增加至 6 个接口。登录到中关村在线平台上查找路由器设备发现路由器支持的接口数量都是有限的，这就导致在实现子网互联方面，路由器实现多个子网互联并不具备优势。

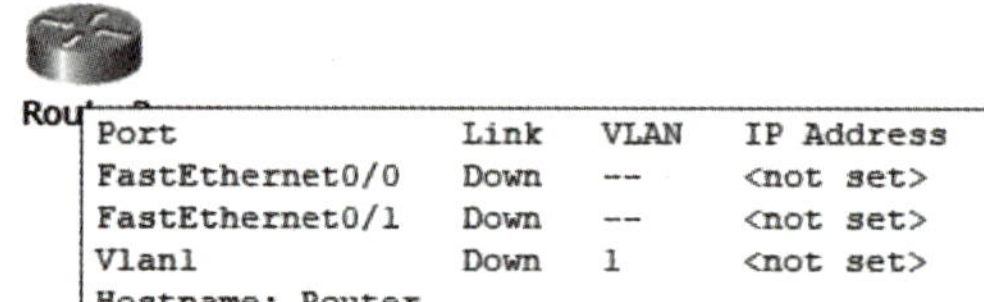

图 7.92　型号 1841 路由器默认有两个以太网端口

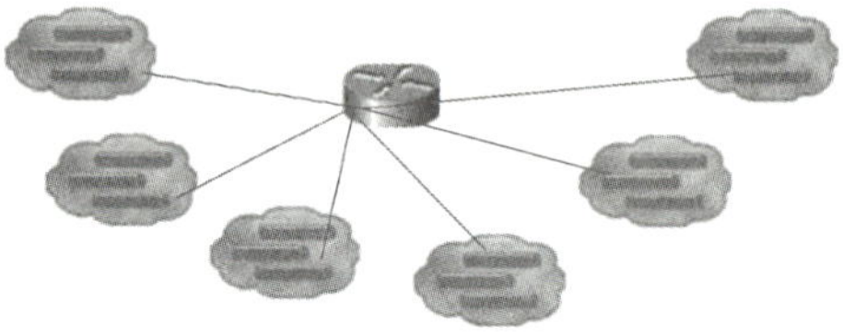

图 7.93　路由器实现 6 个子网的互联

方法 2 是使用一台三层交换机实现 6 个子网的互联，每个网络云代表一个子网，后面将介绍。

7.13.5　子网划分后的分组转发

已知路由表必须包含目的网络地址、子网掩码和下一跳地址三项内容。子网划分后，路由转发分组的算法仍然不变，如下：

(1)从收到的数据报的首部提取目的 IP 地址 D。

(2)先判断是否为直接交付。对路由器直接相连的网络逐个进行检查：用各网络的子网掩码和 D 逐位相“与”(AND 操作)，看结果是否和相应的网络地址匹配。若匹配，则把分组

进行直接交付(当然还需要调用 ARP 把 D 转换成物理地址，把数据报封装成帧发送出去)，转发任务结束；否则就是间接交付，执行步骤(3)。

(3)若路由表中有目的地址为 D 的特定主机路由，则把数据报传送给路由表中所指明的下一跳路由器；否则，执行步骤(4)。

(4)对路由表中的每一行(目的网络地址，子网掩码，下一跳地址)，用每一行的子网掩码和 D 逐位相“与”(AND 操作)，其结果为 N。若 N 与该行的目的网络地址匹配，则把数据报传送给该行指明的下一跳路由器；否则，执行步骤(5)。

(5)若路由表中有一个默认路由，则把数据报传送给路由表中所指明的默认路由器：否则，执行步骤(6)。

(6)报告转发分组出错。

【例 7–5】有三个子网、两个路由器，以及路由器 R1 中的部分路由表，如图 7.94 所示。现在源主机 H1 向目的主机 H2 发送分组。试讨论 R1 收到 H1 向 H2 发送的分组后查找路由表的过程。

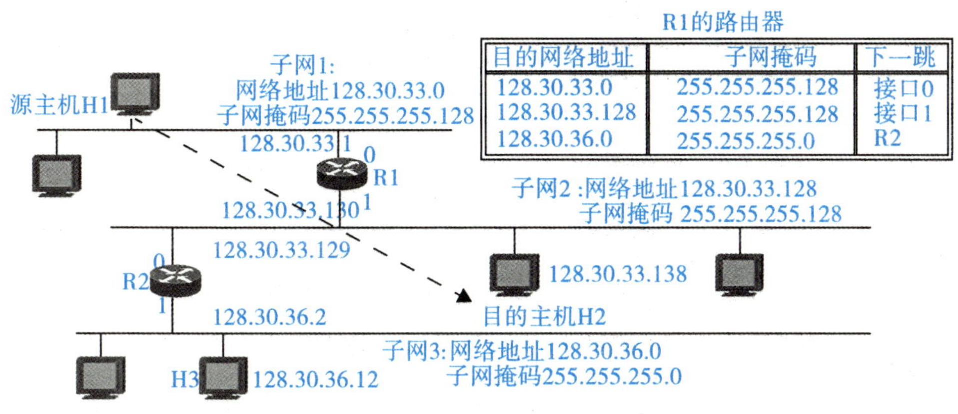

图 7.94　主机 H1 向 H2 发送分组

解答：源主机 H1 向目的主机 H2 发送的分组的目的地址是 H2 的 IP 地址 128.30.33.138。源主机 H1 首先要进行的操作是判断发送的这个分组，是在本子网上进行直接交付还是要通过本子网上的路由器进行间接交付。

源主机 H1 把子网 1 的子网掩码 255.255.255.128 与目的主机 H2 的 IP 地址 128.30.33.138 逐位相“与”(即逐位进行 AND 操作)，得出 128.30.33.128，将它和 H1 的网络地址(128.30.33.0)相对比。发现 H2 与 H1 不在同一个子网上。因此 H1 不能把分组直接交付 H2，而必须交给子网上的默认路由器 R1，由 R1 来转发。

路由器 R1 在收到一个分组后，就在其路由表中逐行寻找有无匹配的网络地址，先看 R1 路由表中的第一行。用这一行的子网掩码 255.255.255.128 和收到的分组的目的地址 128.30.33.138 逐位相“与”(即逐位进行 AND 操作)，得出 128.30.33.128，然后和这一行给出的目的网络地址 128.30.33.0 进行比较，不匹配。

用同样的方法继续往下找第二行。用第二行的子网掩码 255.255.255.128 和该分组的目的地址 128.30.33.138 逐位相“与”(即逐位进行 AND 操作)，结果也是 128.30.33.128。这个结果和第二行的目的网络地址 128.30.33.128 相匹配，说明这个网络(子网 2)就是收到的分组所要寻找的目的网络，于是不需要再继续查找下去。R1 把分组从接口 1 直接交付主机 H2(它们都在一个子网上)。

7.13.6 变长子网划分 VLSM 项目实施

(1)任务场景：某公司的网络拓扑结构如图 7.95 所示。假设该公司从 ISP 申请的网络地址为 196.168.20.0/24。现公司只申请到一个网络号，要满足该网络的需求，需要对它划分子网，并为拓扑图中显示的网络分配 IP 地址。

该网络的编址需求如下：

①A 网络需要 50 个主机 IP 地址。

②B 网络需要 2 个主机 IP 地址。

③C 网络需要 12 个主机 IP 地址。

提示：路由器的接口也需要 IP 地址，已包括在上面的编址需求中。

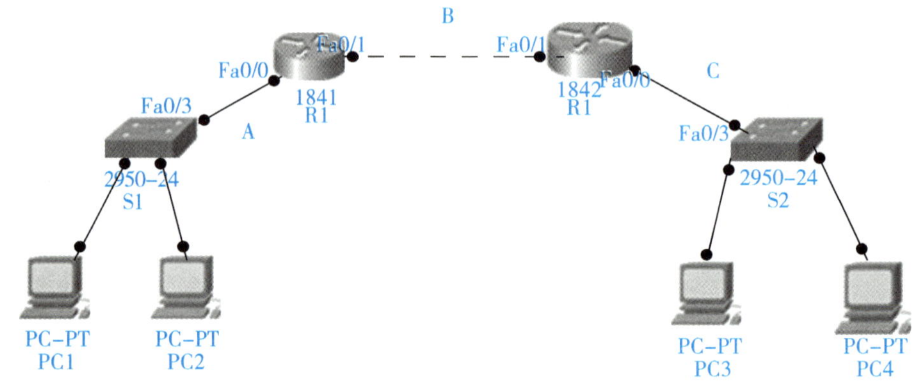

图 7.95 变长子网拓扑图

(2)网络需求分析及规划。

①需要多少个子网？ 3

②单个子网最多需要多少个 IP 地址？ 50

③A、B、C 网络分别需要多少个 IP 地址？ 50、2、12

④总共需要多少个 IP 地址？ 64

假设按照等长子网划分，有 3 个子网，需要从主机位中借用 3 位来划分子网，由于 196.168.20.0/24 的主机位为 8 位，借掉 3 位后，主机位剩余 5 位，每个子网可以提供的主机数$=2^5-2=30$，显然不能满足 A 网络的 IP 地址需求。按等长子网划分失败。

变长子网划分的思路是：

①对各个子网需要 IP 地址的数量从大到小排序，如子网 A、C、B；

②先满足最大 IP 地址数量子网的主机位需求，如子网 A 需要 50 个 IP 地址，需要的主机位 6 位即可满足，原主机位 8 位，剩下 2 位来划分子网，子网号分别为 01、10；

③将子网号 01 分配给子网 A，它的网络号是 196.168.20.0100 0000/26，即 196.168.20.64/26，IP 地址的范围是 196.168.20.01 000001 ~ 196.168.20.01 111110 即 196.168.20.65/26 ~ 196.168.20.126/26；

④子网号 10 如何使用？先满足次大 IP 地址数量子网的主机位需求，如子网 C 需要 12 个 IP 地址，需要的主机位 4 位即可满足，原主机位 8 位，剩下 4 位来划分子网，前面 2 位已经固定为 10，后面 2 位可能为 01 和 10，所以前面 2 位和后面 2 位 01 组合在一起，形成 10 01 子网号，这个子网号给子网 C。它的网络号是 196.168.20.10 01 0000/28，即 196.168.20.144/28，IP 地址的范围是 196.168.20.10 010001 ~ 196.168.20.10 01 1110 即 196.168.20.145/28 ~ 196.168.20.158/28；

子网号

子网A　196.168.20. 01 000000=196.168.20.64

子网C　196.168.20. 10 01 000000=196.168.20.144

子网B　196.168.20. 10 10 01 00=196.168.20.164

图 7.96　各子网的子网号长度不一

⑤在步骤④中，子网号组合 10 10 还没有用，现在还剩下 B 网络，需要 2 个 IP 地址，主机号需要 2 位即可，剩下的用来划分子网，8-2=6 位子网，子网号组合 10 10 给子网 B，前面 4 位是 10 10，还需要 2 位，这 2 位可能是 01 和 10，拿 01 给子网 B，形成的子网号是 10 10 01。它的网络号是 196.168.20.10 10 0100/30，即 196.168.20.164/30，IP 地址的范围是 196.168.20.10 10 0101 ~ 196.168.20.10 10 0110，即 196.168.20.165/30 ~ 196.168.20.166/30。各子网划分的结果如图 7.96 所示。

变长子网划分对各子网需求从大到小进行排序，以 IP 地址数量多少来计算主机位需要几位，主机位优先，剩下的位数拿来划分子网。该任务的地址规划如表 7.19 所示。

表 7.19　任务的地址规划

某网络名称	主机位占几位	子网掩码位数	网络号	第一个可用主机地址	最后一个可用主机地址	广播地址
A	6	26	196.168.20.64	196.168.20.65	196.168.20.126	196.168.20.127
C	4	28	196.168.20.144	196.168.20.145	196.168.20.158	196.168.20.159
B	2	30	196.168.20.164	196.168.20.165	196.168.20.166	196.168.20.167

(3) 为图 7.95 设备分配地址。

①子网号全 0 或全 1 无效，采用 VLSM 从最低子网号开始划分。

②VLSM：以主机数量确定所需要的最小主机位，分配时按主机数量从大到小的顺序来划分子网，尽可能提高每个子网中 IP 地址的利用率。

③将 A 网络中的第一个 IP 地址分配给 PC1，将第二个 IP 地址分配给 PC2，最后一个 IP 地址分配给 A 网络与 R1 路由器相连的接口 Fa0/0。

④将 C 网络中的第一个 IP 地址分配给 PC3，将第二个 IP 地址分配给 PC4，最后一个 IP 地址分配给 C 网络与 R2 路由器相连的接口 Fa0/0。

⑤将 B 网络中的第一个 IP 地址分配给 R1 路由器的接口 Fa0/1，将第二个 IP 地址分配给 R2 路由器的接口 Fa0/1。

根据上面的要求填写地址规划表，如表 7.20 所示。

表 7.20　各设备的地址

设备	接口	IP 地址	子网掩码	默认网关
R1	Fa0/0	196.168.20.126	255.255.255.192	不适用
	Fa0/1	196.168.20.165	255.255.255.252	不适用
R2	Fa0/0	196.168.20.158	255.255.255.240	不适用
	Fa0/1	196.168.20.166	255.255.255.252	不适用
PC1	网卡	196.168.20.65	255.255.255.192	196.168.20.126
PC2	网卡	196.168.20.66	255.255.255.192	196.168.20.126
PC3	网卡	196.168.20.145	255.255.255.240	196.168.20.158
PC4	网卡	196.168.20.146	255.255.255.240	196.168.20.158

(4)在 Cisco Packet Tracer 中按表 7.20 中地址规划表的地址为各个设备分配地址。

(5)需要在路由器 R1 和 R2 配置静态路由。

(6)通过路由器的 show running-config 命令查看路由器配置的内容，用 ping 命令实现各设备的互联互通，用 tracert 命令实现路径的跟踪。

7.14　认识三层交换机

7.14.1　应用背景

为了减小同一个网络中广播数据扩散的范围，出于安全和管理方便考虑，必须把大型局域网按功能或地域等因素划成一个个小的局域网，这就使 VLAN 技术在网络中得以大量应用，而各个不同 VLAN 间的通信都要经过路由器来完成转发。随着网间互访的不断增加，单纯使用路由器来实现网间访问，不但端口数量有限，而且路由速度较慢，从而限制了网络的规模和访问速度。基于这种情况，三层交换机应运而生，如 H3C S5560X-30C-EI 的外观如图 7.97 所示。

图 7.97　H3C S5560X-30C-EI 的外观

三层交换机是为 IP 设计的，接口类型简单，拥有很强的二层包处理能力，非常适用于大型局域网内的数据路由与交换，通常采用硬件来实现三层的交换，其路由数据包的速率是普通路由器的几十倍。它既可以工作在协议第三层替代或部分完成传统路由器的功能，同时又具有几乎第二层交换的速度，且价格相对便宜些。

在企业网和教学网中，一般会将三层交换机用在网络的汇聚层或核心层，用三层交换机上的千兆端口或百兆端口连接不同的子网或 VLAN。不过与专业的路由器相比，三层交换机出现最重要的目的是加快大型局域网内部的数据交换，所具备的路由功能也多是围绕这一目的而展开的，所以它的路由功能没有同一档次的专业路由器强。毕竟在安全、协议支持等方面还有许多欠缺，并不能完全取代路由器工作。

在实际应用过程中，典型的做法是：处于同一个局域网中的各个子网的互联以及局域网中 VLAN 间的路由，用三层交换机来代替路由器，而只有局域网与公网互联之间要实现跨地域的网络访问时，才通过专业路由器。

7.14.2　三层交换机的参数

以 H3C 的 S5560X-30C-EI 为例，它的主要参数如图 7.98 所示。

产品类型	千兆以太网交换机	端口数量	28个
应用层级	三层	端口描述	24个10/100/1000Base-T自适应以太网端...
传输速率	10/100/1000Mbps	控制端口	1个console，1个RJ-45 Console口，1个...
交换方式	存储-转发	扩展模块	1个扩展插槽：2端口40GE QSFP+接口板...
背板带宽	598Gbps/5.98Tbps	传输模式	全双工
包转发率	216Mpps/222Mpps	堆叠功能	可堆叠
MAC地址表	64K	VLAN	支持基于端口的VLAN支持基于MAC的VL...
端口结构	模块化	QOS	支持L2（Layer 2）~L4（Layer 4）包过...

图 7.98　H3C S5560X-30C-EI 的主要参数

三层交换机主要用于核心层交换机以及大型网络中的分布层交换机，承担着网络传输中的大部分数据流量的转发任务，决定着整个网络的传输效率，因此，三层交换机通常拥有较高的处理性能和可扩展性。三层交换机的主要参数如下。

1. 包转发效率

网络中的数据是由一个个数据包组成的，对每个数据包的处理都要耗费资源。转发速率（也称吞吐量）是指在不丢失数据包的情况下，单位时间内通过的包数量，是三层交换机的一个重要参数，标志着交换机的具体性能。如果吞吐量太小，就会成为网络瓶颈，给整个网络的传输效率带来负面影响。支持第三层交换的设备，厂家会分别提供第二层转发速率和第三层转发速率，一般二层转发速率用每秒转发多少比特来衡量，单位是 bitps，三层转发速率用每秒转发多少包来衡量能力用，单位是 pps。

交换机应当能够实现线速交换，即交换速度达到传输线上的数据传输速度，从而最大限度地消除交换瓶颈。

对于千兆位交换机而言，若要实现网络的无阻塞传输，则要求满足以下计算公式：吞吐量(Mpps)= 万兆位端口数量×14.88Mpps×2+千兆位端口数量×1.488Mpps×2+百兆位端口数量×0.1488Mpps×2。如果交换机标称的吞吐量大于或等于计算值，那么在三层交换时应当可以达到线速。例如，对于一台拥有 24 个千兆位端口的交换机来说，其吞吐量应达到 24×14.88Mpps×2=714.24Mpps 才能够确保在所有端口均线速工作，实现无阻塞的包交换。

2. 背板带宽

带宽是交换机接口处理器或接口卡和数据总线间所能吞吐的最大数据量。由于所有端口间的通信都需要通过背板完成，所以背板所能提供的带宽就成为端口间并发通信时的瓶颈。带宽越大，为各端口提供的可用带宽就越大，数据交换速度也就越快；带宽越小，为各端口提供的可用带宽就越小，数据交换速度也就越慢。背板带宽决定着交换机的数据处理能力，背板带宽越大，所能处理数据的能力就越强。因此，背板带宽越大越好，特别是对汇聚层交换机和核心层交换机而言。若要实现网络的全双工无阻塞传输，必须满足最小背板带宽的要求。计算公式如下：

背板带宽=端口数量×端口速率×2

根据上述公式，64Gbit/s 的背板带宽只能满足 32 个 100Mbit/s 端口的无阻塞并发传输，对于三层交换机来说，只有转发速率和背板带宽都达到最低要求，才是理想的交换机，两者缺一不可。

3. 可扩展性

由于三层交换机往往被用作分布层交换机或核心层交换机，需要适应各种复杂的网络环境，因此，其扩展性就显得尤其重要。可扩展性包括以下两个方面。

(1)插槽数量。插槽用于安装各种模块和接口模块，数量决定着交换机所能容纳的端口数量。

(2)模块类型。支持的模块类型越多，交换机的可扩展性越强，越能适应大众型网络中复杂的环境和网络应用的需求。

4. 系统冗余

三层交换机作为分布层交换机或核心层交换机，其工作状态的稳定性直接决定着网络的稳定性，而部件的物理损坏又是无法绝对避免的，因此交换机系统的部件冗余就显得尤其重要。通常情况下，电源模块、超级引擎模块等重要部件都必须提供冗余支持，从而保证所提供应用和服务的连续性，减少关键业务数据和服务的中断。

5. 管理功能

交换机的管理功能是指交换机如何控制用户访问交换机以及管理界面的友好程度如何。通常情况下，三层交换机均支持 SNMP。

7.14.3 主要应用场景

1. 网络骨干

在企业网、校园网、城域教育网中，汇聚层都使用三层交换机，尤其是核心骨干网一定要用三层交换机，否则整个网络成千上万台计算机都在一个子网中，不仅毫无安全可言，也会因为无法分割广播域而无法隔离广播风暴。如果采用传统的路由器，虽然可以隔离广播，但是性能又得不到保障。而三层交换机的性能非常高，既有三层路由的功能，又具有二层交换的网络速度。二层交换是基于 MAC 寻址，三层交换则是转发基于第三层地址的业务流；除了必要的路由决定过程外，大部分数据转发过程由二层交换处理，提高了数据包转发的效率。

三层交换机通过使用硬件交换机构实现了 IP 的路由功能，其优化的路由软件使路由过程效率提高，解决了传统路由器软件路由的速度问题。因此可以说，三层交换机具有“路由器的功能、交换机的性能”。

2. 连接子网

同一网络上的计算机如果超过一定数量(通常在 200 台左右，视通信协议而定)，就很可能会因为网络上大量的广播而导致网络传输效率低下。为了避免在大型交换机上进行广播所引起的广播风暴，可将其进一步划分为多个 VLAN。但是这样做将导致一个问题：VLAN 之间的通信必须通过路由器来实现。但是传统路由器也难以胜任 VLAN 之间的通信任务，因为相对于局域网的网络流量来说，传统的普通路由器的路由能力太弱，而且千兆级路由器的价格也是人们难以接受的。如果使用三层交换机上的千兆端口或百兆端口连接不同的子网或 VLAN，就能在保持性能的前提下，经济地解决子网划分之后子网之间必须依赖路由器进行通信的问题，因此三层交换机是连接子网的理想设备。

7.14.4　优势特性

三层交换机拥有强大的路由传输、带宽分配、多媒体传输和安全控制功能，能够根据不同的通信业务系统划分不同的用户群体，实现电信业务的高效传输，具有重要的作用。

除了优秀的性能之外，三层交换机还具有一些传统的二层交换机没有的特性，这些特性可以给校园网和城域教育网的建设带来许多好处，列举如下。

1. 高可扩充性

三层交换机在连接多个子网时，子网只是与第三层交换模块建立逻辑连接，不像传统外接路由器那样需要增加端口，从而减少了用户对校园网、城域教育网的投资，并满足学校 3 ~5 年网络应用快速增长的需要。

2. 高性价比

三层交换机具有连接大型网络的能力，功能基本上可以取代某些传统路由器，但是价格却接近二层交换机。一台百兆三层交换机的价格只有几万元，与高端的二层交换机的价格差不多。

3. 内置安全机制

三层交换机可以与普通路由器一样，具有访问列表的功能，可以实现不同 VLAN 间的单向或双向通信。如果在访问列表中设置，可以限制用户访问特定的 IP 地址，这样学校就可以禁止学生访问不健康的站点。

访问列表不仅可以用于禁止内部用户访问某些站点，也可以防止校园网、城域教育网外部的非法用户访问校园网、城域教育网内部的网络资源，从而提高网络的安全。

4. 多媒体传输

教育网经常需要传输多媒体信息，这是教育网的一个特色。三层交换机具有 QoS 的控制功能，可以给不同的应用程序分配不同的带宽。

例如，在校园网、城域教育网中传输视频流时，就可以专门为视频传输预留一定量的专用带宽，相当于在网络中开辟了专用通道，其他的应用程序不能占用这些预留的带宽，因此能够保证视频流传输的稳定性。而普通的二层交换机就没有这种特性，因此在传输视频数据时，就会出现视频忽快忽慢的抖动现象。

另外，视频点播(VOD)也是教育网中经常使用的业务。但是由于有些视频点播系统使用广播来传输，而广播包是不能实现跨网段的，这样 VOD 就不能实现跨网段进行；如果采用单播形式实现 VOD，虽然可以实现跨网段，但是支持的同时连接数就非常少，一般几十个连接就占用了全部带宽。而三层交换机具有组播功能，VOD 的数据包以组播的形式发向各个子网，既实现了跨网段传输，又保证了 VOD 的性能。

5. 计费功能

在高校校园网及有些地区的城域教育网中，很可能有计费的需求，因为三层交换机可以识别数据包中的 IP 地址信息，因此可以统计网络中计算机的数据流量，可以按流量计费，也可以统计计算机连接在网络上的时间，按时间计费。而普通的二层交换机就难以同时做到这两点。

7.15 三层交换机实现 VLAN 间路由项目实施

7.15.1 用户需求

李老师所在的 2 号教学楼的 2 楼有 4 个实验室，为了解决广播风暴，他采用虚拟局域网技术将 4 个实验室分在各自的 4 个 VLAN 中，不仅提高了网络传输效率，还提高了网络中信息的安全性。但是在使用过程中很不方便，有时实验室之间需要共享资源，而它们之间的网络是不连通的，怎样才能实现网络资源的共享呢?

7.15.2 VLAN 间路由

第二层网络是一个广播域，也可以是位于一台或多台交换机内的 VLAN。每个 VLAN 都是独立的广播域，所以在默认情况下，不同 VLAN 中的计算机之间无法通信，VLAN 之间是彼此孤立的，一个 VLAN 内的分组不能进入另一个 VLAN。VLAN 间的通信等同于不同广播域之间的通信，也就是要在 VLAN 之间传输分组必须借助第三层设备。传统意义上，这是路由器的功能，要在 VLAN 之间转发分组，路由器就必须有到每个 VLAN 的物理或逻辑连接，这称为 VLAN 间路由选择。能够提供 VLAN 间路由选择功能的第三层设备包括任意第三层交换机和路由器，通常用三层交换机实现。

7.15.3 解决方案

为了解决 4 个 VLAN 之间的通信问题，需要启用三层交换机技术来解决不同虚拟局域网之间的安全数据通信问题。在 Cisco Packet Tracer 实施该项目需要的网络设备包括：

(1) Cisco 3560 交换机 1 台；

(2) Cisco 2960 交换机 4 台；

(3) PC4 台；

(4) 双绞线(若干根)。

7.15.4 拓扑搭建和地址规划

为了简化本项目，在各自的 VLAN 中选择一台 PC 作为测试对象，VLAN 10 中选择 PC11，VLAN 20 中选择 PC21，VLAN 30 中选择 PC31，VLAN 40 中选择 PC41。在 Cisco

Packet Tracer 中，搭建拓扑如图 7.99 所示。设备之间的连接如表 7.21 所示。

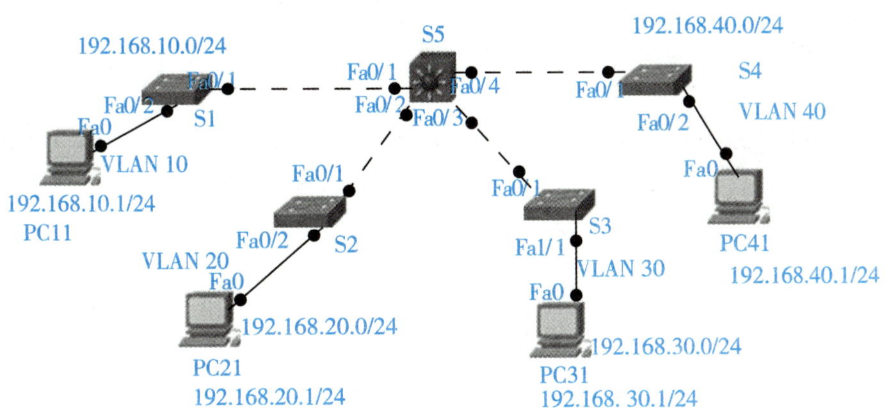

图 7.99　三层交换机实现 4 个 VLAN 间通信

表 7.21　设备之间的连接

设备名	使用线缆	自己端口	对接端口
PC11	直通线	FastEthernet	交换机 S1 的 Fa0/2
PC21	直通线	FastEthernet	交换机 S2 的 Fa0/2
PC31	直通线	FastEthernet	交换机 S3 的 Fa0/2
PC41	交叉线	FastEthernet	交换机 S4 的 Fa0/2
交换机 S1	直通线	S1 的 Fa0/1	交换机 S5 的 Fa0/1
交换机 S2	直通线	S2 的 Fa0/1	交换机 S5 的 Fa0/2
交换机 S3	直通线	S3 的 Fa0/1	交换机 S5 的 Fa0/3
交换机 S4	交叉线	S4 的 Fa0/1	交换机 S5 的 Fa0/4

在图 7.99 中，PC11、交换机 S1、交换机 S5 的接口 Fa0/1 在 VLAN 10，因为要实现 VLAN 间的路由，每个 VLAN 分配一个网络号。VLAN 10 网络号 = 192. 168. 10. 0/24；PC21、交换机 S2、交换机 S5 的接口 Fa0/2 在 VLAN 20，VLAN 20 网络号 = 192. 168. 20. 0/24；PC31、交换机 S3、交换机 S5 的接口 Fa0/3 在 VLAN 30，VLAN 30 网络号 = 192. 168. 30. 0/24；PC41、交换机 S4、交换机 S5 的接口 Fa0/4 在 VLAN 40，VLAN 40 网络号 = 192. 168. 40. 0/24；

地址分配的结果如表 7.22 所示。

表 7.22　图 7.99 信息点地址规划

设备	接口	IP 地址	子网掩码	默认网关
S5	Fa0/1	192.168.10.254	255.255.255.0	不适用
	Fa0/2	192.168.20.254	255.255.255.0	不适用
	Fa0/3	192.168.30.254	255.255.255.0	不适用
	Fa0/4	192.168.40.254	255.255.255.0	不适用
PC11	网卡	192.168.10.1	255.255.255.0	192.168.10.254
PC21	网卡	192.168.20.1	255.255.255.0	192.168.20.254
PC31	网卡	192.168.30.1	255.255.255.0	192.168.30.254
PC41	网卡	192.168.40.1	255.255.255.0	192.168.40.254

7.15.5　配置内容

PC 的 IP 地址配置按前面介绍的方法进行设置，这里不再赘述。

(1)在三层交换机全局配置模式下使用 ip routing 命令开启三层路由功能。

```
S5(config)#ip routing
```

(2)为三层交换机的接口配置 IP 地址：交换机接口类型默认为二层接口，使用 show int f0/1 switchport 命令查看接口 Fa0/1 的 Switchport 是 Enabled 状态，表示为第 2 层接口，如图 7.100 所示。

```
S5#show int f0/1 switchport
Name: Fa0/1
Switchport: Enabled
Administrative Mode: dynamic auto
Operational Mode: down
Administrative Trunking Encapsulation: dot1q
Operational Trunking Encapsulation: native
Negotiation of Trunking: On
Access Mode VLAN: 1 (default)
Trunking Native Mode VLAN: 1 (default)
```

端口Fa0/1为第2层接口

图 7.100　三层交换机接口默认为第 2 层接口

此时，进入三层交换机接口模式下，使用“?”帮助，发现该模式下没有 ip address 命令为该接口配置 IP 地址，如图 7.101 所示。若在该接口模式下强行输入 ip address 命令进行配置，会显示输入无效。

为了让三层交换机能在接口上配置 IP 地址信息，需要进入接口模式使用 no switchport 命令将接口由二层转化为三层模式。

```
S5(config)#int f0/1
S5(config-if)#?
  arp                  Set arp type (arpa, probe, snap) or timeout
  bandwidth            Set bandwidth informational parameter
  cdp                  Global CDP configuration subcommands
  channel-group        Etherchannel/port bundling configuration
  channel-protocol     Select the channel protocol (LACP, PAgP)
  delay                Specify interface throughput delay
  description          Interface specific description
  duplex               Configure duplex operation.
  exit                 Exit from interface configuration mode
  hold-queue           Set hold queue depth
  mac-address          Manually set interface MAC address
  mdix                 Set Media Dependent Interface with Crossover
  mls                  mls interface commands
  no                   Negate a command or set its defaults
  power                Power configuration
  service-policy       Configure QoS Service Policy
  shutdown             Shutdown the selected interface
  spanning-tree        Spanning Tree Subsystem
  speed                Configure speed operation.
  storm-control        storm configuration
  switchport           Set switching mode characteristics
  tx-ring-limit        Configure PA level transmit ring limit
```

图 7.101　在三层交换机接口模式下使用？帮助

```
S5(config-if)#no switchport
%LINEPROTO-5-UPDOWN: Line protocol on Interface FastEthernet0/1, changed state to down
%LINEPROTO-5-UPDOWN: Line protocol on Interface FastEthernet0/1, changed state to up
```

将三层交换机接口由二层转化为三层模式后，再次使用？帮助发现 IP 命令已经存在，可以为该接口配置 IP 地址信息，如图 7.102 所示。

```
S5(config-if)#?
  arp                  Set arp type (arpa, probe, snap) or timeout
  bandwidth            Set bandwidth informational parameter
  cdp                  CDP interface subcommands
  channel-group        Etherchannel/port bundling configuration
  channel-protocol     Select the channel protocol (LACP, PAgP)
  delay                Specify interface throughput delay
  description          Interface specific description
  duplex               Configure duplex operation.
  exit                 Exit from interface configuration mode
  hold-queue           Set hold queue depth
  ip                   Interface Internet Protocol config commands
  mdix                 Set Media Dependent Interface with Crossover
  mls                  mls interface commands
  no                   Negate a command or set its defaults
```

图 7.102　使用帮助命令？发现 IP 命令

按照上面的方法将 S5 的 Fa0/2、Fa0/3、Fa0/4 接口转化为第三层接口，并按表 7.22 规划的地址进行配置，配置的内容如下：

```
S5(config)#int f0/1
S5(config-if)#no switchport
S5(config-if)#ip address 192.168.10.254 255.255.255.0
S5(config-if)#int f0/2
S5(config-if)#no switchport
S5(config-if)#ip address 192.168.20.254 255.255.255.0
S5(config-if)#int f0/3
S5(config-if)#no switchport
S5(config-if)#ip address 192.168.30.254 255.255.255.0
S5(config-if)#int f0/4
S5(config-if)#no switchport
S5(config-if)#ip address 192.168.40.254 255.255.255.0
```

7.15.6 连通性测试

将鼠标放在三层交换机上，使用【Inspect】功能以图形化方式查看当前三层交换机 S5 获得的直连路由信息，如图 7.103 所示。

Routing Table for S5

Type	Network	Port	Next Hop IP	Metric
C	192.168.10.0/24	FastEthernet0/1	---	0/0
C	192.168.20.0/24	FastEthernet0/2	---	0/0
C	192.168.30.0/24	FastEthernet0/3	---	0/0
C	192.168.40.0/24	FastEthernet0/4	---	0/0

图 7.103　S5 获得的直连路由

在 PC21 上使用 ipconfig 命令查看自己的 IP 配置信息，使用 ping 命令测试自己的网关和 VLAN 10 的连通性，如图 7.104 和图 7.105 所示。

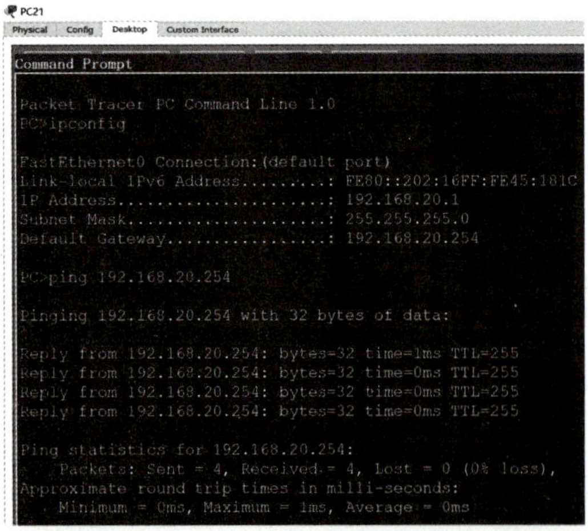

PC21

Physical　Config　Desktop　Custom Interface

Command Prompt

```
Packet Tracer PC Command Line 1.0
PC>ipconfig

FastEthernet0 Connection:(default port)
Link-local IPv6 Address.........: FE80::202:16FF:FE45:181C
IP Address......................: 192.168.20.1
Subnet Mask.....................: 255.255.255.0
Default Gateway.................: 192.168.20.254

PC>ping 192.168.20.254

Pinging 192.168.20.254 with 32 bytes of data:

Reply from 192.168.20.254: bytes=32 time=1ms TTL=255
Reply from 192.168.20.254: bytes=32 time=0ms TTL=255
Reply from 192.168.20.254: bytes=32 time=0ms TTL=255
Reply from 192.168.20.254: bytes=32 time=0ms TTL=255

Ping statistics for 192.168.20.254:
    Packets: Sent = 4, Received = 4, Lost = 0 (0% loss),
Approximate round trip times in milli-seconds:
    Minimum = 0ms, Maximum = 1ms, Average = 0ms
```

图 7.104　PC21 本地网络连通性测试

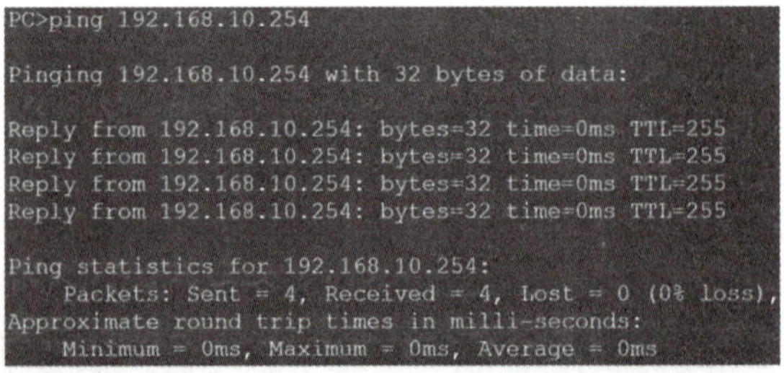

```
PC>ping 192.168.10.254

Pinging 192.168.10.254 with 32 bytes of data:

Reply from 192.168.10.254: bytes=32 time=0ms TTL=255
Reply from 192.168.10.254: bytes=32 time=0ms TTL=255
Reply from 192.168.10.254: bytes=32 time=0ms TTL=255
Reply from 192.168.10.254: bytes=32 time=0ms TTL=255

Ping statistics for 192.168.10.254:
    Packets: Sent = 4, Received = 4, Lost = 0 (0% loss),
Approximate round trip times in milli-seconds:
    Minimum = 0ms, Maximum = 0ms, Average = 0ms
```

图 7.105　PC21 测试到 VLAN 10 的连通性

在 S5 上使用 show running-config 命令，查看已经配置的内容：

```
S5#show running-config
Building configuration...
Current configuration : 1415 bytes
version 12.2
no service timestamps log datetime msec
no service timestamps debug datetime msec
no service password-encryption
!
hostname S5
!
ip routing
!
spanning-tree mode pvst
!
interface FastEthernet0/1
 no switchport
 ip address 192.168.10.254 255.255.255.0
 duplex auto
 speed auto
!
interface FastEthernet0/2
 no switchport
 ip address 192.168.20.254 255.255.255.0
 duplex auto
 speed auto
!
interface FastEthernet0/3
 no switchport
 ip address 192.168.30.254 255.255.255.0
 duplex auto
 speed auto
!
interface FastEthernet0/4
 no switchport
 ip address 192.168.40.254 255.255.255.0
 duplex auto
 speed auto
```

7.16 三层交换机实现 VLAN 间路由项目拓展

7.16.1 用户需求

小王所在的 1 号办公楼的 2 楼有 3 个业务部门，人数总和为 50 左右。3 个业务部门合用一台可扩展的二层交换机。为了解决二层信息广播安全隐患，采用虚拟局域网技术将 3 个业务部门分在各自 3 个 VLAN 中，不仅提高了网络传输效率，还提高了 3 个业务部门中信息的安全性。但是在使用过程中人们感到很不方便，有时业务部门之间需要共享资源，而他们之间的网络是不连通的，怎样才能实现网络资源的共享呢？

7.16.2 解决方案

为了解决 3 个 VLAN 之间的通信问题，需要启用三层交换机技术来解决不同虚拟局域网之间的安全数据通信问题。由于人数总和为 50 左右，3 个业务部门的流量汇聚到三层交换机的一个接口上。在 Cisco Packet Tracer 实施该项目需要的网络设备包括：

(1) Cisco 3560 交换机 1 台；

(2) Cisco 2960 交换机 1 台；

(3) PC3 台；

(4) 双绞线(若干根)。

7.16.3 拓扑搭建和地址规划

为了简化本项目，在各自的 VLAN 中选择一台 PC 作为测试对象，VLAN 10 中选择 PC11，VLAN 20 中选择 PC21，VLAN 30 中选择 PC31。在 Cisco Packet Tracer 中，搭建拓扑如图 7.106 所示。设备之间的连接如表 7.23 所示。

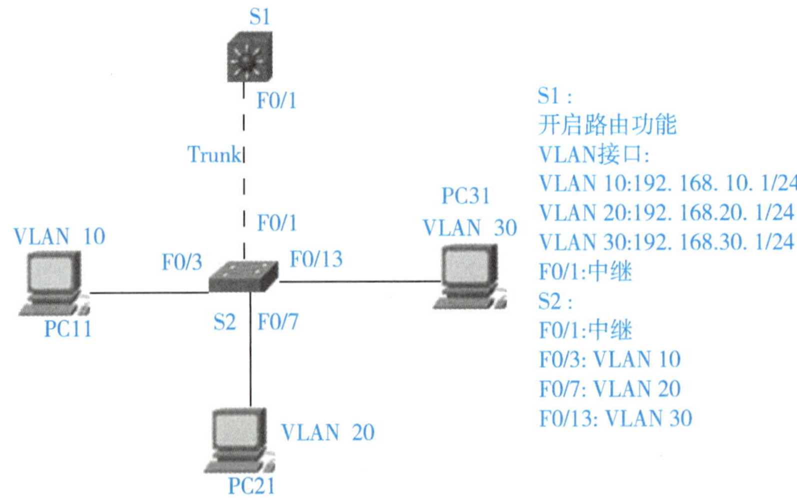

图 7.106 3 个 VLAN 间通信合用三层交换机一个端口

表 7.23　设备之间的连接

设备名	使用线缆	自己端口	对接端口
PC11	直通线	FastEthernet	交换机 S2 的 Fa0/3
PC21	直通线	FastEthernet	交换机 S2 的 Fa0/7
PC31	直通线	FastEthernet	交换机 S2 的 Fa0/13
交换机 S1	交叉线	S1 的 Fa0/1	交换机 S2 的 Fa0/1

在图 7.106 中，PC11 与交换机 S2 的接口 Fa0/3 在 VLAN 10，因为要实现 VLAN 间的路由，每个 VLAN 分配一个网络号。VLAN 10 网络号 = 192.168.10.0/24；PC21 与交换机 S2 的接口 Fa0/7 在 VLAN 20，VLAN 20 网络号 = 192.168.20.0/24；PC31 与交换机 S2 的接口 Fa0/13 在 VLAN 30，VLAN 30 网络号 = 192.168.30.0/24。

VLAN 10、VLAN 20、VLAN 30 的数据都要经过交换机 S2 的 Fa0/1 和 S1 的 Fa0/1，必须将该线路的两个端口 Fa0/1 设置为 TRUNK 模式，允许多个 VLAN 数据通行。要实现 VLAN 间路由，在 7.15 节中一个 VLAN 对应三层交换机一个物理端口，但现在只有一个物理端口，怎么办？三层交换机提供虚拟交换机接口，每个虚拟交换机接口对应一个 VLAN，并为每个虚拟接口配置 PC 的网关 IP 地址。地址分配的结果如表 7.24 所示。

表 7.24　图 7.106 信息点地址规划

设备	虚拟接口	IP 地址	子网掩码	默认网关
S5	VLAN 10	192.168.10.1	255.255.255.0	不适用
	VLAN 20	192.168.20.1	255.255.255.0	不适用
	VLAN 30	192.168.30.1	255.255.255.0	不适用
PC11	网卡	192.168.10.10	255.255.255.0	192.168.10.1
PC21	网卡	192.168.20.10	255.255.255.0	192.168.20.1
PC31	网卡	192.168.30.10	255.255.255.0	192.168.30.1

7.16.4　配置内容

PC 的 IP 地址配置按前面介绍的方法进行设置，这里不再赘述。

(1)在三层交换机全局配置模式下使用 ip routing 命令开启三层路由功能。

```
S1(config)#ip routing
```

(2)在二层交换机 S2 上分别创建 VLAN 10、VLAN 20、VLAN 30，将 Fa0/3 的端口加入 VLAN 10，将 Fa0/7 的端口加入 VLAN 20，将 Fa0/13 的端口加入 VLAN 30。将 Fa0/1 端口设置为 TRUNK 模式，配置内容如下：

```
S2(config)#vlan 10                    //创建 VLAN 10
S2(config-vlan)#vlan 20               //创建 VLAN 20
S2(config-vlan)#vlan 30               //创建 VLAN 30
S2(config-vlan)#end
S2(config-if)#int f0/3
S2(config-if)#switchport access vlan 10
S2(config-if)#int f0/7
S2(config-if)#switchport access vlan 20
S2(config-if)#int f0/13
S2(config-if)#switchport access vlan 30
S2(config-if)#int f0/1
S2(config-if)#switchport mode trunk
S2(config-if)#switchport trunk allowed vlan all
```

(3)在三层交换机 S1 上分别创建 VLAN 10、VLAN 20、VLAN 30，并分别为 VLAN 10、VLAN 20、VLAN 30 虚拟接口配置 IP 地址信息，同时将 Fa0/1 端口设置为 TRUNK 模式，命令如下：

```
S1>en
S1#config t
S1(config)#vlan 10
S1(config-vlan)#vlan 20
S1(config-vlan)#vlan 30
S1(config-vlan)#end
S1(config)#int vlan 10
S1(config-if)#ip address 192.168.10.1 255.255.255.0
S1(config)#int vlan 20
S1(config-if)#ip address 192.168.20.1 255.255.255.0
S1(config)#int vlan 30
S1(config-if)#ip address 192.168.30.1 255.255.255.0
S1(config-if)#int f0/1
S1(config-if)#switchport mode trunk
S1(config-if)#switchport trunk allowed vlan all
```

7.16.5 连通性测试

三层交换机 S1 配置完成后，通过图形化方式可以看到创建了 3 个虚拟接口，每个接口配置了 IP 地址信息，如图 7.107 所示。

在 PC21 上使用 ipconfig 命令查看自己的 IP 配置信息，使用 ping 命令测试自己的网关和 VLAN 10 的连通性，如图 7.108 和图 7.109 所示。

```
Port                 Link  VLAN  IP Address        IPv6 Address
FastEthernet0/1      Up    --    <not set>         <not set>
FastEthernet0/2      Down  1     <not set>         <not set>
FastEthernet0/3      Down  1     <not set>         <not set>
FastEthernet0/4      Down  1     <not set>         <not set>
FastEthernet0/5      Down  1     <not set>         <not set>
FastEthernet0/6      Down  1     <not set>         <not set>
FastEthernet0/7      Down  1     <not set>         <not set>
FastEthernet0/8      Down  1     <not set>         <not set>
FastEthernet0/9      Down  1     <not set>         <not set>
FastEthernet0/10     Down  1     <not set>         <not set>
FastEthernet0/11     Down  1     <not set>         <not set>
FastEthernet0/12     Down  1     <not set>         <not set>
FastEthernet0/13     Down  1     <not set>         <not set>
FastEthernet0/14     Down  1     <not set>         <not set>
FastEthernet0/15     Down  1     <not set>         <not set>
FastEthernet0/16     Down  1     <not set>         <not set>
FastEthernet0/17     Down  1     <not set>         <not set>
FastEthernet0/18     Down  1     <not set>         <not set>
FastEthernet0/19     Down  1     <not set>         <not set>
FastEthernet0/20     Down  1     <not set>         <not set>
FastEthernet0/21     Down  1     <not set>         <not set>
FastEthernet0/22     Down  1     <not set>         <not set>
FastEthernet0/23     Down  1     <not set>         <not set>
FastEthernet0/24     Down  1     <not set>         <not set>
GigabitEthernet0/1   Down  1     <not set>         <not set>
GigabitEthernet0/2   Down  1     <not set>         <not set>
Vlan1                Down  1     <not set>         <not set>
Vlan10               Up    10    192.168.10.1/24   <not set>
Vlan20               Up    20    192.168.20.1/24   <not set>
Vlan30               Up    30    192.168.30.1/24   <not set>
```

图 7.107　三层交换机 3 个虚拟接口配置的地址信息

```
Command Prompt

Packet Tracer PC Command Line 1.0
PC>ipconfig

FastEthernet0 Connection:(default port)
Link-local IPv6 Address.........: ::
IP Address......................: 192.168.20.10
Subnet Mask.....................: 255.255.255.0
Default Gateway.................: 192.168.20.1

PC>ping 192.168.20.1

Pinging 192.168.20.1 with 32 bytes of data:

Reply from 192.168.20.1: bytes=32 time=0ms TTL=255
Reply from 192.168.20.1: bytes=32 time=1ms TTL=255
Reply from 192.168.20.1: bytes=32 time=0ms TTL=255
Reply from 192.168.20.1: bytes=32 time=0ms TTL=255

Ping statistics for 192.168.20.1:
    Packets: Sent = 4, Received = 4, Lost = 0 (0% loss),
Approximate round trip times in milli-seconds:
    Minimum = 0ms, Maximum = 1ms, Average = 0ms
```

图 7.108　PC21 本地网络连通性测试

```
PC>ping 192.168.10.1

Pinging 192.168.10.1 with 32 bytes of data:

Reply from 192.168.10.1: bytes=32 time=0ms TTL=255
Reply from 192.168.10.1: bytes=32 time=0ms TTL=255
Reply from 192.168.10.1: bytes=32 time=0ms TTL=255
Reply from 192.168.10.1: bytes=32 time=0ms TTL=255

Ping statistics for 192.168.10.1:
    Packets: Sent = 4, Received = 4, Lost = 0 (0% loss)
Approximate round trip times in milli-seconds:
    Minimum = 0ms, Maximum = 0ms, Average = 0ms
```

图 7.109　PC21 测试到 VLAN 10 的连通性

在 S2 上使用 show running-config 命令，查看已经配置的内容：

```
S2#show running-config
Building configuration...
Current configuration : 1071 bytes
!
version 12.1
no service timestamps log datetime msec
no service timestamps debug datetime msec
no service password-encryption
!
hostname S2
!
```

```
spanning-tree mode pvst
!
interface FastEthernet0/1
  switchport mode trunk
!
interface FastEthernet0/2
!
interface FastEthernet0/3
  switchport access vlan 10
!
interface FastEthernet0/7
  switchport access vlan 20
!
interface FastEthernet0/13
  switchport access vlan 30
!
line con 0
!
line vty 0 4
  login
line vty 5 15
  login
!
!
end
```

在 S1 上使用 show running-config 命令，查看已经配置的内容：

```
S1#show running-config
Building configuration...
Current configuration : 1265 bytes
!
version 12.2
no service timestamps log datetime msec
no service timestamps debug datetime msec
no service password-encryption
!
hostname S1
!
ip routing
!
interface Vlan10
  ip address 192.168.10.1 255.255.255.0
!
```

```
interface Vlan20
  ip address 192.168.20.1 255.255.255.0
!
interface Vlan30
  ip address 192.168.30.1 255.255.255.0
```

7.17 IPv6

IPv6 是英文 internet protocol version6(互联网协议第 6 版)的缩写，是互联网工程任务组(IETF)设计的用于替代 IPv4 的下一代 IP，其地址数量号称可以为全世界的每一粒沙子编上一个地址。IPv4 最大的问题在于网络地址资源不足，严重制约了互联网的应用和发展。IPv6 的使用不仅能解决网络地址资源数量的问题，而且解决了多种接入设备连入互联网的障碍。

7.17.1 IPv6 的基本首部

IPv6 仍支持无连接的传送，但将协议数据单元称为分组。为了方便起见，本书仍采用数据报这一名词。

IPv6 所引进的主要变化如下：

(1)更大的地址空间。IPv6 将地址从 IPv4 的 32 位 增大到了 128 位，使地址空间增大了 2^{96} 倍。这样大的地址空间在可预见的将来是不会用完的。

(2)扩展的地址层次结构。IPv6 由于地址空间很大，因此可以划分为更多的层次。

(3)灵活的首部格式。IPv6 定义了许多可选的扩展首部，IPv6 数据报的首部和 IPv4 的并不兼容。IPv6 定义了许多可选的扩展首部，不仅可提供比 IPv4 更多的功能，而且可提高路由器的处理效率，这是因为路由器对扩展首部不进行处理。

(4)改进的选项。IPv6 允许数据报包含有选项的控制信息，因而可以包含一些新的选项。但 IPv6 的首部长度是固定的，其选项放在有效载荷中。我们知道，IPv4 所规定的选项是固定不变的，其选项放在首部的可变部分。

(5)允许协议继续扩充。这一点很重要，因为技术总是在不断地发展(如网络硬件的更新)，而新的应用也还会出现。但我们知道，IPv4 的功能是固定不变的。

(6)支持即插即用(即自动配置)。因此 IPv6 不需要使用 DHCP。

(7)支持资源的预分配。IPv6 支持实时视像等要求保证一定的带宽和时延的应用。

(8)IPv6 首部改为 8B 对齐，即首部长度必须是 8B 的整数倍。原来的 IPv4 首部是 4B 对齐。

IPv6 数据报由两大部分组成，即基本首部(base header)和后面的有效载荷(payload)。有效载荷也称为净负荷。有效载荷允许有零个或多个扩展首部(extension header)，再后面是数据部分，如图 7.110 所示。但请注意，所有的扩展首部并不属于 IPv6 数据报的首部。

与 IPv4 相比，IPv6 对首部中的某些字段进行了如下的更改：

(1)取消了首部长度字段，因为它的首部长度是固定的 40B。

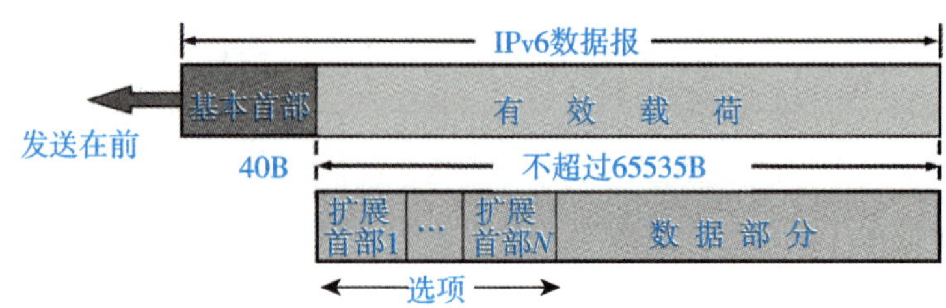

图 7.110 具有多个可选扩展首部的 IPv6 数据报的一般形式

(2)取消了服务类型字段，因为优先级和流标号字段实现了服务类型字段的功能。

(3)取消了总长度字段，改用有效载荷长度字段。

(4)取消了标识、标志和片偏移字段，因为这些功能已包含在分片扩展首部中。

(5)把 TTL 字段改称为跳数限制字段，但作用是一样的。

(6)取消了协议字段，改用下一个首部字段。

(7)取消了检验和字段，这样就加快了路由器处理数据报的速度。我们知道，在数据链路层对检测出有差错的帧就丢弃。在运输层，当使用 UDP 时，若检测出有差错的用户数据报就丢弃。当使用 TCP 时，对检测出有差错的报文段就重传，直到正确传送到目的进程为止。因此在网络层的差错检测可以精简掉。

(8)取消了选项字段，而用扩展首部来实现选项功能。

由于把首部中不必要的功能取消了，IPv6 首部的字段数减少到只有 8 个(虽然首部长度增大了一倍)。

下面解释 IPv6 基本首部中各字段的作用，如图 7.111 所示。

(1)版本(version)：占 4 位，它指明了协议的版本，对 IPv6 该字段总是 6。

(2)通信量类(traffic class)占 8 位。这是为了区分不同的 IPv6 数据报的类别或优先级，目前正在进行不同的通信量类性能的实验。

(3)流标号(flow label)：占 20 位。IPv6 的一个新的机制是支持资源预分配，并且允许路由器把每一个数据报与一个给定的资源分配相联系。IPv6 提出流(flow)的抽象概念，所谓“流”就是互联网络上从特定源点到特定终点如单播或多播的一系列数据报(如实时音频或视频传输)，而在这个“流”所经过的路径上的路由器都保证指明的服务质量。所有属于同一个流的数据报都具有同样的流标号。因此，流标号对实时音频/视频数据的传送特别有用。对于传统的电子邮件或非实时数据，流标号则没有用处，把它置为 0 即可。

(4)有效载荷长度(payload length)：占 16 位。它指明 IPv6 数据报除基本首部以外的字节数(所有扩展首部都算在有效载荷之内)。这个字段的最大值是 64KB(65535B)。

(5)下一个首部(next header)：占 8 位。它相当于 IPv4 的协议字段或可选字段。

①当 IPv6 数据报没有扩展首部时，下一个首部字段的作用和 IPv4 的协议字段一样，它的值指出了基本首部后面的数据应交付 IP 层上面的哪一个高层协议，例如，6 或 17 分别表示应交付运输层 TCP 或 UDP。

②当出现扩展首部时，下一个首部字段的值就标识后面第一个扩展首部的类型。

(6)跳数限制(hop limit)：占 8 位。用来防止数据报在网络中无限期地存在。源点在每个数据报发出时即设定某个跳数限制，最大为 255 跳。每个路由器在转发数据报时，要先把

跳数限制字段中的值减 1。当跳数限制的值为零时，就要把这个数据报丢弃。

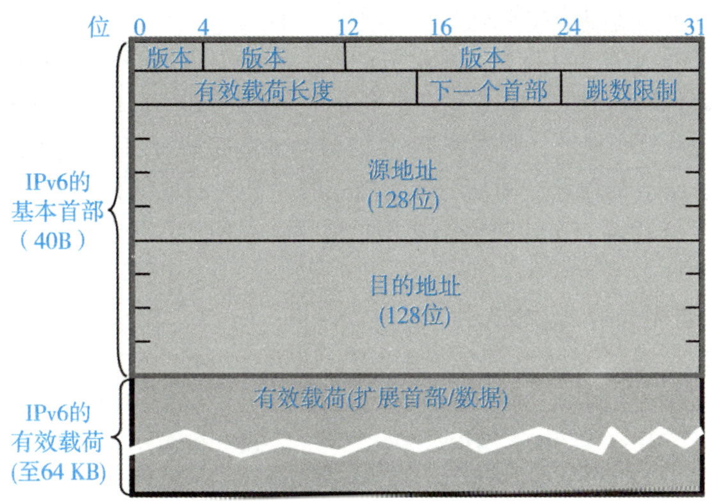

图 7.111 40B 长的 IPv6 基本首部

(7) 源地址：占 128 位，是数据报的发送端的 IP 地址。

(8) 目的地址：占 128 位，是数据报的接收端的 IP 地址。

下面我们介绍一下 IPv6 的扩展首部。

大家知道，IPv4 的数据报如果在其首部中使用了选项，那么沿着数据报传送路径上的每一个路由器都必须对这些选项一一进行检查，这就降低了路由器处理数据报的速度。然而实际上很多选项在途中的路由器上是不需要检查的，因为不需要使用这些选项的信息。IPv6 把原来 IPv6 首部中选项的功能都放在扩展首部中，并把扩展首部留给路径两端的源点和终点的主机来处理，而数据报途中经过的路由器都不处理这些扩展首部，只有一个首部例外，即逐跳选项扩展首部，这样就大大提高了路由器的处理效率。

在 RFC2460 中定义了以下六种扩展首部：①逐跳选项；②路由选择；③分片；④鉴别；⑤封装安全有效载荷；⑥目的站选项。

每一个扩展首部都由若干个字段组成，它们的长度也各不相同。但所有扩展首部的第一个字段都是 8 位的“下一个首部”字段。此字段的值指出了在该扩展首部后面的字段是什么。当使用多个扩展首部时，应按以上的先后顺序出现。高层首部总是放在最后面。

7.17.2 IPv6 的地址

一般来讲，一个 IPv6 数据报的目的地址可以是以下三种基本类型地址之一。

(1) 单播(unicast)：单播就是传统的点对点通信。

(2) 多播(multicast)：多播是一点对多点的通信，数据报发送到一组计算机中的每一个。IPv6 没有采用广播的术语，而是将广播看作多播的一个特例。

(3) 任播（anycast)：这是 IPv6 增加的一种类型。任播的终点是一组计算机，但数据报只交付其中的一个，通常是距离最近的一个，IPv6 把实现 IPv6 的主机和路由器均称为节点。由于一个节点可能会使用多条链路与其他的一些节点相连，因此一个节点可能有多个与链路相连的接口。这样，IPv6 给节点的接口指派一个 IP 地址。一个节点可以有多个单播地址，而其中任何一个地址都可以当作到达该节点的目的地址。

在 IPv6 中，每个地址占 128 位，地址空间大于 3.4×10^{8}。如果整个地球表面(包括陆地和水面)都覆盖着计算机，那么 IPv6 允许每平方米拥有 7×10^{23} 个 IP 地址。如果地址分配速率是每微秒分配 100 万个地址，则需要 10 年的时间才能将所有可能的地址分配完毕，可见在想象到的将来，IPv6 的地址空间是不可能用完的。IPv6 的地址长度为 128 位，是 IPv4 地址长度的 4 倍。于是 IPv4 点分十进制格式不再适用，采用十六进制表示。IPv6 有 3 种表示方法。

(1)冒分十六进制表示法。格式为 X：X：X：X：X：X：X：X，其中每个 X 表示地址中的 16bit，以十六进制表示，例如，ABCD：EF01：2345：6789：ABCD：EF01：2345：6789，这种表示法中，每个 X 的前导 0 是可以省略的，例如，2001：0DB8：0000：0023：0008：0800：200C：417A→ 2001：DB8：0：23：8：800：200C：417A。

(2)0 位压缩表示法。在某些情况下，一个 IPv6 地址中间可能包含很长的一段 0，可以把连续的一段 0 压缩为“::”。但为了保证地址解析的唯一性，地址中“::”只能出现一次，例如：

FF01：0：0：0：0：0：0：1101→ FF01:: 1101

0：0：0：0：0：0：0：1→ :: 1

0：0：0：0：0：0：0：0→ ::

(3)内嵌 IPv4 地址表示法。为了实现 IPv4 和 IPv6 互通，IPv4 地址会嵌入 IPv6 地址中，此时地址常表示为 X：X：X：X：X：X：d. d. d. d，前 96bit 采用冒分十六进制表示，而最后 32bit 地址则使用 IPv4 的点分十进制表示，例如:: 192. 168. 0. 1 与:: FFFF：192. 168. 0. 1 就是两个典型的例子，注意在前 96bit 中，压缩 0 位的方法依旧适用。

7. 17. 3 IPv4 向 IPv6 过渡

随着移动互联网、物联网、工业 4. 0 等新兴产业的迅速发展，接入网络的终端数量呈指数级增长，从传统的 PC、手机到未来无处不在的物联网终端，都需要通过 IP 地址接入互联网，全球将有 500 亿台设备在线，地址需求数量是 IPv4 地址总数的十倍以上。目前 IPv4 地址已经全部分配完毕，地址紧缺的问题十分严峻。

经过二十多年的发展，IPv6 已经是一个非常成熟的技术。IPv6 具有更多的地址数量、更小的路由表、更好的安全性等优点，可以有效解决当前 IPv4 面临的问题。

2017 年 11 月 26 日，中共中央办公厅、国务院办公厅联合印发了《推进互联网协议第六版(IPv6)规模部署行动计划》(下称《行动计划》)。《行动计划》要求，用 5~10 年时间，形成下一代互联网自主技术体系和产业生态，建成全球最大规模的 IPv6 商业应用网络，实现下一代互联网在经济社会各领域的深度融合应用，成为全球下一代互联网发展的重要主导力量，IPv6 的浪潮真正来临了。

由于 IPv6 本身不兼容 IPv4，大规模部署 IPv6 还面临不少挑战。目前可行的办法是使用过渡技术，将 IPv4 逐渐演进到 IPv6，当前主要有三种主流的过渡技术，包括双协议栈、隧道技术和地址协议转换技术。

1. 双协议栈

双协议栈（dual stack）是指在完全过渡到 IPv6 之前，使一部分主机（或路由器）装有两个协议栈：一个 IPv4 和一个 IPv6。

双协议栈的主机（或路由器）记为 IPv6/IPv4，表明它同时具有两种 IP 地址：一个 IPv6 地址和一个 IPv4 地址。

双协议栈主机在和 IPv6 主机通信时采用 IPv6 地址，而和 IPv4 主机通信时就采用 IPv4 地址。

根据 DNS 返回的地址类型可以确定使用 IPv4 地址还是 IPv6 地址，如图 7. 112 所示。

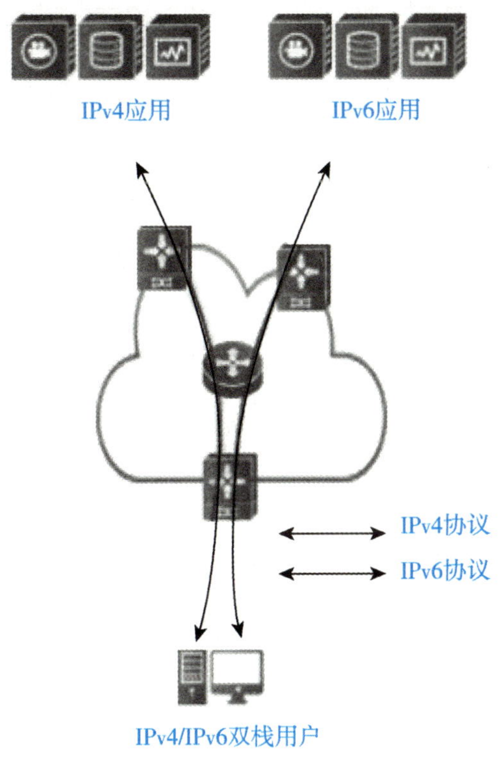

图 7. 112　双协议栈

2. 隧道技术

在 IPv6 数据报要进入 IPv4 网络时，把 IPv6 数据报封装成 IPv4 数据报，整个 IPv6 数据报变成了 IPv4 数据报的数据部分。

当 IPv4 数据报离开 IPv4 网络中的隧道时，再把数据部分（即原来的 IPv6 数据报）交给主机的 IPv6 协议栈，如图 7. 113 所示。

3. 地址协议转换技术

网络地址转换-协议转换（network address translation-protocol translation，NAT-PT）由无状态翻译技术（stateless IP/ICMP translation，SIIT）协议转换技术和动态地址翻译（NAT）技术结合和演进而来，SIIT 提供 IPv4 和 IPv6 一对一的映射转换，NAT-PT 支持在 SIIT 基础上实现多对一或多对多的地址转换。NAT-PT 分为静态和动态两种形式。

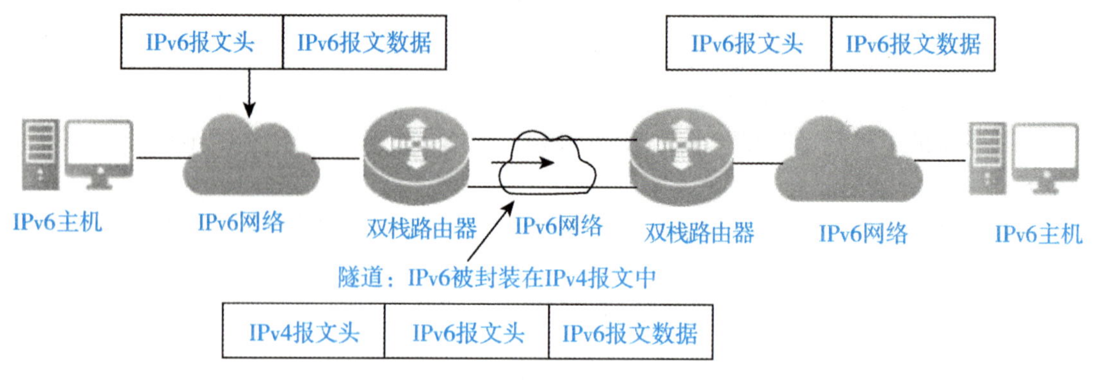

图 7.113　隧道技术封装示意图

1）静态 NAT-PT

静态模式提供一对一的 IPv6 地址和 IPv4 地址的映射。IPv6 单协议网络域内的节点要访问 IPv4 单协议网络域内的每一个 IPv4 地址，都必须在 NAT-PT 网关中配置。每一个目的 IPv4 在 NAT-PT 网关中被映射成一个具有预定义 NAT-PT 前缀的 IPv6 地址。在这种模式下，每一个 IPv6 映射到 IPv4 地址需要一个源 IPv4 地址。静态配置适合经常在线或者需要提供稳定连接的主机。

2）动态 NAT-PT

在动态 NAT-PT 中，NAT-PT 网关向 IPv6 网络通告一个 96 位的地址前缀，并结合主机 32 位 IPv4 地址作为对 IPv4 网络中主机的标识。从 IPv6 网络中的主机向 IPv4 网络发送的报文，其目的地址前缀与 NAT-PT 发布的地址前缀相同，这些报文都被路由到 NAT-PT 网关，由 NAT-PT 网关对报文头进行修改，取出其中的 IPv4 地址信息，替换目的地址。同时，NAT-PT 网关定义了 IPv4 地址池，它从地址池中取出一个地址来替换 IPv6 报文的源地址，从而完成从 IPv6 地址到 IPv4 地址的转换。动态 NAT-PT 支持多个 IPv6 地址映射为一个 IPv4 地址，节省了 IPv4 地址空间。

本章总结

本章主要讲述了以下内容：

（1）网络互联设备有交换机、路由器，二层交换机实现多个网段的互联，互联在一起的网络仅使用一个网络号；路由器实现不同网络号的网络互联；三层交换机实现不同子网或 VLAN 之间的互联。

（2）互联网由边缘部分和核心部分组成，边缘部分由接入互联网的主机组成；核心部分由大量网络和连接这些网络的路由器组成。

（3）TCP/IP 体系中的网络互联层向上只提供简单灵活的、无连接的、尽最大努力交付的数据报服务。网络互联层不提供服务质量的承诺，不保证分组交付的时限，所传送的分组可能出错、丢失、重复和失序。进程之间通信的可靠性由运输层负责。

（4）从网络互联层上看，IP 实现不同网络的互联。网络互联网屏蔽了下层具体物理网络很复杂的细节，使我们能够使用统一、抽象的 IP 地址处理主机之间的通信问题。

(5)在互联网上的数据报交付有两种：在本网络上的直接交付不经过路由器和到其他网络的间接交付(经过至少一个路由器，但最后一次一定是直接交付)。

(6)物理地址(即硬件地址)是数据链路层和物理层使用的地址，而IP地址是网络层和以上各层使用的地址，是一种逻辑地址(用软件实现的)，在数据链路层看不见数据报的IP地址。

(7)IP数据报分为首部和数据两部分。首部的前一部分是固定长度，共20B，是所有IP数据报必须具有的(源地址、目的地址、总长度等重要字段都在固定首部中)。一些长度可变的可选字段放在固定首部的后面。IP首部中的生存时间字段给出了IP数据报在互联网中所能经过的最大路由器数，可防止IP数据报在互联网中无限制地兜圈子。

(8)ARP把IP地址解析为硬件地址，它解决同一个局域网上的主机或路由器的IP地址和硬件地址的映射问题。ARP高速缓存可以大大减少网络上寻找目的物理地址的广播流量。我们无法仅根据硬件地址寻找到在某个网络上的某台主机。因此，从IP地址到硬件地址的解析是非常必要的。

(9)IP数据报在互联网上传送，它可能要跨越多个网络。作为网络互联层的数据单位，IP数据报在具体物理网络中最终也需要封装成帧进行传输。每个在IP层下面的每一种数据链路层都有其自己的MTU。因此一个IP数据报的长度只有小于或等于一个网络的MTU，才能在这个网络中传输。当一个数据报的尺寸大于将要发往网络的最大传输单元时，路由器会将IP数据报分成若干较小的部分，这就是分片，然后再将每片独立地进行发送，每片都可以像正常的IP数据报一样，经过独立的路由选择等处理，结果最终到达目的主机。在最终的目的主机上将接收到的所有分片进行重新IP数据报重组。

(10)路由器实现异构网络的互联，通过路由器的IOS实现路由器带内和带外管理，通过三级模式实现路由器的安全保护。

(11)路由器获取直连路由、配置静态路由、默认路由，路由器通过寻径和转发功能将数据包从一条数据链路传送到另外一条数据链路。

(12)通过等长子网和变长子网划分提高IP地址的利用率和减少路由表条码。

(13)三层交换机实现VLAN间路由，其中一个VLAN对应一个物理接口以及一个VLAN对应一个虚拟接口。

(14)使用IPv6解决IPv4地址的不足，通过冒分十六进制表示IPv6地址，通过双协议栈、隧道技术和地址协议转换技术实现IPv4向IPv6过渡。

实践认知活动1

活动名称：查看ARP表。

活动内容：建立如图7.114所示的以太网，网络号是192.168.10.0/24，依次将该网络中第1个、2个、3个、4个IP地址分配给PC1、PC2、PC3、PC4。

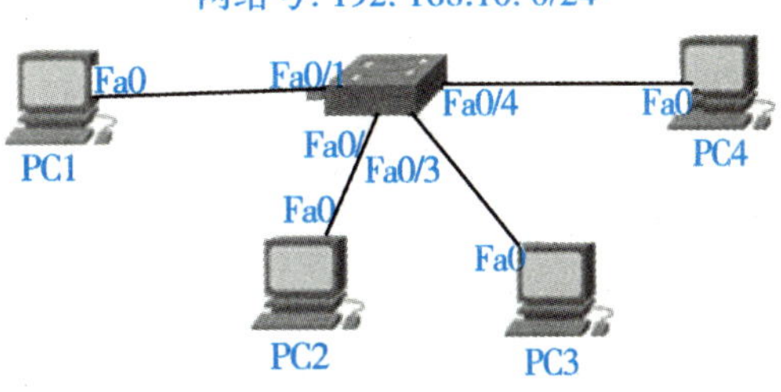

图7.114 在以太网中查看ARP表项自动增加

(1)在PC1的命令行窗口输入arp-a命令查看当前ARP表的内容；

（2）在 PC2 的命令行窗口输入 arp-a 命令查看当前 ARP 表的内容；

（3）在 PC1 命令行窗口输入 ping 192.168.10.2 后，再次查看当前 ARP 表的内容，观察当前 ARP 表是否发生变化，解释增加 ARP 表项的原因；

（4）在 PC2 命令行窗口输入 arp-a 命令再次查看当前 ARP 表的内容，观察当前 ARP 表是否发生变化，解释增加 ARP 表项的原因。

实践认知活动 2

活动名称：计算网络号判断网络的连通性。

活动内容：建立如图 7.115 所示的以太网，按照表 7.25 配置各计算机的 IP 地址和子网掩码。

表 7.25　IP 地址和子网掩码

计算机名	IP 地址	子网掩码
PC1	192.168.10.24	255.255.255.224
PC2	192.168.10.37	255.255.255.224
PC3	192.168.10.48	255.255.255.224
PC4	192.168.10.38	255.255.255.224

（1）计算各 PC 所在的网络号，预判各 PC 之间的连通性，并使用 ping 命令测试各计算机之间的连通性，填入表 7.26 中。

表 7.26　计算机之间的连通性

计算机名	PC1	PC2	PC3	PC4
PC1				
PC2				
PC3				
PC4				

（2）在模拟环境下验证其预判的结果。

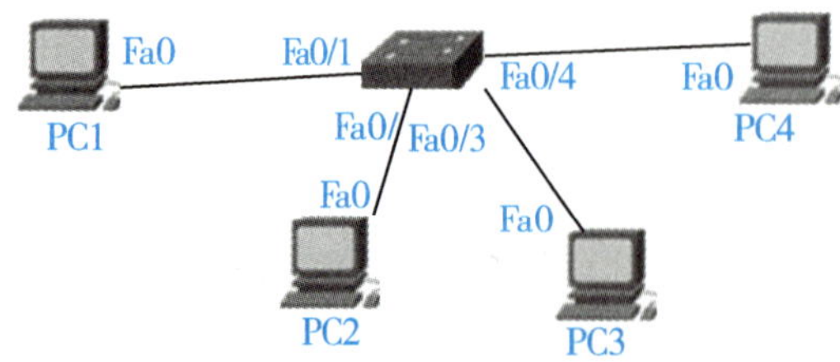

图 7.115　建立的以太网逻辑上判断连通性

实践认知活动 3

活动名称：子网划分。

活动内容：假设该公司从 ISP 申请的网络地址为 196.168.30.0/24。该网络的编址需求如下：

（1）A 网络需要 60 个主机 IP 地址。

(2)B 网络需要 2 个主机 IP 地址。

(3)C 网络需要 14 个主机 IP 地址。

填写表 7.27 的地址规划表。

表 7.27 任务的地址规划

某网络名称	主机位占几位	子网掩码位数	网络号	第一个可用主机地址	最后一个可用主机地址

实践认知活动 4

活动名称：使用 tracert 跟踪命令列出到达目的网络的路径。

活动内容：使用 tracert 跟踪命令列出到达你所在校园网所经过的网关地址。例如，学院官网是 www.qzc.edu.cn，利用 tracert 命令到达官网所经过的网关地址。

实践认知活动 5

活动名称：获取直连路由。

活动内容：为图 7.116 规划地址，并查看当前路由器 R1 所在的直连路由。

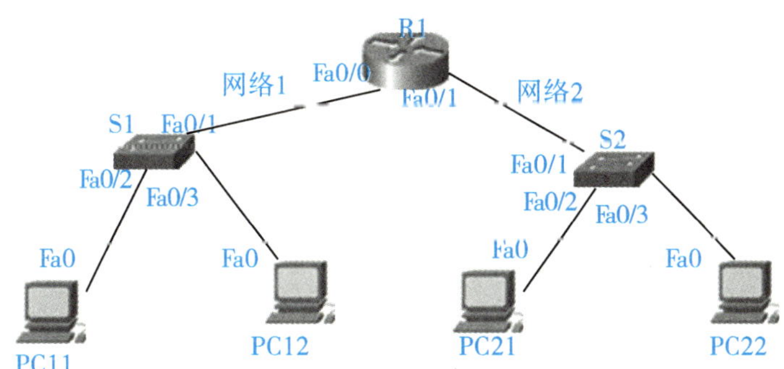

图 7.116 路由器直连 2 个网络

思考题

(1)主机 1 发送 IP 数据报给主机 2，途中经过了 1 个路由器，试问在 IP 数据报的发送过程中总共使用了几次 ARP？

(2)要求地址 210.81.192.0 划分为 6 个子网：

①该类地址默认的子网掩码是？

②子网划分后的子网掩码是？

③子网号为 100 的 IP 地址的范围是？广播地址及子网后的网络号，IP 地址和网络号均用点分十进制表示。

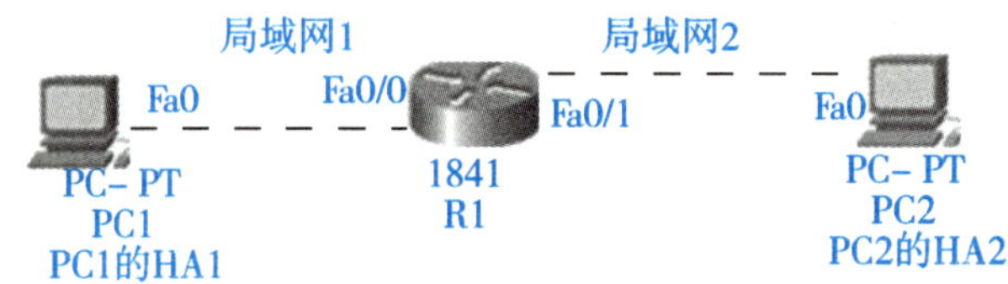

图 7.117　PC1 给主机 PC2 发送数据

(3)图 7.117 中主机 PC1 发送数据给主机 PC2 的过程中：

①数据在局域网 1 中传递源 IP 地址、目的 IP 地址是多少？

②数据在局域网 2 中传递源 IP 地址、目的 IP 地址是多少？

③数据在局域网 1 中传递源物理地址、目的物理地址是多少？

④数据在局域网 2 中传递源物理地址、目的物理地址是多少？

(4)192.168.10.1/24，192.168.20.2/24，它们的网络号各是多少？给出计算过程。

(5)把十六进制的 IP 地址 C2D3F486 转换成点分十进制形式的 IP 地址。

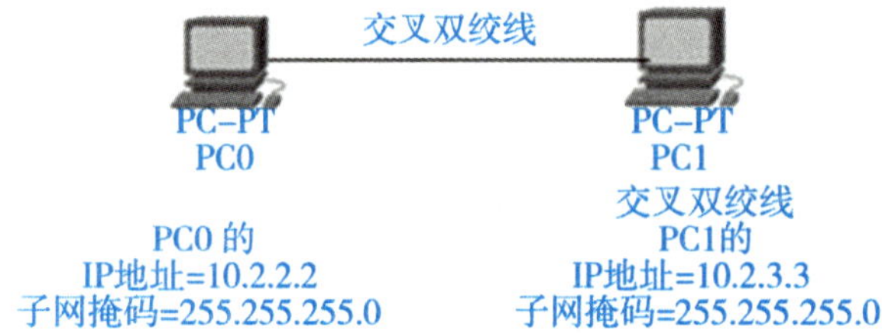

图 7.118　最简单的网络

(6)建立最简单的网络如图 7.118 所示，PC0 和 PC1 的 IP 地址和子网掩码设置如图中所示，两台 PC 都没有设默认网关。问题：用 arp-d 命令清除两台主机上的 ARP 表，然后在 PC0 上 ping PC1，在 PC0 的上显示结果是什么？此时，在两台主机上执行 arp-a 命令是否能看到对方的物理地址？试分析原因。

本章习题

7.1　术语解释

(1)异构网络　(2)直连路由　(3)子网划分　(4)变长子网划分

(5)静态路由　(6)默认路由

7.2　填空题

(1)为高速缓存区中的每一个 ARP 表项分配定时器的主要目的是________。

(2)以太网利用________协议获得目的主机 IP 地址与 MAC 地址的映射关系。

(3)IP 数据报选项由________和________两部分组成。

(4)在转发一个 IP 数据报的过程中，如果路由器发现该数据报报头中的 TTL 字段为 0，

那么，它首先将该数据报________，然后向________发送ICMP报文。

(5)每个网络都是通过一个叫作________的硬件设备与Internet连接在一起的。

(6)当互联网络上的某台路由器有一条以上的________时，它需要多个IP地址，每个端口拥有一个网络号。

(7)在IP互联网络中，路由通常可以分为________路由和________路由。

(8)Internet采用________协议实现网络互联。

(9)路由器通常用来将数据包从一条数据链路传送到另外一条数据链路。这其中使用了两项功能，即________和________。

7.3 选择题

(1)对IP数据报分片的重组通常发生在________上。

A. 源主机　　B. 目的主机

C. IP数据报经过的路由器　　D. 目的主机或路由器

(2)下列哪种情况需要启动ARP请求？________

A. 主机需要接收信息，但ARP表中没有源IP地址与MAC地址的映射关系

B. 主机需要接收信息，但ARP表中已经具有了源IP地址与MAC地址的映射关系

C. 主机需要发送信息，但ARP表中没有目的IP地址与MAC地址的映射关系

D. 主机需要发送信息，但ARP表中已经具有了目的IP地址与MAC地址的映射关系

(3)当一台主机从一个物理网络移到另一个物理网络时，以下说法正确的是________。

A. MAC地址、IP地址都不需改动

B. 改变它的IP地址和MAC地址

C. 改变它的IP地址，但不需改动MAC地址

D. 改变它的MAC地址，但不需改动IP地址

(4)在以太局域网中，将IP地址映射为以太网卡地址的协议是________。

A. ARP　　B. ICMP　　C. UDP　　D. SMTP

(5)Internet的网络层含有四个重要的协议，分别为________。

A. IP，ICMP，ARP，UDP　　B. TCP，ICMP，UDP，ARP

C. IP，ICMP，ARP，RARP　　D. UDP，IP，ICMP，RARP

(6)Internet通过________将各个网络互联起来。

A. 中继器　　B. 网关　　C. 路由器　　D. 网桥

(7)IP服务的3个主要特点是________。

A. 不可靠、面向无连接和尽最大努力投递

B. 可靠、面向连接和尽最大努力投递

C. 不可靠、面向连接和全双工

D. 可靠、面向无连接和全双工

(8)关于IP提供的服务，下列说法正确的是________。

A. IP提供不可靠的数据投递服务，因此数据报投递不能受到保障

B. IP提供不可靠的数据投递服务，因此它可以随意丢弃报文

C. IP提供可靠的数据投递服务，因此数据报投递可以受到保障

D. IP 提供可靠的数据投递服务，因此它不能随意丢弃报文

(9) 删除当前 ARP 缓存的命令是________。

A. arp -a　　B. arp -d　　C. arp -s　　D. arp -no

(10) 现将一个以太网和一个令牌环网互联，选用________设备较为合适。

A. 集线器　　B. 网桥　　C. 以太网交换机　　D. 路由器

(11) 用十六进制表示法为 C0290614 的 IP 地址若采用点分十进制表示为________。

A. 192. 41. 6. 20　　B. 192. 41. 8. 20

C. 210. 29. 6. 14　　D. 191. 29. 6. 14

(12) 把网络 202. 112. 78. 0 划分为多个子网(子网掩码是 255. 255. 255. 192)，则各子网中可用的主机地址总数是________。

A. 126　　B. 64　　C. 128　　D. 62

(13) IP 地址为 140. 111. 0. 0 的 B 类网络，若要切割为 9 个子网，而且都要连上 Internet，子网掩码要设为________。

A. 255. 0. 0. 0　　B. 255. 255. 0. 0

C. 255. 255. 128. 0　　D. 255. 255. 240. 0

(14) 路由器使用网络层地址的哪个部分转发数据包？________

A. 主机部分　　B. 广播地址　　C. 网络部分　　D. 网关地址

(15) 如果目的网络未列在 Cisco 路由器的路由表中，路由器可能会采取哪两项措施？(选择两项)________

A. 路由器发送 ARP 请求以确定所需的下一跳地址

B. 路由器丢弃数据包

C. 路由器将数据包转发到 ARP 表所示的下一跳

D. 路由器将数据包转发到源地址所示的接口

E. 路由器将数据包从默认路由条目所确定的接口发出

(16) 请参见图示，如果使用图示中的网络，下列哪一项将成为 192. 133. 219. 0 网络中主机 A 的默认网关地址？________

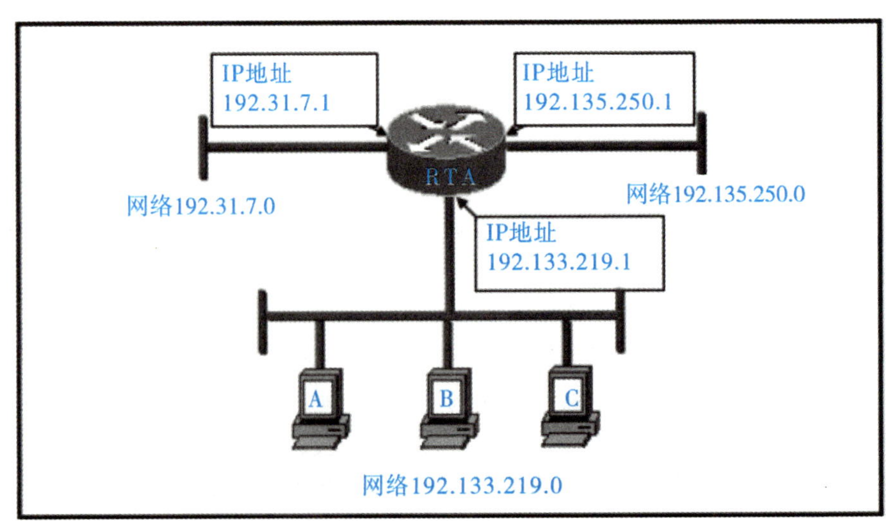

A. 192. 135. 250. 1　　B. 192. 31. 7. 1
C. 192. 133. 219. 0　　D. 192. 133. 219. 1

(17) 默认网关有何作用？________
A. 用于物理连接计算机和网络
B. 为计算机提供永久地址
C. 标识计算机所连接的网络
D. 标识网络计算机的逻辑地址，并且是网络中的唯一标识
E. 允许本地网络计算机和其他网络中的设备通信的设备标识

(18) 如果主机上的默认网关配置不正确，对通信有何影响？________
A. 该主机无法在本地网络上通信
B. 该主机可以与本地网络中的其他主机通信，但不能与远程网络上的主机通信
C. 该主机可以与远程网络中的其他主机通信，但不能与本地网络中的主机通信
D. 对通信没有影响

(19) 以下为源和目的主机的不同 IP 地址组合，其中________组合可以不经过路由直接寻址。
A. 125. 2. 5. 3/24 和 136. 2. 2. 3/24　　B. 125. 2. 5. 3/16 和 125. 2. 2. 3/16
C. 126. 2. 5. 3/16 和 136. 2. 2. 3/21　　D. 125. 2. 5. 3/24 和 136. 2. 2. 3/24

(20) 请参见图示。主机–A 尝试连接服务器–B。下列哪些陈述正确描述了主机–A 在该过程中生成的地址？________
A. 以路由器–B 为目的 IP 地址的数据包
B. 以路由器–A 为目的 IP 地址的数据包
C. 以路由器–B 为目的 MAC 地址的帧
D. 以路由器–B 为目的 IP 地址的数据包

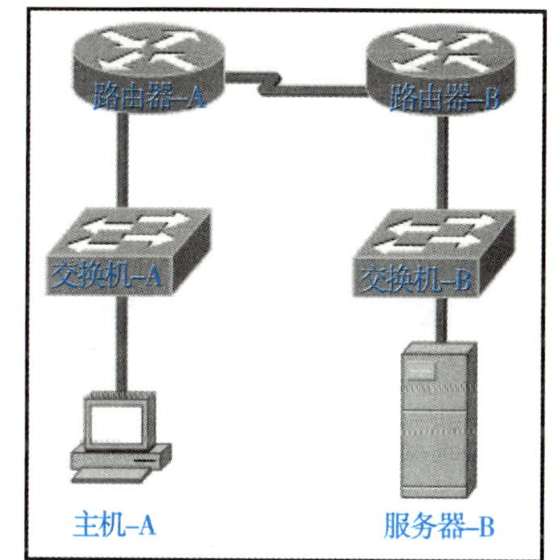

(21) 在因特网中，IP 数据报从源节点到目的节点可能需要经过多个网络和路由器。在整个传输过程中，IP 数据报报头中的________。
A. 源地址和目的地址都不会发生变化
B. 源地址有可能发生变化而目的地址不会发生变化
C. 源地址不会发生变化而目的地址有可能发生变化
D. 源地址和目的地址都有可能发生变化

(22) 在因特网中，IP 数据报的传输需要经由源主机和中途路由器到达目的主机，通常________。
A. 源主机和中途路由器都知道 IP 数据报到达目的主机需要经过的完整路径
B. 源主机知道 IP 数据报到达目的主机需要经过的完整路径，而中途路由器不知道
C. 源主机不知道 IP 数据报到达目的主机需要经过的完整路径，而中途路由器知道
D. 源主机和中途路由器都不知道 IP 数据报到达目的主机需要经过的完整路径

实训题目

(1)图 7.119 一共有几个网络，每个网络都由哪些设备和节点构成?

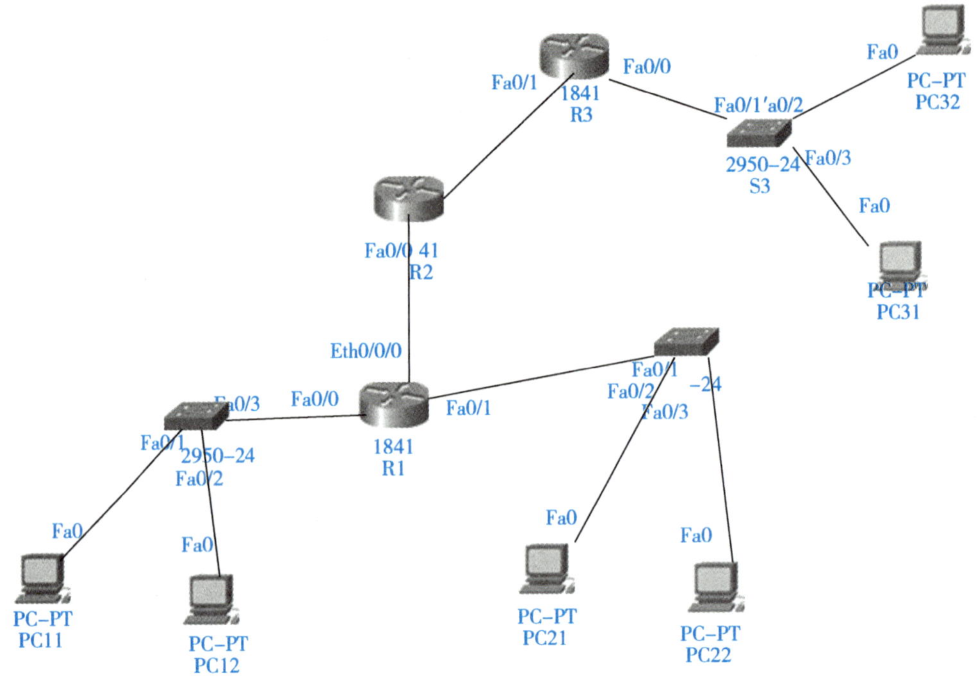

图 7.119　实训项目拓扑图

(2)规划图 7.119 中各设备的地址信息，填写表 7.28。

表 7.28　地址规划表

设备名/节点	IP 地址	子网掩码	默认网关
PC11			
PC12			
PC21			
PC22			
PC31			
PC32			
R1 的 Fa0/0			/
R1 的 Fa0/1			/
R1 的 Eth0/0/0			/
R2 的 Fa0/0			/
R2 的 Fa0/1			/
R3 的 Fa0/0			/
R3 的 Fa0/1			/

(3)在模拟器为 PC 和路由接口分配地址，并开启路由器的接口，此时各路由器获得的直连路由信息如表 7.29 所示。

表 7.29　路由器获得的直连路由信息

路由器名	网络类型	网络号/网络号位数	直接相连接口	开销
R1	C		Fa0/0	0
	C		Fa0/1	0
	C		Eth0/0/0	0
R2	C		Fa0/0	0
	C		Fa0/1	0
R3	C		Fa0/0	0
	C		Fa0/1	0

(4)在(3)的基础上为各路由器指定静态路由，其格式为：

R1(config)#ip route 目标网络号 子网掩码 下一跳

在 R1 上需要配置的静态路由：

在 R2 上需要配置的静态路由：

在 R3 上需要配置的静态路由：

(5)此时各路由器获得的静态路由在路由表中有哪些，在表 7.30 中填写获得的静态路由。

表 7.30　静态路由

路由器名	网络类型	网络号/网络号位数	下一跳	开销
R1	S			
	S			
R2	S			
	S			
	S			
R3	S			
	S			
	S			

第 8 章

无线网络组建

学习要求

通过本章的学习，了解无线网络的基本知识，熟悉无线网络搭建的环境，了解无线局域网的设备如无线网卡、无线 AP 等，并能正确安装与配置；掌握无线局域网的结构；认识无线路由器；掌握 Infrastructure 基础结构模式的适用场合和组建模式；理解网络标识号 SSID 功能；掌握无线网络安全。

思政元素：无线家庭网络实施。

思政目标：通过项目实施培养学生团队合作能力、语言沟通表达能力。培养学生防范电信网络诈骗，警惕免费 WiFi 带来的安全隐患，增强无线网络安全防范意识，做文明守法的网民。

本章，我们将认识我们身边的无线网络，主要对家庭和小型应用场景的无线网络进行搭建，具体解决如下问题：

(1) 什么是无线网络？它和有线网络的关系是什么？

(2) 无线局域网 802.11 系列和以太网工作的方式有何不同？

(3) 组建无线局域网需要哪些设备？如无线网卡、无线 AP 等；

(4) SOHO 无线方案如何组建？

(5) 无线路由器与有线路由器相比有什么不同？

(6) Infrastructure 结构模式的适用场合；

(7) Infrastructure 无线局域网的安装模式；

(8) 网络标识号 SSID 的作用；

(9) 如何将已经建好的无线局域网和有线局域网连为一体，使计算机之间能够进行资源共享？

(10) 如何让拥有无线网卡的计算机通过无线 AP 进行互联？

(11) 无线网络存在哪些安全隐患？

(12) WPAN 适用哪些情景？

(13) 了解移动通信发展历程。

通过设置相应的实践认知活动，可以加深对所学知识的理解，训练自己的动手实践技能，培养网络应用的能力，面对类似的问题，能够运用所学的知识解决当前面临的任务。

8.1　无线网络是有线网络的有效补充

前面介绍了由二层交换机、路由器、三层交换机实现不同网络的互联，这些不同的网络都是基于有线传输介质实现的。但是有线网络在某些环境中，例如在具有空旷场地的建筑物内，在具有复杂周围环境的制造业工厂、货物仓库内，在机场、车站、码头、股票交易场所等一些用户频繁移动的公共场所，在缺少网络电缆而又不能打洞布线的历史建筑物内，在一些受自然条件影响而无法实施布线的环境，在一些需要临时增设网络节点的场合，如体育比赛场地、展示会等，使用有线网络都存在明显的限制。而无线局域网则恰恰能在这些场合解决有线局域网所存在的困难。有线联网的系统，要求工作站保持静止，只能提供介质和办公范围内的移动。无线联网将真正的可移动性引入了计算机世界。

为了满足需求，很多学校和企业纷纷规划建设了无线网络，把其作为有线网络有益的补充。无线网络可以提供全区域、无缝的局域网信号覆盖，实现高数据接入服务，越来越多的用户体会到了随时、随地、移动介入技术带来的好处。

无线网络技术给人们的生活带来的影响是无可争议的，无线网络发展到今天，把网络拓展到生活的每一个角落。越来越多的人开始使用无线技术，享受无线新生活。

8.2　无线家庭网络(SOHO)的组建

8.2.1　用户需求与分析

小明家原有两台台式计算机，随着家庭移动智能终端如笔记本电脑、手机、iPad 的使用，小明想重新搭建家庭网络，如果再使用传统的有线组网技术构建家庭网络，则需要在家中重新布线，不可避免地要进行砸墙和打孔等施工，这样不仅会破坏家中的装修会，而且裸露在外的网线也影响了家庭的美观。笔记本电脑、手机、iPad 方便移动的优势也无法发挥。

无线网络技术恰好能解决以上问题。只需购买无线网卡并安装，选择合适的工作模式并对其进行配置，使各计算机能够在无线网络中互联互通，即可构建完成家庭的无线局域网。针对上述情况，通过与网络技术专家交流，小明确定选用 Ad-Hoc 类型无线局域网。

8.2.2　无线网络基础知识

1. 无线局域网

计算机局域网是把分布在数千米范围内的不同物理位置的计算机设备连接在一起，在网络软件的支持下可以相互通信和资源共享的网络系统。通常计算机组网的传输媒介主要依赖铜缆或光缆构成有线局域网。但有线网络在某些场合要受到布线的限制：布线、改线工程量大；线路容易损坏；网中的各节点不可移动。特别是当要把相离较远的节点连接起来时，敷设专用通信线路布线施工难度之大，费用、耗时之多，实在令人生畏。这些问题都对正在迅速扩大的联网需求形成了严重的瓶颈阻塞，限制了用户联网。

WLAN 就是为解决有线网络的以上问题而出现的。WLAN 利用电磁波在空气中发送和接收数据，而无须线缆介质。WLAN 的数据传输速率现在已经能够达到 300Mbit/s，传输距离可远至 20km 以上。无线联网方式是对有线联网方式的一种补充和扩展，使网上的计算机具有可移动性，能快速、方便地解决以有线方式不易实现的网络连通问题。

2. 无线局域网的特点

与有线网络相比，WLAN 具有以下优点。

1）安装便捷

一般在网络建设当中，施工周期最长、对周边环境影响最大的就是网络布线的施工了。在施工过程中，往往需要破墙掘地、穿线架管。而 WLAN 最大的优势就是免去或减少了这部分繁杂的网络布线的工作量，一般只要安放一个或多个 AP 设备就可建立覆盖整个建筑或地区的局域网络。

2）使用灵活

在有线网络中，网络设备的安放位置受网络信息点位置的限制。而一旦 WLAN 建成后，在无线网的信号覆盖区域内，任何一个位置都可以接入网络进行通信。

3）经济节约

由于有线网络缺少灵活性，这就要求网络的规划者尽可能地考虑未来的发展需要，这往往导致需要预设大量利用率较低的信息点。而一旦网络的发展超出了设计规划时的预期，又要花费较多费用进行网络改造。而 WLAN 可以避免或减少以上情况的发生。

4）易于扩展

WLAN 有多种配置方式，能够根据实际需要灵活选择。这样，WLAN 能够胜任小到只有几个用户的小型局域网和大到上千用户的大型网络，并且能够提供漫游（roaming）等有线网络无法提供的特性。

由于 WLAN 具有多方面的优点，其发展十分迅速。在最近几年里，WLAN 已经在医院、商店、工厂和学校等不适合网络布线的场合得到了广泛的应用。

8.2.3 无线局域网标准

目前支持无线网络的技术标准主要有蓝牙技术（bluetooth）、家庭网络（Home RF）技术以及 IEEE 802.11 系列标准。

1. IEEE 802.11x 标准

顾名思义，WLAN 就是指采用无线传输介质的局域网。IEEE 802.11x 标准覆盖了无线局域网的物理层和 MAC 子层。参照 IOS 七层模型，IEEE 802.11 系列规范主要从 WLAN 的物理层和 MAC 层两个层面制定了系列规范，物理层标准规定了无线传输信号等基础规范，如 802.11a、802.11b、802.11d、802.11g、802.11h，而媒体访问控制层标准是在物理层上的一些应用要求规范，如 802.11e、802.11f、802.11i。

802.11 标准涵盖以下子集：

（1）802.11a：将传输频段放置在 5GHz 频率空间；

（2）802.11b：将传输频段放置在 2.4GHz 频率空间；

（3）802.11d：定义域管理（regulatory domains）；

(4)802.11e：定义服务质量；

(5)802.11f：接入点内部协议(inter-access point protocol，IAPP)；

(6)802.11g：在 2.4GHz 频率空间取得更高的速率；

(7)802.11h：5GHz 频率空间的功耗管理；

(8)802.11i：定义网络安全性。

其中最核心的是 802.11a、802.11b 和 802.11g，它们定义了最核心的物理层规范，这也是受所有芯片开发商及系统集成商所瞩目的 802.11 未来走势所在。

1)IEEE 802.11b

IEEE 802.11b 标准规定无线局域网工作频段为 2.4～2.4835GHz，数据传输速率达到 11Mbit/s，支持的范围在室外为 300m，在办公环境中最长为 100m。数据传输速率可以根据实际情况在 1Mbit/s、5.5Mbit/s、2Mbit/s 和 1Mbit/s 的不同速率间自动切换。该标准是对 IEEE 802.11 的一个补充，采用补偿编码键控调制方式，采用点对点模式和基本模式两种运作模式。

IEEE 802.11b 已成为当前主流的无线局域网标准，被多数厂商所采用，所推出的产品广泛应用在办公室、家庭、宾馆、车站、机场等众多场合。

2)IEEE 802.11a

IEEE 802.11a 标准规定无线局域网工作频段为 5.15～8.825GHz，数据传输速率达到 54Mbit/s，支持的范围在室外为 300m，在办公环境中最长为 100m。该标准扩充了标准的物理层，采用正交频分复用(orthogoal frequency division multiplexing，OFDM)的独特扩频技术，采用 QFSK 调制方式，可提供 25Mbit/s 的无线 ATM 接口和 10Mbit/s 的以太网无线帧结构接口，支持多种业务如语音、数据和图像等，一个扇区可以接入多个用户，每个用户可带多个用户终端。

IEEE 802.11a 标准是 802.11b 的后续标准，它工作于 2.4GHz 频段时不需要执照，该频段属于工业、教育、医疗等专用频段，是公开的，而工作于 5.15～8.825GHz 频段时需要执照。IEEE 802.11a 标准的优点是传输速度快，可达 54Mbit/s，完全能满足语音、数据、图像等业务的需要，缺点是无法与 802.11b 兼容。

3)IEEE 802.11g

IEEE 802.11g 完全兼容 IEEE 802.11a 和 IEEE 802.11b，这样通过 802.11g，原有的 802.11b 和 802.11a 两种标准的设备就可以在同一网络中使用。

2. Home RF 技术

Home RF 无线标准是由 Home RF 工作组开发的，旨在在家庭范围内使计算机与其他电子设备之间实现无线通信的开放性工业标准。2001 年 8 月推出 Home RF 2.0 版，集成了语音和数据传送技术，工作频段为 10GHz，数据传输速率达到 10Mbit/s，在 WLAN 的安全性方面主要考虑访问控制和加密技术。

Home RF 主要为家庭无线网络设计，虽然目前不能成为无线局域网的主流，只能处在补充的地位，但 Home RF 技术仍有自身独特的优势，它是 IEEE 802.11 与 DECT(数字无绳电话)标准的结合，旨在降低语音数据成本。Home RF 在进行数据通信时，采用 IEEE 802.11 规范中的 TCP/IP 传输协议；进行语音通信时，则采用数字增强型无绳通信标准。

3. 蓝牙技术

所谓蓝牙技术，实际上是一种短距离无线数字通信的技术标准，其目标是实现最高数据传输速度 1Mbit/s(有效传输速度为 721Kbit/s)/传输距离为 10cm～10m，通过增大发射功率可达到 100m。从目前的蓝牙产品来看，蓝牙主要应用在手机、笔记本电脑等数字终端设备之间的通信和以上设备与 Internet 的连接中。目前，蓝牙系统也嵌入微波炉、洗衣机、电冰箱、空调等传统家用电器中。

4. WAPI

随着 WLAN 的迅速发展，2003 年 5 月 12 日，我国发布了无线局域网国家标准无线局域网鉴别和保密基础结构(WLAN authentication and privacy infrastructure，WAPI)，它像红外线、蓝牙、GPRS、CDMA1X 等协议一样，是无线传输协议的一种，只不过它只是无线局域网中的一种传输协议而已，它与现行的 802. 11b 传输协议比较相近。不同的传输协议将数据包在两台以上的电子设备间进行传输所用的原理和实现的手段是不同的，它们多数都不兼容，如果不制定无线传输协议的标准，无线电子设备的通用性就会受到很大的限制，例如，笔记本电脑在某地方也许可以无线上网，但到了另一个地方，可能就会由于传输协议不统一而无法实现无线上网了，而如果所有的无线产品都使用同一种传输协议，那么笔记本电脑无论走到哪里，只要有 WLAN 信号的地方都可以轻松实现无线上网。

8. 2. 4　无线局域网介质访问控制规范

IEEE 802. 11 工作组考虑了两种介质访问控制算法：一种是分布式的访问控制，它和以太网类似，通过载波监听方法来控制每个访问节点；另一种是集中式访问控制，它是由一个中心节点来协调多节点的访问控制。分布式访问控制协议适用于特殊网络，而集中式控制适用于几个互联的无线节点和一个与有线主干网连接的基站。

IEEE 802. 11 工作组采用分布式基础无线网的介质访问控制算法，IEEE 802. 11 协议的 MAC 层又分为两个子层：分布式协调功能子层与点协调功能子层。

分布式协调功能子层使用了一种简单的 CSMA 算法，没有冲突检测功能。按照简单的 CSMA 的介质访问规则进行如下两项工作。

(1)如果一个节点要发送帧，它需要先监听介质。如果介质空闲，节点可以发送帧；如果介质忙，节点就要推迟发送，继续监听，直到介质空闲。

(2)节点延迟一个空隙时间，再次监听介质。如果发现介质忙，则节点按照二进制指数退避算法延迟一个空隙时间，并继续监听介质。如果介质空闲，节点就可以传输。

在分布式访问控制子层之上有一个集中式控制选项。点协调功能是通过在网中设置集中式的轮询主管“点”的方式，使用轮询方法来解决多节点争用公用信道问题，提供无竞争的服务。

8. 2. 5　无线网络硬件设备

组建无线局域网的网络设备主要包括无线网卡、无线 AP、无线路由器和天线，几乎所有的无线网络产品中都自含无线发射/接收功能。

1. 无线网卡

无线网卡在无线局域网中的作用相当于有线网卡在有线局域网中的作用。按无线网卡的

总线类型可分为适用于台式机的 PCI 接口的无线网卡、适用于笔记本电脑的 PCMCIA 接口的无线网卡，如图 8.1 所示。笔记本电脑和台式机均使用 USB 接口的无线网卡，如图 8.2 所示。

图 8.1　PCMCIA 接口的无线网卡

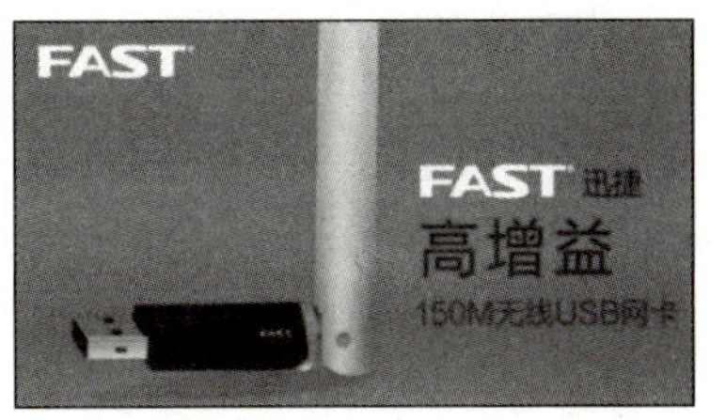

图 8.2　USB 接口的无线网卡

2. 无线 AP

无线 AP 也称无线网桥，主要提供无线工作站对有线局域网和有线局域网对无线工作站的访问。在访问接入点覆盖范围内的无线工作站均可通过 AP 分享有线局域网甚至 Internet 的资源。目前大多数的无线 AP 都支持多用户接入，主要用于宽带家庭、大楼内部以及园区内部，典型传输距离为几十米至上百米，如图 8.3 所示。除此之外，用于大楼之间的联网通信的室外无线 AP，如图 8.4 所示，其典型传输距离从几千米到几十千米，为难以布线的场所提供可靠、高性能的网络连接。

图 8.3　室内无线 AP

图 8.4　室外无线 AP

3. 无线路由器

无线路由器是用于用户上网、带有无线覆盖功能的路由器。无线路由器可以看作一个转发器，将家中墙上接出的宽带网络信号通过天线转发给附近的无线网络设备(笔记本电脑、支持 WiFi 的手机、平板以及所有带有 WiFi 功能的设备)。市场上流行的无线路由器一般都支持专线 XDSL/Cable、动态 XDSL、PPTP 四种接入方式，一般只能支持 15~20 个设备同时在线使用。它还具有其他一些网络管理的功能，如 DHCP 服务、NAT 防火墙、MAC 地址过滤、动态域名等功能。一般的无线路由器信号范围为半径 50m，已经有部分无线路由器的信号范围达到了半径 300m。

在中关村在线官网上，查看无线路由器网络设备，可以看到路由器按品牌、价格、产品类型、最高传输速率、网络接口、频率范围、特性进行分类，如图 8.5 所示。在类型里路由器分为智能无线路由器、SOHO 无线路由器、便携式无线路由器、家用无线路由器、分布式无线路由器、企业级无线路由器、随身 WiFi。

品牌：	不限	艾泰 腾达 飞鱼星 D-Link UBNT NETGEAR 华为 TP-LINK 小米 蒲公英 荣耀 华硕 H3C 水星 极路由 锐捷网络 360 迅捷网络 红米 磊科 newifi 中兴 爱快 JCG LINKSYS 大洲 海康威视 思科 努比亚 TOTOLINK OPPO 诺基亚 联想 谷歌 LB-Link 维盟
价格：	不限	100元以下 100-150元 150-200元 200-300元 300-500元 500-1000元 1000元以上 - 确定
产品类型：	不限	智能无线路由器 SOHO无线路由器 便携式无线路由器 家用无线路由器 分布式无线路由器 企业级无线路由器 随身WiFi
最高传输速率：	不限	1000Mbps及以上 450-1000Mbps 450Mbps 300Mbps 150Mbps
网络接口：	不限	千兆 百兆
频率范围：	不限	三频 双频 单频
特性：	不限	IEEE 802.11ax IEEE 802.11ac USB接口 可拆卸天线 内置防火墙 支持VPN功能 支持WPS功能 支持WDS功能

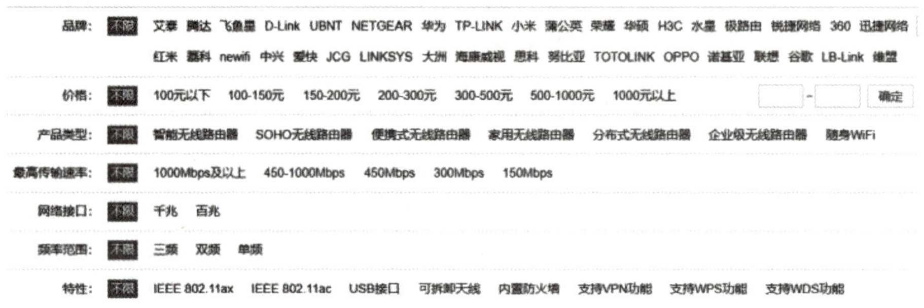

图 8.5 无线路由器的分类

以 TP-LINK TL-WDR7661 千兆版为例，其外观如图 8.6 所示。其主要参数如图 8.7 所示。

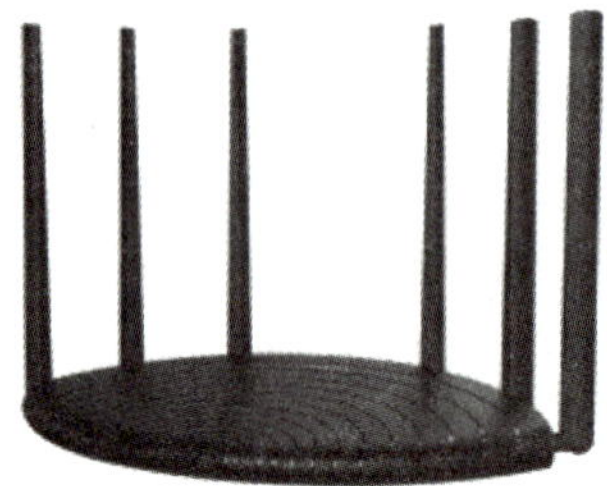

图 8.6 TP-LINK TL-WDR7661 千兆版外观

配置参数 详细参数

产品类型	家用无线路由器	是否可拆卸	否
网络标准	IEEE 802.11ac，IEEE 802.11n，IEEE 802...	防火墙功能	支持
最高传输速率	1900Mbps	状态指示灯	系统状态指示灯，各端口Link/Act指示灯
传输速率	2.4GHz：600Mbps，5GHz：1300Mbps	产品尺寸	254×160×38mm
频率范围	双频（2.4GHz，5GHz）	产品重量	0.335kg
网络接口	1个10/100/1000Mbps WAN口，支持自...	环境标准	工作温度：0℃～40℃
天线类型	外置天线	其它性能	按钮：Reset复位按钮
天线数量	6根	其它特点	无线桥接

图 8.7 TP-LINK TL-WDR7661 主要参数

4. 天线

天线(antenna)的功能是将信号源发送的信号由天线传送至远处。天线一般有定向性(uni-directional)与全向性(omni-directional)之分，前者较适合长距离使用，而后者则较适合区域性的应用。例如，若要将第一栋楼内无线网络的范围扩展到一千米甚至数千米以外的第二栋楼，其中的一个方法是在每栋楼上安装一个定向天线，天线的方向互相对准，第一栋

楼的天线经过网桥连接到有线网络上，第二栋楼的天线连接在第二栋楼的网桥上，如此无线网络就可接通相距较远的两个或多个建筑物。

8.2.6　无线局域网的组网模式

将以上几种无线局域网设备结合在一起使用，就可以组建出多层次、无线与有线并存的计算机网络。一般来说，组建无线局域网时，可供选择的方案主要有两种：一种是无中心无线 AP 结构的 Ad-Hoc 网络模式；另一种是有中心无线 AP 结构的 Infrastructure 网络模式。

1. 自组网络(Ad-Hoc)模式

1)Ad-Hoc 的工作原理

自组网络又称对等网络，即点对点(point to point)网络，是最简单的无线局域网结构，是一种无中心拓扑结构，网络连接的计算机具有平等的通信关系，仅适用于较少数的计算机无线互联(通常是在 5 台主机以内)。简单地说，无线对等网就是指无线网卡+无线网卡组成的局域网，不需要安装无线 AP 或无线路由器，如图 8.8 所示。

任何时间，只要两个或更多的无线网络接口互相在彼此的范围之内，它们就可以建立一个独立的网络，可以实现点对点或点对多点连接。自组网络不需要固定设施，是临时组成的网络，非常适合于野外作业和军事领域。组建这种网络，只需要在每台计算机中插入一块无线网卡，不需要其他任何设备就可以完成通信。

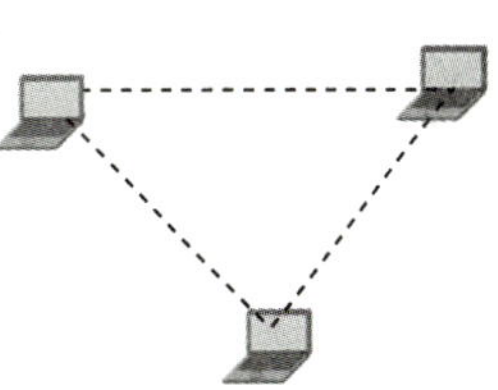

图 8.8　无线对等网络

该无线组网方式的原理是每个安装无线网卡的计算机相当于一个虚拟 AP(软 AP)，即类似于一个无线基站。在无线网卡信号覆盖范围内，两个基站之间可以进行信息交换，既是工作站又是服务器。

2)Ad-Hoc 工作模式的特点

(1)安装简单。只需在计算机上安装无线网卡并进行简单的配置即可。

(2)节约成本。省去了无线 AP，直接搭建无线网络，适合于小型规模的网络环境。

(3)通信距离较近。由于无线网卡的发射功率都比较小，所以计算机之间的距离不能太远。无线网卡距离墙壁通常为 40m 左右，而且无线网卡对墙壁的穿透能力差，墙壁不要超过两堵，否则信号衰减很大。此外，距离远网络的稳定性也差。

(4)通信带宽低。Ad-Hoc 模式中所有的计算机共享连接的带宽。例如，有 4 台计算机同时共享带宽，每台计算机的可利用带宽就会只有标准带宽的 1/4。

(5)传输速率的最低匹配。无线网络的两块网卡的传输速率最好是一样的，否则将自动降为速率较低的那个。

(6)和外网连接困难。无线对等网络的最大缺点是必须通过网络中的另一台计算机上网，因此，接入外网的计算机必须始终处于开机状态。

3)Ad-Hoc 模式中设备连接标识：SSID

处于同一网络中的多台计算机通过广播帧的形式把信息传播给网络中的所有设备，那么连接在无线网络环境中的所有设备又是如何和自己的同伴进行通信的呢？又是如何把无关的计算机排斥在无线网络范围之外呢？

实际上处于同一网络中的无线设备为了识别是否是自己的同伴，它们之间使用一种无线网络身份标识符号来区别设备。这种无线身份标识符号又叫作 SSID。SSID 是配置在无线网络设备中的一种无线标识，它允许具有相同的 SSID 无线用户端设备之间才能进行通信。因此，SSID 的泄密与否，也是保证无线网络接入设备安全的一种重要标志。

SSID 用于区分不同的无线网络工作组，任何无线接入器或其他无线网络设备要想与某一特定的无线网络组进行连接，就必须使用与该工作组相同的 SSID。如果设备不提供这个 SSID，它将无法加入该工作组。

2. 基础结构网络(infrastructure)模式

在具有一定数量用户或需要建立一个稳定的无线网络平台时，一般会采用以 AP 为中心的模式，将有限的“信息点”扩展为“信息区”，这种模式也是无线局域网最为普通的构建模式，即基础结构模式，采用固定基站的模式。在基础结构网络中，要求有一个无线固定基站 AP 充当中心站，所有节点对网络的访问均由其控制，如图 8.9 所示。

图 8.9　基础结构无线网络

在基于 AP 的无线网络中，AP 访问点和无线网卡还可针对具体的网络环境调整网络连接速度，如 11Mbit/s 的 IEEE 802.11b 的可使用速率可以调整为 1Mbit/s、2Mbit/s、5.5Mbit/s 和 11Mbit/s 共 4 种；54Mbit/s 的 IEEE 802.11a 和 IEEE 802.11g 的则有 54Mbit/s、48Mbit/s、36Mbit/s、24Mbit/s、18Mbit/s，12Mbit/s、11Mbit/s、9Mbit/s、6Mbit/s、5.5Mbit/s、2Mbit/s、1Mbit/s 共 12 个不同速率可动态转换，以发挥相应网络环境下的最佳连接性能。

8.3　无线家庭网络的方案设计

家庭无线网络技术让家中所有的台式机、笔记本电脑、手机、iPad 不必通过线缆连接，就可以形成简单的 SOHO 网络，带给家庭网络应用的新模式。无线家庭网络让家中的成员可以很方便地使用各自的计算机学习和工作。

假定户主家面积有 $120m^2$，为使所有区域都覆盖无线信号，最好采用以无线 AP 为中心的接入方式，连接家庭中所有的计算机。家庭中所有的计算机无论处于什么位置都能有效地接收信号，这也是最理想的家庭无线网络模式。

为了实现上述设计，需要购买无线网络接入设备，需要家用终端都有无线网卡，配置成无线网络环境中的终端设备，同时还需购买无线 AP，安装基础结构无线网络。

首先，确认 3 台计算机中有无线网卡，且无线网卡正常运行，然后分别对接入的无线网络设备做简单的协议配置工作，保证家庭中所有的设备之间具有相同的工作模式和相同的无线网络标识符号，从而使整个家庭处于无线网络中。

8.4　项目实施：基础结构无线网络的组建

在 Cisco Packet Tracer 实施该项目需要的网络设备包括：

(1) Linksys-WRT300N 无线路由器；

(2) PC 3 台。

8.4.1　拓扑搭建和实施过程

为了完成本项目，搭建如图 8.10 所示的网络拓扑结构。

1. 为 PC 添加无线网卡

在 Cisco Packet Tracer 中，PC 上的网卡为有线网卡，添加无线网卡的方法如下：

(1)关闭 PC 电源；

(2)将有线网卡拖拽到 PT-HOST-NM-1CFE 配件区域；

(3)将 Linksys-WMP300N 拖拽到有线网卡区；

(4)再次打开电源，如图 8.11 所示。

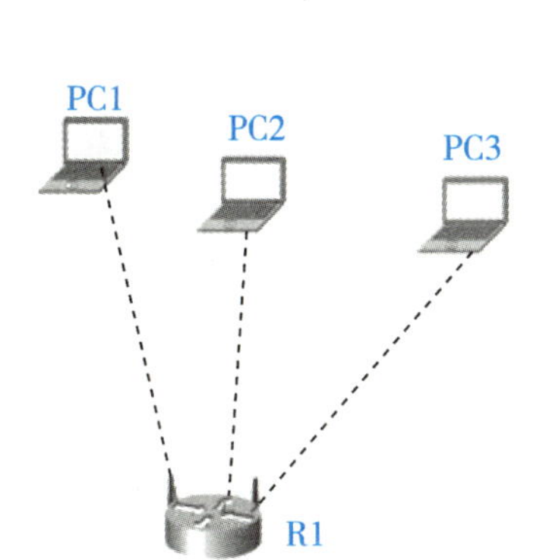

图 8.10　基于基础结构无线网络的组建

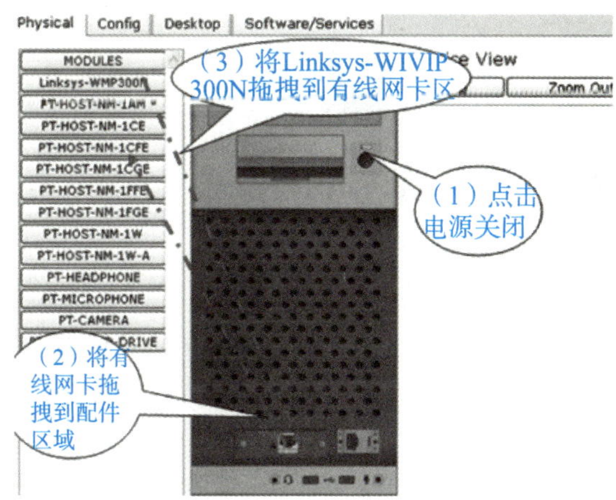

图 8.11　为 PC 添加无线网卡

2. 认识无线路由器

Linksys-WRT300N 无线路由器的物理外观如图 8.12 所示，提供 1 个 WAN 接口(也称 Internet 接口)、4 个 LAN 接口(以太网接口)和无线网络。

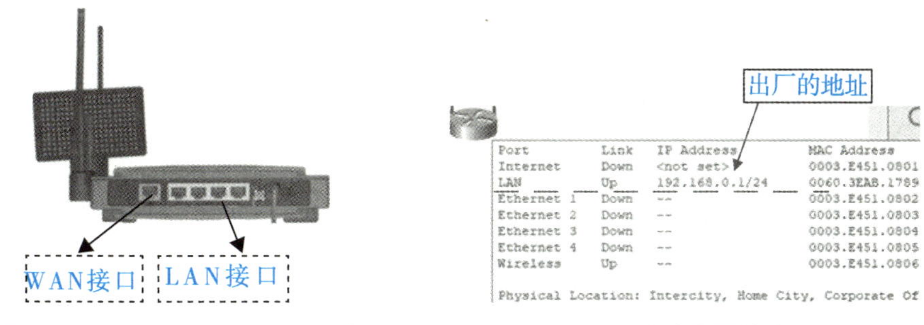

Port	Link	IP Address	MAC Address
Internet	Down	<not set>	0003.E451.0801
LAN	Up	192.168.0.1/24	0060.3EAB.1789
Ethernet 1	Down	--	0003.E451.0802
Ethernet 2	Down	--	0003.E451.0803
Ethernet 3	Down	--	0003.E451.0804
Ethernet 4	Down	--	0003.E451.0805
Wireless	Up	--	0003.E451.0806

Physical Location: Intercity, Home City, Corporate Of

图 8.12　Linksys-WRT300N 无线路由器物理外观

图 8.13　无线路由器的默认配置

鼠标放在无线路由器上，也可以看到提供 1 个 WAN 接口(也称 Internet 接口)、4 个 LAN 接口(以太网接口)和无线网络，如图 8.13 所示。除此之外还看到为无线路由器分配

LAN 的 IP 地址为 192.168.0.1/24，这个地址用于用户首次通过 PC 终端访问路由器（在购买的说明书中也会看到这个地址，登录的用户名和密码为 admin）。

3. PC 首次登录无线路由器

首次使用无线路由器，PC 通过双绞线与无线路由器的 LAN 端口相连，其连接的物理拓扑如图 8.14 所示。

图 8.14 PC1 首次使用无线路由器的拓扑图

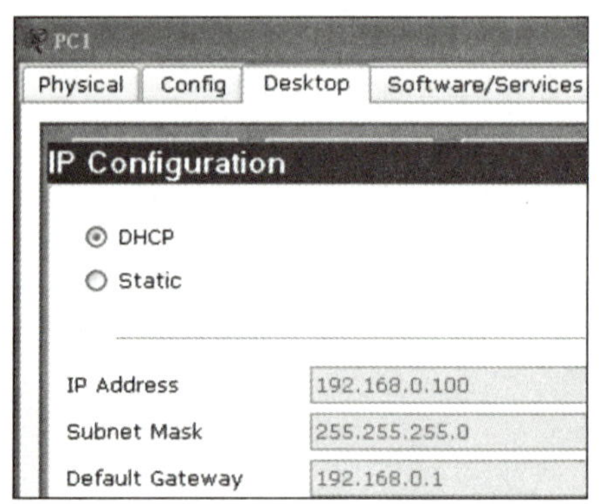

图 8.15 PC1 自动获取地址信息

（1）将 PC1 的本地连接中的 IP 地址设置为自动获取，获取到地址信息如图 8.15 所示。从图 8.15 可以看出，无线路由器默认情况下启动了 DHCP 功能，它已为接入网络中的 PC1 分配了 IP 地址。

（2）在 PC1 的 Web Browser 窗口输入 192.168.0.1 并按回车键，输入用户名和密码（都是 admin），如图 8.16 所示。

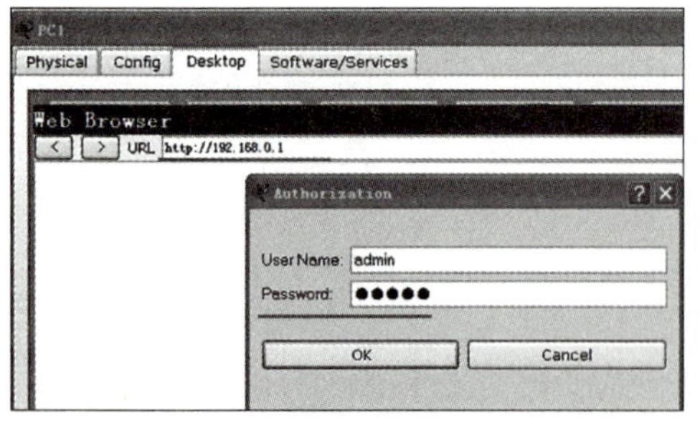

图 8.16 PC1 上登录无线路由器

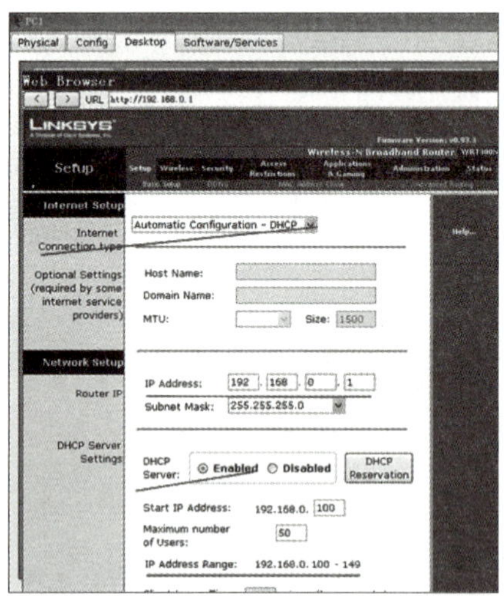

图 8.17 无线路由器的基本配置

单击 OK 按钮后，出现无线路由器的 Web 管理界面如下，现在就可以进行相关配置了，如图 8.17 所示。

4. 无线路由器 Web 管理主要配置内容

(1)在 Setup 选项卡中，如图 8.18 所示。

在图 8.18 中，我们可以看到它主要包括 Internet Connection Type、Router IP 和 DHCP Server Settings。各项的具体作用如下：

①Internet Connection Type(internet 连接类型)选项，在家庭或小型企业网络中，通常由 ISP 通过 DHCP 分配此 Internet IP 地址。

②Router IP，此时设置为 192.168.0.1/24，客户端接收 IP 地址和掩码并将路由器的 IP 作为网关使用。

③DHCP Server Settings，开启 DHCP 功能。

(2)Wireless(无线)选项卡，如图 8.19 所示。

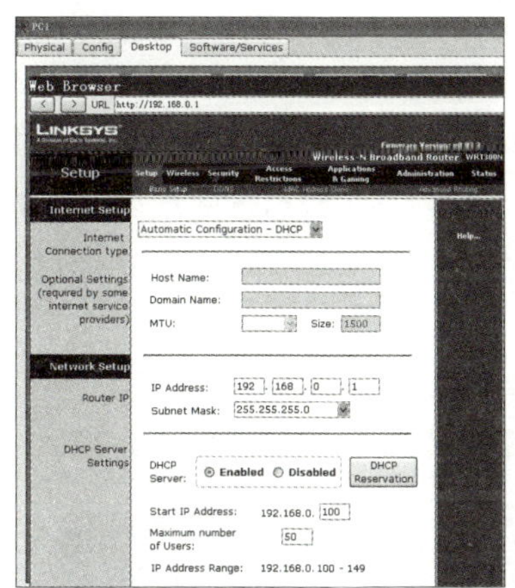

图 8.18　无线路由器的 Setup 配置

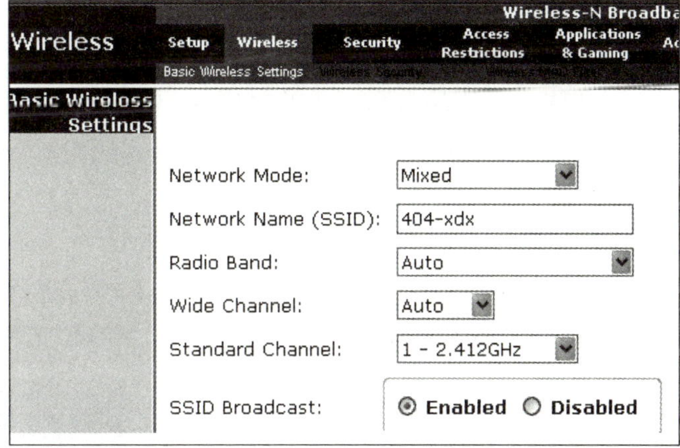

图 8.19　修改 SSID

(3) Wireless Security(无线安全)选项卡，如图 8.20 所示。

将 Security Mode(安全模式)从 Disabled(已禁用)改为 WEP。

Encryption(加密)使用默认的 40/64 - Bit(40/64 位)，将 Key1(密钥 1)设置为 0123456789，单击 Save Settings 按钮保存设置。

(4) Administration(管理)选项卡，如图 8.21 所示。

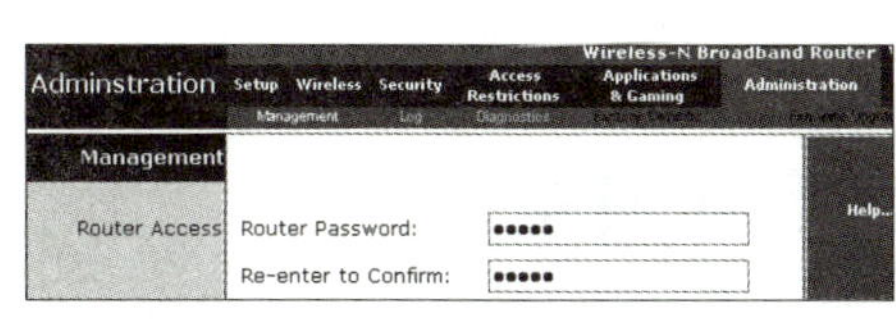

图 8.20　设置加入 SSID 口令

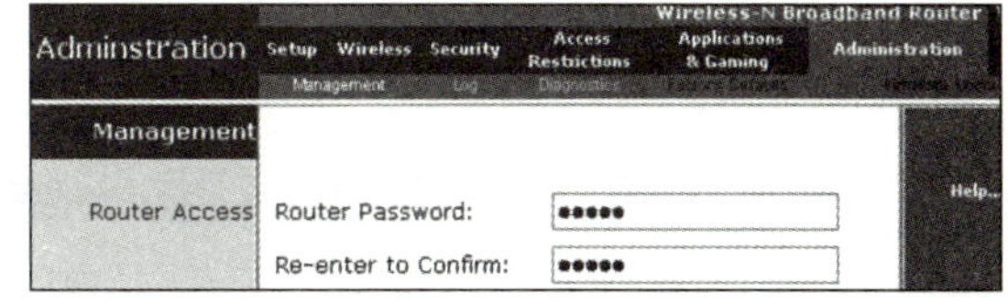

图 8.21　重新设置登录路由器的口令

将路由器口令改为 cisco123，再次输入同一口令以确认。

5. 增加一台 PC2 和 PC3，为它们添加无线网卡

8.4.2　效果测试

(1)在 PC2 的配置 GUI 中，单击 Desktop(桌面)选项卡。

(2)单击 PC Wireless(PC 无线)开始为 PC2 设置 WEP 密钥。出现的 Linksys 屏幕应显示该 PC2 尚未与任何接入点关联。

(3)单击 Connect(连接)选项卡。404-xdx 显示在可用无线网络列表中，选中它并单击 Connect(连接)按钮。

(4)在 WEP Key 1(WEP 密钥 1)中键入 WEP 密钥 0123456789，然后单击 Connect(连接)按钮。

(5)切换到 Link Information(链路信息)选项卡。Signal Strength(信号强度)和 Link Quality(链路质量)指标应显示信号极强。

(6)单击 More Information(详细信息)按钮查看该连接的详细信息。可以看到 PC 从 DHCP 地址池接收的 IP 地址。PC2 以无线方式接入网络，如图 8.22 所示。同理以同样的方式将 PC3 加入该无线网络。

在 PC2 上 ping PC1，其结果如图 8.23 所示。

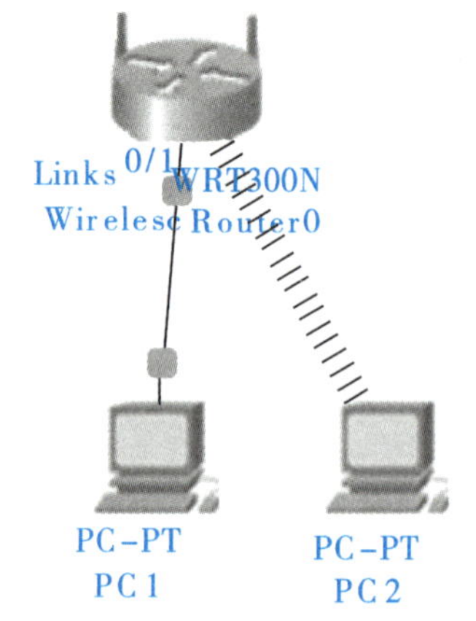

图 8.22　PC2 通过无线网卡接入网络

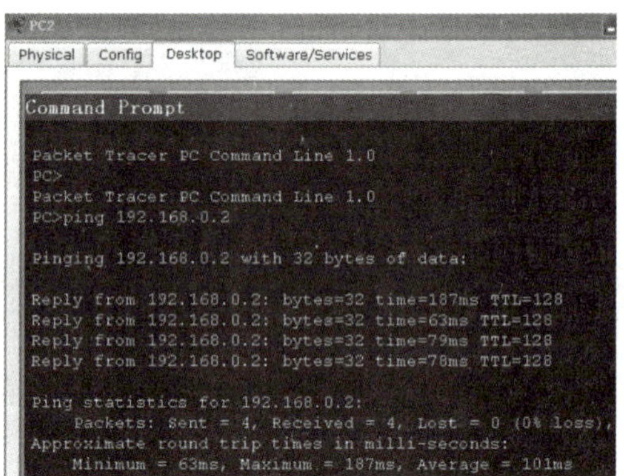

图 8.23　PC2 ping PC1

8.5　无线有线一体的园区网组建

8.5.1　用户需求

某学院校园网经过几期的扩建已经建设成完整的校园有线局域网。但学院会议室、报告厅、体育馆等场所由于种种原因没有布线，随着校园网信息化的普及，这些场所也需要提供上网环境，特别是越来越多的笔记本电脑的使用，对校园网接入的灵活性、实时性和方便性提出了更高的要求。

需求：会议室、报告厅、体育馆等场所能够上网。

分析：单就上网这个需求来说，有有线和无线两种选择。如果有线上网，需要在上网场所内穿墙凿洞，重新布线，而且在集体活动时也不能保证大家都有网线上网，因此应该在上述场所内实现无线上网。

8.5.2　相关知识

与 Ad-Hoc 结构的无线局域网模式不同，Infrastructure 结构的无线局域网模式较为复杂，需要增加更多的无线互联设备。在 Infrastructure 结构中，无线局域网计算机之间的通信通过无线 AP 进行连接，由无线 AP 转发信息，实现网络资源的共享。

1. Infrastructure 模式适用场合

Ad-Hoc 结构的无线局域网只适用于纯粹的无线环境或者数量有限的几台计算机之间的对接。在实际的应用中，如果需要把无线局域网和有线局域网连接起来，或者有数量众多的计算机需要进行无线连接，最好采用以无线 AP 为中心的 Infrastructure 结构模式。

Infrastructure 模式网络是一种整合有线与无线局域网架构的应用模式。在这种模式中，无线网卡与无线 AP 进行无线连接，再通过无线 AP 与有线网络建立连接。实际上，Infrastructure 模式网络还可以分为三种模式：室内移动办公、室外点对点和室外点对多点。

1) 室内移动办公

室内移动办公方式以星型拓扑为基础，以 AP 为中心，所有的基站通信都要通过 AP 接转。由于 AP 有以太网接口，这样，既能以 AP 为中心独立建立一个无线局域网，也能以 AP 作为一个有线局域网的扩展部分，如图 8. 24 所示。

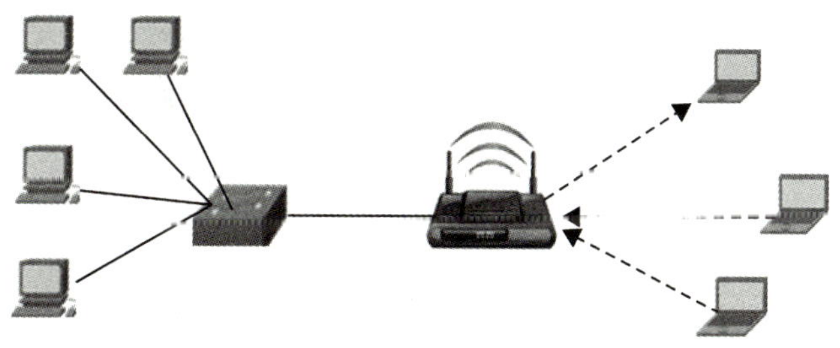

图 8. 24　室内有线+无线办公

2) 室外点对点

安装于室外的无线 AP，通常称为无线网桥，主要用于实现室外的无线漫游、无线局域网的空中接力，或用于搭建点对点、点对多点的无线连接。如图 8. 25 所示，两个有线局域网通过无线方式相连。网络 A 和网络 B 分别为两个有线局域网，在距离较远而无法布线的情况下，可通过两台无线网桥将两个有线局域网连在一起，通过无线 AP 上的 RJ-45 接口与有线的交换机相连。此方案主要用于两点之间距离较远或中间有河流、马路等无法布线且专线拨号成本又比较高的情况。

无线网桥是为使用无线电波(微波)进行远距离互联而设计的、工作在数据链路层的转发设备，传输距离可达 20km，适用于城市中的远距离或在无高大障碍(山峰或建筑)的条件下，快速组网和野外作业的临时组网。

3)室外点对多点

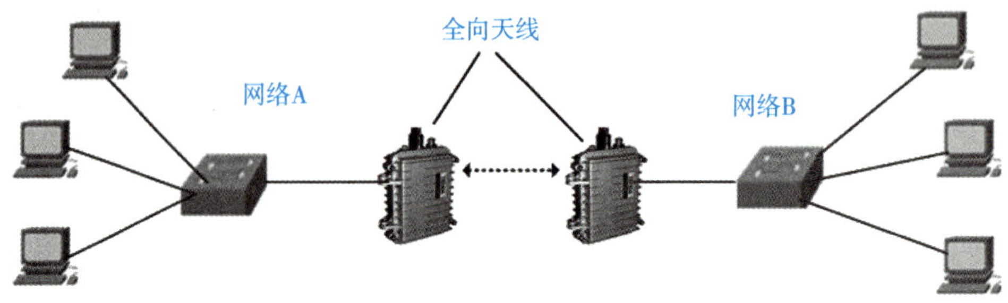

图 8.25　室外点对点无线网络

如图 8.26 所示，网络 A 是有线中心局域网，网络 B、C、D 分别是外围的三个有线局域网。在无线设备上中心点需要全向天线，其他各点采用定向天线，此方案适用于总部与多个分部的局域网连接。

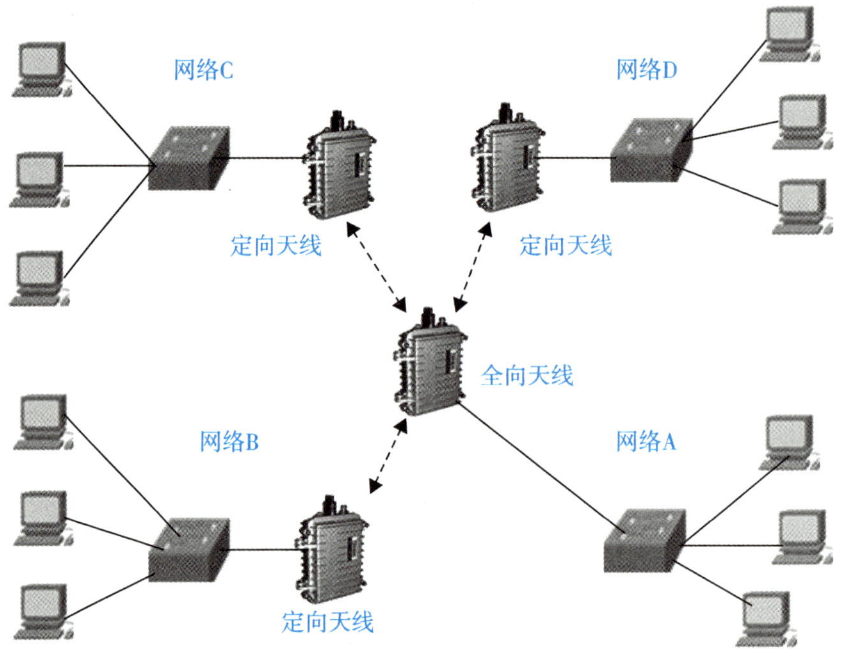

图 8.26　室外点对多点的无线网络

2. 服务区域认证 ID(SSID)

SSID 是无线局域网中一个可配置的无线标识，它允许无线用户端与无线标识相同的无线 AP 之间通信，通过配置无线局域网中的设备，只有配有相同 SSID 的无线用户端设备才可以和无线 AP 通信。SSID 可以作为无线用户端和无线接入点之间传递的一个简单密码来看待，从而提供无线局域网的安全保密功能。

8.5.3　方案设计

为实现上述设计，需要购买无线网络接入设备，给所有家用计算机安装无线网卡，配置成无线网络环境中的终端设备，同时还需购买无线 AP，可以安装 Infrastructure 模式的无线网络。

8.5.4　项目实施：无线有线一体的园区网组建

1. 设备清单

(1) D-LINK 无线 AP，型号为 DWL-2000AP+A；

(2) D-LINK 交换机，型号为 DES-1008D；

(3)TP-LINK TL-WN620G+无线网卡 2 块；

(4)PC3 台。

2. 网络拓扑

为了完成本项目，搭建如图 8.27 所示的网络拓扑结构。就是通过无线 AP 实现几台计算机之间无线通信的工作场景。通过无线网卡，无线 AP 实现基础结构模式的无线网络通信。

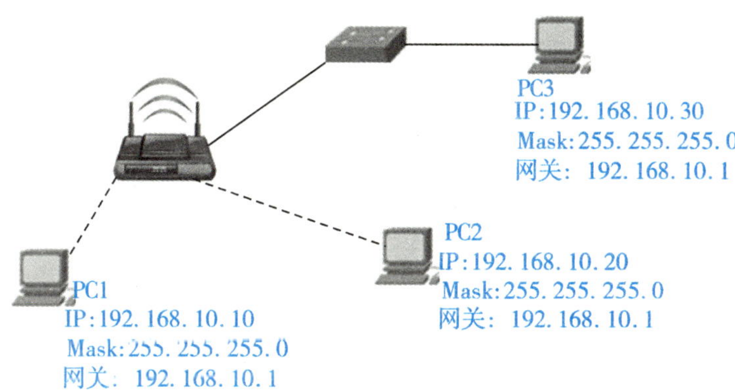

图 8.27　无线+有线网络构建

3. 实施过程

(1)硬件连接。

①按照图 8.27 连接，使用一条直通网线直接将 DWL2000AP+A 与用于配置的计算机连接。

②将电源适配器的一端和 DWL2000AP+A 后面板上的接收器(receptor)相连，另一端插入墙面电源插座或插线板，电源 LED 指示灯亮，表明操作正确。

③将交换机和无线 AP 用网线连接起来。

④将 PC3 连接到交换机上

⑤在 PC1 和 PC2 上分别安装无线网卡。

(2)按照 8.3 节的步骤设置 PC1 和 PC2 通过无线 AP 互联，连接 Infrastructure 无线局域网，配置无线局域网中的计算机。

(3)设置 PC3 的本地连接的属性，包括设置 IP 地址为 192.168.10.30，子网掩码为 255.255.255.0，默认网关为 192.168.10.1，从而保证 PC1、PC2 和 PC3 这三台计算机在同一网段。

(4)项目测试。

①在 PC1 上通过 ping 命令检查 PC1 和 PC2、PC3 之间的连通性。

②在 PC2 上通过 ping 命令检查 PC2 和 PC1、PC3 之间的连通性。

8.6 警惕免费 WiFi 带来的安全隐患

随着移动互联网发展和智能设备的普及，公众无线上网的需求越来越强烈。与之相适应的是，提供移动上网服务的各类 WiFi 热点也越来越多地覆盖宾馆、机场、咖啡馆、公园等公共场所，给人们带来了便利，同时却隐藏危机。

8.6.1 存在问题

央视舆论监督王牌栏目《焦点访谈》在“安全上网需得法”栏目中报道了一位市民在 U 盾、银行卡均在身边的情况下，因通过免费 WiFi 上网导致银行卡被盗刷 6 万多元的案件。另外一位网友在微博上爆料，有次在星巴克上网，打开手机的 WiFi 无线网络进行搜寻，发现有一个名称为 Starbucks2 的无线网络，不需要密码就能马上登录，当时便进行了网银支付等操作，不久后就发现原密码不能登录，便立刻感觉到被黑客盗取了，幸好账户内的资金不多。

上述案例表明，在公共场所使用不明 WiFi 热点，会对手机信息安全带来极大的安全隐患，应当引起人们的重视。对此，安全专家分析，在星巴克、肯德基等公共场所，黑客完全可以通过一个随身 WiFi 建立 AP 热点，并将热点的名字设置为 Starbucks，诱骗用户接入私自设置的 WiFi。当用户用手机接入并登录第三方支付、网银、股票账户的时候，黑客能够窃取用户的账号、密码信息。也可以向用户发送钓鱼网址页面，诱骗用户输入个人账号信息，然后立即通过窃取的信息盗刷用户银行卡和手机钱包。

8.6.2 建议措施

1. 拒绝来源不明的 WiFi

设置钓鱼 WiFi 陷阱的黑客大多利用用户免费蹭网的心理。因此要想避免落入类似陷阱，首先要做到的就是尽量不要使用来源不明的 WiFi，尤其是免费又不需要密码的 WiFi。如果是在星巴克、麦当劳这样有商家提供免费 WiFi 的地方，用户也要多留一个心眼，主动向商家询问其提供的 WiFi 的具体名称，以免在选择 WiFi 热点接入时不小心连接到黑客搭建的名称类似的 WiFi。

2. 关闭手机自动接入 WiFi 设置

手机默认为自动接入 WiFi，就可能在不知情的状况下连接一些伪装 WiFi。选择手动接入相对安全，同时一般正规的免费 WiFi 都需要密码登录，遇到无密码即可登录的 WiFi 尽量不要连接。

3. 安装手机管家等安全软件

手机管家在用户接入免费 WiFi 的时候会进行安全扫描，遇到免费 WiFi 的钓鱼、盗号行为，手机管家都可以进行拦截和提醒，从而避免手机遭遇黑客入侵。

4. 使用专用应用程序

用户在使用智能手机登录手机银行或者支付宝、财付通等金融服务类网站时，最好不要直接通过手机浏览器进行，优先考虑使用银行或者第三方支付公司推出的专用应用程序，这些程序的安全性比开放的手机浏览器高。

5. 及时更新浏览器

针对最容易泄露用户信息的浏览器软件，用户除了要在官方网站进行下载和安装之外，还要养成定时更新升级的习惯。例如，UC 浏览器，其最新的版本就加入了连接到无密码的 WiFi 网络自动提醒用户是否要断开的功能，这种功能升级对于用户防范钓鱼 WiFi 无疑能起到实用效果。使用浏览器登录网站时，如果碰到需要用户输入账户名和密码并弹出“是否记住密码”选项框的情况，最好不要选择“记住密码”，因为“记住密码”功能会将用户的账号信息存储到浏览器的缓存文件夹中，无形中方便了黑客进行窃取。

8.7 无线个人区域网 WPAN

无线个人局域网通信技术简称 WPAN(wireless personal area network communication technologies)，WPAN 是一种采用无线连接的个人局域网，除了基于蓝牙技术的 802.15 之外，IEEE 还推荐了其他两个类型：低频率的 802.15.4(TG4，也称为 ZigBee)和高频率的 802.15.3(TG3，也称为超波段或 UWB)。TG4 ZigBee 针对低电压和低成本家庭控制方案提供 20 Kbit/s 或 250 Kbit/s 的数据传输速度，而 TG3 UWB 则支持用于多媒体 20 Mbit/s～1Gbit/s 的数据传输速度。

无线个人局域网被用在电话、计算机、附属设备以及小范围(个人局域网的工作范围一般是在 10m 以内)内的数字助理设备之间的通信。支持无线个人局域网的技术包括蓝牙、ZigBee、超频波段(UWB)、IrDA、Home RF 等，其中蓝牙技术在无线个人局域网中使用得最广泛。每一项技术只有用于特定的用途、应用程序或领域才能发挥最佳的作用。此外，虽然在某些方面，有些技术被认为是在无线个人局域网空间中相互竞争，但是它们常常相互之间又是互补的。

WPAN 是为了实现活动半径小、业务类型丰富、面向特定群体、无线无缝的连接而提出的新兴无线通信网络技术。WPAN 能够有效地解决“最后的几米电缆”的问题，进而将无线联网进行到底。

WPAN 是一种与无线广域网(WWAN)、无线城域网(WMAN)、无线局域网并列但覆盖范围相对较小的无线网络。在网络构成上，WPAN 位于整个网络链的末端，用于实现同一地点终端与终端间的连接，如连接手机和蓝牙耳机等。WPAN 所覆盖的范围一般在 10m 半径以内，必须运行于许可的无线频段。WPAN 设备具有价格便宜、体积小、易操作和功耗低等优点。

8.8 移动通信

移动通信(mobile communication)是移动体之间的通信或移动体与固定体之间的通信。移动体可以是人，也可以是汽车、火车、轮船、收音机等在移动状态中的物体。

移动通信是进行无线通信的现代化技术，这种技术是电子计算机与移动互联网发展的重要成果之一。移动通信技术经过第一代、第二代、第三代、第四代技术的发展，目前，已经迈入了5G移动通信技术，这也是目前改变世界的几种主要技术之一。

现代移动通信技术主要可以分为低频、中频、高频、甚高频和特高频几个频段，在这几个频段之中，技术人员可以利用移动台技术、基站技术、移动交换技术，对移动通信网络内的终端设备进行连接，满足人们的移动通信需求。从模拟制式的移动通信系统、数字蜂窝通信系统、移动多媒体通信系统，到目前的高速移动通信系统，移动通信技术的速度不断提升，延时与误码现象减少，技术的稳定性与可靠性不断提升，为人们的生产和生活提供了多种灵活的通信方式。

在过去的半个世纪中，移动通信的发展对人们的生活、生产、工作、娱乐乃至政治、经济和文化都产生了深刻的影响，30年前幻想中的无人机、智能家居、网络视频、网上购物等均已实现。移动通信技术经历了模拟传输、数字语音传输、互联网通信、个人通信、新一代无线移动通信5个发展阶段。

8.8.1 5G

5G是具有高速率、低时延和多连接特点的新一代宽带移动通信技术，是实现人、机、物互联的网络基础设施。

国际电信联盟(ITU)定义了5G的三大类应用场景，即增强移动宽带(eMBB)、超高可靠低时延通信(uRLLC)和海量机器类通信(mMTC)。增强移动宽带主要面向移动互联网流量爆炸式增长，为移动互联网用户提供更加极致的应用体验；超高可靠低时延通信主要面向工业控制、远程医疗、自动驾驶等对时延和可靠性具有极高要求的垂直行业应用需求；海量机器类通信主要面向智慧城市、智能家居、环境监测等以传感和数据采集为目标的应用需求。

为满足5G多样化的应用场景需求，5G的关键性能指标更加多元化。ITU定义了5G八大关键性能指标，其中高速率、低时延、大连接成为5G最突出的特征，用户体验速率达1Gbit/s，时延低至1ms，用户连接能力达100万连接/km^2。

深圳自2017年10月开通首个5G试验站点以来，5G产业链发展快速推进。

2018年6月3GPP发布了第一个5G标准(Release-15)，支持5G独立组网，重点满足增强移动宽带业务。2020年6月Release-16版本标准发布，重点支持低时延高可靠业务，实现对5G车联网、工业互联网等应用的支持。Release-17(R17)版本标准将重点实现差异化物联网应用，实现中高速大连接，已于2022年3月下旬发布。

8.8.2　性能指标

(1)峰值速率需要达到 10~20Gbit/s，以满足高清视频、虚拟现实等大数据量传输。
(2)空中接口时延低至 1ms，满足自动驾驶、远程医疗等实时应用。
(3)具备百万连接/km^2 的设备连接能力，满足物联网通信。
(4)频谱效率要比 LTE 提升 3 倍以上。
(5)连续广域覆盖和高移动性下，用户体验速率达到 100Mbit/s。
(6)流量密度达到 10Mbit/s/m^2 以上。
(7)移动性支持 500km/h 的高速移动。

本章总结

本章对无线网络的知识进行了介绍，以无线家庭网络(SOHO)的组建需求为例，介绍了无线局域网介质访问控制方法，无线网卡、无线路由器、无线 AP 等联网设备，并实施了无线家庭网络组建。组建无线局域网时，可供选择的方案主要有两种：自组网络(Ad-Hoc)模式和基础结构网络(infrastructure)模式。在 Cisco Packet Tracer 中实施了基础结构无线网络的组建，对免费 WiFi 带来的安全隐患进行分析并给出了相应的建议措施。最后对 WPAN 和移动通信技术进行了介绍。

实践认知活动 1

活动名称：画出自己家里无线网络的拓扑结构。
(1)仔细观察并画出家里无线网络的拓扑结构；
(2)家庭无线网络中有哪些接入设备？查看各设备的地址信息。

实践认知活动 2

活动名称：家庭无线网络故障排除的顺序。
(1)记录家庭无线网络故障的现象；
(2)记录故障排除顺序。

本章习题

8.1　选择题

(1)无线网络属于________类型的网络。

A. LAN　　B. WAN
C. MAN　　D. 以上选项都不是

(2)目前使用许多无线设备标注的网络传输速率是 54Mbit/s，实际传输速率是________。

A. 54Mbit/s　　B. 大于 5Mbit/s

C. 小于 54Mbit/s　　D. 标准传输速率的一半左右

(3) 无线通信协议标准包含________。

A. IEEE 802.11a　　B. IEEE 802.11b

C. IEEE 802.11c　　D. IEEE 802.11d

(4) 无线基础组网模式包括________。

A. Ad-Hoc　　B. Infrastructure

C. 无线漫游　　D. anyIP

(5) 以下________是无线网络工作的频段。

A. 2.0GHz　　B. 2.4GHz

C. 2.5GHz　　D. 5.0GHz

(6) 组建 Ad-Hoc 模式无线对等网络________。

A. 只需要无线网卡　　B. 需要无线网卡和无线 AP

C. 需要无线网卡、无线 AP 和交换机　　D. 需要无线网卡、无线 AP 和相关软件

(7) 无线 AP 是无线互联设备，其功能相当于有线互联设备的________。

A. 集线器　　B. 网桥

C. 交换机　　D. 路由器

(8) 无线局域网中使用的 SSID 是________。

A. 无线局域网的设备名称　　B. 无线局域网的标识符号

C. 无线局域网的入网口令　　D. 无线局域网的加密符号

(9) 组建 Infrastructure 模式的无线局域网________。

A. 只需要无线网卡

B. 需要无线网卡和无线 AP

C. 需要无线网卡、无线 AP 和交换机

D. 需要无线网卡、无线 AP 和相关软件

8.2　简答题

(1) 无线局域网的物理层有几个标准？

(2) 常用的无线局域网设备有哪些？它们各自的功能又是什么？

(3) 无线局域网的网络结构有哪几种？

(4) 简单描述在无线局域网和有线局域网连接中，无线 AP 和交换机的连接方式以及它们承担的功能。

8.3　实训题

(1) 设计有 5 台计算机、采用 Ad-Hoc 工作模式的无线网络拓扑，列出所需设备清单，安装无线设备，并测试其连通性。

(2) 用无线路由器组建家庭局域网方案。

第 9 章

VPN

学习要求

通过本章学习，了解什么是 VPN、建立 VPN 的目的；掌握 VPN 连接的类型；了解电信 VPN 产品以及这些产品适用的场合；通过公司 VPN 案例分享理解如何建立 VPN；了解创建 VPN 配置和登录的流程；了解公司不同的 VPN 需求解决方案。

思政元素：疫情期间 VPN 技术实现停工不停业。

思政目标：培养学生开展“共抗疫情、爱国力行”爱国主义主题教育。

本章，我们将认识 VPN 技术以及电信公司提供的 VPN 产品，通过 VPN 案例分享理解如何建立 VPN。具体解决如下问题：

(1)什么应用场景需要 VPN，如远程办公用户想访问公司内部文件；

(2)VPN 连接有哪两种类型？

(3)电信公司提供哪些 VPN 产品以及这些产品适用的场合；

(4)公司 VPN 案例分享说明如何建立 VPN；

(5)使用 VPN 有哪些优势？

本章学习什么是 VPN、VPN 的优点、VPN 的类型、电信 VPN 的产品和解决方案示例，接着以公司搭建 VPN 案例来分享其建设方案和建设过程。

随着企业规模的发展、信息化时代的到来，越来越多的企业都在逐步依靠计算机网络、应用系统来开展业务并采用 Internet 来开展更多的商务活动，由于种种原因，稍具规模的企业都不只是一个办公场所，而是有总部、分公司、办事处、工厂、仓库等多个业务点，越来越多地应用了计算机和各类软件系统来处理企业业务，企业的应用系统(如 ERP、财务、文件传输、内部实时邮件等)如何扩展到远程分支机构中成了众多企业的一个难题。

总部与分公司、工厂与写字楼、生产车间与仓库、生产厂与销售部、分厂与总厂之间的距离虽说不是很远，有时只有几十公里甚至几百米，可是用局域网拉网线联网的方法已经是不可能了；同时用传统方式的 DDN、帧中继构建企业远程专网需要昂贵的成本，让不少企业望“网”兴叹。而覆盖全球的 Internet 是公共网基础设施，总部与分公司若通过 Internet 直接连接，数据流直接在 Internet 上公奔，攻击者通过监听、截取、篡改等手段会给企业及其内部网络带来安全风险。幸运的是，公司都可使用 VPN 技术通过公共 Internet 基础设施创建能够确保机密性和安全性的私有网络。帮助我们轻松构建远程网络系统，加速信息流、资金流、物流的循环，降低经营成本，开拓全新市场机遇。

9.1 什么是 VPN

VPN(virtual private network)的中文名字是虚拟私人专用网络，是企业内部私有网络在因特网等公共网络上的延伸。VPN 通过私有通道创建一个安全的私有连接，将远程用户、家庭办公、公司分支机构、公司的业务合作伙伴等与企业网连接起来，形成一个扩展的公司企业网。VPN 意味着可通过不安全的公共 Internet 以安全、独占的方式传输数据。VPN 的示意图如图 9.1 所示。它具有一条跨越不安全的公共网 Internet 来连接两个端点的安全数据信道。本地用户和远程位置之间建立连接，该连接可采用有线或无线网络方式。

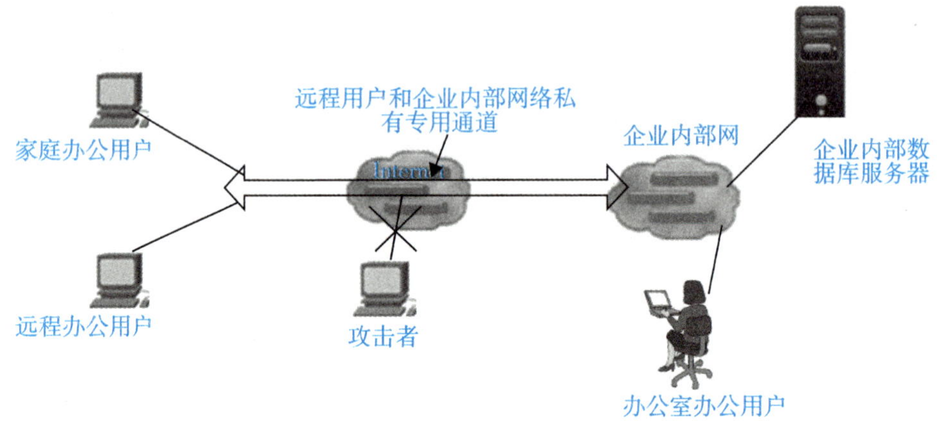

图 9.1 VPN 的示意图

从图 9.1 可以看出 VPN 具有如下特征：

(1)虚拟：远程用户和企业内部网络私有专用通道是虚连接，为了确保私有性，数据流经过了加密，它不租用专用线路。

(2)专用：对数据进行加密以确保机密性。

下面通过一个比喻，从另一个角度阐释 VPN 的概念，假设你生活在海洋环抱的一个岛屿上，周围还有成千上万个其他岛屿，有些岛屿靠得很近，有些岛屿相隔遥远。假设每个企业内部的局域网都是一个岛屿。通常的出行方式是，从你所在的岛屿乘渡船前往要拜访的岛屿。但乘渡船出行意味着几乎毫无隐私可言，因为你的任何行动都被旁人看在眼里。

假定每个岛屿都表示一个私有局域网，而海洋是 Internet。渡船出行类似于通过 Internet 连接到某台 Web 服务器或其他设备。我们无法控制组成 Internet 的电缆和路由器，就像无法控制渡船上的其他人一样。因此，如果使用公共资源连接两个私有网络，将很容易受到安全问题的困扰。

你决定建造通往另一个岛屿的秘密通道，以便两个岛屿的人们可更方便、安全、直接地往来。即使连接的岛屿靠得很近，建造和维护秘密通道的费用也不低，但对安全、可靠的通道需要使你决定还是建立秘密通道。然而，对于另一个更远的岛屿，过高的费用让你不得不打消建立秘密通道的念头。

这与使用租用线非常相似，秘密通道(租用线)与海洋(internet)是分开的，但它们能够连接各个(局域网)。很多公司之所以选择这种方案，是因为它们需要安全、可靠地连接到远程办事处。然而，如果办事处相隔很远，代价将极其高昂。

VPN 与这个比喻有何关系呢？可以向各岛屿的每位居民分发一艘小型潜水艇，这些潜水艇有如下特点：

(1)速度快；

(2)无论前往何处，都便于携带；

(3)能够将你完全隐藏起来，不被其他船只或潜艇发现；

(4)可靠。

虽然潜艇在海上行驶时其他船只也在海上通行，但两个岛屿的居民只要愿意，可以随时往来于两个岛屿，且隐私权和安全性都能够得到保证，这实际上就是 VPN 的工作原理。网络的每位远程成员都可将 Internet 作为连接到私有局域网的介质，从而安全、可靠地通信。VPN 可以扩展以满足更多用户和站点的需求，这比使用租用线时容易得多。实际上，相对于典型租用线，可扩展性是 VPN 的大优点。使用租用线时，覆盖的距离越远，成本就越高；而搭建 VPN 时，各办事处的地理位置无关紧要。

9.2　VPN 的优点

使用 VPN 的组织将受益于更大的灵活性和效率提升。远程站点和远程工作人员几乎可以从任何地点安全地连接到企业网络。VPN 中的数据经过加密，无权拥有数据的人无法破译。VPN 将远程主机纳入防火墙内，访问网络设备时就像在企业办公室中一样。如图 9.2 所示，实线表示租用线路，虚线表示基于 VPN 的虚连接，使用 VPN 有如下优点。

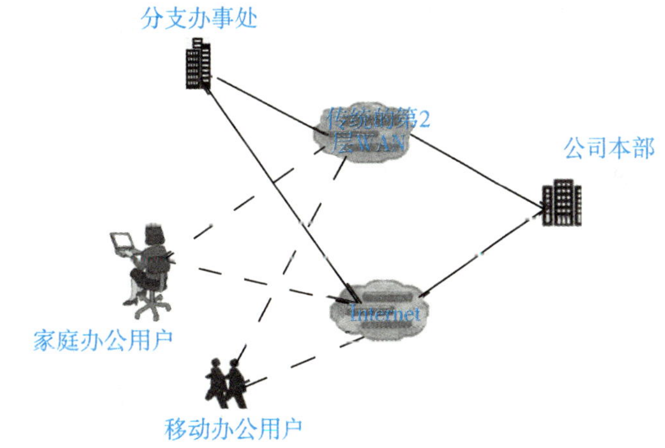

图 9.2　VPN 的优点

1)使用 VPN 可降低成本

通过公用网来建立 VPN，就可以节省大量的通信费用，而不必投入大量的人力和物力去安装和维护 WAN 设备和远程访问设备或租用昂贵的专用 WAN 链路和大量设备。组织可使用经济的 ISP 宽带将远程办事处和远程用户连接到公司总部。

2)传输数据安全、可靠

虚拟专用网产品均采用加密及身份验证等安全技术，保证连接用户的可靠性及传输数据的安全性和保密性，防止数据遭到未经授权的访问。

3)连接方便灵活，具有可扩展性

用户如果想与合作伙伴联网，如果没有虚拟专用网，双方的信息技术部门就必须协商如何在双方之间建立租用线路或帧中继线路，有了虚拟专用网之后，只需双方配置安全连接信息即可。VPN 使用 ISP 和运营商的 Internet 基础设施，企业可轻松地添加新用户。与企业相连的机构无论大小，无须大规模添置基础设施即可大幅度扩充容量。

9.3 VPN 的类型

本章讨论两种 VPN。

1) 点到站点 VPN

让站点能够通过公共基础设施(如 Internet)访问内联网或外联网。办事处、分支机构和供应商使用站点到站点 VPN。

2) 远程接入 VPN

让远程用户能够通过公共基础设施(如 Internet)访问内联网或外联网。远程工作人员和移动用户通常使用远程接入 VPN。

VPN 在两个端点之间建立专用连接或网络，且通常实现了身份验证和加密，下面将详细介绍。

9.3.1 站点到站点 VPN

1. 应用场景

一般企业总部与分部之间或者和业务合作伙伴之间，为节省成本，利用互联网通道为企业各站点内网进行数据传输。例如，便利超市各站点之间的内网数据传输。单位使用站点到站点 VPN，连接各分散站点的方式与租用线或帧中继连接使用的方式相同。由于大多数单位现在都能接入 Internet，因此可利用站点到站点 VPN 的优点，如图 9.3 所示。

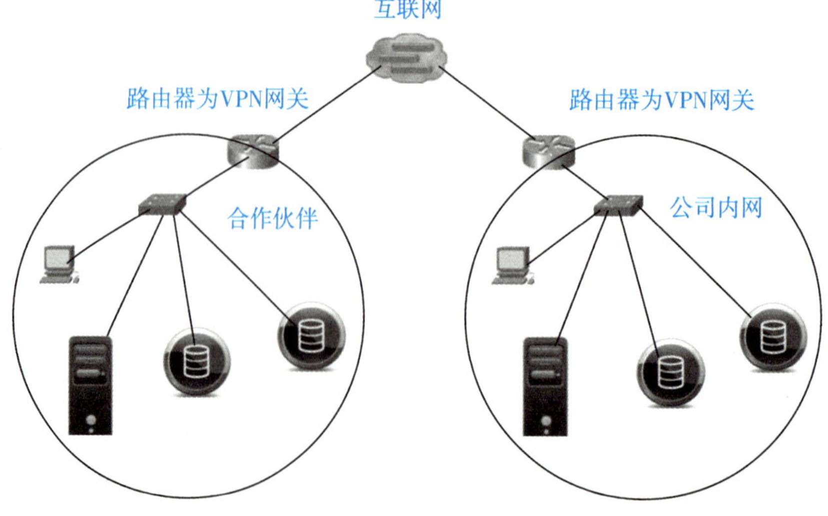

图 9.3 站点到站点 VPN

2. 技术实现

在站点到站点 VPN 中，主机通过 VPN 网关(可以是带 VPN 功能的路由器或者 PIX 防火墙或者自适应安全设备)收发 TCP/IP 数据流。VPN 网关负责对来自特定站点的所有数据流进行封装和加密，然后通过穿越 Internet 的 VPN 隧道将其发送到目标站点对等 VPN 网关。收到数据后，对等 VPN 网关剥除报头，将内容解密，然后将分组转发到其私有网络中的目标主机。

9.3.2　远程接入 VPN

1. 应用场景

让远程用户能够通过互联网访问企业内部网络，即远程工作人员和移动用户通过远程接入 VPN。例如，员工出差在外或在家办公用户可通过互联网访问公司内部网络进行工作，如图 9.4 所示。

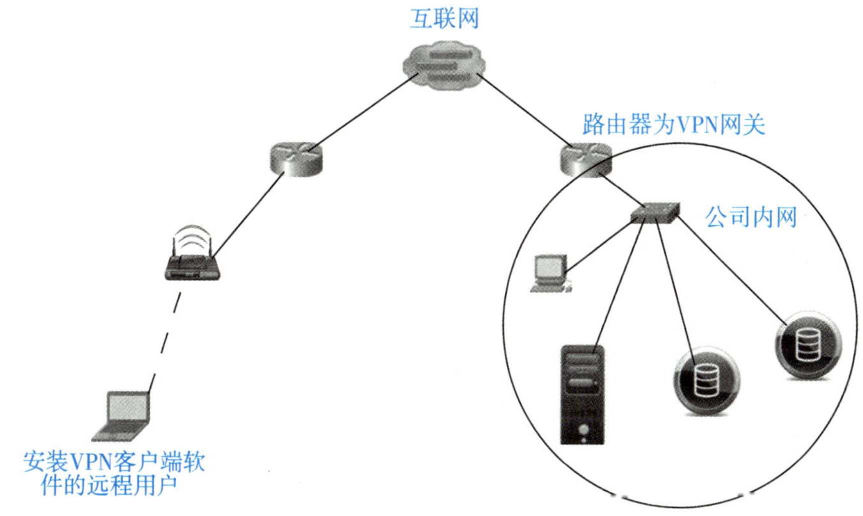

图 9.4　远程接入 VPN

2. 技术实现

在远程接入 VPN 中，用户主机通常安装了 VPN 客户站软件，只要主机发送数据流，VPN 客户软件便将其封装和加密，然后通过 Internet 将其发送到目标网络边缘处的 VPN 网关。VPN 网关收到数据后，剥除报头，将内容解密，然后将分组转发到其私有网络中的目标主机。

9.4　VPN 的特点

(1)安全保障：VPN 通过建立一个隧道，利用加密技术对传输数据进行加密，以保证数据的私有和安全性。

(2)服务质量保证：VPN 可以给不同要求提供不同等级的服务质量保证。

(3)可扩充性和灵活性：VPN 支持通过 Internet 和 Extranet 的任何类型的数据流。

(4)可管理性：VPN 可以从用户和运营商角度方便地进行管理。

9.5 VPN 按不同的标准分类

VPN 可以按几个标准进行分类划分。

9.5.1 按 VPN 的协议分类

VPN 的隧道协议主要有三种：PPTP、L2TP 和 IPSec，其中 PPTP 和 L2TP 工作在 OSI 模型的第二层，又称为二层隧道协议；IPSec 是第三层隧道协议，也是最常见的协议。L2TP 和 IPSec 配合使用是目前性能最好、应用最广泛的一种。

9.5.2 按 VPN 的应用分类

(1)Access VPN(远程接入 VPN)：客户端到网关，使用公网作为骨干网在设备之间传输 VPN 的数据流量。

(2)Intranet VPN(内联网 VPN)：网关到网关，通过公司的网络架构连接来自同公司的资源。

(3)Extranet VPN(外联网 VPN)：与合作伙伴企业网构成 Extranet，将一个公司与另一个公司的资源进行连接。

9.5.3 按所用的设备类型进行分类

网络设备提供商针对不同客户的需求，开发出不同的 VPN 网络设备，主要为交换机、路由器和防火墙。

(1)路由器式 VPN：路由器式 VPN 部署较容易，只要在路由器上添加 VPN 服务即可。

(2)交换机式 VPN：主要应用于连接用户较少的 VPN 网络。

(3)防火墙式 VPN：防火墙式 VPN 是最常见的一种 VPN 的实现方式，许多厂商都提供这种配置类型。

9.6 VPN 的实现技术

1. 隧道技术

实现 VPN 的最关键部分是在公网上建立虚信道，而建立虚信道是利用隧道技术实现的，IP 隧道的建立可以在链路层和网络层。第二层隧道主要是 PPP 连接，如 PPTP、L2TP，其特点是协议简单、易于加密，适合远程拨号用户；第三层隧道如 IPSec，其可靠性及扩展性优于第二层隧道，但没有前者简单直接。

2. 隧道协议

隧道是利用一种协议传输另一种协议的技术，即用隧道协议来实现 VPN 功能。为创建隧道，隧道的客户机和服务器必须使用同样的隧道协议。

(1) PPTP(点到点隧道协议)是一种用于让远程用户拨号连接到本地的 ISP，通过因特网安全远程访问公司资源的新型技术。它能将 PPP(点到点协议)帧封装成 IP 数据包，以便能够在基于 IP 的互联网上进行传输。PPTP 使用 TCP 连接的创建，维护，与终止隧道，并使用 GRE(通用路由封装)将 PPP 帧封装成隧道数据。被封装后的 PPP 帧的有效载荷可以被加密或者压缩或者同时被加密与压缩。

(2) L2TP：L2TP 是 PPTP 与 L2F(第二层转发)的一种综合，它是由思科公司所推出的一种技术。

(3) IPSec 协议：是一个标准的第三层安全协议，它是在隧道外面再封装，保证了隧道在传输过程中的安全。IPSec 的主要特征在于它可以对所有 IP 级的通信进行加密。

9.7 电信 VPN 产品及解决方案

电信可提供的 VPN 产品有 MPLS VPN、二层交换 VPN、IPSec VPN、VPDN。

9.7.1 MPLS VPN

MPLS VPN 是一种基于 MPLS 技术的 IP VPN，是在网络路由和交换设备上应用 MPLS (multiprotocol label switching，多协议标记交换)技术，简化核心路由器的路由选择方式，利用结合传统路由技术的标记交换实现 IP 虚拟专用网络(IP VPN)，可用来构造宽带的 Internet、Extranet，满足多种灵活的业务需求。

1. MPLS VPN 的适用范围

MPLS VPN 适用于具有以下明显特征的企业：高效运作、商务活动频繁、数据通信量大、对网络依靠程度高、有较多分支机构，如网络公司、IT 公司、金融业、贸易行业、新闻机构等。企业网的节点数较多，通常将达到几十个以上。

2. MPLS VPN 网络技术特征

MPLS 属于第三层交换技术，引入了基于标记的机制，它把选路和转发分开，由标签来规定一个分组通过网络的路径。MPLS 网络由核心部分的标签交换路由器(LSR)、边缘部分的标签边缘路由器(LER)组成。

(1) MPLS VPN 利用新的差分服务技术来支持 QoS；

(2) 业务综合能力强，网络能够提供数据、语音、视频相融合的能力；

(3) 安全性高，采用 MPLS 作为通道机制实现透明报文传输，MPLS 的 LSP 具有与帧中继和 ATM VCC(virtual channel connection，虚通道连接)类似的高可靠和安全性；

(4) 提高了资源利用率，由于网内使用标签交换，用户各个点的局域网可以使用重复的 IP 地址，提高了 IP 资源利用率。

9.7.2 二层交换 VPN

二层交换 VPN 建立在 MUX 接入、宽带 ATM 传输网基础上，采用用户端以太接口，二层交换组网，综合了 ADSL 和以太网的业务特点，是一种高带宽、低实现费用的新型 DSL 的 VPN 产品。

9.7.3 IPSec VPN

IP-SEC VPN 在公共网络架构上(通常是 Internet)利用安全、认证、加密等技术建立企业的专用线路，也就是一个安全的网络隧道(tunnel)，在降低联网费用的同时确保信息的安全性、完整性和真实性。IP-SEC VPN 是一个通过 Internet 将个人和系统安全相连的技术，即利用公用基础建设为企业各部门提供安全的互联网服务，它可以提供与昂贵的专线(DDN)类似的安全性、可靠性、可管理性和优先级别，可构筑于 IP 网络、帧中继网络和 ATM 网络上。

1. IPSec VPN 的适用范围

IPSec VPN 的适用范围包括连锁业态的超市和便利店、大卖场、连锁快餐点及大型企业物流、跨地区大型企业、政府、公用事业总部和分支机构。

2. IPSec VPN 网络技术特征

(1)属于端到端服务，不需要骨干网络承担业务相关功能；

(2)响应市场变化的速度快捷，可以在现有的任何 IP 网络上部署，用户可在任意位置使用；

(3)IPSec 协议不解决网络的可靠性或者 QoS 机制等方面的问题，服务质量主要依赖承载网络。

9.7.4 VPDN 远程办公

VPDN 远程办公是指有远程办公(包括群体远程办公和个人远程办公)需求的用户采用专门的账号和企业自定义的 IP 地址，通过 ADSL PPPoE 拨号连入企业内部网络，该账号不提供 Internet 功能。

1. VPDN 的适用范围

(1)A 类业务账号：用户端账号与 ADSL PVC 绑定。适用于固定地点的公司内部分支点(超市、连锁类远程办公点)，仅开通 VPDN 账号(不提供 Internet 上网功能)，以包月资费形式绑定在各业务分支点上；

(2)B 类业务账号：VPDN 账号与 ADSL PVC 不绑定，适用于个人远程访问公司内部信息(SOHO)，采用有限包月、超时计费的资费方式。

2. VPDN 网络技术特征

(1)上下行速率不对称；

(2)用户认证以保证其安全性；

(3)速率为 128Kbit/s~2Mbit/s；

(4)用户通过 ADSL 方式拨入，用户无须路由器。

9.7.5 电信产品案例分享

案例 1：某中型企业邮件服务器、文件服务器、认证服务器等放置在总部，分部需与总部通信，该企业速率要求不高。建议用户采用 IPSec VPN 的应用解决方案，其分部通过 ADSL 拨号、VPN client 客户端软件与其总部通过隧道进行加密通信。

案例 2：某教育行业类用户，具有若干分支点，分支点之间需要相互通信，对速率要求较高。建议通过光纤、双绞线等多种形式，将其分支机构接入 IP 城域网，实现基于 IP-MAN 的 MPLS VPN 组网。

案例 3：某企业将下属各个业务点的业务信息通过安全、价格相对低廉的宽带网络传输给总部，可为其采用 VPDN 方案。具体要求为：

(1) 可以支持用户为数众多的业务点(包括市区和郊县)；

(2) 满足客户对带宽的需求；

(3) 网络与 Internet 隔离，直接进入内部网络；

(4) 需要提供备份方案，确保网络的可用性；

(5) 下属业务点可以自动拨号到总部，尽量减少人工操作。

根据上述业务需求，采用 VPDN 解决方案，宽带 ADSL 和窄带拨号两种。

案例 4：这是一个应用二层 VPN 的例子，某银行用户的分支机构较多，安全性要求很高，各互联点的带宽需求较高，希望以以太口接入方式，减少用户端设备投资。方案采用二层交换 VPN，为用户提供以太口接入，同时以 SDH 作为备份。

9.7.6 VPN 产品的对比

VPN 产品的对比如表 9.1 所示。

表 9.1 VPN 产品的对比

	IPSec VPN	MPLS VPN	VPDN	二层交换 VPN
网络位置	属于端到端服务，不需要骨干网络承担业务相关功能	在中间设备如路由器和三层交换设备上应用 MPLS 技术	利用 ADSL 接入资源	利用 MUX 接入网资源，属于端到端服务
服务部署	响应市场变化的速度快捷，可以在现有的任何 IP 网络上部署，用户可在任意位置使用	需要用户在业务网络覆盖范围内使用。用户位置要求固定	ADSL 延伸到的地方	在电话模拟线覆盖、MUX 布点 3km 域内
服务质量、服务级协约	IPSec 或 SSL 协议不解决底层网络本身的可靠性或者 QoS 机制等方面的问题，其服务质量主要依赖承载网络	可以提供可伸缩的、稳固的 QoS 机制和流量工程能力，从而令服务供应商可以提供具有保证 SLA 的 IP 服务	稳定性和带宽取决于 ADSL	可以提供高带宽、上下行对称、相对稳固和安全的网络质量保证
机密性	通过网络层或应用层上的一整套灵活的加密和隧道机制提供数据私密性	采用专用线路，从链路层保证用户数据的安全	通过安全认证和专用服务器建立专用通信隧道	由于是二层交换机制的 VPN 网，保证用户数据安全

续表

	IPSec VPN	MPLS VPN	VPDN	二层交换 VPN
客户支持	可通过客户端支持；可采用 Web 浏览器	基于网络的服务，不需要客户端承担数据处理	基于网络的服务，功能在骨干端实施	基于网络的服务，不需要客户端承担数据处理
与其他业务的兼容性	在使用 VPN 的同时，不影响用户使用基础线路服务	使用专用线路，不共享线路	通过不同的账号拨号，可达到共用线路效果	与现有 DSL 接入兼容实现高带宽、低实现费用的新型 DSL 的 VPN 产品

9.8 公司搭建企业远程虚拟专用网案例分享

现以某公司的应用为例，说明使用 VPN 搭建企业远程虚拟专用网。

9.8.1 用户需求

客户有两个工厂、一个销售部分别位于三个不同的地方，中间相距几公里远，客户有一套 ERP 系统，现只能在工厂 A 处用，将来希望两个工厂可以共用这套系统，来提高管理的水平和效益，并且销售部作为公司在市场方面的前沿阵地，可以随时查看公司的生产及库存情况，以便安排客户的订单和通知发货，来提高公司信誉和公司产品在市场的占有率。最后，公司的高层在出差时也希望可以查看公司的情况。

9.8.2 公司网络状况拓扑图

公司的总部、工厂 A、工厂 B 都有各自的局域网，通过 ISP 提供的宽带接入 Internet，如图 9.5 所示。

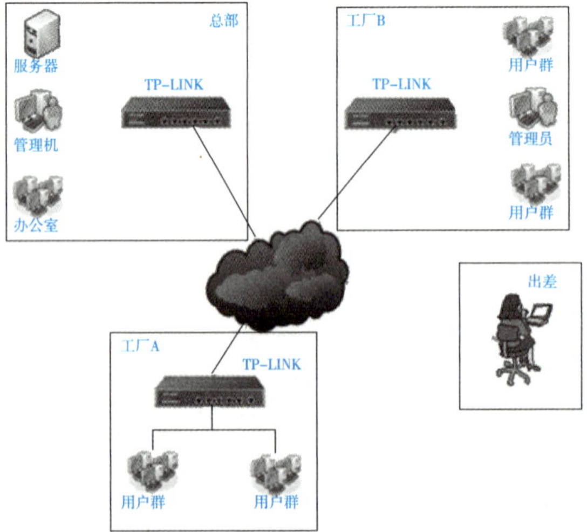

图 9.5 公司的网络连接情况

9.8.3　实施方案

因为两个工厂要用同一个 ERP 软件，有时可能还有一些共享文档需要通过 VPN 传输，所以在每个工厂装一个专用 VPN 设备，这样两个局域网之间就可以互联互通了，就完全像在同一个局域网内一样了；销售部可以根据业务的需要选择安装 MR VPN 客户端软件还是移动客户端，移动用户安装 MR VPN 移动客户端软件就可以了，如图 9.6 所示。

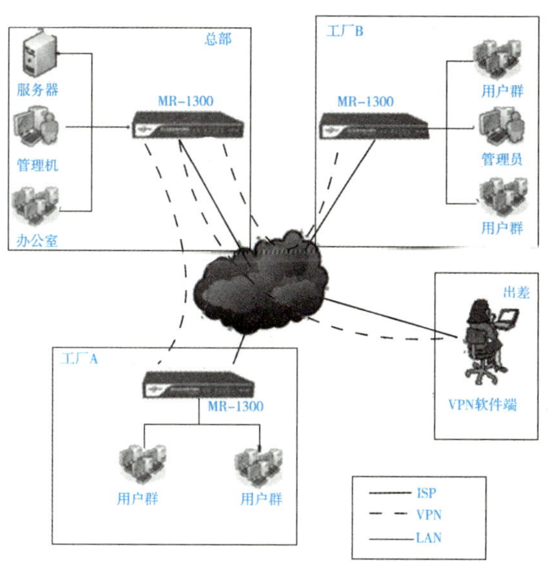

图 9.6　VPN 的解决方案

9.8.4　方案特点

1. 安全的 VPN 系统

(1)所有经由 VPN 隧道进行传递的数据都经过了 AES/3DES 加密算法的 128～168 位加密，可以有效地防止数据被窃听或篡改。

(2)严格的密钥认证，只有知道密钥的用户才可能接入，防止非法用户闯入，密钥由公司网管统一保管，可随时变更。

(3)iNAS 数字证书技术，支持 PKI 认证体系，绑定 VPN 用户的计算机硬件信息(硬盘、CPU、网卡等)，只有用户名、密钥、用户数字证书全面通过认证才能接通，即便用户名和密码被窃取，VPN 网络依旧牢不可破。

(4)强大的内网管理功能，分支机构通过 VPN 连到总部局域网后，只能访问总部管理员为其分配的内网资源，不同的分支机构可设定不同的访问权限，避免有人利用内网进行恶意攻击，有效保障网络的安全。

2. 速度快

采用内核驱动技术及数据流实时压缩算法(LZO)，可以使带宽利用率高达 90%以上，特别适合数据库、文件传输等应用。文件在传输过程中，最大压缩比可达 180%。

3. 高效稳定的 VPN 系统

支持全动态 IP 地址组网，同时支持各种接入方式，如 ADSL/PSTN/IP/GPRS/WLAN 等，因此用户接入的合法性、IP 寻址的时效性就显得特别重要，为此我司专门开发了目录服务用于 ADSL 等动态 IP 上网的客户进行 IP 地址更新，可以保证用户接入的合法性、VPN 寻址的稳定性，真正实现专有(private)的内部网络。

9.9 抗疫期间 VPN 案例分享

在广电网络公司，外出设点收费是一个重要的业务发展手段，因此公司远程办公的能力和效率对业务的开展有很大影响。为此，广电网络某分公司部署了一套简单可靠的 VPN 远程办公系统。该系统极大地促进了公司的业务开展，特别是在新冠肺炎疫情暴发期间，系统的重要性更加凸显。现将广电网络某分公司 VPN 远程办公系统的设计方案、工作原理、后台管理、维护使用等方面的经验予以分享。

9.9.1 VPN 系统介绍

广电网络某分公司的 VPN 远程办公系统，可让用户在任何地方、任何环境下通过互联网接入公司办公系统，系统主要用于流动收费点办公、设备远程管理以及居家办公。在 2020 年年初新冠肺炎疫情暴发期间，为了降低疫情传播的风险，公司响应国家和地方政府的号召，对办公室上班的人员数量进行限制，仅让少量人员每天到办公室上班。但是公司很多业务还需要正常开展，很多事情需要及时处理，仅靠少量人员在办公室上班无法保证公司的正常运转。因此，公司充分利用 VPN 远程办公系统，使公司所有管理人员都可以实现居家远程办公，远程操作的所有功能与在办公室上班完全一样，有效解决了特殊时期办公室上班人员不足的问题。实践证明，一套简单有效的 VPN 系统对公司的正常运转发挥了重要作用。

常用的 VPN 模型有 Access VPN、IPSec VPN 和 SSL VPN 等几种。Access VPN 属于二层网络隧道技术，其安全性和功能不能满足公司业务的需要。IPSec VPN 是网络层的 VPN 技术，其安全性高，但难点在于客户端需要安装复杂的软件，而且使用者需接受培训才能够掌握相应的技术。SSL VPN 协议在功能和安全性上能满足业务的需要，同时具有网络结构简单、易于维护、客户端不需要安装特殊软件、性价比高等优点，因此这里选择的是 SSL VPN。

搭建 SSL VPN 网络，这里选用的是神州数码的 DCFW-1800 防火墙，该设备内置了 SSL VPN 功能；另外，还需要一个有公网固定 IP 地址的专线用于连接互联网，IP 要求互联网上的任何网站都能被访问，带宽最低 10Mbit/s，上下行带宽对等。

在内部地址规划方面，需要办公网地址池内的一个固定 IP 地址，该地址必须向上级管理部门申请，避免在分配给个人使用时造成 IP 冲突。另外，还需要提前确定办公常用的 IP 地址段，为在 VPN 内配置路由表做准备。SSL VPN 网络拓扑图如图 9.7 所示。

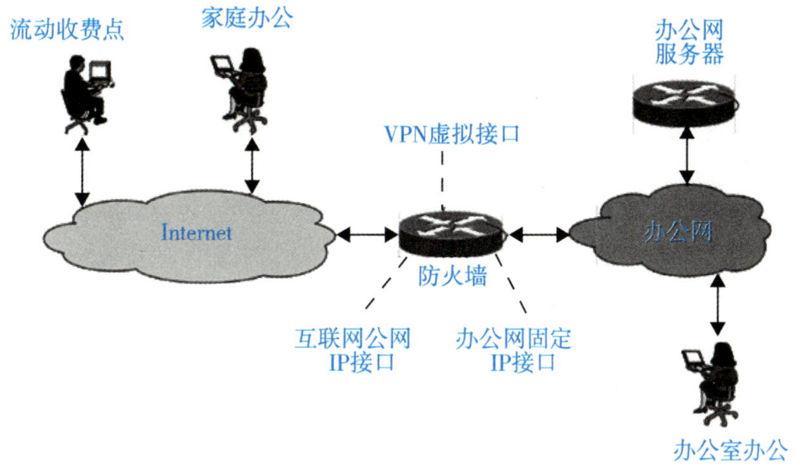

图 9.7　VPN SSL 网络拓扑图

9.9.2　VPN 系统安装配置过程

(1)在防火墙的两个端口分别连接互联网和办公网，并将 IP 地址配置成互联网公网 IP 和办公网固定 IP，完成线路连接。

(2)防火墙配置默认路由和静态路由。默认路由为互联网网关，即 0.0.0.0/0.0.0.0，其下一跳为互联网固定 IP 对应的网关；静态路由为办公网需要访问的地址段，其下一跳为办公网网关。

(3)配置 VPN 接口地址，如 172.16.1.1，该地址也是 VPN 用户获取 VPN 地址时的网关；配置 VPN 地址池，地址池为 VPN 用户分配的新的 IP 地址必须和网络中现有的地址不冲突，如 172.16.1.10~172.16.1.100。

(4)创建 SSL VPN：在创建隧道接口时，需要输入一个端口号，端口号由用户自己定义，如 4433；该端口号也是用户登录 VPN 时的 IP 地址端口。

(5)创建安全域和策略：将 SSL VPN 及接口定义为三层的安全域(trust)，办公网定义为缓冲域(DMZ)，互联网定义为非安全域(untrust)。制定相对的策略，只允许符合规定的访问通过。

(6)给用户添加账号和密码，每一个账号只能供一名用户使用。

(7)在“用户管理”栏启用主机检测和绑定：该功能在用户首次登录时自动把用户名和主机 ID 的应用关系加入绑定表，锁定用户的计算机硬件、网卡 MAC 地址、操作系统等多项参数，降低非法侵入的可能。

以上为 VPN 系统的基本安装配置过程，安装完成后即可投入使用。

9.9.3　用户远程登录流程

(1)在客户端浏览器输入防火墙的外网地址和端口号，进入客户端下载页面，如

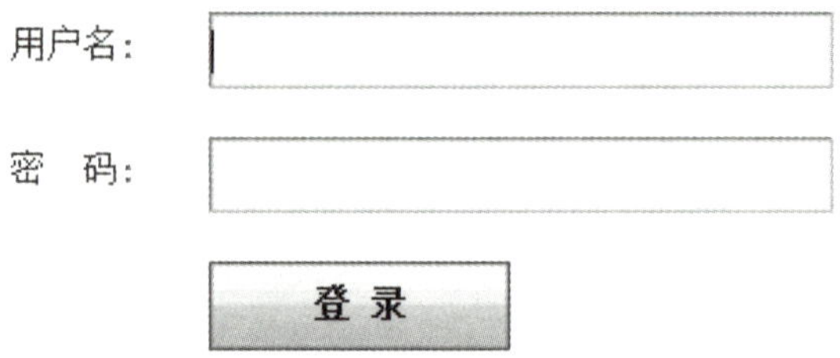

用户名：

密　码：

登 录

图 9.8　用户远程登录

https：// 外网 IP 地址：4433；在登录界面输入用户账号和密码，出现下载客户端软件的提示。

(2)下载 VPN 客户端，软件安装完成后 Windows 系统右下角出现 VPN 客户端图标，单击该图标后出现图 9.8 所示的界面，输入账号、密码即可。登录成功后，计算机右下角会出现一个绿色的小图标，否则是红色。

(3)用户成功登录 VPN 后，计算机会获取到一个新的 VPN 段地址和网关，这样计算机就有两个网关，即两个默认路由。如图 9.9 所示，通过 Route Print 命令查看计算机路由，可以看到计算机有两个默认路由。

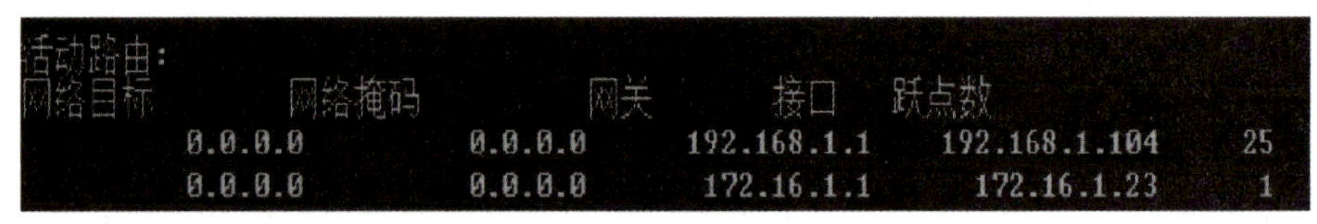

图 9.9　默认路由

第一个默认路由指向互联网接口，跃点数为 25；第二个默认路由指向 VPN 的接口地址，跃点数为 1。由于 TCP 优先选择跃点数少的路由，因此当前的默认路由只有第 2 条有效。此时用户只能登录办公网，不能登录互联网。

(4)用户通过 VPN 登录后，可以在 IE 栏输入办公网地址登录办公网系统，或直接管理办公网系统中的设备，且不需要添加额外的配置。账号在一台计算机成功登录后即和计算机绑定，无法在其他计算机使用。

远程管理系统是一个最佳的线上办公载体，但系统的安全性也不容忽视。本系统的安全性主要体现在以下几个方面。

(1)系统核心设备本身就是防火墙，有多种防病毒攻击能力，如 IP 与 MAC 绑定、防地址欺骗、实时监控、日记审计、入侵监控、灾难恢复等。

(2)用户账号只能指定个人使用，并且和计算机绑定，可有效避免账号被泄露或盗用，而且日记服务器可以记录下用户的所有访问记录。

(3)防火墙本身具有病毒过滤功能，其病毒特征库可在线升级。

(4)防火墙安全策略只允许 VPN 地址访问内网地址，增加了系统的安全性。

9.9.4 后台管理及维护

为保障 VPN 系统正常运行，必须有专门的后台管理员进行管理。管理员在互联网或办公网环境下都可通过防火墙的外网或内网地址登录防火墙。在后台管理和维护工作中，管理员需要经常进行以下管理操作：一是给新用户添加账号和密码、删除过期不用的账号、重置密码等；二是在 VPN 内通过 ping 功能检测外网或内网是否有问题；三是如果内网增加了新的地址段，需要及时添加防火墙的路由表；四是查看用户登录 VPN 的状态，将上线后没有及时退出的用户踢出；五是用户更改设备或重装系统后，会被防火墙认定为不符合绑定表记录而无法登录，需要删除对应绑定表后重新绑定，计算机被一个账号登录后，如果需要换账号登录，需解除原来的绑定关系；六是查看各种日记文件，处理告警信息。

本章总结

本章主要讲述了以下内容：

(1)公司可使用 VPN 技术通过公共 Internet 基础设施创建能够确保机密性和安全性的私有网络。

(2)VPN 分为远程接入 VPN 和点到站点 VPN。

(3)电信可提供的 VPN 产品有：MPLS VPN、二层交换 VPN、IPSec VPN、VPDN。

(4)客户有两个工厂、一个销售部分别位于三个不同的地方，中间相距几公里远，客户有一套 ERP 系统，现只能在工厂 A 处用，公司搭建企业远程虚拟专用网，希望两个工厂可以共用这套系统，来提高管理的水平和效益。

本章习题

(1)VPN 网络设计的安全性原则包括________。(多选题)

A. 隧道与加密　　B. 数据验证

C. 用户识别与设备验证　　D. 入侵检测与网络接入控制

E. 路由协议的验证

(2)以下关于 VPN 说法正确的是________。(单选题)

A. VPN 指的是用户自己租用线路，和公共网络物理上完全隔离的、安全的线路

B. VPN 指的是用户通过公用网络建立的临时的、安全的连接

C. VPN 不能做到信息验证和身份认证

D. VPN 只能提供身份认证，不能提供加密数据的功能

(3)IPSec 协议是开放的 VPN 协议。对它的描述有误的是________。(单选题)

A. 适应于向 IPv6 迁移　　B. 提供在网络层上的数据加密保护

C. 可以适应设备动态 IP 地址的情况　　D 支持除 TCP/IP 外的其他协议

(4)部署 IPSec VPN 时，配置什么样的安全算法可以提供更可靠的数据加密________。(单选题)

A. DES　　B. 3DES

C SHA　　D. 128 位的 MD5

(5) 部署 IPSec VPN 时，配置什么安全算法可以提供更可靠的数据验证________。(单选题)

A. DES　　B. 3DES　　C. SHA　　D. 128 位的 MD

(6) IPSec VPN 组网中网络拓扑结构可以为________。(多选题)

A. 全网状连接　　B. 部分网状连接

C. 星型连接　　D. 树型连接

第 10 章

Internet 应用

学习要求

通过本章学习，掌握 TCP/IP 应用层的常见应用以及它们对应的端口；掌握 DNS 的域名空间和解析机制；理解 HTTP 的实现过程，掌握 DHCP 的地址分配机制。

思政元素：这一章各任务的实践。

思政目标：通过项目实施培养学生团队合作能力、语言沟通表达能力。

本章，我们将认识 Internet 上的常见应用。Internet 应用对应 TCP/IP 的应用层，直接为用户提供服务，在这一层上我们将认识如下内容：

(1)常见应用对应的端口号有哪些？

(2)DNS 的作用和域名解析的过程是如何完成的？

(3)Web 服务的工作过程。

(4)DHCP 的工作机制以及应用的场合。

通过设置相应的实践认知活动，可以加深对所学知识的理解，训练自己的动手实践技能，培养网络应用的能力，面对类似的问题，能够运用所学的知识解决当前面临的任务。

10.1 TCP/IP 的应用层

应用层是 TCP/IP 模型的最高层，其通过使用传输层所提供的服务，直接为用户提供服务，是 TCP/IP 网络与用户之间的界面或接口。该层由若干面向用户提供服务的应用协议和支持这些应用的支撑协议组成，基于这些协议，应用层向用户提供了众多的网络应用。

TCP/IP 应用层上的典型应用包括 Web 浏览、电子邮件、文件传输访问和远程登录等，与这些应用相关的协议包括超文本传输协议(HTTP)、简单邮件传输协议(SMTP)、文件传输协议(FTP)、简单文件传输协议(TFTP)和虚拟终端协议(Telnet)。

(1)HTTP：用来在浏览器和 WWW 服务器之间传送超文本的协议。

(2)SMTP：用于实现电子邮件传输的应用协议。

(3)FTP：用于实现文件传输服务的协议。通过 FTP，用户可以方便地连接到远程服务器上，可以进行查看、删除、移动、复制、更改远程服务器上的文件内容的操作，并能进行上传文件和下载文件等操作。

(4)TFTP：用于提供小而简单的文件传输服务。从某个意义上来说，TFTP 是对 FTP 的一种补充，特别是在文件较小并且只有传输需求的时候，该协议显得更加有效率。

(5)Telnet：实现虚拟或仿真终端的服务，允许用户把自己的计算机当作远程主机上的一个终端连接到远程计算机，并使用基于文本界面的命令控制和管理远程主机上的文件及其他资源。

为了使用户更加可靠、高效地访问网络应用服务，TCP/IP 模型的应用层还提供了一些专门的应用支撑协议，如域名服务系统(DNS)、简单网络管理协议(SNMP)等。

(1)DNS：用于实现域名和 IP 地址之间的相互转换。

(2)SNMP：由于因特网结构复杂，拥有众多的操作者，因此需要好的工具进行网络管理，以确保网络运行的可靠性和可管理性。而 SNMP 提供了一种监控和管理计算机网络的有效方法，它已成为计算机网络管理的事实标准。

表 10.1 给出了上述的应用层协议与传输层 TCP、UDP 及其端口之间的关系。应用层协议根据所使用的传输层服务的不同可以分为三类：一类是基于面向连接的 TCP，如 HTTP、FTP、SMTP 和 Telnet 等；一类是基于无连接的 UDP，如 SNMP、TFTP 和 DHCP 等；还有一类既可基于 TCP，也可基于 UDP，如 DNS。

表 10.1　常见应用层协议与 TCP、UDP 之间的关系

应用程序	HTTP	FTP	SMTP	Telnet	SNMP	TFTP	DHCP	DNS
端口	80	21	25	23	161	69	68	53
传输层	TCP				UDP			TCP UDP

10.2　DNS

任何 TCP/IP 应用在网络层都是基于 IP 实现的，需要用 IP 地址来实现主机的逻辑寻址。但是 32 位二进制长度的 IP 地址非常难以记忆，即使采用点分十进制表示，也不具备足够的可记忆性。为了便于用户使用网络服务，我们引入了更容易记忆的 ASCII 串符号来替代 IP 地址，这种特殊用途的 ASCII 串被称为域名。例如，人们很容易记住代表百度的域名 www.baidu.com，但是如果要求人们记得 www.baidu.com 的 IP 地址 180.101.49.12 恐怕就很难了。但是，一旦引入了域名，就需要为应用程序提供关于域名和 IP 地址之间的映射服务，否则应用进程就无法借助域名来实现主机的 IP 寻址。

域名与 IP 地址之间的映射在 20 世纪 70 年代由网络信息中心(NIC)负责完成。NIC 记录所有的域名地址和 IP 地址的映射关系，并负责将记录的地址映射信息分发给接入因特网的所有最低级域名服务器(仅管辖域内的主机和用户)。每台域名服务器上维护一个称为 hosts.txt 的文件，记录其他各域的域名服务器及其对应的 IP 地址。NIC 负责所有域名服务器上 hosts.txt 文件的一致性。主机之间使用域名的通信通过查阅域名服务器上的 hosts.txt 文件来获得 IP 地址。但是，随着网络规模的扩大和接入网络的主机数的增加，要求每台域名服务器都能容纳所有的域名地址信息就变得极不现实，同时对不断增大的 hosts.txt 文件一致性

的维护也浪费了大量的网络系统资源。

为了解决这些问题，人们提出了域名系统(domain name system，DNS)，它通过分级的域名服务和管理功能提供了高效的域名解释服务。DNS 包括域、域名、主机和域名服务器四大要素。

10.2.1　域名空间

域(domain)指由地理位置或业务类型而联系在一起的一组计算机构成的一种集合，一个域内可以容纳多台主机。在域中，所有主机用域名(domain name)来标识，域名由字符和(或)数字组成，用于替代主机的 IP 地址。当因特网的规模不断增大时，域和域中所拥有的主机数目也随之增大，管理一个大而经常变化的域名集合是非常复杂的，为此人们提出了一种基于域的分级命名机制，并得到了分级结构的域名空间。域名空间的分级结构有点类似于国家的区域自治中的分级地址结构，如“中国浙江省衢州市”。

图 10.1 给出了关于域名空间分级结构的示意，整个形状如一棵倒立的树。根节点不代表任何具体的域，被称为根域(root)；在根域之下，是几百个顶级(top-level)域，每个顶级域除了可以包括许多主机，还可以被进一步划分为子域；子域之下除了可以有主机外，也可以有更小的子域；图中的叶子节点代表没有子域的域，但这种叶子域可以包含若干台主机。

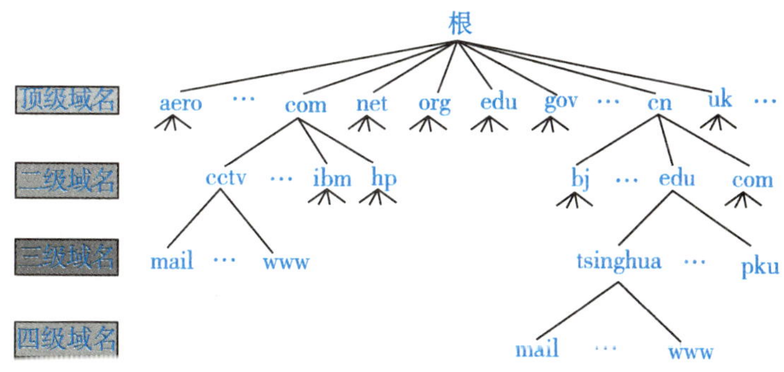

图 10.1　域名空间

顶级域由一般域和国家域组成。一般域最初只有六个，分别是 com(商业机构)、edu(教育单位)、gov(政府部门)、mil(军事单位)、net(提供网络服务的系统)和 org(非 com 类的组织)，后来又增加了一个为国际组织所使用的 int；国家级域是指代表不同国家或地区的顶级域，如 cn 表示中国、uk 表示英国、fr 表示法国、jp 表示日本、hk 代表香港等等。几乎所有美国组织都处于一般域中，而几乎所有非美国的组织都列在其所在国的域下面。采用分级结构的域名空间后，每个节点就采用从该节点往上到根的路径命名，称为域名。例如，在图 10.1 中关于百度的域名就应表达为 www. baidu. com。

在分级结构的域名系统中，每个域都对分配其下面的子域存在控制权，并负责登记自己所有的子域。要创建一个新的子域，必须征得其所属域的同意。例如，若百度希望自己的域名为 baidu. com，则需要向 com 的域管理者提出申请并获得批准。采取这种方式，可以避免同一域中的名字冲突。一旦一个新的子域被创建和登记，那么这个子域就可以创建自己的子域而无须再征得它的上一级域的同意。例如，若百度公司想在其域下创建一个名为 AI 的子域，就不需要再征得 com 域管理者的同意了。

10.2.2 域名解析

在因特网中向主机提供域名解析服务的机器称为域名服务器或名字服务器。从理论上说，一台名字服务器就可以包括整个 DNS 数据库，并响应所有的查询。但实际上这样 DNS 服务器就会由于负载过重而不能运行。于是，与分级结构的域名空间相对应，用于域名解析的 DNS 在实现上也采用了层次化模式，类似于分布式数据库查询系统。

域名解析可以使用 UDP，也可以使用 TCP，其端口号为 53。提出 DNS 解析请求的主机与域名服务器之间采用客户机/服务器(C/S)模式工作。当某个应用程序需要将一个名字映射为一个 IP 地址时，应用程序调用一种名为域名解析器(resolver，参数为要解析的域名地址)的函数库，由解析器将包含 DNS 请求的分组传送给本地 DNS 服务器，由本地 DNS 服务器负责查找名字并将 IP 地址映射信息返回给解析器。解析器再把该信息返回给调用程序。本地 DNS 服务器以数据库查询方式完成域名解析过程，并且采用了递归查询。递归查询的具体过程如下：

(1)当解析器查询域名时，它首先把查询传递给本地的一台名字服务器。

(2)该名字服务器在本地的内存缓冲区中搜索最近时间内解析的名称地址。如果本地缓冲区中找到了要解析的名称所对应的 IP 地址，则这台名字服务器将相应的信息返回给客户机上的解析器进程。

(3)否则，该名字服务器在本地静态表中搜寻，看是否在管理员录入的 DNS 表项中有该主机名称所对应的 IP 地址。如果要解析的名称存在于静态表中，名字服务器也向客户机发送相应的 IP 地址。

(4)如果以上两项都未解析出域名所对应的 IP 地址，则表示所要求解析的域名为一个远程域名，意味着这台名字服务器会转向根名字服务器查询。

(5)根名服务器向该域名中指定的顶层域名服务器搜寻，顶层域名服务器再向主机名称中指定的二层域名服务器搜寻，依次下去，一直到要解析的名称全部解析完毕。

(6)能完全解析主机名称的第一台服务器将解析出的 IP 地址报告给客户机。

10.3 Web 服务

万维网(world wide web，WWW)英文简称 Web，是因特网上发展最快同时又使用最多的一项服务，它可以提供包括文本、图形、声音和视频等在内的多媒体信息的浏览。

10.3.1 什么是 Web

Web 即万维网，它是一种基于超文本和 HTTP 的、全球性的、动态交互的、跨平台的分布式图形信息系统。它是建立在 Internet 上的一种网络服务，为浏览者在 Internet 上查找和浏览信息提供了图形化的、易于访问的直观界面，其中的文档及超级链接将 Internet 上的信息节点组织成一个互为关联的网状结构。WWW 由遍布在因特网中的称为 WWW 服务器(又称

为 Web 服务器)的计算机组成。

从用户的角度看，Web 由庞大的、世界范围的文档集合而成，简称为页面(page)。页面具有严格的格式，页面是用超文本标记语言(hyper text markup language，HTML)写成的，存放在 Web 服务器上。每一页面可以包含到世界上任何地方的其他相关页面的超链接(hyperlink)，这种能够指向其他页面的页称为超文本(hypertext)。用户使用浏览器总是从访问某个主页(homepage)开始的。由于页面中可能包含了超链接，所以用户可以跟随超链接到它所指向的其他页面，并且这一过程可以被无限制地重复。用户可通过这种方法浏览到大量的相互链接的信息。例如，图 10.2 中 5 台服务器通过超链接实现站点间的相互链接。

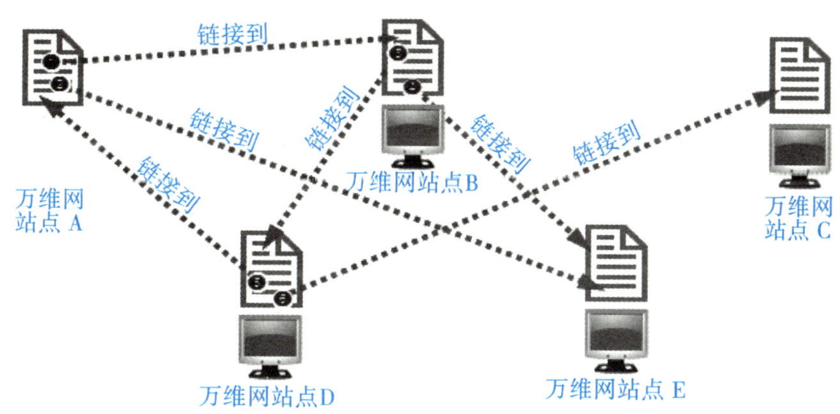

图 10.2　Web 通过超链接实现站点间链接

10.3.2　统一资源定位符(URL)

1. URL 格式

URL 是用来表示从互联网上得到的资源位置和访问这些资源的方法。URL 给资源的位置提供一种抽象的识别方法，并用这种方法给资源定位。只要能够对资源定位，系统就可以对资源进行各种操作，如存取、更新、替换和查找其属性。由此可见，URL 实际上就是在互联网上的资源的地址。只有知道了这个资源在互联网上的什么地方才能对它进行操作。显然，互联网上的所有资源都有一个唯一确定的 URL。这里所说的“资源”是指在互联网上可以被访问的任何对象，包括文件目录、文件、文档、图像、声音等，以及与互联网相连的任何形式的数据。“资源”还包括电子邮件的地址和 Usenet 新闻组或 Usenet 新闻组中的报文。

URL 相当于一个文件名在网络范围的扩展。因此，URL 是与互联网相连的机器上的任何可访问对象的一个指针。由于访问不同对象所使用的协议不同，所以 URL 还指出读取某个对象时所使用的协议。URL 的一般形式由以下四个部分组成：

<协议>：//<主机>：<端口>/<路径>

URL 的第一部分是最左边的<协议>。这里的<协议>就是指出使用什么协议来获取该万维网文档。现在最常用的协议就是 HTTP 或 HTTPS，其次是 FTP。

在<协议>后面的“：//”是规定的格式。它的右边是第二部分<主机>，它指出这个万维网文档在哪一台主机上。这里的<主机>就是指该主机在互联网上的域名。再后面是第三和

第四部分<端口>和<路径>，有时可省略。

现在有些浏览器为了方便用户，在输入 URL 时，可以把最前面的“https//”甚至把主机名最前面的“www”省略，然后浏览器替用户把省略的字符添上。例如，用户只要键入 baidu.com，浏览器就自动把未键入的字符补齐，变成 https://www.baidu.com。

下面我们简单介绍使用得最多的一种 URL。

2. 使用 HTTP 的 URL

对于万维网的网点的访问要使用 HTTP。HTTP 的 URL 的一般形式是

http:// <主机>:<端口>/<路径>

HTTP 的默认端口号是 80，通常可省略。若再省略文件的<路径>项，则 URL 就指到互联网上的某个主页。主页是个很重要的概念，它可以是以下几种情况之一：

(1)一个 WWW 服务器的最高级别的页面；

(2)某一个组织或部门的一个定制的页面或目录。从这样的页面可链接到互联网上与本组织或部门有关的其他站点；

(3)由某个人自己设计的描述他本人情况的 WWW 页面。

例如，要查有关清华大学的信息，就可先进入清华大学的主页，其 URL 为 http://www.tsinghua.edu。

这里省略了默认的端口号 80。我们从清华大学的主页入手，就可以通过许多不同的链接找到所要查找的各种有关清华大学各个部门的信息。

10.3.3 HTTP

HTTP 是用来在浏览器和 WWW 服务器之间传送超文本的协议。HTTP 是一种面向对象的协议，它由两部分组成：从浏览器到服务器的请求集和从服务器到浏览器的应答集。为了保证 WWW 客户机与 WWW 服务器之间的通信不会产生二义性，HTTP 精确定义了请求报文和响应报文的格式。HTTP 会话过程包括建立 TCP 连接、请求报文、响应报文和释放连接四个步骤，如图 10.3 所示。

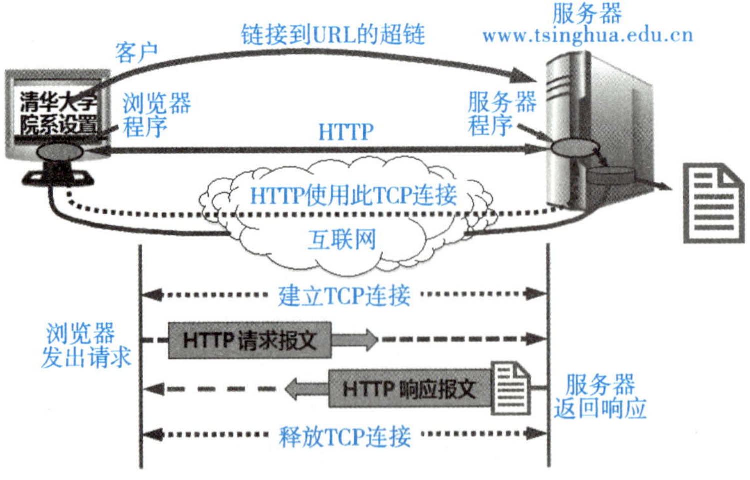

图 10.3 HTTP 的工作过程

10.3.4　WWW 服务的实现过程

WWW 以客户机/服务器(client/server，CIS)的模式进行工作。运行 WWW 服务器程序并提供 WWW 服务的机器称为 WWW 服务器；在客户端，用户通过一个被称为浏览器(browser)的交互式程序来获得 WWW 服务。常用到的浏览器有 Mosaic、Netscape 和 Google Chrome 等。

在服务器端，对于每个 WWW 服务器站点，都有一个关于 TCP 的 80 端口的监听，注：80 为 HTTP 默认的 TCP 端口，看是否有从客户端(通常是浏览器)过来的连接。在客户端，当浏览器在其地址栏里输入一个 URL 或者单击 Web 页上的一个超链接时，Web 浏览器就要通过解析器对域名进行解析以获得相应的 IP 地址。然后，以该 IP 地址为目标地址，以 HTTP 所对应的 TCP 端口为源端口与服务器建立一个 TCP 连接。连接建立之后，客户端的浏览器使用 HTTP 中的 GET 功能向 WWW 服务器发出指定的 WWW 页面请求，服务器收到该请求后将根据客户端所要求的路径和文件名使用 HTTP 中的 PUT 功能将相应 HTML 文档回送到客户端，如果客户端没有指明相应的文件名，则由服务器返回一个默认的 HTML 页面。页面传送完毕后，中止相应的 TCP 连接。

下面我们以一个具体的例子来说明 Web 服务的实现过程。假设有用户要访问衢州学院主页 http：//www. qzc. edu. cn，则浏览器与服务器的信息交互过程如下：

(1) 浏览器确定 URL。

(2) 浏览器向 DNS 获取 Web 服务器 www. qzc. edu. cn 的 IP 地址。

(3)DNS 服务器以相应的 IP 地址 59. 79. 150. 84 应答。

(4) 浏览器和 IP 地址为 59. 79. 150. 84 的主机的 80 端口建立一条 TCP 连接。

(5)浏览器执行 HTTP，发送 GET “/index. php”命令，请求读取该文件。

(6)www. wzu. edu. cn 服务器返回“/index. php”文件到客户端。

(7)释放 TCP 连接。

(8)浏览器显示“/index. php”中的所有正文和图像。

自 WWW 服务问世以来，其已取代电子邮件服务成为因特网上最为广泛的服务。除了普通的页面浏览外，WWW 服务中的浏览器/服务器(brower/server，B/S)模式还取代了传统的 C/S 模式，被广泛用于网络数据库应用开发中。

10.4　任务 1：在模拟器上 DNS 和 WWW 服务器的配置

(1)在 Cisco Packet Tracer 搭建的拓扑如图 10.4 所示。

(2)地址规划

图 10.4 中各设备的地址分配如表 10.2 所示。

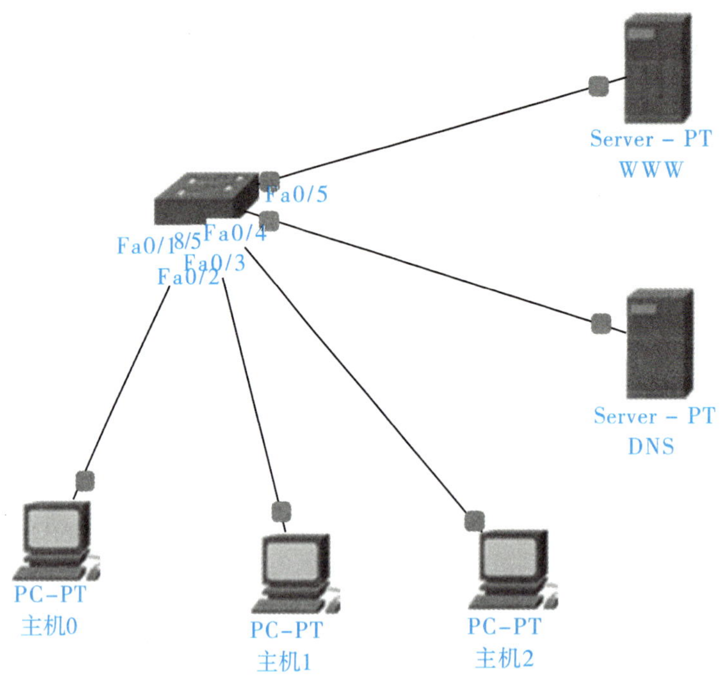

图 10.4　任务 1 的拓扑

表 10.2　图 10.4 中各设备的地址分配

设备名	IP 地址	子网掩码	默认网关	DNS
主机 0	192.168.1.3	255.255.255.0	不需要	192.168.1.2
主机 1	192.168.1.4	255.255.255.0	不需要	192.168.1.2
主机 2	192.168.1.5	255.255.255.0	不需要	192.168.1.2
WWW	192.168.1.1	255.255.255.0	不需要	不需要
DNS	192.168.1.2	255.255.255.0	不需要	不需要

(3)人工配置指定 WWW 服务器的地址如图 10.5 所示。

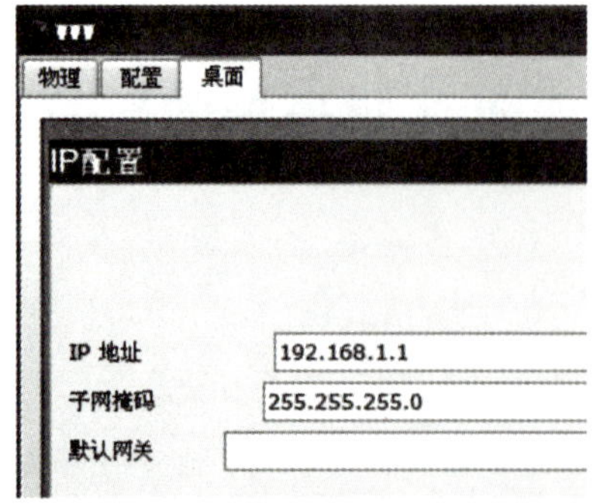

图 10.5　配置 WWW 服务器地址

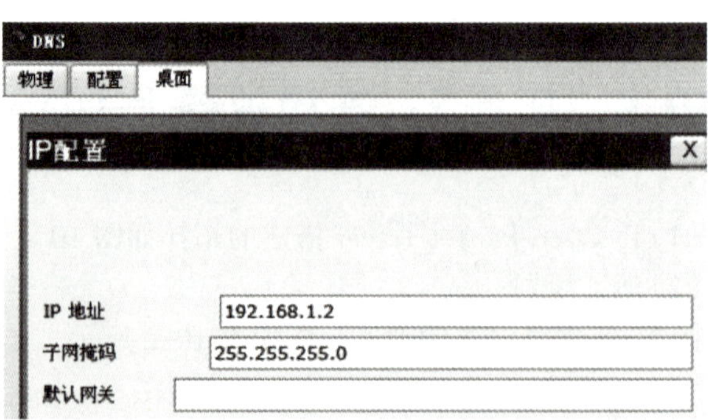

图 10.6　配置 DNS 服务器地址

(4)人工配置指定 DNS 服务器的地址如图 10.6 所示。

(5)人工配置三台 PC 的地址，其中主机 0 如图 10.7 所示。

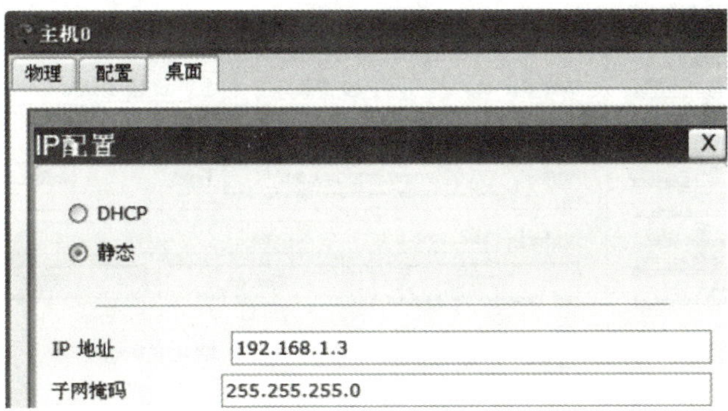

图 10.7 配置主机 0 的地址

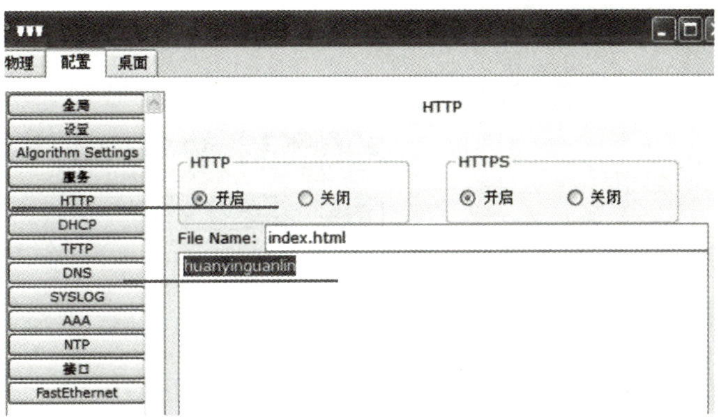

图 10.8 在 WWW 服务器上配置的内容

(6)在 WWW 服务器上配置的内容如图 10.8 所示。

(7)在终端主机 0 上通过 http://192.168.1.1 访问 WWW 服务器，如图 10.9 所示。

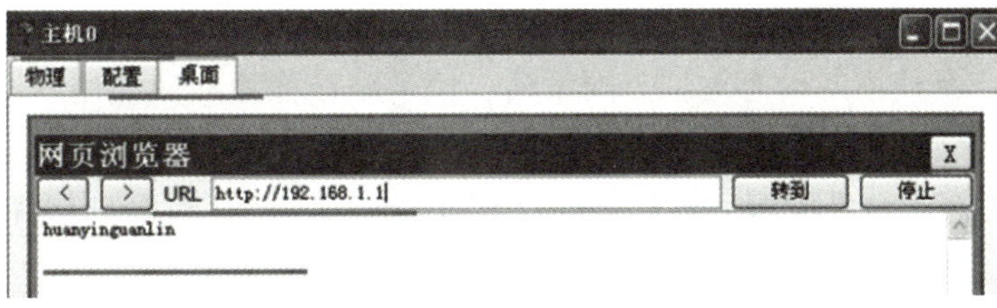

图 10.9 在主机 0 上访问 WWW 服务器

(8)现想通过域名来访问 WWW 服务器，若 WWW 服务器的域名命名为 www.happy.com，在 DNS 服务器上建立 www.happy.com 与 192.168.1.1 的映射关系如图 10.10 所示。

图 10.10 在 DNS 上建立域名和 IP 地址的映射

(9)在主机 0 上添加 DNS 配置，如图 10.11 所示。

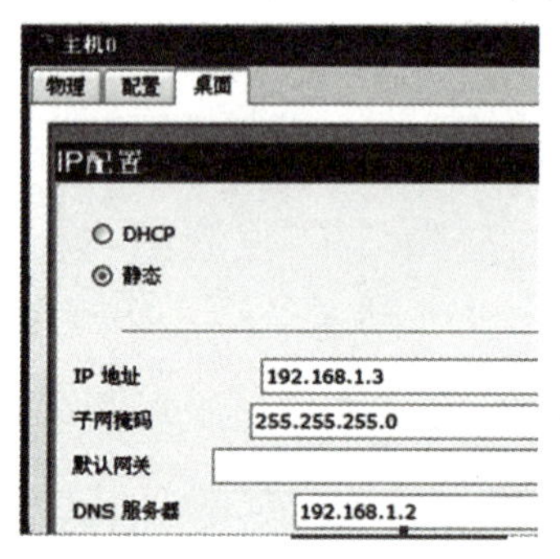

图 10.11 在主机 0 上添加 DNS 的配置

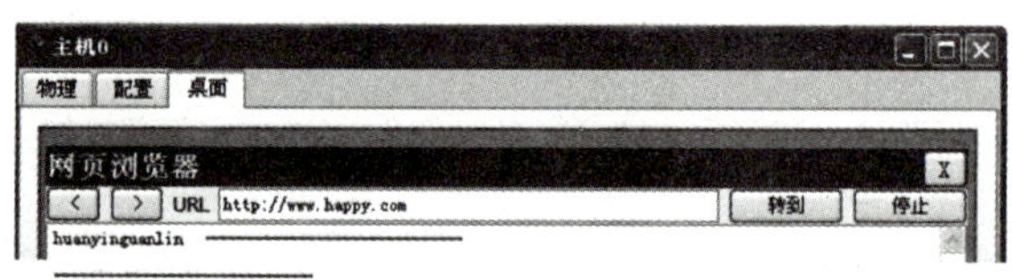

图 10.12 在主机 0 上通过域名访问 WWW 服务器

(10)在主机 0 上测试通过域名来访问 WWW 服务器，如图 10.12 所示。

10.5 动态主机配置协议(DHCP)

前面我们学习了人工配置 IP 地址，本节介绍使用动态主机配置协议(dynamic host configuration protocol，DHCP)，该协议允许服务器向客户端动态分配 IP 地址和配置信息。它是现在互联网上广泛使用的动态地址分配策略，该策略被称为即插即用联网(plug-and-play networking)。这种机制允许 1 台计算机加入新的网络和获取 IP 地址而不用手工参与。

DHCP 对运行客户软件和服务器软件的计算机都适用。当运行客户软件的计算机移至一个新的网络时，就可使用 DHCP 获取其配置信息而不需要手工干预。DHCP 给运行服务器软件而位置固定的计算机指派一个永久地址，而当这台计算机重新启动时其地址不改变。

DHCP 使用客户服务器方式，需要 IP 地址的主机在启动时就向 DHCP 服务器广播发送发现报文(DHCP DISCOVER)，将目的 IP 地址置为全 1，即 255.255.255.255，这时该主机就成为 DHCP 客户。发送广播报文是因为现在还不知道 DHCP 服务器在什么地方，因此要发现(DISCOVER)DHCP 服务器的 IP 地址。这台主机目前还没有自己的 IP 地址，因此它将 IP 数据报的源 IP 地址设为全 0。这样，在本地网络上的所有主机都能够收到这个广播报文，

但只有 DHCP 服务器才对此广播报文进行回答。DHCP 服务器先在其数据库中查找该计算机的配置信息。若找到，则返回找到的信息。若找不到，则从服务器的 IP 地址池(address pool)中取一个地址分配给该计算机。DHCP 服务器回答报文称为提供报文(DHCP OFFER)，表示“提供”了 IP 地址等配置信息。

但是我们并不愿意在每一个网络上都设置一个 DHCP 服务器，因为这样会使 DHCP 服务器的数量太多。因此现在使每一个网络至少有一个 DHCP 中继代理(relay agent)(通常是一台路由器，见图 10.13)，它配置了 DHCP 服务器的 IP 地址信息。当 DHCP 中继代理收到主机 A 以广播形式发送的发现报文后，就以单播方式向 DHCP 服务器转发此报文，并等待其回答。收到 DHCP 服务器回答的提供报文后，DHCP 中继代理再把此提供报文发回给主机 A。需要注意的是，图 10.13 只是个示意图。实际上，DHCP 报文只是 UDP 用户数据报的数据，它还要加上 UDP 首部、IP 数据报首部，以及以太网的 MAC 帧的首部和尾部后才能在链路上传送。

图 10.13　DHCP 中继代理以单播方式转发发现报文

DHCP 服务器分配给 DHCP 客户的 IP 地址是临时的，因此 DHCP 客户只能在一段有限的时间内使用这个分配到的 IP 地址。DHCP 称这段时间为租用期，租用期的数值应由 DHCP 服务器自己决定。DHCP 客户也可在自己发送的报文中(例如，发现报文)提出对租用期的要求。

10.6　任务 2：在模拟器上理解 DHCP 的工作方式

(1)在 Cisco Packet Tracer 搭建的拓扑如图 10.14 所示。

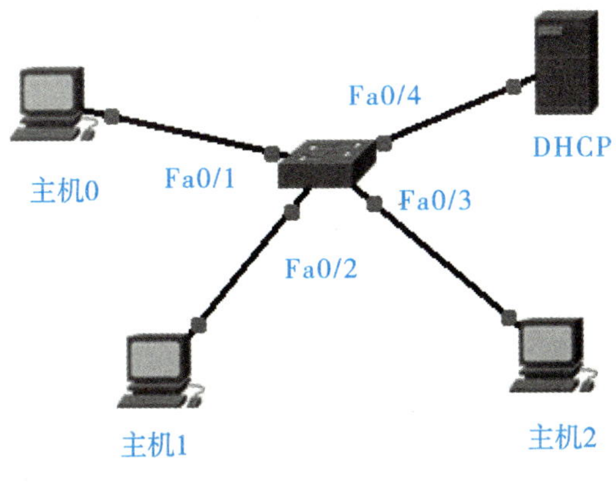

图 10.14　任务 2 搭建的拓扑

(2)指定 DHCP 服务器的地址如图 10. 15 所示。

(3)在服务器上配置 DHCP 如图 10. 16 所示。

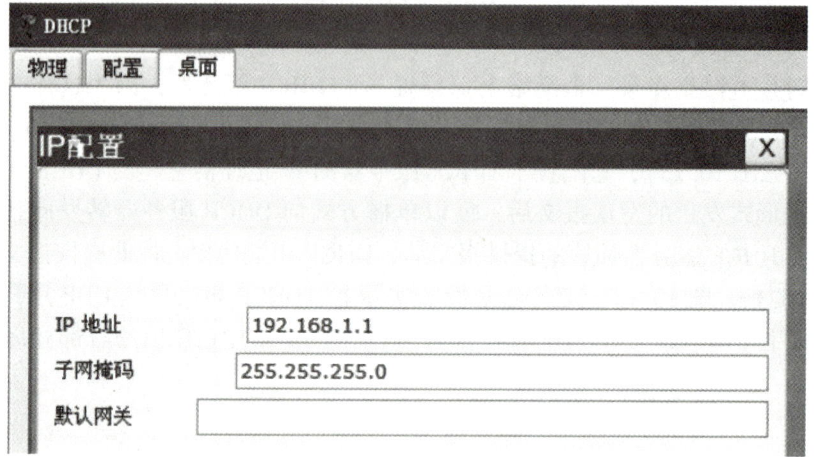

图 10. 15　指定 DHCP 服务器固定的 IP 地址

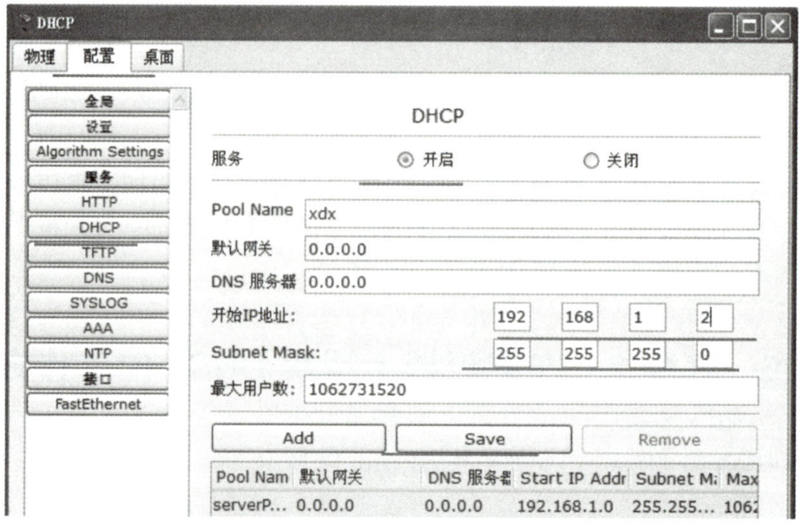

图 10. 16　在 DHCP 服务器上配置的内容

在图 10. 16 中单击 Save 按钮后，DHCP 项目里会增加一条记录，如图 10. 17 所示。

(4)在主机 0 上开启 DHCP 服务后获取相应的 IP 地址，如图 10. 18 所示。

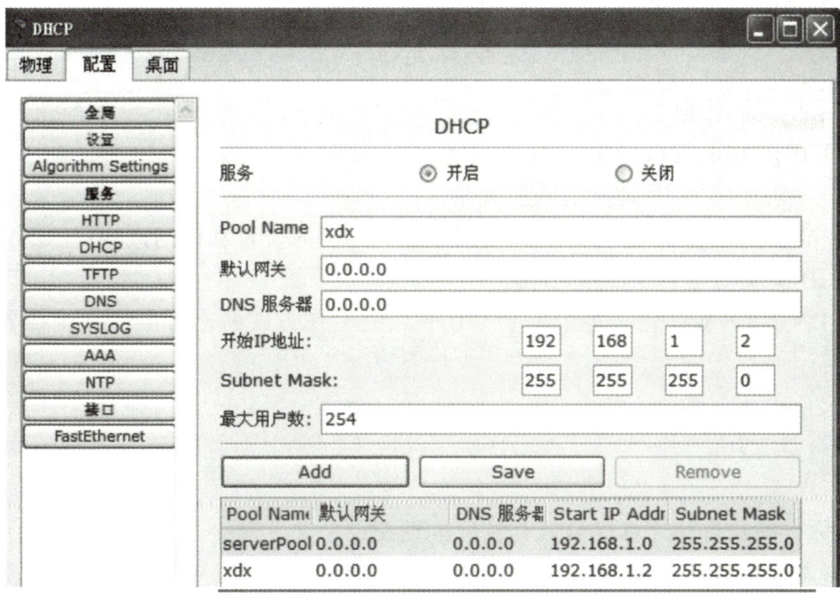

图 10.17　配置完成后在图 10.16 上增加的条目

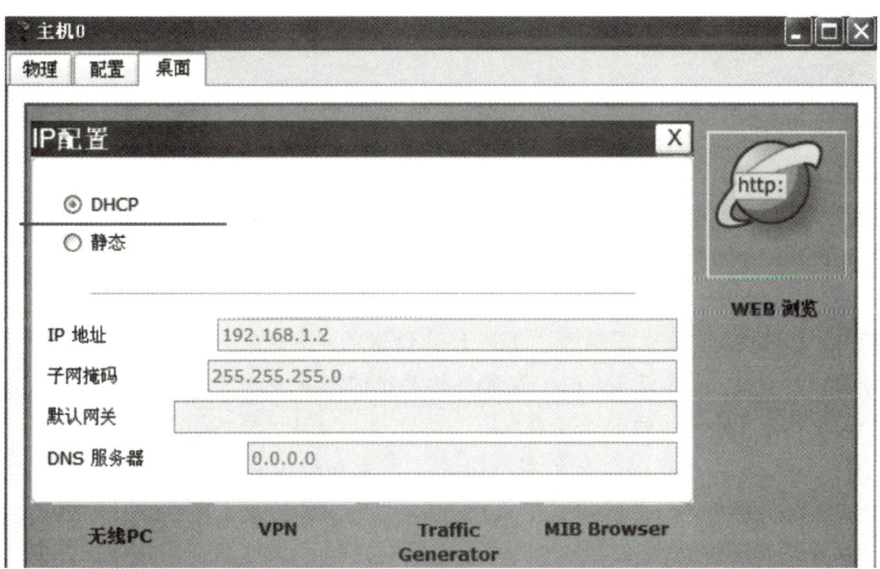

图 10.18　主机启动 DHCP 后获取地址相关信息

本章总结

在这一章里我们认识了：

(1)TCP/IP 常用的端口号 80、21、53 等。

(2)DNS 实现域名到 IP 地址的映射关系。

(3)统一资源定位符 URL 实现从互联网上得到的资源位置和访问这些资源的方法。

(4)DHCP 实现动态 IP 地址的分配。

并通过 DNS 和 WWW 服务器的配置、DHCP 的工作方式两个任务，在模拟器上进行了实践。

实践认知活动

活动名称：查看自己计算机 DHCP 获取的情况。

(1)假设 1 号实验楼 406 有 80 台计算机，同学们第 3~4 节来做实验，开机后，查看实验室主机 IP 地址的配置是人工的还是动态的；

(2)在手机上查看当前你接入无线网络时所获取的动态 IP 地址信息是什么？

本章习题

10.1 选择题

(1)DNS 的作用是________。

A. 为客户机分配 IP 地址　　B. 访问 HTTP 的应用程序

C. 将域名翻译为 IP 地址　　D. 将 MAC 地址翻译为 IP 地址

(2)在 Internet 上浏览时，浏览器和 WWW 服务器之间传输网页使用的协议是________。

A. IP　　B. HTTP　　C. FTP　　D. Telnet

(3)World Wide Web 简称万维网，下列叙述错误的是________。

A. WWW 和 E-mail 是 Internet 最重要的两个流行应用

B. WWW 是 Internet 的一个子集

C. 一个 Web 文档可以包含文字、图片、声音和视频片段

D. WWW 是另一种 Internet

(4)FTP 数据连接端口号________。

A. 20　　B. 21　　C. 23　　D. 25

(5)默认的 Web 服务器端口号是________________。

A. 81　　B. 21　　C. 20　　D. 80

10.2 填空题

(1)在网络的通用顶级域名中，edu 代表__________、gov 代表__________，com 代表________。

(2)WWW 服务采用________________模式，客户机即________，服务器即________，它以________和________为基础，为用户提供界面一致的信息浏览系统。

参考文献

[1] 谢希仁．计算机网络(第 7 版)[M]．北京：电子工业出版社，2017.

[2] 褚建立．计算机网络技术实用教程(第 2 版)[M]．北京：清华大学出版社，2011.

[3] 唐灯平．网络互联技术与实践[M]．北京：机械工业出版社，2019.

[4] 余智豪，何志敏，马莉．网络互联技术教程[M]．北京：清华大学出版社，2019.

[5] 吴功宜，吴英．计算机网络应用技术教程(第 5 版)[M]．北京：清华大学出版社，2019.

[6] 施晓秋．计算机网络技术(第 3 版)[M]．北京：高等教育出版社，2018.

[7] 李芳．计算机网络基础[M]．上海：上海交通大学出版社，2019.